高等学校经典畅销教材

材料分析测试技术

——材料X射线衍射与电子显微分析

(第2版)

周玉　武高辉　编著

哈爾濱工業大學出版社

内容简介

本书介绍了用X射线衍射和电子显微技术分析材料微观组织结构的原理、设备及试验方法。内容包括:X射线衍射方向与强度、多晶体分析方法及X射线衍射仪、物相分析、宏观应力测定、晶体的极射赤面投影、多晶体织构分析、透射电镜结构与原理、复型技术、电子衍射、衍衬成像、扫描电镜结构与原理、电子探针显微分析等。同时,简要介绍了离子探针、低能电子衍射、俄歇电子能谱仪、扫描隧道与原子力显微镜及X射线光电子能谱仪等显微分析方法,书末配有实验指导和附录。书中的实例分析注重引入了材料微观组织结构分析方面的新成果。

本书可作为材料科学与工程学科的本科生教材或教学参考书,也可供从事材料研究及分析检测方面工作的技术人员参考。

图书在版编目(CIP)数据

材料分析测试技术:材料X射线衍射与电子显微分析/周玉编著.—2版.哈尔滨:哈尔滨工业大学出版社,2007.8(2023.3重印)

ISBN 978-7-5603-1338-2

Ⅰ.材… Ⅱ.周… Ⅲ.①金属材料-X射线衍射分析-高等学校-教材 ②金属材料-电子显微镜分析-高等学校-教材 Ⅳ.TG115.23 TG115.21

中国版本图书馆CIP数据核字(2007)第121415号

责任编辑 田 秋
封面设计 卞秉利
出版发行 哈尔滨工业大学出版社
社 址 哈尔滨市南岗区复华四道街10号 邮编150006
传 真 0451-86414749
网 址 http://hitpress.hit.edu.cn
印 刷 哈尔滨市石桥印务有限公司
开 本 787mm×1092mm 1/16 印张20 字数475千字
版 次 2007年8月第2版 2023年3月第22次印刷
书 号 ISBN 978-7-5603-1338-2
定 价 36.80元

第 2 版前言

本书自 1998 年 8 月第 1 版出版发行以来，进行了 8 次印刷，共发行了几万册。全国几十所高校的材料科学与工程专业及相关专业都采用本书作为本科生教材或教学参考书。随着高等教育教学改革的不断深入，材料学科与工程专业的课程体系和教学内容也有相应地调整和改进。专业口径的调整思路也由拓宽口径、强调通识教育到拓宽口径、加强基础与突出特色、强化专业教育并重。因此教材的内容亦应进行及时地更新和补充。

本次修订除了对原有的内容在文字和公式及符号的表示上进行了适当的修改外，主要是在 X 射线衍射部分第 2.5 节中增加了“平面底片照相法”，并增加了第 7 章“晶体的极射赤面投影”和第 8 章“晶体的织构分析”（由武高辉教授编写）。在电子显微分析部分的第 14 章增加了第 14.6 节“背散射电子衍射分析及其应用”（由孟庆昌教授编写）。

该书尽管经过本次修订，但是由于作者的水平与学识所限，加之时间仓促，书中不当之处仍在所难免，敬请读者批评指正。

编　者

2007 年 7 月于哈工大

前　言

哈尔滨工业大学材料科学与工程学院拥有热处理、铸、锻、焊四个博士点和一个博士后流动站，拥有三个国家重点学科和两个国家重点实验室，有24名博士指导教师和一批崭露头角的中青年专家。面对市场经济，面对学科、专业结构的调整与经济、科技、社会发展的要求相比仍相对滞后的局面，根据国家教育改革和我校面向21世纪教育改革的思路，该院锐意改革，实行了材料加工意义下的宽口径教育，提出了材料加工类人才培养的新模式，把拓宽专业和跟踪科学技术发展趋势结合起来，制定了适应材料加工专业人才培养的教学计划和各门课程的教学大纲，并推出了这套教材、教辅实用性丛书。

这套《材料科学与工程》丛书是具有"总结已有、通向未来"，"面向世界、面向21世纪"特色的"优化教材链"，以给培养材料科学与工程人才提供一个捷径为原则，力求简明、深入浅出，既利于教、又利于学。这套丛书包括本科生教材、教辅和研究生学位课教材及与之相适应的实用性工具书。且已由1995年南京全国出版局会议确定为"九·五"国家重点图书选题。

本书是根据拓宽专业口径、加强专业基础的需要，为适应材料（金属材料、无机非金属材料及有机高分子材料）及热加工（热处理、铸造、锻压、焊接）专业的公共技术基础课程的内容要求编写的。

以往"X射线衍射分析"与"电子显微镜"是金属材料及热处理专业的两门专业课，各自学时都在40左右。近年来，材料现代显微分析技术（特别是X射线衍射分析与电子显微术）在材料及其工艺研究中的应用日趋普遍。因此，在高等工科院校中，除了金属材料及热处理专业以外，其他热加工（铸造、锻压、焊接）及有机高分子和无机非金属等有关专业的本科生和研究生都开设了"材料现代分析方法"课程，内容包括X射线衍射与电子显微镜（包括电子探针）两大方面，总学时40左右。但却没有相应的教材，多年来一直采用金属材料及热处理专业用的《金属X射线学》与《金属电子显微分析》两本教材，每本书的内容都在40学时左右。因此教师讲课与学生学习都从中取其所需，难免支离脱节，给教学带来不便。为此，需编写与本门课内容要求相适应的教材。

该教材的内容已于1991年印成讲义，在哈工大材料学院使用了7年，收到较好效果。此次正式出版，对其内容进行了适当的调整和补充。本书在编写过程中，以培养学生的科研能力为出发点，突出基本概念、分析和解决问题的思路，力求精练内容、增大信息量。每章之后附有一定量的习题以助于对课程内容的理解。

本书的第一、二、三、四、五、六章由武高辉教授编写，绪论、第七、八、九、十、十一、十二、十三、十四章、实验一、二、三、四及附录由周玉教授编写，全书由周玉教授统稿定稿，并经杨德庄教授审阅。

由于作者水平所限，加之时间仓促，书中不当之处在所难免，敬请读者批评指正。

编　者

1997年10月于哈工大

目　　录

第 0 章　绪　　论 ······ (1)

第 1 章　X 射线的性质 ······ (3)

1.1　引　言 ······ (3)

1.2　X 射线的本质 ······ (3)

1.3　X 射线的产生及 X 射线管 ······ (5)

1.4　X 射线谱 ······ (6)

1.5　X 射线与物质的相互作用 ······ (11)

1.6　X 射线的安全防护 ······ (15)

习　题 ······ (16)

第 2 章　X 射线衍射方向 ······ (17)

2.1　引　言 ······ (17)

2.2　晶体几何学基础 ······ (18)

2.3　衍射的概念与布拉格方程 ······ (26)

2.4　X 射线衍射方向 ······ (28)

2.5　X 射线衍射方法 ······ (30)

习　题 ······ (34)

第 3 章　X 射线衍射强度 ······ (35)

3.1　引　言 ······ (35)

3.2　结构因子 ······ (35)

3.3　多晶体的衍射强度 ······ (42)

3.4　积分强度计算举例 ······ (50)

习　题 ······ (51)

第 4 章　多晶体分析方法 ······ (53)

4.1　引　言 ······ (53)

4.2　粉末照相法 ······ (54)

4.3　X 射线衍射仪 ······ (60)

4.4　衍射仪的测量方法与实验参数 ······ (67)

4.5　点阵常数的精确测定及其误差分析 ······ (70)

习　题 ······ (78)

第 5 章　X 射线物相分析 ······ (80)

5.1　引　言 ······ (80)

5.2　定性分析的原理和分析思路 ······ (81)

5.3　粉末衍射卡片的组成 ······ (81)

5.4　PDF 卡片的索引 ······ (83)

5.5　物相定性分析方法 ······ (84)

5.6 物相定量分析 …… (87)
习 题 …… (94)
第6章 宏观应力测定 …… (96)
6.1 引 言 …… (96)
6.2 单轴应力测定原理 …… (97)
6.3 平面应力测定原理 …… (98)
6.4 试验方法 …… (100)
6.5 试验精度的保证及测试原理的适用条件 …… (103)
习 题 …… (107)
第7章 晶体的极射赤面投影 …… (108)
7.1 球面投影 …… (108)
7.2 极射赤面投影和吴里夫网 …… (109)
7.3 极射赤面投影的性质及其应用 …… (111)
7.4 晶带的极射赤面投影 …… (114)
7.5 标准投影图 …… (115)
习 题 …… (117)
第8章 多晶体织构分析 …… (119)
8.1 冷拉金属丝织构的测定 …… (120)
8.2 丝织构的极图和反极图 …… (123)
8.3 板织构极图晶体投影原理及其织构测定 …… (124)
8.4 冷轧板织构的测定 …… (126)
8.5 极图的分析与标定 …… (130)
习 题 …… (131)
第9章 电子光学基础 …… (133)
9.1 电子波与电磁透镜 …… (133)
9.2 电磁透镜的像差与分辨率 …… (136)
9.3 电磁透镜的景深和焦长 …… (140)
习 题 …… (141)
第10章 透射电子显微镜 …… (142)
10.1 透射电子显微镜的结构与成像原理 …… (142)
10.2 主要部件的结构与工作原理 …… (147)
10.3 透射电子显微镜分辨率和放大倍数的测定 …… (150)
习 题 …… (151)
第11章 复型技术 …… (152)
11.1 概 述 …… (152)
11.2 质厚衬度原理 …… (152)
11.3 一级复型和二级复型 …… (155)
11.4 萃取复型与粉末样品 …… (157)
习 题 …… (159)

第 12 章　电子衍射 …… (160)
12.1　概　述 …… (160)
12.2　电子衍射原理 …… (161)
12.3　电子显微镜中的电子衍射 …… (171)
12.4　单晶体电子衍射花样标定 …… (174)
12.5　复杂电子衍射花样 …… (178)
习　题 …… (185)
第 13 章　晶体薄膜衍衬成像分析 …… (186)
13.1　概　述 …… (186)
13.2　薄膜样品的制备 …… (186)
13.3　衍衬成像原理 …… (189)
13.4　消光距离 …… (191)
13.5　衍衬运动学简介 …… (193)
13.6　晶体缺陷分析 …… (199)
习　题 …… (207)
第 14 章　扫描电子显微镜 …… (208)
14.1　电子束与固体样品作用时产生的信号 …… (208)
14.2　扫描电子显微镜的构造和工作原理 …… (210)
14.3　扫描电子显微镜的主要性能 …… (212)
14.4　表面形貌衬度原理及其应用 …… (215)
14.5　原子序数衬度原理及其应用 …… (220)
14.6　背散射电子衍射分析及其应用 …… (222)
习　题 …… (227)
第 15 章　电子探针显微分析 …… (228)
15.1　电子探针仪的结构与工作原理 …… (228)
15.2　电子探针仪的分析方法及应用 …… (233)
习　题 …… (235)
第 16 章　其他显微分析方法简介 …… (236)
16.1　离子探针 …… (236)
16.2　低能电子衍射 …… (239)
16.3　俄歇电子能谱仪 …… (243)
16.4　场离子显微镜 …… (248)
16.5　扫描隧道显微镜(STM)与原子力显微镜(AFM) …… (254)
16.6　X 射线光电子能谱仪 …… (258)
习　题 …… (267)
实验指导 …… (268)
实验一　X 射线晶体分析仪介绍及单相立方晶系物质粉末相计算 …… (268)
实验二　利用 X 射线衍射仪进行多相物质的相分析 …… (270)
实验三　透射电子显微镜的结构、样品制备及观察 …… (273)
实验四　扫描电子显微镜、电子探针仪结构与样品分析 …… (278)

附　录…………………………………………………………………………（282）
附录 1　物理常数 ……………………………………………………………（282）
附录 2　质量吸收系数 μ_l/ρ ……………………………………………（283）
附录 3　原子散射因数 f ……………………………………………………（284）
附录 4　各种点阵的结构因数 F_{HKL}^2 …………………………………………（285）
附录 5　粉末法的多重性因数 P_{hkl} …………………………………………（285）
附录 6　角因数 $\frac{1+\cos^2 2\theta}{\sin^2\theta\cos\theta}$ ……………………………………………（285）
附录 7　德拜函数 $\frac{\phi(x)}{x}+\frac{1}{4}$ 之值…………………………………………（287）
附录 8　某些物质的特征温度 Θ ……………………………………………（288）
附录 9　$\frac{1}{2}\left(\frac{\cos^2\theta}{\sin\theta}+\frac{\cos^2\theta}{\theta}\right)$ 的数值 ……………………………………（288）
附录 10　立方系晶面间夹角 ………………………………………………（290）
附录 11　常见晶体标准电子衍射花样 ……………………………………（292）
附录 12　特征 X 射线的波长和能量表 ……………………………………（300）
附录 13　元素的物理性质 …………………………………………………（302）
附录 14　钢中相的电子衍射花样标定用数据表 …………………………（304）
附录 15　一些物质的晶面间距 ……………………………………………（307）
附录 16　立方与六方晶体可能出现的反射 ………………………………（309）
主要参考文献……………………………………………………………（311）

第0章

绪　论

本课程是一门试验方法课，主要介绍采用X射线衍射和电子显微镜来分析材料的微观组织结构与显微成分的方法。

1.材料的组织结构与性能

(1) 组织结构与性能的关系。结构决定性能是自然界永恒的规律。材料的性能(包括力学性能与物理性能)是由其内部的微观组织结构所决定的。不同种类材料固然具有不同的性能，即使是同一种材料经不同工艺处理后得到不同的组织结构时，则具有不同的性能(例如：同一种钢淬火后得到的马氏体硬，而退火后得到的珠光体软)。有机化合物中同分异构体的性能也各不相同。

(2) 微观组织结构控制。在我们认识了材料的组织结构与性能之间的关系及显微组织结构形成的条件与过程机理的基础上，我们则可以通过一定的方法控制其显微组织形成条件，使其形成预期的组织结构，从而具有所希望的性能。例如：在加工齿轮时，预先将钢材进行退火处理，使其硬度降低，以满足容易车、铣等加工工艺性能要求；加工好后再进行渗碳淬火处理，使其强度硬度提高，以满足耐磨损等使用性能要求。

2.显微组织结构的内容

材料的显微组织结构所涉及的内容大致如下：①显微化学成分(不同相的成分，基体与析出相的成分，偏析等)；②晶体结构与晶体缺陷(面心立方、体心立方、位错、层错等)；③晶粒大小与形态(等轴晶、柱状晶、枝晶等)；④相的成分、结构、形态、含量及分布(球、片、棒、沿晶界聚集或均匀分布等)；⑤界面(表面、相界与晶界)；⑥位向关系(惯习面、孪生面、新相与母相)；⑦夹杂物；⑧内应力(喷丸表面，焊缝热影响区等)。

3.传统的显微组织结构与成分分析测试方法

(1) 光学显微镜。光学显微镜是最常用的也是最简单的观察材料显微组织的工具。它能直观地反映材料样品的组织形态(如晶粒大小，珠光体还是马氏体，焊接热影响区的组织形态，铸造组织的晶粒形态等)。但由于其分辨本领低(约200 nm)和放大倍率低(约1 000倍)，因此只能观察到10^2 nm尺寸级别的组织结构，而对于更小的组织形态与单元(如位错、原子排列等)则无能为力。同时由于光学显微镜只能观察表面形态而不能观察材料内部的组织结构，更不能对所观察的显微组织进行同位微区成分分析，而目前材料研究中的微观组织结构分析已深入到原子的尺度，因此光学显微镜已远远满足不了当前材料研究的需要。

(2) 化学分析。采用化学分析方法测定钢的成分只能给出一块试样的平均成分(所含每种元素的平均含量),并可以达到很高的精度,但不能给出所含元素分布情况(如偏析,同一元素在不同相中的含量不同等)。光谱分析给出的结果也是样品的平均成分。而实际上元素在钢中的分布不是绝对均匀的,即在微观上是不均匀的。恰恰是这种微区成分的不均匀性造成了微观组织结构的不均匀性,以致带来微观区域性能的不均匀性,这种不均匀性对材料的宏观性能有重要的影响作用。例如在淬火钢中,未溶碳化物附近的高碳区形成硬脆的片状马氏体,而含碳量较低的区域则形成强而韧的板条马氏体。片状马氏体在承载时往往易形成脆性裂纹源,并逐渐扩展而造成断裂。

4.X射线衍射与电子显微镜

(1) X射线衍射(XRD, X - Ray Diffraction)。XRD是利用X射线在晶体中的衍射现象来分析材料的晶体结构、晶格参数、晶体缺陷(位错等)、不同结构相的含量及内应力的方法。这种方法是建立在一定晶体结构模型基础上的间接方法。即根据与晶体样品产生衍射后的X射线信号的特征去分析计算出样品的晶体结构与晶格参数,并可以达到很高的精度。然而由于它不是像显微镜那样直观可见的观察,因此也无法把形貌观察与晶体结构分析微观同位地结合起来。由于X射线聚焦的困难,所能分析样品的最小区域(光斑)在毫米数量级,因此对微米及纳米级的微观区域进行单独选择性分析也是无能为力的。

(2) 电子显微镜(EM, Electron Microscope)。EM是用高能电子束作光源,用能产生磁场的环形电磁线圈作透镜制造的具有高分辨率和高放大倍数的电子光学显微镜。

① 透射电子显微镜(TEM, Transmission Electron Microscope)。TEM是采用透过薄膜样品的电子束成像来显示样品内部组织形态与结构的。因此它可以在观察样品微观组织形态的同时,对所观察的区域进行晶体结构鉴定(同位分析)。其分辨率可达 10^{-1} nm,放大倍数可达 10^6 倍。

② 扫描电子显微镜(SEM, Scanning Electron Mircoscope)。SEM是利用电子束在样品表面扫描激发出来代表样品表面特征的信号成像的。最常用来观察样品表面形貌(断口等)。分辨率可达到1 nm,放大倍数可达 2×10^5 倍。还可以观察样品表面的成分分布情况。

③ 电子探针显微分析(EPMA, Eletron Probe Micro - Analysis)。EPMA是利用聚焦得很细的电子束打在样品的微观区域,激发出样品该区域的特征X射线,分析其X射线的波长和强度来确定样品微观区域的化学成分。将扫描电镜与电子探针结合起来,则可以在观察微观形貌的同时对该微观区域进行化学成分同位分析。

④ 扫描透射电子显微镜(STEM, Scanning Transmission Electron Microscope)。STEM同时具有SEM和TEM的双重功能,如配上电子探针附件(分析电镜)则可实现对微观区域的组织形貌观察、晶体结构鉴定及化学成分测试三位一体的同位分析。

5.本课程内容及要求

(1) 内容:本课程主要讲授X射线衍射分析的基本原理、实验方法及应用,透射电镜、扫描电镜、电子探针显微分析的基本原理与方法及应用。

(2) 要求:掌握基本原理、了解常用的实验方法,在实际工作中能正确地选用本课程中介绍的实验方法,并能与专门从事X射线与电子显微分析工作的人员共同制定试验方案与分析试验结果。

第 1 章

X 射线的性质

1.1 引　　言

X 射线是 1895 年 11 月 8 日由德国物理学家伦琴(W. G. Röntgen)在研究真空管高压放电现象时偶然发现的。当时,他发现凳子上的镀有氰亚铂酸钡的硬纸板发出荧光。这一现象引起了细心的伦琴的注意,求知和好奇的心理促使他对此进行了认真的思考。他分析,这可能是存在一种不同于可见光的射线,而且可能是由真空管加入高电压时引起的,他试着用黑纸挡、用木块挡都挡不住,甚至可以透过人的骨骼! 这一发现令他兴奋不已,一连数日工作在实验室里流连忘返。由于当时对这种射线的本质和特性尚无了解,故取名为 X 射线,后人也称之为伦琴射线。他的发现在社会上立即引起了一场风波,但他坚信自己的发现,并潜心研究这种射线的性质。从 1895 年到 1897 年间,他搞清楚了 X 射线的产生、传播、穿透力等大部分特性。伦琴的这一伟大发现使得他于 1901 年成为世界上第一位诺贝尔奖获得者。

人类在利用某种自然现象的时候,未必是先了解这个现象的本质然后再去运用的。X 射线发现仅半年就被医务界用来进行骨折诊断和定位了,随后又用于检查铸件中的缺陷等。这些实践的发展使得人们在对 X 射线性质还不十分了解的时候便创造了 X 射线透视技术(radiography)。到 1912 年时,X 射线的诸多性质已经被探明,这一年德国物理学家劳埃(M. von Laue)以其创造性的试验发现了 X 射线在晶体上的衍射(X - ray diffraction),从而证明了 X 射线是光的一种,有其波动特性;同时又证实了晶体结构的周期性。于是研究物质微观结构的新方法不断涌现,X 射线的发现和应用使人们对晶体的认识从光学显微镜的微米数量级深入到纳米数量级,从而对金属的特性才有了更加接近本质的认识。本章将对 X 射线的性质和 X 射线与物质相互作用时的基本特性作原理性的介绍。

1.2 X 射线的本质

X 射线的本质与可见光、红外线辐射、紫外线以及宇宙射线完全相同,均属电磁波或电磁辐射,同时具有波动性和粒子性特征,波长较可见光短,约与晶体的晶格常数为同一数量级,在 10^{-8} cm 左右。X 射线波长的单位过去常用埃(Å)来表示。按现行国际标准,纳米(nm)为法定单位。1 nm = 10^{-9} m = 10 Å。还有一种用晶体学单位的相对表示方法,叫做 X 单位或 kX 单位。1 kX = 1 000 X = 方解石($CaCO_3$)的(211)晶面间距/3.029 45,随测试精度的进步，这一数值也在变化，现在认为 1 kX = 1.002 056 ± 0.000 005 Å。

常见的各种电磁波的波长和频率如图 1.1 所示。用于晶体结构分析的 X 线波长一般为 0.25～0 .05 nm，由于波长较短，由于其穿透能力强，习惯上称之为“硬 X 线”，金属部件的无损探伤希望用更短的波长，一般为 0.1～0.005 nm。用于医学透视上的 X 射线的波长很长，故称之为“软 X 线”。

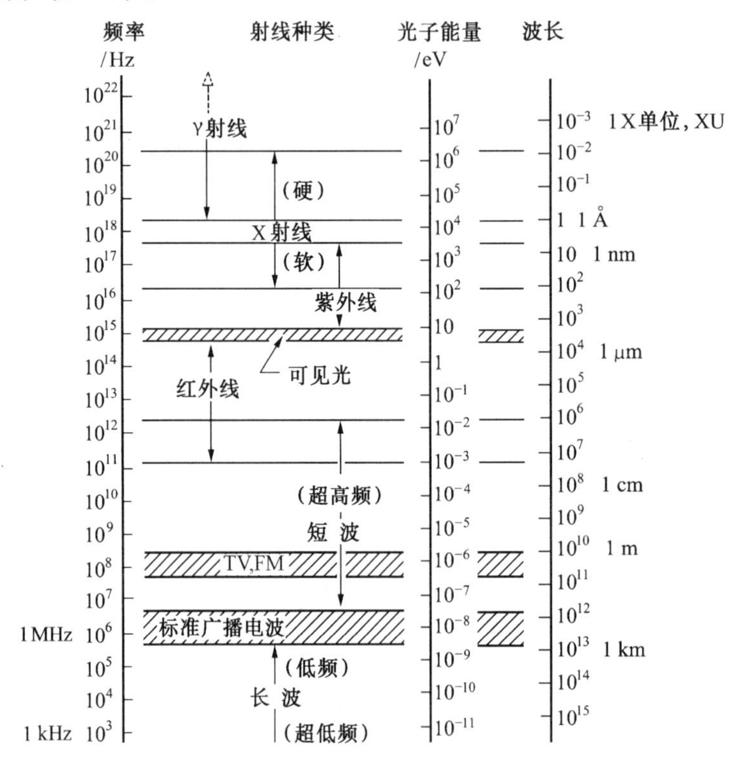

图 1.1 电磁谱(各种射线的上、下限并非十分严格，图示仅为大致的范围)

X 射线的波动性主要表现为以一定的频率和波长在空间传播；它的粒子性则主要表现为它是由大量的不连续粒子流构成的，这些粒子流称为光子。X 射线以光子的形式辐射和吸收时具有质量、能量和动量。描述 X 射线的波动性的参量频率 ν、波长 λ 与描述粒子性的参量能量 ε、动量 p 之间的关系为

$$\varepsilon = h\nu = \frac{hc}{\lambda} \tag{1.1}$$

$$p = \frac{h}{\lambda} \tag{1.2}$$

式中 h——普朗克常数，$h = 6.625 \times 10^{-34}$ J·s；

c——X 射线的速度，$c = 2.998 \times 10^{8}$ m/s。

X 射线的波长较可见光短得多，所以能量和动量很大，具有很强的穿透能力。

电磁波是一种横波，当“单色”X 射线即波长一定的 X 射线沿 x 方向传播时，同时具有电场矢量 $\boldsymbol{E}$ 和磁场矢量 $\boldsymbol{H}$，这两个矢量总以相同的周相，在两个相互垂直的平面内(即 y，z 方向)作周期振动，且与 x 方向相垂直，传播速度等于光速。在 X 射线分析中我们记录的是电场强度矢量 $\boldsymbol{E}$ 引起的物理效应，因此以后我们只讨论 $\boldsymbol{E}$ 矢量的变化，而不再提及磁场强度矢量 $\boldsymbol{H}$。电场矢量 $\boldsymbol{E}$ 随 X 射线传播时间或传播距离的变化呈周期性波动，波振幅为 A，如图 1.2 所示。X 射线的强度用波动性的观点描述可以认为是单位时间内通

过垂直于传播方向的单位截面上的能量的大小,强度与波振幅 A 的平方成正比,$I \propto A^2$,如图1.2所示。X射线的强度用粒子性描述为单位时间内通过单位截面的光量子数目。X射线的绝对强度的单位是 $J/(m^2 \cdot s)$。不过,由于X射线的绝对强度难以测定,通常使用相对值,如感光底片的相对黑度、探测器(计数管)的计数等。

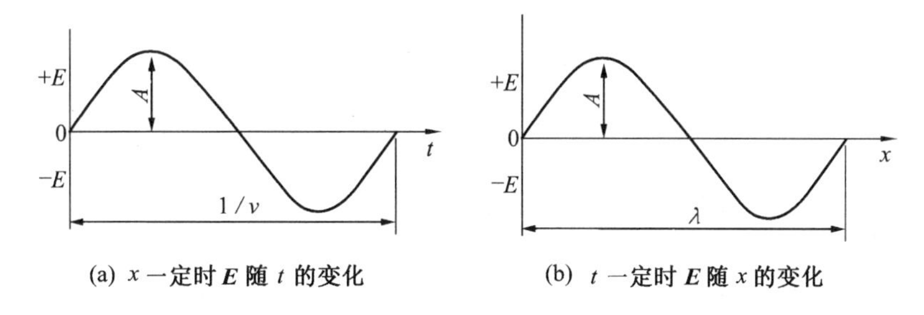

(a) x 一定时 E 随 t 的变化　(b) t 一定时 E 随 x 的变化

图1.2　E 的变化

波粒二象性是X射线的客观属性,但是在一定条件下可能只有某一方面的属性表现得较明显,条件变化后可能又使另一特性变得明显。X射线的波动性反映在一物质运动的连续性和在传播过程中发生的干涉、衍射等过程中;而它的粒子性特征则突出地表现在与物质相互作用和交换能量的时候。当X射线与物质原子或电子相互作用时,光子只能整个地被原子或电子吸收或散射。从原则上讲,对同一辐射所具有的波动性与粒子性的描述,既可以用时间和空间展开的数学形式来描述,也可以用统计学的方法确定在某时间和某位置粒子出现的概率。因此我们必须同时接受波动和粒子两种模型。

1.3　X射线的产生及X射线管

可见光(热光源)的产生是由大量分子、原子在热激发下向外辐射电磁波的结果。而X射线则是由高速运动着的带电(或不带电)粒子与某种物质相撞击后猝然减速,且与该物质中的内层电子相作用而产生的。这就是说,X射线产生要有几个基本条件:①产生自由电子;②使电子做定向高速运动;③在电子运动的路径上设置使其突然减速的障碍物。根据这个原理,很容易理解X射线发生器的构造原理,图1.3是一种封闭式X射线管(X-ray tube)剖面示意图。其主要构造有以下几个部分。

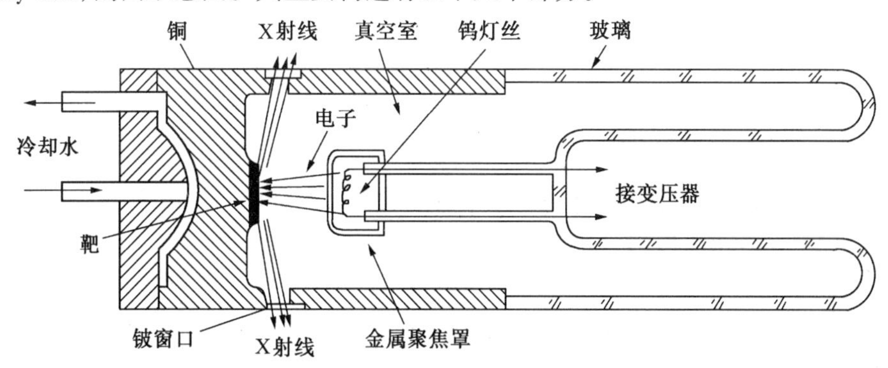

图1.3　X射线管剖面示意图

(1) 阴极。阴极的功能是发射电子。它由钨丝制成,在通以一定的电流加热后便能释放出热辐射电子。

(2) 阳极。阳极又称之为靶(target)。是使电子突然减速并发射X射线的地方。常用靶材主要有 Cr、Fe、Co、Ni、Cu、Mo、Ag、W 等,在软 X 射线装置中常用 Al 靶。

(3) 窗口。窗口是 X 射线射出的通道。通常窗口有两个或四个,窗口材料要求既要有足够的强度以维持管内的高真空,又要对 X 射线的吸收较小,玻璃对 X 射线的吸收较大,所以不用,较好的材料是金属铍,有时也用硼酸铍锂构成的林德曼玻璃。

阴极发射的电子在数万伏的高压下向阳极加速,为使电子束集中,在阴极灯丝外加上聚焦罩,并使灯丝与聚焦罩之间始终保持 100 ~ 400 V 的电位差。高速电子与阳极靶作用产生 X 射线,X 射线是向四周发散的,大部分被管壳吸收,只有通过窗口的才能发射出去得以利用。电子束轰击阳极靶时只有 1% 的能量转化为 X 射线能量,其余的 99% 都转变为热能,所以从技术上必须将靶固定在高导热性的金属(黄铜或紫铜)之上,并通冷却水以防止靶的熔化。

为满足 X 射线管使用性能的要求,还要设计一定形状的焦点(focal spot),焦点是阳极靶表面被电子束轰击的一块面积,X 射线就是从这块面积上发出的。焦点的尺寸和形状是 X 射线管的重要特性之一。焦点的形状取决于灯丝的形状,用螺线形灯丝则产生长方形焦点。在 X 射线衍射工作中,总希望有较小的焦点和较强的 X 射线强度,前者可以提高分辨率,后者可以缩短曝光时间。为达到上述要求,最好的办法是在与靶面成一定角度的位置接受 X 射线,如图 1.4 所示。在这种情况下,焦点本来的形状是 1 mm × 10 mm 的长方形,但在接受方向上表观焦点(X 射线束的截面积)却缩小了,在功率不变的情况下,X 射线强度也相应提高了。考虑到靶面的凹凸不平对 X 射线的障碍,通常在与靶面成 3° ~ 6°角的方向上接受 X 射线。

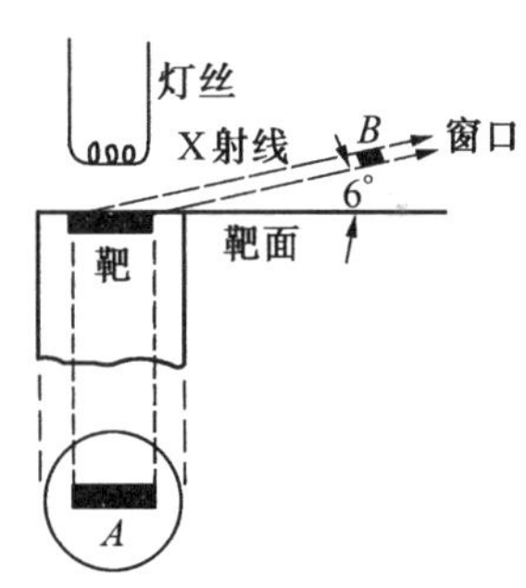

图 1.4 靶的焦点形状及接受方向

另外,对于长方形焦点的 X 射线管,窗口通常开在与焦点长边和短边相对应的位置,对着短边的窗口发射出的 X 射线的表观焦点形状为正方形其强度较高。对着长边的表观焦点形状为线状,它的强度很弱,但是,这样的射线束对于某些衍射工作是十分有利的。

根据 X 射线衍射的需要和衍射技术的发展,还出现了旋转阳极 X 射线管、细聚焦 X 射线管等,在此不作赘述。

1.4 X 射线谱

1.4.1 连续 X 射线谱

如果我们对 X 射线管施加不同的电压,再用适当的方法去测量由 X 射线管发出的 X 射线的波长和强度,便会得到 X 射线强度与波长的关系曲线,称之为 X 射线谱。图 1.5 为 Mo 阳极 X 射线管在不同管压下的 X 射线谱,可以看出,在管压很低,小于 20 kV 时的曲线是连续变化的,故而称这种 X 射线谱为连续谱。随管压增高,X 射线强度增高,连续谱峰值所对应的波长向短波端移动。在各种管压下的连续谱都存在一个最短的波长值 λ_0,称为短波限。通常峰值位置大约在 1.5 λ_0 处。我们把这种具有连续谱的 X 射线叫做多色 X 射线、连续 X 射线或白色 X 射线。

连续 X 射线的产生有两种解释。按照经典电动力学概念,一个高速运动着的电子到达靶面上时,因突然减速产生很大的负加速度,这种负加速度一定会引起周围电磁场的急剧变化，产生电磁波；按照量子理论的观点，当能量为 eU 的电子与靶的原子整体碰撞时，电子失去自己的能量，其中一部分以光子的形式辐射出去，而每碰撞一次产生一个能量为 $h\nu$ 的光子（h 为普朗克常数，ν 为所产生的光子流的波动频率）。这种辐射称之为韧致辐射。为什么会产生连续谱呢？假设管电流为 10 mA，则可以计算，每秒到达阳极靶上的电子数可达 6.25×10^{16} 个，如此之多的电子到达靶上的时间和条件不会相同，并且绝大多数到达靶上的电子要经过多次碰撞，逐步把能量释放到零，同时产生一系列能量为 $h\nu_i$ 的光子序列，即形成连续谱。在数目庞大的电子群中总会有极少数的电子在一次碰撞中将全部能量一次性转化为一个光量子，这个光量子便具有最高能量和最短的波长，即 λ_0。一般情况下光子的能量只能小于或等于电子的能量。它的极限情况为

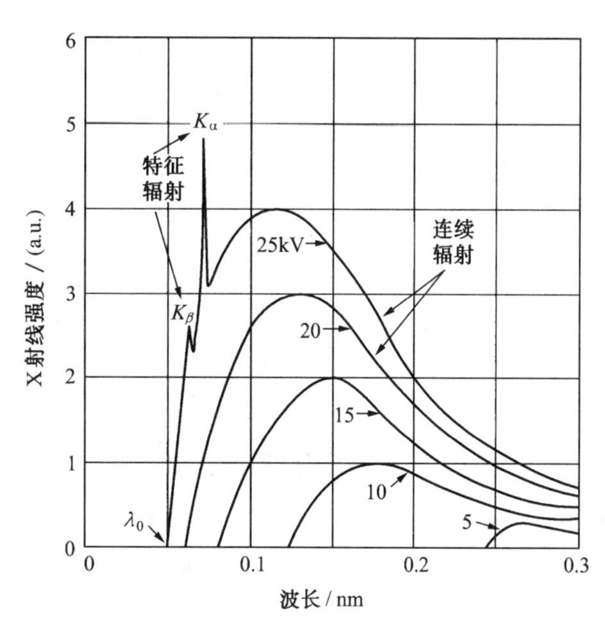

图 1.5　Mo 阳极连续 X 射线谱

$$eU = h\nu_{\max} = \frac{hc}{\lambda_0} \tag{1.3}$$

式中　e——电子电荷，$e = 1.602\times10^{19}$ C；

U——电子通过两极时的电压降（kV）；

h——普朗克常数，$h = 6.626\times10^{-4}$ J·s；

ν——X 射线频率（s^{-1}）；

c——光在真空中的传播速度，$c = 2.998\times10^{8}$ m/s；

λ_0——短波限（nm）。

如果 U 和 λ 分别以 kV 和 mm 为单位，将其余常数的数值代入式（1.3），则有

$$\lambda_0 = \frac{1.24}{U} \tag{1.4}$$

式（1.4）说明，连续谱短波限只与管电压有关，当固定管电压，增加管电流或改变靶时 λ_0 不变。当增加管电压时，电子动能增加，电子与靶的碰撞次数和辐射出来的 X 射线光量子的能量都增高，这就解释了图 1.5 所示的连续谱图形变化规律：随管压增高，连续谱各波长的强度都相应增高，各曲线对应的最大值和短波限 λ_0 都向短波方向移动。

前面说 X 射线的强度是指垂直于 X 射线传播方向的单位面积上在单位时间内光量子数目的能量总和，其意义是 X 射线的强度 I 是由光子的能量 $h\nu$ 和光子的数目 n 两个因素决定的，即 $I = nh\nu$。正因为如此，连续 X 射线谱中的最大值并不在光子能量最大的 λ_0 处，而是在大约 $1.5\lambda_0$ 的地方。

连续谱强度分布曲线下所包络的面积与在一定条件下单位时间发射的连续 X 射线总强度成正比。实验证明，它与管电流 i，管电压 U，阳极靶的原子序数 Z 之间有下述经验公式，即

$$I_{连} = \alpha i Z U^{mi} \tag{1.5}$$

式中　α——常数，$\alpha \approx (1.1 \sim 1.4) \times 10^{-9}$；

mi——常数，$mi \approx 2$。

根据式(1.5)可以计算出X射线管发射连续X射线的效率为

$$\eta = \frac{连续X射线总强度}{X射线管功率} = \frac{\alpha i Z U^2}{iU} = \alpha Z U \tag{1.6}$$

当用钨阳极($Z=74$)，管电压为100 kV时，$\eta \approx 1\%$，可见效率是很低的。电子能量的99%左右在与阳极靶轰击的过程中转变为热量而损失掉了。为提高X射线管发射连续X射线的效率，就要选用重金属靶并施以高电压。例如，为获得较强的连续辐射，实验时经常选用钨靶X射线管，在60～80 kV管电压下工作就是这个道理。

1.4.2　特征(标识)X射线谱

在图1.5所示的Mo阳极连续X射线谱上，当电压继续升高，大于某个临界值时，突然在连续谱的某个波长(0.063 nm和0.071 nm)处出现强度峰，峰窄而尖锐。为便于观察，将35 kV的谱线示于图1.6。改变管电流、管电压，这些谱线只改变强度而峰的位置所对应的波长不变，即波长只与靶的材料亦即只与靶材的原子序数有关，与电压无关。因这种强度峰的波长反映了物质的原子序数特征，所以叫特征X射线，由特征X射线构成的X射线谱叫特征X射线谱，而产生特征X射线的最低电压叫激发电压。

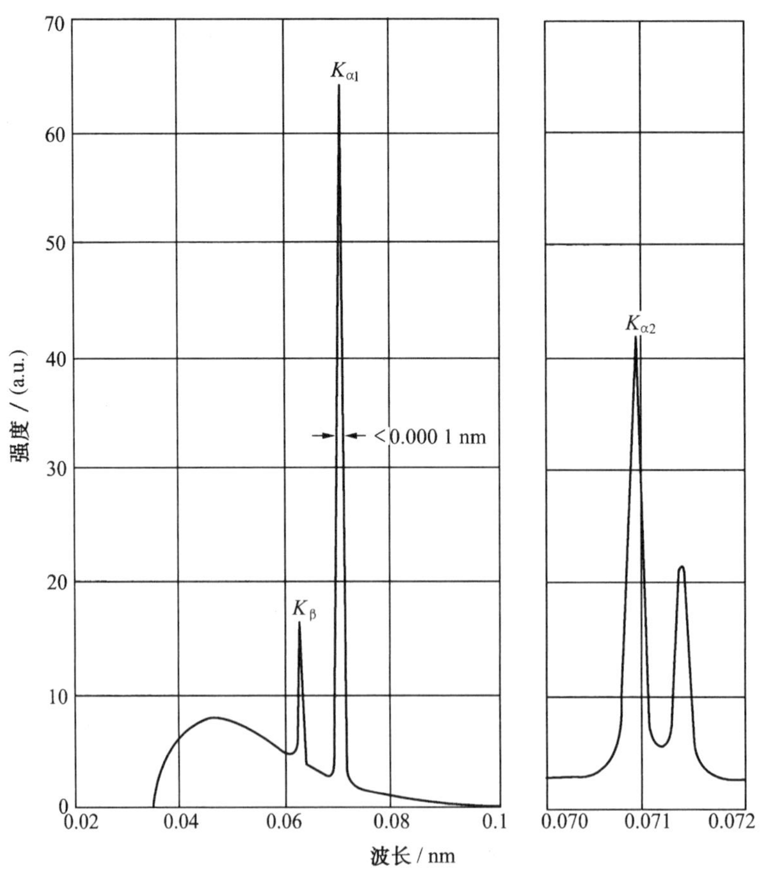

图1.6　特征X射线谱(右图为将横轴放大后观察的K_{α}双重线)

特征X射线谱产生的机理与连续谱的不同，它的产生是与阳极靶物质的原子结构紧密相关的。如图1.7所示，原子系统中的电子遵从泡利不相容原理不连续地分布在 $K,L,M,N\cdots$ 等不同能级的壳层上，而且按能量最低原理首先填充最靠近原子核的 K 壳层，再依次充填 $L,M,N\cdots$ 壳层。各壳层的能量由里到外逐渐增加。$\varepsilon_K < \varepsilon_L < \varepsilon_M \cdots$。当外来的高速度粒子(电子或光子)的动能足够大时，可以将壳层中某个电子击出去，或击到原子系统之外，或使这个电子填到未满的高能级上。于是在原来位置出现空位，原子的系统能量因此而升高，处于激发态。这种激发态是不稳定的，势必自发地向低能态转化，使原子系统能量重新降低而趋于稳定。通常这一转化是由较高能级上的电子向低能级上的空位跃迁的方式完成的，比如 L 层电子跃迁到 K 层，此时能量降低为

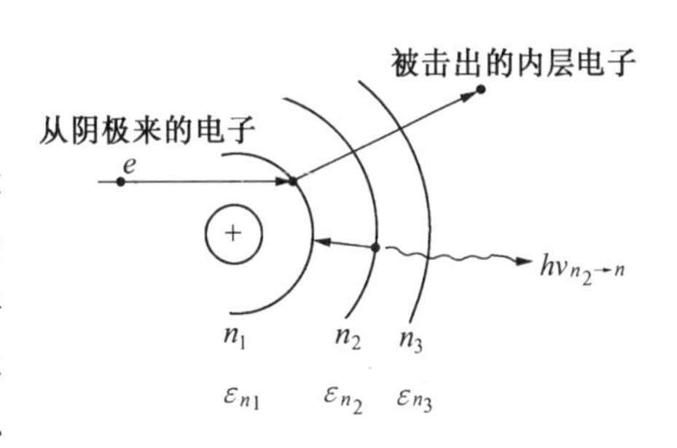

图1.7　内层电子跃迁辐射X射线示意图

$$\Delta\varepsilon_{KL} = \varepsilon_L - \varepsilon_K \tag{1.7}$$

这一能量以一个光量子的形式辐射出来变成光子能量，即

$$\Delta\varepsilon_{KL} = h\nu = hc/\lambda \tag{1.8}$$

对于原子序数为 Z 的物质来说，各原子能级所具有的能量是固有的，所以 $\Delta\varepsilon_{KL}$ 便为固有值，根据式(1.8)，λ 也随之固定。这就是特征X射线波长为一定值的原因。

为什么特征X射线的产生条件中还存在一个临界激发电压呢？假设由阴极射来的电子的动能为 $\frac{1}{2}mv^2 = eU$。阴极射来的电子欲击出靶材的原子内层电子，比如 K 层电子，必须使其动能大于 K 层电子与原子核的结合能 E_K 或 K 层电子的逸出功 W_K，即 $eU \geqslant -E_K = W_K$。在临界条件下即有 $eU_K = -E_K = W_K$，这里 U_K 便是阴极电子击出靶材原子 K 电子所需的临界激发电压。由于越靠近原子核的内层电子与核的结合能越大，所以击出同一原子的 K,L,M 等不同壳层上的电子就需要不同的 U_K、U_L、U_M 等临界激发电压，越接近内层临界激发电压越高。另外阳极靶物质的原子序数越大，所需临界激发电压值也越高。

原子处于激发态后，外层电子便争相向内层跃迁，同时辐射出特征X射线。我们定义把 K 层电子被击出的过程叫 K 系激发，随之的电子跃迁所引起的辐射叫 K 系辐射，同理，把 L 层电子被击出的过程叫 L 系激发，随之的电子跃迁所引起的辐射叫 L 系辐射，依次类推。我们再按电子跃迁时所跨越的能级数目的不同把同一辐射线系分成几类，对跨越1,2,3…个能级所引起的辐射分别标以 α,β,γ 等符号。电子由 $L\to K$，$M\to K$ 跃迁(分别跨越1、2个能级)所引起的 K 系辐射定义为 K_α，K_β 谱线；同理，由 $M\to L$，$N\to L$ 电子跃迁将辐射出 L 系的 L_α，L_β 谱线，以此类推还有 M 线系等，如图1.8所示。

观察图1.6，其中为什么 K_α 线比 K_β 线波长长而强度高呢？因为原子系统中不仅各能级的能量不同，各能级间的能量差也不是均匀分布的，越靠近原子核的相邻能级间的能量差越大。这样，由于 $K-M$ 层上电子能量差大于 $K-L$ 层上的电子能量差，由式(1.8)可知，能量差与波长 λ 成反比，故电子由 $M\to K$ 层跃迁时所产生的 K_β 射线的波长较 $L\to K$ 层跃迁产生的 K_α 射线波长要短。另外，由图1.6可见，K_α 线要比 K_β 线的强度大5倍左右，这是因为电子由 $L\to K$ 层跃迁的几率比由 $M\to K$ 层跃迁的几率大5倍左右的缘故。

由于同一壳层中还有精细结构,其能量差固定,所以同一壳层的电子并不处于同一能量状态,而分属于若干个亚能级。如 L 层 8 个电子分属于 L_{I}, L_{II}, L_{III} 三个亚能级,M 层的 18 个电子分属五个亚能级等。不同亚能级上电子跃迁会引起特征波长的微小差别。实验证明,K_α 是由 L_{III} 上的 4 个电子和 L_{II} 上的 3 个电子向 K 壳层跃迁时辐射出来的两根谱线(称为 $K_{\alpha1}$ 和 $K_{\alpha2}$ 双线)组成的,如图 1.6 所示。又由于 $L_{\mathrm{III}} \to K$ 的跃迁几率较 $L_{\mathrm{II}} \to K$ 的大一倍,所以组成 K_α 的两条线的强度比为 $I_{K\alpha1}:I_{K\alpha2} \approx 2:1$。对于钨靶,$K_{\alpha1}$ = 0.070 9 nm,$K_{\alpha2}$ = 0.071 4 nm,在一般情况下它们是分不开的,这时 K_α 线的波长取双线的波长的加权平均值为 $\lambda_{K\alpha} = \frac{2}{3}\lambda_{K\alpha1} + \frac{1}{3}\lambda_{K\alpha2}$。几种元素的 K 系射线的波长见表 1.1。

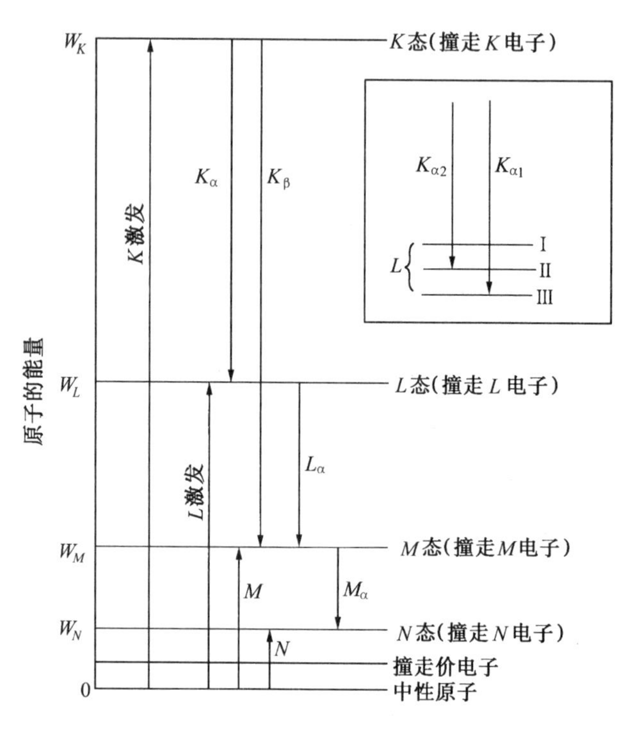

图 1.8　原子能级示意图

表 1.1　几种元素的 K 系射线波长及常用的滤波片

阳极靶元素	原子序数 Z	K_α 波长 /nm	K_β 波长 /nm	滤波片				
				材料	原子序数 Z	λ_K	厚度* /mm	$I/I_0(K_\alpha)$
Cr	24	0.229 09	0.208 48	V	23	0.226 90	0.016	0.50
Fe	26	0.193 73	0.175 65	Mn	25	0.186 94	0.016	0.46
Co	27	0.179 02	0.162 07	Fe	26	0.174 29	0.018	0.44
Ni	28	0.165 91	0.150 01	Co	27	0.160 72	0.013	0.53
Cu	29	0.154 18	0.139 22	Ni	28	0.148 69	0.021	0.40
Mo	42	0.071 07	0.063 23	Zr	40	0.068 88	0.108	0.31
Ag	47	0.056 09	0.049 70	Rh	45	0.053 38	0.079	0.29

* 滤波后 K_β/K_α 的强度比为 1/600。

特征 X 射线谱的频率或波长只取决于阳极靶物质的原子能级结构,而与其他外界因素无关。莫塞莱(H. G. J Moseley)在 1914 年总结发现了这一规律,给出了它们之间的关系式,即

$$\sqrt{\nu} = K(Z - \sigma) \tag{1.9}$$

式中　K——与靶材物质主量子数有关的常数;

σ——屏蔽常数,与一电子所在的壳层位置有关。

式(1.9)为莫塞莱定律,它成为 X 射线荧光光谱分析和电子探针微区成分分析的理论基础。分析思路是使未知物质发出特征 X 射线,并经过已知晶体进行衍射,然后算出波长 λ,再利用标准样品标定出 K 和 σ,从而根据式(1.9)确定未知物质的原子序数 Z。

在X射线多晶体衍射中，主要是利用 K_α 线作辐射源，L 系或 M 系射线由于波长太长，容易被物质吸收所以不用。另外，在利用X射线衍射原理分析时，X射线的连续谱只增加衍射花样的背底，不利于衍射花样分析，因此总希望特征谱线强度与连续谱线强度之比越大越好。实践和计算表明，当工作电压为 K 系激发电压的3~5倍时，$I_{特}/I_{连}$ 最大。

1.5　X射线与物质的相互作用

上节讨论的是X射线的产生和X射线本身的性质。下面要讨论的是X射线照射到物质上将产生的效应。X射线照射到物质上与物质相互作用是个复杂的过程。从能量转换的观点宏观地看，可归结为三个能量转换过程：E_1——散射能量；E_2——吸收能量，包括真吸收转换成部分和光电效应、俄歇效应、正电子吸收等；E_3——透过物质，继续沿原入射方向传播的能量，包括波长改变和不改变两部分。根据能量守恒定律，$E_1+E_2+E_3=E$。E 为光子能量、电子能量、原子能量和剩余能量的总和。下面分别讨论这些相互作用的规律和应用基础。

1.5.1　X射线的散射

物质对X射线的散射主要是电子与X射线相互作用的结果。物质中的核外电子可分为两大类，即原子核束缚不紧的电子和原子核束缚较紧的电子，X射线照射到物质表面后对于这两类电子会产生两种散射效应。

1. 相干散射（弹性散射或汤姆逊散射）

当X射线与原子中束缚较紧的内层电子相撞时，光子把能量全部转给电子，电子受X射线电磁波的影响将绕其平衡位置发生受迫振动，不断被加速或被减速而且振动频率与入射X射线的相同。根据经典电磁理论，一个加速的带电粒子可作为一个新波源向四周各方向发射电磁波，这样一来，这个电子本身又变成了一个新的电磁波源，向四周辐射电磁波，叫做X射线散射波。虽然入射波是单向的，但散射波却射向四面八方。这些散射波之间符合振动方向相同、频率相同、位相差恒定的光的干涉条件，所以可以发生干涉作用，故称之为相干散射。原来入射的光子由于能量散失，而随之消失（光子的静止质量为零）。

2. 非相干散射（康普顿－吴有训效应）

当X射线光子与束缚力不大的外层电子或价电子或金属晶体中自由电子相碰撞时的散射过程，可利用一个光子与一个电子的弹性碰撞机制来描述，如图1.9所示。

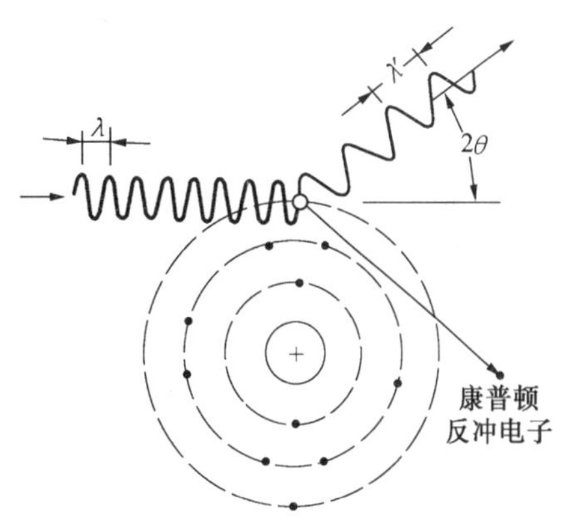

图1.9　X射线非相干散射

这个电子将被撞离原运行方向同时带走光子的一部分动能成为反冲电子；根据动量和能量守恒，原来的X射线光量子也因碰撞而损失掉一部分能量，使得波长增加并与原方向偏离 2θ 角。散射光子和反冲电子的能量之和等于入射光子的能量。根据能量守恒和动量守恒的定律，可以推导出散射线波长的增大值为

$$\Delta\lambda=\lambda'-\lambda\approx 0.0024(1-\cos 2\theta) \tag{1.10}$$

其中 λ 和λ'分别为入射光与散射光的波长(nm),2θ 为二者传播方向之间的夹角。可见散射光的波长变化不依赖于入射光波长 λ,只与散射角 2θ 有关。在 $2\theta = 180°$时,$\cos 2\theta = -1$,$\Delta\lambda = 0.0048$ nm。

经典电磁理论不能解释 $\Delta\lambda$ 的存在,也不能解释 $\Delta\lambda$ 随 2θ 大小而改变,这种散射现象和它的定量关系遵守量子理论规律,故有时也叫量子散射。由于这种散射效应是由 A. H.康普顿和我国物理学家吴有训首先发现的,所以称康-吴效应,也称康普顿散射。由于散布于空间各个方向的量子散射波与入射波的波长不相同,位相也不存在确定的关系,因此不能产生干涉效应,也叫非相干散射。非相干散射不能参与晶体对 X 射线的衍射,只会在衍射图上形成强度随 $\sin\theta/\lambda$ 增加而增加的背底,给衍射精度带来不利影响。入射波长越短,被照射物质元素越轻,这一现象越显著。就此,在 X 射线强度一章中还要详细叙述。

1.5.2 X 射线的吸收

1. X 射线的吸收与吸收系数

X 射线照射到物体表面之后,有一部分要通过物质,一部分要被物质吸收,实验证明,强度为 I 的入射 X 射线在均匀物质内部通过时,强度的衰减率与在物质内通过的距离 x 成比例,即

$$-\mathrm{d}I/I = \mu \mathrm{d}x \tag{1.11}$$

比例系数 μ 称为线吸收系数,它的意义是在 X 射线的传播方向上,单位长度上的 X 射线强度衰减程度(cm^{-1})。μ 与物质种类、密度、X 射线波长有关。由于 μ 与质量有关,分析计算起来不方便,于是可做一下处理,令 $\mu/\rho = \mu_m$ 为质量吸收系数,其中 ρ 为物质密度。因为 ρ 是物质固有值,所以 μ_m 也就是物质固有值了,使用时查表即可。书后附录 2 中给出了几种物质的质量吸收系数。它的物理意义是单位质量物质对 X 射线的衰减量。μ_m 与物质密度ρ 和物质状态无关,而与物质原子序数 Z 和 X 射线波长 λ 有关。将式(1.11)再对 $0\sim x$ 取积分,变形整理得到

$$I_x = I_0 \mathrm{e}^{-\frac{\mu}{\rho}\rho x} = I_0 \mathrm{e}^{-\mu_m \rho x} \tag{1.12}$$

式中 I_0——入射 X 射线强度;

I_x——入射线在穿过厚度为 x 的物质后的强度。

μ_m 是波长的函数,当 λ 减小时,μ_m 以三次方规律减小,其关系为

$$\mu_m \approx K\lambda^3 Z^3 \tag{1.13}$$

式中 K——常数。

实践中经常需要计算含有两种元素以上物质的吸收系数。这种物质无论是混合物、溶液、化合物还是固体、液体、气体,其质量吸收系数均可以用所含各种成分的质量分数与其质量吸收系数求得。设 W_1、W_2 与$(\mu/\rho)_1$、$(\mu/\rho)_2$ 等分别为成分 1、2 等的质量分数和质量吸收系数,则物质的质量吸收系数可表示为

$$\left(\frac{\mu}{\rho}\right) = W_1\left(\frac{\mu}{\rho}\right)_1 + W_2\left(\frac{\mu}{\rho}\right)_2 + \cdots \tag{1.14}$$

因为 $\mu = -\frac{1}{x}\ln\left(\frac{I_x}{I_0}\right)$,表示在物质使在自身中传播的 X 射线强度单位长度上衰减的程度。当沿同一方向的两条光路上存在 $\mu_m = K\lambda^3 Z^3$ 不同的两种物质时,μ 和 I_x 均不相

同。由此可进行生物体透视和工业生产中产品探伤研究。

2. 二次特征辐射

光电效应是入射X射线的光量子与物质原子中电子相互碰撞时产生的物理效应。当入射光量子的能量足够大时，可以从被照射物质的原子内部(例如 K 壳层)击出一个电子，同时原子的外层高能态电子要向内层的 K 空位跃迁，辐射出波长一定的特征X射线。为与入射X射线相区别，称由X射线激发所产生的特征X射线为二次特征X射线或荧光X射线。这种以光子激发原子所发生的激发和辐射过程称为光电效应，被击出的电子称为光电子。一次特征X射线的一部分能量转变为所照射物质的二次特征辐射，体现出物质对入射X射线的吸收，这一吸收非常强烈，吸收系数变化如图1.10所示。产生 K 系荧光辐射，入射光子需满足一定的能量条件，即 $h\nu$ 必须大于或等于 K 层电子的逸出功 W_K，$h\nu \geqslant W_K$。而 $W_K = eU_K$，$\nu = c/\lambda$，于是

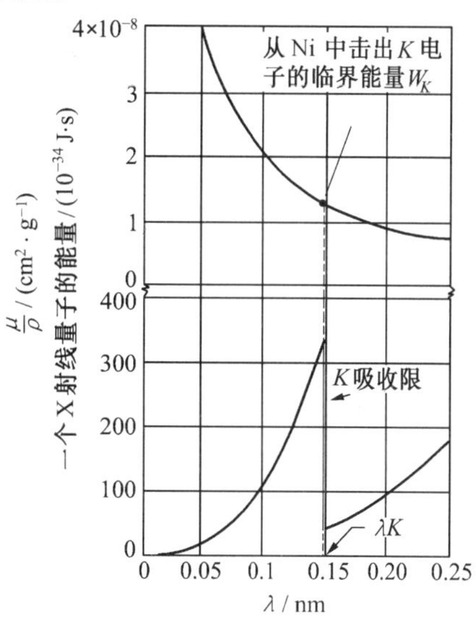

图1.10　一个射线量子所具有的能量以及Ni的质量吸收系数随波长的变化

$$h\frac{c}{\lambda} \geqslant eU_K \tag{1.15}$$

即

$$\lambda \leqslant \frac{hc}{eU_K} = \frac{1.24}{U_K} = \lambda_K$$

时，便产生 K 系的光电效应。式中 U_K 是能把原子中 K 壳层电子击出原轨道所需要的最小激发电压，λ_K 是把上述 K 壳层电子击出所需要的入射光最长波长。只有入射X射线的 $\lambda \leqslant \lambda_K = 1.24/U_K$ 时才能产生 K 系荧光辐射。在讨论光电效应产生的条件时，λ_K 叫做 K 系激发限；若讨论X射线被物质吸收(光电吸收)时，又可把 λ_K 叫吸收限。即当入射X射线波长刚好 $\lambda \leqslant \lambda_K$ 时，可发生此种物质对波长为 λ_K 的X射线的强烈吸收，而且正好在 $\lambda = \lambda_K = 1.24/U_K$ 时吸收最为严重，形成所谓的吸收边，此时荧光散射也最严重。不过对于 $\lambda < \lambda_K$ 的那种波也有吸收，但吸收程度小于 $\lambda = \lambda_K$ 时的情况，此时散射荧光也弱于 $\lambda = \lambda_K$ 的情况。

定性地看，如图1.10曲线所示，当入射X射线波长 λ 由大(如 $\lambda = 0.25$ nm)减小时，光子能量随之增加，光子能量越大越容易在吸收体中穿过，故使吸收系数 μ/ρ 下降；当达到 λ_K 时，这时光量子能量刚好击出吸收体的电子，形成大量光电子及二次特征X射线，造成强烈光电效应使 μ/ρ 突然上升；当进一步减少入射辐射波长 λ，使 $\lambda < \lambda_K$ 以后，这时已超出吸收体 K 电子逸出功 W_K 范围，使光电效应达到饱和，多余能量穿透过吸收体，随 λ 进一步减小，吸收系数依式(1.13)的规律下降。

须注意，此处，$\lambda_K = 1.24/U_K$ 与连续X射线谱中短波极限 $\lambda_{min} = 1.24/U$ 的形式完全相同，但意义决然不同。

3.俄歇(Auger)效应

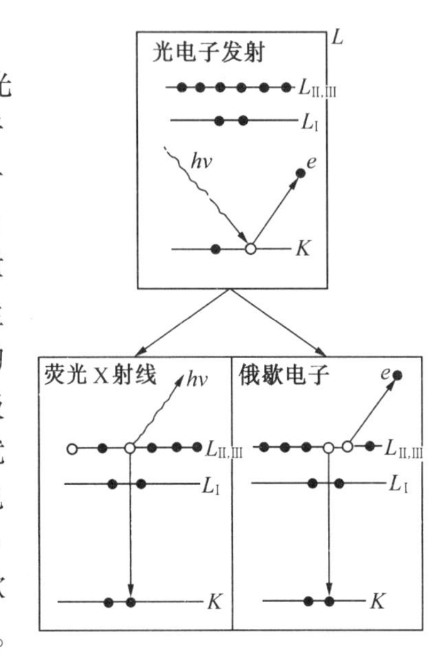

图1.11　光电子、俄歇电子和荧光X射线三种过程示意图

图1.11中对比示意出了光电子、俄歇电子和荧光X射线三种过程的微观模型。原子中一个K层电子被击出后,它就处于K激发态,其能量为ε_K。当有一个L_{II}层电子跃入K层填补空位,K电离就变为L_{II}电离,能量由ε_K变为$\varepsilon_{L\mathrm{II}}$,同时将有$(\varepsilon_K-\varepsilon_{L_{\mathrm{II}}})$的能量释放出来。能量释放会产生两种效应,一种是应产生K_α辐射(如前所述);另一种是被包括空位层在内的邻近电子或较外层电子(比如另一个L_{II}电子)所吸收,促使该电子受激发逸出原子变为二次电子。也就是说K层一个空位被L层两个空位所代替。二次电子的能量有固定值,按上述举例近似地等于$\Delta\varepsilon=\varepsilon_K-\varepsilon_{L\mathrm{II}}-\varepsilon_{L\mathrm{II}}$。这种具有特征能量的电子是俄歇(M. P. Auger)于1925年发现的,故称为俄歇电子。从L层逃出的电子叫KLL俄歇电子,当然也可存在KMM俄歇电子。

可见,每种物质的俄歇电子能量大小只取决于该物质的原子能级结构,是原子序数的单值函数,是一种元素的固有特征。同时,这种特征电子能量很低,只有几百电子伏特,在固体表面以内深处即使有这种电子也跑不出来,测量不到。所以利用俄歇效应设计的俄歇谱仪便成了对固体表面2~3层原子成分分析的最合适的仪器。试验结果表明,轻元素俄歇电子的发射几率比荧光X射线发射几率大,所以轻元素的俄歇效应较重元素的强烈。

物质对X射线的吸收有两类方式,一种是原子对X射线的漫散射,它与空气中的灰尘对可见光的漫散射相似,形成漫散射的X射线向四周发散,其能量只占吸收能量的极少的一部分。真正意义的吸收是电子在原子内的迁移所引起的,它是一个很大的能量转换过程,例如入射X射线的一部分能量转变成光电子、俄歇电子、荧光X射线、正负电子对等个体的能量以及热散能量,称之为真吸收。漫散射式的吸收与真吸收构成由质量吸收系数μ/ρ表征的全吸收。

1.5.3　吸收限的应用

1.滤波片(filter)的选择

在X射线衍射分析中,大多数情况下都希望利用接近于"单色"即波长较单一的X射线。例如,K系特征谱线包括K_α、K_β两条谱线,它们会在晶体中同时发生衍射产生出两套衍射花样,使分析工作受到干扰。因此,总希望从K_α,K_β两条谱线中滤掉一条,得到"单色"的入射X射线。

质量吸收系数为μ_m,吸收限为λ_K的物质,可以强烈地吸收$\lambda\leqslant\lambda_K$这些波长的入射X射线,而对于$\lambda>\lambda_K$的X射线吸收很少,这一特性可以给我们提供一个有效的手段。可以选择λ_K刚好位于辐射源的K_α和K_β之间的金属薄片作为滤波片,放在X射线源与试样之间。这时滤波片对K_β射线产生强烈的吸收,而对K_α却吸收很少,经这样滤波的X射线如图1.12所示,几乎只剩下K_α辐射了。

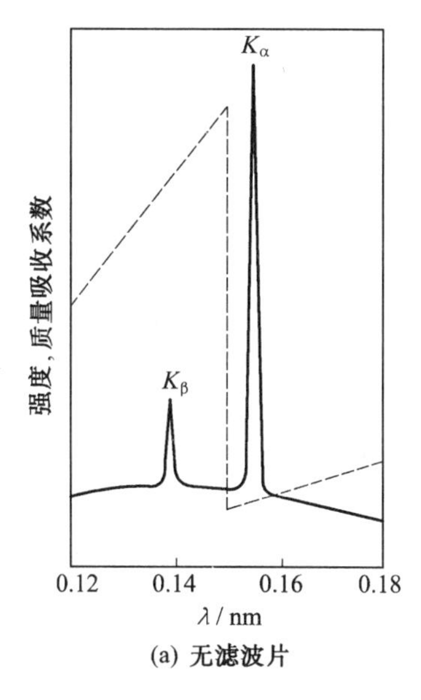

(a) 无滤波片

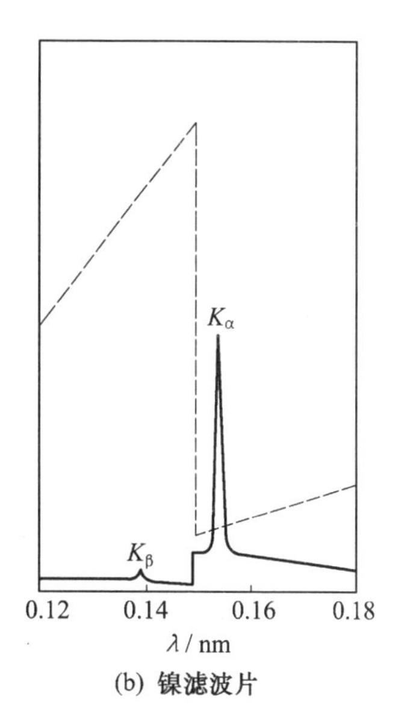

(b) 镍滤波片

图1.12　铜辐射在通过镍滤波片以前和以后的强度比较
（虚线所示为镍的质量吸收系数）

滤波片的厚度对滤波质量也有影响。滤波片太厚，对 K_α 的吸收也增加，对实验不利。实践表明，当 K_α 线的强度被吸收到原来的一半时，K_β/K_α 将由滤波前的1/5提高为1/500左右，这可以满足一般的衍射工作。在选定了滤波片材料后，其厚度可利用式(1.12)计算。常用滤波片数据列于表1.1。

滤波片材料是根据靶元素确定的。由表1.1的数据可总结出下列规律，设靶物质原子序数为 $Z_{靶}$，所选滤波片物质原子序数为 $Z_{片}$，则当靶固定以后应满足：

当 $Z_{靶}<40$ 时，则 $Z_{片}=Z_{靶}-1$；

当 $Z_{靶}\geqslant 40$ 时，则 $Z_{片}=Z_{靶}-2$。

2.阳极靶的选择

在X射线衍射实验中，若入射X射线在试样上产生荧光X射线，则只增加衍射花样的背底强度，对衍射分析不利。针对试样的原子序数，可以调整靶材的种类避免在试样上产生荧光辐射。若试样的 K 系吸收限为 λ_K，应选择靶的 K_α 波长稍稍大于 λ_K，并尽量靠近 λ_K，这样不产生 K 系荧光，而且吸收又最小。一般应满足以下经验公式，即

$$Z_{靶}\leqslant Z_{试样}+1$$

例如分析Fe试样时，应该用Co靶或Fe靶，如果用Ni靶时，会产生较高的背底水平。这时因为Fe的 $\lambda_K=0.174\ 29$，而Ni靶的 K_α 射线波长 $\lambda_{K_\alpha}=0.165\ 91$ nm，故而刚好大量地产生真吸收，造成严重非相干散射背底。

1.6　X射线的安全防护

人体过量接受X射线照射会引起细胞损伤局部组织损伤、坏死或带来其他疾患，如使人精神衰退、头晕、毛发脱落、血液的组成及性能变坏以及影响生育等。影响程度取决于X射线的强度、波长和人体的接受部位。根据国际放射学会规定，健康人的安全剂量为每工作周不超过 0.77×10^{-4} C/kg。为保障从事射线工作的人员的健康和安全，我国制

定了《射线防护规定》GBJ8－74 国家标准，要求对专业工作人员的照射剂量经常进行监测。

虽然 X 射线对人体有害，但只要操作者严格遵守操作规程，注意采取安全防护措施，意外事故是可以避免的。如在调整相机和仪器对光时，注意不要将手或身体的任何部位直接暴露在 X 射线光束下，更要严防 X 射线直接照射到眼中。仪器正常工作后，实验人员应立即离开 X 射线实验室。重金属铅可强烈吸收 X 射线，可以在需要屏蔽的地方加上铅屏或铅玻璃屏，必要时还可戴上铅玻璃眼镜、铅橡胶手套和铅围裙，以有效地挡住 X 射线。

习　题

1.计算 0.071 nm（MoK_α）和 0.154 nm（CuK_α）的 X 射线的振动频率和能量。（答案：$4.23\times10^{18}\ s^{-1}$，$2.80\times10^{-15}$J，$1.95\times10^{18}\ s^{-1}$，$1.29\times10^{-15}$ J）

2.计算当管电压为 50 kV 时，电子在与靶碰撞时的速度与动能以及所发射的连续谱的短波限和光子的最大动能。

3.分析下列荧光辐射产生的可能性，为什么？

（1）用 CuK_α X 射线激发 CuK_α 荧光辐射；

（2）用 CuK_β X 射线激发 CuK_α 荧光辐射；

（3）用 CuK_α X 射线激发 CuL_α 荧光辐射。

4.以铅为吸收体，利用 MoK_α，RhK_α，AgK_α X 射线画图，用图解法证明式（1.13）的正确性。（铅对于上述 X 射线的质量吸收系数分别为 122.8、84.13、66.14 cm^2/g）。再由曲线求出铅对应于管电压为 30 kV 条件下所发出的最短波长时质量吸收系数。（答案：33 cm^2/g）

5.计算空气对 CrK_α 的质量吸收系数和线吸收系数（假设空气中只有质量分数 80% 的氮和质量分数 20% 的氧，空气的密度为 1.29×10^{-3} g/cm^3）？（答案：26.97 cm^2/g，$3.48\times10^{-2}\ cm^{-1}$）

6.为使 CuK_α 线的强度衰减 1/2，需要多厚的 Ni 滤波片？（Ni 的密度为 8.90 g/cm^3）

7.Cu$K_{\alpha1}$和 Cu$K_{\alpha2}$的强度比在入射时为 2:1，利用第 6 题算得的 Ni 滤波片之后其比值会有什么变化？

8.试计算 Cu 的 K 系激发电压。（答案：8 980 V）

9.试计算 Cu 的 $K_{\alpha1}$射线的波长。（答案：0.154 1 nm）

第 2 章

X 射线衍射方向

2.1 引　　言

本课程的目的是利用 X 射线的物理性质来分析晶体的晶体学特征，那么，在了解了 X 射线的本质之后，我们要进一步讨论晶体的哪些要素对 X 射线会产生什么样的影响。为此，我们有必要对晶体几何学作一简单介绍，晶体几何学的范围是很广的，但不是本文叙述的重点，我们在此只讨论最简单的问题，即晶体中的原子是如何排列的以及这种排列方式的表示方法。还要讨论这种排列方式的不同会给 X 射线的衍射结果带来什么样的影响。

在 1912 年之前，物理学家对可见光的衍射现象已经有了确切的解释，认为光栅常数 $(a+b)$ 只要与一个点光源发出的光的波长为同一数量级就可以产生衍射，衍射花样和光栅形状密切相关。另一方面，晶体学家和矿物学家们对晶体的研究也有了初步的认识，当时矿物学家认为晶体是由以原子或分子为单位的共振体（偶极子）呈周期排列所构成的空间点阵，各共振体间距大约是 $10^{-8}\sim10^{-7}$ cm(0.1 ~ 1 nm)。法国晶体学家 M. A. Bravais 计算出晶体将有 14 种点阵类型。1895 年 W. C. Röutgen 发现 X 射线，认为 X 射线是一种波，但还无法证明它。1912 年，德国物理学家 M. Von. Laue 在和青年研究生厄瓦尔德讨论光散射角时得到启发，想：如果 X 射线是一种波且具有波动性的话，那么在光栅上可以产生衍射，而这个光栅常数必须在 0.1 ~ 1 nm 的数量级。这样的光栅用人工的方法是加工不出来的，但是，如果像晶体学家所推断的，晶体由原子组成，而原子在空间的排列间距是 0.1 ~ 1 nm，那么，如果 X 射线的波长也与此相当的话，晶体就可以作为 X 射线衍射的光栅。这一发现使 Laue 很兴奋，尽管有一些科学家表示怀疑，但他还是坚持要做这个实验。在 Röntgen 的两名研究生协助下，改善设计于 1912 年春用 $CuSO_4\cdot5H_2O$ 晶体作试样，经两次实验得到了第一张透射花样照片，M. Von. Laue 还推导出了 X 射线在晶体上衍射的几何规律，提出了著名 Laue 方程。很快两个英国人，物理学家 W. H. Bragg 和 W. L. Bragg（大学生）对 Laue 的报告发生了兴趣。分析了 Laue 的实验，于同一年推导出了比 Laue 方程更简捷的衍射公式——布拉格方程。

Laue 的这一发现在 X 射线物理学和晶体学上具有划时代的意义，一方面证实了 X 射线的波动性，又证明了晶体结构的周期性，奠定了 X 射线衍射的基础。

在讨论 X 射线衍射问题之前，我们先回顾一下可见光的干涉条件：两束或两束以上的波，其振动方向相同、频率相同、位相恒定，而且须是由同一个点光源发出的。X 射线在晶体中的相干散射波基本满足这些条件，但还需作以下的近似或假设。

(1) X 射线是平行光，且只有单一波长（单色）；

(2) 电子皆集中在原子中心(因为原子间距≫核外电子距离,所以这种近似是可行的);

(3) 原子不作热振动,因为在讨论问题时,假设原子间距没有任何变化。

X 射线在晶体上衍射是这样一个过程:X 射线照到晶体上,晶体作为光栅产生衍射花样,衍射花样反映了光学显微镜所看不到的晶体结构的特征。我们的目的就是利用衍射花样来推断晶体中质点的排列规律。

2.2　晶体几何学基础

我们所涉及的 X 射线衍射问题是在晶体上发生的,因此,有必要对晶体结构作一简要介绍,对晶体结构的详细讨论可参考有关金属学或金属物理等书籍。

原子或原子团在三维空间周期排列所构成的固体为晶体。晶体与液体和气体有本质上的差别,液体与气体并不要求原子或分子呈周期排列。但也不是所有的固体都是晶体。例如玻璃就是非晶体(amorphous),它的原子不呈周期排列。对晶体的描述方法有如下的约定。

2.2.1　空间点阵

考虑晶体的几何特点时,可以不考虑构成晶体的原子、原子团本身,而用几何点代替原子或原子团。这种几何点称为结点(lattice point)。结点的空间排布与晶体中原子(原子团)的排布完全相同,将相邻结点按一定的规则用线连接起来便构成了与晶体中原子(原子团)的排布完全相同的骨架,这便是空间点阵(space lattice)。要注意所有的结点的几何环境与物理环境是相同的,也就是说结点应当是等同环境的点。图 2.1 为空间点阵示意图。整个空间点阵可以由一个最简单的六面体(用粗线表示)在三维方向上,重复排列而得,这“最简单”的六面体称为单位点阵(unit lattice)或单胞(unit cell)。单胞的形状和大小的表示方法如图 2.2 所示。在单胞上任意指定一个结点为原点,由原点引出 3 个向量 $\boldsymbol{a}$, $\boldsymbol{b}$, $\boldsymbol{c}$。我们将这 3 个向量称为晶轴(crystallographicaxis),这 3 个向量即可以唯一确定单胞的大小和形状。单胞的大小和形状也可以用晶轴的长度 a、b、c 以及相应夹角 α、β、γ 来表示。这时把 a、b、c 以及 α、β、γ 叫做点阵参数或晶格常数(lattice constant, lattice parameter)。要注意的是,向量 $\boldsymbol{a}$, $\boldsymbol{b}$, $\boldsymbol{c}$ 不仅可以表示单胞,通过向量的平移还可以表示出全部的点阵。也就是说,从原点出发,分别反复移动向量 $\boldsymbol{a}$, $\boldsymbol{b}$、$\boldsymbol{c}$ 描绘出所有的结点,空间点阵中的任意结点坐标可由 Pa, Qb, Rc 表示,P、Q、R 为整数。

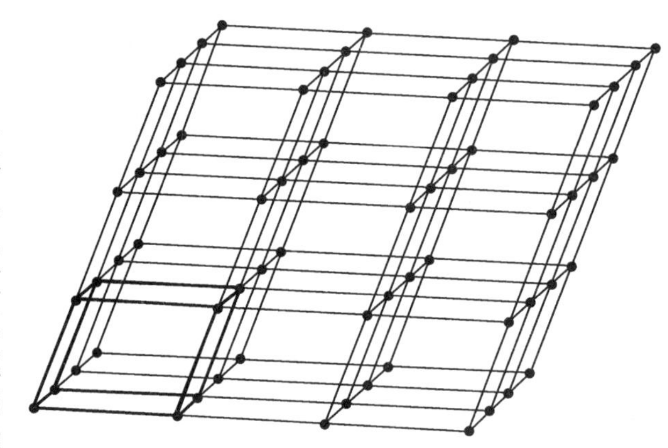

图 2.1　空间点阵示意图
(空间点阵可由单胞重复排列而得)

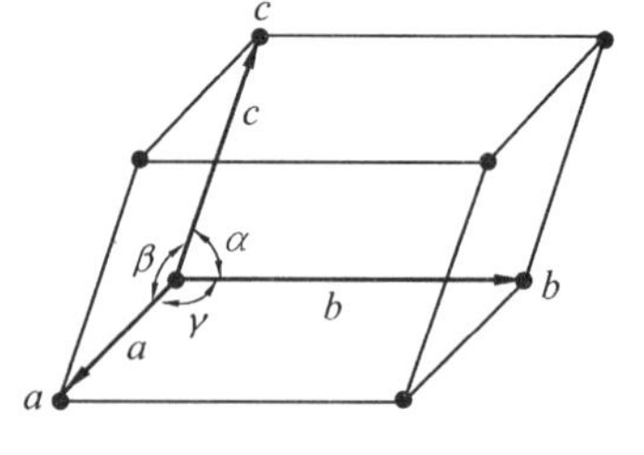

图 2.2　单胞的表示方法

2.2.2　晶系

观察图 2.1 就会发现,所有的结点实际上是三组平面的交点。这三组平面的排布方向不同,会构成不同的点阵。例如三组平面相互垂直,又各组的平面间距相等,所得到的单胞为立方体,此时 $a=b=c,\alpha=\beta=\gamma=90°$。显然,改变各组平面的间距和取向,就是改变点阵常数 a,b,c 以及 α、β、γ。容易发现,我们所能得到的空间点阵的形状只有7种,把这7种空间点阵称为7种晶系,如表2.1所示。这7种晶系的特点是,所有的结点均位于单胞的角上。

表2.1　7个晶系及其所属的布拉菲点阵

晶　系	点阵常数	布拉菲点阵	点阵符号	阵胞内结点数	结点坐标
立方(cubic)	$a=b=c$ $\alpha=\beta=\gamma=90°$	简单立方	P	1	000
		体心立方	I	2	000,$\frac{1}{2}\frac{1}{2}\frac{1}{2}$
		面心立方	F	4	000,$\frac{1}{2}\frac{1}{2}0$,$\frac{1}{2}0\frac{1}{2}$,$0\frac{1}{2}\frac{1}{2}$
正方(tetragonal)	$a=b\neq c$ $\alpha=\beta=\gamma=90°$	简单正方	P	1	000
		体心正方	I	2	000,$\frac{1}{2}\frac{1}{2}\frac{1}{2}$
斜方(orthorhombic)	$a\neq b\neq c$ $\alpha=\beta=\gamma\neq 90°$	简单斜方	P	1	000
		体心斜方	I	2	000,$\frac{1}{2}\frac{1}{2}\frac{1}{2}$
		底心斜方	C	2	000,$\frac{1}{2}\frac{1}{2}0$
		面心斜方	F	4	000,$\frac{1}{2}\frac{1}{2}0$,$\frac{1}{2}0\frac{1}{2}$,$0\frac{1}{2}\frac{1}{2}$
菱方(rhombohedral)	$a=b=c$ $\alpha=\beta=\gamma\neq 90°$	简单菱方	R	1	000
六方(hexagonal)	$a=b\neq c$ $\alpha=\beta=90°$ $\gamma=120°$	简单六方	P	1	000
单斜(monoclnic)	$a\neq b\neq c$ $\alpha=\gamma=90°\neq\beta$	简单单斜	P	1	000
		底心单斜	C	2	000,$\frac{1}{2}\frac{1}{2}0$
三斜(triclinic)	$a\neq b\neq c$ $\alpha\neq\beta\neq\gamma\neq 90°$	简单三斜	P	1	000

但是,实际的晶体是较复杂的,考虑到凡是具有等同环境的点都可以称为结点,那么可以存在的点阵的种类就要增加。1848年法国的晶体学家布拉菲(Bravais)证实了7种晶系中总共可以有14种点阵,这是非常有意义的结论,为了纪念他,后人称这14种点阵为布拉菲点阵,参看表2.1和图2.3。布拉菲将晶胞分为简单晶胞和复杂晶胞,简单晶胞中

只有一个结点,而复杂晶胞中有两个以上的结点。如果结点位于单胞内部,那么它完全属于该单胞;如果位于单胞的面上,那么它同时属于两个单胞;如果位于单胞角上,则属于8个单胞。属于一个单胞的结点数 N 可由下式计算,即

$$N = N_i + \frac{N_f}{2} + \frac{N_c}{8} \tag{2.1}$$

式中,N_i、N_f、N_c 分别为单胞内、单胞面上、单胞角上的结点数。表2.1给出了各个布拉菲点阵的结点数目。习惯上用一定的文字表示布拉菲点阵,表2.1还给出了表述文字。由表2.1所列的布拉菲点阵类型可以发现似乎不完全,如没有底心正方。事实上底心正方点阵可以变成简单正方点阵。这说明,布拉菲点阵中还包括了为了方便而取舍的点阵。

从形式上看,任意连接8个结点均可构成一个单胞,但是规定单胞的选择原则是两多一小:等长度的轴要多,90°的晶轴角要多,晶胞体积要小。这样对于同一类点阵的单胞形状和大小便是唯一确定的了。

单胞中结点坐标的表示原则为:以单胞的任一顶点为坐标原点,以与原点相交的三个

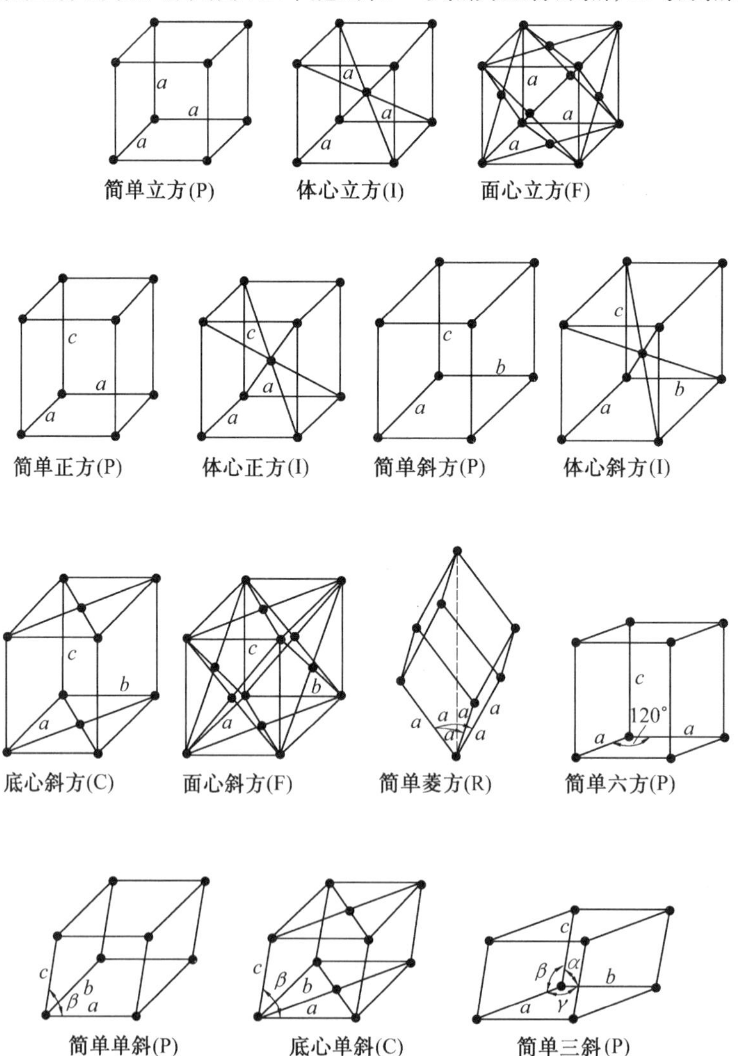

图2.3 14种布拉菲点阵

棱边为坐标轴，如图2.2所示，用点阵参数a、b、c为度量单位。显然，单胞顶点的坐标为000。复杂点阵的某些结点的向量，其分量未必是单位向量的整数倍。例如体心的结点坐标为$\frac{1}{2}\frac{1}{2}\frac{1}{2}$，单胞的体积变化也不会改变上述坐标。面心立方结点位置的坐标分别为000，$0\frac{1}{2}\frac{1}{2}$，$\frac{1}{2}0\frac{1}{2}$，$\frac{1}{2}\frac{1}{2}0$。表2.1中给出了各个布拉菲点阵中结点的坐标。

2.2.3　常见的晶体结构

空间点阵和晶体结构是相互关联的，但又是两种不同的概念。空间点阵是从晶体结构中抽象出来的几何图形，它反映晶体结构最基本的几何特征。空间点阵不可能脱离具体的晶体结构而单独存在。但是，空间点阵并不是晶体结构的简单描绘，它的结点虽然与晶体结构中的任一类等同点相当，但只有几何意义，并非具体质点。自然界中晶体结构的种类繁多，而且是很复杂的。而从实际晶体结构中抽象出来的空间点阵却只有14种。这是因为空间点阵中的每个结点可以由一个、两个或更多个质点组成，而这些质点的结合及排列又可以采取各种不同的形式。因此，每一种布拉菲点阵都可以代表许多种晶体结构。例如，图2.4(a)、(b)、(c)三种不同的晶体结构，同属于一种布拉菲点阵，如图2.4(d)所示。

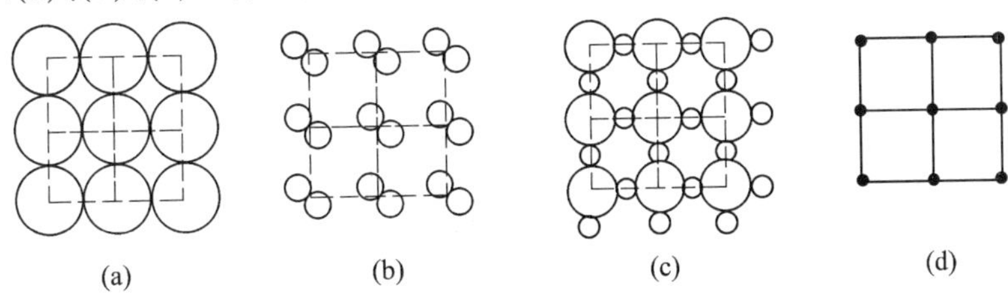

图2.4　晶体结构与空间点阵的关系

单质金属元素的晶体结构是最简单的结构形态，原子排列方式都与刚性球的紧密堆积的模型相似。将原子安放在布拉菲点阵的结点上即形成晶体结构(密排六方晶体例外)。常见的金属晶体结构有面心立方(fcc)、密排六方(hcp)、体心立方(bcc)等。属于fcc的主要有银、铝、金、铂、铜、镍、铅、γ铁等；属于hcp的有镉、镁、锌、α铍、α钛、α钴、α锆、铼等；属于bcc的有铬、钾、钠、钨、钼、钽、铌、钒、α铁、β钛等。单质金属还有菱方结构(铋、锑、汞)、正方结构(铟、β锡)、斜方结构(镓，α铀)等。

2.2.4　晶面与晶向

参照图2.1，由于对称和周期排列的原因，在空间点阵中可以作出相互平行且间距相等的一组平面，使所有结点均位于这组平面上，各平面上的结点分布情况也完全相同。但是，平面选取的方向不同，平面上的结点排布会有不同的特征。所以说，结点平面之间的差别主要取决于它们的取向，而强调同一组结点平面中某个平面的具体位置是没有实际意义的。

同样道理，在空间点阵中的任意方向上都可以连接两个以上的结点，构成许多互相平行的结点直线，在这些直线上的结点排列规律相同。不同方向上结点直线上的结点排列会有不同的规律。可见，结点直线的差别也是取决于它们的取向。

空间点阵中的结点平面和结点直线相当于晶体结构中的晶面和晶向，在晶体学中分别用晶面指数和晶向指数或称密勒(Miller. W. H.，英国晶体学家)指数来表示它们的方向。晶面指数的确定方法为：

(1) 在一组互相平行的晶面中任选一个晶面，量出它在三个坐标轴上的截距并以点阵周期 a、b、c 为单位来度量；

(2) 写出三个截距的倒数；

(3) 将三个倒数分别乘以分母的最小公倍数，把它们化为三个简单整数 h、k、l，再用圆括号括起，即为该组晶面的晶面指数，记为(hkl)。

显然，h、k、l 为互质整数。在图 2.5 中绘出了立方体的几个主要晶面，并标出了它们的晶面指数。请注意负数时的表示方法。

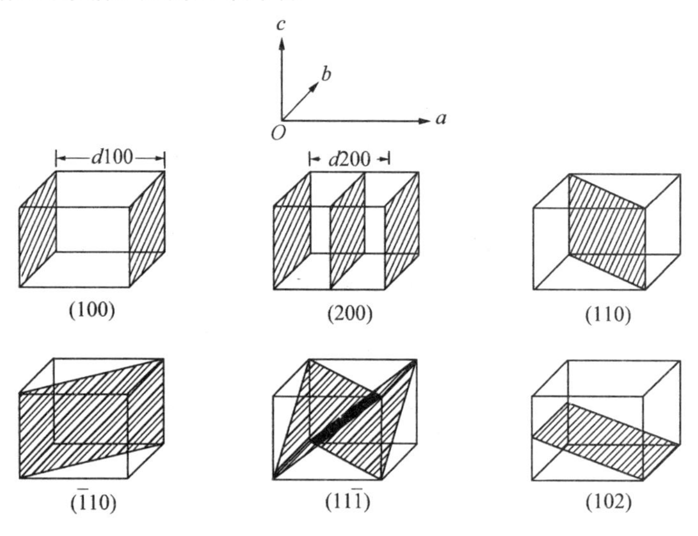

图 2.5　立方系中几个主要晶面及其晶面指数

在同一晶体点阵中，有若干组晶面的面间距和晶面上结点分布完全相同。这些空间位向和性质完全相同的晶面属于同一晶面族，用大括号$\{hkl\}$来表示。例如，在立方晶系中$\{100\}$晶面族包括：(100)、(010)、(001)、$(\bar{1}00)$、$(0\bar{1}0)$、$(00\bar{1})$6 个晶面，$\{110\}$晶面族包括：(110)、(101)、(011)、$(\bar{1}10)$、$(1\bar{1}0)$、$(\bar{1}\bar{1}0)$、$(\bar{1}01)$、$(10\bar{1})$、$(\bar{1}0\bar{1})$、$(01\bar{1})$、$(0\bar{1}\bar{1})$、$(0\bar{1}1)$共 12 个晶面。但是在其他晶系中，晶面指数的数字绝对值相同的晶面就不一定都属于同一晶面族。例如，对正方晶系由于 $a = b \neq c$，因此$\{100\}$被分成两组，其中(100)、(010)、$(\bar{1}00)$，$(0\bar{1}0)$4 个晶面属于一族晶面，而(001)和$(00\bar{1})$属于另一族晶面。

晶向指数的确定方法为：

(1) 在一族互相平行的结点直线中引出过坐标原点的结点直线；

(2) 在该直线上选距原点最近的结点，量出它的结点坐标；

(3) 将三个坐标值用方括号括起，即为该族结点直线的晶向指数。

当泛指某晶向指数时，用$[uvw]$表示，在图 2.6 中绘出立方体的几个主要晶向，并标出了它们的晶向指数。有对称关联的等同晶向用$\langle uvw \rangle$表示，如立方系的 4 个体对角线[111]、

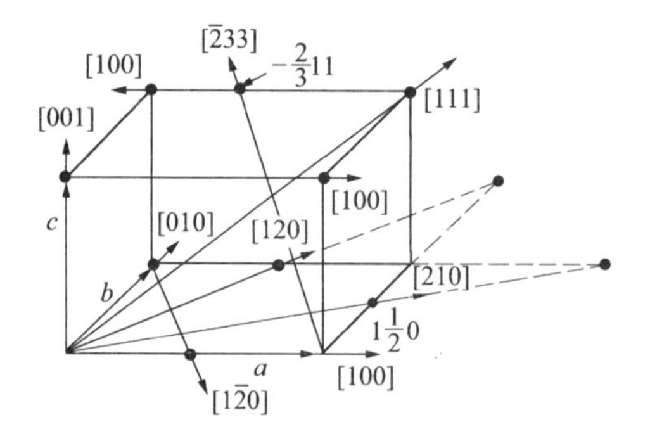

图 2.6　立方系中几个晶向指数

$[1\bar{1}1]$、$[\bar{1}\bar{1}1]$、$[\bar{1}11]$均用$\langle 111\rangle$表示。

六方晶系的晶面和晶向指数也可以用三轴表示方法。取 a_1、a_2 和 c 为晶轴，a_1 与 a_2 的夹角为 120°，如图 2.7(a)所示。该法的缺点是不能显示出晶体的六次对称及等同面的特征。例如六个柱面是等同的，但按上述三轴定向的方法确定的晶面指数为：(100)、(010)、$(\bar{1}00)$、$(0\bar{1}0)$及$(1\bar{1}0)$。在晶向表示上也存在同样的问题，如[100]和[110]的指数不同，但却是等同晶向。在晶体学中往往采用四轴定向的方法，称为密勒－布拉非指数。这种定向方法选取四个坐标轴，如图 2.7(a)所示，其中 a_1、a_2、a_3 在同一水平面上，它们之间的夹角为 120°，c 轴与这个水平面垂直。这样求出的晶面指数由($hkil$)表示。其中前三个指数只有两个是独立的，它们之间存在关系为

$$i = -(h + k) \tag{2.2}$$

因第三个指数可以由前两个求得，故有时将 i 略去，可以写成(hkl)或($hk\cdot l$)。用四轴定向方法求出的六个柱面的晶面指数为：$(10\bar{1}0)$、$(01\bar{1}0)$、$(\bar{1}100)$、$(\bar{1}010)$、$(0\bar{1}10)$、$(0\bar{1}10)$。它们都是由 1、$\bar{1}$、0、0 四个数字以不同的方式排列而成。这样的晶面指数可以明显地显示出六次对称及等同晶面的特征。六方晶系中四轴定向的晶向指数用[$uvtw$]来表示。四轴坐标晶向指数的确定，并不像确定晶面指数那么简单直观。但是，在三轴坐标系中确定它的晶向指数是很容易的。因此通常的作法是先求出三轴和四轴晶向指数之间的关系，然后再由三轴晶向指数换算出四轴晶向指数。三轴坐标系的晶向指数[UVW]与和四轴坐标系的晶向指数[$uvtw$]之间可按下列关系互换，即

$$\left.\begin{aligned} U &= u - t \\ V &= v - t \\ W &= w \end{aligned}\right\} \tag{2.3}$$

和

$$\left.\begin{aligned} u &= \frac{2}{3}U - \frac{1}{3}V \\ v &= \frac{2}{3}V - \frac{1}{3}U \\ t &= -(u + v) = -\frac{1}{3}(U + V) \\ w &= W \end{aligned}\right\} \tag{2.4}$$

图 2.7(b)中标出了六方晶系某些晶面和晶向的指数。

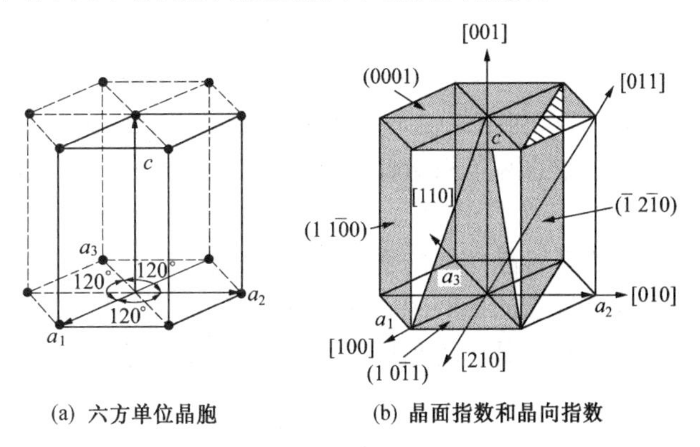

(a) 六方单位晶胞　(b) 晶面指数和晶向指数

图 2.7　立方晶系的晶面及晶向指数

2.2.5 晶带、晶面间距和晶面夹角

1. 晶带

在晶体结构和空间点阵中平行于某一轴向的所有晶面均属于同一个晶带，这些晶面叫做晶带面(plane of a zone)。晶带面的交线互相平行，其中通过坐标原点的那条平行直线称为晶带轴(zone axis)。晶带轴的晶向指数即为该晶带的指数。

因为对同晶带晶面的唯一要求就是它们的交线平行于晶带轴，所以在同一晶带中包括有各种不同晶面族的晶面。例如，在图 2.8 中[001]晶带中所包括的晶面有：(100)、(010)、(110)、(120)等。

根据晶带的定义，同一晶带中所有晶面的法线都与晶带轴垂直。所以通过矢量的概念可以导出，凡是属于[uvw]晶带的晶面，它的晶面指数(hkl)都必须符合

$$hu + kv + lw = 0 \tag{2.5}$$

通常把这个关系式称为晶带定律。

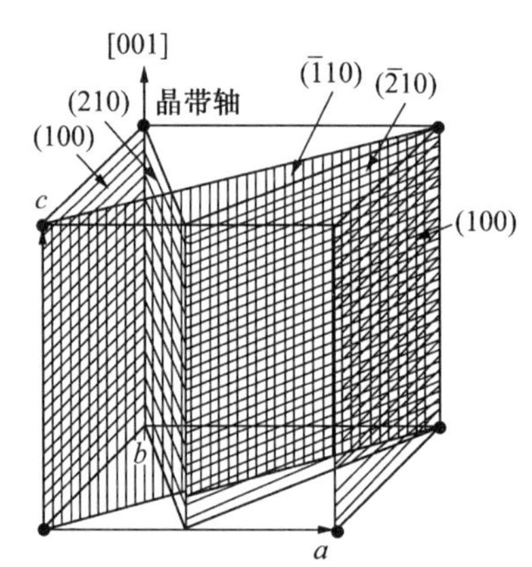

图 2.8　属于[001]晶带的某些晶面

当已知某晶带中任意两个晶面的面指数($h_1\ k_1\ l_1$)和($h_2\ k_2\ l_2$)时，便可以通过式(2.5)计算出晶带轴的指数，其方法如下。

利用式(2.5)，对两个已知晶面的面指数分别写出

$$h_1u_1 + k_1v_1 + l_1w_1 = 0$$

$$h_2u_2 + k_2v_2 + l_2w_2 = 0$$

将这两个方程式联立求解可得

$$u:v:w = \begin{vmatrix} k_1 l_1 \\ k_2 l_2 \end{vmatrix} : \begin{vmatrix} l_1 h_1 \\ l_2 h_2 \end{vmatrix} : \begin{vmatrix} h_1 k_1 \\ h_2 k_2 \end{vmatrix} = (k_1l_2 - k_2l_1):(l_1h_2 - l_2h_1):(h_1k_2 - h_2k_1)$$

或者写成

$$\left.\begin{aligned} u &= k_1l_2 - k_2l_1 \\ v &= l_1h_2 - l_2h_1 \\ w &= h_1k_2 - h_2k_1 \end{aligned}\right\} \tag{2.6}$$

同理，如果某个晶面(hkl)同时属于两个指数已知的晶带[$u_1\ v_1\ w_1$]和[$u_2\ v_2\ w_2$]时，则可以根据式(2.5)求出该晶面的晶面指数。其计算公式为

$$\left.\begin{aligned} h &= v_1w_2 - v_2w_1 \\ k &= w_1u_2 - w_2u_1 \\ l &= u_1v_2 - u_2v_1 \end{aligned}\right\} \tag{2.7}$$

在其他晶体学问题中，可以利用式(2.6)计算晶面指数已知的两个晶面交线的晶向指数，利用式(2.7)计算指数已知的两条相交直线所确定的晶面的晶面指数。

2. 晶面间距的计算公式

晶面间距是两个相邻的平行晶面间的垂直距离。通常用 d_{hkl} 或简写为 d 来表示。

点阵中所有的晶面都有自己的面间距，面间距越大的晶面其指数就越低，结点的密度也越大。图 2.9 绘出了在二维情况下的晶面指数与面间距的定性关系，在三维情况下也完全相同。

以下给出金属中常见晶系的有关晶面间距公式，其中 a、b、c 为晶格常数(推导从略)。

立方晶系的面间距公式为

$$d=\frac{a}{\sqrt{h^2+k^2+l^2}} \tag{2.8}$$

正方晶系的面间距公式为

$$d=\frac{1}{\sqrt{\frac{h^2+k^2}{a^2}+\frac{l^2}{c^2}}} \tag{2.9}$$

六方晶系的面间距公式为

$$d=\frac{a}{\sqrt{\frac{4}{3}(h^2+hk+k^2)+(\frac{a}{c})^2 l^2}} \tag{2.10}$$

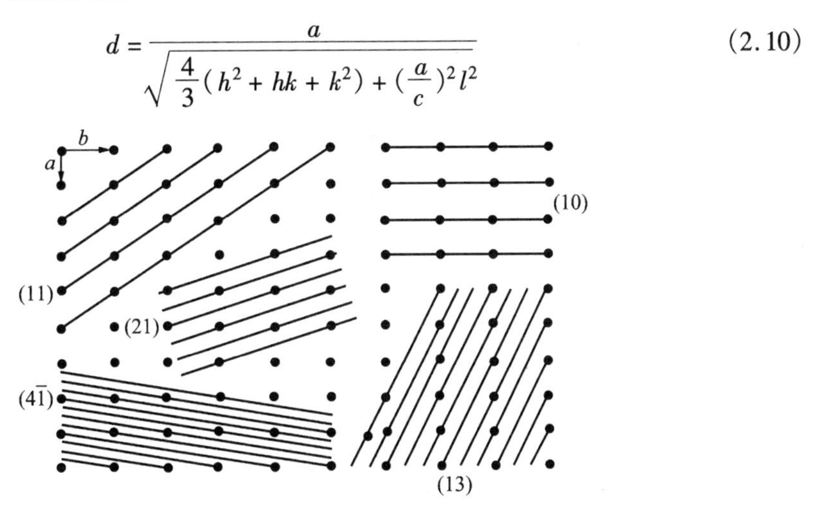

图2.9　晶面指数与晶面间距和晶面上结点密度的关系

3.晶面夹角的计算公式

晶面夹角可以用晶面法线间的夹角来表示。立方晶系晶面夹角公式为

$$\cos\ \varphi=\frac{h_1h_2+k_1k_2+l_1l_2}{\sqrt{h_1^2+k_1^2+l_1^2}\sqrt{h_2^2+k_2^2+l_2^2}} \tag{2.11}$$

正方晶系晶面间夹角公式为

$$\cos\ \varphi=\frac{\frac{h_1h_2+k_1k_2}{a^2}+\frac{l_1l_2}{c^2}}{\sqrt{\frac{h_1^2+k_1^2}{a^2}+\frac{l_1^2}{c^2}}\sqrt{\frac{h_2^2+k_2^2}{a^2}+\frac{l_2^2}{c^2}}} \tag{2.12}$$

六方晶系晶面间夹角公式为

$$\cos\ \varphi=\frac{\frac{4}{3a^2}[h_1h_2+k_1k_2+\frac{1}{2}(h_1k_2+h_2k_1)]+\frac{l_1l_2}{c_2}}{\sqrt{\frac{4}{3a^2}(h_1^2+h_1k_1+k_1^2)+\frac{l_1^2}{c^2}}\sqrt{\frac{4}{3a^2}(h_2^2+h_2k_2+k_2^2)+\frac{l_2^2}{c^2}}} \tag{2.13}$$

上面的公式也可以用来计算晶向夹角以及晶向与晶面间的夹角。在计算晶向夹角时,只要把公式中的晶面指数换成晶向指数就可以了。

通常晶面夹角可以通过查表求得,参见附录10。

2.3 衍射的概念与布拉格方程

观察一下由图 2.10(a)所示的两个波，波前为圆形，随着传播距离增加，波前变成近似垂直于传播方向的平面波。现在只考虑 A 方向的波，两个波在出发点位相相同，到达 S 处以后互相之间有 ΔA 的波程差，也就是第二个波多走了 ΔA 的距离。当 $\Delta A = n\lambda(n = 0,1,2,3\cdots)$ 时，两个波的位相完全一致，所以在这个方向上两个波相互加强。即两个波的合成振幅等于两个波的原振幅的叠加。显然，上述波程差随方向不同而不同。比如在 B 方向上，如图 2.10(b)所示，由于波程差 $\Delta B = (n + 1/2)\lambda(n = 0,1,2\cdots)$，所以在远处第一个波的波峰和第二个波的波谷相重叠，合成波振幅为零。也就是在这个方向上由于两个波的位相不同而相互抵消。自然，在 A 和 B 的中间方向上可以得到如图 2.10(c)所示的合成波，其振幅大小介于 A 方向和 B 方向合成波振幅的中间值。通过以上的讨论，我们可以得到下面的结论：两个波的波程不一样就会产生位相差；随着位相差变化，其合成振幅也变化。

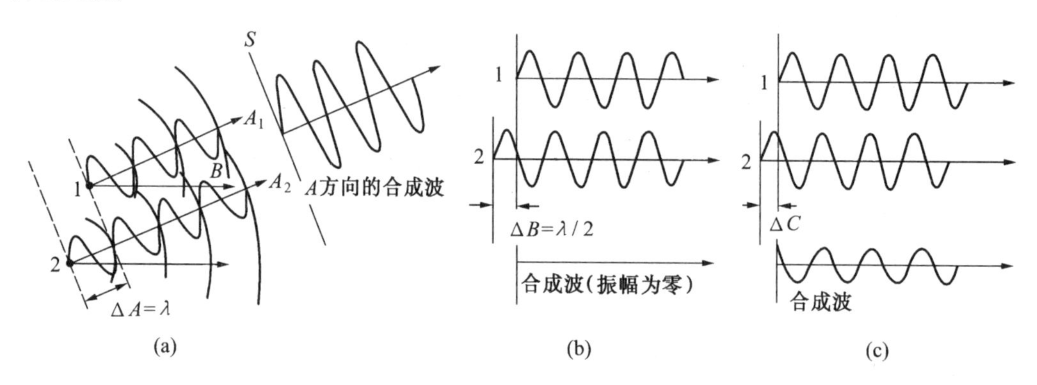

图 2.10 波的合成示意图

现在把上述原理应用到 X 射线衍射中去。图 2.11 为晶体的一个截面，原子排列在与纸面垂直并且相互平行的一组平面 $A, B, C\cdots$ 上，设晶体面间距为 d'，X 射线波长为 λ，而且是完全平行的单色 X 射线，以入射角(incident angle)θ 入射到晶面上(须注意，X 射线学中入射角与反射角的含义与一般光学的有所不同)。如果在 X 射线前进方向上有一个原子，那么 X 射线必然被这个原子向四面八方散射。现在从这些散射波中挑选出与入射线成 2θ 角的那个方向上的散射波。首先观察波 1 和 1a。它们分别被这个原子和 P 原子向四面八方散射。但是在 1′和 1 a'方向上射线束散射波的位相相同，所以互相加强。这是因为波前(wave front)XX' 和 YY' 之间的波程差 $QK - PR = PK\cos\theta - PK\cos\theta = 0$ 的缘故。同理，A 晶面上的所有原子在 1′方向上的散射线的位相都是相同的，所以互相加强。当波 1 和 2 分别被 K 和 L 原子散射时，1 $K1'$ 和 2 $L2'$ 之间的波程差为

$$ML + NL = d'\sin\theta + d'\sin\theta = 2d'\sin\theta$$

如果波程差 $2d'\sin\theta$ 为波长的整数倍，即

$$2d'\sin\theta = n\lambda(n = 0,1,2,3\cdots) \tag{2.14}$$

时散射波 1′、2′的位相完全相同，所以互相加强。上式就是布拉格定律(Bragg’s law)，它是 X 射线衍射的最基本的定律。式中 n 为整数，称为反射级数(order of reflection)。反射级数的大小有一定限制，因为 $\sin\theta$ 不能大于 1。由式(2.14)，对一定的 λ 和 d'，存在可以产

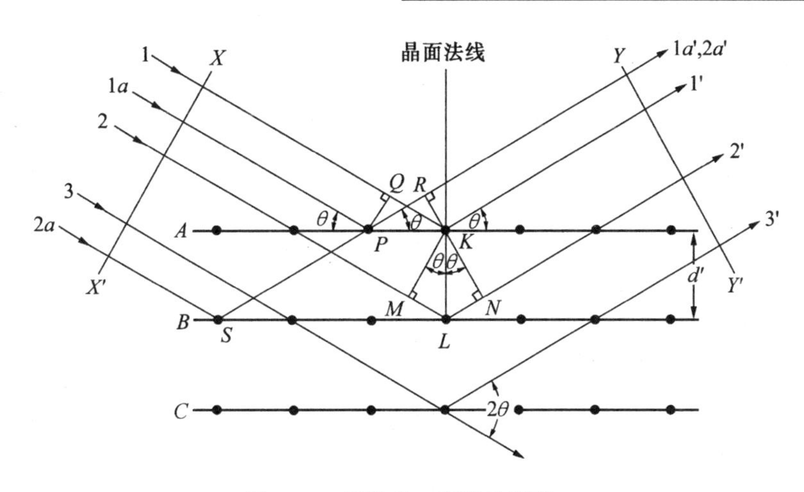

图2.11　晶体对X射线的衍射

生衍射的若干个角 $\theta_1,\theta_2,\theta_3\cdots$分别对应于 $n=1,2,3\cdots$。在 $n=1$ 的情形下称为第一级反射,波1′和2′之间的波程差为波长的1倍;而1′和3′的波程差为波长的2倍,1′与4′的波程差为波长的3倍……以此类推,参见图2.11。至此,我们可以认为,凡是在满足式(2.14)的方向上的所有晶面上的所有原子散射波的位相完全相同,其振幅互相加强。这样,在与入射线成 2θ 角的方向上就会出现衍射线。而在其他方向上的散射线的振幅互相抵消,X射线的强度减弱或者等于零。我们把强度相互加强的波之间的作用称为相长干涉,而强度互相抵消的波之间的作用称为相消干涉。图2.12表示从各原子散射出来的球面波,在特定的方向上被加强的情形。可以看到,在0级、1级、2级方向上出现衍射束。由此可以更形象地理解X射线衍射的物理现象。

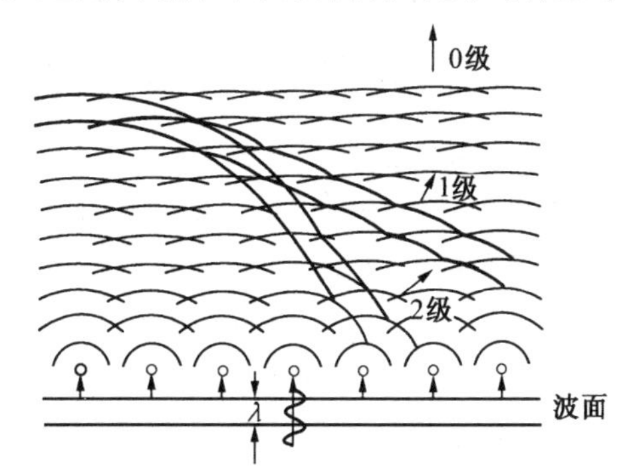

图2.12　衍射现象示意图

通过图2.11的说明我们发现X射线衍射现象和可见光的镜面反射现象相似。例如,无论在哪种情形中,入射束、反射面法线、反射束均处于同一平面上,而且入射角和反射角相等。所以,人们也习惯地把X射线的衍射称之为X射线的反射(reflection)。但是衍射和反射至少在下述三个方面有本质的区别:

(1) 被晶体衍射的X射线是由入射线在晶体中所经过路程上的所有原子散射波干涉的结果,而可见光的反射是在极表层上产生的,也就是说光反射仅发生在两种介质的界面上;

(2) 单色X射线的衍射只在满足布拉格定律的若干个特殊角度上产生(选择衍射),而可见光的反射可以在任意角度产生;

(3) 可见光在良好的镜面上反射,其效率可以接近100%,而X射线衍射线的强度比起入射线强度却微乎其微。

还需注意的是X射线的反射角不同于可见光反射角,X射线的入射线与反射线的夹角永远是 2θ。

综上所述,本质上说,X射线的衍射是由大量原子参与的一种散射现象。原子在晶面上是呈周期排列的，被它们散射的X射线之间必然存在位相关系，因而在大部分方向上产生相消干涉，只有在仅有的几个方向上产生相长干涉，这种相长干涉的结果形成了衍射束。这样，产生衍射现象的必要条件是有一个可以干涉的波(X射线)和有一组周期排列的散射中心(晶体中的原子)。

2.4 X射线衍射方向

2.4.1 产生衍射的条件

衍射只产生在波的波长和散射中间距为同一数量级或波长小于中间距的时候，因为

$$n\lambda/2d' = \sin\theta < 1 \tag{2.15}$$

所以，$n\lambda$ 必须小于 $2d'$。由于产生衍射时的 n 的最小值为1，故

$$\lambda < 2d' \tag{2.16}$$

大部分金属的 d' 为0.2～0.3 mm，所以X射线的波长也是在这样的范围为宜，当 λ 太小时，衍射角(angle of diffraction)变得非常小，甚至于很难用普通手段测定。

2.4.2 反射级数与干涉指数

布拉格方程 $2d'\sin\theta = n\lambda$ 表示面间距为 d' 的(hkl)晶面上产生了几级衍射，但衍射线出来之后，我们关心的是光斑的位置而不是级数，事实上级数也难以判别，故我们索性把布拉格方程改写成

$$2(d'/n)\sin\theta = \lambda \tag{2.17}$$

这是面间距为 $1/n$ 的实际上存在或不存在的假想晶面的一级反射。将这个晶面叫干涉面，其面指数叫干涉指数，一般用 HKL 表示。根据晶面指数的定义可以得出干涉指数与晶面指数之间的关系为：$H = nh$，$K = nk$，$L = nl$。干涉指数与晶面指数的明显差别是干涉指数中有公约数，而晶面指数只能是互质的整数，当干涉指数也互为质数时，它就代表一族真实的晶面，所以干涉指数是广义的晶面指数。习惯上经常将 HKL 混为 hkl 来讨论问题。我们设 $d = d'/n$，布拉格方程可以写成

$$2d\sin\theta = \lambda \tag{2.18}$$

图2.13为上述分析的说明。首先考虑图2.13(a)中的(100)晶面的二级反射，邻近两个晶面的波程差 ABC 必须为波长的两倍才能构成(100)的二级反射。尽管在(100)晶面之间本来没有别的晶面，但假想还有一个(200)面的话，两个邻近的(200)晶面之间的波程差 DEF 为波长的一倍，恰好构成了(200)晶面的一级反射，称为200反射(注意，此处不加括弧)。同样，可以把300、400反射看作是(100)晶面的第三级、第四级反射。推而广之，面间距为 d' 的(hkl)晶面的第 n 级反射，可以看作是晶面间距为 $d = d'/n$ 的($nh\ nk\ nl$)晶面的第一级反射。

2.4.3 衍射方向

对于一种晶体结构总有相应的晶面间距表达式。将布拉格方程和晶面间距公式联系起来，就可以得到该晶系的衍射方向表达式。例如对于立方晶系，将式(2.8)代入式(2.18)就可以得到

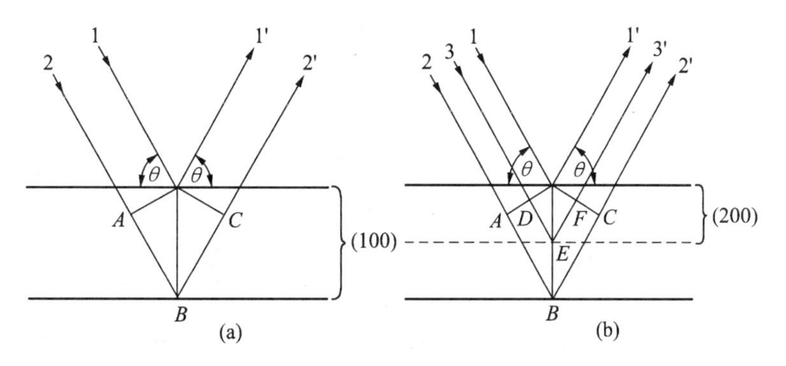

图 2.13 2级(100)反射(a)和1级(200)反射(b)的等同性

$$\sin^2\theta = \frac{\lambda^2}{4a^2}(h^2 + k^2 + l^2) \tag{2.19}$$

式(2.19)就是晶格常数为 a 的 $\{h\ k\ l\}$ 晶面对波长为 λ 的X射线的衍射方向公式。上式表明,衍射方向决定于晶胞的大小与形状。反过来说,通过测定衍射束的方向,可以测出晶胞的形状和尺寸。至于原子在晶胞内的位置,后面我们将会知道,要通过分析衍射线的强度才能确定。

2.4.4 布拉格方程的应用

上述布拉格方程在实验上有两种用途。首先,利用已知波长的特征X射线,通过测量 θ 角,可以计算出晶面间距 d。这种工作叫做结构分析(structure analysis),这是本书所要论述的主要内容。其次,利用已知晶面间距 d 的晶体,通过测量 θ 角,从而计算出未知X射线的波长,这种方法就是X射线光谱学(X-ray spectroscopy)。图2.14为X射线光谱仪(X-ray spectrometer)的原理图。S 为试样位置,它将被一次X射线照射并放出二次特征X射线,只要判定出这个二次特征X射线的波长,便可确定试样 S 的原子序数。二次特征X射线到达晶面间距已知的分光晶体 C 被衍射,通过计数管 D 进行检测,以确定 2θ 值,最后进行波长分析。如果 S 处换成X射线管,一次X射线直接照射到晶体 C,那么还可以测定出一次X射线的波长。图1.5的特征X射线曲线以及附录中的特征X射线的波长就是用这个方法求得的。

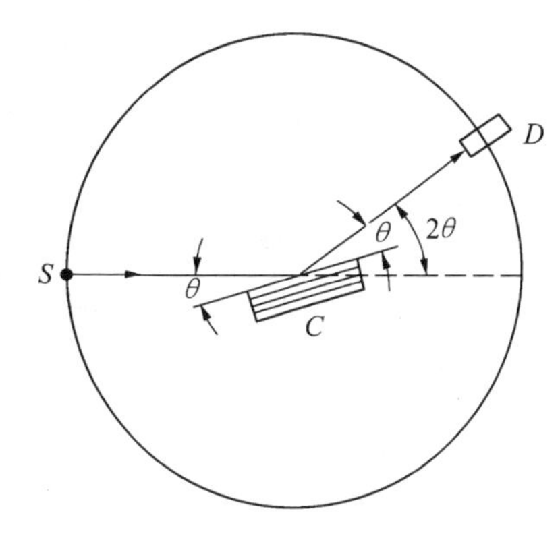

图 2.14 X射线光谱仪原理

2.4.5 劳埃方程及其与布拉格方程的一致性

我们在图2.12中已经说明,被原子散射的X射线在某些方向上相长干涉的结果产生衍射线,其规律遵循布拉格方程。用图2.15也可以解释上述相长干涉的条件。设 α_0 为入射角,α 为衍射角,相邻原子的波程差为 $a(\cos\alpha - \cos\alpha_0)$,产生相长干涉的条件是波程差为波长的整数倍,即

$$a(\cos\alpha - \cos\alpha_0) = h\lambda \tag{2.20}$$

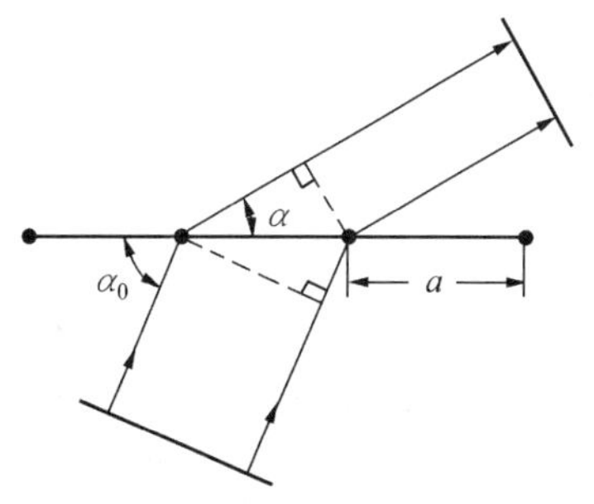

图 2.15 相长干涉的条件

式中，h 为整数，λ 为波长。一般地说，晶体中原子是在三维空间上排列的，所以为了产生衍射，必须同时满足

$$\left.\begin{aligned} a(\cos\alpha-\cos\alpha_0)=h\lambda \\ b(\cos\beta-\cos\beta_0)=k\lambda \\ c(\cos\gamma-\cos\gamma_0)=l\lambda \end{aligned}\right\} \tag{2.21}$$

式(2.21)即为劳埃方程(Laue equation)。实际上，如果把式(2.21)联立并求解，就可以推导出布拉格方程。

劳埃方程所解释的衍射现象，当散射中心为连续分布时，或散射中心的原子由于存在点缺陷等原因偏离正常位置时，计算衍射强度都很方便，而且物理模型更为清楚。

2.5 X射线衍射方法

衍射现象只有满足布拉格方程 $\lambda=2d\sin\theta$ 才有发生的可能。不论对于何种晶体的衍射，λ 与 θ 的依赖关系是很严格的，简单地在 X 射线光路上放上单晶体，一般不会产生衍射现象。我们必须考虑使布拉格方程得到满足的实验方法，这就是要么连续地改变 λ，要么连续地改变 θ，据此，可以派生出 3 种主要的衍射方法，见表 2.2。

表 2.2 X 射线衍射分析方法

方法	晶体	λ	θ
劳埃法(Laue method)	单晶体	变化(连续 X 射线)	不变化
周转晶体法(rotating-crystal method)	单晶体	不变化	变化(部分)
粉末法(powder method)	多晶体	不变化	变化

2.5.1 劳埃法

劳埃法是最古老的方法，是 Von Laue 最早用白色 X 射线摄照单晶体实验时所用的方法，实验原理如图 2.16 所示。劳埃法中，根据 X 射线源、晶体、底片的位置不同可分为透射法和反射法两种，底片都为平板型，与入射线垂直放置。

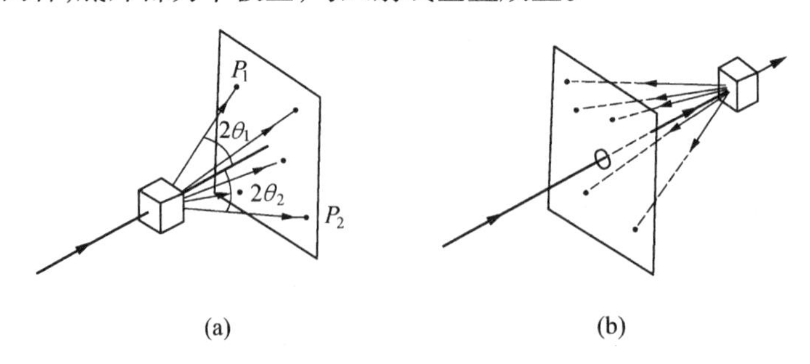

图 2.16 透射及背反射劳埃法的实验原理

劳埃法的特点是采用连续 X 射线作为入射光源，其射线源如图 1.5 所示。也就是说，对于任意一个晶体面间距 d_i 总会有一个合适的波长 λ_i，使这个晶面发生衍射。单晶体的特点是每种(hkl)晶面只有一组，单晶体固定到台架上之后，任何晶面相对于入射 X 射线的方位固定，即 θ 角一定。由布拉格方程可知，针对一组(hkl)晶面的面间距 d_1，产生反

射时，连续谱中只有一个合适的波长 λ_1 对反射起作用，在布拉格方向 $2\theta_1$ 上产生衍射斑点 P_1。

对于另一个晶面 d_2，按 $2\theta_2$ 的反射，这是由连续谱中波长为 λ_2 的X射线生成的，产生衍射斑点 P_2。在得到的劳埃照片上每个斑点到中心的距离 t 可换算成 2θ 角，即

$$\tan 2\theta = \frac{t}{D} \tag{2.22}$$

D 为试样到底片的距离。于是就可以知道照片上各个点对应的是哪组晶面，再进一步可得到晶体取向、晶体不完整性等信息。不过，劳埃法在黑白照片上无法识别晶格参数等晶体结构信息。

图2.17给出两张透射劳埃照片，分别是单晶硅和金刚石在(100)晶面上的衍射。可见衍射线在底片上形成了规则排列的斑点，叫做“劳埃斑”(Laue pattem)。劳埃斑均排列成椭圆或双曲线的轨迹，分析表明，同一曲线上的劳埃斑属于同一晶带的反射。

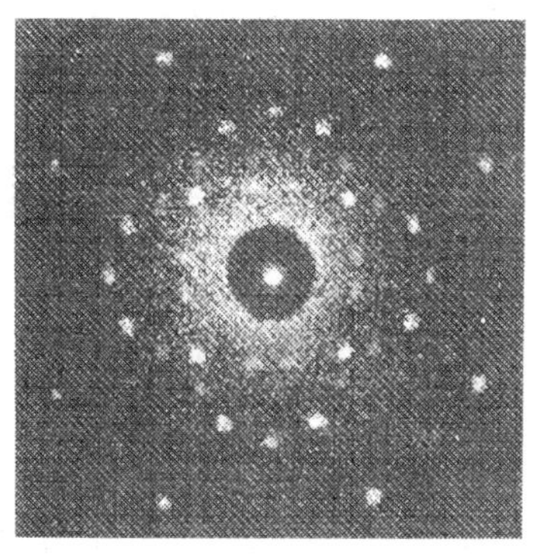

(a) Si(100), $a = 5.430$ Å

(b) C(100), $a = 3.567$ Å

图2.17　单晶硅和单晶金刚石的(100)面劳埃照片

2.5.2　周转晶体法

周转晶体法是用单色的X射线照射单晶体的一种方法。光学布置如图2.18所示。将单晶体的某一晶轴或某一重要的晶向垂直于X射线安装，再将底片在单晶体四周围成圆筒形。摄照时让晶体绕选定的晶向旋转，转轴与圆筒状底片的中心轴重合。

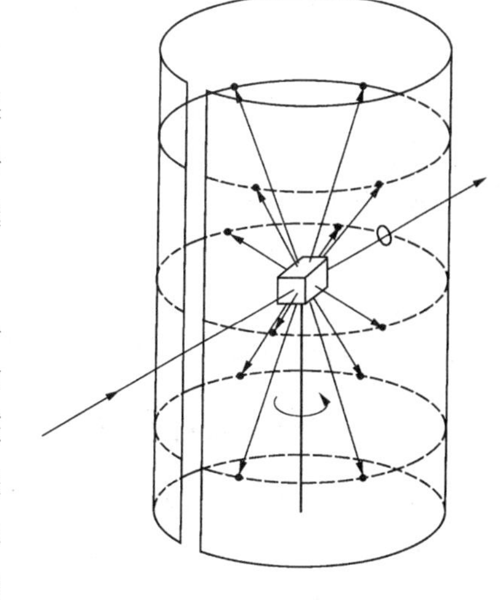

图2.18　周转晶体法

周转晶体法的特点是入射线的波长 λ 不变，入射方向不变，在这样的几何条件下，单晶体中可能会有几个晶面正好与衍射条件吻合，出现几个衍射斑点，也可能碰不到合适的晶面位置。为了全面反映晶体学特征，研究者想出了一个办法，就是通过让单晶体旋转的方法来连续改变各个晶面与入射线的 θ 角来满足布拉格方程。在单晶体不断旋转的过程

中,某组晶面会于某个瞬间和入射线的夹角恰好满足布拉格方程,于是在此瞬间便产生一根衍射线束,在底片上感光出一个感光点。周转晶体法的主要用途是确定未知晶体的晶体结构,这是晶体学者研究工作的重要方法之一。

劳埃法和周转晶体法由于本课程大纲的要求,不作详细介绍。

2.5.3 粉末法

粉末法是用单色的X射线照射多晶体试样,利用晶粒的不同取向来改变 θ,以满足布拉格方程。多晶体试样可以是粉末、多晶块状、板状、丝状等试样。

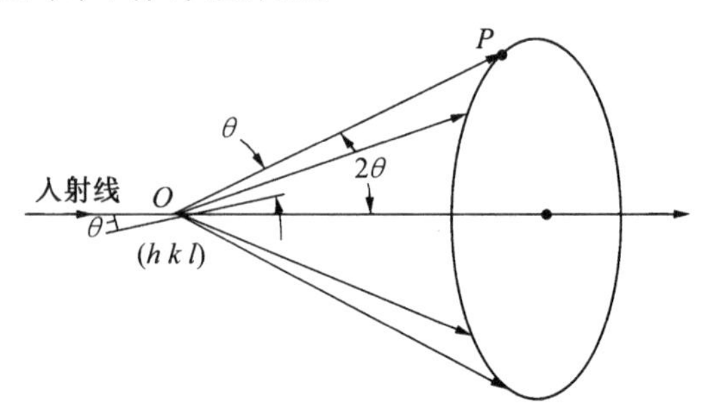

图 2.19 多晶体试样衍射圆锥的形成

如图 2.19 所示,我们如果用单色X射线以掠射角 θ 照射到 O 点处单晶体的一组晶面(hkl)时,在布拉格条件下会衍射出一条线 OP,在照片上照出一个点 P。如果能让这组晶面绕入射线为轴旋转,并保持 2θ 不变,则会以 OP 为母线画出一个圆锥。从实验的角度来说,对一个未知的试样找到这样一组晶面,又让它绕入射X射线稳定地旋转几乎是不可能的。但若把单晶体研成粉末,则在一定体积的粉末中有无穷多个颗粒和(hkl)晶面,因粉末颗粒在空间随机分布,处于不同的方位上,这样就使得在空间任意方位上都可以找到(hkl)晶面。当X射线照射到粉末试样上之后,总会有足够多的(hkl)晶面满足布拉格方程,在 2θ 方向上产生衍射,衍射线形成像单晶体旋转似的衍射圆锥。这样试样不必转动,即可在满足布拉格条件的任何方向上找到反射线,就像一个晶面旋转一样,衍射线分布在 4θ 顶角的圆锥上。由布拉格方程可知,当 λ 一定时,对应于($h_1\ k_1\ l_1$)晶面必然有一个相应的 $4\theta_1$ 角圆锥;同样,对应于($h_2\ k_2\ l_2$)晶面也必然有另一个相应的 $4\theta_2$ 角圆锥。测定时可以如图 2.20 所示那样,将一张长条底片以试样为中心围成圆筒,这样,所有的衍射圆锥都和底片相交,感光出衍射圆环的部分弧段,将底片展开即可得到如图所示的图样。

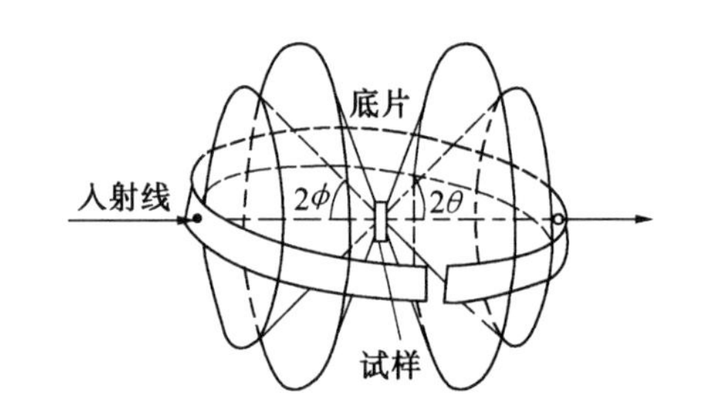

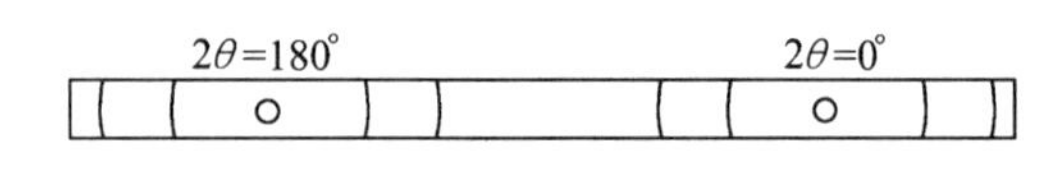

图 2.20 粉末法摄照示意图

粉末法是衍射分析中最常用的一种方法,主要特点在于试样获得容易,衍射花样反映晶体的信息全面,可以进行物相定性和定量分析、点阵参数测定、晶体结构测定、应力测定、织构、晶粒度测定等。粉末法还将在第4章中详细介绍。

2.5.4 平面底片照相法

在多晶体取向等研究中,经常需要得到完整的衍射环,而粉末法采用的条状底片不能摄照完整的衍射圆环。如果需要分析整个圆环上的衍射特征,这个方法就无能为力了。遇到这种情况时,可采用平面底片照相方法。这种照相方法利用单色(标识)X射线、多晶体试样、平面底片和针孔光阑,故也称之为针孔法。

平面底片照相法可以分为透射和背射两种方法。图2.21所示的是透射法的衍射几何。相机主要由针孔光阑、试样架和平面底片暗盒等部分构成。此外，还附有专门的传动装置，可使试样或底片绕入射线轴转动。多晶体平面底片照相也可以在劳厄相机上进行。它所得到的衍射花样是以入射线为中心的同心圆环。衍射角的计算公式为

$$\tan 2\theta = \frac{L}{D} \tag{2.23}$$

式中　L——衍射圆环的半径；

D——试样到底片的距离。

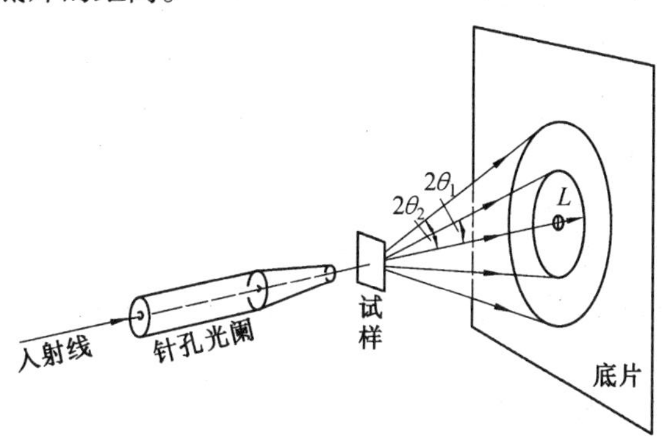

图2.21　平面底片透射法的衍射几何

透射法的试样一般用金属粉末或多晶体薄片，但也可以用大块多晶体。不过当用大块多晶体作试样时，只能让入射线扫过试样的某突出的尖端部位，所得到的衍射花样为同心的半圆环。

图2.22所示的是平面底片背射法的衍射几何。这种照相方法也可以应用聚集原理对某一个衍射圆环进行取焦。它的聚集条件为：使试样表面、限光孔和被聚集的衍射圆环位于同一个聚集球面上。从图2.22所示的衍射几何可以看出，衍射圆环半径 L' 为

$$L' = D\tan(\pi - 2\theta) \tag{2.24}$$

由几何定理得知

$$L'^2 = S \cdot D$$

其中 S 为限光孔 S_1 到底片的距离。所以

$$S = D\tan^2(\pi - 2\theta) \tag{2.25}$$

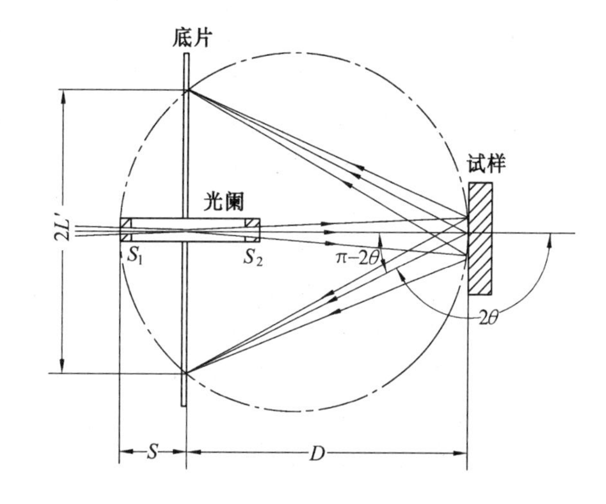

图2.22　平面底片背射法的衍射几何

当需要对某个衍射环聚集时，必须按式(2.25)的要求调整试样、底片和限光孔三者的相对位置。

在这种照相方法中，底片到试样距离 D 的准确测量是很重要的。除使用专门的工具直接测量外，还可以在试样表面涂上很薄一层结构已知的标准粉末。这样在衍射花样上可以得到 θ 角已知的衍射圆环，利用这种衍射圆环通过式(2.24)可以计算出 D 的准确数值。

平面底片照相方法的主要优点是能摄取完整的衍射圆环。但它所能摄照的 θ 角范围是很有限的。在背射法中可直接用金相试样进行摄照,这样便于将 X 射线衍射的实验结果与金相分析结果直接进行对比分析。平面底片照相方法适用于研究晶粒大小、择优取向以及点阵常数精确测定等方面。

习　题

1. 在立方点阵中画出下面的点阵面和结点方向。

(010)　$(0\bar{1}1)$　(113)　$[1\bar{1}0]$　$[201]$　$[101]$

2. 将下面几个干涉面(属立方晶系)按面间距的大小排列。

(123)、(100)、$(\bar{2}00)$、$(31\bar{1})$、$(1\bar{2}1)$、(210)、(110)、$(\bar{2}21)$、(030)、(130)。

3. 证明在六方晶系中 $h+k=-i$。

4. 证实(110)、(121)、(312)属于[111]晶带。

5. 晶面(110)、(311)、(132)是否属于同一晶带?晶带轴是什么?再指出属于这个晶带的其他几个晶面。

6. 下述斜方晶体属于哪一种布拉菲点阵?

(1) 每个晶胞中含有位于 $0\frac{1}{2}0$、$\frac{1}{2}0\frac{1}{2}$ 上的两个同种原子;

(2) 每个晶胞中含有位于 $00z$、$0\frac{1}{2}z$、$0\frac{1}{2}(\frac{1}{2}+z)$、$00(\frac{1}{2}+z)$ 上的 4 个同类原子;

(3) 每个晶胞中含有位于 $\frac{1}{2}00$、$0\frac{1}{2}\frac{1}{2}$ 上的两个 A 原子,与位于 $00\frac{1}{2}$、$\frac{1}{2}\frac{1}{2}0$ 上的两个 B 原子。

7. 当 X 射线在原子列上反射时,相邻原子散射线在某个方向上的波程差若不为波长的整数倍,则此方向上必然不存在反射,为什么?

8. 当波长为 λ 的 X 射线在晶体上发生衍射时,相邻两个(hkl)晶面衍射线的波程差是多少?相邻两个 HKL 干涉面的波程差又是多少?

9. 准备摄照下面 4 种晶体的粉末相,试预测出最初 3 根线条(2θ 为最小的 3 根)的 2θ 和 hkl,并按角度增大的顺序列出。(入射线为 CuK_{α})

(1) 简单立方($a=0.3$ nm);

(2) 简单正方($a=0.2$ nm, $c=0.3$ nm);

(3) 简单正方($a=0.3$ nm, $c=0.2$ nm);

(4) 简单斜方($a=0.3$ nm, $\alpha=80°$)。

第3章

X射线衍射强度

3.1 引　　言

在进行晶体结构分析时，重要的是要把握两类信息，第一类是衍射方向，即 θ 角，它在 λ 一定的情况下取决于晶面间距 d。衍射方向反映了晶胞的大小以及形状因素，可以利用布拉格方程来描述。但造成结晶物质种类千差万别的原因不仅是由于晶格常数不同，重要的是组成晶体的原子种类以及原子在晶胞中的位置不同所造成的。这种原子种类及其在晶胞中的位置不同反映到衍射结果上，表现为反射线的有无或强度的大小，这就是我们必须把握的第二类信息，即衍射强度。布拉格方程是无法描述衍射强度问题的。在合金的定性分析、定量分析、固溶体点阵有序化及点阵畸变分析时，所需的许多信息必须从X射线衍射强度中获得。

X射线衍射强度，在衍射仪上反映的是衍射峰的高低（或积分强度——衍射峰轮廓所包围的面积），在照相底片上则反映为黑度。严格地说就是单位时间内通过与衍射方向相垂直的单位面积上的X射线光量子数目，但它的绝对值的测量既困难又无实际意义，所以，衍射强度往往用同一衍射图中各衍射线强度（积分强度或峰高）的相对比值即相对强度来表示。图3.1所示为衍射线强度曲线的例子。这是钢中马氏体(200)α 和残余奥氏体(220)γ 的衍射强度，纵坐标单位为任意值。曲线所包围的面积（阴影部分）即为该衍射峰的积分强度（integrated intensity），通过两个积分强度的大小比较，可以计算出残余奥氏体的含量（第5章将详细讨论）。

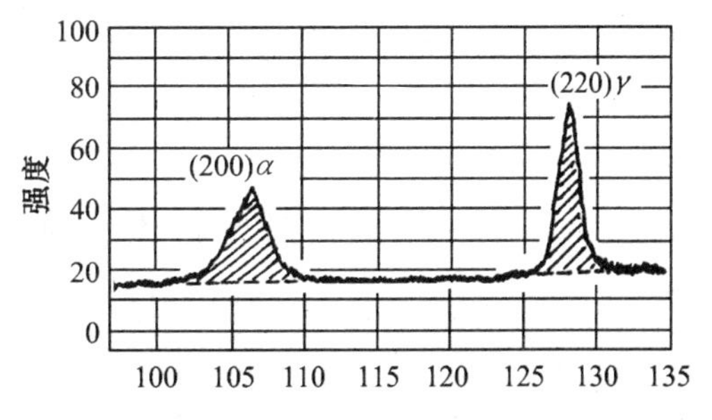

图3.1　积分强度示意图

（奥氏体质量分数为30%的Ni－V钢，马氏体(α)200面与奥氏体(γ)220面的衍射强度）

影响衍射强度的因素有多种，我们这一章的目的就是分析这些影响因素的来源和对衍射强度的影响规律。为此，我们将从一个电子到一个原子，再到一个晶胞讨论晶胞的衍射强度，然后再讨论粉末多晶体的衍射强度问题。

3.2 结构因子

前面曾提到，晶胞内原子的位置不同，X射线衍射强度将发生变化。从图3.2所示的两种不同晶胞就很容易地看出这一点。这两种晶胞都是具有两个同种原子的晶胞,它们的区别仅在于其中有一个原子移动了向量 $c/2$ 的距离。

现在考察底心晶胞(001)面的衍射情况。如图 3.3(a)所示,如果散射波 1′和 2′的波程差 $AB+BC=\lambda$,则在 θ 方向上产生衍射束。对于体心斜方晶胞的(001)面,如图 3.3(b)所示,与底心晶胞相比,由于中间多了一个(002)原子面,(002)面上的原子的反射线 3′与 1′的波程差($DE+EF$)只有 $\lambda/2$,故产生相消干涉而互相抵消,同理,由于晶面的重复性还会有衍射线 2′和 4′相消。如果考虑到晶体[001]方向足够厚的话,这种相消干涉可以持续下去,直至 001 反射强度变为零,不复存在。

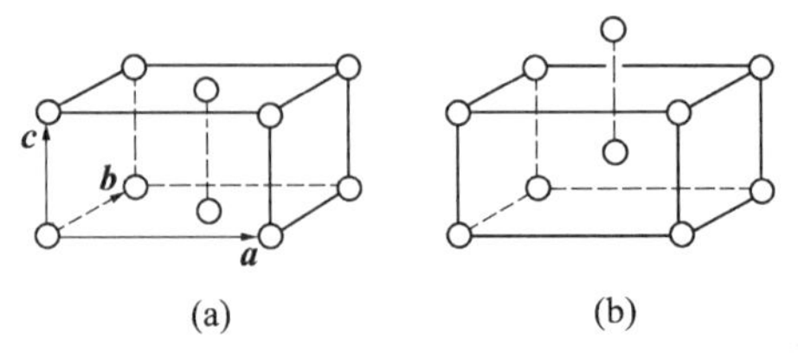

图 3.2 底心晶胞(a)与体心斜方晶胞(b)的比较

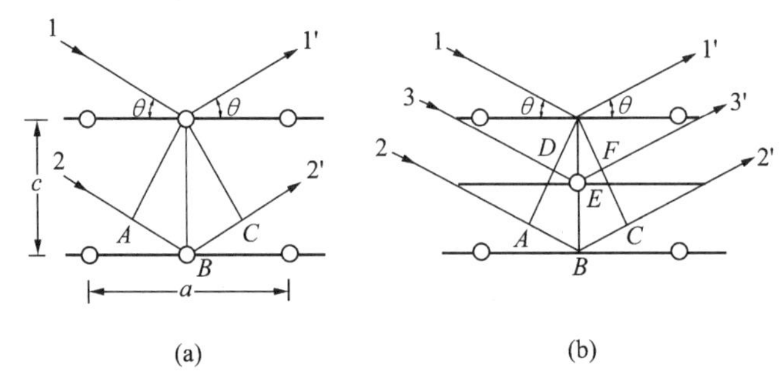

图 3.3 底心晶胞(a)和体心斜方晶胞(b)(001)面的衍射

可以发现,晶体中的原子仅仅改变了一点排列方式,就使原有的衍射线束消失了。一般地说,晶胞内原子位置发生变化,将使衍射强度减小甚至消失,这说明布拉格方程是反射的必要条件,而不是充分条件。事实上,若 A 原子换为另一种类的 B 原子,由于 A、B 原子种类不同,对 X 射线散射的波振幅也不同,所以,干涉后强度也要减小,在某些情况下甚至衍射强度为零,衍射线消失。我们把因原子在晶体中位置不同或原子种类不同而引起的某些方向上的衍射线消失的现象称之为“系统消光”。根据系统消光的结果以及通过测定衍射线的强度的变化就可以推断出原子在晶体中的位置。定量表征原子排布以及原子种类对衍射强度影响规律的参数称为结构因子(structure factor),即晶体结构对衍射强度的影响因子。对结构因子的本质上的理解可以按照下述层次逐步分析:X 射线在一个电子上的散射强度、在一个原子上的散射强度以及在一个晶胞上的散射强度。

3.2.1 一个电子对 X 射线的散射

根据电磁波理论,原子对 X 射线的散射主要是由核外电子而不是原子核引起的,因为相对于核外电子,原子核的质量很大,而电子更容易受到激发产生振动。假设一束偏振 X 射线的路径上有一电子 e,在 X 射线电场的作用下会发生两种情况,有一种情况是电子绕其平衡位置产生受迫振动,放出与入射线波长相同的电磁波。也就是说 X 射线在电子上产生了波长不变的散射,这是具有干涉性质的散射,因为入射线和散射线的位相差是恒定的,我们将其称之为相干散射或弹性散射。

被电子散射的 X 射线是射向四面八方的,其强度 I 的大小与入射束的强度 I_0 和散射的角度有关。一个电子将 X 射线散射后,在距电子为 R 处的强度可表示为

$$I_e=I_0\left(\frac{r_e}{R}\right)^2\times\left[\frac{1+(\cos 2\theta)^2}{2}\right] \tag{3.1}$$

式中　r_e——经典电子半径，$r_e=\dfrac{e^2}{4\pi\varepsilon_0 mc^2}=2.817\ 938\times10^{-15}$ m；

I_0——入射X射线强度；

e——电子电荷；

m——电子质量；

c——光速；

ε_0——真空介电常数；

2θ——电场中任一点 P 到原点连线与入射X射线方向的夹角；

R——电场中任一点 P 到发生散射的电子的距离。

这便是一个电子对X射线散射的汤姆逊(J.J thomsom)公式。分析式(3.1)可以看出，电子对X射线散射的特点是：①散射线强度很弱，约为入射强度的几十分之一；②散射线强度与到观测点距离的平方成反比，可以算出，在距离电子为1 cm处，I_e/I_0 仅为 7.94×10^{-26}；③在 $2\theta=0$ 处，因为$[\dfrac{1+(\cos 2\theta)^2}{2}]=1$，所以散射强度最强，也只有这些波才符合相干散射的条件。在 $2\theta\neq0$ 处散射线的强度减弱，在 $2\theta=90°$ 时，因为$[\dfrac{1+(\cos 2\theta)^2}{2}]=\dfrac{1}{2}$，所以在与入射线垂直的方向上减弱得最多，为 $2\theta=0$ 方向上的一半。在 $\theta=0,\pi$ 时，$I_e=1$，在$\theta=\dfrac{1}{2}\pi,\dfrac{3}{2}\pi$ 时，$I_e=\dfrac{1}{2}$，这说明一束非偏振的X射线经过电子散射后其散射强度在空间各个方向上变得不相同了，被偏振化了，偏振化的程度取决于 2θ 角。所以称$\dfrac{1+(\cos 2\theta)^2}{2}$一项为偏振因子，也叫极化因子(polarization factor)。这一因子很重要，以后在所有强度计算中都要考虑这一项因子的影响。

一个电子对X射线的散射强度是X射线散射强度的自然单位，以后所有对散射强度的定量处理都是基于这一约定的。汤姆逊公式给出了散射线强度的绝对值，单位为 $J/(m^2\cdot s)$。绝对数值的计算和测量都是很困难的，万幸的是，所有处理衍射问题的时候，取强度的相对值已经足够用。一般情况下，除极化因子外，式(3.1)中其余各项在实验条件一定的情况下均为定值，可以设法除去。

电子对X射线的散射还有另外一种完全不同的方式，即第1章所述及的康普顿－吴有训效应。例如，当X射线量子 $h\nu_1$ 与结合比较弱的电子 e 发生弹性碰撞时，把一份能量传递给电子使其具有动能，自己则变成能量为 $h\nu_2$ 的量子并与原来的方向偏离 2θ 角。$h\nu_2<h\nu_1$，显然，散射X射线的波长比起入射X射线的波长要长。这两个波长之差为：$\Delta\lambda=\lambda'-\lambda\approx0.002\ 4(1-\cos 2\theta)$(nm)。可见碰撞后的波长只决定于散射角，$2\theta=0$ 时，$\Delta\lambda=0$(原向散射)，$2\theta=180°$(背向散射)时，$\Delta\lambda=0.005$ nm。

把上述散射X射线称为康普顿变频X射线(Compton modified X－ray)，由于散射X射线的波长与入射X射线不符合干涉条件，所以不可能产生衍射现象。把这种散射称为非相干散射(incoherent scattering)或者非弹性散射(inelastic scattering)。这种散射的存在将给衍射图相带来有害的背底，所以应设法避免它的产生，但是以后会知道，这点是很难做到的。

3.2.2　一个原子对X射线的散射

原子核也具有电荷，所以X射线也应该在原子核上产生散射。但是，从式(3.1)可知，散射强度与引起散射的粒子质量的平方成反比，原子核的质量是电子的1 800多倍，所以原子核引起的散射线的强度极弱，可以忽略不计。

在讨论X射线的衍射方向时，我们假定原子中的电子是集中于一点的，事实上X射线的波长与晶胞中各原子的距离在同一数量级，因此在讨论衍射强度问题时这种假设已显得过分粗略了。原子散射波是原子中各个电子散射波合成的结果，原子序数为 Z 的原子中的 Z 个电子是按照电子云分布规律分布在原子空间的不同位置上的，所以，在某个方向上同一原子中的各个电子的散射波的位相不可能完全一致。图3.4示意说明了原子

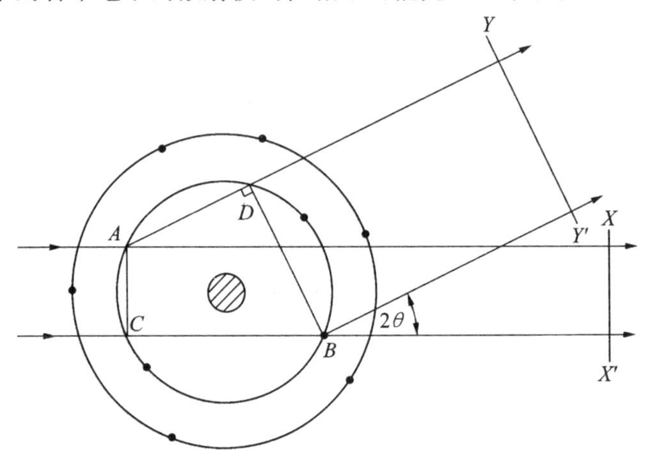

图3.4　X射线受一个原子的散射

对X射线的散射情况。为简明起见，将各个电子按经典原子模型分层排列。入射X射线分别照射到原子中任意两个电子 A 和 B，观察在 XX' 方向上（$2\theta=0$）的散射波，由于在散射前后所经过的路程相同，故合成波振幅等于各电子散射波振幅之和。但是在其他的任意方向，如 YY' 方向上不同的电子散射的X射线存在光程差，又由于原子半径的尺度比X射线波长 λ 的尺度要小，所以又不可能产生波长整数倍的位相差，这就导致了电子波合成要有所损耗，即原子散射波强度 $I_a < ZI_e$。为评价原子散射本领，引入系数 $f(f \leqslant Z)$，称系数 f 为原子散射因子（atomic scattering factor），它是考虑了各个电子散射波的位相差之后原子中所有电子散射波合成的结果。数值上，它是在相同条件下，原子散射波与一个电子散射波的波振幅之比或强度之比，即

$$f=\frac{A_a}{A_e}=\left(\frac{I_a}{I_e}\right)^{\frac{1}{2}} \tag{3.2}$$

式中 A_a，A_e 分别表示为原子散射波振幅和电子散射波振幅。对 f 也可以理解为是以一个电子散射波振幅为单位度量的一个原子的散射波振幅，所以有时也叫原子散射波振幅，反映的是一个原子将X射线向某个方向散射时的散射效率，它与 $\sin\theta$ 和 λ 有关，如图3.5所示，当 $\sin\theta/\lambda$ 值减小时 f 增大，$\sin\theta=0$ 时，$f=Z$，一般情况下 $f \leqslant Z$，使用时可查表，参见附录3。

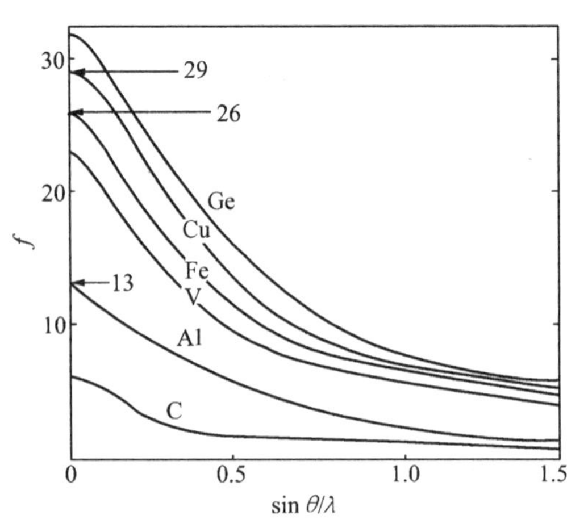

图3.5　原子散射因数曲线

需要指出的是，产生相干散射的同时也存在非相干散射。这两种散射强度的比值与原子中结合力弱的电子所占的比例有密切关系。后者所占比例越大，非相干散射和相

干散射的强度比增大。所以,原子序数 Z 越小,非相干散射越强。在目前的衍射技术中尚难以得到含有碳、氢、氧等轻元素有机化合物的满意的衍射花样,理由就在于此。实验表明,变频X射线的强度随 $\sin\theta/\lambda$ 增大而增大,其变化规律与相干散射线的相反。

3.2.3　一个晶胞对X射线的散射

作为预备知识先回顾一下波的合成原理。图3.6中所示为两个衍射X射线的波前电场强度随时间变化的情况,其频率(波长)相同而位相和振幅不同,它们的方程式可以用正弦周期函数表示为

$$E_1 = A_1 \sin(2\pi\nu t - \phi_1) \tag{3.3}$$

$$E_2 = A_2 \sin(2\pi\nu t - \phi_2) \tag{3.4}$$

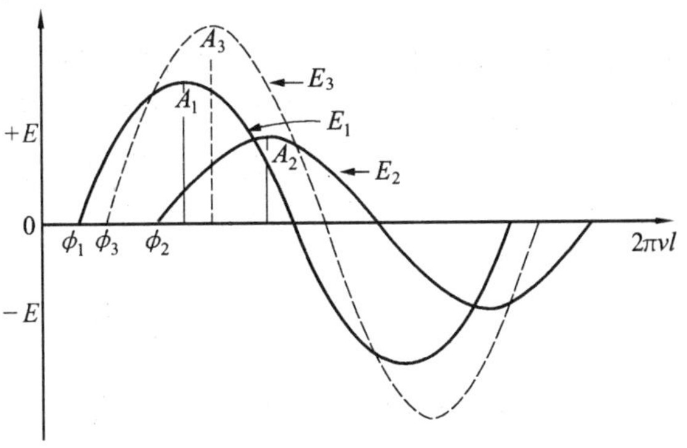

图3.6　位相和振幅不同的正弦波的合成

这两个波的合成波 E_3 用点线表示,从图中可看到点线所示的合成波也是一种正弦波,但振幅和位相发生了变化。振幅和位相不同的波的合成用向量作图很方便(参看图3.7)。如果用复数方法进行解析运算就更简单了。可以像图3.8所示的那样在复平面上画出波向量,波的振幅和位相分别表示为向量的长度 A 和向量与实轴的夹角 ϕ,于是波的解析表达式可用三角式表示为

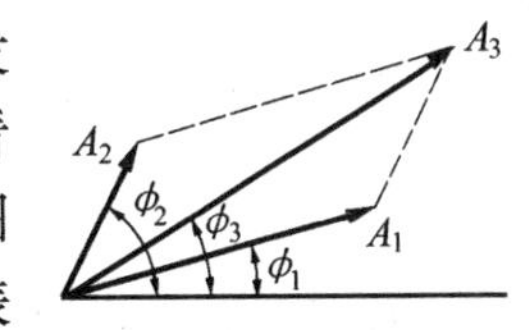

图3.7　波的向量合成方法

$$A\cos\phi + A\mathrm{i}\sin\phi \tag{3.5}$$

考虑 e^{ix}、$\cos x$、$\sin x$ 的幂级数的展开式,可以有

$$e^{ix} = \cos x + \mathrm{i}\sin x \tag{3.6}$$

比较上述讨论,波动可以用复指数形式表示为

$$Ae^{\mathrm{i}\phi} = A\cos\phi + \mathrm{i}A\sin\phi \tag{3.7}$$

多个向量的和可以写成

$$\sum Ae^{\mathrm{i}\phi} = \sum (A\cos\phi + \mathrm{i}A\sin\phi) \tag{3.8}$$

波的强度正比于振幅的平方,当波用复数的形式表示的时候,这一数值为复数乘以共轭复数,$Ae^{\mathrm{i}\phi}$的共轭复数为$Ae^{-\mathrm{i}\phi}$,所以

$$|Ae^{\mathrm{i}\phi}|^2 = Ae^{\mathrm{i}\phi}Ae^{-\mathrm{i}\phi} = A^2 \tag{3.9}$$

式(3.9)还可以写成为

$$A(\cos\phi + \mathrm{i}\sin\phi)A(\cos\phi - \mathrm{i}\sin\phi) = A^2(\cos^2\phi + \sin^2\phi) = A^2$$

现在我们回到晶胞散射的问题上来。设单胞中有 N 个原子,各个原子的散射波的振幅和位向是各不相同的,所以,单胞中所有原子散射波的合成振幅不可能等于各原子散射波振幅简单地相加,而是应当和原子自身的散射能力(原子散射因子 f)、与原子相互间的位相差 ϕ、以及与单胞中原子个数 N 有关。如果单位晶胞的原子 $1,2,3,\cdots,n$ 的坐标为 $u_1v_1w_1, u_2v_2w_2, \cdots, u_nv_nw_n$,原子散射因子分别为 f_1, f_2,

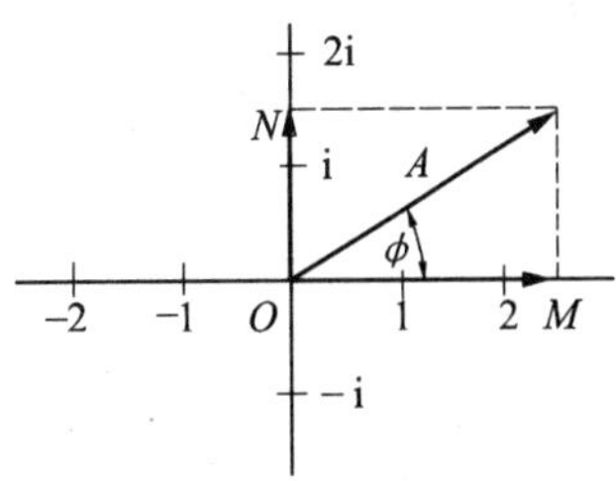

图3.8　复数平面内的向量合成

$f_3,\cdots,f_n$,各原子的散射波与入射波的位相差分别为 $\phi_1,\phi_2,\phi_3,\cdots,\phi_n$,则晶胞内所有原子相干散射波的合成波振幅 A_b 为

$$A_b = A_e(f_1 e^{i\phi_1} + f_2 e^{i\phi_2} + \cdots + f_n e^{i\phi_n}) = A_e \sum_{j=1}^{n} f_j e^{i\phi_j} \tag{3.10}$$

单位晶胞中所有原子散射波叠加的波即为结构因子(structure factor),用 F 表示。定义 F 是以一个电子散射波振幅为单位所表征的晶胞散射波振幅,即

$$F = \frac{\text{一个单胞内所有原子散射的相干散射波振幅}}{\text{一个电子散射的相干散射波振幅}} = \frac{A_b}{A_e}$$

这样,式(3.10)变为

$$F = \frac{A_b}{A_e} = \sum_{j=1}^{n} f_j e^{i\phi_j} \tag{3.11}$$

可以证明,hkl 晶面上的原子(坐标为 uvw)与原点处原子的经 hkl 晶面反射后的位相差 ϕ,可以由反射面的晶面指数和原子坐标 uvw 来表示,即

$$\phi = 2\pi(hu + kv + lw) \tag{3.12}$$

这一公式对任何晶系都是适用的。

对于 hkl 晶面的结构因子为①

$$F_{hkl} = \sum_{1}^{N} f_j e^{2\pi i}(hu_j + kv_j + lw_j) \tag{3.13}$$

计算时要把晶胞中所有原子考虑在内进行。一般的情况下,式(3.13)中的 F 为复数,它表征了晶胞内原子种类、原子个数、原子位置对衍射强度的影响。

显然,在符合布拉格定律的方向上的散射线的强度应正比于 $|F|^2$,也就是正比于散射波振幅的平方。$|F|^2$ 应该用式(3.13)的 F 表达式乘上其共轭复数方法求得。由于式(3.13)给出已知原子位置的 hkl 晶面的反射线强度,所以在 X 射线晶体学中占有重要地位。

3.2.4 结构因子的计算举例

为方便起见,下面给出常用的几个复数运算的关系式。

式(3.13)还可以写成三角形,即

$$F = a + ib$$

其中

$$a = \sum_{1}^{N} f_n \cos 2\pi(hu_n + kv_n + lw_n)$$

$$b = \sum_{1}^{N} f_n \sin 2\pi(hu_n + kv_n + lw_n)$$

而

$$|F|^2 = (a + ib)(a - ib) = a^2 + b^2$$

其次,还有几个常用的关系,即

$$e^{\pi i} = e^{3\pi i} = e^{5\pi i} = -1$$

$$e^{2\pi i} = e^{4\pi i} = e^{6\pi i} = +1$$

---

① 结构因子 F 是针对特定的晶面或干涉面 HKL 而言的,所以许多书中将其标记为 F_{HKL}。在 X 射线衍射和电子衍射中反射面均指干涉面,在实际应用中这点并不至于引起误解,所以本文简记为 F,如不作特殊强调,hkl 也泛指干涉面。

$$一般\ e^{n\pi i} = (-1)^n \qquad (n\ 为正整数)$$

$$e^{n\pi i} = e^{-n\pi i} \qquad (n\ 为整数)$$

$$e^{ix} + e^{-ix} = 2\cos x$$

【例1】 简单晶胞的结构因子。

最简单的例子是一个晶胞内只有一个原子,位于坐标原点000处,那么结构因子可以从式(3.13)算出,即

$$F = fe^{2\pi i(0)} = f$$

$$F^2 = f^2$$

可见,F^2 与 hkl 无关,对所有的反射具有相同的值。

【例2】 底心斜方晶胞的结构因子。

一个晶胞内有两个同种原子,分别位于000和$\frac{1}{2}\frac{1}{2}0$。那么

$$F = fe^{2\pi i(0)} + fe^{2\pi i(\frac{h}{2}+\frac{k}{2})} = f[1 + e^{\pi i(h+k)}]$$

因为$(h+k)$永远是整数,不必乘以共轭复数,F 只能取实数。如果 h 和 k 都是偶数或奇数(称为同性数),那么其和必然是偶数,因而 $e^{\pi i(h+k)} = 1$。结果

$$F = 2f \qquad (h、k\ 为同性数时)$$

$$F^2 = 4f^2$$

另外,如果 h 和 k 为异性数,那么其和必然是奇数,$e^{\pi i(h+k)} = -1$。其结果

$$F = 0 \quad (h、k\ 为异性数时)$$

通过以上讨论可以知道,指数 l 的取值不对结构因子产生影响。例如:111,112,113,021,022,023等反射的 F 值均相同,等于 $2f$。下述反射的 F 值均为零:001,012,013,101,102,103等。

【例3】 体心立方晶胞的结构因子。

一个晶胞内有两个同种原子,分别位于000和$\frac{1}{2}\frac{1}{2}\frac{1}{2}$,则

$$F = fe^{2\pi i(0)} + fe^{2\pi i(\frac{h}{2}+\frac{k}{2}+\frac{l}{2})} = f[1 + e^{\pi i(h+k+l)}]$$

所以

$$F = 2f \qquad (h+k+l)为偶数时$$

$$F^2 = 4f^2$$

$$F = 0 \qquad (h+k+l)为奇数时$$

$$F^2 = 0$$

在3.1节中讲过,底心点阵有001反射,但体心点阵中却不存在,这一点从结构因子的计算也得到了证实。今后,当考虑哪些反射存在和哪些反射不存在时,应该用结构因子去计算而不是用3.1节中采用的几何方法。这也是结构因子的一个重要意义。

【例4】 面心立方晶胞的结构因子。

一个晶胞内有4个同种原子,分别位于000,$\frac{1}{2}\frac{1}{2}0$,$\frac{1}{2}0\frac{1}{2}$,$0\frac{1}{2}\frac{1}{2}$,则

$$F = fe^{2\pi i(0)} + fe^{2\pi i(\frac{h}{2}+\frac{k}{2})} + fe^{2\pi i(\frac{k}{2}+\frac{l}{2})} + fe^{2\pi i(\frac{l}{2}+\frac{h}{2})} =$$

$$f[1 + e^{\pi i(h+k)} + e^{\pi i(k+l)} + e^{\pi i(l+h)}]$$

如果 h,k,l 为同性数,则$(h+k)$,$(k+l)$,$(l+h)$必然为偶数,所以

$$F^2 = 16f^2 \qquad F = 4f$$

如果 h,k,l 为异性数,则 3 个指数函数的和为 -1。故有

$$F = 0$$

$$F^2 = 0$$

例如,111,200,220 等反射是存在的,而 100,210,112 等反射是不存在的。

读者可以注意到,上述计算中,有些给定的条件并未使用。如例 1 中仅提到晶胞中仅有一个原子,并未指明晶胞的形状;例 2 仅说明晶胞是斜方的;例 3 中仅描述晶胞是立方的,这些信息并没有加入到计算过程中去。可以得出结论:结构因子与晶胞的形状和大小无关。例如,对于任何的体心晶胞,不论它是立方、正方或斜方,只要 $(h+k+l)$ 等于奇数的晶面其反射线将完全消失。上述的例子说明了各种布拉菲晶胞与衍射花样之间的相关性,这些例子告诉我们,由于原子在晶胞中的排列位置的变化,可以使原来可以产生衍射的衍射线消失,这种现象也称之为"系统消光",系统消光规律是晶体结构分析的重要基础。现将这种规律汇总于表 3.1。

表 3.1 反射线系统消光规律

布拉菲点阵	存在的谱线指数 hkl	不存在的谱线指数 hkl
简　单	全　部	没　有
底　心	$(h+k)$偶数	$(h+k)$奇数
体　心	$(h+k+l)$偶数	$(h+k+l)$奇数
面　心	h、k、l 同性数	h、k、l 异性数

设想一个晶胞内有异种原子存在的情况。此时,我们必须在 F 的求和公式中考虑各原子的原子散射因子 f 不相同这一因素。这样,即使对一种晶胞而言,如果是由异种原子组成,将会得到与同种原子组成时不同的结构因子,因而消光规律和反射线强度都发生变化。实验中经常出现在某一种合金上原来不存在的反射线,经过热处理形成长程有序后出现了,这就是所谓的超点阵谱线。这种超点阵谱线出现的原因,就是晶胞内出现异种原子使 F 发生变化所引起的。

3.3 多晶体的衍射强度

为了计算衍射线强度,首先要求出结构因子。另外,具体的摄照方式也会影响衍射强度。比如在劳埃法中,每一衍射束的波长是不同的,这样,底片的感光度除了与 X 射线的强度有关以外还与波长有关,所以计算就变得非常复杂了。旋转晶体法和粉末法中所用射线都是单色 X 射线,因而支配衍射强度的各种因素颇为相似,但就摄照方式及其对衍射强度的影响来说也有不同之处。本章重点讨论在金属材料研究中应用最为广泛的粉末法的强度问题,侧重点在物理概念和分析思路,而推导过程从略。

在粉末法中影响 X 射线强度的因子有如下 5 项:

(1) 结构因子;

(2) 角因子(包括极化因子和洛仑兹因子);

(3) 多重性因子;

(4) 吸收因子;

(5) 温度因子。

其中极化因子和结构因子已经叙述,下边分别讲述其余各项。

3.3.1　多重性因子

在晶体学中,把晶面间距相同、晶面上原子排列规律相同(表征结构因素相同)的晶面称为等同晶面。例如,对立方晶系{100}晶面族有(100)、(010)、(001)、($\bar{1}$00)、(0$\bar{1}$0)、(00$\bar{1}$)等6个等同晶面,而立方晶系{111}晶面族有8个等同晶面。在粉末或多晶体条件下,等同晶面中所有成员都有相同机会参与衍射,形成同一个衍射圆锥。这样,一个晶面族中,等同晶面越多,参加衍射的概率就越大,这个晶面族对衍射强度的贡献也就越大。例如,{111}晶面族有8个等同晶面,故{111}面满足布拉格方程的几率为{100}面的8/6 = 4/3倍。这样,如果其他条件相同的话,111反射的强度应为100反射的4/3倍。在进行不同的晶面族的衍射强度相比较时,就要考虑等同晶面所带来的影响。我们将等同晶面个数对衍射强度的影响因子叫多重性因子(或多重性因数),用 P 来表示。P 表示为等同晶面的数目,所以立方系{100}面的多重性因子为6,{111}面的多重性因子为8。要注意的是,P 值是按晶系的不同而不同的。在正方系中因(100)和(001)的面间距不同,故{100}的 P 值减少为4,{001}的 P 值减少为2。各类晶系的多重性因子可查阅附录5。

3.3.2　洛仑兹因子

实际晶体不一定是完整的,入射线的波长也不是绝对单一的,而且入射线并不绝对平行而是具有一定的发散角。所以说,衍射线的强度尽管在满足布拉格方程的方向上最大,但偏离一定布拉格角时也不会立刻为零,而是类似于图3.1所示的山峰状。所以,在测试衍射强度时,把晶体固定,仅在布拉格角的位置测定最大衍射强度的做法意义不大,一般应使晶体在布拉格角的附近左右旋转,把全部衍射记录在底片上或用计数器记录下衍射线的全部能量。以这种能量代表的衍射强度称为积分强度,积分强度也表示强度分布曲线下所包络的面积。这种积分强度的大小一方面与上述的非理想实验条件有关,还与X射线的入射角度、参与衍射的晶粒数、衍射角度的大小等有关,下面分别给以讨论。

1.晶粒大小的影响

我们在讨论布拉格方程时,实际上默认晶体为无穷大,而实际上并非如此。当晶体很小时,衍射情况会有一些变化。

(1) 在晶体很薄时的衍射强度。

如图3.9所示,对于一个仅有($m+1$)层反射面的晶体,在严格的布拉格角 θ_B 的情况下,有射线 AA'、DD'、MM'。若0、1层晶面引起的波程差为$\frac{1}{4}\lambda$,则二者合成的结果不是相消而是如图2.10(c)所示的那样减小。在什么情况下才能相消呢?考查更深层的晶面上,如0、2层晶面,此时散射波的波程差恰好为$\frac{1}{2}\lambda$,产生相消干涉。同理,1、3层的反射相消,2、4层的反射相消……一般情况下,如相邻晶面的散射波的波程差为$\frac{1}{m}\lambda$,则第 m 层与第0层位相相差为1λ。这样,必然存在第$\frac{1}{2}m$ 层,它与0层的光程差为$\frac{1}{2}\lambda$,产生相消的效果,同时也存在第$\frac{1}{2}m+1$ 层与1层相消。于是,这种相消的过程相继持续,最终使这个方向上的衍射强度不复存在。但若晶体很薄,晶面数目很少时,相消的过程不完满,结果某些本应该相消的衍射线将会重新出现。

在稍微偏离布拉格角的情况下，如图 3.9 所示，例如入射线照射角度偏离正常的布拉格角 θ_B，转到 θ_1，于是 $B'D'$ 逐渐出现微小位相差 $\Delta\delta$，偏离量 $\Delta\theta$ 越大，$\Delta\delta$ 越大。现讨论当 θ 角偏离多大时，衍射线才会消失。

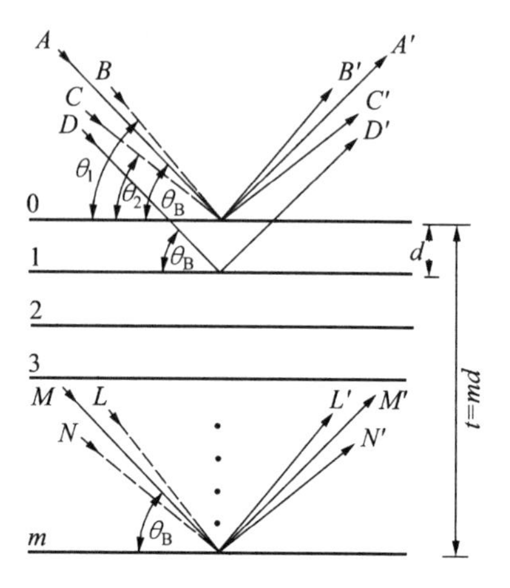

图 3.9 晶块大小对衍射强度的影响

假设偏离 θ_1 角时正好使 m 层的散射线 L' 与 B' 相差 1λ，则肯定晶体中间有一层晶面其反射线与 B' 相差 $\frac{1}{2}\lambda$，这样，第 0 层与中间层的散射线相消，同理，第 1 层会与中间 +1 层相消，2 层与中间 +2 层相消……其结果，晶体的上半与下半相消，使 $2\theta_1$ 的衍射强度为 0。如果晶面数少，则 θ_B 可能偏到很大仍有衍射线强度，如图 3.10(a)所示，强度峰将产生一定的宽度，而不是如图 3.10(b)所示的理想的直线。

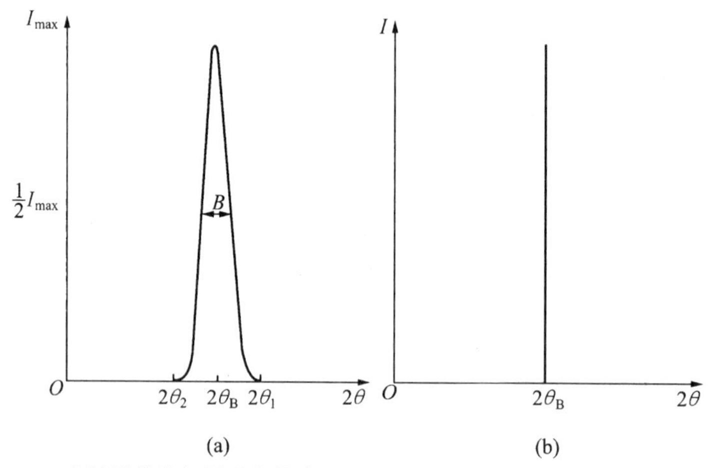

图 3.10 实际晶体的衍射强度曲线(a)和理想状态下衍射强度曲线(b)的比较

峰宽可以反映出许多晶体学信息，在 $I = I_{max}/2$ 处的强度峰宽度定义为半高宽 B。显然 B 与晶体大小有关，可以推导出

$$B = \frac{\lambda}{t\cos\theta}$$

其中 $t = md$，m 为晶面数，d 为晶面间距。这个结果具有实际意义：例如 X 射线不是绝对平行的，存在较小的发散角；又如 X 射线不可能是纯粹单色的（K_α 本身就有 0.000 1 nm 的宽度），它可以引起强度曲线变宽；另外，晶体不是无限大的，如亚结构的尺寸在 100 nm 数量级，相互位相向 ε 有 1°至数分的差别，在参加反射时，在 $\theta \pm \varepsilon$ 处强度不为 0，使 B 增加，衍射强度也增加。

(2) 在晶体二维方向也很小时的衍射强度。

晶体不仅很薄，在二维方向上也很小时衍射强度又要发生一些变化。当晶体转过一个很小的角度 $\theta_B \pm \Delta\theta$ 时，衍射强度依然存在。可以推导出使衍射线消失的条件为

$$\Delta\theta = \frac{\lambda}{2N_a\sin\theta} \quad (N_a \text{ 为晶面长度}) \tag{3.14}$$

$$\Delta\theta = \frac{\lambda}{2N_b\sin\theta} \quad (N_b \text{ 为晶面长度}) \tag{3.15}$$

可见峰宽 $\propto \frac{1}{N_aN_b}$。那么，一个小晶体在三维方向的积分衍射强度是上述式(3.13)、(3.14)、(3.15)的乘积，即

$$I \propto \frac{\lambda}{t\cos\theta} \times \frac{\lambda^2}{N_aN_b\sin\theta} \tag{3.16}$$

因为 $t \times N_a \times N_b = V_c$，所以

$$I \propto \frac{\lambda^3}{V_c\sin 2\theta} \tag{3.17}$$

式(3.17)反映出参加衍射的晶粒体积 V_c 即晶粒大小对衍射强度的影响规律，我们也将这一影响规律称为第一几何因子。

2. 参加衍射晶粒数目的影响

理想情况下，粉末样品中晶粒数目可以认为是无穷多的，一个确定的晶面(hkl)也有无穷多个且在空间随机取向。我们要讨论的是这无穷多个(hkl)晶面有多少处在布拉格反射的有利位置上。

取一个参考球将试样包围起来，参考球的半径为 r，如图 3.11 所示。对于 hkl 反射，ON 是粉末中一个晶粒的(hkl)晶面的法线，而无穷多个晶粒中空间取向随机的(hkl)晶面法线在球面上有无穷多个交点且均匀地分布着，但是能参加衍射的仅仅是(hkl)晶面处于与入射 X 射线呈 $\theta_B \pm \Delta\theta$ 角的那一小部分晶粒，这一部分晶粒中的(hkl)晶面法线将与球面相交成一个宽为 $r\Delta\theta$ 的环带。设环带的面积为 ΔS，球表面面积为 S，则 $\Delta S/S$ 面积比即反映参加衍射的晶粒百分数。由图 3.11 所示的几何关系不难看出

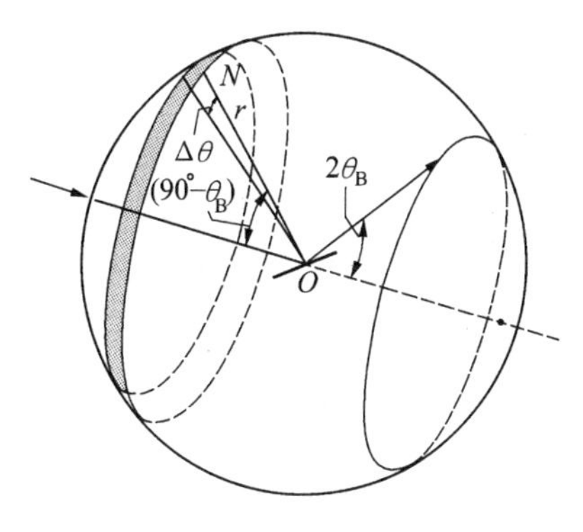

图 3.11　某反射圆锥的晶面法线分布

$$\frac{\Delta S}{S} = \frac{r\Delta\theta \cdot 2\pi r\sin(90^\circ - \theta_B)}{4\pi r^2} = \frac{\Delta\theta\cos\theta_B}{2} \tag{3.18}$$

也就是说，在晶粒完全混乱分布的条件下，粉末多晶体的衍射强度与参加衍射晶粒数目成正比，而这一数目又与衍射角有关，即 $I \propto \cos\theta$，也将这一项称为第二几何因子。可见，在背反射时参加衍射的晶粒数极少。

3. 衍射线位置对强度测量的影响(单位弧长的衍射强度)

在 Debye-Scherrer 法中，粉末试样的衍射圆锥面与底片相交构成感光的弧对，而衍射强度是均匀分布于圆锥面上的。正如图 3.12 所示的那样，圆锥面越大(θ 越大)，单位弧长上的能量密度就越小，在 $2\theta = 90^\circ$附近能量密度最小。我们在讨论相对衍射强度时并不是把一个衍射圆锥的全部衍射能量与其他的衍射圆锥的衍射能量相比较，而是比较几个圆环上的单位弧长的积分强度值，这时就应考虑圆弧所处位置所带来的单位弧长上的强度差别：衍射线的长度为 $2\pi R\sin 2\theta_B$，R 为相机半径，可见，衍射线单位弧长上的积分强度与 $1/\sin 2\theta_B$ 成正比，即 $I \propto \frac{1}{\sin 2\theta}$。有时也将因衍射线所处位置不同对衍射强度的影响称为第三几何因子。

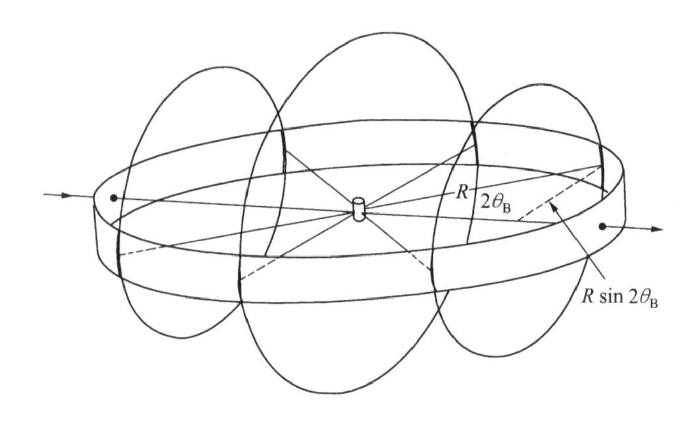

图 3.12 德拜法中衍射圆锥和底片的交线

上述三种几何因子影响均与布拉格角有关，将其归并在一起，统称为洛仑兹因子，删去布拉格角的下脚标后，得到

$$\frac{1}{\sin 2\theta}\cos\theta\frac{1}{\sin 2\theta}=\frac{\cos\theta}{\sin^2 2\theta}=\frac{1}{4\sin^2\theta\cos\theta} \tag{3.19}$$

如果把洛仑兹因子与极化因子$\frac{1}{2}(1+\cos^2 2\theta)$组合起来，并略去常数项 1/8，则得到洛仑兹极化因子为

$$\frac{1+\cos^2 2\theta}{\sin^2\theta\cos\theta}=\varphi(\theta) \tag{3.20}$$

洛仑兹极化因子为 θ 的函数，所以也叫角因子。角因子随角度的变化曲线如图 3.13 所示。从图可知，这种因子的作用将使 θ 在 45°左右时谱线的强度显著减弱。具体数值可参看附录 6。

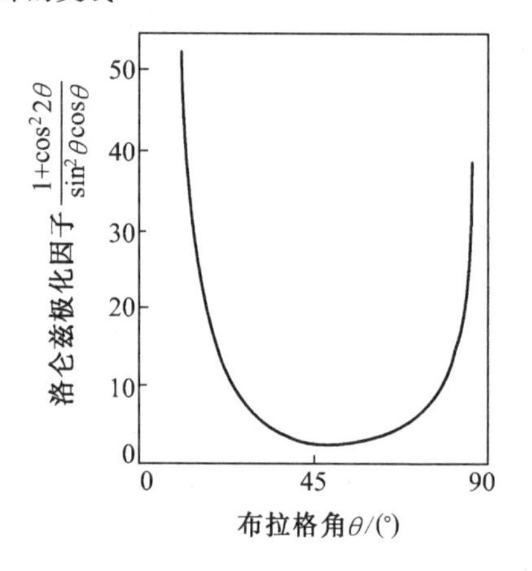

图 3.13 洛仑兹极化因子

3.3.3 吸收因子

影响衍射线强度的另外一种因子就是试样对 X 射线的吸收。由于试样形状和衍射方向的不同，衍射线在试样中穿行的路径便不相同，所引起的吸收效果自然就不一样。

1. 圆柱试样的吸收因数

图 3.14(a)、(b)中画出的是圆柱形棒状试样的横截面。以两条射线为例，图 3.14(a)的 *ABC* 为在 *B* 处以小角度发生衍射的情形，*DEF* 为在 *E* 点产生背反射的情形。显然，在上述两种情形中射线的行程 *AB* + *BC* 和 *DE* + *EF* 是不同的。X 射线在试样中行进过程中必然会被试样吸收，从而导致衍射线强度的减弱，行进的路程不同，强度减弱的程度也不同。对于棒状试样，θ 越小吸收越严重。对吸收系数大的材料，如图 3.14(b)所示，只有那些从试样上端或下端衍射的衍射线才较容易到达底片(特别严重时，一条衍射线可以被试样劈裂成两条)。而背反射谱线只是由试样左侧薄层产生的。

设试样直径为 r，线吸收系数为 μ_l，吸收因子为 $A(\theta)$。显然，吸收因子 $A(\theta)$为布拉格角 θ 和$\mu_l r$ 的函数。对同一个试样来说，$\mu_l r$ 为定值，$A(\theta)$随 θ 值增加而增大，在 $\theta=90°$ 时有最大值，一般设定为 100 或 1。对于不同的 $\mu_l r$ 值来说，在同一 θ 处，$\mu_l r$ 越大 $A(\theta)$越小，其关系曲线如图 3.15 所示。定量计算棒状试样吸收因子比较麻烦。但是，在德拜法

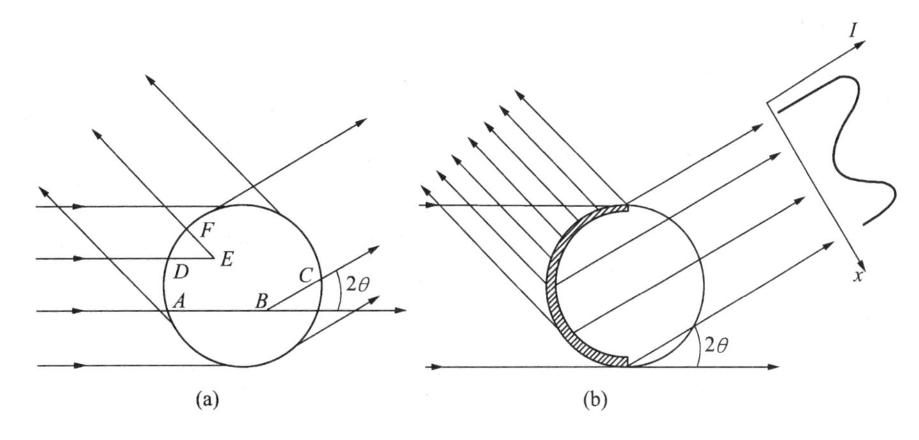

图3.14　圆柱试样对X射线的吸收

中有时可以忽略这一因子。其理由如下小节所述。

2. 平板状试样的吸收

对于平板试样来说，X 射线照射的角度越小，照射面积就越大，照射深度也越浅；反之，照射角度越大，照射面积就越小，其照射深度就越大。所以，二者的照射体积相差不大。当入射线与反射线的角度相等时(即在衍射仪的 $\theta-2\theta$ 连动条件下，参见第4章)，对于无限厚的板状试样，衍射强度为

$$I=\int_0^{\infty}\mathrm{d}I=\frac{I_0ab}{2\mu}\tag{3.21}$$

式中 I_0 为入射X射线的强度，μ 为吸收系数，a 为参加衍射的晶粒的百分比，b 为晶体对X射线的反射能力，指单位体积的晶体将入射线能量反射成反射线能量的比率。式中 I_0、b、μ 是与 θ 角无关的常数，a 与 θ 有关，但在洛仑兹因子中已经考虑了这一影响，所以也为常数。至此，我们可以得出结论，对于无限厚的平板试样，在入射角与反射角相等时吸收因子 $A(\theta)\propto 1/(2\mu)$，与 θ 角度无关。

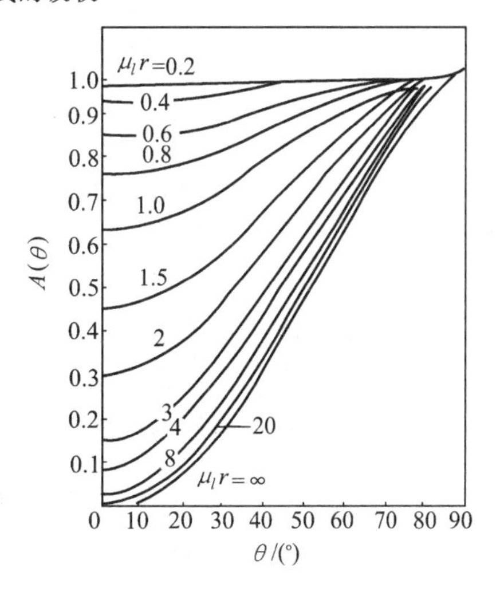

图3.15　圆柱试样的吸收因数与 $\mu_l r$ 及 θ 的关系

事实上，无论怎样，吸收是不可避免的，吸收越大强度越低。这里要注意的是，吸收对于所有反射线的强度均按相同的比例减少，所以在计算相对强度时可以忽略吸收的影响。

3.3.4　温度因子

在推导布拉格方程时我们一直认为原子在晶体中是静止不动的。但是，在实际上原子是以平衡位置为中心进行热振动的，即便是在绝对零度时仍如此。例如，铝在室温下原子距平衡位置的平均距离为0.017 nm，相当于原子间距(最近距离)的6%，所以，这一影响是不可忽视的。

热振动给X射线的衍射可以带来许多影响。

(1) 温度升高引起晶胞膨胀。d 改变(Δd 与材料的弹性模量 E 有关)导致 2θ 变化。利用这一原理可测定晶体的热膨胀系数。

(2) 衍射线强度减小。因为热振动使原子面产生了一定的“厚度”，于是在符合布拉

格条件下的相长干涉变得不完全；特别是高 θ 角衍射线所受的影响更大些，因为高 θ 角的衍射系是由 d 值低的晶面所产生的，晶面变“厚”引起的相对误差更大。

(3) 产生向各个方向散射的非相干散射。这种散射可称之为热漫散射(temperature diffuse scattering)，其强度随 2θ 角而增大。热漫散射使背底增强，因而导致衍射图形的衬度变坏。

但是，热振动不会改变布拉格角，不会使衍射线条变宽，晶体直到熔点时衍射线条依然存在。考虑到上述这些影响，在计算衍射强度时，要在强度公式中乘上“温度因子”这一系数。显然，这一系数是小于 1 的。

$$\text{温度因子} = \frac{\text{有热振动影响时的衍射强度}}{\text{无热振动理想情况下的衍射强度}} = \frac{I_T}{I} = e^{-2M}$$

或

$$\frac{f}{f_0} = e^{-M} \tag{3.22}$$

式中 f_0——绝对零度时的原子散射因子。

$$M = \frac{6h^2}{m_a k\Theta}\left[\frac{\phi(\chi)}{\chi} + \frac{1}{4}\right]\frac{\sin^2\theta}{\lambda^2} \tag{3.23}$$

式中 M——与热振动振幅和散射角 θ 有关的系数；

h——普朗克常数；

m_a——原子的质量；

k——玻耳兹曼常数；

Θ——以热力学温度表示的特征温度平均值；

χ——特征温度与试样的热力学温度之比，即 $\chi = \Theta/T$；

$\phi(\chi)$——德拜函数，$\left[\frac{\phi(\chi)}{\chi} + \frac{1}{4}\right]$ 的具体数值见附录 7；

θ——半衍射角；

λ——入射 X 射线波长。

从公式中可以定性地看出以下规律：θ 一定时，温度 T 越高，M 越大，e^{-2M} 越小，衍射强度 I 随之减小；T 一定时，衍射角 θ 越大，M 越大，e^{-2M} 越小，衍射强度 I 随之减小，所以背反射时的衍射强度较小。

比较德拜法中的吸收因子可知，在德拜法中，温度效果和吸收效果对 θ 角的依赖关系正好相反，因此在互相比较两条 θ 角相近的谱线强度时，可以近似地忽略这两种效果的影响。实际上，在背反射中，衍射线因吸收而降低的强度很小，而因热振动降低的强度却很大。但是在向前的方向上正好相反，所以两个因子并不是在所有条件下都可以对消的，只是在 θ 角相差不太大、进行相对比较时才可以忽略。

还要注意的是，原子热振动的振幅不单纯是温度的函数，还与材料的弹性模量有关。在给定的温度下，晶体的刚性越小，其热振动的振幅越大。这就意味着，像铅这样软而低熔点的金属，在室温下也有较大的热振动振幅，形成很差的背反射图像。例如在 20℃下，铅的热振动的结果使得 CuK_α 辐射在 $2\theta = 161°$ 时的反射强度仅为无热振动时的 18%($e^{-2M} = 0.18$)。

3.3.5 粉末法的衍射线强度

综合本章所述 X 射线衍射强度影响诸因素，可以得出多晶体(粉末)试样在被照射体

积 V 上所产生的衍射线积分强度公式为

$$I = I_0 \frac{\lambda^3}{32\pi R}\left(\frac{e^2}{mc^2}\right)^2 \frac{V}{V_c^2} P|F|^2 \varphi(\theta) A(\theta) e^{-2M} \tag{3.24}$$

式中　I_0——入射X射线强度；

λ——入射X射线波长；

R——与试样的观测距离；

V——晶体被照射的体积；

V_c——单位晶胞体积；

P——多重性因子；

$|F|^2$——晶胞衍射强度(结构因数)，包括了原子散射因素；

$A(\theta)$——吸收因子；

e^{-2M}——温度因子；

$\varphi(\theta)$——角因子(Lorentz偏振因子)，$\varphi(\theta)=\dfrac{1+\cos^2 2\theta}{\sin^2\theta\cos\theta}$，它包括第一几何因子晶粒大小的影响，$I\propto 1/\sin 2\theta$；第二几何因子晶粒个数的影响，$I\propto\cos\theta$；第三几何因子单位弧长积分强度的影响，$I\propto 1/\sin 2\theta$；以及电子散射偏振因子的影响，$I\propto[1+\cos^2 2\theta]/2$。

式(3.24)是以入射线强度 I_0 的多少分之一的形式给出的，所以是绝对积分强度。实际工作中无需测量 I_0 值，一般只需要强度的相对值，即相对积分强度，也就是在相同实验条件下用同一衍射花样的同一物相的各衍射线相互比较。根据仪器设备不同，相对积分强度也有所差别。

1.德拜谢乐法的衍射线相对强度

在计算相对强度时，对同一试样，同一衍射条件，可以用若干个线条相比较，于是强度公式简化为

$$I_{相对} = P|F|^2\left(\frac{1+\cos^2 2\theta}{\sin^2\theta\cos\theta}\right)A(\theta)e^{-2M} \tag{3.25}$$

实际上衍射线强度还与试样被照射的体积成正比，与相机半径成反比。但这些在同一试验中对所有衍射线条都为一个常数，所以可以忽略。但若同一花样中不同物相的衍射线，要考虑各自的晶胞体积。在德拜法中，吸收因子与温度因子对强度的影响规律相反，所以，粗略计算时经常将 $A(\theta)e^{-2M}$ 两项同时忽略。

2.衍射仪法的衍射线相对强度

此时吸收因子与 θ 无关，进行相对强度计算时可不计此项，衍射强度公式简化为

$$I_{相对} = P|F|^2\left(\frac{1+\cos^2 2\theta}{\sin^2\theta\cos\theta}\right)e^{-2M} \tag{3.26}$$

3.衍射强度公式的适用条件

以下两种效果将使前述衍射强度公式失效。

(1) 存在织构组织(prefrred orientation)。洛仑兹因子的 $\cos\theta$ 部分决定了试样内部的晶粒必须是随机取向的，这时式(3.24)~(3.26)才有效。织构的存在是造成计算强度与实测强度不符的主要原因。完全无规则取向的试样可以用粉碎的粉末或者用锉刀锉成的粉末。实际上，线材、板材、陶瓷器具，甚至天然岩石、矿物都有一定程度的晶体定向排布。

(2) 衰减作用(extinction)。通常晶体不是完整的,或多或少都存在亚结构(mosaic structure),或称为镶嵌结构。各镶嵌块的尺寸依不同的晶体差别很大,大约在 100 nm 左右,相互间存在 1°左右的位相差。式(3.24)~(3.26)推导的条件是晶体具有理想的不完整结晶,即亚结构很小(厚度为 10^{-4} ~ 10^{-5} cm)、随机取向、相互间不平行,因为这种晶体具有最大的反射能力。相反,结晶完整时亚结构很大,其中有的镶嵌块相互平行,这种晶体的反射能力很低。我们把晶体越是接近完整随之反射线的积分强度减小的现象叫做衰减。理想的不完整晶体是没有衰减的,存在衰减时,式(3.24)~(3.26)将失效。为避免这种衰减效果的发生,粉末试样应尽可能细地粉碎,但也要注意,过细虽然将晶粒细化了,同时也将镶嵌块中引入不均匀变形,这又会引起实验误差。通常,在细晶粒的块状试样中可以忽略衰减效果。

3.4　积分强度计算举例

现用 CuK_α 线照射铜的粉末试样,在粉末图形上确定衍射线的位置和计算相对强度。首先用德拜相机或衍射仪得到相应的衍射花样,这里示出 8 条衍射线。进行指标化标定后,根据布拉格方程可以计算出一系列与强度相关的数据,计算时用数值列表比较方便,如表 3.2 所示。

表 3.2　衍射强度计算步骤和数据

1	2	3	4	5	6	7	8
衍射线	*hkl*	$h^2+k^2+l^2$	$\sin^2\theta$	$\sin\theta$	θ	$\frac{\sin\theta}{\lambda}/(\text{nm}^{-1})$	f_{cu}
1	111	3	0.136 5	0.369	21.7	0.024	22.1
2	200	4	0.182 0	0.427	25.3	0.027	20.9
3	220	8	0.364	0.603	37.1	0.039	16.8
4	311	11	0.500	0.707	45.0	0.046	14.8
5	222	12	0.546	0.739	47.6	0.048	14.2
6	400	16	0.728	0.853	58.5	0.055	12.5
7	331	19	0.865	0.930	68.4	0.060	11.5
8	420	20	0.910	0.954	72.6	0.062	11.1

1	9	10	11	12	13	14
衍射线	F^2	P	$\frac{1+\cos^2 2\theta}{\sin^2\theta\cos\theta}$	计算强度 /($\times 10^5$)	计算强度	观察强度
1	7 810	8	12.03	7.52	10.0	vs
2	6 990	6	8.50	3.56	4.7	s
3	4 520	12	3.70	2.01	2.7	s
4	3 500	24	2.83	2.38	3.2	s
5	3 230	8	2.74	0.71	0.9	m
6	2 500	6	3.18	0.48	0.6	w
7	2 120	24	4.81	2.45	3.3	s
8	1 970	24	6.15	2.91	3.9	s

要注意以下几方面。

① 第2列铜为面心立方，干涉指数为同性线对的 F 为 $4f_{Cu}$，非同性线对的 F 为零，同性数的干涉面指数可由附录6求得。

② 第4列立方晶系的 $\sin^2\theta$ 值可由公式 $\sin^2\theta=\dfrac{\lambda^2}{4a^2}(h^2+k^2+l^2)$ 求得。此时，$\lambda=0.154\ 2\text{nm}(\text{Cu}K_\alpha)$，$a=0.361\ 5\ \text{nm}$（铜的晶格常数）。于第3列的整数上乘以 $\lambda^2/4a^2=0.045\ 5$ 即得到第4列的数值。

③ 第6列为计算角因素和 $\sin\theta/\lambda$ 而准备。

④ 第7列为计算而准备。

⑤ 第8列由附录3查得。

⑥ 第9列由 $F^2=16\,f_{Cu}{}^2$ 计算。

⑦ 第10列由附录5求得。

⑧ 第11列由附录6求得。

⑨ 第13列是将第12列的计算值中第一条线的强度作为10而计算的相对值。

⑩ 第14列的记号为从照片上目测的强度水平，vs = 非常强，s = 强，m = 中等，w = 弱。

观察强度与计算强度一致是自然的。值得注意的是，多重性因子 P 对衍射强度起了很大的支配作用。

习　题

1. 如图3.9所示，设 $m=10$，试计算：

(1) 对于散射角 $2\theta_1$，用 λ 表示出表面以下各个面的散射线与表面散射线的波程差；与表面以下第三晶面的散射线完全相消的散射线来源于哪个晶面？

(2) 在 $2\theta_R$ 和 $2\theta_1$ 之间的某个角度上的各个晶面的散射线之间不能完全相消，为认识这一点，请列表示出各面的波程差。

2. 如图3.9所示，如果假定入射线完全平行时，衍射线是否还会发散？如果还发散，请导出 t 与 B 的关系。（答案：$t=2\lambda/(B\cos\theta)$）

3. 对于晶粒直径分别为100、75、50、25 nm的粉末衍射图形，请计算由于晶粒细化引起的衍射线条宽化幅度 B（设 $\theta=45°$，$\lambda=0.15$ nm）。对于晶粒直径为25 nm的粉末，试计算 $\theta=10°$、$45°$、$80°$ 时的 B 值。

答案：

t	B	θ	B
100	0.11°	10°	0.31°
75	0.14°	45°	0.43°
50	0.22°	80°	1.76°
25	0.43°		

4. 用 $\text{Cu}K_\alpha$ 辐射在20℃温度下得到的Cu和Pb的衍射图形中，最大衍射角的衍射线条受原子热振动的影响，其衍射强度将减少百分之几？试计算之。（答案：Cu为34%，Pb为82%）

5. 假想有如下晶体结构的元素：

(1) 晶胞 A：单胞中有2个原子，位于000、$\frac{1}{2}\frac{1}{2}0$，$a=0.2$ nm，$c=0.3$ nm，为底心正方

晶体；

（2）晶胞 B：单胞中只有一个原子，位于 000，为单纯正方晶体。

试推导出各单胞的简化的结构因子；试求用 CuK_α 线得到的粉末图形中最初 4 条衍射线（$F^2 \neq 0$）的位置；请作出这两个晶胞的衍射图谱，标出 2θ 位置和相应的干涉指数；比较两图，示出除 001 这样的线条以外，任何观察到的衍射线的指数均对应于相同的原子面。

（这一习题揭示了几个概念：①应当怎样选取单胞；②原子面的 Miller 指数因单胞的选取方式不同而不同；③衍射图形与单胞的选取方式无关。）

6. 用 CuK_α X 射线得到了 W(bcc) 的 Debye - Scherrer 图形，最初的 4 根线条的位置如下：

衍射线	θ
1	20.3°
2	29.2°
3	36.7°
4	43.6°

请标出各衍射线的干涉指数（由式（2.19）和附录 16 确定），然后计算各衍射线的积分强度。

（答案：衍射线 1,2,3,4 的 hkl 分别为 110，200，211，220；计算强度分别为 10.0,1.7，3.5、1.1）

7. 试计算出金刚石晶体的系统消光规律（F^2 表达式）。该晶体为立方晶体，单胞中有 8 个 C 原子分别位于以下位置：000、$\frac{1}{2}\frac{1}{2}0$、$\frac{1}{2}\frac{1}{2}0$、$\frac{1}{2}0\frac{1}{2}$、$0\frac{1}{2}\frac{1}{2}$、$\frac{1}{4}\frac{1}{4}\frac{1}{4}$、$\frac{3}{4}\frac{3}{4}\frac{1}{4}$、$\frac{3}{4}\frac{1}{4}\frac{3}{4}$、$\frac{1}{4}\frac{3}{4}\frac{3}{4}$。

（答案：指数奇偶混合时 $F^2=0$，$(h+k+l)$ 为 2 的奇数倍时 $F^2=0$，$(h+k+l)$ 为 2 的偶数倍时 $F^2=64f_c^2$，$(h+k+l)$ 为奇数时 $F^2=32f_c^2$）

8. 试推导式（3.13）。

9. 试推导式（3.14）、（3.15）。

第 4 章

多晶体分析方法

4.1 引　　言

前几章我们讨论了 X 射线的产生及其在晶体中衍射的基本原理，这一章将介绍 X 射线衍射的最基本的实验方法和实验装置。

粉末法是由德国的 Debye 和 Scherrer 于 1916 年提出的。如利用得当，粉末法是所有衍射法中最为方便的方法，它可以提供晶体结构的大多数信息。粉末法是以单色 X 射线照射粉末试样为基础的，而“单色”X 射线通常采用强度最高的 K 系 X 射线，“粉末”可以为真正的粉末（通常用粘结剂粘结）或多晶体试样。

粉末法可以分为照相法和衍射仪法，照相法中根据试样和底片的相对位置不同可以分为 3 种：①德拜－谢乐法（Debye-Schemer method），底片位于相机圆筒内表面，试样位于中心轴上；②聚焦照相法（focusing method），底片、试样、X 射线源均位于圆周上；③针孔法（pinhole method），底片为平板形与 X 射线束垂直放置，试样放在二者之间适当位置。

所有的衍射法其衍射束均在反射圆锥面上，圆锥的轴为入射束。各个圆锥均是由特定的晶面反射引起的。第 2 章已经述及，在粉末试样中有相当多个粉末颗粒，含有相当多的我们感兴趣的（hkl）晶面，而且是随颗粒一起在空间随机分布的。当一束 X 射线从任意方向照射到粉末样品上时，总会有足够多的（hkl）晶面满足布拉格方程，在与入射线呈 2θ 角的方向上产生衍射，衍射线形成一个相应的 4θ 顶角的圆锥。图 4.1(a)绘出了 X 射线在粉末样品上发生衍射时的衍射线的空间分布（图中只绘出了 4 个衍射圆锥）。工程上及一般的科学试验中常见的是多晶体的块状试样，如果晶粒足够细（例如在 30 μm 以下）将得到与粉末试样相似的结果，但晶粒粗大时参与反射的晶面数量有限，所以发生反射的概率变小，这样会使得衍射圆锥不连续，形成断续的衍射花样。

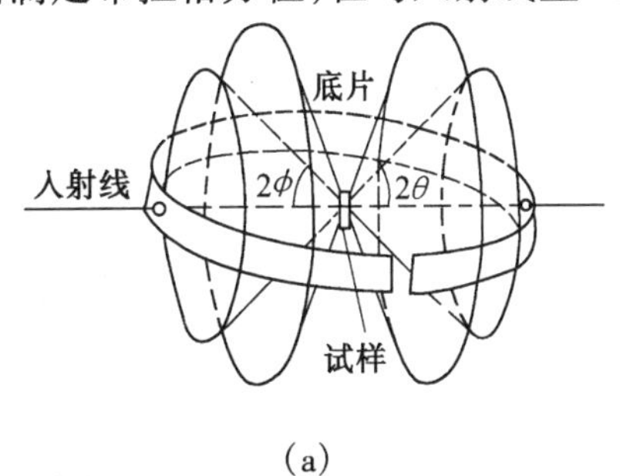

(a)

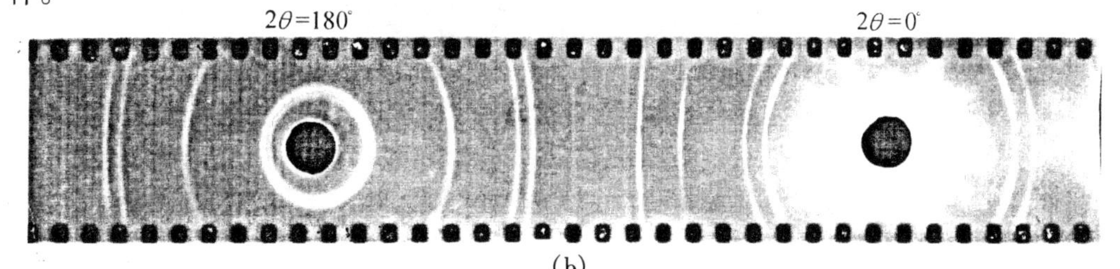

(b)

图 4.1　X 射线衍射线的空间分布及德拜－谢乐法成相原理图(a)和纯铝多晶体德拜像(b)

粉末法中的德拜－谢乐(Debye－Scherre)法(简称德拜法)是晶体衍射分析中最基本的方法,本章将主要介绍这一方法。

4.2 粉末照相法

4.2.1 德拜法及德拜相机

多晶体粉末的衍射花样可以用照相法记录,要解决的问题是如何得到圆锥的照片,如何测定 2θ 角,如何由 θ 角推算出圆锥所属的晶面。图 4.1(a)所示为德拜法的衍射几何。用细长的照相底片围成圆筒,使试样(通常为细棒状)位于圆筒的轴心,入射 X 射线与圆筒轴相垂直地照射到试样上,衍射圆锥的母线与底片相交成圆弧。图 4.1(b)所示为纯铝多晶体经退火处理后的衍射照片,这种照片也叫德拜像,相应的相机叫做德拜相机。德拜相的花样在 $2\theta = 90°$ 时为直线,其余角度下均为曲线且对称分布。根据在底片上测定的衍射线条的位置可以确定衍射角 θ,如果知道 λ 的数值就可以推算产生本衍射线条的反射面的晶面间距。反之,如果已知晶体的晶胞的形状和大小就可以预测可能产生的衍射线在底片上的位置。如 2θ 最小的线条是由晶面间距最大的晶面反射的结果。例如立方晶系中($h^2 + k^2 + l^2$)最小,即为 1 的时候,hkl 为 100,此时 d 最大。因此,100 反射对应于最小 2θ 位置的线条。其次的反射是($h^2 + k^2 + l^2$)为第 2 小,即 $h^2 + k^2 + l^2 = 2$ 的晶面如 110 的反射。

德拜相机是按图 4.1 所示的衍射几何设计的。图 4.2 和图 4.3 分别为德拜相机的外观和剖面示意图。相机是由一个带有盖子的不透光的金属筒形外壳、试样架、光阑和承光管等部分组成。照相底片紧紧地附在相机盒内壁。德拜相机直径为 57.3 mm 或 114.6 mm。这样设计的目的是当相机直径为 57.3 mm 时,其周长为 180 mm,因为圆心角为 360°,所以底片上每一毫米长度对应 2°圆心角;当相机直径是 114.6 mm 时,底片上每一毫米对应 1°圆心角,这样做完全是为了简化衍射花样计算公式。

图 4.2 德拜相机

光阑的主要作用是限制入射线的不平行度和固定入射线的尺寸和位置,也称为准直管。承光管的作用是监视入射线和试样的相对位置,同时吸收透射的 X 射线,保护操作者的安全。

4.2.2　实验方法

1.试样的制备

常用试样为圆柱形的粉末集合体或多晶体的细棒。圆柱直径一般为0.5 mm左右。大块的金属或合金可以用锉刀锉成粉末(注意不能掺入工具的粉末)。对脆性样品也可先将其打碎,然后在玛瑙研钵中研磨而成。所得到的粉末要用250~325目筛子过筛,因为当粉末颗粒过大(大于10^{-3} cm)时,参加衍射的晶粒数减少,会使衍射线条不连续,不过粉末颗粒过细(小于10^{-5} cm)时,会使衍射线条变宽,这些都不利于分析工作。在筛选两相以上的合金粉末时,必须反复过筛粉碎,让全部粉末通过所需要的筛孔,混合均匀后才能制备试样,决不能只选取先通过筛孔的细粉作试验,而将粗粉丢掉,因为合金中各相的脆性不同,较脆的相较容易碾碎,先通过筛孔,而那些韧性相尚未通过。采用锉削或辗磨等机械方法得到的粉末具有很大的内应力,它将导致衍射线条变宽,不利于分析工作。因此,必须将粉末在真空或保护性气氛中退火以消除内应力。如果需要对合金中某些很微量的相进行分析时,则要用电解萃取等方法将这些相单独分离出来。用电解萃取方法获得的粉末要经过清洗和真空干燥后才能作为试样使用。

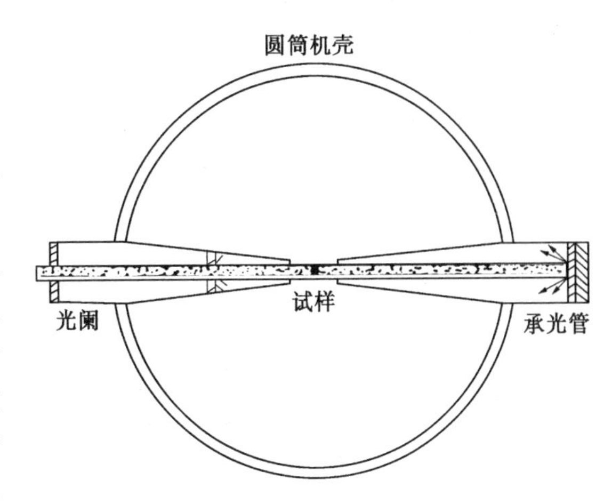

图4.3　德拜相机剖面示意图

将粉末处理好之后,制成直径为0.5 mm,长10 mm左右的圆柱试样。制备圆柱试样的方法很多,其中常用的方法有以下几种。

(1) 在很细的玻璃丝(最好是硼酸锂铍玻璃丝)上涂一薄层胶水等粘结剂,然后在粉末中滚动,做成粗细均匀的圆柱试样。

(2) 将粉末填充在硼酸锂铍玻璃、醋酸纤维(或硝酸纤维)或石英等制成的毛细管中制成所需尺寸的试样。其中石英毛细管可用于高温照相。

(3) 将粉末用胶水调好填入金属毛细管中,然后用金属细棒将粉末推出2~3 mm长,作为摄照试样,余下部分连同金属毛细管一起作为支承柱,以便往试样台上安装。

(4) 金属细棒可以直接用来作试样。但由于拉丝时产生择优取向,因此衍射线条往往是不连续的。

2.底片的安装

德拜相机采用长条底片,安装前在光阑和承光管的位置处打好孔。安装时应将底片紧靠相机内壁,并用压紧装置使底片固定不动。底片的安装方式根据圆筒底片开口处所在位置的不同,可分为以下几种。

(1) 正装法。X射线从底片接口处入射,照射试样后从中心孔穿出,如图4.4(a)所示。这样,低角的弧线接近中心孔,高角线则靠近端部。由于高角线有较高的分辨率(见本节后部)有时能将K_α双线分开。正装法的几何关系和计算均较简单,常用于物相分析等工作。

(2) 反装法。几何关系如图 4.4(b)所示。X 射线从底片中心孔射入,从底片接口处穿出。高角线条集中于孔眼附近,衍射线中除 θ 角极高的部分被光阑遮挡外,其余几乎全能记录下来。高角线弧对间距较小,由底片收缩造成的误差也较小(见后节),故适用于点阵常数的测定。

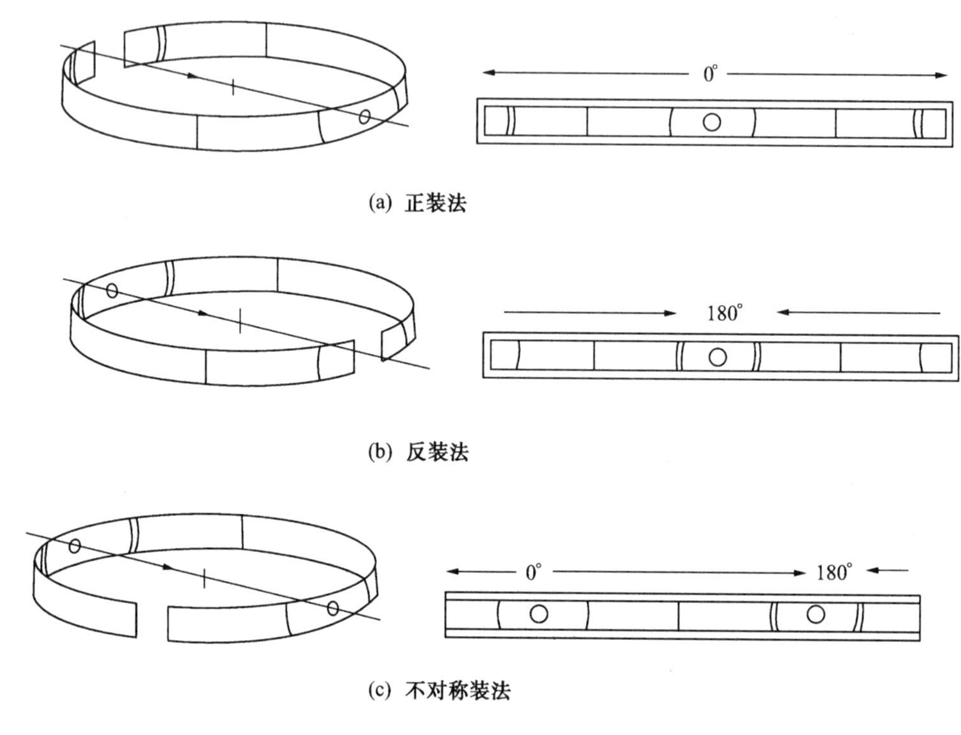

图 4.4　底片安装法

(3) 偏装法(不对称装法)。如图 4.4(c)所示,底片上有两个孔,分别对装在光阑和承光管的位置,X 射线先后从这两个孔中通过,衍射线条形成进出光孔的两组弧对。这种安装底片的方法具有反装法的优点,其外还可以直接由底片上测算出真实的圆周长,因此,消除了由于底片收缩、试样偏心以及相机半径不准确所产生的误差(见下一节)。这是目前较常用的方法。

3.摄照规程的选择

要得到一张满意的德拜像,使其达到实验要求,选择合适的摄照规程是很重要的。首先要按照第 1.5 节所述的原则选择阳极靶和滤波片。应当指出,选择阳极靶和滤波片必须同时兼顾。应先根据试样选择阳极靶,再根据阳极靶选择滤波片,而不能孤立地选择哪一方。如拍摄钢铁材料,可选用 Cr、Fe 或 Co 靶,与此对应,必须选择 V、Mn 及 Fe 滤波片等等。此外还要注意选择合适的管压和管电流。实验证明,当管压为阳极元素 K 系临界激发电压的 3~5 倍时,特征谱与连续谱的强度比可达最佳值,工作电压就选择在这一范围;X 射线管的额定功率除以管压便是许用的最大管流,工作管流要选择在此数值之下。其次要掌握曝光时间参数。曝光时间与试样、相机、底片以及摄照规程等许多因素有关,变化范围很大,所以要通过试验来确定。例如用 Cu 靶和小相机拍摄 Cu 试样时,30 min 左右即可,而用 Co 靶拍摄 $\alpha-Fe$ 试样时,约需 2 h。选用大直径相机时摄照时间须大幅度的增加。拍摄结构复杂的化合物甚至需要十几小时。

4. 衍射花样的测量和计算

德拜法衍射花样的测量主要是测量衍射线条的相对位置和相对强度,然后再计算出 θ 角和晶面间距。每个德拜像都包括一系列的衍射圆弧对,每对衍射圆弧都是相应的衍射圆锥与底片相交的痕迹,它代表一族{*hkl*}干涉面的反射。图4.5所示为德拜法的衍射几何,图中绘出了3个衍射圆锥的纵剖面。当需要计算 θ 角时,首先要测量衍射圆弧的弧对间距 $2L$。

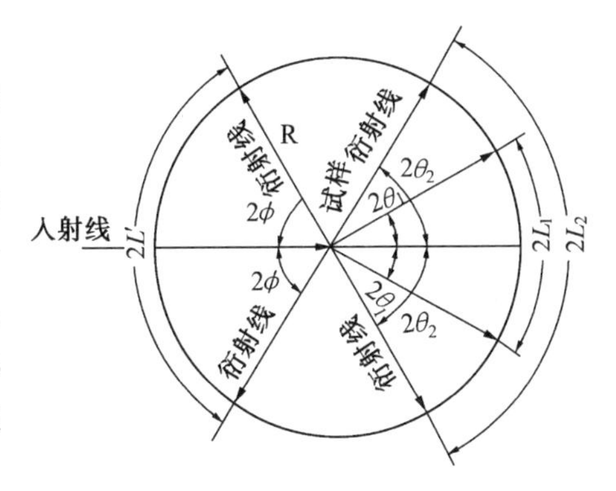

图4.5　德拜法衍射几何

通过衍射弧对间距 $2L$ 计算 θ 角的公式可以从图4.5所示的衍射几何得出,即

$$2L = R\cdot 4\theta \tag{4.1}$$

式中 R 为相机半径,即圆筒底片的曲率半径,θ 为弧度。如果式(4.1)中的 θ 用角度表示,则

$$2L = R\cdot 4\theta\,\frac{2\pi}{360^\circ} = \frac{4R}{57.3}\theta$$

$$\theta = 2L\,\frac{57.3}{4R} \tag{4.2}$$

当相机的直径 $2R = 57.3$ mm 时,$\theta = 2L/2$;当机相的直径 $2R = 114.6$ mm 时,$\theta = 2L/4$。

对背射区,即 $2\theta > 90^\circ$ 时

$$2L' = R\cdot 4\phi \tag{4.3}$$

式中　$2\phi = 180^\circ - 2\theta \qquad \phi = 90^\circ - \theta$

将式(4.3)中的 ϕ 用角度表示时,则得

$$2L' = R\cdot 4\phi\,\frac{2\pi}{360^\circ} = \frac{4R}{57.3}(90^\circ - \theta)$$

$$\theta = 90^\circ - 2L'\frac{57.3}{4R} \tag{4.4}$$

当相机直径 $2R = 57.3$ mm 时,$\theta = 90^\circ - 2L'/2$;当相机直径 $2R = 114.6$ mm 时,$\theta = 90^\circ - 2L'/4$。

因为X射线波长 λ 为已知量,所以在计算出 θ 角之后,可利用布拉格方程算出每对衍射圆弧所对应的反射面的面间距。

对于衍射线相对强度,当要求不很精确时,一般可用目测。把一张衍射花样中的线条分为很强、强、中、弱、很弱等5级,也可以把最强的线条定为100,余者则按强弱程度用百分数来表示。如需要精确的衍射强度数据,则需要用衍射仪法,并且要通过衍射强度公式进行计算。

5. 衍射花样的指标化

现在,我们可以求出对应于各个衍射弧对的 θ 角了,对应 θ_1,,$\theta_2\cdots$ 用布拉格方程可以求出一系列 $d_1, d_2\cdots$,但这并没有什么实际意义,我们要知道的是被测物质的晶体结构,为此需要标定出每条衍射线的晶面指数(干涉指数)。衍射花样的指数化就是确定每个衍射圆环所对应的干涉指数。不同晶系的指数化方法不是相同的,在金属及其合金的研究中经常遇到的是立方、六方和正方晶系的衍射花样。这里以立方晶系为例介绍指数

化方法。

将立方晶系的面间距公式 $d_{hkl}=\dfrac{a}{\sqrt{h^2+k^2+l^2}}$代入布拉格公式得到

$$\sin^2\theta=\frac{\lambda^2}{4a^2}(h^2+k^2+l^2)$$

这里存在 a 和 hkl 两组未知数,用一个方程是不可解的。我们可以寻找同一性,消掉某一个参数。这里由于对任何线条所反映的点阵参数 a 和摄照条件均相同,所以可以考虑消掉 a_0。为此,把得到的几个 $\sin^2\theta$ 都用 $\sin^2\theta_1$ 来除(式中下脚标 1 表示第 1 条(θ 最小)衍射线条)。这样可以得到一组序列(d 值序列),即

$$\sin^2\theta_1:\sin^2\theta_2:\sin^2\theta_3\ldots=N_1:N_2:N_3\ldots$$

其中 N 为整数,$N=h^2+k^2+l^2$。

这个序列给我们带来很大启发,我们把全部的干涉指数 hkl 按 $h^2+k^2+l^2$ 由小到大的顺序排列,并考虑到系统消光可以得到表 4.1 所示的结果。

表 4.1　d 值序列与系统消光规律

hkl	100	110	111	200	210	211	220	221 300	310	311	……	点阵
N	1	2	3	4	5	6	8	9	10	11	……	简单
N	–	2	–	4	–	6	8	–	10	–	……	体心
N	–	–	3	4	–	–	8	–	–	11	……	面心

这些特征反映了系统消光的结果,即晶体结构的特征间接反应到 $\sin^2\theta$ 的连比序列中来了,这给我们的工作带来很大方便。对于体心立方点阵,这一数列为 2:4:6:8:10:12:14:16:18…,或者 1:2:3:4:5:6:7:8:9…。而面心立方点阵的特征是 1:1.33:2.67:3.67:4:5.33:6.33:6.67:8…。在进行指数化时,只要首先算出各衍射线条的 $\sin^2\theta$ 顺序比,然后与上述顺序比相对照,便可确定晶体结构类型和推断出各衍射线条的干涉指数了。

表 4.2 列出了几种立方晶体前 10 条衍射线的干涉指数、干涉指数的平方和以及干涉指数平方和的顺序比(等于 $\sin^2\theta$ 的顺序比),更详细的数据可参考附录 16。

表 4.2　衍射线的干涉指数

衍射线序号	简单立方			体心立方			面心立方			金刚石立方		
	hkl	N	N_i/N_1	hkl	N	N_i/N_1	hkl	N	N_i/N_1	hkl	N	N_i/N_1
1	100	1	1	110	2	1	111	3	1	111	3	1
2	110	2	2	200	4	2	200	4	1.33	220	8	2.66
3	111	3	3	211	6	3	220	8	2.66	311	11	3.67
4	200	4	4	220	8	4	311	11	3.67	400	16	5.33
5	210	5	5	310	10	5	222	12	4	331	19	6.33
6	211	6	6	222	12	6	400	16	5.33	422	24	8
7	220	8	8	321	14	7	331	19	6.33	333,511	27	9
8	300,221	9	9	400	16	8	420	20	6.67	440	32	10.67
9	310	10	10	411,330	18	9	422	24	8	531	35	11.67
10	311	11	11	420	20	10	333,511	27	9	620	40	13.33

从表 4.2 中可以看出,四种结构类型的干涉指数平方的顺序比是各不相同的。这里

需要强调说明的是简单立方与体心立方衍射花样的判别问题。初看起来，似乎它们的 N_i/N_1 顺序比是相同的。但仔细分析是有差别的。读者不妨从 N_i/N_1 顺序比和衍射线相对强度(多重因子)两个方面来区别这两种衍射花样。

有时在实验数据处理时需要甄别 k_α 和 k_β 衍射线，如果所用的 K 系特征 X 射线未经滤波，则在衍射花样中，每一族反射面将产生 K_α 和 K_β 两条衍射线，它们的干涉指数是相同的。这种情况给指数化造成了困难。因此，需要在指数化之前首先识别出 K_α 和 K_β 线条，然后只对 K_α 线条进行指数化就可以了。

识别 K_α 和 K_β 衍射线的依据如下所述。

(1) 根据布拉格方程，$\sin\theta$ 与波长成正比，由于 K_β 的波长比 K_α 短，所以，θ_β 小于 θ_α。并且 K_α 和 K_β 线之间存在着如下的固定关系：$\dfrac{\sin\theta_\alpha}{\sin\theta_\beta}=\dfrac{\lambda_\alpha}{\lambda_\beta}=$ 常数。

(2) 入射线中 K_α 的强度比 K_β 大 3~5 倍，因此，在衍射花样中的 K_α 线的强度也要比 K_β 大得多。这一点是鉴别 K_α 和 K_β 的重要参考依据。

对一个未知结构的衍射花样指数化之后，便可确定晶体结构类型，并且可以利用立方晶系的布拉格方程对每条衍射线计算出一个 a 值。原则上讲，这些数值应该相同，但是由于实验误差的存在，这些数值之间是稍有差别的。点阵常数的精确测定还需要一系列的试验方法和误差消除方法保证，这一点将在第 4.5 节中详述。

4.2.3 相机的分辨率

照相机的分辨率可以用衍射花样中两条相邻线条的分离程度来定量表征：它表示晶面间距变化所引起衍射线条位置相对改变的灵敏程度。假如，面间距 d 发生微小改变值 Δd，由此在衍射花样中引起线条位置的相对变化为 ΔL，则相机的分辨率 φ 可以表示为

$$\Delta L=\varphi\frac{\Delta d}{d}$$

或者

$$\varphi=\frac{\Delta L}{\frac{\Delta d}{d}} \tag{4.5}$$

由式(4.1)可得

$$\Delta L=2R\Delta\theta$$

将布拉格方程的微分式 $\dfrac{\Delta d}{d}=-\cot\theta\Delta\theta$ 代入式(4.5)，所以

$$\varphi=\frac{\Delta L}{\frac{\Delta d}{d}}=-2R\tan\theta \tag{4.6}$$

为了表示分辨率与波长的关系，将式(4.6)改写为

$$\varphi=-2R\frac{\sin\theta}{\sqrt{1-\sin^2\theta}}=-2R\frac{\frac{n\lambda}{2d}}{\sqrt{1-\left(\frac{n\lambda}{2d}\right)^2}}=-2R\frac{n\lambda}{\sqrt{4d^2-(n\lambda)^2}} \tag{4.7}$$

从式(4.6)和式(4.7)可以看出，相机的分辨率与以下几个因素有关(在 φ 的表达式中负号没有实际意义)。

(1) 相机半径 R 越大，分辨率越高。这是利用大直径相机的主要优点。但是相机直径的增大，会延长曝光时间，并增加由空气散射而引起的衍射背影。

(2) θ 角越大,分辨率越高。所以衍射花样中高角度线条的 $K_{\alpha1}$ 和 $K_{\alpha2}$ 双线可明显地分开。

(3) X 射线的波长越长,分辨率越高。所以为了提高相机的分辨率,在条件允许的情况下,应尽量采用波长较长的 X 射线源。

(4) 面间距越大,分辨率越低。因此,在分析大晶胞的试样时,应尽可能选用波长较长的 X 射线源,以便抵偿由于晶胞过大对分辨率的不良影响。

4.3　X 射线衍射仪

4.3.1　衍射仪的构造及几何光学

从历史发展看,首先是有劳埃相机,再有了德拜相机,在此基础上发展了衍射仪。衍射仪的思想最早是由布拉格(W. L. Bragg)提出的,原始叫 X 射线分光计(X-ray spectrometer)。可以设想,在德拜相机的光学布置下,若有个仪器能接收到 X 射线并作记录,那么让它绕试样旋转一周,同时记录转角 θ 和 X 射线强度 I 就可以得到等同于德拜像的效果。其实,考虑到衍射圆锥的对称性,只要转半周即可。

照相法是较原始的方法,但在今天的科学研究中仍然有其生命力。它的缺点是摄照时间长,往往需要 10 ~ 20 h;衍射线强度靠照片的黑度来估计,准确度不高;但设备简单,价格便宜,在试样非常少的时候,如 1 mg 左右时也可以进行分析,而衍射仪则至少要 0.5 g;可以记录晶体衍射的全部信息,需要迅速确定晶体取向、晶粒度等时候尤为有效;另外在试样太重不便于用衍射仪时照相法也是必不可少的。相比之下,衍射仪法的优点较多,如速度快、强度相对精确、信息量大、精度高、分析简便、试样制备简便等等。衍射仪对衍射线强度的测量是利用电子计数器(计数管)(electronic counter)直接测定的。计数器的种类有很多,但是其原理都是将进入计数器的衍射线变换成电流或电脉冲,这种变换电路可以记录单位时间里的电流脉冲数,脉冲数与 X 射线的强度成正比,于是可以较精确地测定衍射线的强度。

这里关键要解决的技术问题是:①X 射线接收装置——计数管;②衍射强度必须适当加大,为此可以使用板状试样;③相同的(hkl)晶面也是全方向散射的,所以要聚焦;④计数管的移动要满足布拉格条件。这些问题的解决关键是由几个机构来实现的:①X 射线测角仪——解决聚焦和测量角度的问题;②辐射探测仪——解决记录和分析衍射线能量问题。这里我们重点介绍 X 射线测角仪的基本构造。

1. 测角仪的构造

测角仪是衍射仪的核心部件,相当于粉末法中的相机。基本构造如图 4.6 所示。

(1) 样品台 H。样品台 H 位于测角仪中心,可以绕 O 轴旋转,O 轴与台面垂直,平板状试样 C 放置于样品台上,要与 O 轴重合,误差$\leqslant$0.1 mm。

(2) X 射线源。X 射线源是由 X 射线管的靶 T 上的线状焦点 S 发出的,S 也垂直于纸面,位于以 O 为中心的圆周上,与 O 轴平行。

(3) 光路布置。发散的 X 射线由 S 发出,投射到试样上,衍射线中可以收敛的部分在光阑 F 处形成焦点,然后进入计数管 G。A 和 B 是为获得平行的入射线和衍射线而特制的狭缝,实质上是只让处于平行方向的 X 线通过,将其余的遮挡住。光学布置上要求 S、

G(实际是 F)位于同一圆周上,这个圆周叫测角仪圆。若使用滤波片,则要放置在衍射光路而不是入射线光路中,这是为了一方面限制 K_β 线强度,另一方面也可以减少由试样散射出来的背底强度。

(4) 测角仪台面。狭缝 B、光阑 F 和计数管 G 固定于测角仪台 E 上,台面可以绕 O 轴转动(即与样品台的轴心重合),角位置可以从刻度盘 K 上读取。

(5) 测量动作。样品台 H 和测角仪台 E 可以分别绕 O 轴转动,也可机械连动,机械连动时样品台转过 θ 角时计数管转 2θ 角,这样设计的目的是使 X 射线在板状试样表面的入射角经常等于反射角,常称这一动作为 $\theta-2\theta$ 连动。在进行分析工作时,计数管沿测角仪圆移动,逐一扫描整个衍射花样。计数器的转动速率可在0.125°～2°/min 之间根据需要调整,衍射角测量的精度为 0.01°,测角仪扫描范围在顺时针方向 2θ 为165°,逆时针时为 100°。

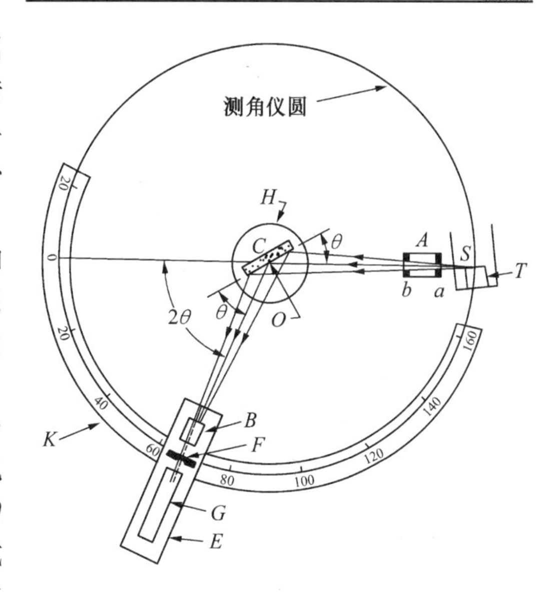

图 4.6　测角仪构造示意图

2. 测角仪的衍射几何

图 4.7 所示为测角仪衍射几何的示意图。衍射几何的关键问题是一方面要满足布拉格方程反射条件,另一方面要满足衍射线的聚焦条件。为达到聚焦目的,使 X 射线管的焦点 S,样品表面 O、计数器接收光阑 F 位于聚焦圆上。在理想情况下,试样是弯曲的,曲率与聚焦圆相同。对于粉末多晶体试样,在任何方位上总会有一些(hkl)晶面满足布拉格方程产生反射,而且反射是向四面八方的,但是,那些平行于试样表面的(hkl)晶面满足入射角 = 反射角 = θ 的条件,此时反射线夹角为($\pi-2\theta$),($\pi-2\theta$)正好为聚焦圆的圆周角,由平面几何可知,位于同一圆弧上的圆周角相等,所以,位于试样不同部位 M、O、N 处平行于试样表面的(hkl)晶面,可以把各自的反射线会聚到 F 点(由于 S 是线光源,所以 F 点得到的也是线光源),这样便达到了聚焦的目的。由此可以看出,衍射仪的衍射花样均来自与试样表面相平行的那些反射面的反射,这一点与粉末照相法是不同的。

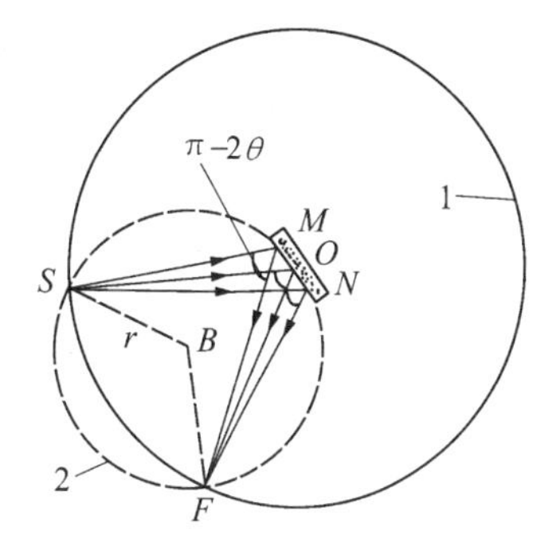

图 4.7　测角仪的衍射几何
1—测角仪圆;2—聚焦圆

在测角仪的测量动作中,计数器并不沿聚焦圆移动,而是沿测角仪圆移动逐个地对衍射线进行测量。除 X 射线管焦点 S 之外,聚焦圆与测角仪圆只能有一个公共交点 F,所以,无论衍射条件如何改变,最多只可能有一个(hkl)衍射线聚焦到 F 点接受检测。

但这里又出现了新问题:

(1) 光源 S 固定在机座上,与试样 C 的直线位置不变,而计数管 G 和接收光阑 F 在测角仪大圆周上移动,随之聚焦圆半径发生改变。2θ 增加时,弧 SF 接近,聚焦圆半径 r 减小;反之,2θ 减小时弧 SF 拉远,r 增加。可以证明

$$r = \frac{R}{2\sin\theta} \tag{4.8}$$

其中 R 为测角仪半径。由式(4.8),当 $\theta = 0°$时,聚焦圆半径为∞;$\theta = 90°$时,聚焦圆直径等于测角仪圆半径,即 $2r = R$。较前期的衍射仪由于聚焦问题通常存在较大的误差 $\Delta\theta$,而较新式衍射仪可使计数管沿 FO 方向径向运动,并与 $\theta - 2\theta$ 连动,使 F 始终在焦点上。

(2) 按聚焦条件的要求,试样表面应永远保持与聚焦圆有相同的曲率。但是聚焦圆的曲率半径在测量过程中是不断改变的,而试样表面却难以实现这一点。因此,只能作为近似而采用平板试样,要使试样表面始终保持与聚焦圆相切,即聚焦圆的圆心永远位于试样表面的法线上。为了做到这一点,还必须让试样表面与计数器保持一定的对应关系,即当计数器处于 2θ 角的位置时,试样表面与入射线的掠射角应为 θ。为了能随时保持这种对应关系,衍射仪应使试样与计数转动的角速度保持1:2的速度比,这便是 $\theta - 2\theta$ 连动的主要原因之一。

3.测角仪的光学布置

测角仪的光学布置如图4.8所示。测角仪光学布置要求与X射线管的线状焦点的长边方向与测角仪的中心轴平行。X射线管的线焦点 S 的尺寸一般为1.5 mm×10 mm,但靶是倾斜放置的,靶面与接受方向夹角为3°,这样在接受方向上的有效尺寸变为0.08 mm×10 mm。采用线焦点可使较多的入射线能量照射到试样。但是,在这种情况下,如果只采用通常的狭缝光阑,便无法控制沿窄缝长边方向的发散度,从而会造成衍射圆环宽度的不均匀性。为了排除这种现象,在测角仪中采用由窄缝光阑与梭拉光阑组成的联合光阑系统。如图4.8中所示,在线焦点 S 与试样之间采用由一个梭拉光阑 S_1 和两个窄缝光阑 a 和 b 组成的入射光阑系统。在试样与计数器之间采用由一个梭拉光阑 S_2 一个窄缝光阑组成的接收光阑系统,有时还在试样与梭拉光阑 S_2 之间再安置一个狭缝光阑(防寄生光阑),以遮挡住除由试样产生的衍射线之外的寄生散射线。光路中心线所决定的平面称为测角仪平面,它与测角仪中心轴垂直。

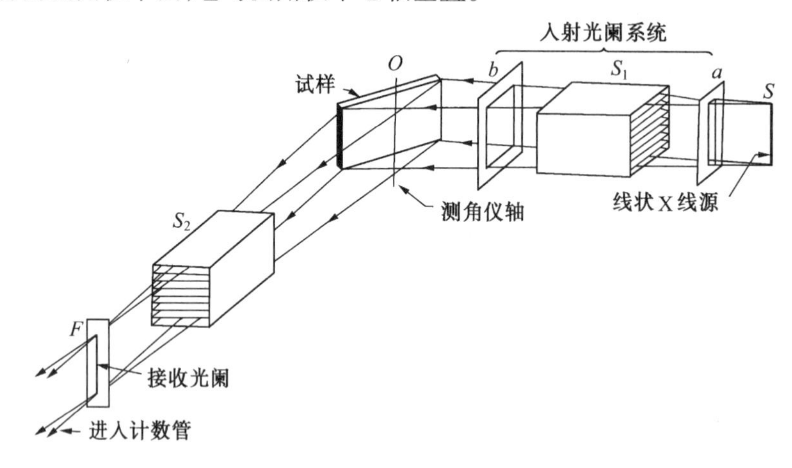

图4.8　测角仪的光学布置

梭拉光阑是由一组互相平行、间隔很密的重金属(Ta或Mo)薄片组成。它的代表性尺寸为:长32 mm,薄片厚0.05 mm,薄片间距0.43 mm。安装时,要使薄片与测角仪平面平行。这样,梭拉光阑可将倾斜的X射线遮挡住,使垂直测角仪平面方向的X射线束的发散度控制在1.5°左右。狭缝光阑 a 的作用是控制与测角仪平面平行方向的X射线束的发散度。狭缝光阑 b 还可以控制入射线在试样上的照射面积。从图 4.8 可以看出，在当 θ 很小时入射线与试样表面的倾斜角很小，所以只要求较小的入射线发散度，例如，采用 1°的狭缝光阑在 $2\theta = 18°$时可获得 20 mm 照射宽度。而 θ 角增加时，试样表面被照射的宽度增加，需要 3° ~ 4°的狭缝光阑。但是，在实际测量时，只能采用一种发散度的狭缝光阑，此时要保证在全部 2θ 范围内入射线的照射面积均不能超出试样的工作表面。狭缝光阑 F 是用来控制衍射线进入计数器的辐射能量，选用较宽的狭缝时，计数器接收到的所有衍射线的确定度增加，但是清晰度减小。另外，衍射线的相对积分强度与光阑缝隙大小无关，因为影响衍射线强度的因素很多，如管电流等，但是，一个因素变化后，所有衍射线的积分强度都按相同比例变化，这一点是需要注意的。

4.3.2　X 射线探测器的工作原理

各种计数管(探测器)毫无例外的都是为研究辐射能而由原子核物理学者制造出来的。计数管不仅可以探测 X 射线、γ 射线而且还可以探测电子、α 射线等带电粒子，只是计数管所附属的电路结构因检测对象不同而有所差别。常用的探测器是基于 X 射线能使原子电离的特性而制造的，原子环境可以为气体(如正比计数器、盖革计数器)，也可以为固体(如闪烁计数器、半导体计数器)。我们所关心的主要是计数损失、计数效率和能量分辨率，这里对探测器原理只作简要介绍。

1. 正比计数器

正比计数器和盖革计数器都是以气体电离为基础的，其构造示意图绘于图 4.9。它是由一个充气的圆筒形金属套管(作阴极)和一根与圆筒同轴的细金属丝(作阳极)所构成。在圆筒的窗口上盖有一层对 X 射线透明的材料(云母或铍片)。这种装置的电压提高到 600 ~ 900 V 左右时，自窗口射入的 X 射线能量一部分通过，而大部分被气体吸收，其结果使圆筒中的气体产生电离。在电场的作用下，电子向阳极丝运动，而带正电的离子则向阴极圆筒运动。因为这时电场强度很高，可使原来电离时所产生的电子在向阳极丝运动的过程中得到加速，并且离阳极丝越近，电场强度越高，电子的加速度也就越来越大。当这些被加速的电子再与气体分子碰撞时，将引起进一步的电离，如此反复不已。这样，吸收一个 X 射线光子所能电离的原子数要比电离室多 10^3 ~ 10^5 倍。这种现象称为气体放大作用，其结果即产生所谓的“雪崩效应”。每个 X 射线光子进入计数管产生一次电子雪崩，于是就有大量的电子涌到阳极丝，从而在外电路中产生一个易于探测的电流脉冲。这种脉冲的电荷瞬时地加到电容器 C 上，经过联接在电容器上的脉冲速率计或定标器的探测后，再通过一个大电阻 R_1 漏掉。

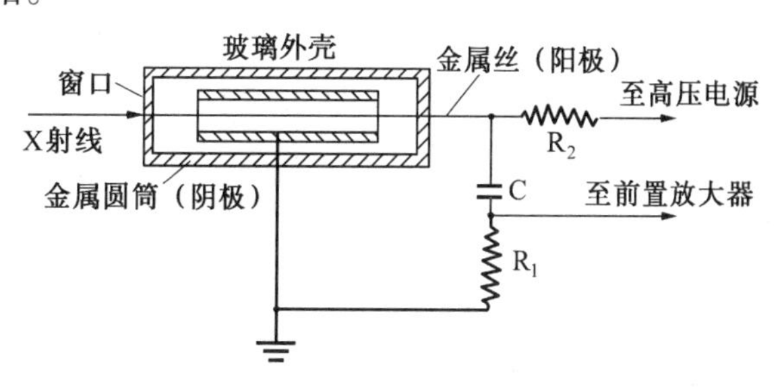

图 4.9　正比或盖革计数器简图

当电压一定时，正比计数器所产生的脉冲大小与被吸收的 X 射线光子的能量呈正比。例如，如果吸收一个 Cu K_α 光子($h\nu = 9\ 000$ eV)，产生一个 1.0 mV 的电压脉冲，而吸收一个 Mo K_α 光子($h\nu = 20\ 000$ eV)时，便产生一个 2.2 mV 的电压脉冲。

正比计数器计数非常迅速，它能分辨输入速率高达 610/秒的分离脉冲。

2.盖革计数器

盖革计数器与正比计数器的主要差别在于:盖革计数器的气体放大倍数非常大,约为10^8 ~ 10^9数量级,所产生的电压脉冲幅值可达1 ~ 10 V。如果将图4.9所示的装置两极间电压提高到900 ~ 1 500 V时,它就将起盖革计数器的作用。当电压恒定时,盖革计数器的输出脉冲大约相同,与引起原始电离的X射线光子能量(或波长)无关。而正比计数器的输出脉冲大小取决于被吸收的X射线光子的能量。另外,盖革计数管内的气体的选用与X射线的波长有关。为了提高灵敏度,希望计数管里的气体对入射光子具有较高的吸收效率,而不同的气体对不同波长的X射线的吸收是不同的。充氪气的盖革计数管对各种波长的吸收都很强,灵敏度很高;而充氩气的仅对长波长的辐射(大于Cu K_α)吸收较强,因此对短波长不敏感。

计数器在发出两次脉冲之间的时间为计数器不灵敏时间,称为计数器的死时间,此值大约为(1 ~ 3) × 10^{-4} s。倘若X射线光子在计数器死时间内进入计数器,那么这个光子就不能激起雪崩效应,它就被漏计了。这种漏计现象称为计数损失。图4.10所示的是脉冲速率与计数损失的关系曲线。

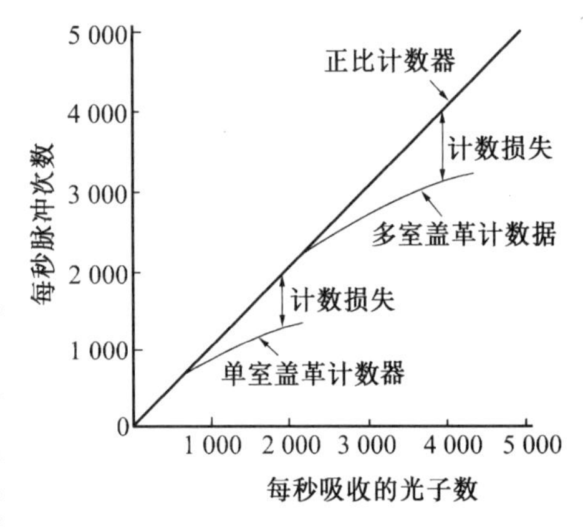

图4.10 脉冲速率与计数损失关系曲线

普通盖革计数器的死时间约为10^{-4} s数量级。倘若X射线光子呈理想的周期性进入计数器时,则脉冲速率与计数损失关系为图4.10中的直线部,应高达10 000脉冲/秒。然而,事实并非如此,在很低(每秒数百个脉冲)的计数速率下,便可观察到漏计现象。这是因为X射线光子射入计数器的时间间隔完全是无规律的。即使是光子到达的平均速率低于计数器的脉冲速率,也有可能出现两个光子到达的时间间隔小于计数器的死时间,而发生漏计现象。这种漏计随脉冲速率的增高而加大。为了提高无漏计的脉冲速率,设计了多室盖革计数器,它含有许多个电离室,各具有自己的阴极丝。当其中某个电离室工作时,其余的等待工作,这样可将图4.10中的直线部分提高到1 000脉冲/秒以上。

所有正比计数器的死时间是很小的,一般不到一微秒,它的线性部分可高达10 000脉冲/秒。

3.闪烁计数器

这种类型计数器是利用X射线激发某种物质会产生可见的荧光,而且荧光的多少与X射线强度成正比的特性而制造的。由于所产生的可见荧光量很小,因此必须利用光电倍增管才能获得一个可测的输出信号。闪烁计数器中用来探测X射线的物质一般是用少量(约0.5%)铊活化的碘化钠(NaI)单晶体。当晶体中吸收一个X射线光子时便在晶体上产生一个闪光,这个闪光射入光电倍增管的过敏阴极上便会激发出许多电子。光电倍增管的特殊设计可以使一个电子倍增到10^6 ~ 10^7个电子。从而产生一个像盖革计数器那样大的脉冲(数量级可达几伏)。这种倍增作用的整个过程所需要的时间还不到一微秒。因此,闪烁计数器可在高达10^5脉冲/秒的计数速率下使用,而不会有漏计损失。

在闪烁计数器中,由于其闪烁晶体能吸收所有的入射光子,因此在整个X射线波长范围,其吸收效率都接近100%。但是闪烁计数器的主要缺点是本底脉冲过高,即使在没有X射线入射时依然会产生“无照明电流”(或称暗电流)的脉冲。这种无照明电流的主要来源是光敏阴极因受热离子影响而产生的电子,即所谓热噪声,所以这种计数器在工作时应尽量保持较低的温度,通常采用循环水冷却来降低噪声的有害影响。

4.锂漂移硅检测器

锂漂移硅检测器是原子固体探测器,通常表示为Si(Li)检测器。

Si(Li)检测器的优点是分辨能力高、分析速度快、检测效率100%(即无漏计损失)。但在室温下由于电子噪声和热噪声的影响难以达到理想的分辨能力,为了降低噪声和防止锂扩散,要将检测器和前置放大器用液氮冷却。检测器的表面对污染十分敏感,所以,要将包括检测器在内的低温室保持 1.33×10^{-4} Pa以上的真空。这些措施自然会给使用和维护方面带来一定的麻烦。

图4.11为3种计数器对X射线光量子能量的分辨率,入射X射线为 MnK_α($\lambda=0.21$ nm, $h\nu=5.90$ keV)以及 MnK_β($\lambda=0.191$ nm, $h\nu=6.50$ keV)。可见闪烁计数器中所产生的脉冲大小与所吸收的光子能量成正比,其正比性远不如正比计数器那样界限分明,只能以脉冲的平均值来表征X射线光子能量,而围绕这个平均值还有一个相当宽的脉冲分布,所以很难根据脉冲大小来准确判断能量不同的X射线光子。

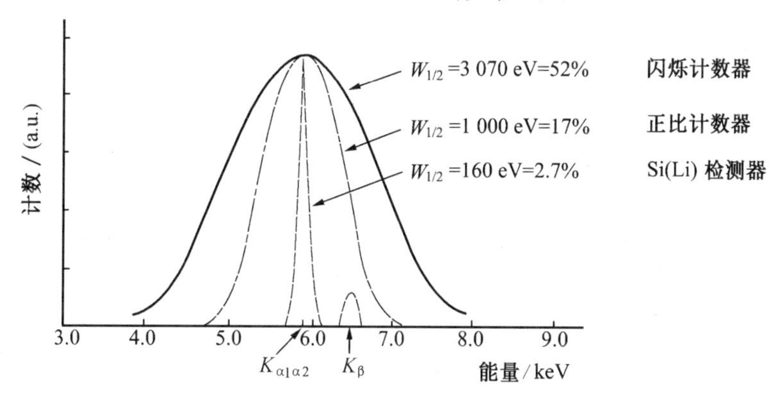

图4.11　3种计数器的脉冲分布曲线

4.3.3　X射线测量中的主要电路

衍射仪中进行辐射测量的电子电路的主要功能之一是保证计数器能有最佳状态的输出脉冲,其次是把计数电脉冲变为能够直观读取或记录的数值。

与测量工作者关系较密切的计数测量装置是定标器和计数率仪。

1.定标器及计数统计

定标器是把从高度分析器或从计数器来的脉冲加以计数的电子仪器。通常的X射线衍射工作中衍射强度均为 10^3 脉冲/秒左右。用定标器测量平均脉冲速率有两种方法。

(1) 定时计数法。打开定标器开始计数,经选定时间之后定标器自动关闭。将数显装置指示的脉冲数目除以选定时间,即得选定时间内的平均脉冲速率。

(2) 定数计时法。启动定标器,当输入选定数目的脉冲之后,定标器自动关闭。此时定标器显数装置指示的数字是选定数目的脉冲进入定标器所需要的时间。用选定的脉冲数目除以定标器所需的时间即得平均脉冲速率。现代衍射仪已经把电子时钟装置和定标器合在一起了,通过转换开关,把二者数字在同一显示装置中显示出来,以简化设备。

X 射线光量子到达计数管在时间上是无规则的,在给定时间 t 内,某次测得的脉冲数目 N 围绕其"真值"$\overline{N}$(从多次测量的平均值得到)按统计规律变化,一般作高斯分布。分布的标准偏差为 $\sigma=1/\sqrt{N}$。单次测量的或然误差(或然误差是这样的误差,即按绝对值来说,比它大的和比它小的误差出现的概率相等,即各为 50%)为 $\varepsilon_{50}=0.67/\sqrt{N}$。若某次所测得的脉冲数为 4 500 ,则脉冲数的真值就有 50% 的可能落在 $N\pm\sqrt{4\ 500}$即 $N\pm 67$ 的范围内,此时或然误差为 $\varepsilon_{50}=0.67/67=1\%$;若脉冲数只有 1 000,则或然误差为 2%。

实际上,常认为以下的处理更可取,即用一个高得多的百分数,比如 90% 来代替或然误差的 50% 的概率,这样,公式就成为

$$\varepsilon_{90}=\frac{1.64}{\sqrt{N}} \tag{4.9}$$

表 4.3 表示基于这种 90% 可信度时百分误差与总计数的关系。可以看到,误差随测量次数增多而减少。

表 4.3 百分误差与总计数的关系(按 90% 可信度计算)

计　数	误　差/%	计　数	误　差/%
100	16	1 000	5.2
200	12	10 000	1.6
300	9.6	27 000	1.0
500	7.4	100 000	0.52

需要注意的是,从表中的数据可以看出,误差仅取决于所测定的脉冲数目而与计数速率无关,也就是说,若选择了能产生相同总脉冲数的计数时间,则无论采用高速率或低速率来测量,其准确程度相同。由于这种关系,采用"定数计数"比"定时计数"更为合理,因为不论测量高强度或低强度的光束,均可获得同样的精确度。

方程式(4.9)只有衍射线强度比背底强度高得多时才适用。在相反的情况下,可令包括背底的总脉冲数为 N,而在同一时间间隔内的背底脉冲数为 N_b,则校正强度 $N-N_b$ 的相对误差为

$$\varepsilon_{90}=(1.64\sqrt{N}+N_b)/(N-N_b) \tag{4.10}$$

这里的背底强度指的是在关掉 X 射线管以后,测得的底影(这种底影是不可避免的,在采用闪烁计数器时更为明显),而不是非布拉格角的"衍射底影"。当底影较高时,必须用较长的计数时间方可获得较满意的准确度。

2. 计数率仪

用定标器对脉冲进行计数是间歇式的,这种计数方法比较精确,在某些分析中采用它是有利的。但在一般 X 射线分析中,往往需要连续测出平均脉冲速率。计数率仪正像名称那样,不是单独的计数和计时间,而是计数和计时的组合,是一种能够连续测量平均脉冲计数速率的装置。从计数器鱼贯而来的一系列脉冲其间隔是不规则的,计数率仪的作用就是将这些不规则的脉冲通过一个特殊的电路变成平缓的稳定电流,电流的大小和计数管内发生的脉冲平均发生率成正比。

计数率仪的核心部分是电阻 R 和电容器 C 组成的积分电路。为了说明电压和电流随时间而变化,可以参考图 4.12 所示的电路。每当有一个脉冲到达时,开关 S 便将 a 和 c 接通一次,从而将电压加到电容器上,随后再将 b 接到 c,将电容器与电阻短路。于是每接到一个脉冲时,便有一定的电荷加到 RC 电路的电容器上,随后再经过电阻放电,直到电荷增加速率与漏电速率平衡时为止。漏电速率即是微安培计 M 上的电流。电容器的电压并不能立即达到最高值,而要有一定的滞后时间,其变化速率是由电阻 R 和电容 C 的乘积而决定的。R 和 C 乘积的量纲是秒,故称 RC 为时间常数。时间常数(RC)越大,滞

后越严重，即建立平衡的时间越长，这也就是说，当时间常数越大时，对输入脉冲速率的变化反应就越不灵敏，而对反应输入脉冲的平均性越强，这是由于脉冲数目本身的涨落降低的缘故。

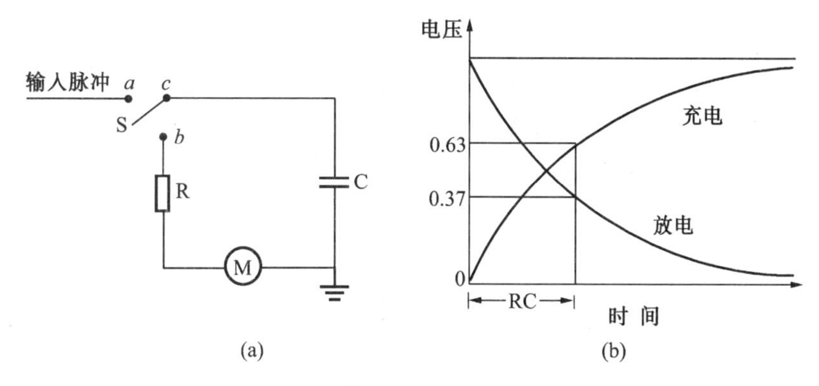

图4.12　计数率仪的测量电路

计数率仪单次测量的或然误差，为

$$\varepsilon_{50}=\frac{0.67}{\sqrt{2nRC}} \tag{4.11}$$

式中，n 为平均计数率。这说明合理的选取时间常数对计数测量的精确度是很重要的。

4.4　衍射仪的测量方法与实验参数

4.4.1　计数测量方法

多晶体衍射的计数测量方法有连续扫描测量法和阶梯扫描测量法两种。

1. 连续扫描测量法

这种测量方法是将计数器连接到计数率仪上，计数器由 2θ 接近 0°(约 5°～6°)处开始向 2θ 角增大的方向扫描。计数器的脉冲通过电子电位差计的纸带记录下来，得到如图4.13所示的衍射线相对强度(计数/秒)随 2θ 变化的分布曲线。

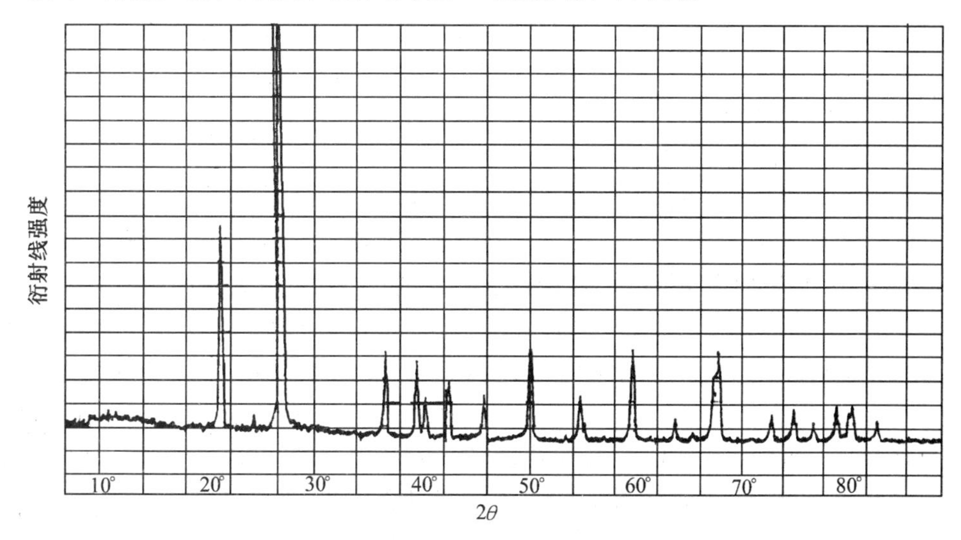

图4.13　连续扫描测得的石英粉末衍射花样

2.阶梯扫描测量法

这种测量方法是将计数器转到一定的 2θ 角位置固定不动,通过定标器,采取定时计数法或定数计时法,测出计数率的数值。脉冲数目可以从定标器的数值显示装置上直接读出,也可以由电传打字机在记录纸上自动打出。然后将计数器转动一个很小的角度(精确测量时一般转 0.01°),重复上述测量,最终得到如图 4.14 所示的曲线。曲线上扣除了背底强度。背底强度的扣除办法是将计数器转到相邻衍射线中间,测出背底强度的计数率,然后从衍射线强度的计数率中扣除。

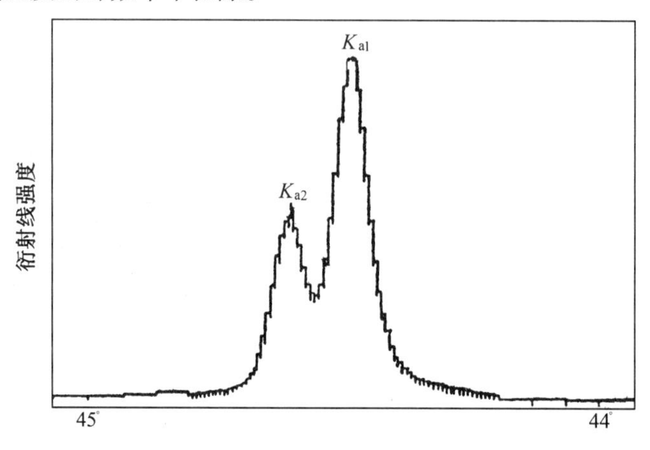

图 4.14 阶梯扫描测得的强度分布曲线

4.4.2 实验参数的选择

影响实验精度和准确度的一个重要问题是合理地选择实验参数,这是每个实验工作者在实验之前必须进行的一项工作。其中对实验结果影响较大的是狭缝光阑、时间常数和扫描速度等。

1.狭缝光阑的选择

在衍射仪光路(图 4.8)中,包含有发散光阑、接受光阑和防寄生散射光阑三个狭缝光阑,此外,在 X 射线源与发散光阑 H 之间以及接受光阑 G 与防寄生光阑 N 之间还有两个梭拉光阑。梭拉光阑对每台设备是固定不变的。衍射工作者要选择的是三个狭缝光阑。

其中:发散狭缝光阑有 1/30°,1/12°,1/6°,1/4°,1/2°,1°,4°;

防寄生散射狭缝光阑有 1/30°,1/12°,1/6°,1/4°,1/2°,1°,4°;

接受狭缝光阑有 0.05 mm,0.1 mm,0.2 mm,0.4 mm,2.0 mm。

发散狭缝光阑 H 是用来限制入射线在与测角仪平面平行方向上的发散角,它决定入射线在试样上的照射面积和强度。对发散光阑 H 的选择应以入射线的照射面积不超出试样的工作表面为原则。因为在发散光阑尺寸不变的情况下,2θ 角越小,入射线在试样表面的照射面积越大,所以发散光阑的宽度应以测量范围内 2θ 角最低的衍射线为依据来选择。

接受光阑 G 对衍射线峰高度、峰-背景比以及峰的积分宽度都有明显的影响。当接受光阑加大时,虽然可以增加衍射线的积分强度,但也增加背底强度,降低了峰-背比,这对探测弱的衍射线是不利的。所以,接受光阑要根据衍射工作的具体目的来选择。如果主要是为了提高分辨率,则应选择较小的接受光阑;如果主要是为了测量衍射强度,则应适当地加大接受光阑。防寄生散射光阑 M 对衍射线本身没有影响，只影响峰 - 背比，一般选用与发散光阑相同的角宽度。

2. 时间常数的选择

当通过计数率器进行连续扫描测量时，时间常数的选择对实验结果的影响是较大的。图4.15所示的是在4种不同条件下对石英(11·2)衍射峰形状的测量结果。其中 A 为中等时间常数在峰顶停留3 min的记录。B、C 和 D 为扫描速度一定(2°/min)的情况下，时间常数分别为小、中、大3种情况的记录。从该图可以明显地看出，时间常数的增大导致衍射线的峰高下降，线形不对称，峰顶向扫描方向移动。这种线形畸变和峰顶位移均给测量结果带来不利的影响。因此，为了提高测量的精确度，一般希望选用尽可能小的时间常数。虽然选用小的时间常数会造成线形的锯齿状轮廓，但只要时间常数选择适当，小的时间常数就更能准确地代表真实的计数。

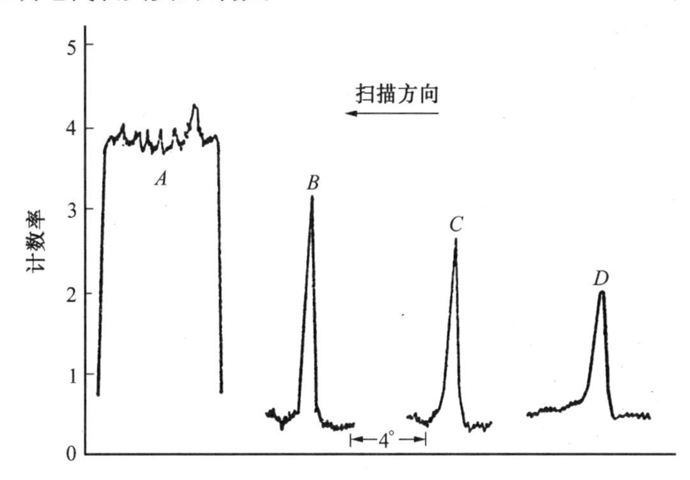

图4.15　时间常数对石英(11·2)衍射峰形状的影响

3. 扫描速度的选择

扫描速度对实验结果的影响与时间常数相似。图4.16所示的是石英(10·0)衍射线形与扫描速度的关系。随扫描速度的加快，同样导致峰高下降，线形畸变，峰顶向扫描方向移动。因此，为了提高测量精确度，希望选用尽可能小的扫描速度。

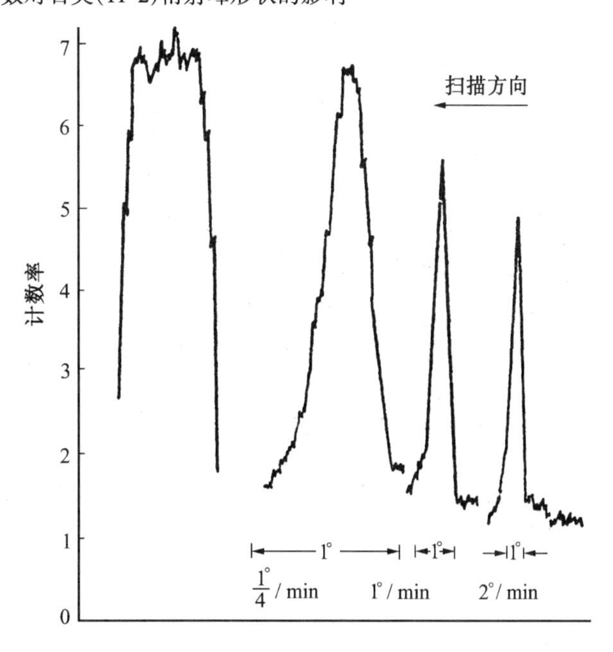

图4.16　扫描速度对石英(10·0)衍射峰形状的影响

比较好的普遍规律是，时间常数等于接受光阑的时间宽度(W_t)的一半或更低时，能够记录出分辨能力最佳的强度曲线。

光阑的时间宽度为

$$W_t = 60\ r/w \qquad (4.12)$$

式中　r——狭缝的角宽度(度)；

w——扫描速度(度/分)。

综合以上分析,可以得出这样的结论:为了提高分辨率必须选用低速扫描和较小的接受狭缝光阑;要想使强度测量有最大的精确度,就应当选用低速扫描和中等接受狭缝光阑。另外,对不同扫描速度,还要注意采用适当的记录纸带运动速度与之相配合。

表4.4列出了对不同实验目的推荐的实验条件,供参考。

表4.4　推荐的实验条件

分析目的	发散狭缝/(°)	接受狭缝/(°)	扫描速度/[(°)·min⁻¹]	狭缝的时间宽度/s	最大时间常数/s
定性分析需要在很大角度范围测量许多条衍射线	2	0.1	2	3	1.5~2.0
	2	0.1	1	6	3
精确测量衍射峰的相对积分强度	4	0.05	1/8	24	12
	4	0.10	1/4	24	12
	2	0.05	1/8	24	12
	2	0.01	1/4	24	12
精确测量衍射峰的相对积分强度,但峰被展宽	4	0.01	1/4	24	12
	2	0.02	1/2	24	12
为了获得有高度分辨的衍射细节	1	0.02	1/8	9.6	5
	2	0.02	1/8	9.6	5
	2	0.02	1/8	4.8	2~3
确定测定晶格常数	1	≤0.035	1/8	≤17	8
为了鉴定微量成分在大的角度范围测量衍射花样	4	0.1	2	3	1

4.5　点阵常数的精确测定及其误差分析

4.5.1　一般介绍

在X射线衍射的应用中,经常涉及点阵常数的精密测定。例如对固溶体的研究,固溶体的晶格常数随溶质的浓度而变化,可以根据晶格常数确定某溶质的含量。晶体的热膨胀系数也可以用高温相机通过测定晶格常数来确定;物质的内应力可以造成晶格的伸长或者压缩,因此,也可以用测定点阵常数的方法来确定。另外,在金属材料的研究中,还常常需要通过点阵常数的测定来研究相变过程、晶体缺陷等。可是,金属和合金在这些过程中所引起的点阵常数变化往往是很小的(约 10^{-5} nm数量级),这就需要对点阵常数进行颇为精确的测定。

在德拜谱线指标化一节中曾经指出,利用多晶体衍射图像上每条衍射线都可以计算出点阵常数的数值,问题是哪一条衍射线确定的点阵常数值才是最接近真实值呢?由布拉格方程可知,点阵常数值的精确度取决于 $\sin\theta$ 这个量的精确度,而不是 θ 角测量值的精确度。图4.17的曲线显示出,当 θ 越接近90°时,对应于测量误差 $\Delta\theta$ 的 $\Delta\sin\theta$ 值误差越小,由此计算出的点阵常数也就越精确。

对布拉格方程的微分式分析也可以得到相同的结论。

因为 $\Delta\lambda = 2\sin\theta\Delta d + 2d\cos\theta\Delta\theta$,即 $\dfrac{\Delta d}{d} = \dfrac{\Delta\lambda}{\lambda} - \cot\theta\Delta\theta$,如果不考虑波长 λ 的误差,

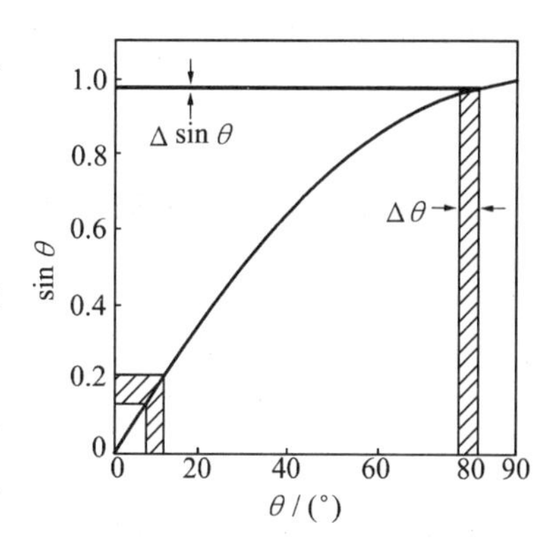

图 4.17　$\theta-\sin\theta$ 关系曲线

则$\frac{\Delta d}{d}=-\cot\theta\Delta\theta$。对于立方晶系物质来说，由于 $\Delta d/d=\Delta a/a$，因此

$$\frac{\Delta a}{a}=-\cot\theta\Delta\theta \tag{4.13}$$

当 $\Delta\theta$ 一定时，采用高 θ 角的衍射线，面间距误差 $\Delta d/d$ 将要减小；当 θ 接近于 90°时误差将会趋近于零。因此，在实际工作中应当选择合理的辐射，使得衍射图像中 $\theta>60°$ 的区域内尽可能出现较多的强度较高的线条，尤其是最后一条衍射线的 θ 值应尽可能接近 90°，只有这样，所求得的 a 值才较精确。为了增加背射区域的线条，可采用不滤波的辐射源，同时利用 K_α 和 K_β 衍射线计算点阵常数。

尽管 θ 值趋近于 90°时的点阵常数的测试精度较高，但是在实验过程中误差是必然存在的，须设法消除。误差可以分为系统误差和偶然误差两类。系统误差是由实验条件所决定的，随某一函数有规则地变化。偶然误差是由于测量者的主观判断错误以及测量仪表的偶然波动或干扰引起的，它既可以是正，也可以是负，没有任何固定的变化规律。偶然误差永远不能完全排除，但是可以通过多次重复测量使它降至最小。

从以上讨论，可以归纳出点阵常数精确测定中的两个基本问题。首先，必须研究实验过程中各个系统误差的来源及其性质，并以某种方式加以修正；其次是把注意力放在高角度衍射线的测量上面。

4.5.2　德拜－谢乐法中系统误差的来源

德拜－谢乐法常用于点阵常数精确测定，其系统误差的来源主要有：相机半径误差；底片收缩（或伸长）误差；试样偏心误差；试样对 X 射线的吸收误差；X 射线折射误差。现分别加以讨论。

1. 相机半径误差

因为只有背射区域才适用于点阵常数的精确测定，因此用图 4.18 所示的 S' 和 ϕ 来考察这些误差。如果相机半径的准确值为 R，由于误差的存在，所得的半径值为 $R+\Delta R$。对于在底片上间距为 S' 的一对衍射线，其表观的 ϕ 值 $\phi_{表观}$为 $S'/4(R+\Delta R)$，而真实的 ϕ 值 $\phi_{真实}$为 $S'/4R$。因此，ϕ 的测量误差是

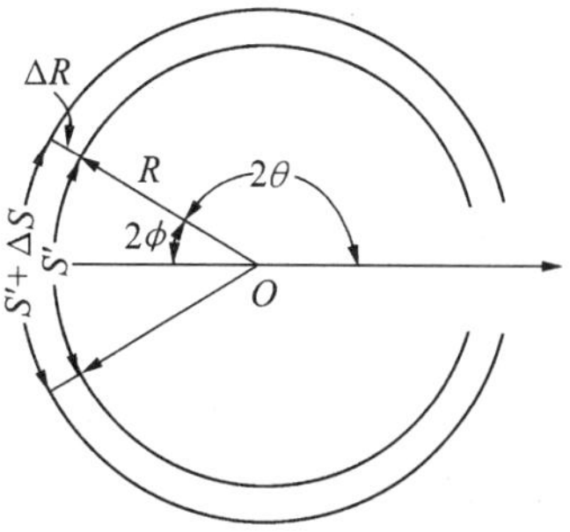

$$\Delta\phi_R=\phi_{表观}-\phi_{真实}=\frac{S'}{4(R+\Delta R)}-\frac{R'}{4R}=-\phi\left(\frac{\Delta R}{R+\Delta R}\right)$$

图 4.18　相机半径误差和底片收缩误差

实际上，ΔR 总是很小的，因此上式可以写成

$$\Delta\phi_R=-\phi\left(\frac{\Delta R}{R}\right) \tag{4.14}$$

2. 底片收缩误差

一般说来，照相底片经冲洗、干燥后，会发生收缩或伸长，结果使衍射线对之间的距离

S'增大或缩小成为$S' + \Delta S'$。因此,由于底片收缩或伸长造成的测量误差为

$$\Delta\phi_R = \phi_{表观} - \phi_{真实} = \frac{S' + \Delta S'}{4R} - \frac{S'}{4R} = \frac{\Delta S'}{4R} = \phi\,\frac{\Delta S'}{S'} \tag{4.15}$$

由于相机半径误差和底片收缩误差具有相同的性质,可以合并为

$$\Delta\phi_{R,S} = \Delta\phi_R + \Delta\phi_S = \phi\left(\frac{\Delta S'}{S'} - \frac{\Delta R}{R}\right) \tag{4.16}$$

将方程式(4.16)代入方程式(4.13)得到六方晶系点阵常数 a 的相对误差为

$$\frac{\Delta a}{a} = \left(\frac{\Delta S'}{S'} - \frac{\Delta R}{R}\right)\left(\frac{\pi}{2} - \theta\right)\cot\theta \tag{4.17}$$

方程式(4.17)表明:当 θ 接近 90°时,相机半径和底片收缩所造成的点阵常数测算误差趋于零。

在实验工作中,采用不对称装片法或反装片法可以把底片收缩误差降至下限,因为对应的背射线条在底片上仅相隔一个很短的距离,因而底片收缩对其距离 S' 的影响极小。此外,用不对称装片法尚可求出相机有效半径,以消除相机半径误差。

3. 试样偏心误差

试样偏心也会使 θ 角产生误差。但应当指出,这里所指的偏心误差并不是指试样在旋转时不发生晃动就能消除的(这种调节是必须做的),试样偏心误差的产生是由于相机在制作上的偏心,以及安装的底片圆筒轴线与试样架的旋转轴不完全重合之故。

试样的任何偏心都可分解为沿入射线束的水平位移 Δx 和垂直位移 Δy 两个分量。由图 4.19(a)可见,垂直位移 Δy 使衍射线对位置的相对变化为$A\to C$,$B\to D$。当Δy 很小时,AC 和 BD 近乎相等,因此可以认为垂直位移不会在 S' 中产生误差。

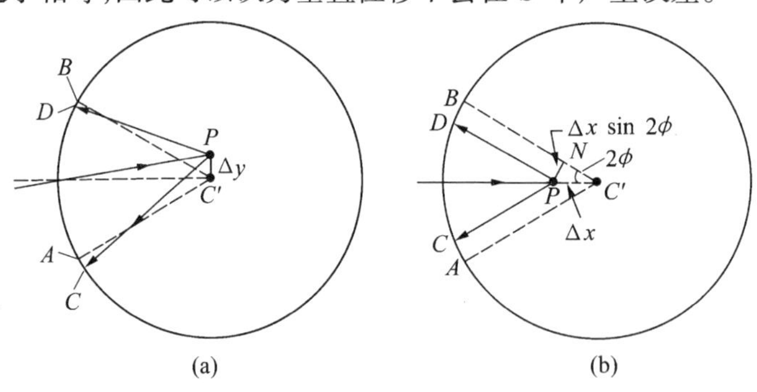

图 4.19 试样偏离相机中心时对线条位置的影响

由图 4.19(b)可以看出,水平位移 Δx 的存在,使衍射线条位置的相对变化为 $A\to C$,$B\to D$。于是 S'的误差为$AC + DB = 2DB \approx 2PN$,或 $\Delta S' = 2\,PN = \Delta x\ \sin 2\phi$,因此,试样偏心导致的误差为

$$\Delta\phi_C = \phi\left(\frac{\Delta S'}{S'}\right) = \frac{(2\Delta x\ \sin 2\phi)}{4R\phi} = \frac{\Delta x}{R}\sin\phi\cos\phi \tag{4.18}$$

将式(4.18)代入式(4.13),并注意到 $\phi = \left(\frac{\pi}{2} - \theta\right)$的关系,于是正方晶系点阵常数 a 的相对误差为

$$\frac{\Delta a}{a} = -\cot\theta\Delta\theta = -\frac{\Delta x}{R}\cos^2\theta \tag{4.19}$$

4.吸收误差

试样对X射线的吸收也会引起ϕ值误差,这种效应通常为点阵常数测定中单方面误差的最大来源,但它很难准确地计算。在讨论吸收因子时曾经指出高角度衍射线几乎完全来自试样表面朝向准直管的一侧(参看图3.14)。据此,对于一个调整好中心位置的高吸收试样来说,吸收误差相当于试样水平偏离所造成的误差。所以,因吸收而引起的误差可包括到方程式(4.18)所给出的偏心误差中。

5.X射线折射误差

同可见光一样,X射线从一种介质进入另一种介质时产生折射现象,不过由于折射率非常接近于1,所以一般不考虑它的影响。但是在高精度测量时,必须对布拉格方程作折射校正,否则就会引入折射误差。

可以证明,经折射校正后的布拉格方程为

$$n\lambda = 2d\left(1 - \frac{\delta}{\sin^2\theta}\right)\sin\theta \tag{4.20}$$

由方程式(4.20)可以清楚地看出:当用未校正折射的布拉格方程$n\lambda = 2d\sin\theta$计算$d_{观察}$时,$d_{观察} < d_{校正}$,即

$$d_{观察} < d_{校正}\left(1 - \frac{\delta}{\sin^2\theta}\right) \tag{4.21}$$

对立方晶系,其点阵常数的折射校正公式可以近似地表达为

$$a_{校正} = a_{观察}(1 + \delta) \tag{4.22}$$

通常,δ的取值在$10^{-5} \sim 10^{-7}$之间。

4.5.3 德拜-谢乐法的误差校正方法

为了校正德拜-谢乐法中的各种误差,可以采取两种主要的方法,即精密实验技术法和数学处理方法。

1.采用精密实验技术法

采用构造特别精密的照相机和特别精确的实验技术,也可以得到准确的点阵常数值。精密实验技术的要点是:

(1) 采用不对称装片法以消除由于底片收缩和相机半径不精确所产生的误差;

(2) 将试样轴高精度地对准相机中心,以消除试样偏心所造成的误差;

(3) 为了消除因试样吸收所产生的衍射线位移,可采取利用背射衍射线和减小试样直径等措施,必要时可将试样加以稀释。例如对直径为0.2 mm或更细的试样,可以将粒度为$10^{-3} \sim 10^{-5}$ cm的粉末粘在直径为0.05~0.08 mm的铍-锂-硼玻璃丝上,形成一薄层试样;

(4) 对于直径为114.6 mm或更大的照相机,衍射线位置的测量精度必须为0.01~0.02 mm,这就需要精密的比长仪加以测定;

(5) 为保证衍射线的清晰度不因曝光期间内晶格热胀冷缩而带来影响,在曝光时间内必须将整个相机的温度变化保持在±0.01℃以内。

采用精密实验技术时点阵参数测量的最佳精度可达二十万分之一。

2.应用数学处理方法

这个方法可分为图解外推法和最小二乘法,现分别讨论如下。

(1) 图解外推法。根据德拜-谢乐法中相机半径误差、底片收缩误差、试样偏心误差和吸收误差的讨论可知,其综合误差为

$$\Delta\phi_{S、R、C、A} = (\frac{\Delta S'}{S'} - \frac{\Delta R}{R})\phi + \frac{\Delta X}{R}\sin\phi\cos\phi \tag{4.23}$$

由于

$$\phi = 90° - \theta, \Delta\phi = -\Delta\theta, \sin\phi = \cos\theta, \cos\phi = \sin\theta$$

于是方程式(4.13)变成

$$\frac{\Delta d}{d} = -\frac{\cos\theta}{\sin\theta}\Delta\theta = \frac{\sin\phi}{\cos\phi}\Delta\phi = -\frac{\sin\phi}{\cos\phi}[(\frac{\Delta S'}{S'} - \frac{\Delta R}{R})\phi + \frac{\Delta X}{R}\sin\phi\cos\phi]$$

在背射区域中,当 θ 接近 90°时,ϕ 很小,可以运用近似关系式 $\sin\phi \approx \phi$、$\cos\phi = 1$,于是得 $\frac{\Delta d}{d} = (\frac{\Delta S'}{S} - \frac{\Delta R}{R} + \frac{\Delta X}{R})\sin^2\phi$。在同一张底片中,由于每条衍射线的各种误差来源相同,因而上式中括弧内的数值均属定值,可以用常数 K 表示,因此

$$\frac{\Delta d}{d} = K\sin^2\phi = K\cos^2\theta \tag{4.24}$$

由式(4.24)可以看出,面间距 d 的相对误差和 $\cos^2\theta$ 成正比。当 $\cos^2\theta$ 趋近于零或 θ 趋近于 90°时,上述综合误差即趋近于零。对立方晶系,$\Delta d/d = \Delta a/a$,因此立方晶系点阵常数的相对误差与 $\cos^2\theta$ 成正比。

根据方程式(4.24)可以用图解外推法求得立方晶系精确点阵常数。其方法是根据各条衍射线位置测算而得的 a 值和 $\cos^2\theta$ 值作出关系直线,并外推到 $\cos^2\theta = 0$ 处,在纵坐标 a 上即可得到真实点阵常数 a。图 4.20 表示用上述图解外推法测得的高纯铅的真实点阵常数值为 0.495 06 nm。由于 $\sin^2\theta = 1 - \cos^2\theta$,所以也可用 a 和 $\sin^2\theta$ 关系画出直线,外推到 $\sin^2\theta = 1$ 处(相应于 $\cos^2\theta = 0$)同样也能得到精确值。另外,如果将 $\cos^2\theta$ 改为 $\phi\tan\phi$,也可以得到同样的结果。

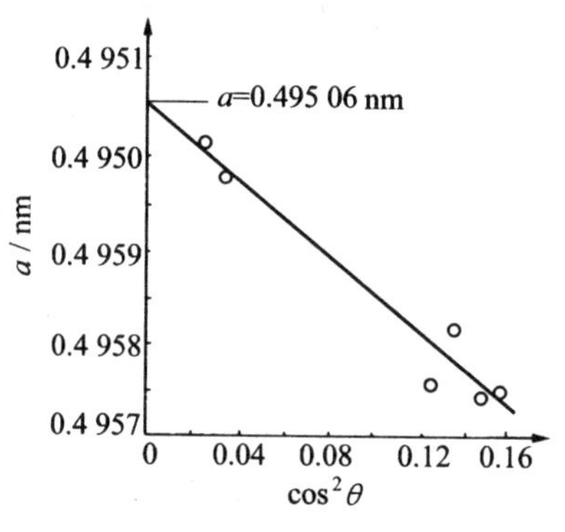

图 4.20 用外推法测纯铅的点阵常数 (25.0℃, CuK_α)

关于 $\cos^2\theta$(或 $\sin^2\theta$、$\phi\tan\phi$)外推法尚需说明几点,这种外推法是在粗浅地分析误差时得出的,在满足以下条件时才能得出较好的结果。

① 在 $\theta = 60° \sim 90°$之间有数目多、分布均匀的衍射线;

② 至少有一条很可靠的衍射线在 80°以上。

在满足这些条件下,θ 角测量精度又为 0.01°时,外推线的位置是确定的,测量的最佳精度可达二万分之一。如果衍射线的数目不多,或者分布不均匀,可以采用 K_β 线,甚至用合金靶,以提高精确度。

A. Taylor 和 H. Sinclair 对各种误差原因进行了分析,尤其对德拜-谢乐法中的吸收进行了精细研究,提出如下外推函数,即

$$\frac{\Delta d}{d} = K(\frac{\cos^2\theta}{\sin\theta} + \frac{\cos^2\theta}{\theta}) \tag{4.25}$$

这个外推函数不仅在高角度而且在很低角度上都能保持满意的直线关系。若 $\theta = 60° \sim 90°$的衍射线条不够多,用 $\cos^2\theta$ 外推得不到精确结果时,也可以利用一些低角度线

条,采用上述外推关系准确地测定点阵常数。在最佳情况下,其精度可达五万分之一。

(2) 最小二乘法(柯亨法)。在图解外推法测算点阵常数过程中解决了两个问题,即通过选择适当的外推函数消除了系统误差;降低了偶然误差的比例,降低的程度取决于画最佳直线的技巧。

为了能客观地画出与实验值最贴合的直线,人们总是使直线 L(参看图 4.21)穿行在各实验点之间并使各实验点大体均匀地分布在直线两侧。这种作法的出发点是考虑到各测量值均具有无规则的偶然误差,使正误差和负误差大体相等,即

$$\Delta y_1 + \Delta y_2 + \cdots + \Delta y_n = 0$$

这一想法无疑是对的,但不充分。因为利用同样数据还可以作出另一条直线 L',也能满足

$$\Delta y'_1 + \Delta y'_2 + \cdots + \Delta y'_n = 0$$

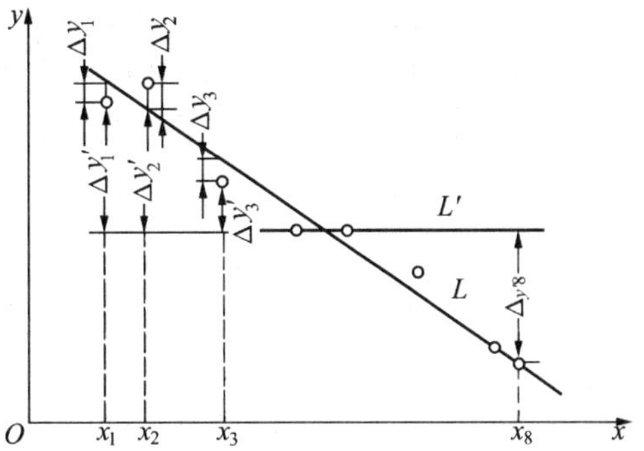

图 4.21 在实验点中可以画出两条正负误差大体相等的直线

的要求。所以充分的条件应该是:各测量值的误差平方和应该最小,即

$$(\Delta y_1)^2 + (\Delta y_2)^2 + \cdots + (\Delta y_n)^2 = 最小 \tag{4.26}$$

方程式(4.26)是最小二乘法的基本公式,利用它可以准确地确定直线的位置或待测量的真值。

若已知两个物理量 x 和 y 呈直线关系,即

$$y = a + bx \tag{4.27}$$

假定由实验测出的各个物理量对应数值为:$x_1y_1, x_2y_2, \cdots, x_ny_n$ 运用最小二乘法可以从繁多的测量数据中求得最佳直线的截距 a 和斜率 b。

由方程式(4.27)可知,与 x_1 值相对应的 y 值为 $a + bx_1$,可是实验测量值是 y_1,因此第一个实验点的误差为 $\Delta y_1 = (a + bx_1) - y_1$。其他各点的误差也可以用类似的方程式表示,然后再写出这些误差的平方和表达式,即

$$\sum \Delta y^2 = (a + bx_1 - y_1)^2 + (a + bx_2 - y_2)^2 + \cdots \tag{4.28}$$

依最小二乘法原理,最佳直线是使误差的平方和为最小的直线。使 $\sum \Delta y^2$ 为最小值的条件是

$$\frac{\partial \sum \Delta y^2}{\partial a} = 0 \quad 和 \quad \frac{\partial \sum \Delta y^2}{\partial b} = 0$$

于是整理后得到

$$\sum a + b\sum x - \sum y = 0 \tag{4.29}$$

以及

$$a\sum x + b\sum x^2 - \sum xy = 0 \tag{4.30}$$

把方程式(4.29)、(4.30)重新排列,即

$$\sum y = \sum a + b\sum x$$

$$\sum xy = a\sum x + b\sum x^2 \tag{4.31}$$

方程组(4.31)称为正则方程。将此方程组联立求解,即得误差平方和为最小值的 a 和 b

最佳值,从而可作出最佳直线。

应该强调指出,最小二乘法所能做到的是确定所选方程式中常数的最佳值,或者说确定曲线的最佳形状。但当不知道曲线的函数形式(是线性的还是抛物线等非线性)时,是无法运用最小二乘法的。使用最小二乘法不仅可以确定直线的最佳位置,而且也可以确定曲线、曲面或更复杂函数曲线的最佳形状。

运用柯亨的最小二乘法来计算点阵常数时,首先要知道误差函数,其次是确立正则方程。德拜-谢乐法中的综合系统误差函数为式(4.24),对于立方晶系,点阵常数真实值 a_0 和计算出的 a 值之间的关系为

$$a = a_0 - K\cos^2\theta$$

或

$$a = a_0 - \frac{K}{2}\left(\frac{\cos^2\theta}{\sin\theta} + \frac{\cos^2\theta}{\theta}\right)$$

将上述方程式与方程式(4.27)对比,如果令 a 代 y, $\cos^2\theta$ 或 $\frac{1}{2}\left(\frac{\cos^2\theta}{\sin\theta} + \frac{\cos^2\theta}{\theta}\right)$ 代 x, a_0 代 a, $-K$ 代 b,则可利用正则方程式(4.31)直接解出点阵常数真实值 a_0。但是,在 $a - \cos^2\theta$ 或 $\frac{1}{2}\left(\frac{\cos^2\theta}{\sin\theta} + \frac{\cos^2\theta}{\theta}\right)$ 关系上应用最小二乘法,需要事先计算出各衍射线的线对应的 a 值,太烦琐。通常是在 $\sin^2\theta$ 关系上应用最小二乘法。

为此,将布拉格方程式平方并取对数,得

$$2\lg d = -\lg \sin^2\theta + 2\lg\frac{\lambda}{2}$$

微分后得

$$\frac{2\Delta d}{d} = -\frac{\Delta\sin^2\theta}{\sin^2\theta} + \frac{2\Delta\lambda}{\lambda}$$

因为可假定 $\frac{\Delta\lambda}{\lambda}$ 为零,所以

$$\frac{2\Delta d}{d} = -\frac{\Delta\sin^2\theta}{\sin^2\theta} \tag{4.32}$$

将方程式(4.32)代入式(4.24),得

$$\Delta\sin^2\theta = -2K\sin^2\theta\cos^2\theta = D\sin^2 2\theta \tag{4.33}$$

式中 D 为常数。需要注意,关系式(4.33)仅适用于式(4.24)所表示的综合系统误差函数。当采用其他形式的综合误差形式时,关系式(4.33)应作相应改变。

正则方程的确立是在布拉格方程上进行的。各条衍射线的观察值 $\sin^2\theta$ 有一定误差,且误差数值等于 $D\sin^2 2\theta$,现将这个误差加到平方形式的布拉格方程中去,对立方晶系有

$$\sin^2\theta = \frac{\lambda^2}{4a_0^2}(h^2 + k^2 + l^2) + D\sin^2 2\theta = A\alpha + C\delta \tag{4.34}$$

式中的 $A = \frac{\lambda^2}{4a_0^2}$; $\alpha = (h^2 + k^2 + l^2)$; $C = D/10$; $\delta = 10\sin^2 2\theta$;在 C 和 δ 中加入常数 10,完全是为了使方程式中各项系数的数量级能够相同而引入的。

对于衍射像上每一条衍射线都可以按关系式(4.34)列出一个方程式。在每个方程式中, $\sin^2\theta$、α 和 δ 都可由实验求得,而 A 和 C 是未知数。但是, A 取决于入射线的波长和物质的点阵常数,因此对同一张底片上的各条衍射线来说,它是恒定的; C 与实验中系统误差的大小有关,在同一张底片上它也是恒定的,因此称为漂移常数。将方程式(4.34)与

直线方程式(4.27)相对比,如果令 $\sin^2\theta$ 代 y,δ 代 x,A 代 a(α 相当于直线方程式中 a 的系数),C 代 b,再参照正则方程建立规则,可以列出柯亨法的正则方程为

$$\left.\begin{aligned}\sum \alpha\sin^2\theta &= A\sum \alpha^2 + C\sum \alpha\delta \\ \sum \delta\sin^2\theta &= A\sum \alpha\delta + C\sum \delta^2\end{aligned}\right\} \tag{4.35}$$

对两个正则方程联立求解,得出 A 和 C,然后由 A 计算出真实点阵常数 a_0。

4.5.4　点阵常数测定举例

现以铅在 25℃时的点阵常数测定为例,说明上述计算方法对立方晶体的应用。假定 $\sin^2\theta$ 的系统误差正比于 $\sin^2 2\theta$,即 $\Delta a/a \propto \cos^2\theta$,则各项计算值列于表 4.5。

表 4.5　用最小二乘法计算纯铅在 25℃时的点阵常数

hkl	θ/(°)	$\sin^2\theta$	$\sin^2\theta \to (\sin^2\theta)_{\alpha1}$	$\delta = 10\sin^2 2\theta$
(531)α1	67.080	0.848 33	0.848 33	5.1
(531)α2	67.421	0.852 58	0.848 35	5.0
(600)α1	69.061	0.872 30	0.872 30	4.5
(600)α2	69.467	0.876 98	0.872 63	4.3
(620)α1	79.794	0.968 61	0.969 61	1.2
(620)α2	80.601	0.973 32	0.968 49	1.0

$\lambda_{cu-k\alpha1} = 0.154\ 050$ nm, $\lambda_{cu-k\alpha2} = 0.154\ 434$ nm。

表 4.5 中前三项所列的实验数据中存在着两种不同波长的资料,可是正则方程中波长是作为同一个常数来处理的,因此必须把所有实验数据都归一化到任一波长。表 4.5 中第 4 项是把 $K_{\alpha2}$的 $\sin^2\theta$ 归一化到 $K_{\alpha1}$的 $\sin^2\theta$,第 5 项 δ 也是经归一化后的值。由布拉格方程式可知

$$\frac{\sin^2\theta_{\alpha1}}{\sin^2\theta_{\alpha2}} = \frac{\lambda_{\alpha1}^2}{\lambda_{\alpha2}^2}$$

因此将 $\sin^2\theta_{\alpha2}$乘以$\dfrac{\lambda_{\alpha1}^2}{\lambda_{\alpha2}^2}$,即可归一成 $\sin^2\theta_{\alpha1}$,对于 Cu 辐射来说,$\dfrac{\lambda_{\alpha1}^2}{\lambda_{\alpha2}^2} = 0.995\ 03$。此外,由于正则方程中 $C\delta$ 份项比 $A\alpha$ 项小得多,所以 δ 值仅需计算到两位有效数字,而 $\sin^2\theta$ 要精确到五六位有效数字。

由表 4.5 所列数据得出

$$\sum \alpha^2 = 8\ 242.000 \quad \sum \alpha\sin^2\theta = 199.685\ 3 \quad \sum \alpha\delta = 758.3$$

$$\sum \delta\sin^2\theta = 18.376\ 7 \quad \sum \delta^2 = 92.2$$

将上述具体数字代入正则方程式(4.35),得

$$8\ 242.000A + 758.3C = 199.685\ 3$$

$$758.3A + 92.2C = 18.376\ 7$$

解联立方程得

$$A = 0.024\ 208\ 2 \quad C = 0.000\ 213$$

$$a_0 = \frac{\lambda_{\alpha1}}{2\sqrt{A}} = 0.495\ 052\ \text{nm} \quad \alpha(\text{经折射校正}) = 0.495\ 066\ \text{nm}$$

以上讨论是在立方晶系情况下,采用误差函数 $\Delta d/d \propto \cos^2\theta$ 条件下进行的。在此基础上得出 $\Delta\sin^2\theta = D\sin^2 2\theta$。之所以采用 $\cos^2\theta d$ 误差形式,是因为所列举的纯铅在 $\theta > 60°$ 区域有三对明锐的 $\alpha_1\alpha_2$ 双线。当有些物质在 $\theta > 60°$ 区域衍射线条不多时,常采用在30°～90°区域直线性优良的 $\Delta d/d \propto (\frac{\cos^2\theta}{\sin\theta} + \frac{\cos^2\theta}{\theta})$ 的系统误差表达形式。在此情况下,倘若物质仍为立方晶系,则正则方程的形式不变,但 δ 数值发生变化,即

$$\Delta\sin^2\theta = D\sin^2 2\theta(\frac{1}{\sin\theta} + \frac{1}{\theta}) = C\cdot\delta \tag{4.36}$$

$$\delta = 10\ \sin^2 2\theta(\frac{1}{\sin\theta} + \frac{1}{\theta}) \tag{4.37}$$

从以上讨论可以看出,柯亨法的计算结果完全依赖于所测数据,不像外推法那样有一定的随意性。但是柯亨法也有其不足,它忽视了高角度线条观测误差较小这一事实,把高角线条与低角线条等同看待了。因此,计算结果的精度未必超过图解外推法。于是有人提出以柯亨法为基础,对高角线条乘以加权因子的计算方法,无疑,这给运算工作增加了麻烦,但运用计算机进行数据处理,是完全行之有效的。

习　题

1.用粉末相机得到了如下角度的谱线,试求出晶面间距(数字为 θ 角,所用射线为 CuK_α)。

12.54°(m),14.48°(vs),20.70°(s),24.25°(m),25.70°(w),30.04°(vw),33.04°(vw),34.02°(w)(s:strong,m:medium,w:weak,v:very)

2.证明上述晶体为六方晶系,并确定单胞尺寸。

3.求出德拜相机(5.73 cm 直径 CuK_α 辐射)在 $\theta = 10°,35°,60°,85°$时的 K_α 双重线的间隔,用角度和厘米表示。

4.用直径 5.73 cm 的德拜相机能使 CrK_α 双重线分离开的最小 θ 角是多少?(衍射线宽为 0.03 cm,分离开即是要使双重线间隔达到线宽的两倍)。(答案:81°)

5.进行长时间曝光时,经常会遇到气候的变化,由于空气的湿度和气压的变化改变了空气对 X 射线的吸收系数,所以对 X 射线强度将带来影响。试计算气压减少 3%时进行 12 h 曝光、CrK_α 辐射的强度将减少多少?(假设 X 射线在空气中的行程为 27 cm,空气对 CrK_α 的 μ 为 $3.48\times10^{-2}\ cm^{-1}$)(答案:2.8%)

6.试述衍射仪在入射光束、试样形状、试样吸收以及衍射线记录等方面与德拜法有何异同?测角仪在工作时,如试样表面转到与入射线成 30°角时,计数管与入射线成多少度角?

7.为测定 Cu 的晶格常数必须要保证 ±0.000 01 nm 的精度。为要避免热膨胀引起的误差,必须要将试样的温度变化调节在多大范围内?(Cu 的线膨胀系数为 $16.6\times10^{-6}/℃$)(答案:±1.7℃)

8.在德拜图形上获得了某简单立方物质的如下 4 条谱线:

$h^2+k^2+l^2$	$\sin^2\theta$
38	0.911 4
40	0.956 3
41	0.976 1
42	0.998 0

所给出的 $\sin^2\theta$ 数值均为 Cu$K_{\alpha1}$衍射的结果。试用“$a-\cos^2\theta$”图解外推法确定晶格常数,精确到 4 位有效数字。

9.续上题,以 $\cos^2\theta$ 为外推函数,请用柯亨法计算晶格常数,精确到 4 位有效数字。(答案:0.499 7 nm)

第5章

X 射线物相分析

5.1 引　　言

以往我们熟悉的是材料的元素组成及其含量的分析，如其合金中 Fe 的质量分数为 96.5 %；C 的质量分数为 0.4%；Ni 的质量分数为 1.8%；Cr 的质量分数为 0.8%；Mo 的质量分数为 0.25%……这是化学分析(如光谱分析，X 射线荧光分析等)。我们这一章的目的是分析物质是由哪些“相”组成的，而不是元素或元素的含量(如待测试样为单质元素或其混合物时，X 射线物相分析出来的自然是元素)。例如有一项技术，将纯铝溶液用压铸的方法使之与 Ti 粉相复合，可以得到一种高温强度高、比重小的耐热材料，若用化学分析仍然是 Ti 和 Al，而用 X 射线物相分析可以知道材料中存在的是 TiAl，Ti_3Al，$TiAl_3$ 金属间化合物。物相分析可得到元素的结合态和相的状态。

X 射线物相分析是一项应用十分广泛且有效的分析手段，在地质矿产、耐火材料、冶金、腐蚀生成物、磨屑、工厂尘埃、环保、考古食品等行业经常有所应用。在区分物质同素异构体时，X 射线分析十分准确迅速。如业已证实 Al_2O_3 的同素异构体有 14 种之多，它们均能被 X 射线物相分析方法所区分，而其他方法则无能为力。

那么用 X 射线为什么能够进行物相分析呢？我们知道，每种结晶物质都有自己特定的晶体结构参数，如点阵类型、晶胞大小、原子数目和原子在晶胞中的位置等。X 射线在某种晶体上的衍射必然反映出带有晶体特征的特定的衍射花样(衍射位置 θ、衍射强度 I)。根据衍射线条的位置经过一定的处理便可以确定物相是什么，这就是定性分析；根据衍射线条的位置和强度就可以确定物相有多少，这便是定量分析。那么对于含有 n 种物质的混合物或含有 n 相的多相物质怎么办呢？光具有一个特性，即两个光源发出的光互不干扰，所以，在这种情况下应当得到 n 种衍射花样，各个相的各自的衍射花样互不干扰而是机械地叠加，所以，只要分析时想办法将其区分开就行了。

现代计算机技术的发展已经使这些工作变得十分简单、便捷，甚至不用查卡片，不用计算器了。但是，计算机帮助我们做事情的基本原理没有变，只有了解了定性、定量分析的基本原理才能知道计算机“黑箱”中的内幕，也只有这样，人们才能够能动地驾驭计算机这一工具，而不被“计算机”这个工具所愚弄。因此我们还必须从基础开始学习。

5.2　定性分析的原理和分析思路

X射线定性分析是基于以下事实进行的：目前所知宇宙中的结晶物质，之所以表现出种类的差别，是由于不同的物质各具有自己特定的原子种类、原子排列方式和点阵参数，进而呈现出特定的衍射花样；多相物质的衍射花样互不干扰，相互独立，只是机械地叠加；衍射花样可以表明物相中元素的化学结合态。这样，定性分析原理就十分简单，只要把晶体（几万种）全部进行衍射或照相，再将衍射花样存档，实验时，只要把试样的衍射花样与标准的衍射花样相对比，从中选出相同者就可以确定了。定性分析实质上是信息（花样）的采集处理和查找核对标准花样两件事情。

衍射花样不便于保存和交流，尤其因摄照条件不同其花样形态也大不一样，因此，要有一个国际通用的花样标准。这一标准必须反应晶体衍射本质的不因试验条件而变化的特征，这就是衍射位置 2θ，而其本质又是晶面间距 d；衍射强度 I，它集中反映的是物相含量的多少。所以，将各种衍射花样的特征数字化，制成一张卡片，或存入计算机，问题就好解决了。自然，在卡片上应当列出物相名称、该物相经X射线衍射后计算得到的 d 值数列和相对应的衍射强度 I，这样的卡片基本上可以反映物质的特有的特征。这种方法是J. D. Hanawalt于1936年创立的。1941年由美国材料试验协会（American Society for Testing Materials）接管，所以卡片叫ASTM卡片，或叫粉末衍射卡组（Powder Diffraction File），简称PDF。到1985年出版46 000张，平均每年有2 000张问世。目前由“粉末衍射标准联合会”（Joint Committee on Powder Diffraction Standards，简称JCPDS）和“国际衍射资料中心”（ICDD）联合出版。较近期的书刊也将卡片称之为JCPDS衍射数据卡片。

5.3　粉末衍射卡片的组成

图5.1所示为氯化钠晶体PDF卡片的内容构成示意图。图中标记了区位编号，以帮助我们认识卡片的内容及缩写符号的意义。参照图5.1，分析卡片时要把握以下的关键性信息。

（1）d 值序列⑨。列出的是按衍射位置的先后顺序排列的晶面间距 d 值序列，相对强度 I/I_1 及干涉指数。在这一部分中有时出现如下字母，其所代表的意义如下：

b——宽线或漫散线；

d——双线；

n——不是所有的资料上都有的线；

nc——与晶胞参数不符的线；

ni——用晶胞参数不能指数化的线；

np——空间群不允许的指数；

β——因 β 线存在或重叠而使强度不可靠的线；

fr——痕迹；

+——可能是另一指数。

（2）三强线②。两种或两种以上的物质混合物的衍射线条中有一些位置相近或相同，难以区分，然而最强线和次强线通常是不相同的。据此，Hanawalt将 d 值序列中强度最高的三根线条（称为三强线）的面间距和相对强度提到卡片的首位。三强线能准确反映

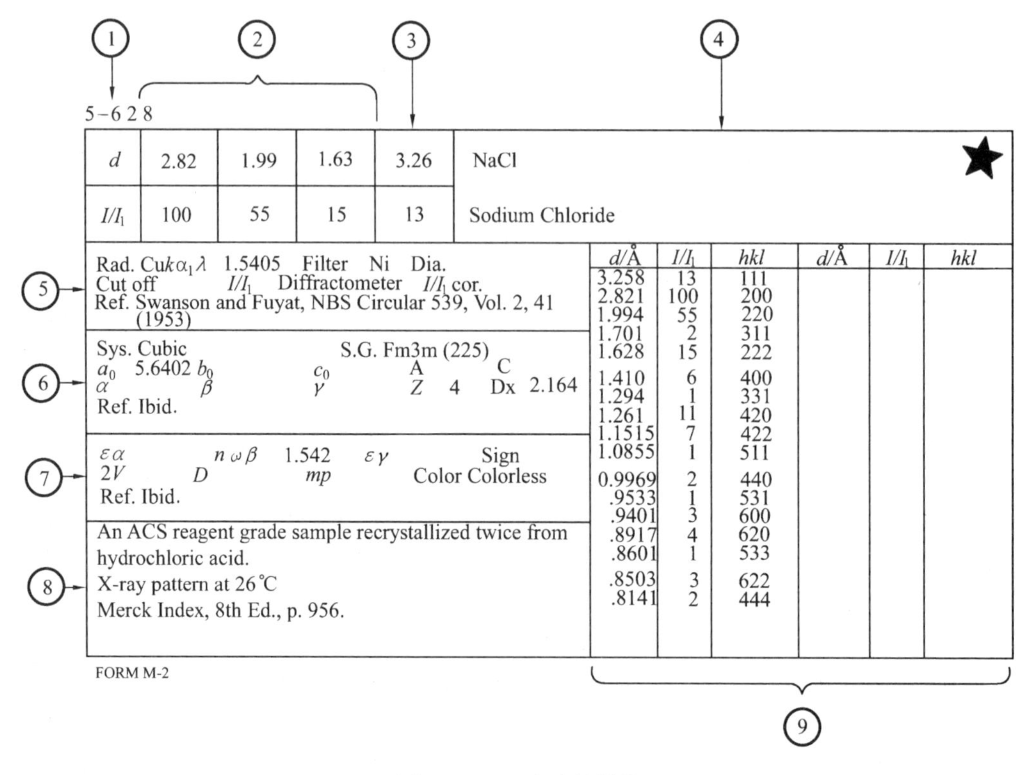

图 5.1　PDF 卡片的结构

注:此卡片引用自国外,波长暂用埃(Å),为非法定计量单位,1 Å = 0.1 nm。

物质特征,受试验条件影响较小是最常用的参数。第四个数字是可能测到的最大面间距③。

(3) 物相的化学式及英文名称④。在化学式之后常有数字及大写字母,其中数字表示单胞中的原子数,英文字母表示布拉格点阵类型。各个字母所代表的点阵类型是:C——简单立方;B——体心立方;F——面心立方;T——简单四方;U——体心四方;R——简单菱形;H——简单六方;O——简单斜方;P——体心斜方;Q——底心斜方;S——面心斜方;M——简单单斜;N——底心单斜;Z——简单三斜。例如(Er_6F_{23}) 116F 表示该化合物属面心立方点阵,单胞中有 116 个原子。

(4) 矿物学通用名称或有机结构式也列入④栏。右上角标号"★"表示数据可靠性高;"i"表示经指标化及强度估计,但不如有"★"号者可靠;"○"号表示可靠程度低;无符号者为一般;"C"表示衍射花样数据来自计算。

(5) 试验条件⑤。其中 Rad. 为辐射种类;λ 为辐射波长,单位为埃;Filter 为滤波片名称;Dia. 为圆柱相机直径;Cut off 为该设备所能测得的最大面间距;Coll. 为光阑狭缝的宽度或圆孔的尺寸;I/I_1 为测量线条相对强度的方法(如 Calibrated strip,强度标法;Visual inspection,视觉估计法;Geiger counter diffractometer,盖革计数器衍射仪法);d_{corr}, abs? 为所测 d 值是否经过吸收校正。

(6) 卡片序号①。PDF 卡片序号形式为 × - × × × ×。符号"-"之前的数字表示卡片的组号,符号"-"之后的数字表示卡片在组内的序号。如 4-0787 为第 4 组的第 787 号卡片。

(7) 晶体学数据⑥。其中 Sys. 为晶系;S. G. 为空间群符号;a_0, b_0, c_0 为单胞点阵常数;$A = a_0/b_0$, $C = c_0/b_0$ 为轴比;α、β、γ 为晶胞轴间夹角;Z 为单位晶胞中相当于化学式的分子数目(对于元素是指单胞中的原子数;对于化合物是指单胞中的分子数目)。

(8) 物相的物理性质⑦。其中 ε_α、$n\omega\beta$, $\varepsilon\gamma$ 为折射率；Sign 为光学性质的正负；$2V$ 为光轴间的夹角；D 为密度(若由 X 射线法测定则表以 DX)；mp 为熔点；Color 为颜色。

(9) 试样来源、制备方式及化学分析数据⑧。此外，如分解温度(D.F)、转变点(T.P)、摄照温度、热处理、卡片的更正信息等进一步的说明也列入此栏。

(10) 各栏中的"Ref."均指该栏中的数据来源。

PDF 衍射数据卡片分为有机和无机两类，常用的形式有三种，一是 8 cm × 13 cm 的卡片；二是微缩胶片，它可以将 116 张卡片印到一张胶片上，以节省保存空间，不过读取时要用微缩胶片读取器；第三种是书，将所有的卡片印到书中，每页可以印 3 张卡片，目前包括有机物和无机物在内已出版了 8 卷。现代分析设备的计算机软件中即存有整套的 PDF 卡片，使用时根据输入条件可自动检索。

5.4　PDF 卡片的索引

欲快速地从几万张卡片中找到所需的一张，必须建立一套科学的、简洁的索引。索引有三种，但是只有两类：以物质名称为索引和以 d 值数列为索引。

5.4.1　数值索引

数值索引有两种，哈氏无机数值索引和芬克无机数值索引。当不知所测物质为何物时，用该索引较为方便。哈氏索引中将每一种物质的数据在索引中占一行，依次为 8 条强线的晶面间距及其相对强度(用数字表示)、化学式、卡片序号、显微检索序号。Hanawalt 发现区分不同物质的最简洁的手段是三强线所对应的晶面间距，于是他从 8 条线中把三强线提取出来以三强线的 d 值序列排序，而且每种物质可以按三强线的排列组合在索引的不同部位出现三次，如 $d_1\ d_2\ d_3\ d_4\ d_5\cdots$；$d_2\ d_3\ d_1\ d_4\ d_5\cdots$；$d_3\ d_2\ d_1\ d_4\ d_5\cdots$，这样可以增加检索到所需卡片的机会。其样式如下：

i2.49_7 2.89_x 2.65_9 2.36_7 2.16_6 1.88_6 1.45_6 1.45_6　Sr_2VO_4Br　22－1445　1－158－E2

2.49_x 2.89_8 2.51_x 5.07_7 3.54_6 2.04_6 1.77_6 2.03_5　$KMnCl_3$　18－1034　1－97－E12

○2.53_x 2.88_x 2.60_8 3.36_4 1.71_4 1.51_4 3.01_3 2.32_3　$CaAl_{1.9}O_4C_{0.4}$　21－130　1－132－B12

★2.53_x 2.88_x 2.58_x 2.77_7 1.66_5 1.43_2 1.95_2 1.54_2　$Zn_5In_2O_8$　20－1440　1－130－C12

C 2.52_x 2.87_7 2.60_7 2.65_6 3.12_6 5.04_5 3.18_3 2.64_3　$C_2H_2K_2O_6$　22－845　1－152－E12

每行前端的符号为卡片的可靠性符号。晶面间距数值的下脚标为该线条的相对强度，x 为 100%、7 为 70% 等。

哈氏索引的编制是按各物质三强线中第一个 d 值的递减顺序划分成 51 个组(即 51 个晶面间距范围)。例如晶面间距在 3.31～3.25Å 范围的分为 2 个组；接着 3.24～1.80Å 范围的又分为 29 个组，每一小组的第一个 d 值的变化范围都标注在索引各页的书眉上，以便查阅。

芬克无机数值索引与哈氏索引相类似，所不同的是以 8 条线的晶面间距值循环排列，每种物质在索引中可出现 8 次，另外芬克无机数值索引不出现化学式，而是在相当于哈氏索引的化学式的位置以化学名称(英文)出现。

5.4.2　戴维无机字母索引

该索引以英文名顺序排列。索引中每种物质也占一行，依次列为物质的英文名称、化学式、三强线晶面间距、卡片序号和显微检索序号。如自己的样品是含 Cu、Mo 的氧化物，则可查 Copper 打头的索引，结果可以找到下面的一段：

i	Copper Molybdenum Oxide	Cu-MoO_4	3.72_x	3.36_8	2.71_7	22-242	1-147-B12
○	Copper Molybdenum Oxide	$Cu_3Mo_2O_9$	3.28_x	2.63_8	3.39_6	22-609	1-150-D9
	Copper Molybdenum Oxide	Cu_2MoO_5	3.54_x	3.45_x	3.32_x	22-607	1-150-D8
○	Copper Molybdenum Oxide	$Cu_6Mo_4O_{15}$	3.38_x	2.89_6	2.63_6	22-608	1-150-D9
★	Copper Molybdenum Oxide	Cu-MoO_4	3.72_x	3.36_6	2.71_7	21-293	1-133-E2

若要检索已知的物相或可能物相的衍射数据时,只需知道它们的英文名称便可以检索戴维字母索引,这是该索引的独特之处。

5.5 物相定性分析方法

5.5.1 物相定性分析的基本程序

物相定性分析的准确性基于准确而完整的衍射数据。为此,在制备试样时,必须使择优取向减至最小,因为择优取向能使衍射线条的相对强度明显地与正常值不同;晶粒要细小;还要注意相对强度随入射线波长不同而有所变化,这一点在实验所用波长与所查找的卡片的波长不同时尤其要注意;其次,必须选取合适的辐射,使荧光辐射降至最低,且能得到适当数目的衍射线条。如采用 MoK_α 辐射,Mo 辐射的连续 X 射线造成的背底很深,而高角度衍射线过弱,甚至埋在背底里(由于 λ 小,$\sin\theta/\lambda$ 大,造成 f 值降低之故);尤其是对于较为复杂的化合物的衍射线条过分密集,不易于分辨,所以常采用波长较长的 X 射线,例如 Cu、Fe、Co 和 Ni 等辐射,它能够把复杂物质的衍射花样拉开,以增加分辨能力,且不至于失去主要的大晶面间距的衍射线条。

在获得衍射图像后,测量衍射线条位置(2θ)、计算出晶面间距 d。用照相法时,底片上衍射线条的相对强度可用目测估计,一般分为五个等级(很强、强、中、弱、很弱),很强定为 100,很弱定为 10 或者 5,求出相对强度 I/I_1。当使用衍射仪时,衍射线条的位置和强度都可以直接打印出来或从仪表指示上直接读出。由于衍射仪能准确地判定衍射强度,并且试样对 X 射线的吸收与 θ 无关,因而衍射仪的强度数据比照相法更为可靠。

1. 单相物质的定性分析

当已经求出 d 和 I/I_1,后,物相鉴定大致可分为如下几个程序。

(1) 根据待测相的衍射数据,得出三强线的晶面间距值 d_1, d_2, d_3(最好还应当适当地估计它们的误差:$d_1 \pm \Delta d_1$、$d_2 \pm \Delta d_2$、$d_3 \pm \Delta d_3$)。

(2) 根据 d_1 值(或 d_2、d_3),在数值索引中检索适当 d 值,找出与 d_1、d_2、d_3 值复合较好的一些卡片。

(3) 把待测相的三强线的 d 值和 I/I_1 值与这些卡片上各物质的三强线 d 值和 I/I_1 值相比较、淘汰一些不相符的卡片,最后获得与实验数据一一吻合的卡片,卡片上所示物质即为待测相,鉴定工作便告完成。

2. 复相物质的定性分析

当待测试样为复相混合物时,其分析原理与单项物质定性分析相同,只是需要反复尝试,分析过程自然会复杂一些。表 5.1 为待测试样的衍射数据。先假设表中三条最强线是同一物质的,则 $d_1 = 2.09$, $d_2 = 2.47$, $d_3 = 1.80$。估计晶面间距可能误差范围 d_1 为 $2.11 \sim 2.07$, d_2 为 $2.49 \sim 2.45$, d_3 为 $1.822 \sim 1.78$。由哈氏数值索引晶面间距分组可知,

d_1 值位于2.14～2.10和2.09～2.05两个小组内。在检索数值索引时发现在 d_1 的两个小组内有多种物质的 d_2 值位于2.49～2.45范围内,但没有一种物质的 d_3 值在1.82～1.78之间,这意味着待测试样是复相混合物,可能2.09和1.80两晶面间距是属于一种物质,而2.47晶面间距是属于另一种物质的。于是把晶面间距1.80当作 d_2,继续在2.14～2.10和2.09～2.05两个小组中检索 d_2 为1.82～1.78范围内的物质。结果发现:没有一种物质的 d_3 落在1.52～1.48之间,但有五种物质的 d_3 值在1.29～1.27区间,这说明晶面间距为2.09,1.80和1.28的三条衍射线可能是待测试样中某相的三强线。现把这五种物质的三强线数据与待测试样中某相的数据列于表5.2,以便比较。

表5.1　待测试样的衍射数据

d/Å	I/I_1	d/Å	I/I_1	d/Å	I/I_1
3.01	5	1.50	20	1.04	3
2.47	72	1.29	9	0.98	5
2.13	28	1.28	18	0.91	4
2.09	100	1.22	5	0.83	8
1.80	52	1.08	20	0.81	10

表5.2　与待测试样中某些相的三强线晶面间距符合较好的一些物相

物质	卡片顺序号	d/Å			相对强度 I/I_1		
待测物质	-	2.09	1.81	1.28	100	500	20
Cu－Be(Be的质量分数为2.4%)	9－213	2.10_x	1.83_8	1.28_8	100	80	80
Cu	4－836	2.09_x	1.81_5	1.28_2	100	46	20
Cu－Ni(Cu的质量分数为79%)	9－205	2.08_x	1.80_8	1.27_8	100	80	80
$Ni_3(AlTi)C$	19－35	2.08_x	1.80_4	1.27_2	100	35	20
Ni_3Al	9－97	2.07_x	1.80_7	1.27_5	100	70	50

从表5.2可以立即看出,除去Cu以外,其他4种物质都不能满意的吻合。为此,有必要进一步查看Cu的完整衍射数据。表5.3所示为4－836号Cu卡片上所载的衍射数据。明显可见,卡片上Cu的每一个衍射数据都与待测相(表5.1)的某些数据满意的吻合,无疑地可以确认待测试样中含有Cu。

表5.3　4－836卡片Cu的衍射数据

d/Å	I/I_1	d/Å	I/I_1
2.088	100	1.043 6	5
1.808	46	0.903 8	3
1.278	20	0.829 3	9
1.090 0	17	0.808 3	8

现在需要进一步鉴定待测试样衍射花样中其余线条属于哪一相。首先从表5.1的数据中剔除Cu的线条(这里假设Cu的线条中与另外一些相的线条不相重叠),把剩余线条另列于表5.4,并把各衍射线的相对强度归一化处理,乘以因子1.43,使得最强线的相对强度为100。在剩余线条中,三条最强线是 $d_1=2.47$, $d_2=2.13$, $d_3=1.50$。按上述程序,检索哈氏数值索引中 d 值在2.49～2.45的一组,发现剩余衍射线条与卡片顺序号为5－0667的 Cu_2O 衍射数据相一致,因此鉴定出待测试样为Cu和 Cu_2O 的混合物。

表 5.4 剩余线条与 Cu_2O 的衍射数据

待测试样中剩余线条			5－667 号 Cu_2O 衍射数据	
d/Å	I/I_1		d/Å	I/I_1
	观测值	归一值		
3.01	5	7	3.020	9
2.47	70	100	2.465	100
2.13	30	40	2.135	37
1.50	20	30	1.510	27
1.29	10	15	1.287	17
1.22	5	7	1.233	4
			1.067 4	2
0.98	5	7	0.979 5	4
			0.954 8	3
			0.871 5	3
			0.821 6	3

5.5.2 定性分析的难点

检索未知试样的花样和检索与实验结果相同的花样的过程，本质上是一回事。在物相为 3 相以上时，人工检索并非易事，此时利用计算机是行之有效的方法。

Johnson 和 Vand 于 1968 年用 FORTRAN 编制的检索程序可以在 2 min 内确定含有 6 相的混合物的物相。要注意的是，计算机并不能自动消除实验花样或原始卡片带来的误差。如果物相为 3 种以上时，计算机根据操作者所选择的 Δd 的不同，所选出的具有可能性的花样可能会超过 50 种，甚至更多。所以使用者必须充分利用有关未知试样的化学成分、热处理条件等信息进行甄别。

理论上讲，只要 PDF 卡片足够全，任何未知物质都可以标定。但是实际上会出现很多困难。主要是试样衍射花样的误差和卡片的误差。

例如，晶体存在择优取向时会使某根线条的强度异常强或弱；强度异常还会来自表面氧化物、硫化物的影响等等。粉末衍射卡片确实是一部很完备的衍射数据资料，可以作为物相鉴定的依据，但由于资料来源不一，而且并不是所有资料都经过核对，因此存在不少错误。尤其是重校版之前的卡片更是如此。美国标准局(NBS)用衍射仪对卡片陆续进行校正，发行了更正的新卡片。所以，不同字头的同一物质卡片应以发行较晚的大字头卡片为准。

从经验上看，以下几点较为重要。晶面间距 d 值比相对强度 I/I_1 重要。待测物相的衍射数据与卡片上的衍射数据进行比较时，至少 d 值须相当符合，一般只能在小数点后第二位有分歧。从方程式 $\Delta d/d = -\cos\theta\Delta\theta$ 可知，由低角衍射线条测算的 d 值误差比高角线条要大些。较早的 PDF 卡片的试验数据有许多是用照相法测得的，德拜法用柱形样品，试样吸收所引起的低角位移要比高角线条大些；相对强度随实验条件而异，目测估计误差也较大，吸收因子与 2θ 角有关，所以强度对低角线条的影响比高角线条大。而衍射仪法的吸收因子与 2θ 角无关，因此，德拜法的低角衍射线条相对强度比衍射仪法要小些。

多相混合物的衍射线条有可能有重叠现象，但低角线条与高角线条相比，其重叠机会较少。倘若一种相的某根衍射线条与另一相的某根衍射线条重叠，而且重叠的线条又为衍射花样中的三强线之一,则分析工作就更为复杂。此时必须将重叠线条的观测强度分成两部分,一部分属于某相,而将其余部分强度连同留下的未鉴定线条再按上述方法加以确认。

当混合物中某相的含量很少,或该相各晶面反射能力很弱时,可能难于显示该相的衍射线条,因而不能断言某相绝对不存在。

5.6　物相定量分析

5.6.1　定量分析基本原理

定量分析的基本任务是确定混合物中各相的相对含量。衍射强度理论指出,各相衍射线条的强度随着该相在混合物中相对含量的增加而增强。那么能不能直接测量衍射峰的面积来求物相浓度呢?不能。因为,我们测得的衍射强度 I_α 是经试样吸收之后表现出来的,即衍射强度还强烈地依赖于吸收系数 μ_l,而吸收系数也依赖于相浓度 C_α,所以,要测 α 相含量首先必须明确 I_α、C_α、μ_l 之间的关系。

衍射强度的基本关系式(衍射仪)为

$$I = I_0 \frac{\lambda^3}{32\pi r}\left(\frac{e^2}{mc^2}\right)^2 \frac{V}{V_c^2} P|F|^2 \varphi(\theta) \frac{1}{2\mu_1} e^{-2M}$$

应当注意该衍射强度公式的 F, P, e^{-2M} 以及 $\varphi(\theta)$ 所表达的都是对于一种晶体的单相物质的衍射参量。讨论多相物质时,这个公式只表达其中一相的强度。进一步分析可看出,式中 $\frac{\lambda^3}{r}$ 是实验条件确定的参量,$\frac{|F|^2 P\varphi(\theta) e^{-2M}}{V_c^2}$ 是与某相的性质有关的参量,$\frac{1}{2\mu_1}$ 是与某相的性质有关的参量,但在多相物质中应为 $\frac{1}{\mu}$(混合物的线吸收系数),与含量 C_α(体积分数)也有关。所以,公式中除 μ 以外均与含量无关,可记为常数 K_1。当需要测定两相($\alpha+\beta$)混合物中的 α 相时,只要将衍射强度公式乘以 α 相的体积分数 C_α,再用混合物的吸收系数 μ 来替代 α 相的吸收系数 μ_α,即可得出 α 相的表达式。即衍射强度为

$$I_\alpha = K_1 \frac{C_\alpha}{\mu} \tag{5.1}$$

式中 K_1 为未知常数。

这里用混合物的线吸收系数不方便,试推导出混合物线吸收系数 μ 与各个相的线吸收系数 μ_α、μ_β 的关系。首先将 μ 与各相的质量吸收系数联合起来,混合物的质量吸收系数为各组成相的质量吸收系数的加权代数和。如 α、β 两相,各自密度为 ρ_α、ρ_β,线吸收系数为 μ_α,μ_β,质量百分比为 W_α、W_β,则混合物的质量吸收系数为

$$\mu_m = \frac{\mu}{\rho} = \frac{\mu_\alpha}{\rho_\alpha} W_\alpha + \frac{\mu_\beta}{\rho_\beta} W_\beta$$

所以混合物的线吸收系数为

$$\mu = \rho\left(\frac{\mu_\alpha}{\rho_\alpha} W_\alpha + \frac{\mu_\beta}{\rho_\beta} W_\beta\right) \tag{5.2}$$

再进一步把 C_α 与 α 相的质量联系起来,混合物体积为 V,质量为 $V\cdot\rho$,则 α 相的质量为 $V\cdot\rho W_\alpha$,α 相的体积为

$$\frac{V \cdot \rho W_\alpha}{\rho_\alpha} = V_\alpha \tag{5.3}$$

这样

$$C_\alpha = \frac{V_\alpha}{V} = \frac{V \cdot \rho W_\alpha}{\rho_\alpha} \cdot \frac{1}{V} = \frac{W_\alpha \rho}{\rho_\alpha} \tag{5.4}$$

将式(5.3)、(5.4)代入式(5.1),得

$$I_\alpha = \frac{K_1 W_\alpha}{\rho_\alpha \left(\frac{\mu_\alpha}{\rho_\alpha} W_\alpha + \frac{\mu_\beta}{\rho_\beta} W_\beta \right)} \tag{5.5}$$

又因为 $W_\beta = 1 - W_\alpha$,所以

$$I_\alpha = \frac{K_1 W_\alpha}{\rho_\alpha \left[W_\alpha \left(\frac{\mu_\alpha}{\rho_\alpha} - \frac{\mu_\beta}{\rho_\beta} \right) + \frac{\mu_\beta}{\rho_\beta} \right]} \tag{5.6}$$

由方程式(5.6)可知,待测相的衍射强度随着该相在混合物中的相对含量的增加而增强;但是,衍射强度还是与混合物的总吸收系数有关,而总吸收系数又随浓度而变化。因此,一般来说,强度和相对含量之间并非直线关系,只有在待测试样是由同素异构体组成的特殊情况下(此时$\frac{\mu_\alpha}{\rho_\alpha} = \frac{\mu_\beta}{\rho_\beta}$),待测相的衍射强度才与该相的相对含量成直线关系。

5.6.2 定量分析方法

在物相定量分析中,即使对于最简单的情况(即待测试样为两相混合物),要直接从衍射强度计算 W_α 也是很困难的,因为在方程式中尚含有未知常数 K_1。所以要想法消掉 K_1。实验技术中可以用待测相的某根线条强度与该相标准物质的同一根衍射线条的强度相除,从而消掉 K_1。于是产生了制作标准物质的标准线条的实验方法问题。由于标准线条的实验方法不同,带来了几种定量分析的方法。

1. 外标法(单线条法)

外标法是将所需物相的纯物质另外单独标定,然后与多相混合物中待测相的相应衍射线强度相比较而进行的。

例如待测试样为 $\alpha + \beta$ 两相混合物,则待测相 α 的衍射强度 I_α 与其质量分数 W_α 的关系如式(5.6)所示。纯 α 相样品的强度表达式可从式(5.1)或式(5.6)求得,即

$$(I_\alpha)_0 = \frac{K_1}{\mu_\alpha} \tag{5.7}$$

将式(5.6)除以式(5.7),消去未知常数 K_1,便得到单线条法定量分析的基本关系式,即

$$\frac{I_\alpha}{(I_\alpha)_0} = \frac{W_\alpha \left(\frac{\mu_\alpha}{\rho_\alpha} \right)}{W_\alpha \left(\frac{\mu_\alpha}{\rho_\alpha} - \frac{\mu_\beta}{\rho_\beta} \right) + \frac{\mu_\beta}{\rho_\beta}} \tag{5.8}$$

利用这个关系式,在测出 I_α 和$(I_\alpha)_0$ 以及知道各种相的质量吸收系数后,就可以算出 α 相的相对含量 W_α。若不知道各种相的质量吸收系数,可以先把纯 α 相样品的某根衍射线条强度$(I_\alpha)_0$ 测量出来,再配制几种具有不同 α 相含量的样品,然后在实验条件完全相同的条件下分别测出 α 相含量已知的样品中同一根衍射线条的强度 I_α,以描绘如图 5.2

所示的定标曲线。在定标曲线中根据 $I_{\alpha 0}$ 和 $(I_\alpha)_0$ 的比值很容易地可以确认 α 相的含量。

图5.2清楚地表明,按式(5.8)计算的理论曲线与实验点符合得很好;强度比 $I_\alpha/(I_\alpha)_0$ 随着 α 相质量分数的变化,一般地说不是线性的。只有当两相的质量吸收系数相等时(石英和白硅石是同素异形体,它们的质量吸收系数相同),才能得到直线关系。

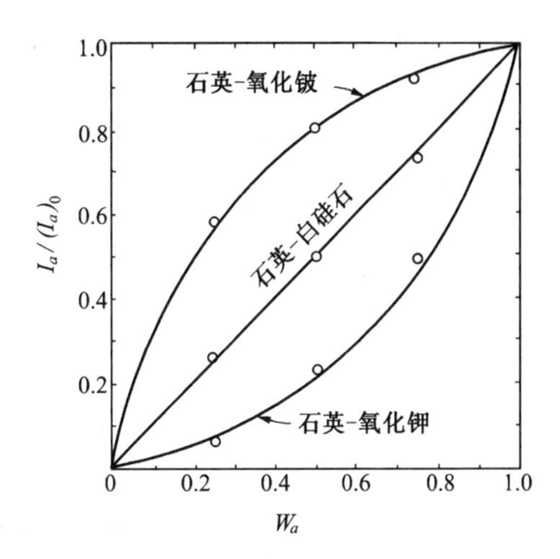

图5.2　几种两相混合物的定标曲线
(实线为式(5.8)计算值,圆圈为实测值,石英的衍射强度采用 $d=3.34$Å 的衍射)

2. 内标法

内标法是在待测试样中掺入一定含量的标准物质,把试样中待测相的某根衍射线条强度与掺入试样中含量已知的标准物质的某根衍射线条强度相比较,从而获得待测相含量。显然,内标法仅限于粉末试样。

倘若待测试样是由A,B,C…等相组成的多相混合物,待测相为A,则可在原始试样中掺入已知含量的标准物质S,构成未知试样与标准物质的复合试样。设 C_A 和 C'_A 为A相在原始试样和复合试样中的体积分数,C_S 为标准物在复合试样中的体积分数。根据式(5.1),在复合试样中A相的某根衍射线条的强度应为

$$I_A=\frac{K_2C'_A}{\mu} \tag{5.9}$$

复合试样中标准物质S的某根衍射线条的强度为

$$I_S=\frac{K_3C_S}{\mu} \tag{5.10}$$

式(5.9)和式(5.10)中的 μ 系指复合试样的吸收系数。将式(5.9)除以式(5.10),得

$$I_A/I_S=\frac{K_2C'_A}{K_3C_S} \tag{5.11}$$

为应用方便起见,把体积分数化成质量分数,即

$$\left.\begin{aligned}C'_A&=\frac{W'_A\rho}{\rho_A}\\C'_S&=\frac{W_S\rho}{\rho_S}\end{aligned}\right\} \tag{5.12}$$

将式(5.12)代入式(5.11),且在所有复合试样中,都将标准物质的质量分数 W_S 保持恒定,则

$$\frac{I_A}{I_S}=\frac{K_2}{K_3}\cdot\frac{W'_A\rho_S}{W_S\rho_A}=K_4W'_A \tag{5.13}$$

A相在原始试样中的质量分数 W_A 与在复合试样中的质量分数之间的关系为

$$W'_A=W_A(1-W_S) \tag{5.14}$$

于是得出外标法物相定量分析的基本关系式为

$$I_A/I_S=K_S/W_A \tag{5.15}$$

由式(5.15)可知,在复合试样中,A 相的某根衍射线条的强度与标准物质 S 的某根衍射线条的强度之比,是 A 相在原始试样中的质量分数 W_A 的线性函数,现在的问题是要得到比例系数 K_S。

若事先测量一套由已知 A 相浓度的原始试样和恒定浓度的标准物质所组成的复合试样,作出定标曲线之后,只需对复合试样(标准物质的 W_S 必须与定标曲线时的相同)测出比值 I_A/I_S,便可以得出 A 相在原始试样中的含量。

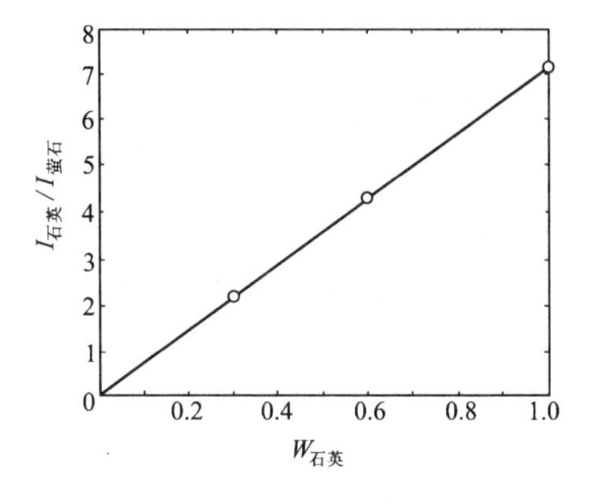

图 5.3　用萤石作为内标物质的石英定标曲线

图 5.3 为在石英加碳酸钠的原始试样中,以萤石(CaF_2)作为内标物质($W_S = 0.20$)测得的定标曲线。石英的衍射强度采用 $d = 3.34$ Å 的衍射线,萤石采用 $d = 23.16$ Å 的衍射线。每 1 个实验点为 10 个测量数据的平均值。

3. 直接比较法——钢中残余奥氏体含量测定

上述定量分析方法均属内标法系统,它们在冶金、化工、地质、石油、食品等行业中获得广泛应用。然而,对于金属材料,往往难以配制均匀的纯相混合样品。直接比较法测定多相混合物中的某相含量时,是以试样中另一个相的某根衍射线条作为标准线条作比较的,而不必掺入外来标准物质。因此,它既适用于粉末,又适用于块状多晶试样,在工程上具有广泛的应用价值。本节以淬火钢中残余奥氏体的含量测定为例,说明直接比较法的测定原理。

当钢中奥氏体的含量较高时,用定量金相法可获得满意的测定结果。但当其含量低于 10% 时,其结果不再可靠。磁性法虽然也能测定残余奥氏体,但不能测定局部的、表面的残余奥氏体含量,而且标准试样制作困难。而 X 射线法测定的是表面层的奥氏体含量,当用通常的滤波辐射时,测量极限为 4% ~ 5%(体积);当采用晶体单色器时,可达 0.1%(体积分数),由此可见其优点。

图 5.4 所示为油淬 Ni - V 钢衍射图局部。直接比较法就是在同一个衍射花样上,测出残余奥氏体和马氏体的某对衍射线条强度比,由此确定残余奥氏体的含量。

按照衍射强度公式,令

$$\left.\begin{aligned} K &= \frac{I_0 e^4}{m^2 c^4}\cdot\frac{\lambda^3}{32\pi r} \\ R &= \frac{1}{V_c^2}\left[\,|F|^2 P\left(\frac{1+\cos^2 2\theta}{\sin^2\theta\cos\theta}\right)\right](e^{-2M}) \end{aligned}\right\} \tag{5.16}$$

于是,由衍射仪测定的多晶体衍射强度可表达成

$$I = \frac{KR}{2\mu}V \tag{5.17}$$

式中 K 为与衍射物质种类及含量无关的常数;R 取决于 θ、hkl 及待测物质的种类;V 为 X 射线照射的该物质的体积;μ 为试样的吸收系数。将奥氏体用脚标 γ 表示,马氏体用脚标 α 表示后,则在同一张衍射花样上,奥氏体和马氏体对衍射线条的强度表达式为

$$I_\gamma = \frac{KR_\gamma V_\gamma}{2\mu}$$

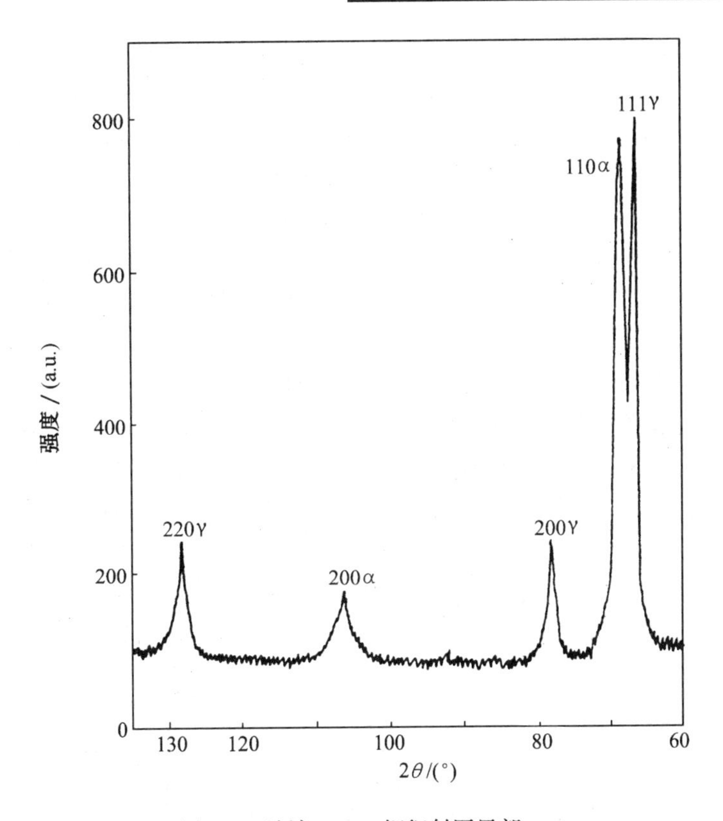

图5.4　油淬Ni－V钢衍射图局部

$$I_\alpha = \frac{KR_\alpha V_\alpha}{2\mu} \tag{5.18}$$

两式相除得

$$\frac{I_\gamma}{I_\alpha} = \frac{R_\gamma V_\gamma}{R_\alpha V_\alpha} = \frac{R_\gamma C_\gamma}{R_\alpha C_\alpha} \tag{5.19}$$

式中$\frac{I_\gamma}{I_\alpha}$可以直接由实验测出，$\frac{R_\gamma}{R_\alpha}$可以由计算求得，因此可根据式(5.19)测算出奥氏体和马氏体的体积分数之比$\frac{C_\gamma}{C_\alpha}$。

这里假设钢中碳化物等第三相物质含量极少，近似看作由α和γ两相组成，即有

$$C_\alpha + C_\gamma = 1 \tag{5.20}$$

即可得出

$$C_\gamma\% = \frac{100}{1 + \frac{R_\gamma}{R_\alpha}\cdot\frac{I_\alpha}{I_\gamma}} \tag{5.21}$$

如果钢中除奥氏体和马氏体外，其他碳化物含量不可忽略，则可加测衍射花样中碳化物的某条衍射线积分强度I_c，根据$\frac{I_\gamma}{I_c}$及$\frac{R_\gamma}{R_\alpha}$求出$\frac{C_\gamma}{C_c}$，再根据

$$C_\gamma + C_\alpha + C_c = 1 \tag{5.22}$$

求得碳化物的体积分数C_c。钢中碳化物的含量也可用电解萃取的方法测定之。于是

$$C_\gamma = \frac{100 - C_c}{1 + \frac{R_\gamma}{R_\alpha}\cdot\frac{I_\alpha}{I_\gamma}} \times 100\% \tag{5.23}$$

同任何一项试验一样，残余奥氏体测定的原理比较简单，但要获得精确的结果，并非

易事,必须在试验的各个环节上减少试验误差,主要需要注意以下几点。

(1) 试样制备。在制备试样时,首先用湿法磨掉脱碳层,然后进行金相抛光和腐蚀处理,以得到平滑的无应变的表面。在磨光和抛光时,应避免试样过度发热或范性变形,因为两者都可以引起马氏体和奥氏体部分分解。

(2) 试验方法。摄照时应使用晶体单色器。晶体单色器是一种用石英、萤石等单晶体制作的"反射镜"似的装置。置于入射光路中。分析时只利用反射线中的一级反射束,从而获得波长更加单一的射线,以提高分析灵敏度。若实验室条件不允许,应尽量采用低电压和滤波片滤波。

(3) 衍射线对的选择。当奥氏体转变成体心正方点阵的马氏体时,原属体心立方点阵的各根衍射线条将分裂成双线。例如,原先重叠在一起的(200) + (020) + (002)线条,由于正方点阵的(200),或(020)与(002)的晶面间距并不相同,将分裂成(200) + (020)和(002)两根双线(但是,在实际摄取的衍射花样上有时并不出现分离的马氏体双线,而是宽线条)。图 5.5 为 C 的质量分数为 1.0% 的奥氏体和马氏体的计算衍射花样。选择奥氏体和马氏体线对的原则是避免不同相线条的重叠或过分接近。通常,适宜选择的奥氏体衍射线条是(200)、(220)和(311),并采用马氏体双线(002) - (200),(112) - (211)与之对应。

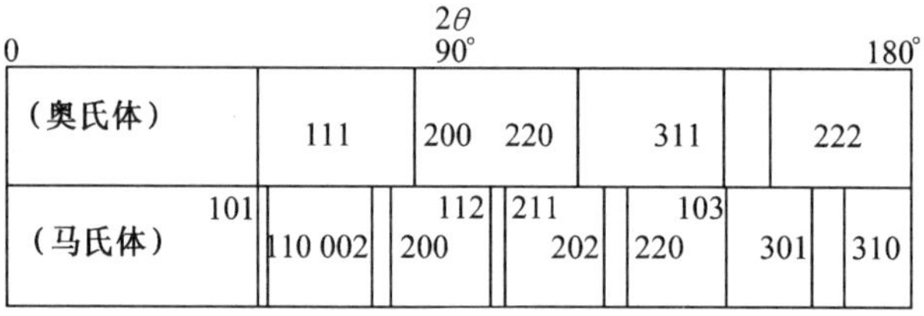

图 5.5 C 的质量分数为 1.0% 的钢马氏体和奥氏体的计算衍射花样(CoK_α 辐射)

当钢中含有碳化物时,奥氏体 - 马氏体线对的选择还必须避免与碳化物的衍射线相互重叠。

(4) R 值的计算。在计算各根衍射线条的 R 值时,应注意各个因子的含义。

单位体积中的晶胞数是由所测得的点阵常数决定的,它与碳和合金元素含量有关。奥氏体和马氏体的结构因子分别是

$$|F_\gamma|^2 = 16f_\gamma^2$$

$$|F_\alpha|^2 = 4f_\alpha^2$$

f_γ,f_α 分别为奥氏体和马氏体衍射线的原子散射因子。

在计算 $|F|^2$ 过程中,要注意两个问题。首先在第 3 章原子散射因子讨论中,曾经简单地认为当 $\sin\theta/\lambda$ 的大小恒定时,原子散射因子与入射波长无关。实际上,当入射波长(λ)接近被照元素的 K 吸收限(λ_k)时,该元素的原子散射因子数值将发生一些变化。这时原子散射因子应写成

$$f = f_0 + \Delta f \tag{5.24}$$

Δf 为原子散射因子的校正项,它与入射 X 射线波长(λ)对原子吸收限($\lambda\sigma k$)的比值有关,又与散射原子的原子序数有关。Δf 的数值见表 5.5。当 λ/λ_k 值小于 0.8 左右时,其校正值几乎可以略去不计;当 λ/λ_k 值超过 1.6 时,其校正值几乎可以恒定;唯有当 λ 靠近 λ_k 时,其校正值的变化才剧烈。

其次，当试样中的奥氏体和马氏体不是单一的铁碳固溶体，而是含有几种合金元素的合金固溶体时，考虑到不同元素的原子散射能力不同，以及该元素在固溶体中的原子百分含量，奥氏体和马氏体的原子散射因子是各元素的原子散射因子的加权平均值，即

$$f = P_1 f_1 + P_2 f_2 + P_3 f_3 + \cdots \tag{5.25}$$

式中 $P_1, P_2, P_3 \cdots$ 为各元素的原子百分含量，而 $f_1, f_2, f_3 \cdots$ 为各元素经 Δf 校正后的原子散射因子。

表 5.5　原子散射因子校正值 Δf

	0.7	0.8	0.9	0.95	1.005	1.05	1.1	1.2	1.4	1.8	∞
Ti	-0.18	-0.67	-1.75	-2.78	-5.83	-3.38	-2.77	-2.26	-1.88	-1.62	-1.37
V	-0.18	-0.67	-1.73	-2.76	-5.78	-3.35	-2.75	-2.24	-1.86	-1.60	-1.36
Cr	-0.18	-0.66	-1.71	-2.73	-5.73	-3.32	-2.72	-2.22	-1.84	-1.58	-1.34
Mn	-0.18	-0.66	-1.71	-2.72	-5.71	-3.31	-2.71	-2.21	-1.83	-1.58	-1.34
Fe	-0.17	-0.65	-1.70	-2.71	-5.69	-3.30	-2.70	-2.19	-1.83	-1.58	-1.33
Co	-0.17	-0.65	-1.69	-2.69	-5.66	-3.28	-2.69	-2.18	-1.82	-1.57	-1.33
Ni	-0.17	-0.64	-1.68	-2.68	-5.63	-3.26	-2.67	-2.17	-1.80	-1.56	-1.32
Cu	-0.17	-0.64	-1.67	-2.66	-5.60	-3.24	-2.66	-2.16	-1.79	-1.55	-1.31
Zn	-0.16	-0.64	-1.67	-2.65	-5.58	-3.23	-2.65	-2.14	-1.77	-1.54	-1.30
Ge	-0.16	-0.63	-1.65	-2.63	-5.53	-3.20	-2.62	-2.10	-1.73	-1.53	-1.29
Sr	-0.15	-0.62	-1.62	-2.56	-5.41	-3.13	-2.56	-2.08	-1.72	-1.49	-1.26
Zr	-0.15	-0.61	-1.60	-2.55	-5.37	-3.11	-2.55	-2.07	-1.71	-1.48	-1.25
Nb	-0.15	-0.61	-1.59	-2.53	-5.34	-3.10	-2.53	-2.06	-1.70	-1.47	-1.24
Mo	-0.15	-0.60	-1.58	-2.52	-5.32	-3.08	-2.52	-1.90	-1.57	-1.47	-1.24
W	-0.13	-0.54	-1.45	-2.42	-4.49	-2.85	-2.33	-2.26	-1.88	-1.36	-1.15

5.6.3　实际分析时的难点及注意事项

定量分析中的最大障碍是测定强度与理论强度的不一致，其主要原因有择优取向、碳化物干扰、消光效应（初级消光和次级消光）和微吸收效应等。现结合残余奥氏体的测量来讨论上述各种影响。

(1) 择优取向。衍射强度的基本公式是在晶体无规则排列的条件下推导出来的，试验中要对择优取向的影响程度有个尽可能精确的估计。为了克服择优取向对测量结果的影响，可以用数学方法将具有择优取向的衍射强度换算成无规则取向的衍射强度。或者从奥氏体、马氏体两相中各测 2 至 3 条衍射线，组合成不同线对，再对所有线对的测算值进行平均。也可以采用多面体试样（例如正五边形棱柱体），对多面体试样的各个面进行强度测量，然后取平均值，以消除择优取向的影响。

(2) 碳化物干扰。钢中碳化物的存在对测量结果带来两方面的影响，一是如式(5.23)所示，碳化物含量直接影响残余奥氏体的计算结果；二是碳化物的某些衍射线条可能与马氏体或奥氏体的某些线条重叠，造成衍射强度的假象。为此必须准确地鉴定碳化物的类型和含量，并尽可能地选择不与碳化物衍射线重叠的奥氏体和马氏体线进行测算。但是在有些情况下，无法避免碳化物重叠线的干扰。例如 $ACr_{12}MOV$ 钢中的碳化物 Cr_7C_3 在 MoK_α 辐射下，除对奥氏体的$(311)_\gamma$ 衍射线没有干扰外，对奥氏体和马氏体的其他衍射线条都有干扰。例如 Cr_7C_3 的(801)与$(200)_\alpha$ 重叠，因此当选用$(311)_\gamma$ 和$(200)_\alpha$ 线对测量

残余奥氏体时，必须从$(200)_\alpha$衍射线中扣除Cr_7C_3的(801)的影响。其办法是利用电解沉淀法获得纯的Cr_7C_3粉末，测出Cr_7C_3的(801)衍射线和另一个与奥氏体及马氏体无任何重叠的(412)衍射线的积分强度比$I_{(801)}/I_{(412)}$，然后在测量残余奥氏体时，加测Cr_7C_3的(412)衍射线，将(412)积分强度乘以上述强度比，就可以求出Cr_7C_3的(801)衍射线强度。最后，从实验测得的$(200)_\alpha$。积分强度中减去Cr_7C_3的(801)积分强度，就可以求出真正的$(200)_\alpha$衍射线的积分强度值。

(3) 局部吸收(微吸收)效应。当试样为$\alpha+\beta$两相混合物时，入射线束和衍射线束都将穿过α和β两相而射出试样表面。在入射和出射过程中，入射束和衍射线束都会因吸收而降低强度，被降低的程度可根据X射线通过试样的总程长和混合物的吸收系数$\mu_{混}$算出。但是，当考虑α相衍射时，在这个总程长中有一部分程长处于参加衍射的α相晶体中，因而对于该部分的吸收系数应采用μ_α，而不应采用混合物的吸收系数$\mu_{混}$。倘若α相的吸收系数和比β相大得多，或α相晶粒比β相晶粒大得多时，α晶体所衍射的强度比计算值要小。显然，当μ_α与μ_β近似相等和两相的晶粒大小又相近时，局部吸收效应可以忽略不计。所以粉末试验的试样要充分地粉碎。

在测定钢中残余奥氏体时，由于奥氏体和马氏体的合金相组成完全相同，只是密度相差4%，两者的线吸收系数实际上完全相同，此外，奥氏体和马氏体的平均粒子大小又大致相同，因而就可以忽略局部吸收效应。

(4) 消光效应。在3.2节中指出，当结晶非常完整时衍射强度会减小，式(5.1)是在理想的不完整晶体(粉末晶体)上推导出来的。所以，当用化学分析的样品进行测试时要注意这一点。在测定钢中残余奥氏体时，由于淬火钢中的奥氏体和马氏体都发生强烈的不均匀应变，双方的结晶也高度地不完整因而消除了消光的影响。此外，只有反射本领很强的衍射线如$(110)_\alpha$及$(111)_\gamma$其消光效应才显著，对于反射本领较低的衍射线，如$(200)_\alpha$和$(311)_\gamma$，则更可以忽略消光效应。

习　题

1. 今要用衍射仪对1Cr18Ni9Ti不锈钢作物相定性分析，试选择X射线管阳极、管压、管流、滤波片、发散狭缝和扫描速度(已知X射线管功率为100 W)。

2. 某物质的衍射数据如下，请借助PDF(ASTM，ICPDS)卡片及索引进行物相鉴定。(答案：BaS)

d/nm	I/I_1	d/nm	I/I_1	d/nm	I/I_1
0.366	50	0.146	10	0.106	10
0.317	100	0.142	50	0.101	10
0.224	80	0.131	30	0.096	10
0.191	40	0.123	10	0.085	10
0.183	30	0.112	10		
0.160	20	0.108	10		

3. 某物质的衍射数据如下，请借助PDF(ASTM，ICPDS)卡片及索引进行物相鉴定。

（答案：Ni 和 NiO 的混合物）

d/nm	I/I_1	d/nm	I/I_1	d/nm	I/I_1
0.240	50	0.125	20	0.085	10
0.209	50	0.120	10	0.081	20
0.203	100	0.106	20	0.079	20
0.175	40	0.102	10		
0.147	30	0.092	10		
0.126	10				

4. 有一碳的质量分数为 1% 的淬火钢，经金相观察没发现游离碳化物。经 X 射线衍射仪分析，奥氏体 311 反射的积分强度为 2.33（任意单位），马氏体的 112 ~ 211 线重叠，其积分强度为 16.32。试计算该钢中的奥氏体体积百分率。（试验条件为 Co 靶、滤波片滤波，αFe 的点阵参数为 $a = 0.286\ 6$ nm，奥氏体的点阵参数为 $a = 0.357\ 1 + 0.004\ 4\ W_c$，$W_c$ 为碳的质量分数）（答案：13%）

第6章

宏观应力测定

6.1 引　　言

残余应力是指产生应力的各种外部因素撤除之后材料内部依然存在,并自身保持平衡的应力。这些外部因素有很多,如相变、析出、温度变化、表面处理、材料加工、喷丸处理等等。它与内应力略有区别,内应力是指产生应力的各种外部因素去除之后或在约束条件下,材料内部或构件中存在的并自身保持平衡的应力。例如,铆接件、桥梁的桁架等结构件长期存在着的约束,这些约束作用的结果造成了构件内部自身保持平衡的应力。

为了正确理解 X 射线测定残余应力的基本原理和这种方法的应用范围,必须对残余应力的产生原因和作用范围有较清晰的了解。通常将残余应力分为三类。以冷加工为例,材料在变形加工之后,材料内部便产生了塑性变形,其实质是晶粒内部产生滑移,晶粒的形状发生变化,如伸长或扁平,这种变化的程度取决于施加在试样上的应力大小和相邻晶粒由于滑移方向的不同而产生的约束,在这种约束下晶格将发生弹性的弯曲、扭转或均匀压缩、晶格拉伸等,从而造成内应力。这种内应力作用范围在晶粒、亚晶粒内部,人们将其称之为微观内应力或叫做第二类内应力。由此可见,产生残余应力的根本原因是弹性变形,而塑性变形仅仅是诱因,理想的塑性变形是原子滑移到另一个平衡的周期位置上的过程,并无应力的产生。另外,温度引起的内应力也属于第二类内应力。第三类内应力称之为超微观内应力,是作用在位错线附近、析出相周围、晶界附近、复合材料界面等在若干个原子尺度范围内平衡着的应力,作用范围为纳米~微米,其原因是由于不同种类的原子移动、扩散和原子重新排列使晶格畸变所造成的。

我们在这一章主要讨论的是宏观内应力,即第一类内应力。这是在物体较大范围,众多晶粒范围内平衡着的应力。金属零件在热处理、表面处理、表面改性、塑性变形加工等各种冷热加工之后或在切削、研磨、装配、铸造、焊接等加工工艺之后,都将产生第一类内应力。一般来说,这种残余应力对疲劳强度、静强度、抗蚀性、尺寸稳定性、相变、硬度、磁性、电阻、内耗等均有影响。

需要指出的是,上述三类残余应力往往是同时存在,互相影响,互为因果的。有人提出如图 6.1 所示的模型,一个晶粒内的由析出相、位错等造成的第三类内应力在晶粒的不同空间位置上有着不同的水平,它的波动幅度的平均值即表现为第二类内应力;第二类内应力是在这个晶粒内部平衡着的,相邻几个晶粒的第二类内应力的大小可能会有较大差别,但各个晶粒上的第二类内应力的平均值便体现为第一类内应力,即宏观内应力。

各类应力为什么能用X射线检测出来呢？在通常的力学试验时，应力的测试是根据应变片电阻值的变化推算出变形量，再根据虎克定律计算出应力值的。用X射线进行应力测试也是通过测定应变量再推算应力的，不同的是这个应变是通过某一种晶面间距的变化来表征的。由布拉格方程的微分式可看出，当晶面间距相对变化 $\Delta d/d$ 时，衍射角 2θ 的变化规律为

$$\Delta d/d = \cot\theta \cdot \Delta\theta \tag{6.1}$$

只要知道试样表面上某个衍射方向上某个晶面的衍射线位移量 $\Delta\theta$，即可算出晶面间距的变化量，再根据弹性力学定律计算出该方向上的应力数值。

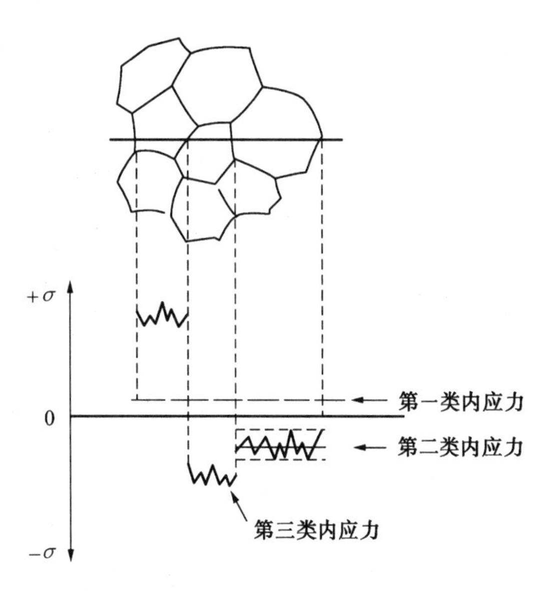

图6.1　三类应力的相互关系

宏观残余应力的测定还有电阻应变片法、机械引伸仪法、超声波法等。X射线法与其他方法相比优点很多，它是有效的无损检测方法；X射线照射的面积可以小到1～2 mm的直径，因此，它可以测定小区域的局部应力；由于X射线穿透能力的限制，它所能记录的是表面10～30 μm深度的信息，此时垂直于表面的应力分量近似为零，所以它所处理的是近似的二维应力；另外，对复相合金可以分别测定各相中的应力状态。不过X射线法的测量精度受组织因素影响较大，如晶粒粗大、织构等因素等能使测量误差增大几倍。

6.2　单轴应力测定原理

首先以图6.2为例讨论单轴应力的测定原理。例如在拉应力的 σ_y 作用下，试样沿 y 方向产生变形。假设某晶粒中的(hkl)晶面正好与拉伸方向相垂直，其无应力状态下的晶面间距为 d_0，在应力 σ_y 作用下 d_0 扩张为 d'_n。若能测得该晶面间距的扩张量 $\Delta d = d'_n - d_0$，则应变 $\varepsilon_y = \Delta d/d_0$，根据弹性力学原理，应力为

$$\sigma_y = E\varepsilon_y = E\frac{\Delta d}{d_0} \tag{6.2}$$

问题即告解决。但从试验技术讲，尚无法测得这种方位上的晶面间距变化，由材料力学的知识可知，从 z 方向和 x 方向的应变可以间接推算 y 方向的应变。对于均匀物质

$$\varepsilon_x = \varepsilon_z = -\nu\,\varepsilon_y \tag{6.3}$$

式中，ν 为材料的泊松比。对于多晶体试样，总有若干个晶粒中的(hkl)晶面与表面平行，晶面法线为 N_p，在应力 σ_y 作用下，这一晶面间距的变化(缩小)是可测的，如晶面间距在应力

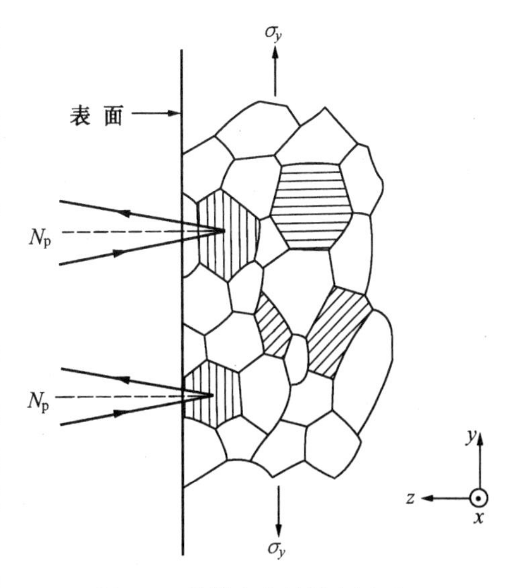

图6.2　单轴应力的测定原理
(图中所示晶面均为相同的(hkl)晶面)

作用下变为 d_n，则 z 方向反射面的晶面间距变化 $\Delta d = d_n - d_0$，则

$$\varepsilon_z = \frac{d_n - d_0}{d_0} \tag{6.4}$$

将式(6.4)、(6.3)代入式(6.2)，可以得到 y 方向的应力为

$$\sigma_y = E\varepsilon_y = -\frac{E}{\nu}\left(\frac{d_n - d_0}{d_0}\right) \tag{6.5}$$

因此，只要测出 z 方向的反射面的间距的变化 Δd，即可算出 y 方向的应力大小，而 Δd 是由测量衍射线位移 $\Delta\theta$ 而得到的。

6.3　平面应力测定原理

6.3.1　一般原理

与单轴应力不同，平面应力指的是二维应力。由于X射线只能测到 10～30 μm 左右的深度，所以所测得的也接近二维平面应力(二轴应力)。由弹性力学可知，在一个受力的物体内可以任选一个单元体，应力在单元体的各个方向上可以分解为正应力和切应力，但适当调整单元体的方向，总可以找到一个合适的方位，使单元体的各平面上切应力为零，仅存在三个相互垂直的主应力 σ_1、σ_2、σ_3。

在二维应力下，参考图6.3，主应力 σ_1、σ_2 与表面平行，表层主应力 $\sigma_3 = 0$，但垂直于试样表面的应变 ε_3 并不为零，当材料各向同性时，ε_3 为

$$\varepsilon_3 = -\nu(\varepsilon_1 + \varepsilon_2) = -\frac{\nu}{E}(\sigma_1 + \sigma_2) \tag{6.6}$$

此时 σ_3 可由平行于表面的某晶面间距 d 值的变化而测得，即将式(6.4)代入式(6.6)可得到

$$\frac{d_n - d_0}{d_0} = -\frac{\nu}{E}(\sigma_1 + \sigma_2) \tag{6.7}$$

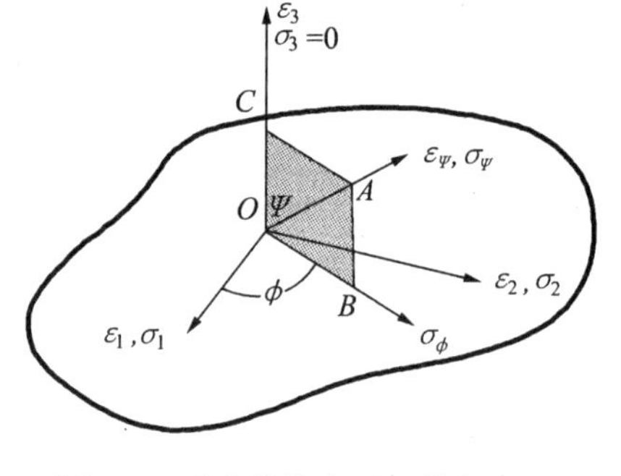

图6.3　受力物体表面上的应力

不过这时测得的是正应力之和，工程中人们关心的是某个方向上的应力，如与 σ_1 夹角为 ϕ 的 OB 方向的应力 σ_ϕ，这个方向的应力可以按图6.4所示的程序测定。

(1) 首先测与表面相平行的(hkl)晶面的应变 ε_3(ε_3 的方向垂直于表面，图中 N_s、N_p 分别为试样表面法线和反射晶面法线)。ε_3 是由与表面相平行的(hkl)晶面的面间距的变化求出的，即由式(6.4)

$$\varepsilon_3 = \frac{d_n - d_0}{d_0}$$

求出。

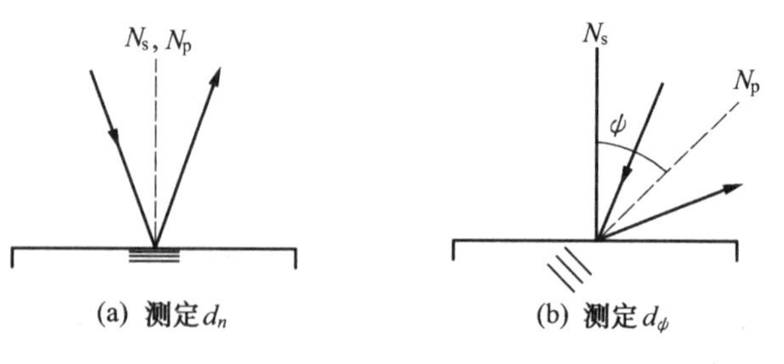

图6.4　应力测定时X射线束的入射方向

(2) 测定与表面呈任意的 ψ 角上的(hkl)晶面的应变 ε_ψ。ψ 角是应变 ε_ψ 方向即 N_p 方向与试样表面法线 N_s 所成的角度。要注意的是，ε_ψ 必须位于如图6.3所示的 OA 方向

上,要使 OA 与 ε_ψ、N_s 共面。也就是说,应变 ε_ψ 是由垂直于 OA 方向,即法线与 OA 平行的那些(hkl)面间距的变化求出的。即

$$\varepsilon_\psi = \frac{d_\psi - d_0}{d_0} \tag{6.8}$$

d_ψ 为垂直于 OA 方向的某个晶粒的(hkl)面间距;d_0 为无应力状态下同种(hkl)晶面间距。

(3) 由 ε_3、ε_ψ 计算出 σ_ϕ。对于各向同性的弹性体,ε_3、ε_ψ 是有相关性的,由弹性力学原理,有

$$\varepsilon_\psi - \varepsilon_3 = \frac{\sigma_\phi}{E}(1+\nu)\sin^2\psi \tag{6.9}$$

这是残余应力测定的基础公式。

将式(6.4)、(6.8)代入式(6.9)得到

$$\frac{d_\psi - d_0}{d_0} - \frac{d_n - d_0}{d_0} = \frac{\sigma_\phi}{E}(1+\nu)\sin^2\psi \tag{6.10}$$

若已知 d_0,测定 d_n、d_ψ 即可算出 σ_ϕ,但有时想得到无应力下的(hkl)晶面的面间距 d_0 是很困难的,于是可将上式简化。因为 $d_n \approx d_\psi \approx d_0$, $d_\psi - d_n \ll d_0$,所以用 d_n 代替 d_0,则式(6.10)变为

$$\frac{d_\psi - d_0}{d_0} = \frac{\sigma_\phi}{E}(1+\nu)\sin^2\psi \tag{6.11}$$

进一步整理,得

$$\sigma_\phi = \frac{E}{(1+\nu)\sin^2\psi}\left(\frac{d_\psi - d_n}{d_n}\right) \tag{6.12}$$

这是残余应力测试的基本公式。式中 ψ 为法线夹角,即试样表面法线与反射晶面法线的夹角;d_ψ 为与 OA 方向相垂直的(hkl)晶面间距;d_n 为与试样表面相平行的同种(hkl)晶面的晶面间距。注意到公式中没有出现 θ 角,这是很万幸的,因为主应力的方向我们往往不知道,公式中还消掉了 d_0,这就是说我们可以不必测定无应力状态下的晶面间距。

6.3.2　$\sin^2\psi$ 法基本原理

由图6.3和式(6.12)可知,通过测定与表面平行的(或 ε_3 方向的)和与表面呈 ψ 角的(或 ε_ψ 方向上的)同种(hkl)晶面间距的相对变化率,再通过弹性力学关系即可算出残余应力 σ_ϕ(注意此时 σ_ϕ 的方向平行于试样表面且位于由 ε_ψ 与 σ_3 所构成的平面内)。为此,首先要建立 σ_ϕ 与 ε_ψ 之间的关系。将式(6.6)代入式(6.9)得到

$$\varepsilon_\psi = \frac{1+\nu}{E}\sigma_\phi\sin^2\psi - \frac{\nu}{E}(\sigma_1+\sigma_2) \tag{6.13}$$

这是试样表面特定方向上应力测定的基本关系式,它向我们提供了几个信息:在 OA 方向上的应变量是由特定方向上的应力 σ_ϕ 与主应力 $(\sigma_1+\sigma_2)$ 两个部分组成;当改变 ψ 角时,主应力 $(\sigma_1+\sigma_2)$ 对 σ_ϕ 的贡献恒定不变;应变量 ε_ψ 只与 $\sin^2\psi$ 呈线性关系。现在我们只要找到线性关系的斜率,问题就好解决了。为此,对式(6.13)求偏导,得

$$\frac{\partial\varepsilon_\psi}{\partial\sin^2\psi} = \frac{1+\nu}{E}\sigma_\phi \tag{6.14}$$

或

$$\sigma_\phi = \frac{E}{1+\nu}\left(\frac{\partial\varepsilon_\psi}{\partial\sin^2\psi}\right) \tag{6.15}$$

又由于应变 ε_ψ 的测定是通过测定 2θ 来实现的，为方便起见，现将它与 2θ 联系起来，将式(6.1)稍加变形即有

$$\frac{\Delta d}{d} = -\cot\theta\Delta\theta = -\frac{\cot\theta}{2}\Delta 2\theta \tag{6.16}$$

将式(6.16)代入式(6.8)，得

$$\varepsilon_\psi = -\frac{\cot\theta_\psi}{2}\Delta 2\theta_\psi \tag{6.17}$$

因为 $\phi_\psi \approx \theta_0$，所以

$$\varepsilon_\psi = -\frac{\cot\theta_0}{2}(2\theta_\psi - 2\theta_0) \tag{6.18}$$

将式(6.18)代入式(6.15)，得

$$\sigma_\phi = \frac{-E}{2(1+\nu)}\cot\theta_0 \frac{\pi}{180}\frac{\partial(2\theta_\psi)}{\partial(\sin^2\psi)} \tag{6.19}$$

其中，π/180 是为将 2θ 的度单位换作弧度而加进去的，$\cot\theta_0$ 中的 θ_0 可采用理论计算值或 θ_n，当反射面(hkl)和入射波长 λ 为一定时，式中 $\frac{-E}{2(1+\nu)}\cot\theta_0\frac{\pi}{180}$ 为常数，将其定义为 $\sin^2\psi$ 法的应力常数 K_1，式(6.19)实质为一直线方程，直线斜率就是 $\frac{\partial(2\theta_\psi)}{\partial(\sin^2\psi)}$，可用 M 来表示。于是式(6.19)又可写成

$$\sigma_\phi = K_1 M \tag{6.20}$$

K_1 属于材料晶体学特性参数，后面还要详细讨论，一般通过查表可以得到。测试时使 X 射线先后从几个不同的 ψ 角入射，并分别测取各自的 $2\theta_\psi$ 角，因每次反射都是由与试样表面呈不同取向的同种(hkl)所产生的，$2\theta_\psi$ 的变化反映了与试样表面处于不同方位上的同种(hkl)晶面的面间距的改变。根据测试结果作 $2\theta_\psi \sim \sin^2\psi$ 的关系图，将各个测试值连成直线，并用最小二乘法求斜率 M，当 $M>0$ 时，材料表面为拉应力，当 $M<0$ 时，则为压应力，将 M 代入式(6.20)，即可求得应力 σ_ϕ。

6.4　试验方法

根据上节所述原理，原则上可采用照相法和衍射仪法对样品表面特定方向上的宏观内应力进行实际测定。但照相法效率低、误差大，尤其在衍射线条出现漫射时更为突出。自 20 世纪 50 年代开始，衍射仪和衍射技术的发展使衍射仪法逐渐替代了照相法。

6.4.1　衍射仪法

下面以低碳钢为例，举例说明用式(6.20)，采用衍射仪法测量残余应力的方法和步骤。

(1) $\psi = 0°$的应变测定。一般钢铁材料用 CrK_α 测(211)线。由布拉格方程可算出：$2\theta = 156.4°$，$\theta = 78.2°$。当 $\psi = 0°$时，即(211)晶面平行于试样表面时，只要令入射线与试样表面呈 $\theta_0 = 78.2°$即可。这正是衍射仪所具备的衍射几何，如图 6.5(a)所示。这时所测的(211)是处于与表面平行的部分，计数管在 78.2°的附近如 ±5°扫描，得到确切的 $2\theta_0$(154.92°)。

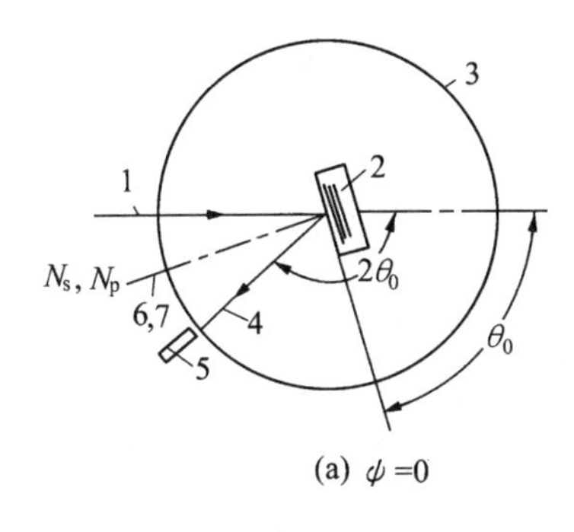

(a) $\phi=0$

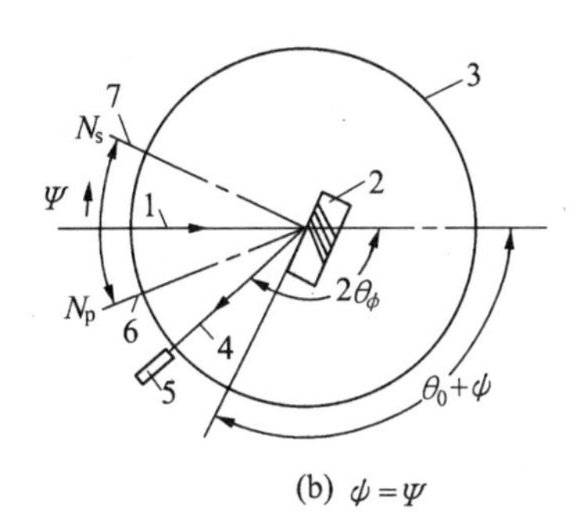

(b) $\phi=\Psi$

图6.5 衍射仪法残余应力测定时的测量几何关系

1—入射X射线;2—反射晶面;3—测角仪圆;4—反射X射线;5—计数器;6—反射晶面法线(N_p);7—试样表面法线(N_s)

(2) ψ 为任意角的测定。一般为画 $2\theta_\psi \sim \sin^2\psi$ 曲线,取 ψ 分别为 0°,15°,30°,45°四点测量。如测 45°时,让试样顺时针转 45°,而计数器不动,始终保持在 $2\theta=156.4°$ 附近。几何光学位置如图6.5(b)所示。此时记录在这个空间位置上试样内部的(211)晶面反射,得到 $2\theta_{45°}=155.96°$,而 $\sin^2 45°=0.72$。再测 $\psi=15°$,$\psi=30°$ 的数据,得到表6.1所示的结果。

表6.1 衍射仪法残余应力测定结果

ψ	0°	15°	30°	45°
$2\theta_\psi$	154.92°	155.35°	155.91°	155.96°
$\sin^2\psi$	0	0.067	0.25	0.707

作 $2\theta \sim \sin^2\psi$ 直线,用最小二乘法求得斜率 $M=1.965$,查表得 $K_1=-318.1$ MPa/(°),所以,$\sigma_0=K_1 \cdot M=-318.1$ MPa/(°)$\times 196.5=-625.1$ MPa/(°)。

一般测4点或4点以上的方法,叫 $\sin^2\psi$ 法。$\sin^2\psi$ 法的结果较为精确,缺点是测量次数较多,但是,随着测试设备和计算手段的进步,测量和计算时间已不是主要矛盾,所以在科学研究中推荐使用 $\sin^2\psi$ 法。当晶粒较细小,织构少,微观应力不严重时,"$2\theta_\psi \sim \sin^2\psi$"直线的斜率也可以由首尾两点决定,就是说可以只测定 0°、45°两个方向上的应变。这种方法称为 0°-45°法,其应力计算公式由式(6.19)可以得到,即

$$\sigma_\phi=\frac{-E}{2(1+\nu)}\cot\theta_0\frac{\pi}{180}\frac{(2\theta_{45°}-2\theta_0)}{(\sin^2 45°-\sin^2 0°)}=$$

$$\frac{E}{2(1+\nu)}\cot\theta_0\frac{\pi}{180}\frac{(2\theta_0-2\theta_{45°})}{(\sin^2 45°)}=K_2(2\theta_0-2\theta_{45°})$$

即

$$\sigma_\phi=K_2(2\theta_0-2\theta_{45°}) \tag{6.21}$$

要注意,此时应力常数与 $\sin^2\psi$ 法的不同。$K_2=\frac{E}{2(1+\nu)}\cot\,\theta_0\frac{\pi}{180}\frac{1}{\sin^2 45°}$,称 0°~45°法应力常数,此常数只适用于上面介绍的衍射仪的测量几何,而且应力常数是随衍射面不同而不同的。表6.1给出了几位研究者测得的几种材料的 0°-45°法应力常数数值,需注意表中数据的单位为弧度,所以计为 K_2。

当用通用型衍射仪测定应力时,一般需作两点改动。

(1) 必须另装一个刚度较高的试样架,以便支撑较重的试样。同时由于要改变 ψ 角,所以它能围绕测角仪轴独立地旋转到所需角度。

(2) 需要使计数管能够沿测角仪圆的半径方向移动,以达到聚焦目的。

图 6.6 为衍射仪测定宏观应力的聚焦几何。图 6.6(a)为 $\psi=0°$时的情形。此时,反射晶面法线 N_p 与试样表面法线 N_s 相重合,聚焦几何与一般衍射仪光学布置相同,即入射线在试样表面法线两侧对称分布。入射线被反射面聚焦到测角仪圆上,接收狭缝和计数管位于正常位置。此时测量的是与试样表面相平行的那些晶面的应变。图 6.6(b)为倾斜入射,即 ψ 不为零的情形。此时需把试样表面转动所需角度 ψ 而计数管不动,这样入射线和衍射线不再以试样表面法线对称分布,由于聚焦圆必须与试样表面相切,所以,聚焦圆的位置和半径都会发生变化,衍射线束将在 F' 处聚焦,F' 到测角仪轴的距离为 D。如果测角仪圆半径为 R,则可以证明

$$\frac{D}{R}=\frac{\sin(\theta-\psi)}{\sin(\theta+\psi)} \tag{6.22}$$

因此,当倾斜入射时,对所确定的各个 ψ 角,计数管的接收狭缝必须按式(6.22)沿径向运动到 F' 的位置,才能获得聚焦后的衍射线形。如接收狭缝和计数管仍处在固定半径的测角仪圆周上,则计数管接收的只能是发散的衍射束中的一部分,其强度很弱;如果换用宽的接收狭缝来提高所能接收的强度的话,又必然降低分辨率。也可以采用折衷的办法,使计数管的位置测角不变,而将接收狭缝移动到计算位置。实践表明,在衍射线宽化不明显的情形下,限制入射束发散度在 1°左右,同时尽量减小接收狭缝宽度,则一般不会导致衍射线的过度畸变和位移。

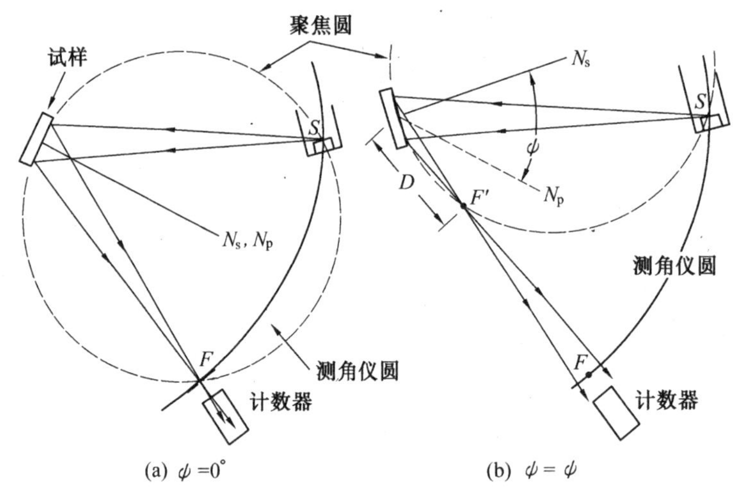

图 6.6 宏观应力测定时的衍射仪聚焦几何

6.4.2 应力仪法

用应力仪可以在现场对工件进行实地残余应力检测。应力仪的测角仪为立式,计数管在竖直平面内扫描,试样是固定的。测角台能使入射线在 0°到 45°范围内倾斜入射,计数管的 2θ 扫描范围可达到 145°~165°。测量的衍射几何如图 6.7 所示。定义入射线 S_0 与试样表面法线之间的夹角为 ψ_0,叫做入射角,测量时改变 ψ_0,并读出某一条谱线的 2θ。注意:每次所测应变方向是 η,为应变方向与入射线夹角,$\eta=(\pi/2-\theta)$。很容易看出 ψ、ψ_0 和 θ 之间的关系式为

$$\psi = \psi_0 + \eta = \psi_0 + \left(\frac{\pi}{2} - \theta\right) \qquad (6.23)$$

在实验中，ψ 常选取 0°，15°，30°和 45°，测量衍射角 2θ，绘制 $2\theta \sim \sin^2\psi$ 的关系图，由直线斜率得出 σ_ϕ，这就是通称的 $\sin\psi$ 法。如果材料十分均匀，实测值的直线性好，ψ 也可选 0°，45°两个值，这就是通称的 0° - 45°法。一般来说，$\sin^2\psi$ 法精度较高，尤其在材料不十分均匀的情况下，推荐使用 $\sin^2\psi$ 法。

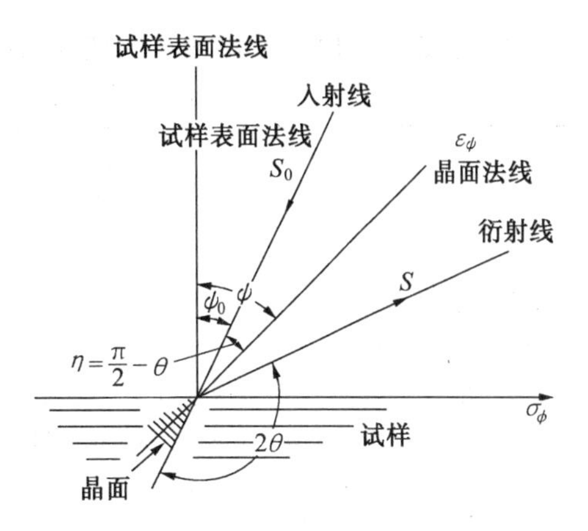

图 6.7　宏观应力测定仪的衍射几何

用应力仪进行 0° - 45°测量时，两次所测的应变分量分别为 η 和$(45° + \eta)$方向，所以计算公式为

$$\sigma_\phi = \frac{E}{2(1+\nu)}\cot\theta_0 \frac{\pi}{180}\frac{(2\theta_\eta - 2\theta_{45°+\eta})}{[\sin^2(45°+\eta) - \sin^2\eta]} = K'_2(2\theta_\eta - 2\theta_{45°+\eta}) \qquad (6.24)$$

因为当材料、测试晶面以及入射线波长确定之后，η 是不变的，所以 K'_2 为常数。当然，K'_2 也只适用于上面所讨论的应力仪的测量几何。

使用应力仪时的 X 射线照射方式有两种。如入射 X 线与试样的相对位置不变，即 ψ_0 保持不变，而通过计数管扫描来接收整个衍射峰，这种方法称为固定 ψ_0 法；如果入射 X 射线方向固定，但试样与计数管以 1∶2 的角速度同方向转动，则在测试过程中 ψ 角保持恒定，这种方法称为固定 ψ 法。显然，固定 ψ 法测得的是 ψ 方向上的应变，而固定 ψ_0 法所测的只是某一方向范围内的应变，可见固定 ψ 法更为严格。

6.5　试验精度的保证及测试原理的适用条件

X 射线法测定残余应力的原理并不复杂，但由于影响测定精度的因素很多，要想准确地获得高精度的测定结果并非易事。以下几点要特别说明。

6.5.1　样品表面的清理

在测量之前，样品表面的处理是极其重要的。首先应去掉表面的污染物和锈斑，如有必要还要用酸深度腐蚀以去除遗留的机械加工表面层。当然，如果测量的是切削、磨削、喷丸以及其他表面处理后而引起的表面残留应力，则绝不应破坏原有表面，因为上述处理会引起应力分布的变化，达不到测量的目的。

6.5.2　辐射的选择

辐射的选择对测量精度有直接影响。首先应该使待测衍射面的 θ 角尽量接近 90°（一般应在 75°以上），其次应兼顾背影强度。例如，在测定淬火钢的残余应力时，如采用 Co 辐射能得到将近 81°的(310)衍射线条，但除非退火钢的衍射线条较明锐，一般轧制或淬火钢材的衍射背底强度较高，衍射峰分布较宽，所以衍射峰的位置不易测准，为此多采用 CrK_α 辐射。此时(211)θ 角较小(78.2°)，但可以得到较好的峰值与背底的强度比，综合效果是好的。表6.2给出了几种材料的靶的选择和近似 2θ 角。

表 6.2 衍射数据及应力常数

合金	成分(质量分数)	K_α, hkl	2θ /(°)	$K_e=\frac{E}{1+\nu}$	K'_2[1] /[MPa·(°)$^{-1}$]	备注
A.铁素体及马氏体钢(体心立方)						
Armc iron	Fe + 0.02C	Cr,211	156	192.4		1
4340(50Rc)	Fe + 4.01C,1.8Ni,0.8Cr,0.25Mo	Cr,211	156.0	168.9	615.7	2
4340	Fe + 4.0C,1.8Ni,0.8Cr,0.25Mo	Cr,211	156		841	3
4130	Fe + 0.30C,1.0Cr,0.20Mo	Cr,211	156		600	3
Railrodd steel	Fe + 0.75C	Cr,211	156.1		62.7[2]	4
D - 6AC	Fe + 0.50C,1.0Cr,0.5Ni,1.0Mo,0.1V	Cr,211	156.2		781.9[2]	4
410SS[3] (22Rc)	Fe + 12.5Cr	Cr,211	155.1	176.55	678.5	2
410SS(42Rc)	Fe + 12.5Cr	Cr,211	155.1	173.1	666.7	2
422SS(34Rc)	Fe + 0.22C,12.0Cr,0.7Ni,1.0Mo,1.0W,0.25V	Cr,211	154.8	182.0	711.6	2
422SS(39Rc)	Fe + 0.22C,12.0Cr,0.7Ni,1.0Mo,1.0W,0.25V	Cr,211	154.8	180.0	712.9	2
B.奥氏体合金(面心立方)						
304SS	Fe + 0.08C,18Cr,8Ni,2Mn	Cr,220	129.0	139.3	1172.2	2
Incoloy 903	Fe + 38Ni,15Co,3Cb,1.4Ti,0.7Al	Cr,220	128.0	215.1	1820.3	2
Incoloy 903	Fe + 38Ni,15Co,3Cb,1.4Ti,0.7Al	Cr,331	146.3		514.4[2]	4
Incoloy 800	Fe + 32.5Ni,21Cr,0.4Ti,0.4Al	Cr,220	129.0	161.3	1351.4	2
Incoloy 800	Fe + 32.5Ni,21Cr,0.4Ti,0.4Al	Cr,420	147.0	148.2	758.5	2
C.镍基合金(面心立方)						
Monelk 500	66.5Ni,29.5Cu,2.7Al,1.0Fe	Cu,420	150.0	144.8	678.5	2
Inconel 600	76Ni,15.5Cr,8Fe	Cu,420	151.0	144.8	724.0	2
Inconel 600	76Ni,15.5Cr,8Fe	Cu,220	131.0	145.5	1199.7	2
Inconel 718	52.5Ni,19Cr,18.5Fe,3.1Mo,5.0Cb,0.9Ti,0.4Al	Cu,331	145.0	135.8 ~ 140.0	751.6 ~ 772.2	2
Inconel 718	52.5Ni,19Cr,18.5Fe,3.1 Mo,5.0Cb,0.9Ti,0.4Al	Cu,331	146.1		843.9[2]	4
Inconel 718	52.5Ni,19Cr,18.5Fe,3.1Mo,5.0Cb,0.9Ti,0.4Al	Cu,220	128.0	215.1 ~ 216.5	1813.4 ~ 1827.2	6
Inconel 750	73Ni,15.5Cr,7Fe,2.5Ti,0.9Cb,0.8Al	Cr,220	131.0	253.7	2075.4	6
D.铝合金(面心立方)						
2024	Al + 4.4Cu,1.5Mg,0.6Mn	Cu,511	163	58.68		1
2024 - T3	Al + 4.4Cu,1 .5Mg,0.6Mn	Cr,311	139		303	3
7075	Al + 1.6Cu,2.5Mg,0.3Cr,5.5Zn	Cr,311	139.0	60.88	392.3	2
7079 - T611	Al + 0.6Cu,3.7Mg,0.2Cr,4.7Zn	Cr,311	139		344.75	3
2219 - T87	Al + 6.3Cu,0.3Mn,0.18Zr,0.1V,0.06Ti	Cr,311	139.5		379.2[2]	4

续表 6.2

合金	成分(质量分数)	K_α,hkl	2θ /(°)	$K_e=\frac{E}{1+\nu}$	K'_2[1] /[MPa·(°)$^{-1}$]	备注
E.铜合金(面心立方)						
Cu - Ni	85Cu,15Ni	Cu,420	146.0	128.2	681.2	2
F.钛合金(密排六方)						
Ti - 6 - 4	Ti + 6Al,4V	Cu,213	142.0	84.1	510.2	2
Ti - 6 - 4	Ti + 6Al,4V	Cu,213	142		483	3
Ti - 6 - 2 - 4 - 2	Ti + 6Al,2Sn,4Zr,2Mo	Cu,213	140.7	102.0	636.4	2

注:[1] 为式(6.21)的应力常数,即 $K'_2=\frac{E\cot\theta_0}{2(1+\nu)\sin^2\psi}$(rad),$\psi=45°$;

[2] 计数管置于图 6.6 所示的 F 和 F′之间,在 ψ 为 0°和 45°,沿半径方向相同的位置测定;

[3] SS 代表不锈钢。

备注 1 出自 Matthew J. Donachie, Jr., John T. Notron. Trans. ASM, 55, 51(1962);

备注 2 出自 Paul S. Prevey. Adv. In X - ray Analysis, 20, 345(1977);

备注 3 出自 A. L. Espuivel. Adv. in X - ray Analysis, 12, 269(1969);

备注 4 出自 B. N. Ranganathan, J. J. Wert, W. J. Clotfelter. J. of Testing and Evalution, 4, 218 (1976)。

6.5.3 吸收因子和角因子的校正

衍射线位置的准确测定是提高试验精度的关键之一。当衍射线条明锐时,衍射峰位置测定较容易,但当衍射线条宽化和峰形不对称时,给衍射线位置的确定带来了不少困难。

影响衍射线峰形不对称的主要因素有吸收因子和角因子。在衍射线非常宽的情况下,需用吸收因子和角因子对衍射峰形进行修正,使其基本上恢复对称形式。

在衍射仪中,当入射线与反射线和平板试样的表面法线呈对称分布时($\psi=0°$),平板试样的吸收因子与 θ 角无关。然而,当入射光束倾斜入射($\psi\neq0°$)时,入射线与反射线在试样中所经历的路程不同,吸收因子不仅与 θ 有关,还与 ψ 角有关,它将造成峰形不对称。吸收修正因子为

$$R(\theta)=1-\tan\psi\cot\theta \tag{6.25}$$

在一定的倾斜 ψ 下,它是一个单值增加函数,其增加值较角因子为小。一般认为只有在衍射线半高宽在 6°以上且应力比较大时,才有必要考虑这个修正。

角因子 $\varphi(\theta)=\left(\frac{1+\cos^2\theta}{\sin^2\theta\cos\theta}\right)$ 在布拉格角 θ 接近 90°时显著增大。因此,对衍射峰不对称性的影响也加剧。一般认为当衍射线半高宽度在 3.5°~4.0°以上时,就有必要进行角因子修正。校正强度等于实测强度(该点的脉冲数)除以该点处的 $\varphi(\theta)\cdot R(\theta)$。

6.5.4 衍射峰位置的确定

准确测定衍射线峰位是极其重要的。除非衍射峰很尖锐,绝大多数情况下是很难用常规的峰顶法定峰的。定峰方法很多,有重心法、切线法、半高法(或 2/3,3/4,7/8 高宽法)和中点连线法等。常用的是半高法和三点抛物线法。

(1) 半高法。半高法是以峰高 1/2 处的峰宽的中点作为衍射峰的位置的。其定峰过程如图 6.8所示。

① 连接衍射峰两端的平均背底直线 ab。

② 过衍射峰最高点 P 作 X 轴的垂线,交直线 ab 于 P' 点。

③ 过 PP' 线的中点 O' 作 ab 的平行线,与衍射峰轮廓相交于 M、N 两点。

④ 将 MN 的中点 O 作为衍射峰的位置。

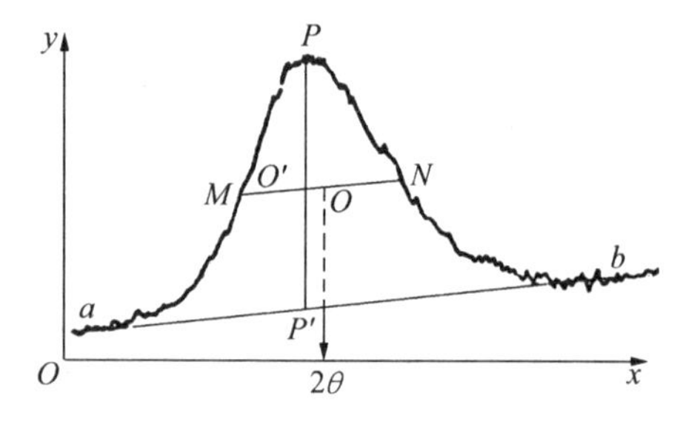

图 6.8　半高法定峰的步骤

半高法依靠衍射峰的腰部来确定峰位,简便易行,当衍射峰轮廓光滑时,具有较高的可靠性。但当计数波动显著,衍射峰的轮廓不光滑时,点 P、直线 ab、点 M 及点 N 的确定都会带来一些随意性。另外,2θ 角度读取精度受横轴分辨率影响难以提高。有时因试验条件所限,衍射峰的背底强度难以确定,此时只能运用其他方法定峰。

(2) 抛物线法。原理是将抛物线拟合到峰顶部,以抛物线的对称轴作为峰的位置。当经吸收因子和角因子校正后,衍射峰形状往往近似于抛物线形状,可以采用三点、五点或七点抛物线法求测峰的位置,其中三点抛物线法因简便迅速而被广泛地应用。对于长轴与纵轴平行的抛物线,其一般方程式为

$$(x-h)^2=P(y-k) \tag{6.26}$$

式中　P——常数;

h 和 k——顶点的横坐标和纵坐标。

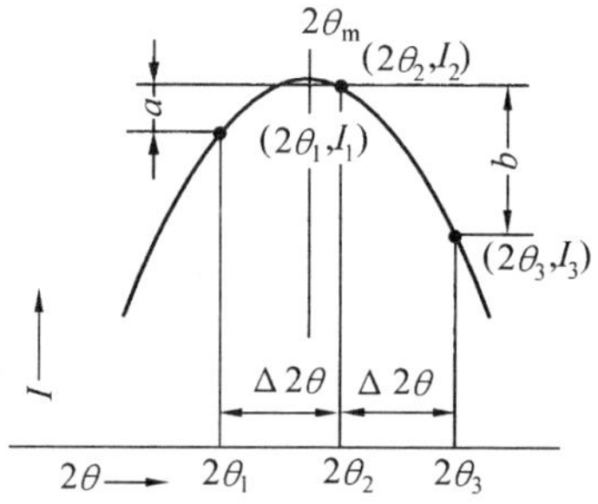

图 6.9　三点抛物线法定峰

将 $I=y, 2\theta=x, 2\theta_m=h, I_m=k$ 代入式(6.26),则有

$$(2\theta-2\theta_m)^2=P(I-I_m) \tag{6.27}$$

如在横轴上以等间距测得三个试验点$(2\theta_1,I_1)$、$(2\theta_2,I_2)$、$(2\theta_3,I_3)$,将这三个实验点代入式(6.27),解方程组可以得到

$$2\theta_m=2\theta_1+\frac{\Delta 2\theta}{2}\left(\frac{3a+b}{a+b}\right) \tag{6.28}$$

式中 $\Delta 2\theta=2\theta_2-2\theta_1=2\theta_3-2\theta_2$; $a=I_2-I_1$; $b=I_2-I_3$(参看图 6.9)。

试验时,先在近似顶点处用计数管作定时计数(或定数计数)得到$(2\theta_2,I_2)$,再在近似顶点的两侧等角间距处各取一点(其间距可选为 0.2°,0.5°,1.0°,1.5°等),测出$(2\theta_1,I_1)$、$(2\theta_3,I_3)$,分别进行角因数校正后代入式(6.28),即可算出抛物线顶点位置 $2\theta_m$。

6.5.5　测试原理的适用条件

(1) 对于关系式 $\varepsilon=\Delta d/d$,这里默认了某个晶面间距的变化等于弹性力学意义上的宏观应变。而实际上,用 X 射线测定的晶面间距的相对应变只是在试样表面上的一部分晶粒上得到的,而这部分晶粒的多少因晶粒大小、择优取向的严重程度而大不相同。因此,实测数据可能偏离 $2\theta\sim\sin^2\psi$ 的理想直线关系。

(2) 公式(6.19)是在表面邻近区域内二维应力分布情况下导出的。然而,X 射线测定宏观应力是对于有一定厚度的材料表面层而言,其厚度与 X 射线波长和材料的吸收系

数等因素有关，只有在X射线波长较长、样品表层没有明显的应力梯度情况下才适用。

(3) 多晶体试样在无织构情况下可以认为是各向同性的，但对于晶体本身却是各向异性的，有时不同晶体学方向上的力学性能差别很大。X射线应力分析是在垂直于(*hkl*)反射晶面的特殊晶体学方向上进行的，因此，在作精确测量时不宜用工程上的泊松比ν和弹性系数E。例如Al单晶体沿[111]和[100]的弹性系数分别为：$E_{[111]}=77$ GPa和$E_{[100]}=64$ GPa，只有在精度要求不高时方可使用工程的E值(72 GPa)。对于α－Fe单晶体，[100]和[111]方向的弹性系数分别为$E_{[100]}=135$ GPa和$E_{[111]}=290$ GPa，而工程的E值为210 GPa，它们相差悬殊，因此不能采用力学宏观上的数值。通常对常用的金属材料可以查表得到K_1值，对于不常用的材料的应力常数可以通过实验来确定。方法是准备与待测试样同种材料的等强度梁，通过加载产生已知数值的应力，与此同时用X射线法测量应力，进行标定。也可采用螺杆夹具产生应力，通过电阻应变片测量此时的应变。根据不同加载应力$\sigma_1,\sigma_2,\sigma_3\cdots$相应用X射线法测得$2\theta_\psi\sim\sin^2\psi$直线的斜率$M_1,M_2,M_3\cdots$再求出“$\sigma-M$”直线的斜率，这个斜率即是应力常数$K_1$。

习　题

1. 为测定材料表面沿某个方向上的宏观应力，为何可以不采用无应力标准试样进行对比？

2. 将Fe施加100 ksi的单轴应力，用X射线法在ψ为0°及45°时测量了(211)晶面的反射。已知无应力下Fe的晶格常数为0.286 65 nm，$E=30\times10^3$ ksi，$\nu=0.29$。(a)试计算d_0、d_n、d_i，精确到小数点后5位；(b)用$(d_i-d_n)/d_n$代替$(d_i-d_n)/d_0$，能引起多大的误差？(ksi为磅/英寸，1 ksi＝6. 895 MPa)(答案：(a) $d_0=0.117\ 02$ nm，$d_n=0.116\ 91$ nm，$d_i=0.117\ 16$ nm；(b) －0 .1%)

3. 欲测7－3黄铜试样的应力，用CoK_α照射(400)面，当$\psi=0°$时，$2\theta=150.4°$，当$\psi=45°$时，$2\theta=150.9°$，请计算试样表面宏观应力。(答案：$a=0.369\ 5$ nm，$E=8.83\times10^4$ MPa，$\nu=0.35$)

4. 用衍射仪(CrK_α辐射，211反射)测定了淬火钢的残余应力。已测定，无应力时试样经$\psi=0°$及45°转动测量，衍射线移动$\Delta2\theta$为－0.10°，然后采用定数计数法测定20 000个计数所需的时间，如表3所示。设应力常数为90 ksi/(°)，试计算宏观残余应力。(答案：－65ksi)

表3

ψ	2θ	t/s
0°	155.00	69.20
	155.80	54.47
	156.60	71.64
45°	156.00	35.84
	156.50	32.35
	157.00	33.83

第 7 章

晶体的极射赤面投影

晶体的几何特征是反映在三维空间中的，在前面的晶体学知识中采用了作透视图和平面图的方式来表示三维空间内晶体的几何关系，较为直观，但还不能完整地描述三维空间中晶面的方向、晶面间的夹角等信息，要在三维空间中测量众多的晶面之间的夹角也是很困难的事情。而对晶体衍射来说，恰恰是晶面、晶向的角度关系往往较晶体的其他特点更为重要，晶体学研究希望能在三维图形与二维图形之间建立起一定的对应关系，用二维图形来表示三维图形中晶向和晶面的对称配置和测量它们之间的夹角。即把晶体进行球面投影，然后再进行一次投视投影，最终把空间问题转化为平面问题来解决。

在各种晶体投影方法中用得最多的是极射赤面投影法（stereographic projection），所以在这里主要介绍极射赤面投影法。

7.1 球面投影

晶体投影的第一步是球面投影。球面投影是将结晶多面体或空间点阵中的晶向和晶面投影到球面上的一种投影方法。将晶体置于一个投影球（reference sphere）的球心处，并假定投影球的直径很大，与其相比晶体的尺寸可以忽略不计，这样可以认为被投影的晶面都通过投影球中心。

设想，将晶体置于一个参考球的球心 O 处，晶面（$h_1\ k_1\ l_1$）与（$h_2\ k_2\ l_2$）的拓展可以与球的表面相交出两个大圆，这个大圆即为该平面的迹线，如图 7.1 所示，这两条迹线的交角即为晶面夹角。不过这种表达，在晶面很多的情况下是很不清晰的。所有晶面的取向既可以用晶面本身的倾角表示，也可以用晶面的法线的夹角来表示。我们只要将晶面（$h_1k_1l_1$）与（$h_2k_2l_2$）的法线延长，与球面相交出两个交点 P_1 和 P_2，法线与投影球面的交点称之为极点（pole）。极点 P_1 和 P_2 即可代表（$h_1k_1l_1$）与（$h_2k_2l_2$）晶面，其两法线之间的夹角必然等于两个平面之间的夹角。如果先将过极点 P_1 和 P_2 的大圆 *KLMNK* 分成 360 等分时，便可在

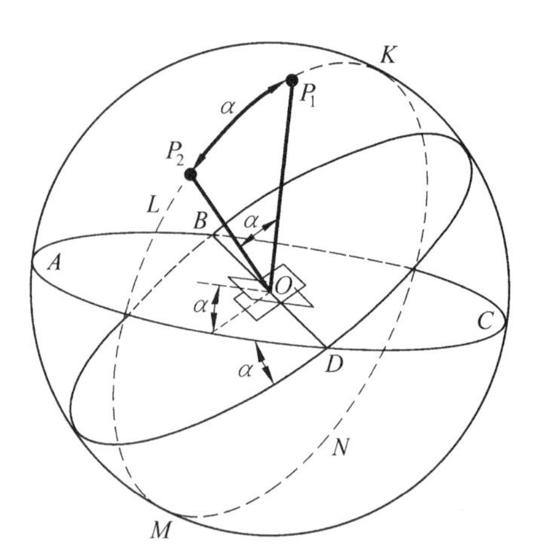

图 7.1　两个晶面之间的夹角

大圆上量出它的角度，于是面夹角的测量从面的本身转移到参考球面上来了。

晶体中所有的点阵面，可以从晶体内部的某点上作出一组径向的法线加以表示。各法线将和该投影球的表面交成一组极点。图7.2表示的是立方晶体的{100}极点，该图仅表示了立方晶体中的{100}面，用每个晶面的极点在球面上的位置来表示其对应面的取向。

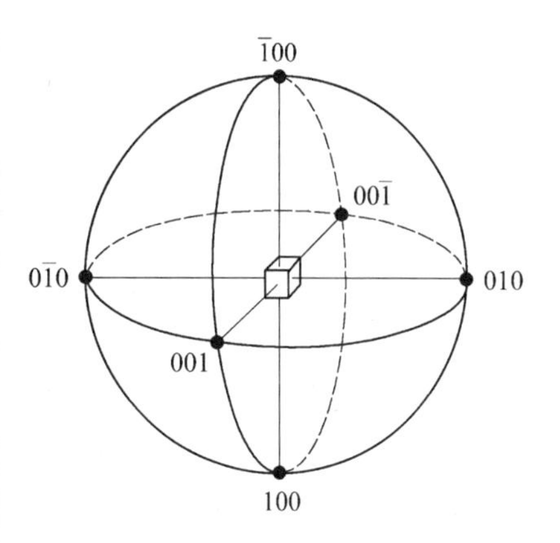

图7.2　立方晶体的{100}极点

解决了投影方法之后，建立一个坐标系是必须的。球面投影中的基础坐标通常用球面上的经纬度来表示。如图7.3所示，把投影球面想像为一个布满经纬度网的地球仪模型。它的坐标原点为投影球中心，以三条互相垂直的直径为坐标轴(图7.4)，其中直立轴为 *NS* 轴，前后轴称为 *AB* 轴，左右轴记为 *WE* 轴。*AB* 轴与 *WE* 轴所决定的大圆平面叫做赤道平面，赤道平面与球面相交的大圆为赤道，与赤道平面平行的平面和球面相交的小圆称为纬线。过 *NS* 轴的大圆平面称为子午面，子午面与球面相交的大圆称为子午线或经线。过 *WE* 轴的子午面称为本初子午面，与其相应的子午线称为本初子午线。任一子午面与本初子午面间的二面角叫做经度，通常用 φ 标记。经度的大小是顺时针方向，以任一子午面与本初子午面间在赤道上的弧度来度量，本初子午面上的经度定为0°。从 *N* 极沿子午线大圆向赤道方向至某一纬线间的弧度叫做极距，用 ρ 标记，赤道的极距为90°。从赤道沿子午线大圆向 *N* 或 *S* 极方向至某一纬线间的弧度叫纬度，用 γ 标记，赤道的纬度为0°。显然，$\gamma+\rho=90°$。球面上任一点 *P* 的位置可以用其所在处的经度 φ 和极距 ρ 定出。φ 和 ρ 称为 *P* 点的球面坐标。

图7.3　球面经纬度网

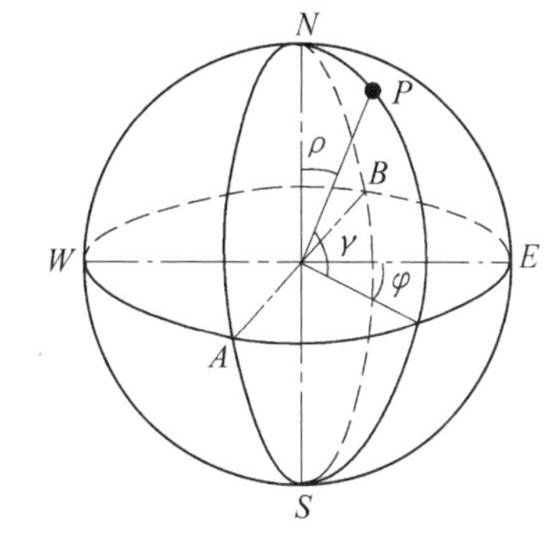

图7.4　球面坐标

7.2　极射赤面投影和吴里夫网

上节所述的球面坐标还有些不实用，在球面上测量角度时仍然不能像在纸面上那样方便，我们希望将球面投影转化为二维的平面投影。正像地理学者把地球仪上的世界地图搬到平面上那样，不同的是地理学者尽可能选择一种保面积的投影法，以便在地图上能够用相等的面积来表示面积相等的国家，而在晶体学方面，则采用保角的投影法，虽然它会使面积的形状发生畸变，但却能如实地保存着角度关系。

1. 极射赤面投影

极射赤面投影是将球面投影再投影到赤道平面上去的一种投影方法。其操作步骤是:首先作出晶面和晶向的球面投影得到相应的极点,然后再以 S 极或 N 极为投影方向,将极点向赤道平面上投影。如图 7.5 所示,假如 P_1 为某晶面的极点,过 P_1 点向相对一侧的 S 极引一直线,称为投影线,投影线与赤道平面的交点 S_1 即为 P_1 的极射赤面投影。若下半球面上有极点 P_2,如果还从 S 极引投影线的话,则其极射赤面投影 S_2' 将位于投影基圆之外,这对于作图及测量均很不便。因此对于下半球面上的点,要从与其相对一侧的 N 极引投影线,这样仍可在投影基圆内得到其极射赤面投影 S_2。为了区别起见,通常上半球面上极点的极射赤面投影用小圆点"·"表示,下半球面上极点的极射赤面投影用小叉"×"表示。

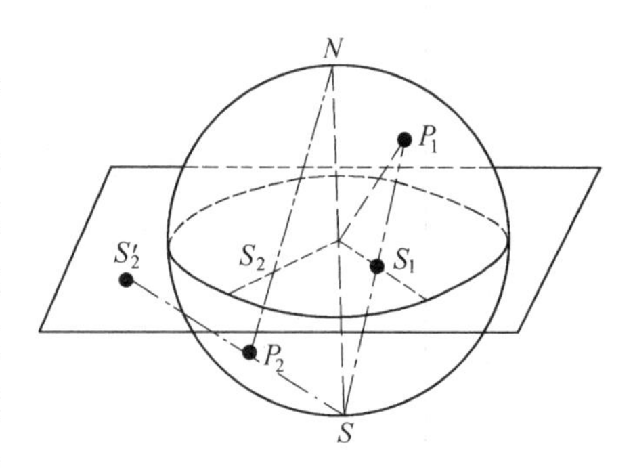

图 7.5 极射赤面投影

要注意的是,这里的投影不是球面上的极点垂直向赤道平面投影的投影法,而是以 N、S 极为投视点,向赤道平面的投影方法,确切地说,应叫做投视图法(prespective projection)。投影线与赤道平面的交点即是投影点,这样可以保证球面上的极点均匀地分布到赤道平面上。

在作出极射赤面投影之后,还必须解决如何从极射赤面投影上度量晶面和晶向的位向关系。上节我们已经约定,在球面投影中晶面和晶向的位向关系是以球面上的经纬线为坐标来度量的。由于极射赤面投影是球面投影向赤道平面上的再投影,所以,如果将经纬线网也以同样的方法作出相应的极射赤面投影网,在它的帮助下,就能够从极射赤面投影上直接度量出晶面和晶向的位向关系了。由此可以看到,我们省去了计算 φ、ρ 等球面坐标的繁琐工作。

2. 极式网

以赤道平面为投影面所得的极射赤面投影网称为极式网,如图 7.6 所示,这是经纬线坐标网。在极式网中,子午线大圆为一族过圆心的直径,将投影基圆等分为 360°,而纬线小圆为一族同心圆,它们将投影基圆的直径等分成 180°。实际应用的极式网投影基圆的直径为 20 cm,角度间隔为 2°。利用极式网可以直接在极射赤面投影上读出极点的球面坐标。而在测量晶面或晶向间夹角时,则必须先将投影图与极式网中心重合在一起,然后转动投影图使待测的两个极射赤面投影点落在同一直径上,其间的纬度差即为两晶面或晶向间的夹角。但是,极式网不能测量落在不同直径上的两极射赤面投影点之间的角度。

3. 吴里夫网

吴里夫网是俄国晶体学家吴里夫(вулвф, Г. В.)提出来的,是将经纬线投影到过 NS 轴平面上的投影方法,如图 7.7 所示,这种投影网也称为吴里夫网或吴氏网。实际应用的吴氏网投影基圆直径为 20 cm,大圆弧与小圆弧互相均分的角度间隔为 2°,如果对精度要求更高时,则需要尺寸更大的网,或者采用计算的方法。

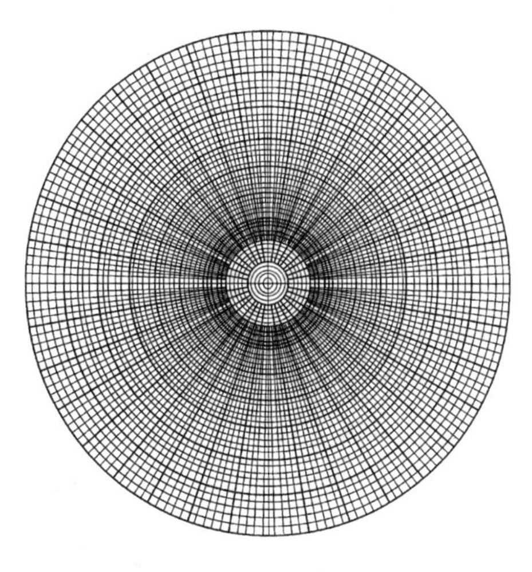
图7.6 极式网

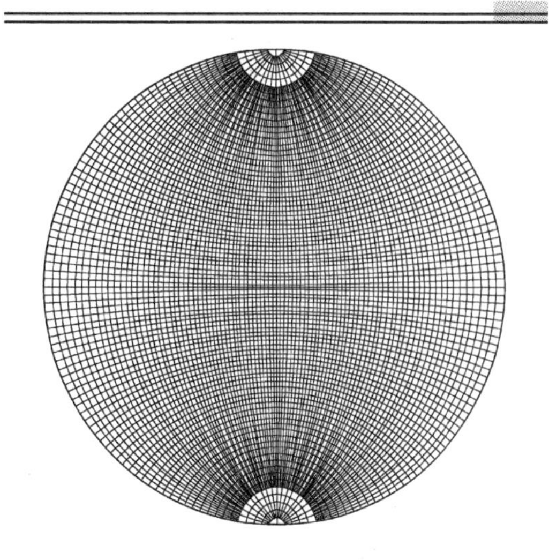
图7.7 2°间隔的吴氏网

7.3 极射赤面投影的性质及其应用

1. 晶面间夹角的求法

在吴氏网中，最基本的应用是利用它在极射赤面投影图上直接测量晶面和晶向间的夹角。在图7.8中晶面极点 A 与 B、C 与 D、E 与 F 之间的夹角可沿其所在的大圆，数出其相隔的度数即可求得。必须指出，角 $C-D$ 和角 $E-F$ 相等，因为它们的纬度差相等。假如 A、B、C、D、E、F 为晶向的极射赤面投影时，则所求得的角度即为晶向间的夹角。

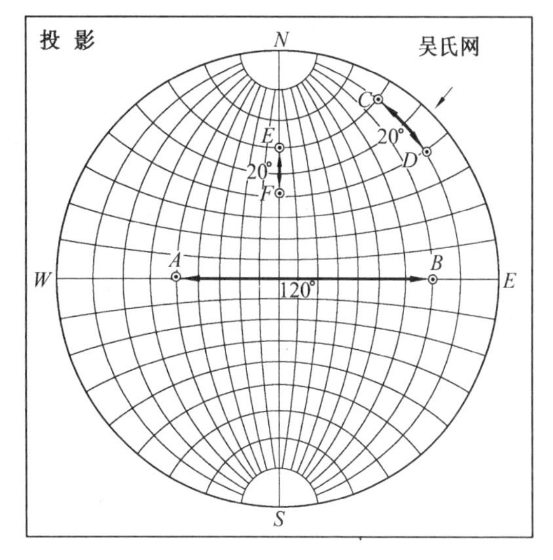

图7.8 将极射赤面投影叠加在吴氏网上，以测量极点间夹角

对于没有落在大圆弧上的极点，则需要将它旋转到大圆弧上测量。例如，图7.1中极点 P_1、P_2 的极射赤面投影示于图7.9(a)上，即为点 P'_1、P'_2 要测量这两个极点所对应的晶面的角度，首先极射赤面投影图描绘在一张与吴氏网尺寸相同的透明纸上，然后与吴氏网相重合，再以投影基圆的圆心为轴，转动透明纸上的极射赤面投影图(这相当于转动了投影球)，使被测的极点位于同一个大圆弧或大圆直径上，两个极点间的角度即为两晶面间的夹角。

这个例子告诉我们，在极射赤面投影图上同一条大圆弧上的任意两个投影点(极点)都能反映所代表的晶面的夹角。这里所说的大圆弧是指基圆、赤道线和经线。

2. 晶体转动

所谓晶体转动，均是指已知转动轴的位向，要求测出转动一定角度后晶体的新位向，这个问题的实质是在吴氏网的帮助下测量转动角的问题。晶体转动可以分为以下3种情况。

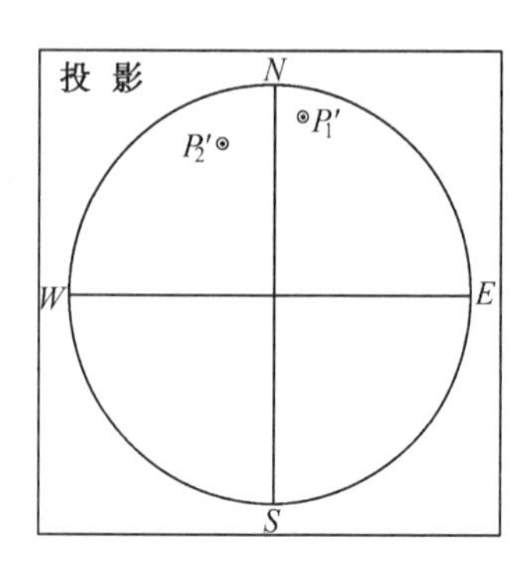

(a) 图7.1中的极点P_1、P_2的极射赤面投影

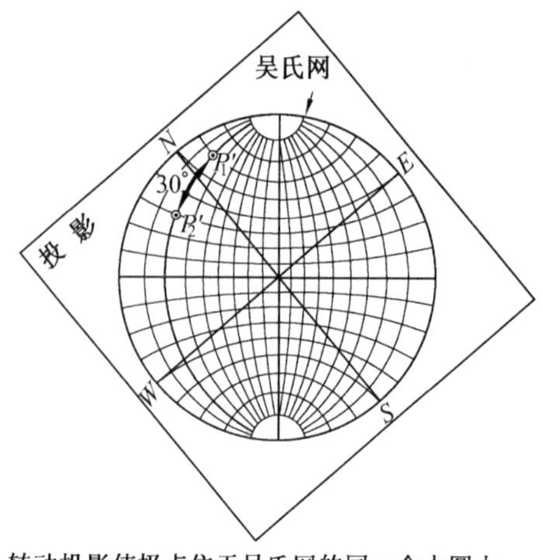

(b) 转动投影使极点位于吴氏网的同一个大圆上极点间夹角为30°

图 7.9 图 7.1 中的极点 P_1、P_2 的极射赤面投影叠加在吴氏网上

(1)极点围绕中心轴的转动。如果极点围绕垂直于投影轴而转动时,只需将投影围绕吴氏网的中心转动,转动角沿投影基圆的圆周度量即可,如图7.10所示。

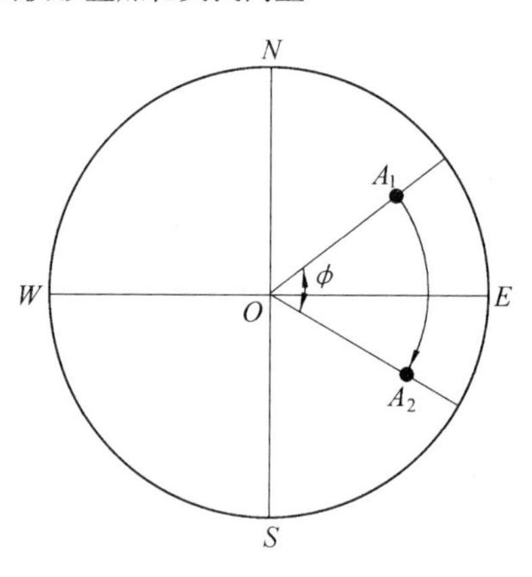

图 7.10 极点围绕中心轴的转动

(2)极点围绕位于投影面上的一个轴转动。这时则需采取如下的程序,如图 7.11 所示。第一步,当轴和吴氏网的 *NS* 轴不重合时,需先将轴围绕网的中心转动使两者重合;第二步,将有关的极点,沿其相应的纬度圆移动所需要的度数。假定需将图 7.11 中所示的极点 A_1 与 B_1 围绕 *NS* 轴转动 60°,其转动方向是在投影上由 *W* 向 *E*。如图所示,A_1 即沿着纬度圆移动到 A_2;但是 B_1 在转动了 40°以后便碰到投影的边缘,再继续转 20°,极点就到了投影背面的 B'_1 处,B'_1 的正面投影位置可以用过球心的对称点 B_2 点来表示。这是为什么呢?

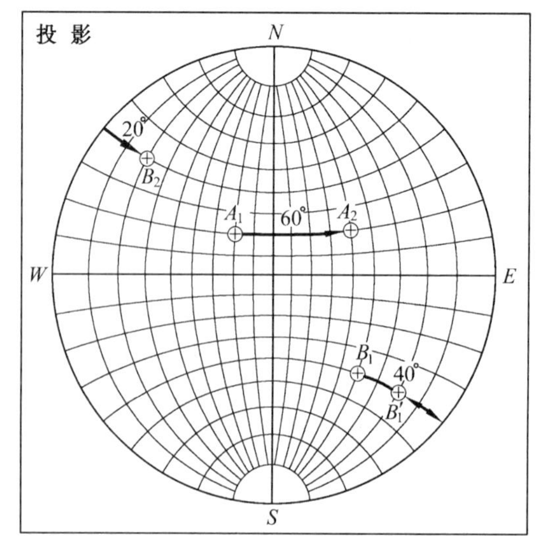

图 7.11 极点围绕投影的 *NS* 轴转动

我们再回到图 7.1 进行分析。图中只画出了一个方向的法线,事实上晶面的"背面"也有同样的法线,也就是说法线穿透晶面($h_1\ k_1\ l_1$),不仅在投影球上面有极点 P_1,而且在中心对称的下面也会有极点 P_1'(图中没有画出)。从物理意义上说,晶面是原子排布的周期,是没有"正""反"面的,因为"正""反"面物理特性完全相同,对 X 射线的衍射效果也完全相同。在晶体旋转过程中,"正"面的极点转到投影图边缘后,"背"

面的极点 P_1' 便出现在投影图上，这一点正是图 7.11 中的 B_2 点，B_2 点反映了真实的 X 射线的衍射效果。

(3)极点围绕与投影相倾斜的轴转动。例如，将图 7.12(a)所示的极点 A_1 以顺时针方向围绕极点 B_1 转动 40°。为搞清这个转动过程，我们先参考图 7.13，A_1、B_1 对应投影球上的极点为 P_2 和 P_1。目前的问题相当于 P_2 点绕 OP_1 轴转动，实际转动后 P_1 的位置不动，而 P_2 在投影球上划一个圆弧，我们要解决的问题是 P_2 到达的终点位置的投影 P'_2，在投影图中难以直接作出这样的轨迹。这个过程可以分解成如图 7.13 所示的动作。动作 1，先将 P_1 转到吴氏网的赤道上，再继续动作 2，将 P_1 转到吴氏网中心，使之成为垂直于纸面的“转动轴”，这样问题就转化为 P_2 点(投影 A_1 点)绕垂直轴转动的简单问题了。于是再进行动作 3，按要求转动 40°角。与上述动作的同时 P_2 点始终随动，转到 P_2' 点的位置。不过，需要注意的是，将给定的轴向中心转动时，必然需要投影上所有的极点发生随动，另外，在完成给定的转动以后，还需要将轴转回原先的位置复位。

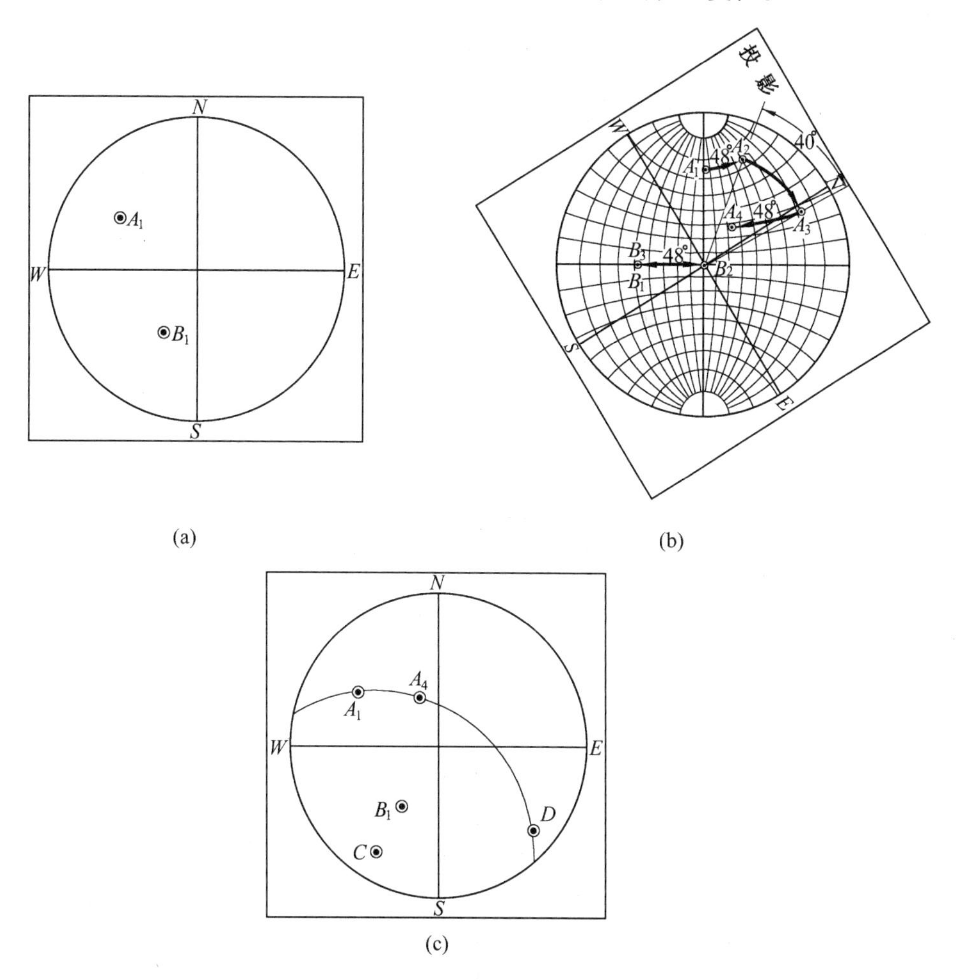

图 7.12　晶体转动过程中，极点在投影球上的运动轨迹

具体步骤如图 7.12 所示：

①转动描绘有极射赤面投影图的透明纸，使 B_1 点落到吴氏网的赤道直径 WE 上；

②将 B_1 点移到投影面中心 B_2 点处，相当于围绕 NS 轴转动 48°，与此同时 A_1 点也要

沿其所在的纬线小圆弧移动同样的角度到 A_2 点处；

③这时旋转轴和投影面垂直，因而将 A_2 点沿着以 B_2 点为中心的圆弧转动 48°到 A_3 点处；

④将 B_2 点围绕 NS 轴逆向旋转 48°移回到原来的位置 B_1 点处，同时 A_3 点也要沿其所在的纬线移动同样的角度到 A_4 点处，此 A_4 点便是 A_1 绕 B_1 点转动 48°以后的新位置。

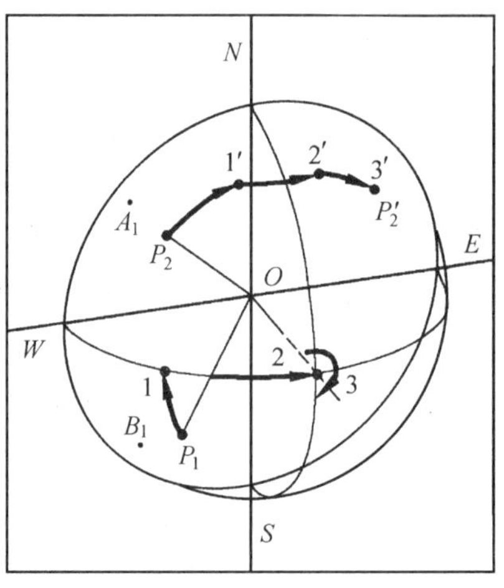

图 7.13 极点 P_2 围绕任意倾斜轴 OP_1 的转动

图 7.12(c)是省略了中间过程的极射赤面投影图的透明纸，记入了转动后的最终结果。在围绕 B_1 点转动时 A_1 点沿着自己的小圆移动，这个小圆的中心在投影图上是 C 点而不是 B_1 点。要确定 C 点的位置的话，可以遵照小圆上所有的点必然与 B_1 点呈等角度这一事实，在吴氏网上可以测量出 A_1、A_4 点均与 B_1 点呈 76°，同样可以求出距 B_1 点 76°的 D 点。依据平面几何原理，可以确定以 A_1、A_4、D 三点为圆弧的圆心 C。

3. 转换投影面

有时需要将一个投影面的极射赤面投影转换到另一个投影面上去。这是一种投影基圆圆心的移动过程。如图 7.14 所示，要将原投影面 O_1 上的极点 A_1、B_1、C_1、D_1 转换到一个新的投影面 O_2 上去，首先要转动绘有极射赤面投影图的透明纸使 O_2 落到吴氏网的赤道上，然后沿赤道直径将 O_2 移动到投影基圆的圆心，同时投影极点 A_1、B_1、C_1、D_1 随动沿着各自的所在纬线小圆移动同样的角度到相应的新位置 A_2、B_3、C_3、D_3 点。

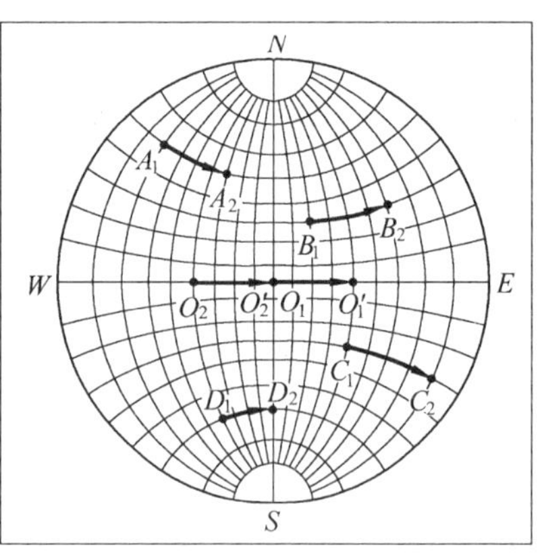

图 7.14 转换投影面

7.4 晶带的极射赤面投影

由晶带的定义可知，同一晶带内的各个晶面的法线一定位于一个平面上，这个由法线构成的平面与晶带轴相垂直。如果这些晶面集中于投影球的中心的话，有各个晶面的法线所构成的平面将与投影球相交成一个大圆，而晶带轴的极点必然在距大圆相距 90°的位置。所以它的极射赤面投影就十分简单：同属于一个晶带的所有晶面的极点在极射赤面投影上位于同一大圆弧上，晶带轴处在距此大圆弧 90°的位置上。

下面举几个例子来说明晶带的极射赤面投影的作图方法。

(1) 已知同属于一个晶带的两个晶面，绘出晶带大圆弧和晶带轴的极射赤面投影。如图 7.15 所示，已知 P_1、P_2 点为同一晶带中的两个晶面($h_1\ k_1\ l_1$)、($h_2\ k_2\ 1_2$)的极点，转动描绘有极射赤面投影的透明纸使 P_1、P_2 落到吴氏网的某个大圆弧上，画出这个大圆弧，即为 P_1、P_2 所在的晶带大圆弧，沿吴氏网赤道直径向晶带大圆弧的内侧数 90°的 T 点即为此晶带轴的极射赤面投影。

(2) 已知两个晶带轴的极射赤面投影,画出晶带大圆弧和两晶带轴所在平面的极射赤面投影,并度量出两个晶带轴的夹角。如图7.16所示,T_1、T_2点为已知两个晶带轴的极射赤面投影,转动描绘有极射赤面投影的透明纸使T_1点落到吴氏网的赤道直径上,沿赤道直径向投影基圆圆心的另一侧数90°与某大圆弧相遇,画出此大圆弧即为T_1点的晶带大圆弧K_1,用同样的方法可以画出T_2点的晶带大圆弧K_2。然后再转动描绘有极射赤面投影的透明纸使T_1、T_2点同时落到吴氏网的某个大圆弧上,在此大圆弧上量出T_1、T_2间的角度即为两个晶带轴夹角,画出此大圆弧K_3即为晶带轴T_1和T_2所在平面的迹线的极射赤面投影,沿赤道直径从大圆弧K_3向内侧数90°刚好应为两晶带大圆弧K_1、K_2的交点P,P点即为T_1、T_2所在平面的极射赤面投影。由此我们可以得出这样一个规律,即两个晶带大圆弧的交点就是这两个晶带轴所在平面的极射赤面投影。

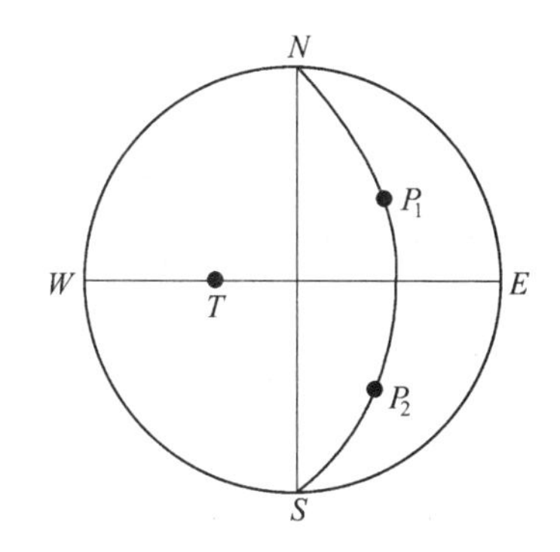

图7.15　晶带轴的极射赤面投影

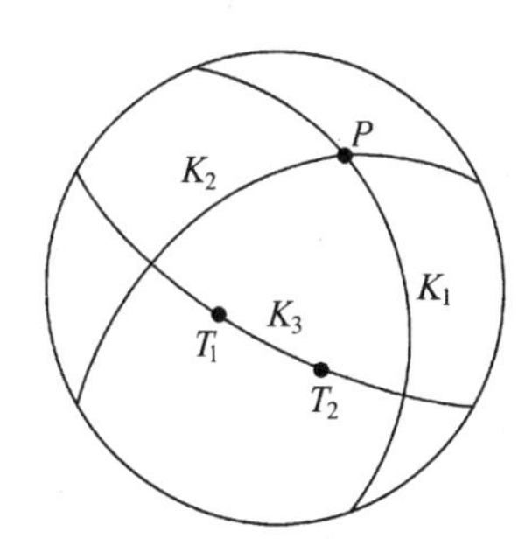

图7.16　两晶带轴所在平面的极射赤面投影

7.5　标准投影图

如果将晶体中的重要晶面都作出标准的极射赤面投影图,那么晶体结构中难以显示的晶体取向关系、晶带关系、晶面夹角关系等都可以一目了然。在作晶体的极射赤面投影时,通常选择对称性明显的低指数晶面,如(001)、(011)、(111)和(0001)等作投影面,将晶体中各个晶面的极点都投影到所选择的投影面上去,这样构成的极射赤面投影图称为标准投影图(standard projection),也叫极图。例如,图7.17是立方晶系分别以(001)和(011)为投影面的标准投影图。它反映的信息量是很丰富的。例如,每一个极点即代表其晶面,也代表垂直于该晶面的晶带轴的投影;有些投影是图中给出了晶面对称“轴次”的特征,例如,(001)是四次对称,极图也反映出四次对称的特性,{001}晶面族相对中心呈四次对称分布;另外,属于一个晶带的所有晶面的法线应共面,并与晶带轴垂直,因此,属于一个晶带的晶面的所有极点均位于同一大圆上,如(001)极图中(100)、(111)、(011)、($\bar{1}$11)、($\bar{1}$00)。还可以看出,某些晶面同属于几个晶带,如(010)属于4个晶带所共有,晶带指数与距此圆弧90°处的晶面指数相同。

在测定晶体取向时,标推投影图是很有用处的。因为它能一目了然地表明晶体中所有重要晶面的相对取向和对称关系。利用标准投影图可以不必经过计算就能定出投影图中所有极点的指数。图7.18是更加详细的(001)标准立方晶系投影图,图中给出了几个重要的晶带。

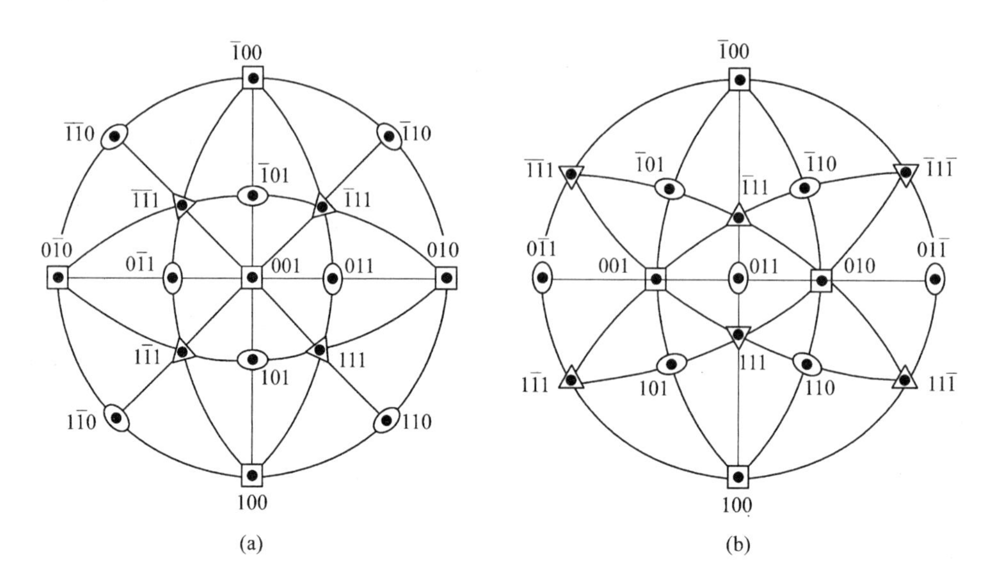

图 7.17　一个立方晶系分别以(001)和(011)为投影面的标准投影图

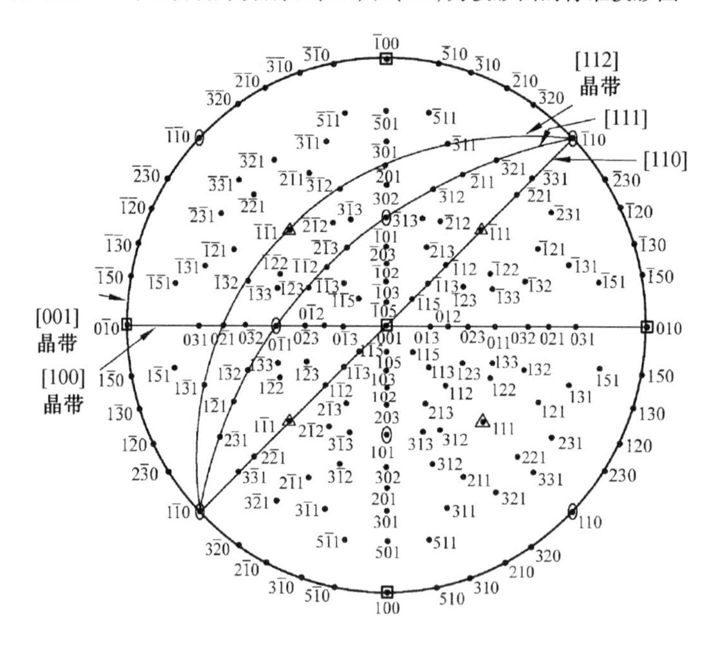

图 7.18　立方晶系(001)标准投影图

标准投影图使用中要注意以下几个方面。

(1) 一般来说,晶体中的晶面是很多的,而标准极图只能标出一些低指数的重要晶面,不过正是这些低指数晶面集中反映了材料的物理以及化学特性,因此,材料科学研究中基本够用。

(2) 标准投影中有时不标对称符号,而改用大小不等的原点来表示。

(3) 在立方晶系中,由于晶面间夹角与点阵常数无关,因此,所有立方晶系的晶体皆可使用同一组标准投影图,要知道更详细的晶面夹角可以通过附录 10 查找。但对其他晶系,由于晶面间夹角受点阵常数改变的影响,不能通用。例如,在六方晶系中晶面间夹角

受轴比 c/a 的影响,对不同轴比的晶体,即使是指数相同的晶面,它们的夹角也是不相等的。因此必须对具体的晶体利用晶面间距公式进行计算,每种轴比的晶体都要有自己的标准投影图。

(4) 如果在实际工作中需要用某些较高指数的晶面作投影面的标准投影图时,可以利用前面所介绍的转换投影面方法,在已有的低指数标准投影图的基础上绘制出来。

习 题

1. 试画出下列正方阵胞中的点阵面和点阵方向:(001)、(011)、(113)、[110]、[201]、[$\bar{1}$01]。

2. 试利用一张(1$\bar{1}$0)上的剖面图,证明立方系中的[111]面与(111)面垂直;而在正方系中则并不尽然。

3. 试在一张六方柱体图中,指出下列各点阵面和点阵方向:(1$\bar{2}$10)、(10$\bar{1}$2)、($\bar{1}$011)和[110]、[11$\bar{1}$]、[021]。

4. 试证明点阵面(10$\bar{1}$)、(1$\bar{2}$1)与($\bar{3}$12)均属于晶带[111]。

5. 点阵面($\bar{1}$10)、($\bar{3}$11)、(1$\bar{3}$2)是否属于同一个晶带? 如果属于,试指出其晶带轴。此外,再指出属于该晶带的任一个其他点阵面。

6. 兹将某些斜方晶体的单位晶胞描述如下,判定它们各自属于哪种晶体点阵,并说明理由:

(1)每个单位晶胞中含有两个同类原子,分别位于 $0\frac{1}{2}0$、$\frac{1}{2}0\frac{1}{2}$ 上;

(2)每个单位晶胞中含有四个同类原子,分别位于 $00z$、$0\frac{1}{2}z$、$0\frac{1}{2}(\frac{1}{2}+z)$、$00(\frac{1}{2}+z)$ 上;

(3)每个单位晶胞中含有四个同类原子,分别位于 xyz、$\overline{xy}\frac{1}{2}$、$(\frac{1}{2}+x)(\frac{1}{2}-y)\bar{z}$、$(\frac{1}{2}-x)(\frac{1}{2}+y)\bar{z}$ 上;

(4)两个 A 原子位于$\frac{1}{2}00$、$0\frac{1}{2}\frac{1}{2}$上;两个 B 原子位于 $00\frac{1}{2}$、$\frac{1}{2}\frac{1}{2}0$ 上。

在下面的一些习题中,某个点在极射赤面投影上的坐标,系用自投影中心所量得的纬度和经度绘出。因此 N 极为 90°N、0°E,E 极为 0°N、90°E,其余类推。

7. 平面 A 在极射赤面投影上系用通过 N 极、S 极、和点 0°N、70°W 的大圆来代表。平面 B 的极点位于 30°N、50°W。

(1)试求出该两面的夹角。

(2)试画出平面 B 的大圆,并利用分度规量出大圆 A 和 B 的夹角,以演示极射赤面的投影是保角的。

8. 在 20°N、50°E 处有极点 A,将围绕下列的轴转动,试求出极点 A 终止位置的坐标,并描出其转动时的途径:

(1)从 N 向 S 看,以逆时针方向围绕 NS 轴转动 100°;

(2)顺时针方向围绕一根与投影面垂直的轴,向观察者转动 60°;

(3)顺时针方向围绕坐标为 10°S、30°W 的倾斜轴 B,向观察者转动 60°。

9. 试画出一张立方晶体的标准(111)投影,并在图上表示出晶面族{100}、{110}、{111}

中所有的极点，以及它们之间各重要的晶带圆；再将该图与立方晶系的(001)标准投影进行对比。

10.试画出一张白锡(正方点阵，$c/a = 0.545$)的标准(001)投影；并在图上表示出晶面族{001}、{100}、{110}、{011}、{111}中所有的极点，以及它们之间的各重要晶带图；再与立方晶系的(001)标准投影进行对比。

11.在一张立方晶体的标准(001)投影上，某个面的极点在图7.17(a)上的坐标为53.3°S、26.6°E；试求该面的晶面指数；并比较所量的角度和附录10中所列的数据，以验证你的答案。

第 8 章

多晶体织构分析

通常的金属材料是多晶体材料,多晶体的集合体中的各个晶粒通常与相邻晶粒保持有一定的取向关系,宏观上处于随机无序的状态,此时材料的物理性能和机械性能都是各向同性的。金属材料在拉拔或轧制等变形过程中,各晶粒要产生滑移或倾转,这一过程是很复杂的,取决于外加应力和相邻的同时在做滑移和倾转的晶粒的约束,最终某些晶面及其晶向朝着易于转动和滑移的方位排布。例如纯铝在拉拔成线材过程中,晶粒的〈111〉晶向趋于与拉丝方向平行排列。当纯铝被冷轧成板材时,其中绝大部分晶粒的{110}晶面族与轧面平行,同时〈112〉晶向与轧制方向平行。材料中这种晶粒取向趋于一定方向的聚集现象,称为择优取向或称为织构。冷变形加工后的金属材料的织构组织经过再结晶退火处理之后,其晶粒的形核和长大要受原有织构组织的影响,还会生成新的择优取向。除冷变形外,织构还可以在液态定向凝固、气相沉积簿膜、电解沉积等过程中产生。不仅在金属材料中,在岩石、陶瓷、高分子纤维等材料中均有存在。

织构的存在有时是有益的,有时却是有害的。例如用板材冲压成型汽车的蒙皮时,由于强塑性的各向异性,可能使不同方向的回弹和变形不均匀,造成成型精度下降。深冲时,由于织构的存在会形成"制耳",这些是不希望出现的现象。但在加工电机转子、变压器用的硅钢片等软磁合金时,却希望沿晶体的易磁化方向形成强织构,例如使{100}面与板材表面平行,以便获得优良的磁性能。

目前为止的 X 射线分析技术都是在晶粒随机分布、在任何方向上都存在有足够多的晶粒、晶面提供衍射的前提下讨论的,晶体材料产生织构后这种理想的条件将不复存在。不难想像,此时的 X 射线衍射强度会因晶面在某个方向的集中排布而在某些应该产生衍射的位置没有产生衍射线,而在另外的位置衍射强度会异常增大。我们就是通过这种衍射强度的异常现象来推断多晶体择优取向分布形式和程度大小的。

学习多晶体取向测定方法,即织构的衍射分析是十分抽象的,讨论织构问题时必须先清楚织构的晶体学特征,然后再分析这种晶体学特征给衍射带来的变化,还要认识这种衍射变化的描述方法。

织构中较为典型的是金属材料中的丝织构和板织构。它们的特征和测量方法也各不相同。

8.1　冷拉金属丝织构的测定

8.1.1　衍射图相分析和丝织构轴指数的测定

金属材料经冷拉丝之后，出现晶体取向的择优分布，使各晶粒的某一个或几个晶体学方向与拉丝方向平行，例如铝经拉丝后各晶粒的〈111〉方向与拉丝方向平行，而铜、金、银等经拉丝后，其中一部分晶粒的〈111〉方向与拉丝方向平行，而另一部分晶粒的〈100〉方向与拉丝方向平行。由于丝织构具有轴旋转对称的特点，所以通常把拉丝方向称为丝织构轴。用平行于拉丝方向的晶向指数〈$u\ v\ w$〉来表示丝织构轴的指数。如果试样中有两种或两种以上的晶体取向与织构轴平行，则称之为双重织构或多重织构，它的指数表示方法为〈$u_1v_1w_1$〉+〈$u_2v_2w_2$〉或〈$u_1v_1w_1$〉+〈$u_2v_2w_2$〉+〈$u_3v_3w_3$〉+……

用X射线衍射方向测定丝织构轴指数就是要测定与拉丝方向平行的那些晶向指数。

由于用平板底片照相法(即针孔法，其实验布置见第2.5节)，测定丝织构轴指数时的衍射原理较为清晰，这里稍详细地给以分析。

在粉末多晶体的衍射图中，由于某待测晶面的取向是在三维空间中任意分布的，所以衍射环为强度均匀分布的同心衍射圆环，而丝织构的衍射图由于试样存在择优取向，某些待测晶面集中分布在某几个方向上，这样，这个晶面的衍射环上的衍射强度会分别聚集在某几个弧段，这些弧段称为衍射斑点，也称之为织构斑。

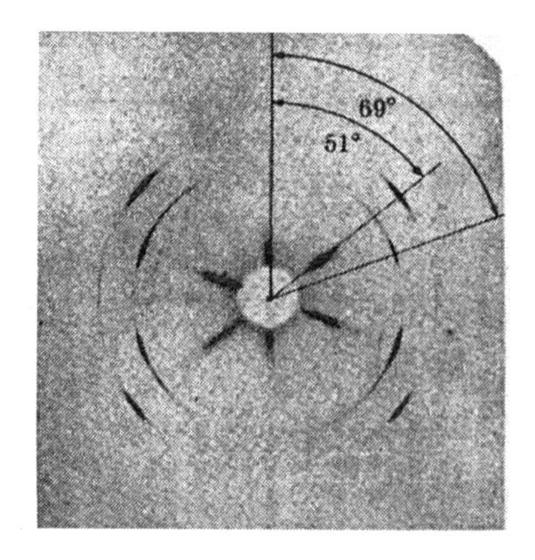

图8.1　冷拉铝丝的平面底片透射法衍射照片(铝丝与X射线相垂直，中心星芒散射光斑为连续X射线所造成的)

图8.1所示为针孔相机透射法摄照的冷拉铝丝的衍射照片。丝织构衍射图像中织构斑的数目和分布是有一定规律的，织构斑在衍射环上的分布都是上下左右相互对称，不同指数衍射环上织构斑的数目虽然各不相同，但它们必定成双。这些特点可以通过丝织构衍射几何来说明。

8.1.2　丝织构的衍射几何

金属晶体在冷加工过程中发生变形，并导致择优取向，但是晶体本身的晶面、晶向之间的相互对应几何关系并不改变。例如，织构轴指数为〈111〉，亦即晶向〈111〉与铝丝的轴向平行，但是与{100}晶面族的54°44′的夹角没有变，与{111}晶面族的70°32′的夹角也不会变化。立方晶系中主要晶面的夹角见表8.1。

表 8.1　立方晶系中主要晶面的夹角

晶 面	织构轴			
	〈100〉	〈110〉	〈111〉	〈112〉
{100}	90°	45°　90°	54°44′	35°16′　65°54′
{110}	45°　90°	60°　90°	35°16′　90°	30°　54°44′　73°13′　90°
{111}	54°44′	35°16′　90°	70°32′	19°28′　61°52′　90°
{112}	35°16′　65°54′	30°　54°44′　73°13′　90°	19°28′　61°52′　90°	33°33′　48°11′　60°　70°32′　80°24′

因此,当〈111〉取向聚集在织构轴方向时,其余的晶体取向关系也都围绕织构轴固定了,都相应地聚集于某些方向。因为丝织构具有旋转轴对称的特点,对某一定的晶面族{*HKL*}而言,它与织构轴保持固定的角度关系的同时,在其他二维方向并不受限制,仍然随机分布,所以{*HKL*}的法线必然以织构轴为轴心形成一个圆锥,这样的圆锥称为织构圆锥。圆锥半顶角为该晶面族法线与织构轴的夹角 ρ。

图 8.2 所示为丝织构的衍射几何。试样垂直放置,即 X 射线方向与拉丝方向 TT' 垂直,TT' 亦即织构轴的投影为 YY' 方向。晶面(hkl)参与反射,在底片上得到 A 点,根据布拉格定律,只与入射线呈 θ 角的晶面方可发生衍射,此时晶面法线与入射线成 $90° - \theta$ 角。也就是说,凡是能参加反射的晶面族,其法线(图中法线投影点为 N)必定位于以入射线为轴,以 $90° - \theta$ 为半顶角的圆锥面上,这样的圆锥称为反射面法线圆锥或称为反射圆锥。与粉末多晶体不同,由于织构的存在并不是所有满足布拉格条件的方向都能出现衍射,因为其中的某些取向在试样中并不存在。由此可见,在丝织构的衍射几何中,反射面法线必须同时位于织构圆锥和反射圆锥的锥面上,也就是说,织构圆锥与反射圆锥的交线才是实际产生衍射的反射面法线方向。

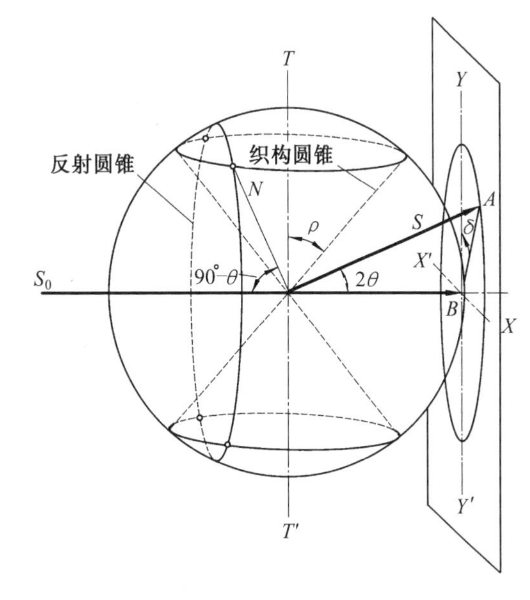

图 8.2　丝织构的衍射几何

所以,衍射图像中织构斑的数目和分布可由织构圆锥和反射圆锥相交的情况来确定。当 $\rho < \theta$ 时,织构圆锥与反射圆锥不相交,没有衍射产生;当 $\rho > \theta$ 时,织构圆锥和反射圆锥有 4 条交线,在衍射环上得到上下左右相互对称的 4 个织构斑;当 $\rho = \theta$ 时,织构圆锥和反射圆锥相切,在衍射环的纵向轴上可以得到两个织构斑;当 $\rho = 90°$时,织构圆锥退化成平面,与反射圆锥在水平方向上相交,在衍射环的水平轴上可以得到两个织构斑。

上面讨论的是一个织构圆锥和反射圆锥相交时的情况,如果试样中存在多重织构时,所分析的晶面族{*HKL*}的法线与织构轴的夹角为多个数值,会出现多个织构圆锥与反射圆锥相交的情况,这时衍射环上的织构斑数目会相应地增加。

从以上分析可以看出,照片上的织构斑 A 的角位置 δ(织构斑与织构轴的夹角)必然与入射角 θ 和晶面法线与织构轴夹角 ρ 之间存在一定的关系。用 X 射线衍射的方法测定丝织构轴的指数〈uvw〉的基本思路是:首先从衍射图中算出 θ 和 δ,通过 θ、δ 和 ρ 三者的关系求出ρ角，然后在已知衍射指数hkl和ρ角的情况下，确定织构指数$\langle uvw \rangle$。

8.1.3　织构斑测量方法

θ、δ和ρ三者的关系式可从图8.3所示的衍射几何中得出。为了讨论方便，以O为中心作一参考球，平板底片YY'与参考球相切，并与沿QO入射的入射线相交于B点，A为衍射环上的并落在底片上的织构斑，ON为反射面的法线，它与织构轴TT'成ρ角，A点的角位置δ可以从与底片垂直轴(织构轴投影)的夹角测量。从另一个角度来看，根据布拉格定律，OA、ON和OQ同处一个平面，此平面与参考球相交成QNA大圆，QNA大圆与QTY大圆的夹角即为度量织构斑位置的δ角。在球面三角形QTN中，TQ、TN和NQ分别对应于$90°$、ρ和$90° - \theta$的圆弧。根据球面三角(图8.3(b))定律$\cos a = \cos b \cos c + \sin b \sin c \cos A$，并把相应的数值$a = \rho$、$b = 90° - \theta$、$A = \delta$代入，即得到

$$\cos \rho = \cos \theta \cos \delta \tag{8.1}$$

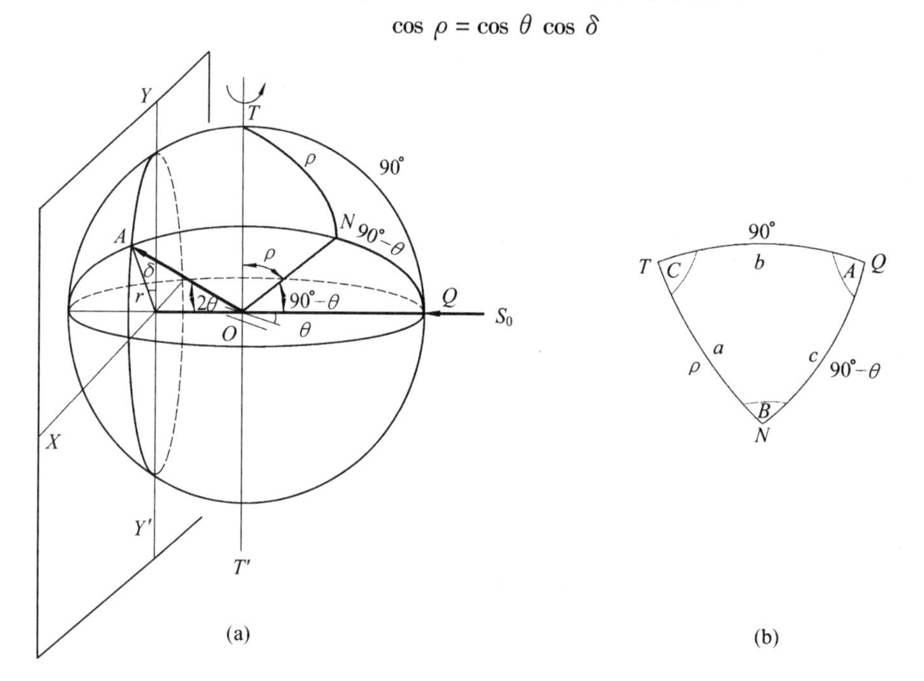

图8.3　θ、δ和ρ之间的关系

式(8.1)是当入射线与织构轴垂直时得出的。如果织构轴与入射线的夹角为β，则θ、δ和ρ三者的关系为

$$\cos \delta = \frac{\cos \rho - \cos \beta \sin \theta}{\sin \beta \cos \theta} \tag{8.2}$$

对于立方晶系的金属，晶面族$\{HKL\}$的法线与织构轴$\langle uvw \rangle$的夹角ρ的关系为

$$\cos \rho = \frac{Hu + Kv + Lw}{\sqrt{H^2 + K^2 + L^2}\sqrt{u^2 + v^2 + w^2}} \tag{8.3}$$

以立方晶体为例，具体测试步骤可以简述如下：

(1) 测量衍射环半径r_1、r_2；

(2) 依据简单的三角关系$\tan 2\theta = r/D$计算θ；

(3) 对衍射环进行指标化处理，根据X射线衍射方向公式(2.19)和附录16得到系列的$(h_1k_1l_1)$、$(h_2k_2l_2)$等；

(4) 从照片上测量 δ 角,得到系列的 δ_1、δ_2 等;

(5) 由式(8.1)计算 ρ 角,得到相应的 ρ_1、ρ_2 等;

(6) 确定织构轴。根据 $(h_1k_1l_1)$、$(h_2k_2l_2)$ 和 ρ_1、ρ_2,查立方晶系夹角表,即可确定 $\langle u\ v\ w\rangle$。

在已知 ρ 和衍射指数 HKL 的情况下,可以利用三条衍射线,列出三个方程,联立求解得出 $\langle u\ v\ w\rangle$。也可以根据衍射环指数和 ρ 角,查晶面夹角表(附录10)得出 $\langle uvw\rangle$。

对于一些六角密堆金属,其反射面 $(H_1K_1L_1)$ 的法线与垂直于织构轴的晶面 $(H_2K_2L_2)$ 法线方向之间的夹角 ρ 的关系为

$$\cos\rho=\frac{H_1H_2+K_1K_2+\frac{1}{2}(H_1K_2+H_2K_1)+\frac{3}{4}\frac{a^2}{c^2}L_1L_2}{\sqrt{\left(H_1^2+K_1^2+H_1K_1+\frac{3}{4}\frac{a^2}{c^2}L_1^2\right)\left(H_2^2+K_2^2+H_2K_2+\frac{3}{4}\frac{a^2}{c^2}L_2^2\right)}}\tag{8.4}$$

表8.2为六角密堆金属 Mg($c/a=1.624$)的一些主要晶面的 ρ 角。对于其他六角密堆金属的 ρ 值则需要根据公式(8.4)与不同的 c/a 轴比进行计算。

表8.2　六角密堆金属 Mg($\frac{c}{a}=1.624$) 的一些主要晶面的 ρ 角

晶　面	织构轴		
	$\langle 0001\rangle$	$\langle 10\bar{1}0\rangle$	$\langle 11\bar{2}0\rangle$
$\{0001\}$	0°	90°	90°
$\{10\bar{1}0\}$	90°	60°	30°　90°
$\{10\bar{1}1\}$	62.0°	28.3°　63.8°	41.7°　64.5°
$\{10\bar{1}2\}$	43.2°	47.2°　70.2°	53.2°　69.0°

8.2　丝织构的极图和反极图

本章开始提出了采用与丝织构轴平行的晶向指数 $\langle uvw\rangle$ 来表示织构状态的指数表示法。指数表示法的优点在于简单、鲜明。但是,在实际的织构材料中,往往存在不同程度的取向散布和偏离,而这种方法无法表达织构散布和偏离的程度,也不能描述材料中其他晶粒的取向分布。为此必须寻找能表达金属材料中所有晶粒取向分布的方法。

大家知道,描述晶粒在空间的取向分布可以用这些晶粒中的某一晶面(常用低指数晶面)在空间的取向分布来替代。因此,如果采用极射赤面投影法,选择晶粒中的某一主要低指数晶面,将所有晶粒的这个低指数晶面均描绘在同一投影图内,并标明此投影面与拉拔方向的关系,则此图不仅可以充分反映出材料中所有晶粒在空间的取向分布,而且也能体现各晶粒的取向与拉丝方向的关系。这种投影图称为多晶体的极图。

1. 无织构时多晶体的极图

所谓多晶体,是指晶粒数目无穷多,而且无规则取向的晶体,所以给定某 $\{HKL\}$ 晶面族的法线同样也是无规则取向的。这些法线与投影球的交点均匀分布于整个球面,如果作 $\{HKL\}$ 晶面族的极射赤面投影,也必然是无规则、均匀地布满整个极图上。

2. 有织构时多晶体的极图

例如,已知W丝的织构轴为 $\langle 110\rangle$,要考察投影面平行于织构轴的钨丝 $\{100\}$ 极图。从表8.1可知 $\{100\}$ 晶面族的法线与织构轴 $\langle 110\rangle$ 成45°或90°夹角,即 $\{100\}$ 晶面族形成两个织构圆锥,半顶角为45°和90°。现将织构轴 ZZ' 与投影面平行(即重合)放置,作 $\{100\}$

晶面族织构圆锥的极射赤面投影，如图 8.4 所示，它们的极点应分别分布在赤道直径 CC' 和 45°纬线小圆 AA' 和 BB' 上。由于织构具有一定的散布性，所以晶面的极点不只是投影到有一定宽度的带子上，投影带的角宽度即为丝织构的散布角。

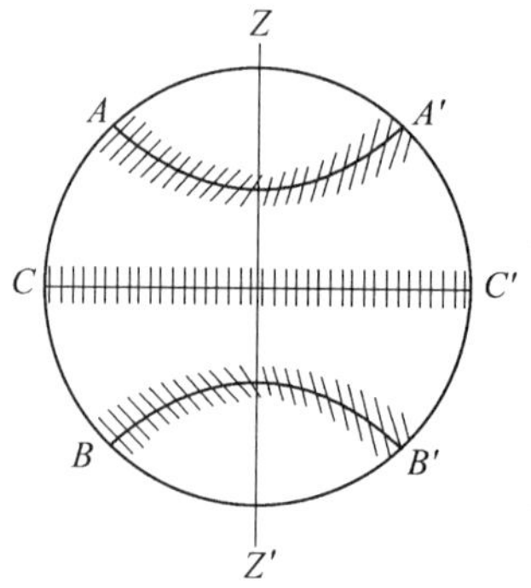

可见，作{100}极图就是把{100}晶面的分布投影到织构轴所在的投影面上。

图 8.4　钨丝的{100}晶面族极图

3. 丝织构的反极图

织构的极图表示法较指数法进了一步，能如实地反映出织构的主要内容，但是作织构极图往往适用于已知织构指数、织构散布角度不太大、单一织构的情况；而对于散布很大、多重织构等情况，反极图的表示方法更为简便直观。

反极图(inverse pole figure)也是一种极射赤面投影表示法。所不同的是，极图的坐标是试样的特殊外观方向和平面，投影分布是各晶粒的某一{*HKL*}晶面族，用这种晶面取向分布来显示织构状态。也就是将{*HKL*}晶面族往试样外观上投影。而反极图的坐标则是以晶体学方向为坐标，投影分布是试样的外观(或平面)，用试样的外观方向的投影分布来表示织构状态，也就是将试样的外观投影到晶体学方向上。丝织构的反极图是表示织构轴极点在投影面(低指数晶面)上的分布，故又称为轴向分布图。

在立方晶系中，由于存在高的对称性，故晶体的标准极射赤面投影图被{100}、{110}和{111}这三个晶面族的极点分成 24 个等效的极射赤面投影三角形(见图 7.17)，所以立方晶系的反极图可用单位极射赤面投影三角形[001]-[011]-[111]来表示。

图 8.5 为较为典型的反极图。这是纯铝经 1:12 的挤压比，挤压成 23 mm 的棒材的织构轴的轴向分布。分布密度的数字是用以均匀分布时的倍数来表示的。这一反极图表明，棒材轴向的分布集中于〈001〉和〈111〉，具有双重织构。进一步计算分析，〈001〉和〈111〉的成分比例分别为 0.53 和 0.47。可见反极图的优点是能够直接表示出织构轴各组成部分的分配数量、对称性程度以及织构轴取向的分散程度。

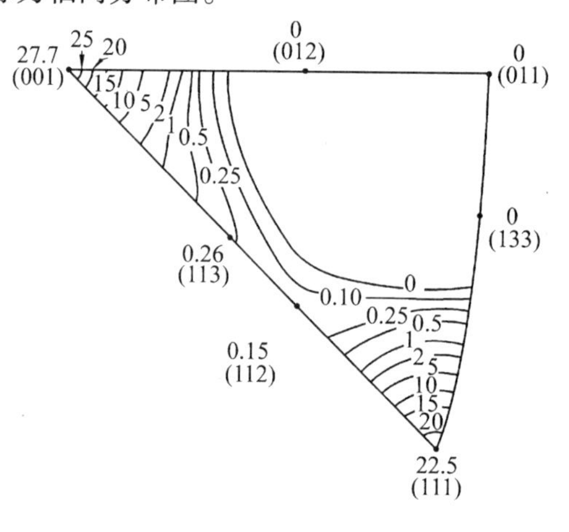

图 8.5　纯铝挤压棒材的反极图

8.3　板织构极图晶体投影原理及其织构测定

金属在轧制过程中晶粒朝着最容易协调变形的方向转动，结果使得某些晶向〈*uvw*〉与轧制方向平行，相应地，某些晶面(*hkl*)会与轧制表面平行，这种织构可简单表示为(*hkl*)〈*uvw*〉。也就是说，轧板中的晶粒方向与板的方向有一定对应关系，这是一种比较理想的板织构。比如工业纯铝在冷轧成板材之后，织构为{110}平行于轧面，[112]平行于轧向，即形成{110}[112]织构，其晶体择优取向关系可从图 8.6 的概念图中得以理解。通常织构较复杂，并不是仅一个晶向与轧制表面平行，而且择优取向的取向分布也很分散，所以必须用极图来描述。

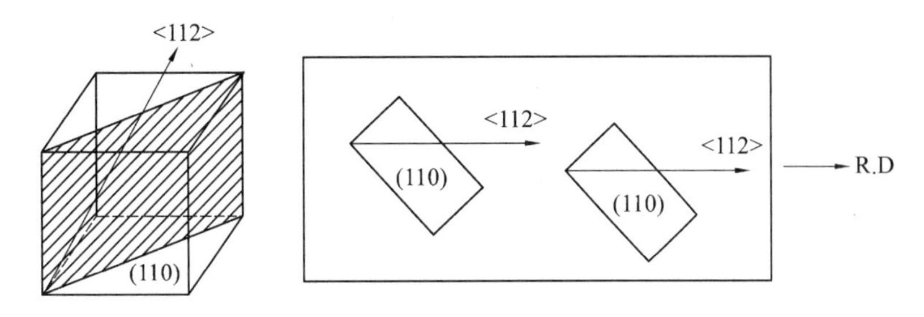

图 8.6　工业纯铝(110)〈112〉织构的概念图

在了解板织构极图制作过程之前首先要明确有织构的晶体投影的过程，这对于织构测量的理解十分有益。板织构制作过程的投影机制是这样的：先作一个参考球，把试样(平板)放在球心，假定平板中所有晶粒的{*HKL*}晶面族的法线都与球面相交，交出全部的极点，再将这些极点向过投影球球心的某个平面上投影，得到{*HKL*}法线极点的分布图。这个投影面原则上可以任意选取，但为了便于比较和分析，选试样表面所在的平面(赤道平面)最为合适。

例如，某立方晶体板材有 100 个粗大的晶粒，每个晶粒会有 3 个不同方位的极点{100}，在{100}投影面上的极点就会有 300 个。如果 100 个晶粒完全随机取向，这 300 个极点在投影图上近似地均匀分布，如图 8.7(a)所示。可是如果存在织构的话，极点会向某些方向集中，而在另外的方向上完全消失，例如在(100)〈001〉织构存在的条件下，参考图 7.2，晶粒(100)晶面与轧制表面平行，那么(100)的极点分布便集中在沿轧制方向和垂直于轧制方向以及试样表面的法向。如果将极点向与试样表面平行的(100)晶面投影，其极射赤面投影的结果必然如图 8.7(b)所示，极点分布于特殊的几个区域，这正是晶粒的(100)面与板面平行，〈001〉晶向与轧制方向平行的结果。图中 R.D.为扎制方向，T.D.为扎制的垂直方向。一般金属在轧制后取向并不十分规则，有个分散度，所以极点分布有个区域。

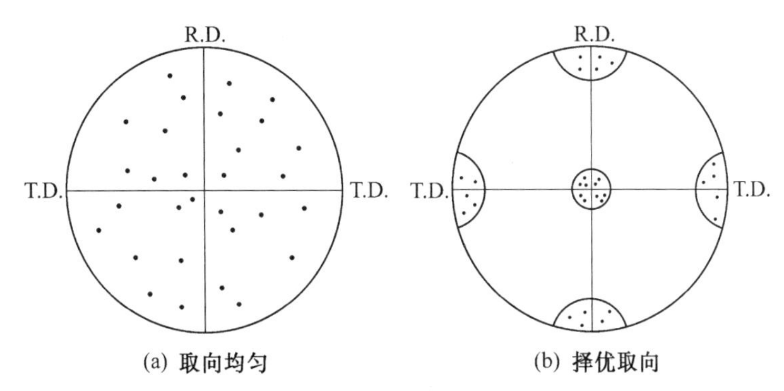

图 8.7　板状试样的(100)极图

如果不作{100}极图，而作{111}极图，得到的投影就完全不同了。{111}晶面上的极点会有四个，这四个极点分布较为密集的区域大致在四个象限的中央位置，也就是说，选择的投影面指数不同，极图的外观形状就不大一样。

投影面指数的选择，在理论上讲是任意的，但是，通常指数的选择是依据最能明显反映晶体物理特性的晶面来决定的。例如，讨论某面心立方金属的塑性变形时，选(111)作极图最为合适，因为{111}是滑移面，在这个面上的极点分布状态最为清晰。同样，讨论纯铁的磁性能时，希望选取(100)作极图，因为〈100〉方向透磁率最高。

8.4　冷轧板织构的测定

8.4.1　X 射线衍射法测试几何原理

当晶体细小或为粉末试样时，试样中的{HKL}晶面对 X 射线的反射是以 4θ 为顶角的圆锥，这是{HKL}晶面族随机取向的结果。在板织构中，晶粒取向除了受轧向限制外，还要受轧面的限制；这样，各晶粒的{HKL}晶面族的法线不再呈轴旋转对称，而是在某个衍射方向上的衍射强度减弱甚至消失，而在另外的方向上加强，德拜环上的强度出现不连续现象，如图 8.8 所示。局部增强的部分叫做织构斑，我们的任务是要知道德拜环上织构斑的空间位置来判定{HKL}晶面族的取向。在这种情况下如果能够让计数器绕德拜环旋转一周，问题就很容易解决了。但是，由于设备条件的限制，计数器不可能上下移动，所以我们只好固定计数器而让德拜环转动，不同强度的反射区域连续地被计数器检测记录。如果试样中各个位置反射的强度不需要校正的话，记录的衍射强度就可以代表择优取向的晶粒的累积体积了。

对于板状试样，让德拜环沿计数器转动需要一些条件限制。要求投影图与试样板面平行并随板面一起运动，这样不管板面处于何种方向，德拜环随之转动，但是(HKL)反射面的法线 N 在空间的方位永远固定在平分入射线与反射线夹角的方位上。也就是入射线、反射线、参与反射的晶面法线 N 是永远不动的，但与试样和投影图做相对运动。也可以想象，投影图不动，而 N 的位置随试样的转动而变化，在各种位置下计数器均可以记录衍射强度，并换算成极点密度，记录于投影图上。每次测量时，为让更多的在不同晶粒中不同取向的{HKL}晶面族进入反射位置，让试样转动，同时探测织构弧斑的强度分布。

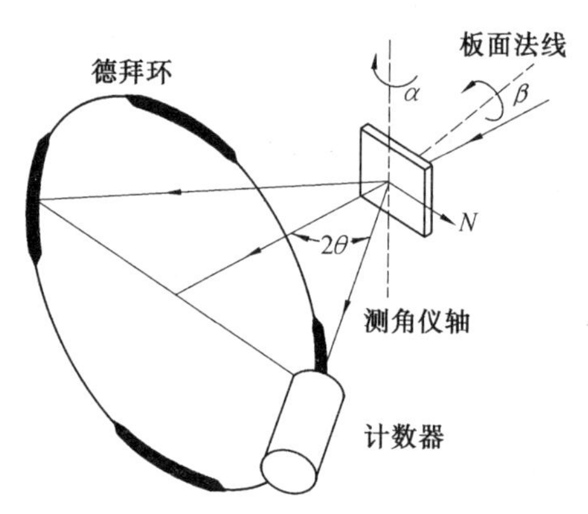

图 8.8　用透射法确定极图的衍射几何关系

用衍射仪测定板织构极图的方法有多种，但是都可以归结为透射法或反射法。测绘一个完整的极图，需要采用透射法和反射法两种方法相结合来完成。

8.4.2　透射法

透射法的实验布置和衍射几何如图 8.9 所示。根据衍射仪的转动特性和数据记录的要求，试样的转动分为两个独立的动作：绕试样的法线转动(β 转动)和绕轧制轴转动(α 转动)，试样安装要求轧制方向(R.D.)朝上并且轧制表面与测角仪轴相重合，所以第二个转动(α 转动)相当于试样绕测角仪轴转动。其试验布局决定了轧面位于平分入射线和衍射线夹角的位置，也就是使入射线和试样表面法线成 θ 角。

制作(HKL)极图使用极式网和极射赤面投影法，投影面为试样表面，将反射面的法线向投影面投影。如图 8.10 所示，在初始位置 $\alpha=0°$、$\beta=0°$条件下，轧制方向 R.D.朝上，在投影基圆的纵向直径端点处与衍射仪轴重合；横向 T.D. 在投影基圆的横向直径端点处与$\{HKL\}$反射面的法线 ON 一致。此时，投影极式网的中心便是试样表面法线的极点。

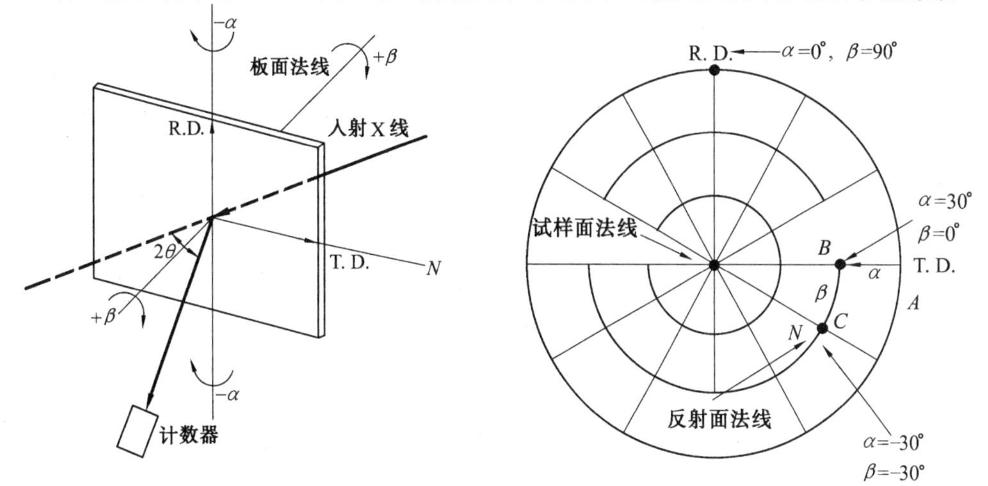

图8.9 透射法的实验布置和衍射几何关系（$\alpha=0°$，$\beta=0°$的情况）

图8.10 α 和 β 转动时反射面法线极点 N 在极式网中的反映（$\alpha=-30°$、$\beta=30°$）

实验开始时，首先计算出 HKL 反射的 2θ 的位置，计数器固定在接受 HKL 反射的 2θ 位置上。在 $\alpha=0°$、$\beta=0°$条件下，反射面法线极点位于 A 点，试样开始绕轧制轴作 α 转动时，如 $\alpha=30°$（逆时针转动为正，顺时针转动为负），反射面法线不再位于试样板面上，而是与板面转成30°夹角，其投影 N 沿基圆水平直径向极式网中心移动30°到达 B 点。当试样绕板面法线顺时针做 β 转动，如 $\beta=30°$时，反射面法线相应地绕投影中心转动 β 角，反射面法线的投影 N 沿极式网的同心圆周转动 β 角到达 C 点。图 8.10 表示了 $\alpha=30°$、$\beta=30°$时，反射晶面法线极点 N 的运动轨迹。

当试样中各晶粒$\{HKL\}$晶面法线的极点在极式网上标明后，还要附以对应的强度值。衍射强度可以为任意单位，也可以为计数器的计数。具体方法大致如下：在 α_1 一定的条件下做 β 转动，可以为 0°～360°，考虑到对称性，也可以转动 180°，记录同一 α_1 角下衍射强度与 β 角的关系，得到 $I\sim\beta$ 关系曲线，图 8.11 给出其示意图。作不同强度的等高线，标出强度与各个 β 角的对应关系，在极式网的 α_1 圆环上标出不同强度级别的点。一般令 α 角每隔 5°（或 10°）转动一次，在每一个 α 角下，再令试样绕板面法线做 β 转动，旋转角从 0°～360°或者 0°～180°连续扫描。这样可以获得多条 $I\sim\beta$ 关系曲线，同时获得不同(α,β)坐标下的强度等级分布，将相同强度等级的点连接起来就得到了(HKL)极图。

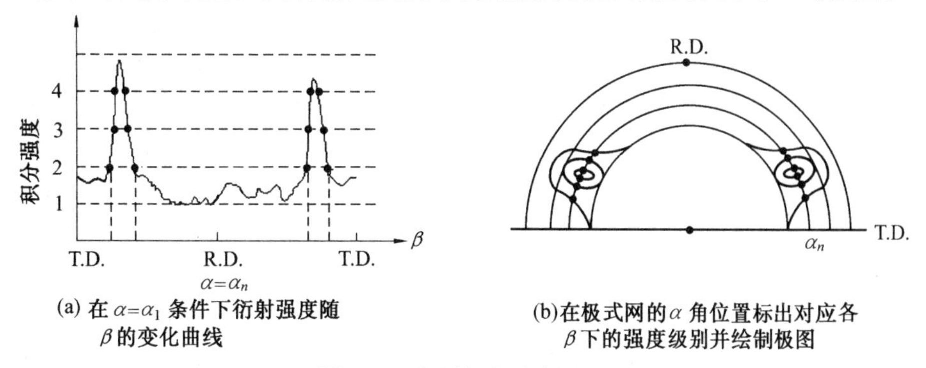

(a) 在 $\alpha=\alpha_1$ 条件下衍射强度随 β 的变化曲线

(b)在极式网的 α 角位置标出对应各 β 下的强度级别并绘制极图

图 8.11 极图标定示意图

用透射法绘制极图需要注意以下几个问题。

(1)试样的厚度问题。为获得可靠的数据,通常试样厚度限制在 $\mu t=1$ 时较为合适。这里 μ 为材料的线吸收系数,t 为试样厚度。用 MoK_α 线摄照 Fe 样品时,其厚度约为 35 μm,而用 Cu K_α 线摄照 Al 样品时,厚度可以为 75 μm 左右。厚试样的减薄通常采用腐蚀的方法,以免破坏原始织构状态。

(2)透射法的测量极限问题。由图 8.8 可见,当 $\alpha=90°-\theta$ 时,试样板面与入射线平行,这时衍射强度实际上为零,同时,试样架也会对衍射束产生干扰,所以在透射法中,$\alpha=90°-\theta$ 是一个极限角,通常有效角度只能达到 60°~70°左右。因此,透射法不能测绘极图的中心部分,它只能用反射法才能完成。

(3)吸收校正问题。在推导平板试样吸收系数 $A(\theta)$时我们知道,当衍射仪按照 $\theta-2\theta$ 联动时 $A(\theta)$与 θ 无关,为一常数 $1/\mu_1$。但是在透射法中,随着 α 转角的增加,衍射体积和 X 射线在试样内部穿行的程长均发生变化,因此,必须将各个位置测得的衍射强度 $(I_{\pm\alpha})_{实测}$进行校正,只有经过校正后的强度$(I_{\pm\alpha})_{校正}$才能真正地与相应取向的$\{HKL\}$极点密度成正比。可以证明

$$(I_{\pm\alpha})_{校正}=(I_{\pm\alpha})_{实测}\cdot R_{\pm\alpha} \tag{8.5}$$

$$R_{\pm\alpha}=\frac{\mu t\mathrm{e}^{-\frac{\mu h}{\cos\theta}}}{\cos\theta}\cdot\frac{\dfrac{\cos(\theta\pm\alpha)}{\cos(\theta m\alpha)}-1}{\mathrm{e}^{-\frac{\mu h}{\cos(\theta\pm\alpha)}}-\mathrm{e}^{-\frac{\mu h}{\cos(\theta m\alpha)}}} \tag{8.6}$$

式中 $R_{\pm\alpha}$称为透射法衍射强度的校正因数,它是无定向排列的试样在 0°与 $\pm\alpha$ 时的衍射强度比。μ 为试样的线吸收系数,t 为试样厚度。在式(8.6)中,μt 值应当直接测定,从表中查到 μ 后再乘以厚度 t 得到的数据是不可靠的。可用以下方法求得:利用探测器读出任意试样的衍射强度,再将待测试样放在探测器窗口前读出通过待测试样后的衍射强度,然后利用 X 射线透过物质时的衰减定律:$I_t=I_0\mathrm{e}^{-\mu h}$计算试样的 μt 值。

各种不同条件(α、2θ、$\mathrm{e}^{-\mu h}$)下的衍射强度校正因数可以直接计算。

8.4.3 反射法

反射法的实验布置及衍射几何如图 8.12 所示。反射法采用厚板试样,以保证透射部分的 X 射线全部被吸收。厚板试样安装在专用的试样架上,试样不仅能绕衍射仪轴和板面法线 BB'旋转,而且还能绕试样水平轴 AA'旋转。注意,AA'水平轴是位于试样表面上的。为了测绘极图的中心部位,试样的初始位置设计为轧向与衍射仪轴重合,入射线和衍射线处在试样的同一侧,且与试样表面成 θ 角。此时,反射晶面与板面平行,板面法线 BB'与反射面法线 CN 重合并平分入射线、衍射线夹角。当试样绕 AA'轴转动时,垂直于试样表面的 BB'轴即在一个竖立平面内转动,但反射面法线 CN 始终固定在和 AA'轴垂直的水平位置上。由于反射法和透射法测绘同一张极图,为使反射法能够与透射法一样将 α 和 β 标绘于极图上,我们规定试样表面在水平位置(板面法线垂直向上)时 $\alpha=0°$,轧向与水平轴 AA'左方重合时 $\beta=0°$。在图 8.12 中,试样所处的位置为 $\alpha=-90°$、$\beta=90°$,此时,反射面与轧面平行,其极点在极式网中心。

当试样绕 AA'轴逆时针转动 α 角时,反射面法线 CN 的极点自投影中心向上移动 α;在此位置下,再令试样绕板面法线 BB'轴顺时针转动 β,反射面法线 CN 的极点将沿其所在同心圆周逆时针方向移动 β。因此,在反射法中,如果使 α 每隔 5°或 10°转动一次,逐步

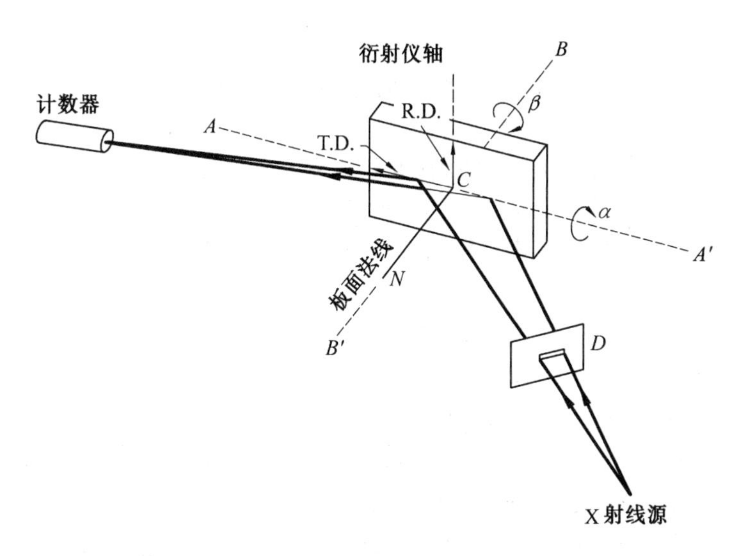

图8.12 反射法的实验布置和衍射几何

使 α 由 $-90°$降至 $-40°$,在每一次 α 转动后,作 $0°\sim360°$或($0°\sim180°$)的 β 旋转,同时探测结构弧斑的分布,由此可查明{*HKL*}极点在极图中心区域的分布情况。

在通常实践中,透射法测量 $0°\sim-50°$的 α 范围,而反射法测量 $-40°\sim-90°$的范围。10°范围的重叠是十分必要的,它不仅提供检验两种实验方法精度的可能性,而且可通过重叠区域两套数据的对比,寻求归一化因子。利用归一化因子将一套数据折算成另一套互相衔接的统一数据,从而绘制出完整的极图。

在反射法中,由于 AA' 轴在试样做其他转动期间始终保持固定位置,因此,试样受辐照的表面必定经常与聚焦圆相切。所以,反射法具有聚焦作用,它可以采用由水平狭缝光阑发出的扁而发散的入射线束。水平狭缝光阑的采用使得试样仅能在沿 AA' 轴的狭窄长方形区域上被辐照。因此,试样绕 AA' 轴的转动虽然使吸收发生变化,但是,这种改变恰被衍射材料的体积变化所抵消。所以,反射法的显著特点是不必对强度进行吸收校正,它在极图中心区域内所有位置的衍射强度直接正比于该点的极密度。

图8.13是用衍射仪法所作的 α 黄铜(70Cu-30Zn)经95%冷轧后的{111}极图。极密度为任意单位,等强度线旁边的数字表示强度的相对值。为找到织构的方向,将几张标准投影图重叠于极图上,发现极点(111)几乎重合于一点,在图中用实心三角形符号表示。这个三角形表示的是(110)与板面平行,$\langle 1\bar{1}2\rangle$方向与扎制方向平行的单晶体(111)极点。也就是说,极图的高密度区域都近似地倾向于(110)$\langle 1\bar{1}2\rangle$。因此,该组织的理想取向即{110}[112]。

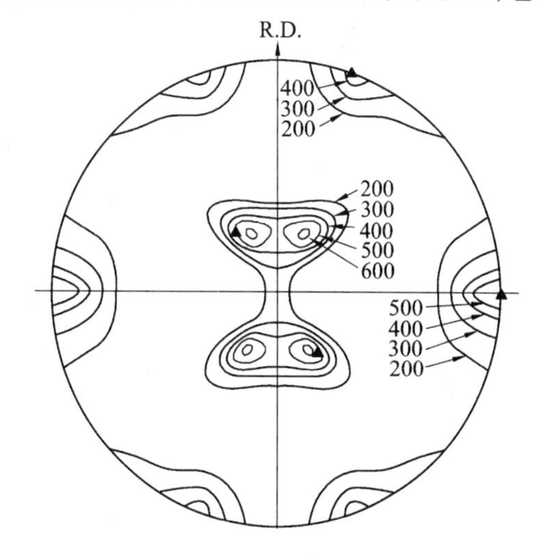

图8.13 厚度方向扎制95%的 α 黄铜(70Cu-30Zn)的{111}极图

8.5 极图的分析与标定

由照相法和衍射仪法所绘制的极图是用极射赤面投影表达了试样中晶粒的择优取向分布，但是尚未直接明确指出理想织构的类型及织构分布的百分比，这就不便于对问题的深入探讨。为此，有必要进一步对极图进行分析。本节只叙述确定织构类型的定性分析法，至于确定织构度的定量分析法，这里不做介绍。

我们得到的极图是{*HKL*}晶面族相对于扎制方向取向的统计分布，是以轧面为投影面的极射赤面投影，而(*HKL*)标准极图(标准投影图)是晶体中各个晶面在以某个低指数晶面(*HKL*)为投影面的极射赤面投影，表示各个晶面间的取向关系。在扎制过程中晶粒可以粉碎，可以偏转，但是晶面晶向之间的相互关系不会变化，所以，标准极图与极图是有必然联系的，它可以作为极图分析的有用工具。

通常采用尝试法分析极图。即选取与试样同种晶系的几张标准极图，通过标准极图 *hkl* 极点的组合分布情况与所绘制的{*HKL*}极图相比对，根据相同的图形分布来分析出试样中晶粒的择优取向分布方式，确定理想织构的类型。现用实例加以说明。

图 8.14 为 FeNi 合金经 96.7% 冷轧并在 1 200℃退火 1 h 后的{110}极图，图中共有 8 个高密度区域。我们知道，FeNi 合金属立方晶系，在立方晶系的(001)、(011)和(111)标准极图中，{110}极点的分布如图 8.15 所示。把图 8.15 和图 8.14 相比较可知，只有(001)标准极图中{110}极点的分布与图 8.14 相似，而且{110}极点与极图的高密度区域一一重合，重合时轧向极点的指数为 $\bar{1}00$；由此可以断定，图 8.14 所示极图的理想织构为(001)⟨100⟩，即(001)晶面平行于轧面，⟨100⟩晶向平行于轧向。实际极图中围绕高密度区域四周有些低密度区分布，是实际织构发散之故。

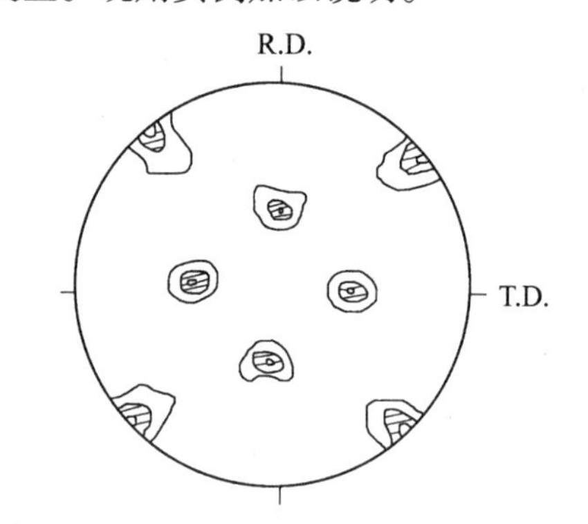

图 8.14 FeNi 合金经冷轧并退火后的(100)⟨001⟩再结晶织构的(110)极图

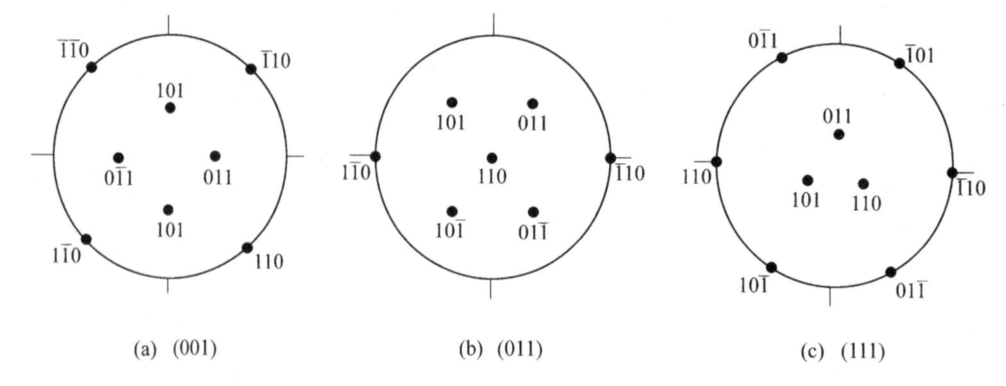

(a) (001) (b) (011) (c) (111)

图 8.15 立方晶系的(001)、(011)和(111)标准极图中{110}极点的分布图

对于多重织构，采用同样的方法，利用多张标准极图分别比对，找到相吻合的晶面指

数和晶向指数即可。在实际工作中，可不必将各标准极图的$\{HKL\}$极点分布绘制成图，只要将所绘制的极图覆在低指数的$\{H_1K_1L_1\}$标准极图上进行同心旋转。若转至某个位置，$\{HKL\}$极图中密集区与标准极图上所有同名的$\{HKL\}$极点分别重合，则说明重合点对应的晶粒取向是$\{H_1K_1L_1\}$晶面平行于轧面，与轧向极点重合的$[u_1v_1w_1]$方向平行轧向，此时理想织构类型为$(H_1K_1L_1)\langle u_1v_1w_1\rangle$。

假如旋转一周后，极图中密集区全部或部分不能与标准极图上的同名极点重合，则应换用另一张标准极图再进行试探，直到能够凑成与所分析的极图相符为止。最后在所分析的极图上注明织构类型。

下面分析一个板织构反极图的实例。反极图法是利用测定各根衍射线条在有织构和无织构时的强度变化来判断多晶试样中主要参与方向在空间分布的一种方法。图8.16为经70%轧制后的低碳钢反极图。由图可见，轧面法线N.D.的密度最强处在(111)和(100)，轧向R.D.的密度最强处在(110)。若再仔细地对照标准投影图分析还可以看到：在N.D.反极图中，从(111)到(211)或(100)的大圆上具有最大强度区，此大圆属于〈110〉晶带，而这个晶带轴恰好为轧向。在R.D.反极图中，高密度区是在(110)到(112)大圆上，而此大圆垂直于(111)的法线。根据上述结果可得出如下轧制织构：$\{111\}\langle 1\bar{1}0\rangle$，$\{111\}\langle 321\rangle$，$\{111\}\langle 211\rangle$，$\{211\}\langle 110\rangle$及$\{110\}\langle 011\rangle$。由此可见，反极图的表示方法对分析复杂的多重织构是很有帮助的，且能给出更准确的定量结果。

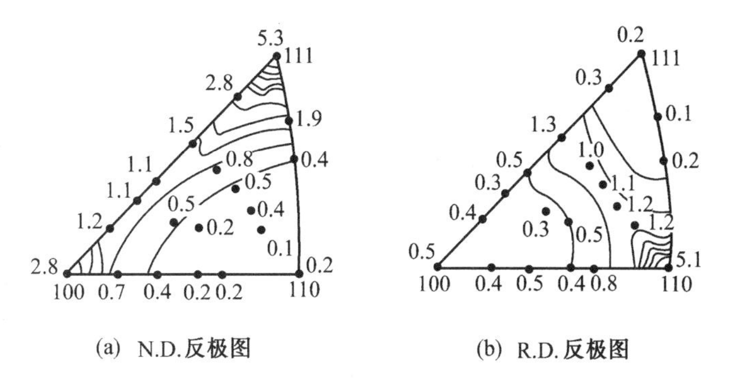

(a) N.D.反极图　　(b) R.D.反极图

图8.16　70%轧制后的低碳钢反极图

习　题

1.在给定μ和θ的条件下，背反射针孔相机和X射线衍射仪的X射线有效贯穿深度，哪个更大一些？（答案：衍射仪）

2.(a)在厚度为t，线吸收系数为μ的板状试样上摄照透射针孔照片，试证明：厚度为w的一层的反射能量为全反射总能量的百分数，且它的大小为

$$T=\frac{e^{-\mu[x+(t-x)/\cos 2\theta]}\left[e^{-\mu w(1-1/\cos 2\theta)}-1\right]}{e^{-\mu t}-e^{-\mu t/\cos 2\theta}}$$

其中x为X射线入射途经的试样表面到所讨论层面上表面的距离。

(b)将厚度为0.5 mm的铝片，用CuK_α射照得到一张透射针孔照片。仅考虑$2\theta=38.4°$处出现的111反射，假定将铝片分成等厚度的4层，试利用上式计算各层对衍射能量的贡献。（答案：依X射线入射顺序依次为0.11，0.17，0.28，0.44）

3.将一根具有完全[110]丝织构的铁丝,用 CuK_α 射照得到一张透射针孔照片,金属丝垂直放置。试问,在最低角的 110 德拜环上能出现几个织构斑?它们应当分布在什么方位角度上?

4.用针孔相机背反射法考察钢板电镀铜的织构特征。采用 CuK_α 辐射,X 射线沿试样表面垂直入射,铜电镀层存在织构,织构轴[uvw]围绕试样表面法线呈 β 角向各个方向发散,织构轴[uvw]分别为[110]以及[100]的时候,为要在照片上得到 420 德拜环,β 角的极限角度应为多少?(提示:可参考表 3.1 的强度计算例子)。

5.请思考择优取向测试时,在透射法 $\alpha = 0°$,反射法 $\alpha = 90°$ 条件下的衍射几何问题。设定反射法所需的无限厚的试样厚度为 tinf(所谓无限厚通常定义为:能够提供真正无限厚试样衍射强度的 99% 时的厚度),透射法最合适的厚度为 topt。试证明:

$$\text{tinf} / \text{topt} = 2.30 \tan\theta$$

6.求当透射法试样的厚度 t 为 2topt 时,衍射强度将减少多少?(答案:减少 26%)

第 9 章

电子光学基础

9.1 电子波与电磁透镜

9.1.1 光学显微镜的分辨率极限

分辨率是指成像物体(试样)上能分辨出来的两个物点间的最小距离。光学显微镜的分辨率为

$$\Delta r_0 \approx \frac{1}{2}\lambda \tag{9.1}$$

式中 λ——照明光源的波长。

上式表明,光学显微镜的分辨率取决于照明光源的波长。在可见光波长范围,光学显微镜分辨率的极限为 200 nm。因此,要提高显微镜的分辨率,关键是要有波长短,又能聚焦成像的照明光源。

1924 年德布罗意(De Brolie)发现电子波的波长比可见光短十万倍。又过了两年,布施(Busch)指出轴对称非均匀磁场能使电子波聚焦。在此基础上,1933 年鲁斯卡(Ruska)等设计并制造了世界上第一台透射电子显微镜。

9.1.2 电子波的波长

电子显微镜的照明光源是电子波。电子波的波长取决于电子运动的速度和质量,即

$$\lambda = \frac{h}{mv} \tag{9.2}$$

式中 h——普朗克常数;

m——电子的质量;

v——电子的速度,它和加速电压 U 之间存在下面的关系,即

$$\frac{1}{2}mv^2 = eU$$

即

$$v = \sqrt{\frac{2eU}{m}} \tag{9.3}$$

式中 e——电子所带的电荷。

由式(9.2)和式(9.3)可得

$$\lambda = \frac{h}{\sqrt{2emU}} \tag{9.4}$$

如果电子速度较低,则它的质量和静止质量相近,即 $m \approx m_0$。电子具有极高的速度,则必须经过相对论校正,此时

$$m = \frac{m_0}{\sqrt{1-\left(\frac{v}{c}\right)^2}} \tag{9.5}$$

表 9.1 是根据式(9.4)计算出的不同加速电压下电子波的波长。

表 9.1 不同加速电压下电子波的波长(经相对论校正)

加速电压/kV	电子波波长/nm	加速电压/kV	电子波波长/nm
1	0.038 8	40	0.006 01
2	0.027 4	50	0.005 36
3	0.022 4	60	0.004 87
4	0.019 4	80	0.004 18
5	0.071 3	100	0.003 70
10	0.012 2	200	0.002 51
20	0.008 59	500	0.001 42
30	0.006 98	1 000	0.000 87

可见光的波长在 390 ~ 760 nm 之间,从计算出的电子波波长来看,在常用的 100 ~ 200 kV 加速电压下,电子波的波长要比可见光小 5 个数量级。

9.1.3 电磁透镜

透射电子显微镜中用磁场来使电子波聚焦成像的装置是电磁透镜。

图 9.1 为电磁透镜的聚焦原理示意图。通电的短线圈就是一个简单的电磁透镜,它能造成一种轴对称不均匀分布的磁场。磁力线围绕导线呈环状,磁力线上任意一点的磁感应强度 $\boldsymbol{B}$ 都可以分解成平行于透镜主轴的分量 $\boldsymbol{B}_z$ 和垂直于透镜主轴的分量 $\boldsymbol{B}_r$。速度为 $\boldsymbol{v}$ 的平行电子束进入透镜的磁场时,位于 A 点的电子将受到 $\boldsymbol{B}_r$ 分量的作用。根据右手法则,电子所受的切向力 $\boldsymbol{F}_t$ 的方向如图 9.1(b)所示。$\boldsymbol{F}_t$ 使电子获得一个切向速度 $\boldsymbol{v}_t$。$\boldsymbol{V}_t$ 随即和 $\boldsymbol{B}_z$ 分量叉乘,形成了另一个向透镜主轴靠近的径向力 $\boldsymbol{F}_r$ 使电子向主轴偏转(聚焦)。当电子穿过线圈走到 B 点位置时,$\boldsymbol{B}_r$ 的方向改变了 180°,$\boldsymbol{F}_t$ 随之反向,但是 $\boldsymbol{F}_t$ 的反向只能使 $\boldsymbol{v}_t$ 变小,而不能改变 $\boldsymbol{v}_t$ 的方向,因此穿过线圈的电子仍然趋向于向主轴靠近。结果使电子作如图 9.1(c)所示那样的圆锥螺旋近轴运动。一束平行于主轴的入射电子束通过电磁透镜时将被聚焦在轴线上一点,即焦点,这与光学玻璃凸透镜对平行于轴线入射的平行光的聚焦作用十分相似。

图 9.2 为一种带有软磁铁壳的电磁透镜示意图。导线外围的磁力线都在铁壳中通过,由于在软磁铁壳的内侧开一道环状的狭缝,从而可以减小磁场的广延度,使大量磁力线集中在缝隙附近的狭小区域之内,增强了磁场的强度。为了进一步缩小磁场轴向宽度,还可以在环状间隙两边,接出一对顶端成圆锥状的极靴,如图 9.3 所示。带有极靴的电磁透镜可使有效磁场集中到沿透镜轴向几毫米的范围之内。图 9.3(c)给出裸线圈、加铁壳和极靴后透镜磁感应强度分布。

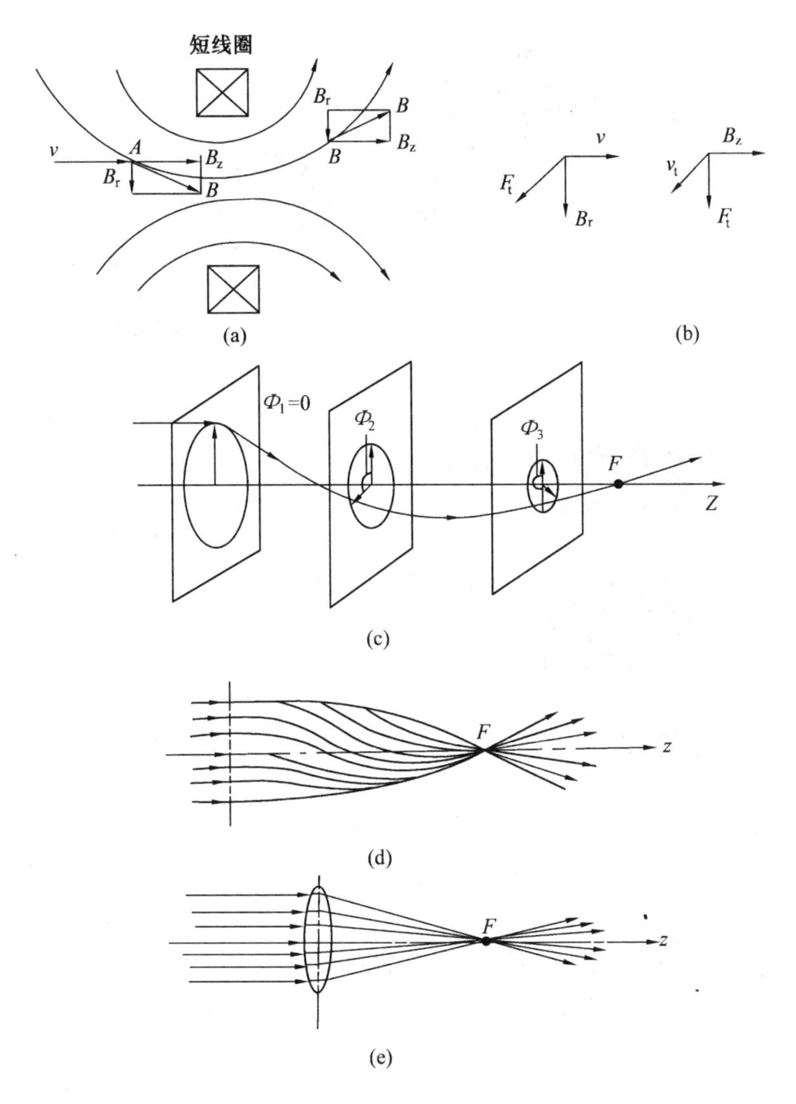

图9.1　电磁透镜的聚焦原理示意图

与光学玻璃透镜相似，电磁透镜物距、像距和焦距三者之间关系式及放大倍数为

$$\frac{1}{f}=\frac{1}{L_1}+\frac{1}{L_2} \tag{9.6}$$

$$M=\frac{f}{L_1-f} \tag{9.7}$$

式中　f——焦距；

L_1——物距；

L_2——像距；

M——放大倍数。

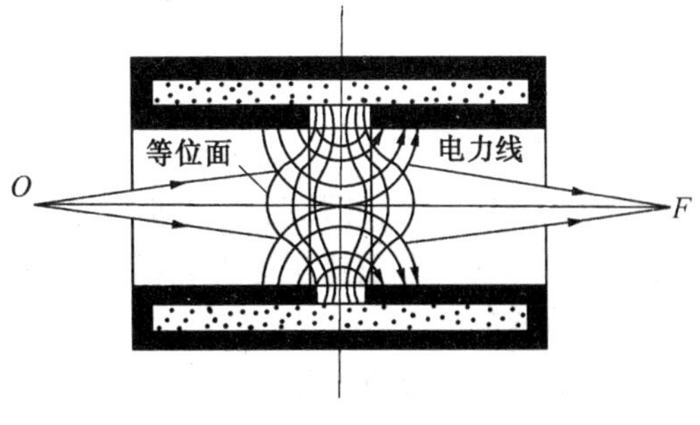

图9.2　带有软磁铁壳的电磁透镜示意图

电磁透镜的焦距可由下式近似计算，即

$$f\approx K\frac{U_{\rm r}}{(IN)^2} \tag{9.8}$$

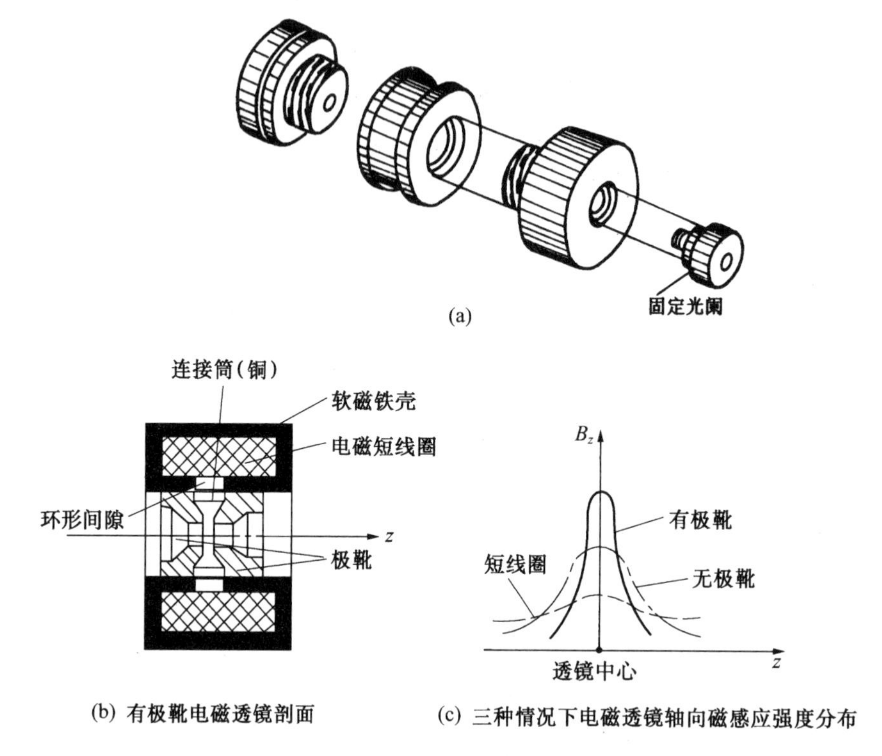

图 9.3 有极靴电磁透镜

式中 K——常数；

U_r——经相对论校正的电子加速电压；

(IN)——电磁透镜励激磁安匝数。

从式(9.8)可看出，无论激磁方向如何，电磁透镜的焦距总是正的。改变激磁电流，电磁透镜的焦距和放大倍数将发生相应变化。因此，电磁透镜是一种变焦距或变倍率的会聚透镜，这是它有别于光学玻璃凸透镜的一个特点。

9.2 电磁透镜的像差与分辨率

9.2.1 像差

像差分成两类，即几何像差和色差。几何像差是因为透镜磁场几何形状上的缺陷而造成的。几何像差主要指球差和像散。色差是由于电子波的波长或能量发生一定幅度的改变而造成的。

下面我们将分别讨论球差、像散和色差形成的原因并指出减小这些像差的途径。

1. 球差

球差即球面像差，是由于电磁透镜的中心区域和边缘区域对电子的折射能力不符合预定的规律而造成的。离开透镜主轴较远的电子(远轴电子)比主轴附近的电子(近轴电子)被折射程度过大。当物点 P 通过透镜成像时，电子就不会会聚到同一焦点上，从而形成了一个散焦斑，如图 9.4 所示。如果像平面在远轴电子的焦点和近轴电子的焦点之间作水平移动，就可以得到一个最小的散焦圆斑。最小散焦斑的半径用 R_s 表示。若把 R_s

除以放大倍数，就可以把它折算到物平面上去，其大小 $\Delta r_s = \frac{R_s}{M}$。$\Delta r_s$ 是由于球差造成的散焦斑半径，就是说，物平面上两点距离小于 $2\Delta r_s$ 时，则该透镜不能分辨，即在透镜的像平面上得到的是一个点。M 为透镜的放大倍数。Δr_s 的计算式为

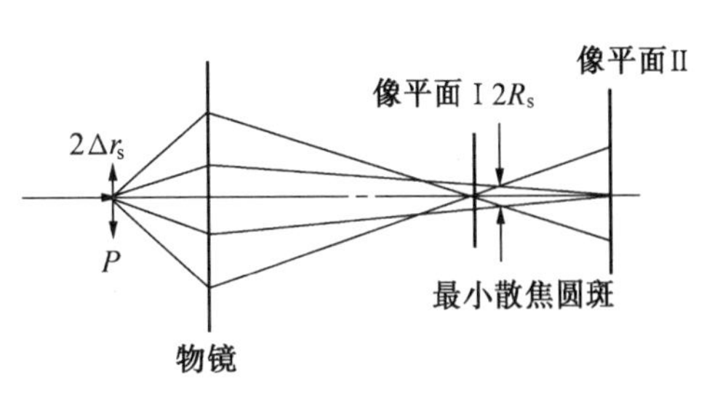

图 9.4　球差

$$\Delta r_s = \frac{1}{4} C_s \alpha^3 \tag{9.9}$$

式中　C_s——球差系数。

通常情况下，物镜的 C_s 值相当于它的焦距大小，约为 1～3 mm，α 为孔径半角。从式(9.9)可以看出，减小球差可以通过减小 C_s 值和缩小孔径角来实现，因为球差和孔径半角成三次方的关系，所以用小孔径角成像时，可使球差明显减小。

2. 像散

像散是由透镜磁场的非旋转对称而引起的。极靴内孔不圆、上下极靴的轴线错位、制作极靴的材料材质不均匀以及极靴孔周围局部污染等原因，都会使电磁透镜的磁场产生椭圆度。透镜磁场的这种非旋转性对称，会使它在不同方向上的聚焦能力出现差别，结果使成像物点 P 通过透镜后不能在像平面上聚焦成一点，如图 9.5 所示。在聚焦最好的情况下，能得到一个最小的散焦斑，把最小散焦斑的半径 R_A 折算到物点 P 的位置上去，就形成了一个半径为 Δr_A 的圆斑，即 $\Delta r_A = \frac{R_A}{M}$（$M$ 为透镜放大倍数），用 Δr_A 来表示像散的大小。Δr_A 的计算式为

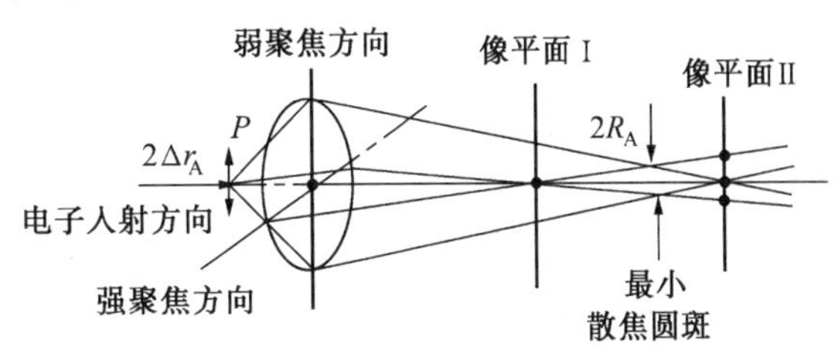

图 9.5　像散

$$\Delta r_A = \Delta f_A \alpha \tag{9.10}$$

式中　Δf_A——电磁透镜出现椭圆度时造成的焦距差。

如果电磁透镜在制造过程中已存在固有的像散，则可以通过引入一个强度和方位都可以调节的矫正磁场来进行补偿，这个产生矫正磁场的装置就是消像散器。

3. 色差

色差是由于入射电子波长（或能量）的非单一性所造成的。

图 9.6 为形成色差原因的示意图。若入射电子能量出现一定的差别，能量大的电子在距透镜光心比较远的地点聚焦，而能量较低的电子在距光心较近的地点聚焦，由此造成了一个焦距差。使像平面在长焦点和短焦点之间移动时，也可得到一个最小的散焦斑，其半径为 R_c。

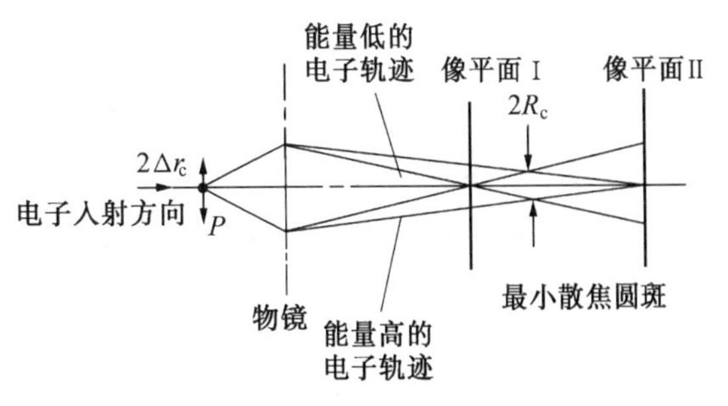

图 9.6　色差

把 R_c 除以透镜的放大倍数 M，即可把散焦斑的半径折算到物点 P 的位置上去，这个

半径大小等于 Δr_c，即 $\Delta r_c = \frac{R_c}{M}$，其值的计算式为

$$\Delta r_c = C_c \alpha \left| \frac{\Delta E}{E} \right| \tag{9.11}$$

式中　C_c——色差系数；

$\left| \frac{\Delta E}{E} \right|$——电子束能量变化率。

当 C_c 和孔径角 α 一定时，$\left| \frac{\Delta E}{E} \right|$ 的数值取决于加速电压的稳定性和电子穿过样品时发生非弹性散射的程度。如果样品很薄，则可把后者的影响略去，因此采取稳定加速电压的方法可以有效地减小色差。色差系数 C_c 与球差系数 C_s 均随透镜激磁电流的增大而减小（图 9.7）。

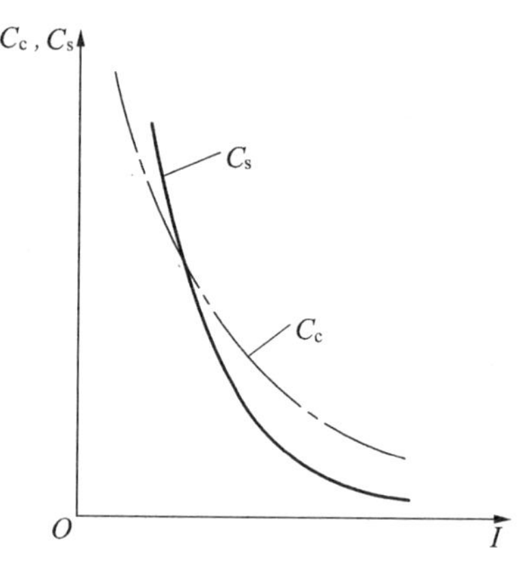

图 9.7　透镜球差系数 C_s、色差系数 C_c 与激磁电流 I 之间的关系

9.2.2　分辨率

电磁透镜的分辨率由衍射效应和球面像差来决定。

1. 衍射效应对分辨率的影响

由衍射效应所限定的分辨率在理论上可由瑞利（Rayleigh）公式计算，即

$$\Delta r_0 = \frac{0.61\lambda}{N\sin\alpha} \tag{9.12}$$

式中　Δr_0——成像物体（试样）上能分辨出来的两个物点间的最小距离，用它来表示分辨率的大小，Δr_0 越小，透镜的分辨率越高；

λ——波长；

N——介质的相对折射系数；

α——透镜的孔径半角。

现在我们主要来分析一下 Δr_0 的物理含义。图 9.8 中物体上的物点通过透镜成像时，由于衍射效应，在像平面上得到的并不是一个点，而是一个中心最亮、周围带有明暗相间同心圆环的圆斑，即所谓埃利（Airy）斑。若样品上有两个物点 S_1、S_2 通过透镜成像，在像平面上会产生两个埃利斑 S'_1、S'_2，如图 9.8(a)所示，如果这两个埃利斑相互靠近，当两个光斑强度峰间的强度谷值比强度峰值低 19% 时（把强度峰的高度看作 100%），这个强度反差对人眼来说是刚有所感觉。也就是说，这个反差值是人眼能否感觉出存在 S'_1、S'_2 两个斑点的临界值。式(9.12)中的常数项就是以这个临界值为基础的。在峰谷之间出现 19% 强度差值时，像平面 S'_1 和 S'_2 之间的距离正好等于埃利斑的半径 R_0，折算回到物平面上点 S_1 和 S_2 的位置上去时，就能形成两个以 $\Delta r_0 = \frac{R_0}{M}$ 为半径的小圆斑。两个圆斑之间的距离与它们的半径相等。如果把试样上点 S_1 和点 S_2 间的距离进一步缩小，那么人们就无法通过透镜把它们的像 S'_1 和 S'_2 分辨出来。由此可见，若以任一物点为圆心，并以 Δr_0 为半径作一个圆，此时与之相邻的第二物点位于这个圆周之内时，则透镜就无法分

辨出此二物点间的反差。如果第二物点位于圆周之外，便可被透镜鉴别出来，因此 Δr_0 就是衍射效应限定的透镜分辨率。

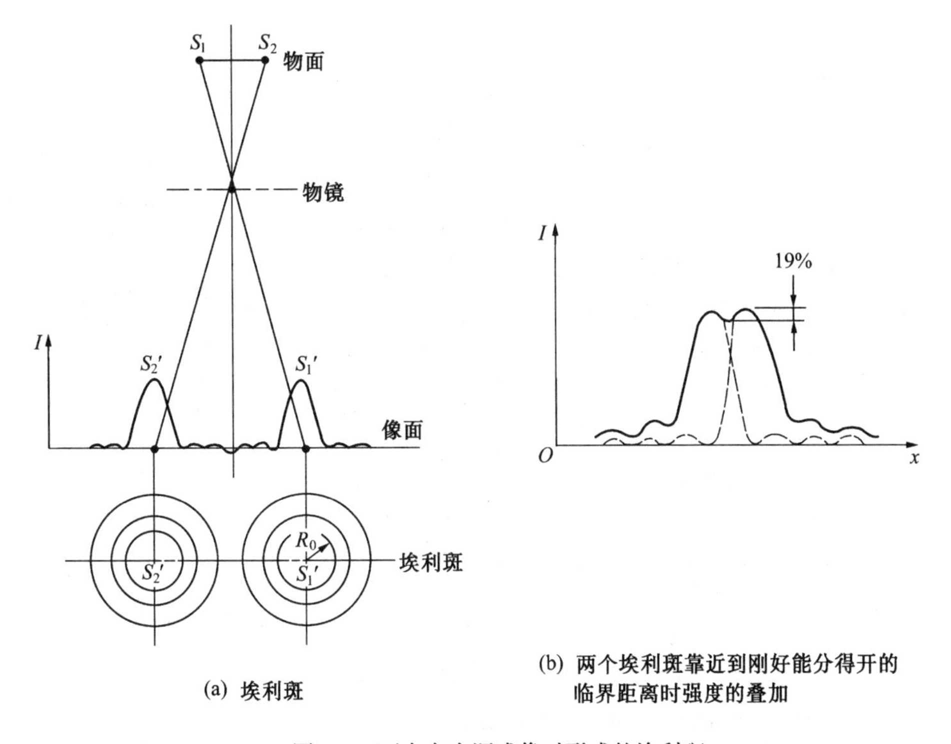

(a) 埃利斑

(b) 两个埃利斑靠近到刚好能分得开的临界距离时强度的叠加

图 9.8　两个点光源成像时形成的埃利斑

综上分析可知，若只考虑衍射效应，在照明光源和介质一定的条件下，孔径角 α 越大，透镜的分辨率越高。

2. 像差对分辨率的影响

如前所述，由于球差、像散和色差的影响，物体（试样）上的光点在像平面上均会扩展成散焦斑。各散焦斑半径折算回物体后得到的 Δr_s、Δr_A、Δr_c 值自然就成了由球差、像散和色差所限定的分辨率。

因为电磁透镜总是会聚透镜，至今还没有找到一种矫正球差行之有效的方法。所以球差便成为限制电磁透镜分辨率的主要因素。若同时考虑衍射和球差对分辨率的影响时，则会发现改善其中一个因素时会使另一个因素变坏。为了使球差变小，可通过减小 α 来实现（$\Delta r_s = \frac{1}{4} C_s \alpha^3$），但从衍射效应来看，$\alpha$ 减小将使 Δr_0 变大，分辨率下降。因此，两者必须兼顾。关键是确定电磁透镜的最佳孔径半角 α_0，使得衍射效应埃利斑和球差散焦斑尺寸大小相等，表明两者对透镜分辨率影响效果一样。令式(9.9)中的 Δr_s 和式(9.12)中的 Δr_0 相等，求出 $\alpha_0 = 12.5\left(\frac{\lambda}{C_s}\right)^{\frac{1}{4}}$。这样，电磁透镜的分辨率为 $\Delta r_0 = A\lambda^{\frac{3}{4}} C_s^{\frac{1}{4}}$，$A$ 为常数，$A \approx 0.4 \sim 0.55$。目前，透射电镜的最佳分辨率达 10^{-1} nm 数量级。如日本日立公司的 H—9000 型透射电镜的点分辨率为 0.18 nm。

9.3　电磁透镜的景深和焦长

9.3.1　景深

电磁透镜的另一特点是景深(或场深)大,焦长很长,这是由于小孔径角成像的结果。任何样品都有一定的厚度。从原理上讲,当透镜焦距、像距一定时,只有一层样品平面与透镜的理想物平面相重合,能在透镜平面获得该层平面的图像。而偏离理想物平面的物点都存在一定程度的失焦,它们在透镜像平面上将产生一个具有一定尺寸的失焦圆斑。如果失焦圆斑尺寸不超过由衍射效应和像差引起的散焦斑,那么对透镜像分辨率并不产生什么影响。因此,我们把透镜物平面允许的轴向偏差定义为透镜的景深,用 D_f 来表示,如图 9.9 所示。它与电磁透镜分辨率 Δr_0、孔径半角 α 之间关系为

$$D_f = \frac{2\Delta r_0}{\tan\alpha} \approx \frac{2\Delta r_0}{\alpha} \tag{9.13}$$

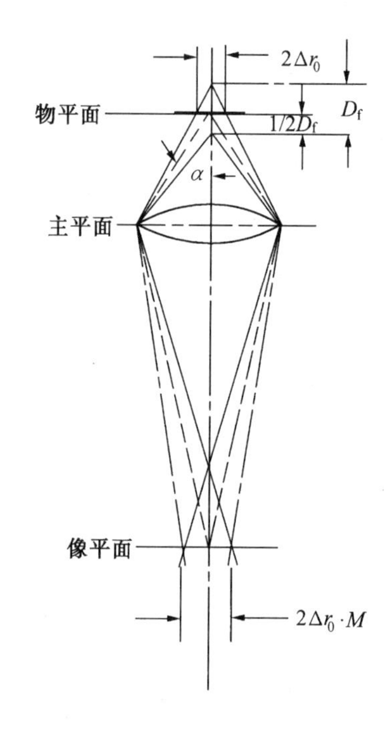

图 9.9　电磁透镜景深

这表明,电磁透镜孔径半角越小,景深越大。一般的电磁透镜 $\alpha = 10^{-2} \sim 10^{-3}$ rad, $D_f = (200 \sim 2\,000)\Delta r_0$。如果透镜分辨率 $\Delta r_0 = 1$ nm,则 $D_f = 2\,00 \sim 2\,000$ nm。对于加速电压 100 kV 的电子显微镜来说,样品厚度一般控制在 200 nm 左右,在透镜景深范围之内,因此样品各部位的细节都能得到清晰的像。如果允许较差的像分辨率(取决于样品),那么透镜的景深就更大了。电磁透镜景深大,对于图像的聚焦操作(尤其是在高放大倍数情况下)是非常有利的。

9.3.2　焦长

当透镜焦距和物距一定时,像平面在一定的轴向距离内移动,也会引起失焦。如果失焦引起的失焦斑尺寸不超过透镜因衍射和像差引起的散焦斑大小,那么像平面在一定的轴向距离内移动,对透镜像的分辨率没有影响。我们把透镜像平面允许的轴向偏差定义为透镜的焦长,用 D_L 表示,如图 9.10 所示。

从图上可以看到透镜焦长 D_L 与分辨率 Δr_0、像点所张的孔径半角 β 之间的关系为

$$D_L = \frac{2\Delta r_0 M}{\tan\beta} \approx \frac{2\Delta r_0 M}{\beta}$$

因为

$$\beta = \frac{\alpha}{M}$$

所以

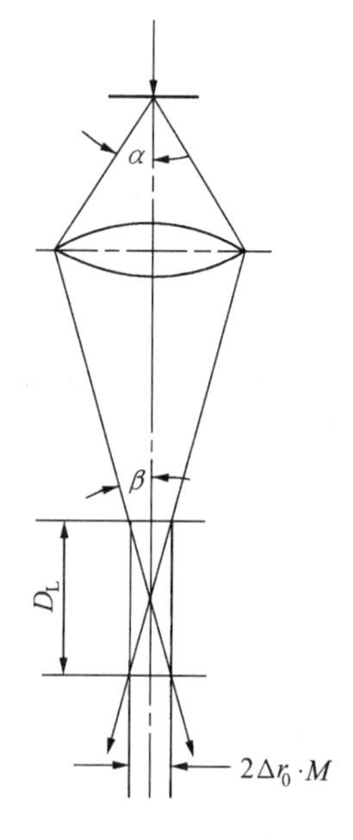

图 9.10　电磁透镜焦长

$$D_L = \frac{2\Delta r_0}{\alpha} M^2 \tag{9.14}$$

式中 M——透镜放大倍数。

当电磁透镜放大倍数和分辨率一定时，透镜焦长随孔径半角减小而增大。如一电磁透镜分辨率 $\Delta r_0 = 1$ nm，孔径半角 $\alpha = 10^{-2}$ rad，放大倍数 $M = 200$ 倍，计算得焦长 $D_L = 8 \times 10^6$ nm $= 8$ mm。这表明该透镜实际像平面在理想像平面上或下各 4 mm 范围内移动时不需改变透镜聚焦状态，图像仍保持清晰。

对于由多级电磁透镜组成的电子显微镜来说，其终像放大倍数等于各级透镜放大倍数之积。因此终像的焦长就更长了，一般说来超过 10 ~ 20 cm 是不成问题的。电磁透镜的这一特点给电子显微镜图像的照相记录带来了极大的方便。只要在荧光屏上图像是聚焦清晰的，那么在荧光屏上或下十几厘米放置照相底片，所拍摄的图像也将是清晰的。

习　题

1. 电子波有何特征？与可见光有何异同？

2. 分析电磁透镜对电子波的聚焦原理，说明电磁透镜的结构对聚焦能力的影响。

3. 电磁透镜的像差是怎样产生的，如何来消除和减少像差？

4. 说明影响光学显微镜和电磁透镜分辨率的关键因素是什么？如何提高电磁透镜的分辨率？

5. 电磁透镜景深和焦长主要受哪些因素影响？说明电磁透镜的景深大、焦长长，是什么因素影响的结果？假设电磁透镜没有像差，也没有衍射埃利斑，即分辨率极高，此时它的景深和焦长如何？

第10章

透射电子显微镜

10.1 透射电子显微镜的结构与成像原理

透射电子显微镜是以波长极短的电子束作为照明源，用电磁透镜聚焦成像的一种高分辨率、高放大倍数的电子光学仪器。它由电子光学系统、电源与控制系统及真空系统三部分组成。电子光学系统通常称为镜筒，是透射电子显微镜的核心，它的光路原理与透射光学显微镜十分相似，如图10.1所示。它分为三部分，即照明系统、成像系统和观察记录系统。

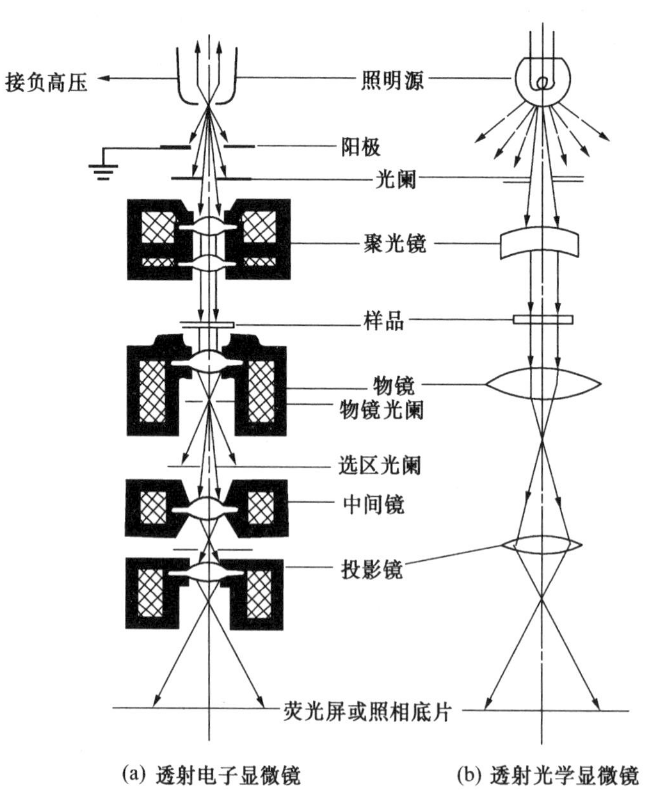

图10.1 透射显微镜构造原理和光路

10.1.1　照明系统

照明系统由电子枪、聚光镜和相应的平移对中、倾斜调节装置组成。其作用是提供一束亮度高、照明孔径角小、平行度好、束流稳定的照明源。为满足明场和暗场成像需要，照明束可在2°~3°范围内倾斜。

1. 电子枪

电子枪是透射电子显微镜的电子源。常用的是热阴极三极电子枪，它由发夹形钨丝阴极、栅极帽和阳极组成，如图10.2所示。

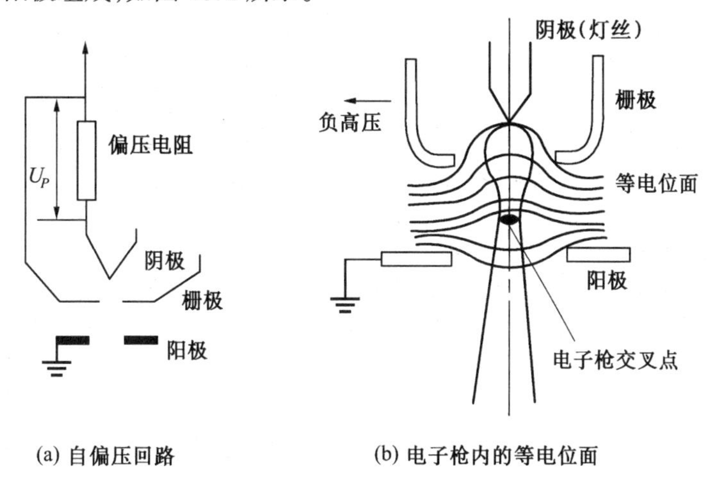

(a) 自偏压回路　　(b) 电子枪内的等电位面

图10.2　电子枪

图10.2(a)为电子枪的自偏压回路，负的高压直接加在栅极上，而阴极和负高压之间因加上了一个偏压电阻，使栅极和阴极之间有一个数百伏的电位差。图10.2(b)中反映了阴极、栅极和阳极之间的等位面分布情况。因为栅极比阴极电位值更负，所以可以用栅极来控制阴极的发射电子有效区域。当阴极流向阳极的电子数量加大时，在偏压电阻两端的电位值增加，使栅极电位比阴极进一步变负，由此可以减小灯丝有效发射区域的面积，束流随之减小。若束流因某种原因而减小时，偏压电阻两端的电压随之下降，致使栅极和阴极之间的电位接近。此时，栅极排斥阴极发射电子的能力减小，束流又可望上升。因此，自偏压回路可以起到限制和稳定束流的作用。由于栅极的电位比阴极负，所以自阴极端点引出的等位面在空间呈弯曲状。在阴极和阳极之间的某一地点，电子束会会集成一个交叉点，这就是通常所说的电子源。交叉点处电子束直径约几十个微米。

2. 聚光镜

聚光镜用来会聚电子枪射出的电子束，以最小的损失照明样品，调节照明强度、孔径角和束斑大小。一般都采用双聚光镜系统，如图10.3所示。第一聚光镜是强激磁透镜，束斑缩小率为10~50倍左右，将电子枪第一交叉点束斑缩小为1~5 μm；而第二聚光镜是弱激磁透镜，适焦时放大倍数为2倍左右。结果在样品平面上可获得2~10 μm的照明电子束斑。

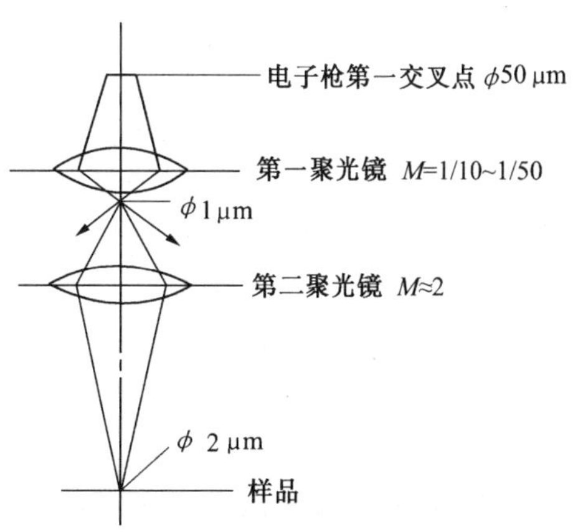

图10.3　照明系统光路

10.1.2 成像系统

成像系统主要是由物镜、中间镜和投景镜组成。

1.物镜

物镜是用来形成第一幅高分辨率电子显微图像或电子衍射花样的透镜。透射电子显微镜分辨率的高低主要取决于物镜。因为物镜的任何缺陷都将被成像系统中其他透镜进一步放大。欲获得物镜的高分辨率,必须尽可能降低像差。通常采用强激磁、短焦距的物镜,像差小。

物镜是一个强激磁短焦距的透镜($f=1\sim3$ mm),它的放大倍数较高,一般为 100~300 倍。目前,高质量的物镜其分辨率可达 0.1 nm 左右。

物镜的分辨率主要决定于极靴的形状和加工精度。一般来说,极靴的内孔和上下极靴之间的距离越小,物镜的分辨率就越高。为了减小物镜的球差,往往在物镜的后焦面上安放一个物镜光阑。物镜光阑不仅具有减小球差、像散和色差的作用,而且可以提高图像的衬度。此外,我们在以后的讨论中还可以看到,物镜光阑位于后焦面位置上时,可以方便地进行暗场及衍衬成像操作。

在用电子显微镜进行图像分析时,物镜和样品之间的距离总是固定不变的(即物距 L_1 不变)。因此改变物镜放大倍数进行成像时,主要是改变物镜的焦距和像距(即 f 和 L_2)来满足成像条件。

2.中间镜

中间镜是一个弱激磁的长焦距变倍透镜,可在 0~20 倍范围调节。当放大倍数大于 1 时,用来进一步放大物镜像;当放大倍数小于 1 时,用来缩小物镜像。

在电镜操作过程中,主要是利用中间镜的可变倍率来控制电镜的总放大倍数。如果物镜的放大倍数 $M_o=100$,投影镜的放大倍数 $M_p=100$,则中间镜放大倍数 $M_i=20$ 时,总放大倍数 $M=100\times20\times100=200\ 000$ 倍。若 $M_i=1$,则总放大倍数为 10 000 倍。如果 $M_i=\frac{1}{10}$,则总放大倍数仅为 1 000 倍。

如果把中间镜的物平面和物镜的像平面重合,则在荧光屏上得到一幅放大像,这就是电子显微镜中的成像操作,如图 10.4(a)所示;如果把中间镜的物平面和物镜的背焦面重合,则在荧光屏上得到一幅电子衍射花样,这就是透射电子显微镜中的电子衍射操作,如图 10.4(b)所示。

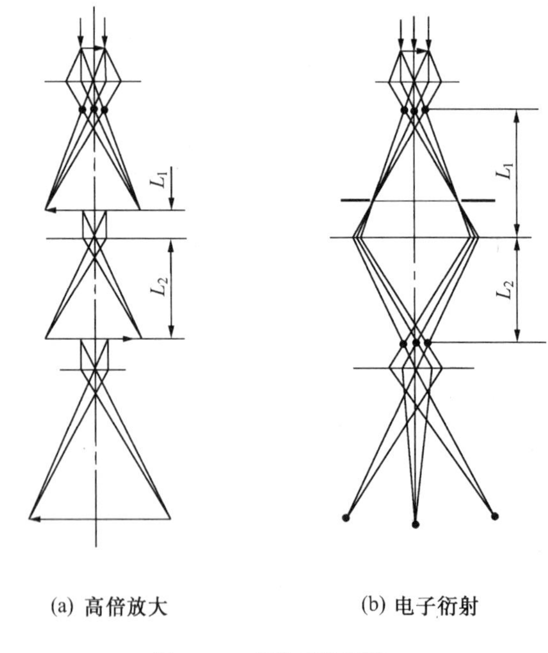

(a) 高倍放大 (b) 电子衍射

图 10.4 成像系统光路

3.投影镜

投影镜的作用是把经中间镜放大(或缩小)的像(或电子衍射花样)进一步放大,并投影到荧光屏上,它和物镜一样,是一个短焦距的强磁透镜。投影镜的激磁电流是固定的,因为成像电子束进入投影镜时孔径角很小(约 10^{-5} rad),因此它的景深和焦长都非常大。即使改变中间镜的放大倍数,使显微镜的总放大倍数有很大的变化,也不会影响图像的清晰度。有时,中间镜的像平面还会出现一定的位移,由于这个位移距离仍处于投影镜的景深范围之内,因此,在荧光屏上的图像依旧是清晰的。

图 10.5 给出 JEM—2010F 型透射电子显微镜的外观图。图 10.6 给出镜筒结构剖面图和真空系统图。目前,高性能的透射电子显微镜大都采用 5 级透镜放大,即中间镜和投影镜有两级,分第一中间镜和第二中间镜,第一投影镜和第二投影镜,如图 10.6 所示。

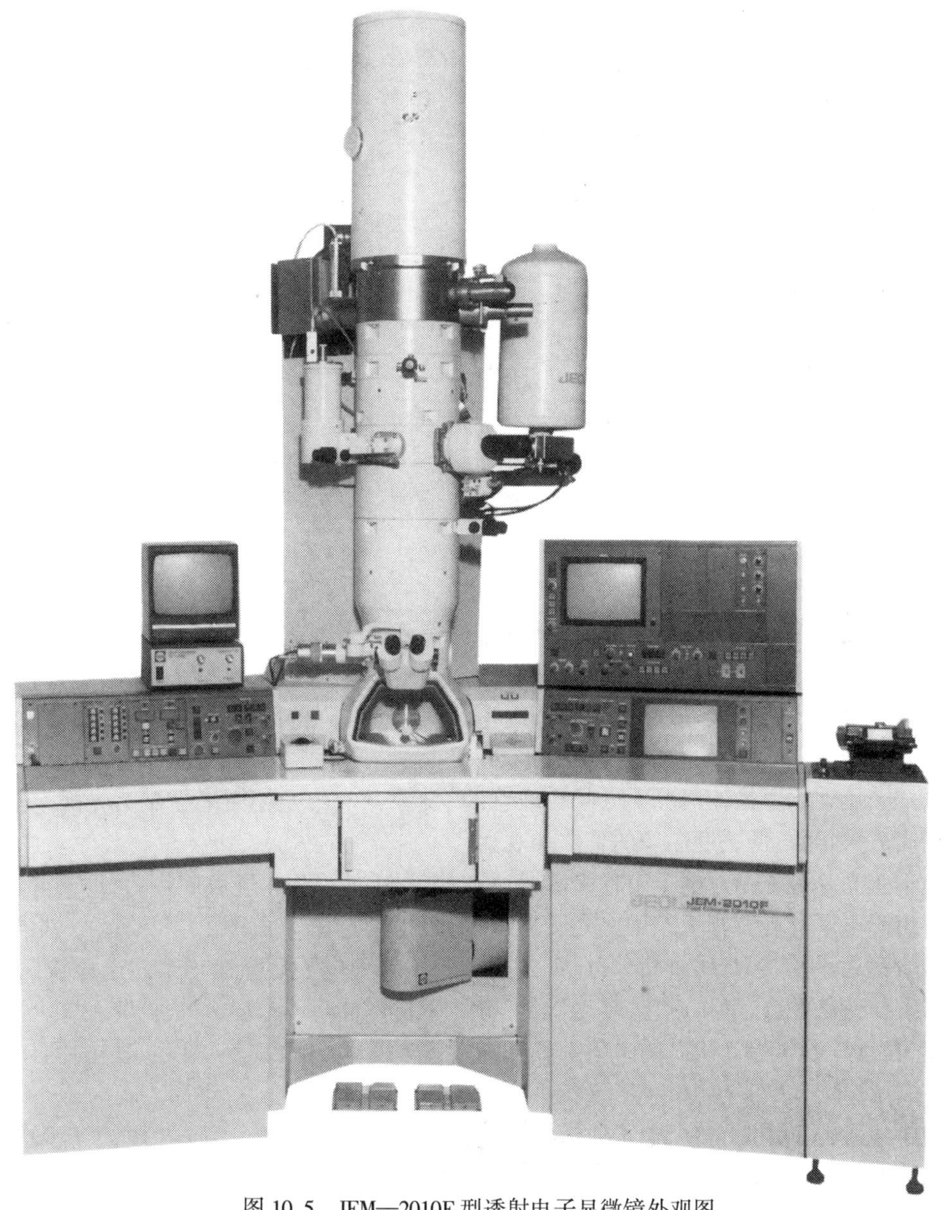

图 10.5　JEM—2010F 型透射电子显微镜外观图

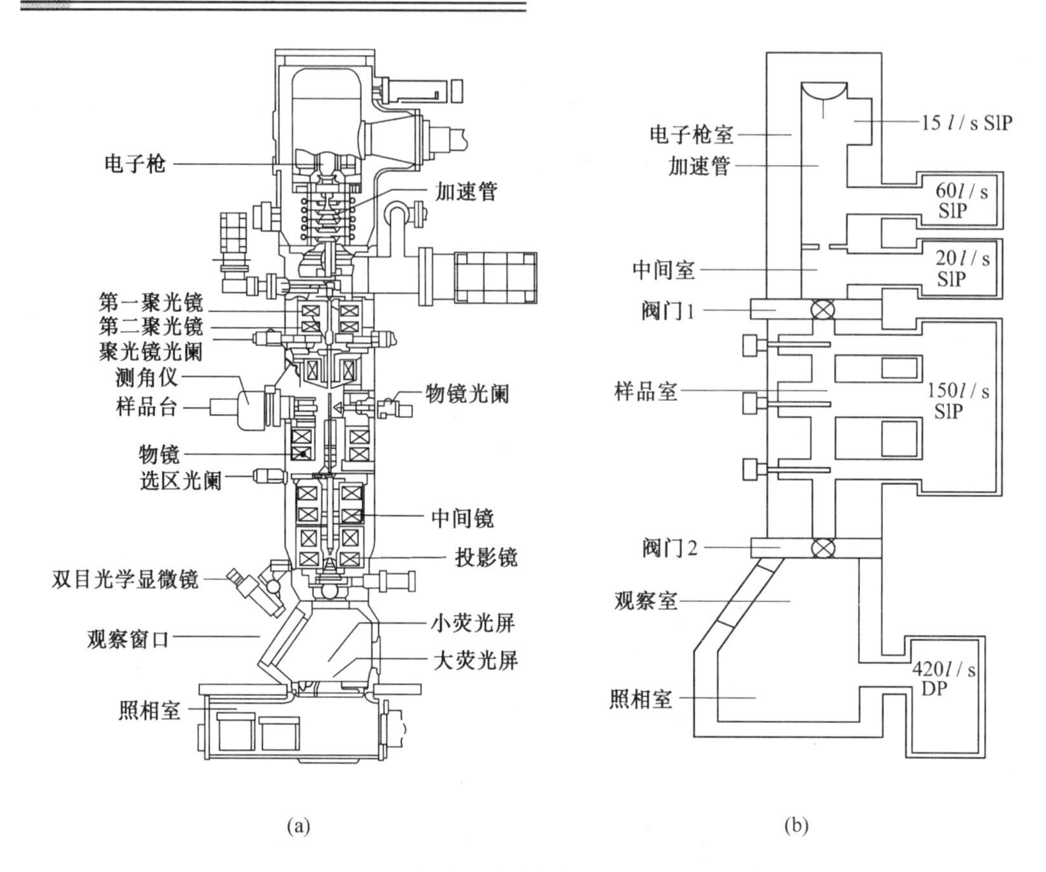

图 10.6 JEM—2101F 透射电镜镜筒剖面图(a)与真空系统配置(b)

10.1.3 观察记录系统

观察和记录装置包括荧光屏和照相机构，在荧光屏下面放置一个可以自动换片的照相暗盒。照相时只要把荧光屏掀往一侧垂直竖起，电子束即可使照相底片曝光。由于透射电子显微镜的焦长很大，显然荧光屏和底片之间有数厘米的间距，但仍能得到清晰的图像。

通常采用在暗室操作情况下人眼较敏感的、发绿光的荧光物质来涂制荧光屏。这样有利于高放大倍数、低亮度图像的聚焦和观察。

电子感光片是一种对电子束曝光敏感、颗粒度很小的溴化物乳胶底片，它是一种红色盲片。由于电子与乳胶相互作用比光子强得多，照相曝光时间很短，只需几秒钟。早期的电子显微镜用手动快门，构造简单，但曝光不均匀。新型电子显微镜均采用电磁快门，与荧光屏动作密切配合，动作迅速，曝光均匀；有的还装有自动曝光装置，根据荧光屏上图像的亮度，自动地确定曝光所需的时间。如果配上适当的电子线路，还可以实现拍片自动计数。

电子显微镜工作时，整个电子通道都必须置于真空系统之内。新式的电子显微镜中电子枪、镜筒和照相室之间都装有气阀，各部分都可单独地抽真空和单独放气，因此，在更换灯丝、清洗镜筒和更换底片时，可不破坏其他部分的真空状态(图 10.6)。

10.2　主要部件的结构与工作原理

10.2.1　样品平移与倾斜装置(样品台)

透射电子显微镜样品既小又薄,通常需用一种有许多网孔(如0.075 mm方孔或圆孔),外径3 mm的样品铜网来支持,如图10.7所示。样品台的作用是承载样品并使样品能在物镜极靴孔内平移、倾斜、旋转,以选择感兴趣的样品区域或位向进行观察分析。

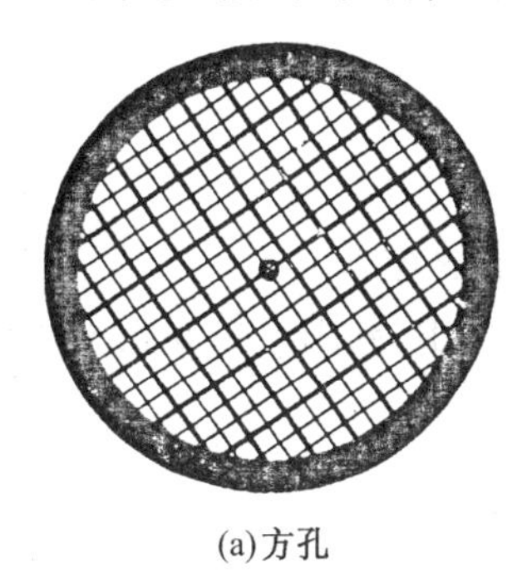
(a)方孔

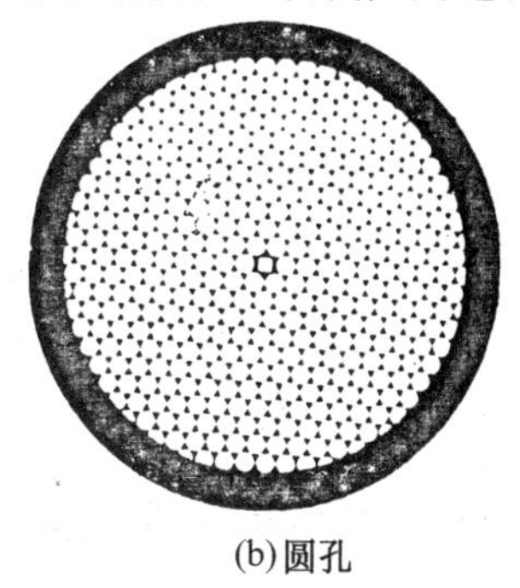
(b)圆孔

图10.7　样品铜网放大像

对样品台的要求是非常严格的。首先必须使样品铜网牢固地夹持在样品座中并保持良好的热、电接触,减小因电子照射引起的热或电荷堆积而产生样品的损伤或图像漂移。平移是任何样品台最基本的动作,通常在两个相互垂直方向上样品平移最大值为±1 mm,以确保样品铜网上大部分区域都能观察到;样品移动机构要有足够的机械精度,无效行程应尽可能小。总而言之,在照相曝光期间,样品图像的漂移量应小于相应情况下显微镜像的分辨率。

在电镜下分析薄晶体样品的组织结构时,应对它进行三维立体的观察,即不仅要求样品能平移以选择视野,而且必须使样品相对于电子束照射方向作有目的的倾斜,以便从不同方位获得各种形貌和晶体学的信息。新式的电子显微镜常配备精度很高的样品倾斜装置。这里我们重点讨论晶体结构分析中用得最普遍的倾斜装置——侧插式倾斜装置。

所谓"侧插"就是样品杆从侧面进入物镜极靴中去的意思。倾斜装置由两个部分组成,如图10.8所示。主体部分是一个圆柱分度盘,它的水平轴线 $x-x$ 和镜筒的中心线 z 垂直相交,水平轴就是样品台的倾斜轴,样品倾斜时,倾斜的度数可直接在分度盘上读出。主体以外部分是样品杆,它的前端可装载铜网夹持样品或直接装载直径为3 mm的圆片状薄晶体样品。样品杆沿圆柱分度盘的中间孔插入镜筒,使圆片样品正好位于电子束的照射位置上。分度盘是由带刻度的两段圆柱体组成,其中一段圆柱Ⅰ的一个端面和镜筒固定,另一段圆柱Ⅱ可以绕倾斜轴线旋转。圆柱Ⅱ绕倾斜轴旋转时,样品杆也跟着转动。如果样品上的观察点正好和图中两轴线的交点 O 重合时,则样品倾斜时观察点不会移到视域外面去。为了使样品上所有点都能有机会和交点 O 重合,样品杆可以通过机械传动装置在圆柱刻度盘Ⅱ的中间孔内作适当的水平移动和上下调整。

有的样品杆本身还带有使样品倾斜或原位旋转的装置。这些样品杆和倾斜样品台组合在一起就是侧插式双倾样品台和单倾旋转样品台。目前双倾样品台是最常用的,它可

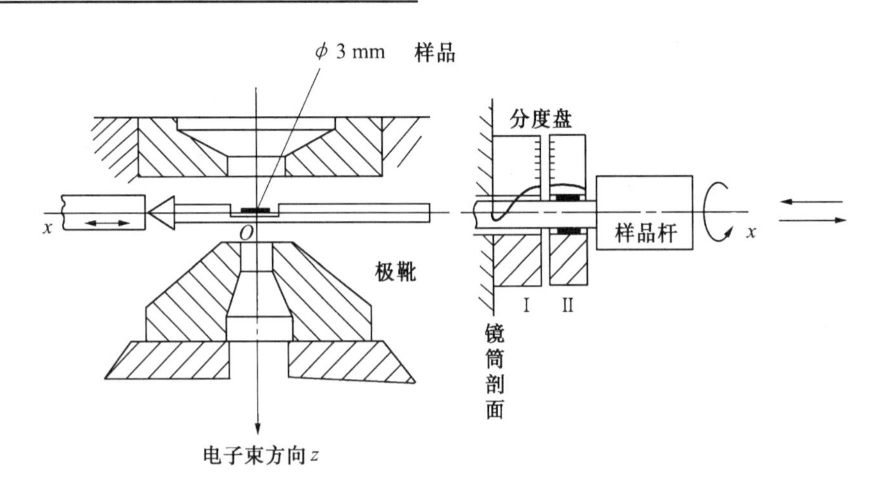

图 10.8 侧插式样品倾斜装置

以使样品沿 x 轴和 y 轴倾转 ±60°。在晶体结构分析中,利用样品倾斜和旋转装置可以测定晶体的位向、相变时的惯习面以及析出相的方位等。

10.2.2 电子束倾斜与平移装置

新式的电子显微镜都带有电磁偏转器,利用电磁偏转器可以使入射电子束平移和倾斜。

图 10.9 为电子束平移和倾斜的原理图,图中上、下两个偏转线圈是联动的,如果上、下偏转线圈偏转的角度相等但方向相反,电子束会进行平移运动,如图 10.9(a)所示。如果上偏转线圈使电子束顺时针偏转 θ 角,下偏转线圈使电子束逆时针偏转 $\theta+\beta$ 角,则电子束相对于原来的方向倾斜了 β 角,而入射点的位置不变,如图 10.9(b)所示。利用电子束原位倾斜可以进行所谓中心暗场成像操作。

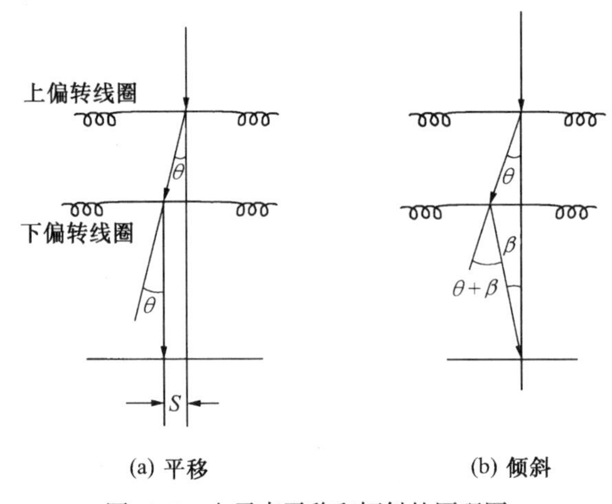

图 10.9 电子束平移和倾斜的原理图

10.2.3 消像散器

消像散器可以是机械式的,也可以是电磁式的。机械式的是在电磁透镜的磁场周围放置几块位置可以调节的导磁体,用它们来吸引一部分磁场,把固有的椭圆形磁场校正成接近旋转对称的磁场。电磁式的是通过电磁极间的吸引和排斥来校正椭圆形磁场的,如图 10.10所示。图中两组四对电磁体排列在透镜磁场的外围,每对电磁体均采取同极相对的安置方式。通过改变

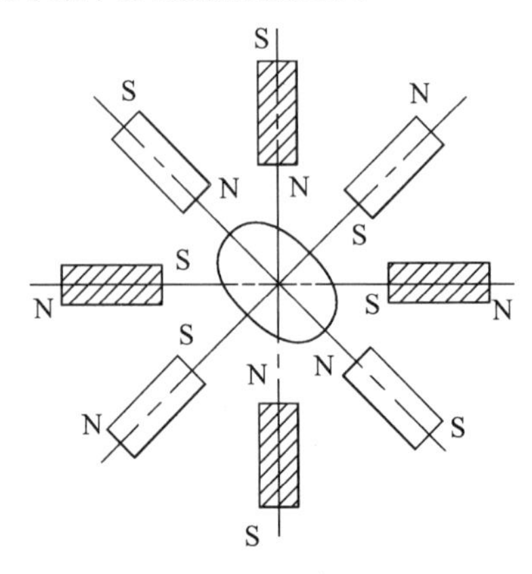

图 10.10 电磁式消像散器示意图

这两组电磁体的激磁强度和磁场的方向，就可以把固有的椭圆形磁场校正成旋转对称磁场，起到了消除像散的作用。消像散器一般都安装在透镜的上、下极靴之间。

10.2.4 光阑

在透射电子显微镜中有三种主要光阑，它们是聚光镜光阑、物镜光阑和选区光阑。

1. 聚光镜光阑

聚光镜光阑的作用是限制照明孔径角。在双聚光镜系统中，光阑常装在第二聚光镜的下方。光阑孔的直径为 20 ~ 400 μm。作一般分析观察时，聚光镜的光阑孔直径可用 200 ~ 300 μm，若作微束分析时，则应采用小孔径光阑。

2. 物镜光阑

物镜光阑又称为衬度光阑，通常它被安放在物镜的后焦面上。常用物镜光阑孔的直径是在 20 ~ 120 μm 范围。电子束通过薄膜样品后会产生散射和衍射。散射角(或衍射角)较大的电子被光阑挡住，不能继续进入镜筒成像，从而就会在像平面上形成具有一定衬度的图像。光阑孔越小，被挡去的电子越多，图像的衬度就越大，这就是物镜光阑又叫做衬度光阑的原因。加入物镜光阑使物镜孔径角减小，能减小像差，得到质量较高的显微图像。物镜光阑的另一个主要作用是在后焦面上套取衍射束的斑点(即副焦点)成像，这就是所谓暗场像。利用明暗场显微照片的对照分析，可以方便地进行物相鉴定和缺陷分析。

物镜光阑都用无磁性的金属(铂、钼等)制造。由于小光阑孔很容易受到污染，高性能的电镜中常用抗污染光阑或称自洁光阑，它的结构如图 10.11 所示。这种光阑常做成四个一组，每个光阑孔的周围开有缝隙，使光阑孔受电子束照射后热量不易散出。由于光阑孔常处于高温状态，污染物就不易沉积上去。四个一组的光阑孔被安装在一个光阑杆的支架上，使用时，通过光阑杆的分挡机构按需要依次插入，使光阑孔中心位于电子束的轴线上(光阑中心和主焦点重合)。

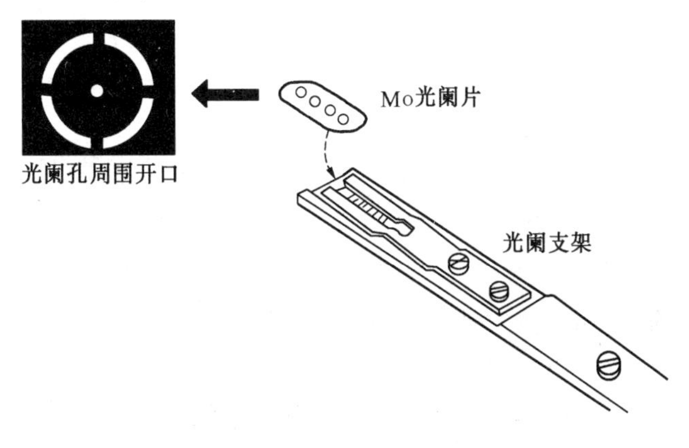

图 10.11 抗污染光阑

3. 选区光阑

选区光阑又称场限光阑或视场光阑。为了分析样品上的一个微小区域，应该在样品上放一个光阑，使电子束只能通过光阑孔限定的微区。对这个微区进行衍射分析叫做选区衍射。由于样品上待分析的微区很小，一般是微米数量级。制作这样大小的光阑孔在技术上还有一定的困难,加之小光阑孔极易污染,因此,选区光阑一般都放在物镜的像平面位置。这样布置达到的效果与光阑放在样品平面处是完全一样的。但光阑孔的直径就可以做得比较大。如果物镜放大倍数是 50 倍,则一个直径等于 50 μm 的光阑就可以选择样品上直径为 1 μm 的区域。

选区光阑同样是用无磁性金属材料制成的,一般选区光阑孔的直径位于 20 ~ 400 μm 范围之间,和物镜光阑一样它同样可制成大小不同的四孔一组的光阑片,由光阑支架分挡推入镜筒。

10.3　透射电子显微镜分辨率和放大倍数的测定

点分辨率的测定:将铂、铂 - 铱或铂 - 钯等金属或合金,用真空蒸发的方法可以得到粒度为 0.5 ~ 1 nm、间距为 0.2 ~ 1 nm 的粒子,将其均匀地分布在火棉胶(或碳)支持膜上,在高放大倍数下拍摄这些粒子的像。为了保证测定的可靠性,至少在同样条件下拍摄两张底片,然后经光学放大(5 倍左右),从照片上找出粒子间最小间距,除以总放大倍数,即为相应电子显微镜的点分辨率(图 10.12)。

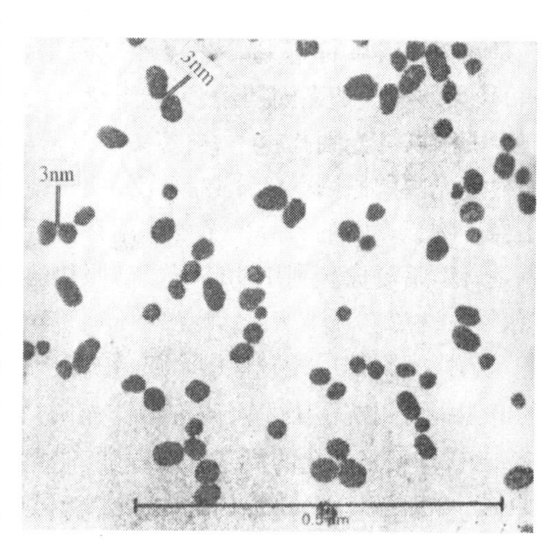

图 10.12　点分辨率的测定(真空蒸镀金颗粒)

晶格分辨率的测定:利用外延生长方法制得的定向单晶薄膜作为标样,拍摄其晶格像。这种方法的优点是不需要知道仪器的放大倍数,因为事先可精确地知道样品晶面间距。根据仪器分辨率的高低,选择晶面间距不同的样品作标样,如图 10.13 所示。测定透射电子显微镜晶格分辨率常用的晶体见表 10.1。

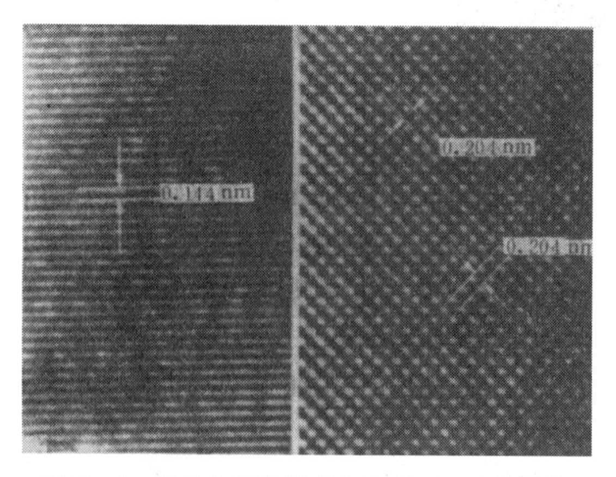

图 10.13　晶格分辨率测定金(220),(200)晶格像

表 10.1　测定晶格分辨率常用晶体

晶　　体	衍射晶面	晶面间距/nm	晶　　体	衍射晶面	晶面间距/nm
铜酞青	(001)	1.26	金	(200)	0.204
铂酞青	(001)	1.194		(220)	0.144
亚氯铂酸钾	(001)	0.413	钯	(111)	0.224
	(100)	0.699		(200)	0.194
				(400)	0.097

透射电子显微镜的放大倍数将随样品平面高度、加速电压、透镜电流而变化。为了保持仪器放大倍数的精度,必须定期进行标定。最常用的方法是用衍射光栅复型作为标样,在一定条件(加速电压、透镜电流等)下,拍摄标样的放大像。然后从底片上测量光栅条纹像的平均间距,与实际光栅条纹间距之比即为仪器相应条件下的放大倍数,如图 10.14 所示。这样进行标定的精度随底片上条纹数的减少而降低。

如果对样品放大倍数的精度要求较高,可以在样品表面上放少量尺寸均匀、并精确已知球径的塑料小球作为内标准测定放大倍数。

在高放大倍数如 10 万倍以上情况下,可以采用前面用来测定晶格分辨率的晶体样品来作标样,拍摄晶格条纹像,测量晶格像条纹间距,计算出条纹间距与实际晶面间距比值即为相应条件下仪器的放大倍数。

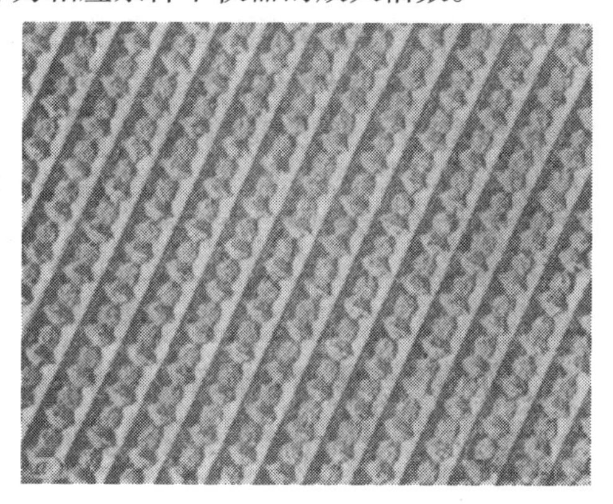

(a) 5 700 倍　　(b) 8 750 倍

图 10.14　1 152 条/nm 衍射光栅复型放大像

习　　题

1. 透射电镜主要由几大系统构成? 各系统之间关系如何?

2. 照明系统的作用是什么? 它应满足什么要求?

3. 成像系统的主要构成及其特点是什么?

4. 分别说明成像操作与衍射操作时各级透镜(像平面与物平面)之间的相对位置关系,并画出光路图。

5. 样品台的结构与功能如何? 它应满足哪些要求?

6. 透射电镜中有哪些主要光阑,在什么位置? 其作用如何?

7. 如何测定透射电镜的分辨率与放大倍数,电镜的哪些主要参数控制着分辨率与放大倍数?

8. 点分辨率和晶格分辨率有何不同? 同一电镜的这两种分辨率哪个高? 为什么?

第 11 章

复型技术

11.1 概　　述

由于电子束的穿透能力比较低,用透射电子显微镜分析的样品非常薄,根据样品的原子序数大小不同,一般在 5 ~ 500 nm 之间,要制成这样薄的样品必须通过一些特殊的方法,复型法就是其中之一。所谓复型,就是样品表面形貌的复制,其原理与侦破案件时用石膏复制罪犯鞋底花纹相似。复型法实际上是一种间接(或部分间接)的分析方法,因为通过复型制备出来的样品是真实样品表面形貌组织结构细节的薄膜复制品。

制备复型的材料应具备以下条件:一是复型材料本身必须是非晶态材料。晶体在电子束照射下,某些晶面将发生布拉格衍射,衍射产生的衬度会干扰复型表面形貌的分析。二是复型材料的粒子尺寸必须很小。复型材料的粒子越小,分辨率就越高。例如,用碳作复型材料时,碳粒子的直径很小,分辨率可达 2 nm 左右。如用塑料作复型材料时,由于塑料分子的直径比碳粒子大得多,因此它只能分辨直径比 10 ~ 20 nm 大的组织细节。三是复型材料应具备耐电子轰击的性能,即在电子束照射下能保持稳定,不发生分解和破坏。

真空蒸发形成的碳膜和通过浇铸蒸发而成的塑料膜都是非晶体薄膜,它们的厚度又都小于 100 nm。在电子束照射下也具备一定的稳定性,因此符合制造复型的条件。

目前,主要采用的复型方法分为一级复型法、二级复型法和萃取复型法三种。由于近年来扫描电子显微镜分析技术和金属薄膜技术发展很快,复型技术部分地为上述两种分析方法所替代。但是,用复型观察断口比扫描电镜的断口清晰以及复型金相组织和光学金相组织之间的相似,致使复型电镜分析技术至今仍然为人们所采用。

11.2　质厚衬度原理

质厚衬度是建立在非晶体样品中原子对入射电子的散射和透射电子显微镜小孔径角成像基础上的成像原理,是解释非晶态样品(如复型)电子显微图像衬度的理论依据。

1.单个原子对入射电子的散射

当一个电子穿透非晶体薄样品时,将与样品发生相互作用,或与原子核相互作用,或与核外电子相互作用,由于电子的质量比原子核小得多,所以原子核对入射电子的散射作用,一般只引起电子改变运动方向,而能量没有变化(或变化甚微),这种散射叫做弹性散射。散射电子运动方向与原来入射方向之间的夹角叫做散射角,用 α 来表示,如图 11.1

所示。散射角 α 的大小取决于瞄准距离 r_n,原子核电荷 Z_e 和入射电子加速电压 U,其关系为

$$\alpha = \frac{Z_e}{Ur_n} \quad 或 \quad r_n = \frac{Z_e}{U\alpha} \tag{11.1}$$

可见所有瞄准以原子核为中心,r_n 为半径的圆内的入射电子将被散射到大于 α 的角度以外的方向上去。所以可用 πr_n^2 来衡量一个孤立的原子核把入射电子散射到比 α 角度大的方向上去的能力,习惯上叫做弹性散射截面,用 σ_n 来表示,即 $\sigma_n = \pi r_n^2$。

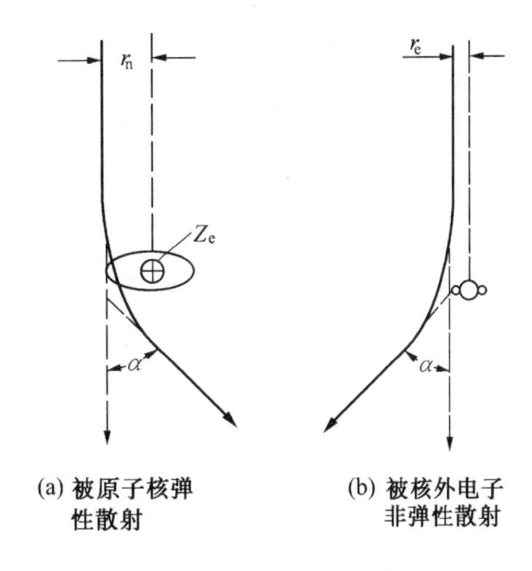

图 11.1　电子受原子的散射

但是,当一个电子与一个孤立的核外电子发生散射作用时,由于两者质量相等,散射过程不仅使入射电子改变运动方向,还发生能量变化,这种散射叫做非弹性散射。散射角可由下式来定,即

$$\alpha = \frac{q}{Ur_e} \quad 或 \quad r_e = \frac{q}{U\alpha} \tag{11.2}$$

式中　r_e——入射电子对核外电子的瞄准距离;

q——电子电荷。

所有瞄准以核外电子为中心,r_e 为半径的圆内的入射电子,也将被散射到比 α 角大的方向上去。所以也可用 πr_n^2 来衡量一个孤立的核外电子把入射电子散射到比 a 角大的方向上去的能力,习惯上叫做核外电子非弹性散射截面,用 σ_e 来表示,即 $\sigma_e = \pi r_e^2$。

一个原子序数为 Z 的原子有 Z 个核外电子。因此,一个孤立原子把电子散射到 α 以外的散射截面,用 σ_o 来表示,等于原子核弹性散射截面 σ_n 和所有核外电子非单性散射截面 $Z\sigma_e$ 之和,即 $\sigma_o = \sigma_n + Z\sigma_e$。原子序数越大,产生弹性散射的比例就越大。弹性散射是透射电子显微成像的基础;而非弹性散射引起的色差将使背景强度增高,图像衬度降低。

2. 透射电子显微镜小孔径角成像

为了确保透射电子显微镜的高分辨率,采用小孔径角成像。它是通过在物镜背焦平面上沿径向插入一个小孔径的物镜光阑来实现的,如图 11.2 所示。结果,把散射角大于 α 的电子挡掉,只允许散射角小于 α 的电子通过物镜光阑参与成像。

3. 质厚衬度成像原理

衬度是指在荧光屏或照相底片上,眼睛能观察到的光强度或感光度的差别。电子显微镜图像的衬度取决于投射到荧光屏或照相底片上不同区域的电子强度差别。对于非晶体样品来说,入射电子透过样品时碰到的原子数目越多(或样品越厚),样品原子核库仑电场越强(或样品原子序数越大或密度越大),被散射到物镜光阑外的电子就越多,而通过物镜光阑参与成像的电子强度也就越低。下面讨论非晶体样品的厚度、密度与成像电子强度的关系。如果忽略原子之间的相互作用,则每立方厘米包含 N 个原子的样品的总散射截面为

$$Q = N\sigma_o \tag{11.3}$$

式中　N——单位体积样品包含的原子数,$N = N_0 \dfrac{\rho}{A}$,其中 ρ 为密度,A 为相对原子质量,N_0 为阿伏加德罗常数;

σ_o——原子散射截面。

所以 $Q = N_0 \frac{\rho}{A}\sigma_o$

如果入射到 1 cm^2 样品表面积的电子数为 n，当其穿透 dt 厚度样品后有 dn 个电子被散射到光阑外，即其减小率为 dn/n，因此有

$$-\frac{dn}{n} = Q dt \tag{11.4}$$

若入射电子总数为 $n_0(t=0)$，由于受到 t 厚度的样品散射作用，最后只有 n 个电子通过物镜光阑参与成像。将式(11.4)积分得到

$$n = n_0 e^{-Qt} \tag{11.5}$$

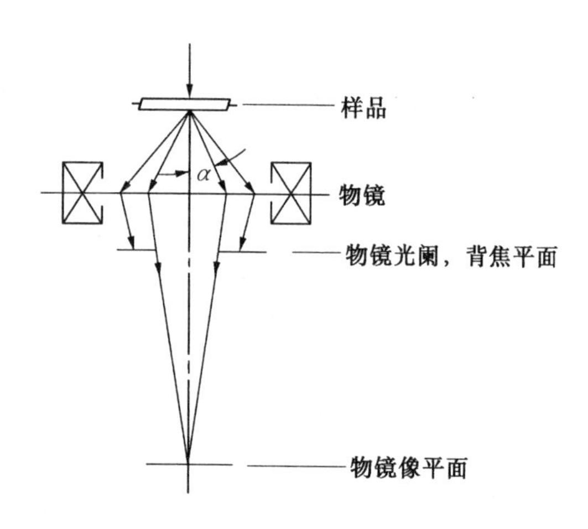

图 11.2 小孔径角成像

由于电子束强度 $I = nq$，因此上式可写为

$$I = I_0 e^{-Qt} \tag{11.6}$$

上式说明强度为 I_0 的入射电子穿透总散射截面为 Q，厚度为 t 的样品后，通过物镜光阑参与成像的电子束强度 I 随 Qt 乘积增大而呈指数衰减。

当 $Qt = 1$ 时，有

$$t = \frac{1}{Q} = t_c \tag{11.7}$$

t_c 叫临界厚度，即电子在样品中受到单次散射的平均自由程。因此，可以认为，$t \leqslant t_c$ 的样品对电子束是透明的，相应的成像电子强度为

$$I = \frac{I_0}{q} \approx \frac{I_0}{3} \tag{11.8}$$

还由于

$$Qt = \left(\frac{N_0\sigma_o}{A}\right)(\rho t) \tag{11.9}$$

若定义 ρt 为质量厚度，那么参与成像的电子束强度 I 随样品质量厚度 ρt 增大而衰减。

当 $Qt = 1$ 时，有

$$(\rho t)_c = \frac{A}{N_0\sigma_o} = \rho t_c \tag{11.10}$$

我们把$(\rho t)_c$叫做临界质量厚度。随加速电压的增加，临界质量厚度$(\rho t)_c$增大。

下面来推导质厚衬度表达式。

如果以 I_A 表示强度为 I_0 的入射电子通过样品 A 区域(厚度 t_A，总散射截面 Q_A)后，进入物镜光阑参与成像的电子强度；I_B 表示强度为 I_0 的入射电子通过样品 B 区域(厚度 t_B，总散射截面 Q_B)后，进入物镜光阑参与成像的电子强度，那么投射到荧光屏或照相底片上相应的电子强度差 $\Delta I_A = I_B - I_A$(假定 I_B 为像背景强度)。习惯上以 $\Delta I_A/I_B$ 定义图像中 A 区域的衬度(或反差)，因此

$$\frac{\Delta I_A}{I_B} = \frac{I_B - I_A}{I_B} = 1 - \frac{I_A}{I_B} \tag{11.11}$$

因为 $$I_A = I_0 e^{-Q_A t_A}$$

$$I_B = I_0 e^{-Q_B t_B}$$

所以
$$\frac{\Delta I_A}{I_B} = 1 - e^{-(Q_A t_A - Q_B t_B)} \tag{11.12}$$

这说明不同区域的 Qt 值差别越大,复型的图像衬度越高。倘若复型是同种材料制成的,如图 11.3(a)所示,则 $Q_A = Q_B = Q$,那么上式可简化为

$$\frac{\Delta I_A}{I_B} = 1 - e^{-Q(t_A - t_B)} = 1 - e^{-Q\Delta t} \approx Q\Delta t \quad (\text{当 } Q\Delta t \ll 1 \text{ 时}) \tag{11.13}$$

这说明用来制备复型的材料总散射截面 Q 值越大或复型相邻区域厚度差别越大(后者取决于金相试样相邻区域浮雕高度差),复型图像衬度越高。

一般认为肉眼能辨认的最低衬度不应小于 5%,则复型必须具有的最小厚度差为

$$\Delta t_{\min} = \frac{0.05}{Q} = 0.05 t_c \tag{11.14}$$

如果复型是由两种材料组成的,如图 11.3(b)所示,假定凸起部分总散射截面为 Q_A,此时复型图像衬度为

$$\frac{\Delta I}{I_B} = 1 - e^{-Q_A \Delta t} \approx Q_A \Delta t \qquad (\text{当 } Q_A\Delta t \ll 1 \text{ 时}) \tag{11.15}$$

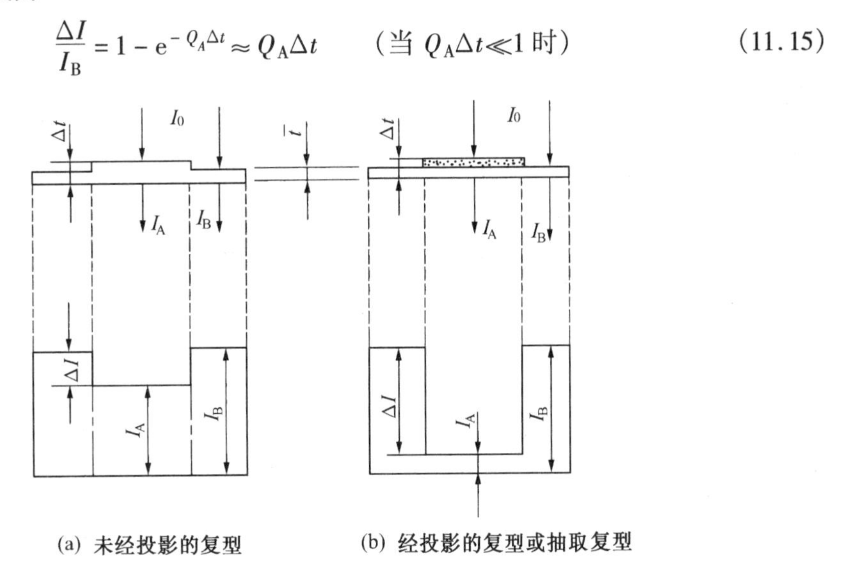

图 11.3　质厚衬度原理

11.3　一级复型和二级复型

11.3.1　一级复型

一级复型有两种,即塑料一级复型和碳一级复型。

1. 塑料一级复型

图 11.4 是塑料一级复型的示意图。在已制备好的金相样品或断口样品上滴上几滴体积浓度为 1% 的火棉胶醋酸戊酯溶液或醋酸纤维素丙酮溶液,溶液在样品表面展平,多余的溶液用滤纸吸掉,待溶剂蒸发后样品表面即留下一层 100 nm 左右的塑料薄膜。把这层塑料薄膜小心地从样品表面上揭下来,剪成对角线小于 3 mm 的小方块后,就可以放在直径为 3 mm 的专用铜网上,进行透射电子显微分析。从图 11.4 中可以看出,这种复型是

负复型,也就是说样品上凸出部分在复型上是凹下去的。在电子束垂直照射下,负复型的不同部分厚度是不一样的,根据质厚衬度的原理,厚的部分透过的电子束弱,而薄的部分透过的电子束强,从而在荧光屏上造成了一个具有衬度的图像。如分析金相组织时,这个图像和光学金相显微组织之间有着极好的对应性。

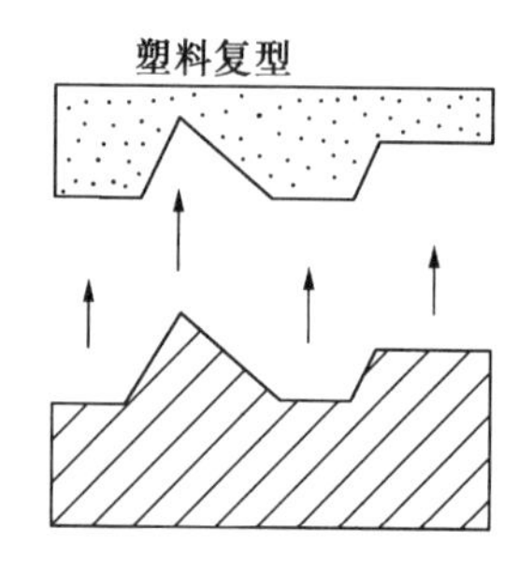

图 11.4 塑料一级复型

在进行复型操作之前,样品的表面必须充分清洗,否则一些污染物留在样品上将使负复型的图像失真。

塑料一级复型的制备方法十分简便,对分析直径为 20 nm 左右的细节还是清晰的。但是,塑料一级复型大都只能做金相样品的分析,而不宜做表面起伏较大的断口分析,因为当断口上的高度差比较大时,无法做出较薄的可被电子束透过的复型膜。此外,塑料一级复型存在分辨率不高和在电子束照射下容易分解等缺点。

2.碳一级复型

为了克服塑料一级复型的缺点,在电镜分析时常采用碳一级复型。图 11.5 为碳一级复型的示意图。制备这种复型的过程是直接把表面清洁的金相样品放入真空镀膜装置中,在垂直方向上向样品表面蒸镀一层厚度为数十纳米的碳膜。蒸发沉积层的厚度可用放在金相样品旁边的乳白瓷片的颜色变化来估计。在瓷片上事先滴一滴油,喷碳时油滴部分的瓷片不沉积碳而基本保持本色,其他部分随着碳膜变厚渐渐变成浅棕色和深棕色。一般情况下,瓷片呈浅棕色时,碳膜的厚度正好符合要求。把喷有碳膜的样品用小刀划成对角线小于 3 mm 的小方块,然后把此样品放入配好的分离液内进行电解或化学分离。电解分离时,样品通正电作阳极,用不锈钢平板作阴极。不同材料的样品选用不同的电解液、抛光电压和电流密度。分离开的碳膜在丙酮或酒精中清洗后便可置于铜网上放入电镜观察。化学分离时,最常用的溶液是氢氟酸双氧水溶液。碳膜剥离后也必须清洗,然后才能进行观察分析。

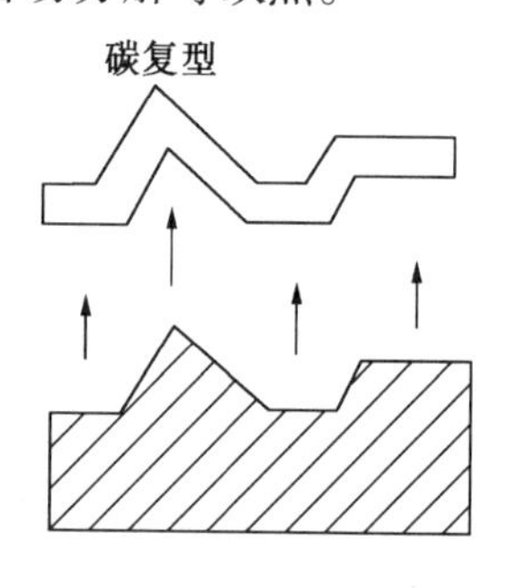

图 11.5 碳一级复型

比较塑料一级复型和碳一级复型的特点,可发现二者存在如下不同之处:首先,碳膜的厚度基本上是相同的,而塑料膜上有一个面是平面,膜的厚度随试样的位置而异;其次,制备塑料一级复型不破坏样品,而制备碳复型时,样品将遭到破坏;第三,塑料一级复型因其塑料分子较大,分辨率较低,而碳粒子直径较小,故碳复型的分辨率可比塑料复型高一个数量级。

和碳一级复型相类似的还有一种氧化膜复型,这种方法是在样品表面人为地造成一层均匀的氧化膜,把这层氧化膜剥离下来,也能真实地反映样品表面的浮凸情况。氧化膜复型的分辨率介于碳一级复型和塑料一级复型之间。因氧化膜复型只能对某些金属和合金适用,对于产生疏松氧化膜的金属和合金就无法得到完整的复型,因此这种方法目前已不大采用。

11.3.2 二级复型(塑料-碳二级复型)

二级复型是目前应用最广的一种复型方法。它是先制成中间复型(一次复型),然后在中间复型上进行第二次碳复型,再把中间复型溶去,最后得到的是第二次复型。醋酸纤维素(AC 纸)和火棉胶都可以作中间复型。

图 11.6 为二级复型制备过程的示意图。图 11.6(a)为塑料中间复型,图 11.6(b)为在揭下的中间复型上进行碳复型。为了增加衬度可在倾斜 15°~45°的方向上喷镀一层重金属,如 Cr、Au 等(称为投影)。一般情况下,是在一次复型上先投影重金属再喷镀碳膜,但有时也可喷投次序相反,图 11.6(c)表示溶去中间复型后的最终复型。

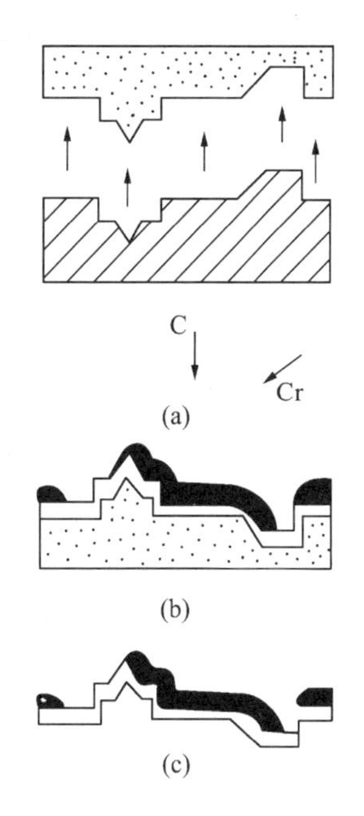

图 11.6 塑料-碳二级复型

塑料-碳二级复型的特点是:第一,制备复型时不破坏样品的原始表面;第二,最终复型是带有重金属投影的碳膜,这种复合膜的稳定性和导电导热性都很好,因此,在电子束照射下不易发生分解和破裂;第三,虽然最终复型主要是碳膜,但因中间复型是塑料,所以,塑料-碳二级复型的分辨率和塑料一级复型相当;最后,最终的碳复型是通过溶解中间复型得到的,不必从样品上直接剥离,而碳复型是一层厚度约为 10 nm 的薄层,可以被电子束透过。由于二级复型制作简便,因此它是目前使用得最多的一种复型技术。图 11.7 为合金钢回火组织及低碳钢冷脆断口的二级复型照片。从图中可以清楚地看到回火组织中析出的颗粒状碳化物和解理断口上的河流花样。

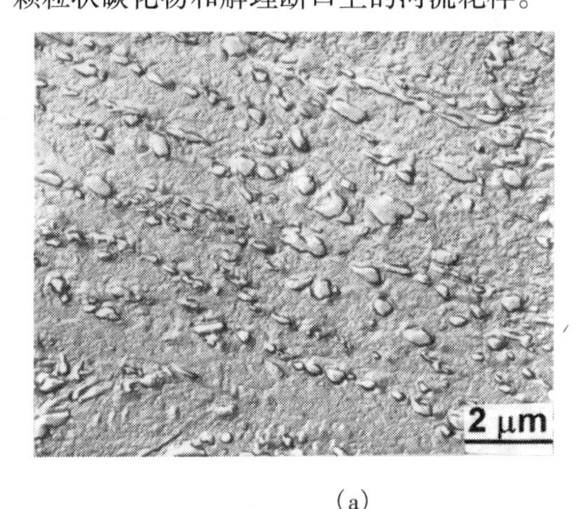

(a)

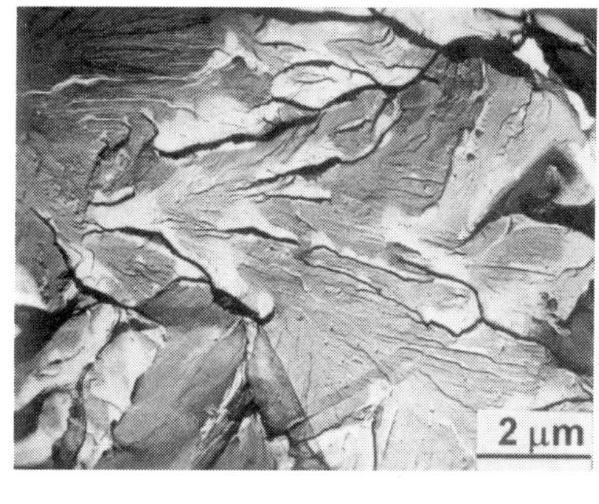

(b)

图 11.7 30CrMnSi 钢回火组织(a)与低碳钢冷脆断口(b)的复型图像

11.4 萃取复型与粉末样品

11.4.1 萃取复型

在需要对第二相粒子形状、大小和分布进行分析的同时对第二相粒子进行物相及晶体结构分析时,常采用萃取复型的方法。图 11.8 是萃取复型的示意图。这种复型的方法和碳一级复型类似,只是金相样品在腐蚀时应进行深腐蚀,使第二相粒子容易从基体上剥离。此外,进行喷镀碳膜时,厚度应稍厚,约 20 nm 左右,以便把第二相粒子包络起来。蒸镀过碳膜的样品用电解法或化学法溶化基体(电解液和化学试剂对第二相不起溶解作用),因此带有第二相粒子的萃取膜和样品脱开后,膜上第二相粒子的形状、大小和分布仍保持原来的状态。萃取膜比较脆,通常在蒸镀的碳膜上先浇铸一层塑料背膜,待萃取膜从样品表面剥离后,再用溶剂把背膜溶去,由此可以防止膜的破碎。

在萃取复型的样品上可以在观察样品基体组织形态的同时,观察第二相颗粒的大小、形状及分布,对第二相粒子进行电子衍射分析,还可以直接测定第二相的晶体结构。

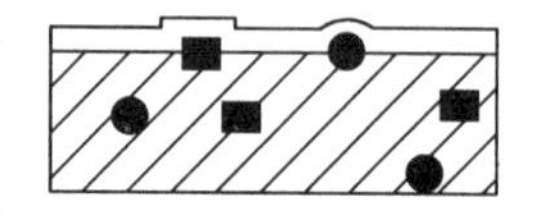

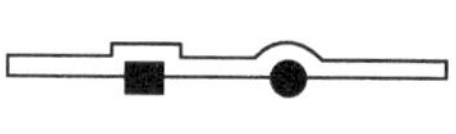

图 11.8　萃取复型

11.4.2　粉末样品制备

随着材料科学的发展,超细粉体及纳米材料(如纳米陶瓷)发展很快,而粉末的颗粒尺寸大小、尺寸分布及形状对最终制成材料的性能有显著影响,因此,如何用透射电镜来观察超细粉末的尺寸和形态,便成了电子显微分析一项重要内容。其关键的工作是粉末样品的制备,样品制备的关键是如何将超细粉的颗粒分散开来,各自独立而不团聚。图11.9给出了超细陶瓷粉末的照片。

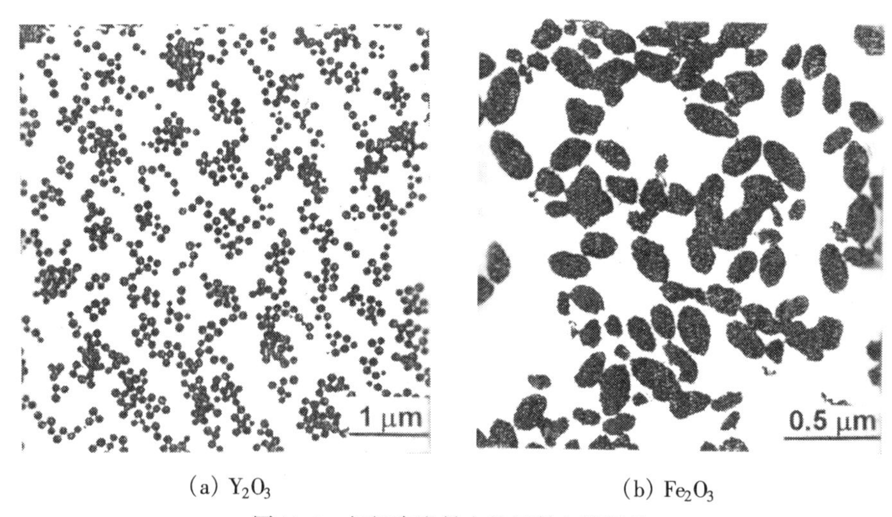

(a) Y_2O_3　　(b) Fe_2O_3

图 11.9　超细陶瓷粉末的透射电镜照片

1.胶粉混合法

在干净玻璃片上滴火棉胶溶液,然后在玻璃片胶液上放少许粉末并搅匀,再将另一玻璃片压上,两玻璃片对研并突然抽开,稍候,膜干。用刀片划成小方格,将玻璃片斜插入水杯中,在水面上下空插,膜片逐渐脱落,用铜网将方形膜捞出,待观察。

2.支持膜分散粉末法

需透射电镜分析的粉末颗粒一般都远小于铜网小孔,因此要先制备对电子束透明的支持膜。常用的支持膜有火棉胶膜和碳膜,将支持膜放在铜网上,再把粉末放在膜上送入电镜分析。

粉末或颗粒样品制备的成败关键取决于能否使其均匀分散地撒到支持膜上。通常用超声波搅拌器,把要观察的粉末或颗粒样品加水或溶剂搅拌为悬浮液。然后,用滴管把悬浮液放一滴在粘附有支持膜的样品铜网上,静置干燥后即可供观察。为了防止粉末被电子束打落污染镜筒,可在粉末上再喷一层薄碳膜,使粉末夹在两层膜中间。

习　　题

1.复型样品(一级及二级复型)是采用什么材料和什么工艺制备出来的?
2.复型样品在透射电镜下的衬度是如何形成的?
3.限制复型样品的分辨率的主要因素是什么?
4.说明如何用透射电镜观察超细粉末的尺寸和形态?如何制备样品?
5.萃取复型可用来分析哪些组织结构?得到什么信息?
6.举例说明复型技术在材料微观组织分析中的应用。

第12章

电子衍射

12.1 概　　述

透射电镜的主要特点是可以进行组织形貌与晶体结构同位分析。在介绍透射电镜成像系统中已讲到，使中间镜物平面与物镜像平面重合(成像操作)，在观察屏上得到的是反映样品组织形态的形貌图像；而使中间镜的物平面与物镜背焦面重合(衍射操作)，在观察屏上得到的则是反映样品晶体结构的衍射斑点，本章介绍电子衍射基本原理与方法。下一章将介绍衍衬成像原理与应用。

电子衍射的原理和X射线衍射相似，是以满足(或基本满足)布拉格方程作为产生衍射的必要条件。两种衍射技术所得到的衍射花样在几何特征上也大致相似。多晶体的电子衍射花样是一系列不同半径的同心圆环，单晶体衍射花样由排列得十分整齐的许多斑点所组成。而非晶态物质的衍射花样只有一个漫散的中心斑点，如图12.1所示。由于电子波与X射线相比有其本身的特性，因此电子衍射和X射线衍射相比较时，具有下列不同之处。

(1) 电子波的波长比X射线短得多，在同样满足布拉格条件时，它的衍射角 θ 很小，约为 10^{-2} rad。而X射线产生衍射时，其衍射角最大可接近 $\frac{\pi}{2}$。

(2) 在进行电子衍射操作时采用薄晶样品，薄样品的倒易阵点会沿着样品厚度方向延伸成杆状，因此，增加了倒易阵点和爱瓦尔德球相交截的机会，结果使略为偏离布拉格条件的电子束也能发生衍射。

(3) 因为电子波的波长短，采用爱瓦尔德球图解时，反射球的半径很大，在衍射角 θ 较小的范围内反射球的球面可以近似地看成是一个平面，从而也可以认为电子衍射产生的衍射斑点大致分布在一个二维倒易截面内。这个结果使晶体产生的衍射花样能比较直观地反映晶体内各晶面的位向，给分析带来不少方便。

(4) 原子对电子的散射能力远高于它对X射线的散射能力(约高出4个数量级)，故电子衍射束的强度较大，摄取衍射花样时曝光时间仅需数秒钟。

(a) 单晶 c - ZrO_2

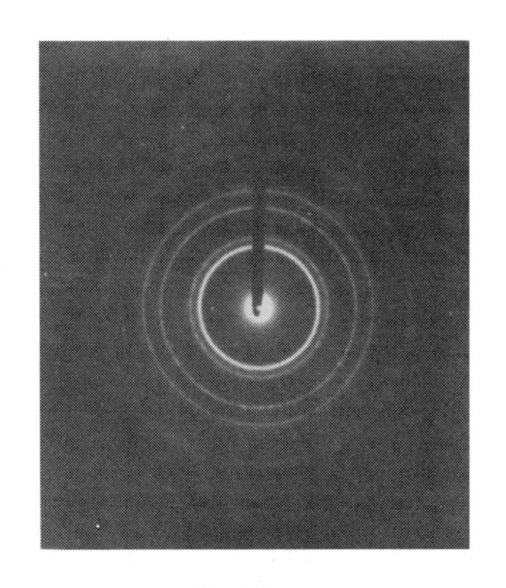

(b) 多晶 Au

(c) Si_3N_4 陶瓷中的非晶态晶间相

图 12.1　单晶体、多晶体及非晶体的电子衍射花样

12.2　电子衍射原理

12.2.1　布拉格定律

由 X 射线衍射原理我们已经得出布拉格方程的一般形式为

$$2d\sin\theta = \lambda$$

因为
$$\sin\theta = \frac{\lambda}{2d} \leqslant 1$$

所以
$$\lambda \leqslant 2d$$

这说明,对于给定的晶体样品,只有当入射波长足够短时,才能产生衍射。而对于电镜的照明光源——高能电子束来说,比 X 射线更容易满足。通常的透射电镜的加速电压为 100 ~ 200 kV,即电子波的波长为 $10^{-2} \sim 10^{-3}$ nm 数量级,而常见晶体的晶面间距为 $10^0 \sim 10^{-1}$ nm 数量级,于是

$$\sin\theta = \frac{\lambda}{2d} \approx 10^{-2}$$

$$\theta \approx 10^{-2}\ \text{rad} < 1^\circ$$

这表明,电子衍射的衍射角总是非常小的,这是它的花样特征之所以区别 X 射线衍射的

主要原因。

12.2.2 倒易点阵与爱瓦尔德球图解法

1. 倒易点阵的概念

晶体的电子衍射(包括 X 射线单晶衍射)结果得到的是一系列规则排列的斑点。这些斑点虽然与晶体点阵结构有一定对应关系,但又不是晶体某晶面上原子排列的直观影像。人们在长期实验中发现,晶体点阵结构与其电子衍射斑点之间可以通过另外一个假想的点阵很好地联系起来,这就是倒易点阵。通过倒易点阵可以把晶体的电子衍射斑点直接解释成晶体相应晶面的衍射结果。也可以说,电子衍射斑点就是与晶体相对应的倒易点阵中某一截面上阵点排列的像。

倒易点阵是与正点阵相对应的量纲为长度倒数的一个三维空间(倒易空间)点阵,它的真面目只有从它的性质及其与正点阵的关系中才能真正了解。

2. 倒易点阵中单位矢量的定义

设正点阵的原点为 O,基矢为 $\boldsymbol{a},\boldsymbol{b},\boldsymbol{c}$,倒易点阵的原点为 O^*,基矢为 $\boldsymbol{a}^*,\boldsymbol{b}^*,\boldsymbol{c}^*$(图 12.2),则有

$$\boldsymbol{a}^* = \frac{\boldsymbol{b}\times\boldsymbol{c}}{V} \qquad \boldsymbol{b}^* = \frac{\boldsymbol{c}\times\boldsymbol{a}}{V} \qquad \boldsymbol{c}^* = \frac{\boldsymbol{a}\times\boldsymbol{b}}{V} \tag{12.1}$$

式中 V——正点阵中单胞的体积。

$$V = \boldsymbol{a}\cdot(\boldsymbol{b}\times\boldsymbol{c}) = \boldsymbol{b}\cdot(\boldsymbol{c}\times\boldsymbol{a}) = \boldsymbol{c}\cdot(\boldsymbol{a}\times\boldsymbol{b})$$

表明某一倒易基矢垂直于正点阵中和自己异名的二基矢所成平面。

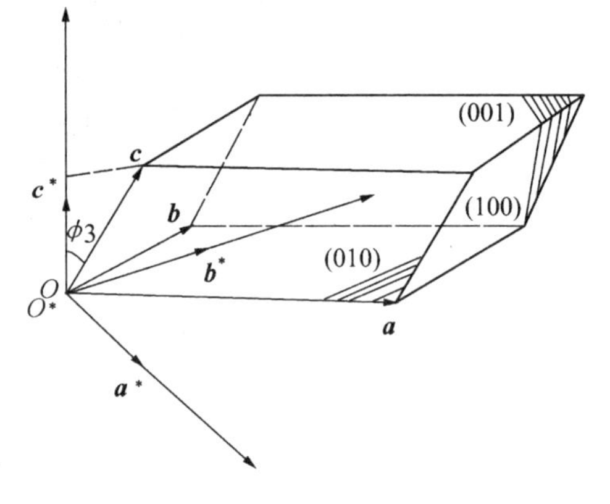

图 12.2 倒易基矢和正空间基矢之间的关系

2. 倒易点阵的性质

(1) 根据式(12.1)有

$$\boldsymbol{a}^*\cdot\boldsymbol{b} = \boldsymbol{a}^*\cdot\boldsymbol{c} = \boldsymbol{b}^*\cdot\boldsymbol{a} = \boldsymbol{b}^*\cdot\boldsymbol{c} = \boldsymbol{c}^*\cdot\boldsymbol{b} = 0 \tag{12.2}$$

$$\boldsymbol{a}^*\cdot\boldsymbol{a} = \boldsymbol{b}^*\cdot\boldsymbol{b} = \boldsymbol{c}^*\cdot\boldsymbol{c} = 1 \tag{12.3}$$

即正倒点阵异名基矢点乘为0,同名基矢点乘为1。

(2) 在倒易点阵中,由原点 $\boldsymbol{O}^*$ 指向任意坐标为(hkl)的阵点的矢量 $\boldsymbol{g}_{hkl}$(倒易矢量)为

$$\boldsymbol{g}_{hkl} = h\boldsymbol{a}^* + k\boldsymbol{b}^* + l\boldsymbol{c}^* \tag{12.4}$$

式中 hkl 为正点阵中的晶面指数,上式表明:

① 倒易矢量 $\boldsymbol{g}_{hkl}$垂直于正点阵中相应的(hkl)晶面,或平行于它的法向 $\boldsymbol{N}_{hkl}$。

② 倒易点阵中的一个点代表的是正点阵中的一组晶面(图 12.3)。

(3) 倒易矢量的长度等于正点阵中相应晶面间距的倒数,即

$$g_{hkl} = 1/d_{hkl} \tag{12.5}$$

(4) 对正交点阵,有

$$\boldsymbol{a}^* /\!/ \boldsymbol{a} \quad \boldsymbol{b}^* /\!/ \boldsymbol{b} \quad \boldsymbol{c}^* /\!/ \boldsymbol{c} \quad \boldsymbol{a}^* = \frac{1}{\boldsymbol{a}} \quad \boldsymbol{b}^* = \frac{1}{\boldsymbol{b}} \quad \boldsymbol{c}^* = \frac{1}{\boldsymbol{c}} \tag{12.6}$$

(5) 只有在立方点阵中,晶面法向和同指数的晶向是重合(平行)的。即倒易矢量 $\boldsymbol{g}_{hkl}$ 是与相应指数的晶向$[hkl]$平行的。

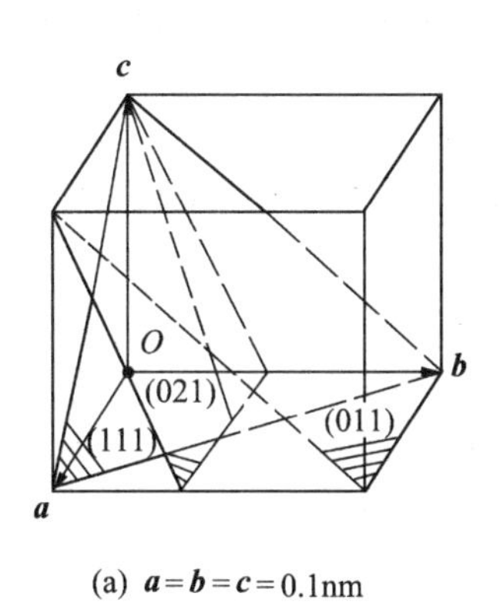

(a) $a=b=c=0.1\text{nm}$

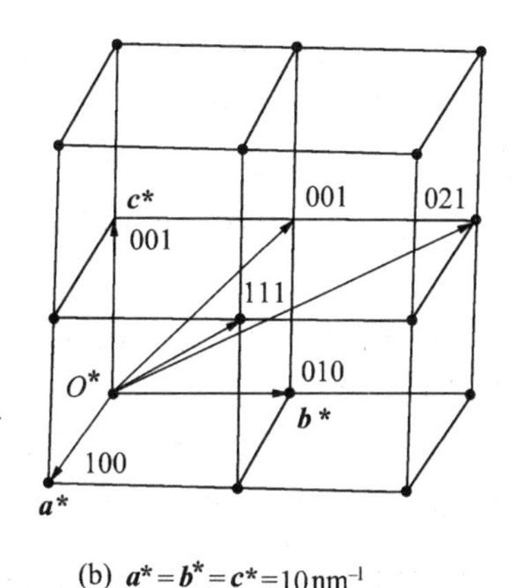

(b) $a^*=b^*=c^*=10\text{nm}^{-1}$

图 12.3　正点阵和倒易点阵的几何对应关系

3.爱瓦尔德球图解法

在了解了倒易点阵的基础上,我们便可以通过爱瓦尔德球图解法将布拉格定律用几何图形直观地表达出来,即爱瓦尔德球图解法是布拉格定律的几何表达形式。

在倒易空间中,画出衍射晶体的倒易点阵,以倒易原点 O^* 为端点作入射波的波矢量 $\boldsymbol{k}$(即图 12.4 中的矢量 $\boldsymbol{OO^*}$),该矢量平行于入射束方向,长度等于波长的倒数,即

$$k=\frac{1}{\lambda}$$

以 O 为中心,$\frac{1}{\lambda}$为半径作一个球,这就是爱瓦尔德球(或称为反射球)。此时,若有倒易阵 G(指数为 hkl)正好落在爱瓦尔德球的球面上,则相应的晶面组(hkl)与入射束的方向必满足布拉格条件,而衍射束的方向就是 $\boldsymbol{OG}$,或者写成衍射波的波矢量 $\boldsymbol{k}'$,其长度也等于反射球的半径 $1/\lambda$。

根据倒易矢量的定义,$\boldsymbol{O^*G}=\boldsymbol{g}$,于是我们得到

$$k'-k=g \tag{12.7}$$

由图 12.4 的简单分析即可证明,式(12.7)与布拉格定律是完全等价的。由 O 向 O^*G作垂线,垂足为 D,因为 $\boldsymbol{g}$ 平行于(hkl)晶面的法向 $\boldsymbol{N}_{hkl}$,所以 OD 就是正空间中(hkl)晶面的方位,若它与入射束方向的夹角为 θ,则有

$$\overline{O^*D}=\overline{OO^*}\sin\theta$$

即

$$g/2=k\sin\theta$$

由于

$$g=1/d \quad k=\frac{1}{\lambda}$$

故有

$$2d\sin\theta=\lambda$$

同时,由图可知,$\boldsymbol{k}'$ 与 $\boldsymbol{k}$ 的夹角(即衍射束与透射束的夹角)等于 2θ,这与布拉格定律的结果也是一致的。

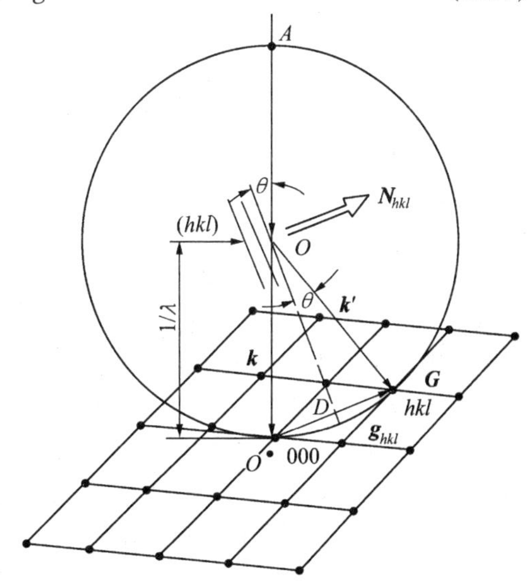

图 12.4　爱瓦尔德球作图法

图 12.4 中应注意矢量 $\boldsymbol{g}_{hkl}$的方向,它和衍射晶面的法线方向一致,因为已经设

定 $\boldsymbol{g}_{hkl}$矢量的模是衍射晶面面间距的倒数，因此位于倒易空间中的 $\boldsymbol{g}_{hkl}$矢量具有代表正空间中(hkl)衍射晶面的特性，所以它又叫做衍射晶面矢量。

爱瓦尔德球内的三个矢量 $\boldsymbol{k}$、$\boldsymbol{k}'$ 和 $\boldsymbol{g}_{hkl}$清楚地描绘了入射束、衍射束和衍射晶面之间的相对关系，在以后的电子衍射分析中我们将常常应用爱瓦尔德球图解法这个有效的工具。

在作图过程中，我们首先规定爱瓦尔德球的半径为 $1/\lambda$，又因 $g_{hkl}=1/d_{hkl}$，由于这两个条件，使爱瓦尔德球本身已置于倒易空间中去了，在倒易空间中任一 $\boldsymbol{g}_{hkl}$矢量就是正空间中(hkl)晶面代表，如果我们能记录到各 $\boldsymbol{g}_{hkl}$矢量的排列方式，就可以通过坐标变换，推测出正空间中各衍射晶面间的相对方位，这就是电子衍射分析要解决的主要问题。

12.2.3 晶带定理与零层倒易截面

在正点阵中，同时平行于某一晶向[uvw]的一组晶面构成一个晶带，而这一晶向称为这一晶带的晶带轴。

图 12.5 为正空间中晶体的[uvw]晶带及其相应的零层倒易截面(通过倒易原点)。图中晶面($h_1k_1l_1$)、($h_2k_2l_2$)、($h_3k_3l_3$)的法向 $\boldsymbol{N}_1$，$\boldsymbol{N}_2$，$\boldsymbol{N}_3$ 和倒易矢量 $\boldsymbol{g}_{h_1k_1l_1}$、$\boldsymbol{g}_{h_2k_2l_2}$、$\boldsymbol{g}_{h_3k_3l_3}$的方向相同，且各晶面面间距 $d_{h_1k_1l_1}$、$d_{h_2k_2l_2}$、$d_{h_3k_3l_3}$的倒数分别和 $\boldsymbol{g}_{h_1k_1l_1}$、$\boldsymbol{g}_{h_2k_2l_2}$、$\boldsymbol{g}_{h_3k_3l_3}$的长度相等，倒易面上坐标原点 O^* 就是爱瓦尔德球上入射电子束和球面的交点。由于晶体的倒易点阵是三维点阵，如果电子束沿晶带轴[uvw]的反向入射时，通过原点 O^* 的倒易平面只有一个，我们把这个二维平面叫做零层倒易面，用$(uvw)_\theta^*$ 表示。显然，$(uvw)_\theta^*$ 的法线正好和正空间中的晶带轴[uvw]重合。进行电子衍射分析时，大都是以零层倒易面作为主要分析对象的。

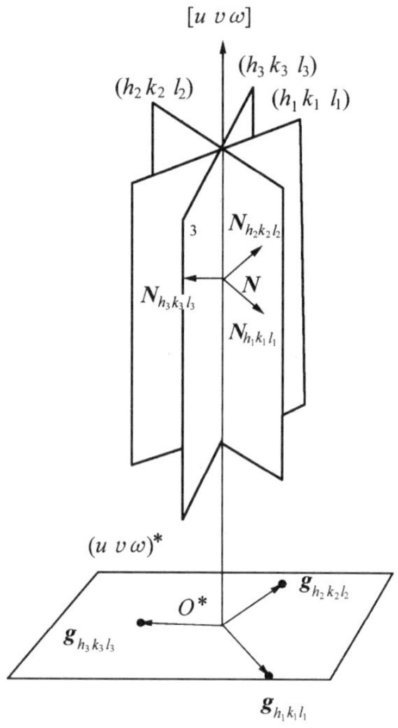

因为零层倒易面上的各倒易矢量都和晶带轴 $\boldsymbol{r}=$[uvw]垂直，故有

$$\boldsymbol{g}_{hkl}\cdot\boldsymbol{r}=0$$

即

$$hu+kv+lw=0$$

图 12.5 晶带和它的倒易面

这就是晶带定理。根据晶带定理，我们只要通过电子衍射实验，测得零层倒易面上任意两个 $\boldsymbol{g}_{hkl}$矢量，即可求出正空间内晶带轴指数。由于晶带轴和电子束照射的轴线重合，因此，就可能断定晶体样品和电子束之间的相对方位。

图 12.6(a)示出了一个立方晶胞，若以[001]作晶带轴时，(100)、(010)、(110)和(120)等晶面均和[001]平行，相应的零层倒易截面如图 12.6(b)所示。此时，[001]·[100]=[001]·[010]=[001]·[110]=[001]·[120]=0。如果在零层倒易截面上任取两个倒易矢量 $\boldsymbol{g}_{h_1k_1l_1}$和 $\boldsymbol{g}_{h_2k_2l_2}$，将它们叉乘，则有

$$[uvw]=\boldsymbol{g}_{h_1k_1l_1}\times\boldsymbol{g}_{h_2k_2l_2} \tag{12.8}$$

$$u=k_1l_2-k_2l_1\quad v=l_1h_2-l_2h_1\quad w=h_1k_2-h_2k_1$$

若取 $\boldsymbol{g}_{h_1k_1l_1}=[110]$，$\boldsymbol{g}_{h_2k_2l_2}=[120]$，则[$uvw$]=[001]。

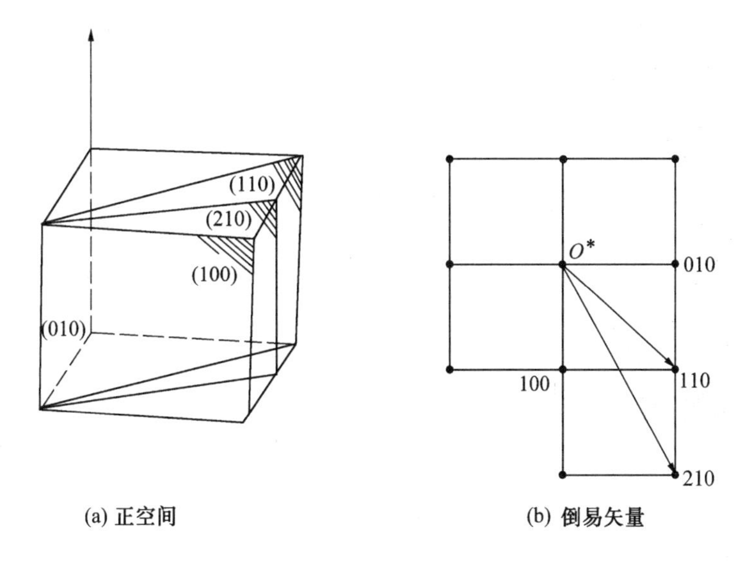

(a) 正空间　　(b) 倒易矢量

图 12.6　立方晶体[001]晶带的倒易平面

标准电子衍射花样是标准零层倒易截面的比例图像,倒易阵点的指数就是衍射斑点的指数。相对于某一特定晶带轴[uvw]的零层倒易截面内各倒易阵点的指数受到两个条件的约束。第一个条件是各倒易阵点和晶带轴指数间必须满足晶带定理,即 $hu+kv+lw=0$,因为零层倒易截面上各倒易矢量垂直于它们的晶带轴。第二个条件是只有不产生消光的晶面才能在零层倒易面上出现倒易阵点。

图 12.7 为体心立方晶体[001]和[011]晶带的标准零层倒易截面图。对[001]晶带的零层倒易截面来说,要满足晶带定理的晶面指数必定是{$hk0$}型的,同时考虑体心立方晶体的消光条件是 3 个指数之和应是奇数,因此,必须使 h、k 两个指数之和是偶数,此时在中心点 000 周围最近 8 个点的指数应是 110、$\bar{1}\bar{1}$0、1$\bar{1}$0、$\bar{1}$10、200、$\bar{2}$00、020、0$\bar{2}$0。再来看[011]晶带的标准零层倒易截面,满足晶带定理的条件是衍射晶面的 k 和 l 两个指数必须相等和符号相反;如果同时再考虑结构消光条件,则指数 h 必须是偶数,因此,在中心点 000 周围的 8 个点应是 01$\bar{1}$、0$\bar{1}$1、$\bar{2}$00、200、21$\bar{1}$、$\overline{21}$1、2$\bar{1}$1、$\bar{2}$1$\bar{1}$。

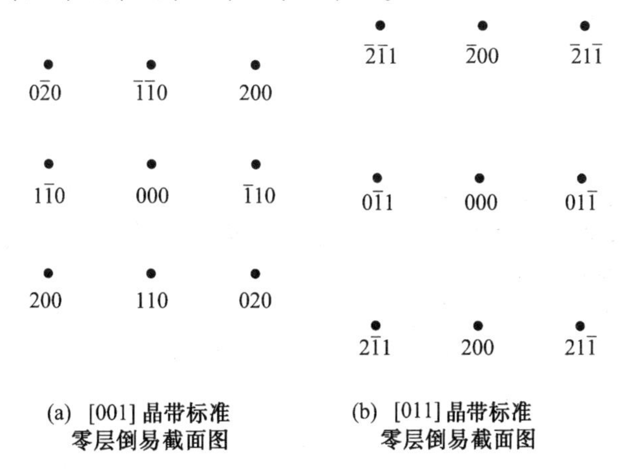

(a) [001] 晶带标准零层倒易截面图　　(b) [011] 晶带标准零层倒易截面图

图 12.7　体心立方晶体[001]和[011]晶带的标准零层倒易截面图

如果晶体是面心立方结构,则服从晶带定理的条件和体心立方晶体是相同的,但结构消光条件却不同。面心立方晶体衍射晶面的指数必须是全奇或全偶时才不消光,[001]晶带零层倒易截面中只有 h 和 k 两个指数都是偶数时倒易阵点才能存在，因此在中心点 000 周围的 8 个倒易阵点指数应是 200、$\bar{2}00$、020、$0\bar{2}0$、220、$\bar{2}\bar{2}0$ 和 $2\bar{2}0$。根据同样道理，面心立方晶体[011]晶带的零层倒易截面内，中心点 000 周围的 8 个倒易阵点是 $11\bar{1}$、$1\bar{1}1$、$\bar{1}1\bar{1}$、$\bar{1}\bar{1}1$、200、$\bar{2}00$、$02\bar{2}$ 和 $0\bar{2}2$。

根据上面的原理可以画出任意晶带的标准零层倒易平面。

在进行已知晶体的验证时，把摄得的电子衍射花样和标准倒易截面（标准衍射花样）对照，便可直接标定各衍射晶面的指数，这是标定单晶衍射花样的一种常用方法。应该指出的是：对立方晶体（指简单立方、体心立方、面心立方等）而言，晶带轴相同时，标准电子衍射花样有某些相似之处，但因消光条件不同，衍射晶面的指数是不一样的。

12.2.4　结构因子——倒易阵点的权重

所有满足布拉格定律或者倒易阵点正好落在爱瓦尔德球球面上的（hkl）晶面组是否都会产生衍射束？我们从 X 射线衍射已经知道，衍射束的强度为

$$I_{hkl} \propto |F_{hkl}|^2$$

F_{hkl}叫做（hkl）晶面组的结构因子或结构振幅，表示晶体的正点阵晶胞内所有原子的散射波在衍射方向上的合成振幅，即

$$F_{hkl} = \sum_{j=1}^{n} f_j \exp[2\pi i(hx_j + ky_j + lz_j)] \tag{12.9}$$

式中　f_j——晶胞中位于（x_j, y_j, z_j）的第 j 个原子的原子散射因数（或原子散射振幅）；

　　　n——晶胞内原子数。

根据倒易点阵的概念，式（12.9）又可写成

$$F_g = F_{hkl} = \sum_{j=1}^{n} f_j \exp(2\pi i \boldsymbol{g} \cdot \boldsymbol{r}_j) \tag{12.10}$$

式中　r_j——第 j 个原子的坐标矢量。

$$\boldsymbol{r}_j = x_j \boldsymbol{a} + y_j \boldsymbol{b} + z_j \boldsymbol{c}$$

当 $F_{hkl}=0$ 时，即使满足布拉格定律，也没有衍射束产生，因为每个晶胞内原子散射波的合成振幅为零，这叫做结构消光。

在 X 射线衍射中已经计算过典型晶体结构的结构因子，常见的几种晶体结构的消光（即 $F_{hkl}=0$）规律如下。

（1）简单立方：F_{hkl}恒不等于零，即无消光现象。

（2）面心立方：h、k、l 为异性数时，$F_{hkl}=0$；h, k, l 为同性数时，$F_{hkl} \neq 0$（0 作偶数）。

例如{100}、{210}、{112}等晶面族不会产生衍射，而{111}、{200}、{220}等晶面族可产生衍射。

（3）体心立方：$h+k+l=$奇数时，$F_{hkl}=0$；$h+k+l=$偶数时，$F_{hkl} \neq 0$。

例如{100}、{111}、{012}等晶面族不产生衍射，而{200}、{110}、{112}等晶面族产生衍射。

（4）密排六方：$h+2k=3n$，$l=$奇数时，$F_{hkl}=0$。

例如(0001)、$(03\bar{3}1)$和$(\bar{2}115)$等晶面不会产生衍射。

由此可见，满足布拉格定律只是产生衍射的必要条件，但并不充分，只有同时又满足 $F \neq 0$ 的（hkl）晶面组才能得到衍射束。考虑到这一点，我们可以把结构振幅绝对值的平方 $|F|^2$ 作为“权重”加到相应的倒易阵点上去，此时倒易点阵中各个阵点将不再是彼此等

同的,“权重”的大小表明各阵点所对应的晶面组发生衍射时的衍射束强度。所以,凡“权重”为零,即 $F=0$ 的那些阵点,都应当从倒易点阵中抹去,仅留下可能得到衍射束的阵点;只要这种 $F\neq 0$ 的倒易阵点落在反射球面上,必有衍射束产生。这样,在图 12.8(b)的面心立方晶体倒易点阵中把 h,k,l 有奇有偶的那些阵点(即图中画成空心圆圈的阵点,如 100,110 等)抹去以后,它就成了一个体心立方的点阵(注意:这个体心立方点阵的基矢长度为 $2a^*$,并不等于实际倒易点阵的基矢 a^*)。反过来,也不难证明,体心立方晶体的倒易点阵将具有面心立方的结构。

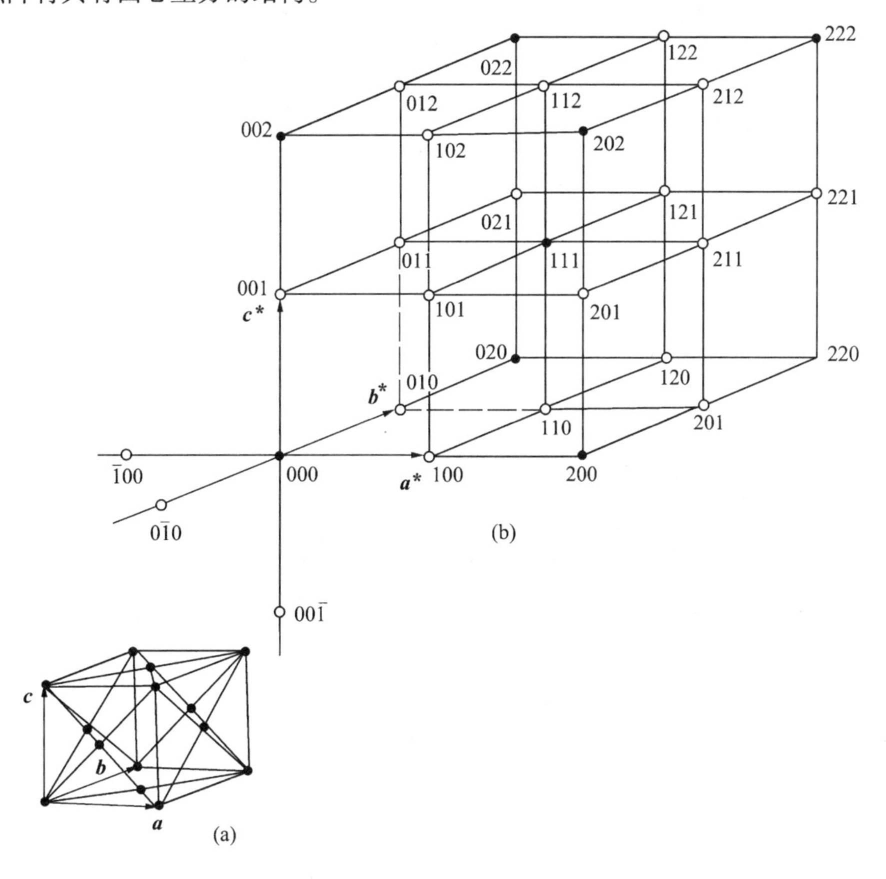

图 12.8　面心立方点阵晶胞(a)及其倒易点阵(b)

12.2.5　偏离矢量与倒易阵点扩展

从几何意义上来看,电子束方向与晶带轴重合时,零层倒易截面上除原点 O^* 以外的各倒易阵点不可能与爱瓦尔德球相交,因此各晶面都不会产生衍射,如图 12.9(a)所示。如果要使晶带中某一晶面(或几个晶面)产生衍射,必须把晶体倾斜,使晶带轴稍为偏离电子束的轴线方向,此时零层倒易截面上倒易阵点就有可能和爱瓦尔德球面相交,即产生衍射,如图 12.9(b)所示。但是在电子衍射操作时,即使晶带轴和电子束的轴线严格保持重合(即对称入射)时,仍可使 $\boldsymbol{g}$ 矢量端点不在爱瓦尔德球面上的晶面产生衍射,即入射束与晶面的夹角和精确的布拉格角 θ_B($\theta_B=\sin^{-1}\dfrac{\lambda}{2d}$)存在某偏差 $\Delta\theta$ 时,衍射强度变弱但不一定为 0,此时衍射方向的变化并不明显。衍射晶面位向与精确布拉格条件的允许偏差(以仍能得到衍射强度为极限)和样品晶体的形状和尺寸有关,这可以用倒易阵点的扩展来表示。由于实际的样品晶体都有确定的形状和有限的尺寸,因而它们的倒易阵点不是一个几何意义上的“点”,而是沿着晶体尺寸较小的方向发生扩展,扩展量为该方向上实际尺寸的倒数的2倍。对于电子显微镜中经常遇到的样品,薄片晶体的倒易阵点拉长为倒易“杆”,棒状晶体为倒易“盘”,细小颗粒晶体则为倒易“球”,如图12.10所示。

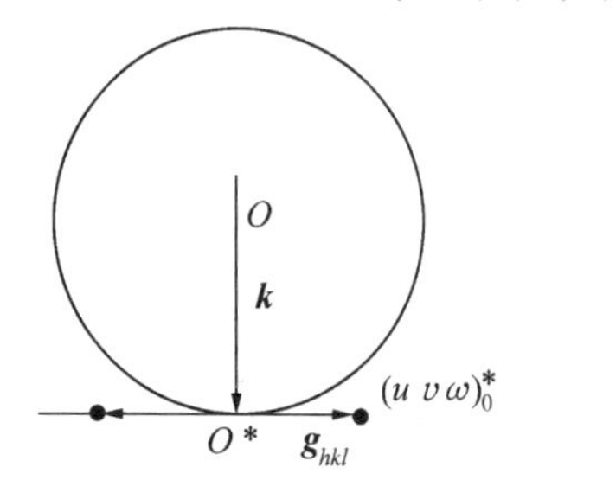

(a) 倒易点是一个几何点,入射电子束和 $(uvw)_0^*$ 垂直时不可能产生衍射束

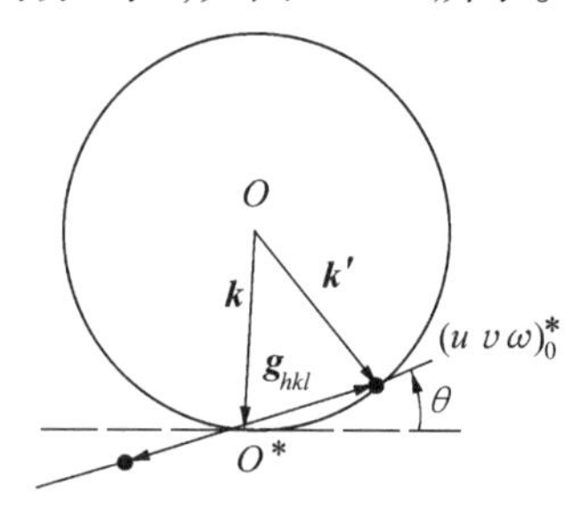

(b) 倾斜 θ 角后,hkl 阵点落在爱瓦尔德球面上才有衍射束产生

图12.9 理论上获得零层倒易截面比例图像(衍射花样)的条件

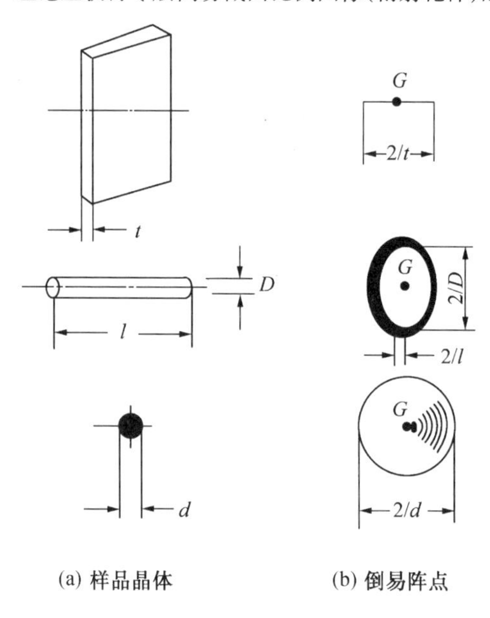

(a) 样品晶体　　(b) 倒易阵点

图12.10 倒易阵点因样品晶体的形状和尺寸而扩展(G 为阵点中心)

图12.11示出了倒易杆和爱瓦尔德球相交情况,杆子的总长为 $\frac{2}{t}$。由图可知,在偏离布拉格角 $\pm\Delta\theta_{\max}$ 范围内,倒易杆都能和球面相接触而产生衍射。偏离 $\Delta\theta$ 时,倒易杆中心至与爱瓦尔德球面交截点的距离可用矢量 $\boldsymbol{s}$ 表示,$\boldsymbol{s}$ 就是偏离矢量。$\Delta\theta$ 为正时,$\boldsymbol{s}$ 矢量为正,反之为负。精确符合布拉格条件时,$\Delta\theta=0$,$\boldsymbol{s}$ 也等于零。图12.12示出偏离矢量小于零、等于零和大于零的三种情况。如电子束不是对称入射,则中心斑点两侧的各衍射斑点的强度将出现不对称分布。由图12.11可知,偏离布拉格条件时,产生衍射的条件可表示为

$$\boldsymbol{k}'-\boldsymbol{k}=\boldsymbol{g}+\boldsymbol{s} \tag{12.11}$$

当 $\Delta\theta=\Delta\theta_{\max}$ 时,相应的 $s=s_{\max}$,$s_{\max}=\frac{1}{t}$。当 $\Delta\theta>\Delta\theta_{\max}$ 时,倒易杆不再和爱瓦尔德球相

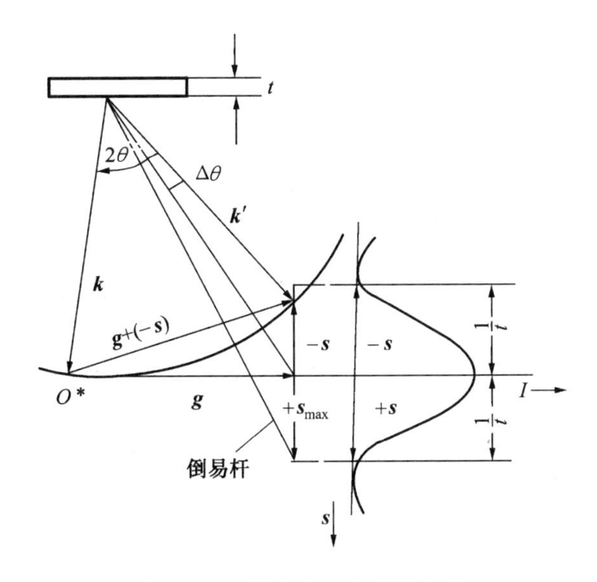

图12.11 倒易杆和它的强度分布

交,此时才无衍射产生。

零层倒易面的法线(即[*uvw*])偏离电子束入射方向时,如果偏离范围在 $\pm\Delta\theta_{max}$之内,衍射花样中各斑点的位置基本上保持不变(实际上斑点是有少量位移的,但位移量比测量误差小,故可不计),但各斑点的强度变化很大,这可以从图12.11中衍射强度随 s 变化的曲线上得到解释。

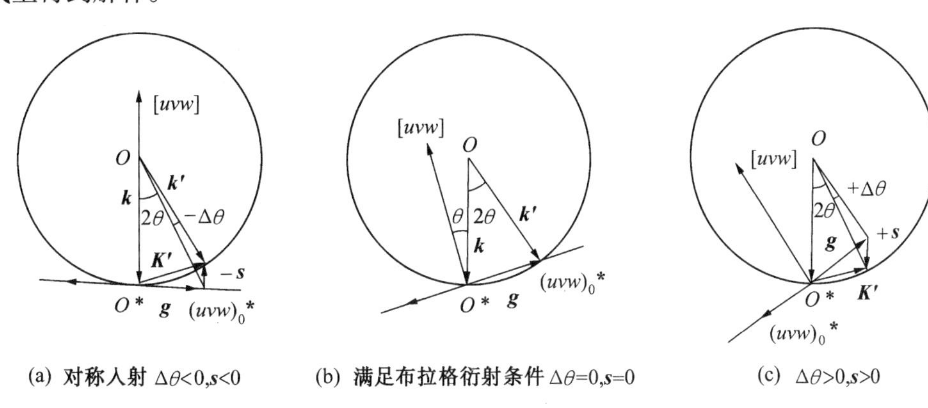

图12.12 倒易杆和爱瓦尔德球相交时的三种典型情况

薄晶体电子衍射时,倒易阵点延伸成杆状是获得零层倒易截面比例图像(即电子衍射花样)的主要原因,即尽管在对称入射情况下,倒易点阵原点附近的扩展了的倒易阵点(杆)也能与爱瓦尔德球相交而得到中心斑点强而周围斑点弱的若干个衍射斑点。其他一些因素也可以促进电子衍射花样的形成,例如:电子束的波长短;使爱瓦尔德球在小角度范围内球面接近平面;加速电压波动,使爱瓦尔德球面有一定的厚度;电子束有一定的发散度等。

12.2.6 电子衍射基本公式

电子衍射操作是把倒易点阵的图像进行空间转换并在正空间中记录下来。用底片记录下来的图像称之为衍射花样。图12.13为电子衍射花样形成原理图。待测样品安放在

爱瓦尔德球的球心 O 处。入射电子束和样品内某一组晶面(hkl)相遇并满足布拉格条件时,则在 $\boldsymbol{k}'$ 方向上产生衍射束。$\boldsymbol{g}_{hkl}$是衍射晶面倒易矢量,它的端点位于爱瓦尔德球面上。在试样下方距离 L 处放一张底片,就可以把入射束和衍射束同时记录下来。入射束形成的斑点 O' 称为透射斑点或中心斑点。衍射斑点 G' 实际上是 $\boldsymbol{g}_{hkl}$矢量端点 G 在底片上的投影。端点 G 位于倒易空间,而投影 G' 已经通过转换进入了正空间。G' 和中心斑点 O' 之间的距离为 R(可把矢量 $\boldsymbol{O'G'}$ 写成 $\boldsymbol{R}$)。因 θ 角非常小,$\boldsymbol{g}_{hkl}$矢量接近和入射电子束垂直,因此,可以认为$\triangle OO^*G \backsim \triangle OO'G'$,因为从样品到底片的距离是已知的,故有

$$\frac{R}{L}=\frac{g_{hkl}}{k}$$

因为

$$g_{hkl}=\frac{1}{d_{hkl}} \quad k=\frac{1}{\lambda}$$

故

$$R=\lambda L\frac{1}{d}=\lambda Lg \tag{12.12}$$

因为

$$\boldsymbol{R}/\!/\boldsymbol{g}_{hkl}$$

所以式(12.12)还可写成

$$\boldsymbol{R}=\lambda L\boldsymbol{g}_{hkl}=K\boldsymbol{g}_{hkl} \tag{12.13}$$

这就是电子衍射基本公式。式中 $K=\lambda L$ 称为电子衍射的相机常数,而 L 称为相机长度。在式(12.13)中,左边的 $\boldsymbol{R}$ 是正空间中的矢量,而式右边的 $\boldsymbol{g}_{hkl}$是倒易空间中的矢量,因此相机常数 K 是一个协调正、倒空间的比例常数。

这就是说,衍射斑点的 $\boldsymbol{R}$ 矢量是产生这一斑点的晶面组倒易矢量 $\boldsymbol{g}$ 按比例的放大,相机常数 K 就是比例系数(或放大倍数)。于是,对单晶样品而言,衍射花样简单地说就是落在爱瓦尔德球面上所有倒易阵点所构成的图形的投影放大像,K 就是放大倍数。所以,相机常数 K 有时也被称为电子衍射的“放大率”。以后我们将会看到,电子衍射的这个特点,对于衍射花样的分析具有重要的意义。事实上,我们在正空间里表示量纲为$[L]^{-1}$的倒易矢量长度 g,比例尺本来就只能是任意的,所以仅就花样的几何性质而言,它与满足衍射条件的倒易阵点图形完全是一致的。单晶花样中的斑点可以直接被看成是相应衍射晶面的倒易阵点。各个斑点的 $\boldsymbol{R}$ 矢量也就是相应的倒易矢量 $\boldsymbol{g}$。

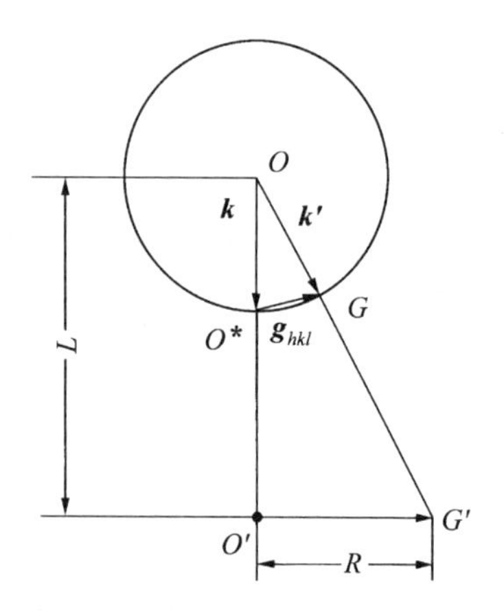

图 12.13　电子衍射花样形成原理图

在通过电子衍射确定晶体结构的工作中,往往只凭一个晶带的一张衍射斑点不能充分确定其晶体结构,而往往需要同时摄取同一晶体不同晶带的多张衍射斑点(即系列倾转衍射)方能准确地确定其晶体结构,图 12.14 为同一 c－ZrO_2 晶粒倾转到不同方位时摄取的 4 张电子衍射斑点图。

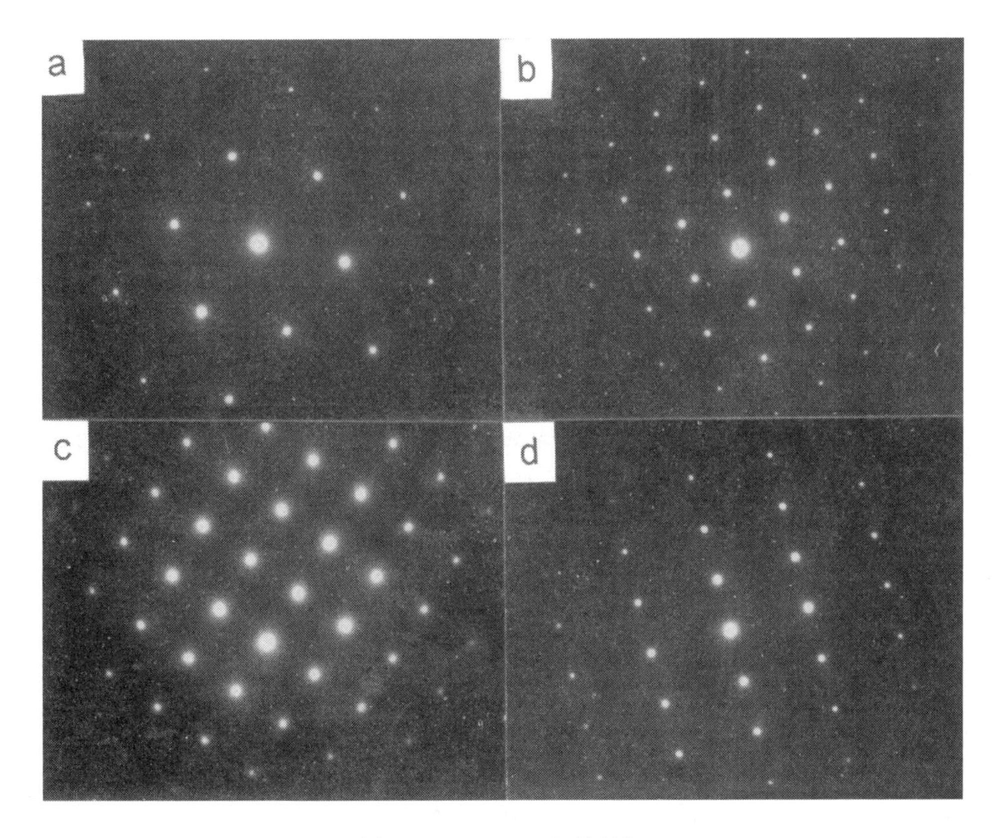

图 12.14　c－ZrO_2 衍射斑点

a—[111];b—[011];c—[001];d—[112]

12.3　电子显微镜中的电子衍射

12.3.1　有效相机常数

图 12.15 为衍射束通过物镜折射在背焦面上会集成衍射花样以及用底片直接记录衍射花样的示意图。根据三角形相似原理，$\triangle OAB \backsim \triangle O'A'B$，因此，前一节讲的一般衍射操作时的相机长度 L 和 R 在电镜中与物镜的焦距 f_0 和 r(副焦点 A' 到主焦点 B' 的距离)相当。电镜中进行电子衍射操作时，焦距 f_0 起到了相机长度的作用。由于 f_0 将进一步被中间镜和投影镜放大，故最终的相机长度应是 $f_0 \cdot M_I \cdot M_p$(M_I 和 M_p 分别为中间和投影镜的放大倍数)，于是有

$$L' = f_0 M_I M_p \quad R' = r \cdot M_I \cdot M_p$$

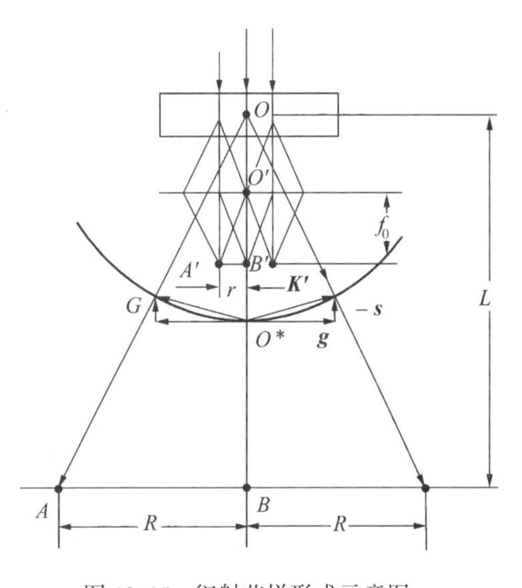

图 12.15　衍射花样形成示意图

根据式(12.12)有

$$\frac{\boldsymbol{R}}{M_{\mathrm{I}}M_{\mathrm{p}}}=\lambda f_0$$

我们定义 L' 为有效相机长度,则有

$$\boldsymbol{R}'=\lambda L'g=K'g \tag{12.14}$$

其中 $K'=\lambda L'$ 叫做有效相机常数。由此可见,透射电子显微镜中得到的电子衍射花样仍然满足与式(12.13)相似的基本公式,但是式中 L' 并不直接对应于样品至照相底版的实际距离。只要记住这一点,我们在习惯上可以不加区别地使用 L 和 L' 这两个符号,并用 K 代替 K'。

因为 f_0、M_{I} 和 M_{p} 分别取决于物镜、中间镜和投影镜的激磁电流,因而有效相机常数 $K'=\lambda L'$ 也将随之而变化。为此,我们必须在三个透镜的电流都固定的条件下,标定它的相机常数,使 $\boldsymbol{R}$ 和 $\boldsymbol{g}$ 之间保持确定的比例关系。目前的电子显微镜,由于电子计算机引入了控制系统,因此相机常数及放大倍数都随透镜激磁电流的变化而自动显示出来,并直接曝光在底片边缘。

12.3.2 选区电子衍射

图 12.16 为选区电子衍射的原理图。入射电子束通过样品后,透射束和衍射束将会集到物镜的背焦面上形成衍射花样,然后各斑点经干涉后重新在像平面上成像。图中上方水平方向的箭头表示样品,物镜像平面处的箭头是样品的一次像。如果在物镜的像平面处加入一个选区光阑,那么只有 $A'B'$ 范围的成像电子能够通过选区光阑,并最终在荧光屏上形成衍射花样。这一部分的衍射花样实际上是由样品的 AB 范围提供的。选区光阑的直径约在 20~300 μm 之间,若物镜放大倍数为 50 倍,则选用直径为 50 μm 的选区光阑就可以套取样品上任何直径 $d=1$ μm 的结构细节。

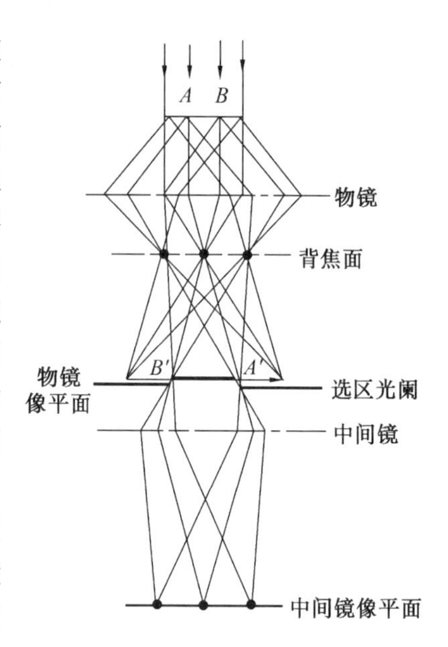

图 12.16 选区电子衍射原理图

选区光阑的水平位置在电镜中是固定不变的,因此在进行正确的选区操作时,物镜的像平面和中间镜的物平面都必须和选区光阑的水平位置平齐。即图像和光阑孔边缘都聚焦清晰,说明他们在同一个平面上。如果物镜的像平面和中间镜的物平面重合于光阑的上方或下方,在荧光屏上仍能得到清晰的图像,但因所选的区域发生偏差而使衍射斑点不能和图像一一对应。

由于选区衍射所选的区域很小,因此能在晶粒十分细小的多晶体样品内选取单个晶粒进行分析,从而为研究材料单晶体结构提供了有利的条件。图 12.17 为 ZrO_2-CeO_2 陶瓷相变组织的选区衍射照片。图 12.17(a)为母相和条状新相共同参与衍射的结果,而图 12.17(b)为只有母相参与衍射的结果。

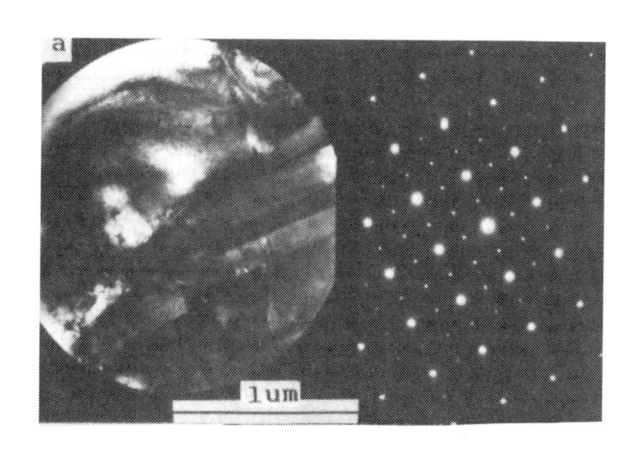

(a) 基体相与条状新相共同参与衍射的结果

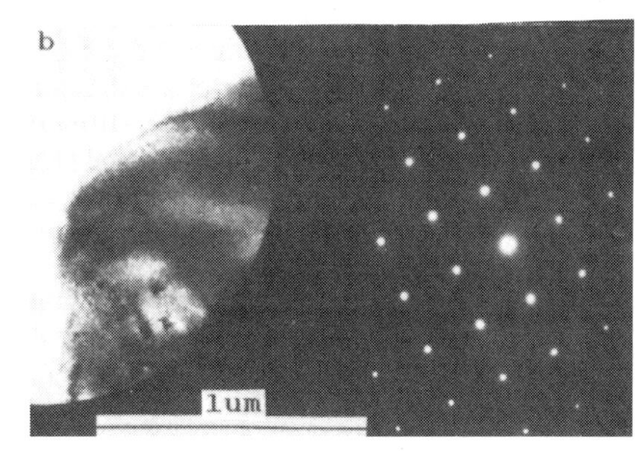

(b) 只有基体母相衍射的结果

图 12.17　ZrO_2-CeO_2 陶瓷选区衍射结果

12.3.3　磁转角

电子束在镜筒中是按螺旋线轨迹前进的,衍射斑点到物镜的一次像之间有一段距离,电子通过这段距离时会转过一定的角度,这就是磁转角 φ。若图像相对于样品的磁转角为 φ_i,而衍射斑点相对于样品的磁转角为 φ_d,则衍射斑点相对于图像的磁转角为 $\varphi=\varphi_i-\varphi_d$。

可以用 MoO_3 晶体来对磁转角进行标定,图 12.18(a)为一张用双重曝光法摄取的 MoO_3 晶体(薄片单晶)和它的衍射花样图。MoO_3 晶体是正交点阵,$a=0.396\ 6$ nm,$b=1.384\ 8$ nm,$c=0.369\ 6$ nm,外形为薄片梭子状,[010]方向很薄,所以放在支承膜上,它的[010]方向总是接近和入射电子束重合。当样品台保持水平时,得到电子衍射花样的特征四边形是矩形。由于晶体的晶格常数 $a>c$,所以衍射花样上矩形的短边是[100]方向,长边是[001]方向。在外形上,六角形 MoO_3 梭子晶体的长边总是[001]方向,g 是衍射花样上的[001]方向,两者之间的夹角就是磁转角 φ,它表示图像相对于衍射花样转过的角度。

有的透射电子显微镜安装有磁转角自动补正装置,进行形貌观察和衍射花样对照分析时可不必考虑磁转角的影响,从而使操作和结果分析大为简化(如日立公司的 H-800 型透射电镜)。

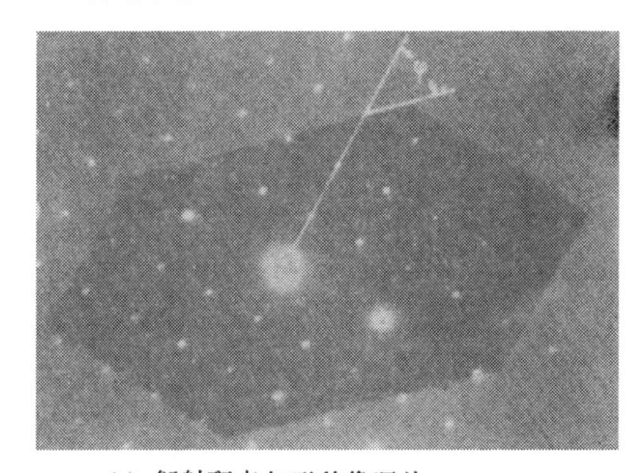

(a) 衍射斑点与形貌像照片

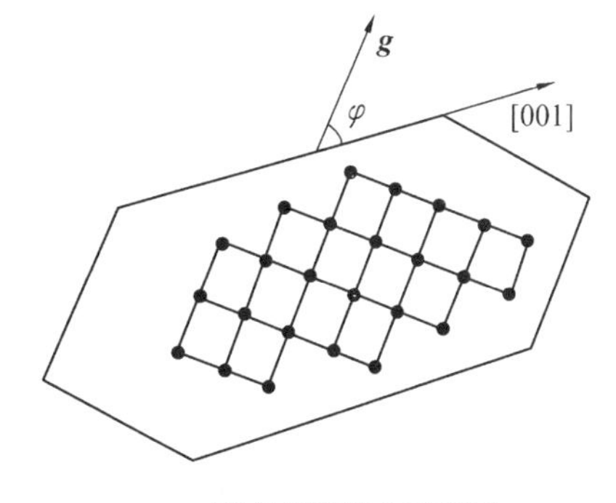

(b)分析磁转角示意图

图 12.18　利用 MoO_3 晶体标定磁转角

12.4 单晶体电子衍射花样标定

标定单晶电子衍射花样的目的是确定零层倒易截面上各 $\boldsymbol{g}_{hkl}$矢量端点(倒易阵点)的指数,定出零层倒易截面的法向(即晶带轴[uvw]),并确定样品的点阵类型、物相及位向。

12.4.1 单晶体电子衍射花样的标定程序

1. 已知相机常数和样品晶体结构

(1)测量靠近中心斑点的几个衍射斑点至中心斑点距离 $R_1, R_2, R_3, R_4 \cdots$(图 12.19)。

(2) 根据衍射基本公式 $R = \lambda L \dfrac{1}{d}$,求出相应的晶面间距 $d_1, d_2, d_3, d_4 \cdots$。

(3) 因为晶体结构是已知的,每一 d 值即为该晶体某一晶面族的晶面间距,故可根据 d 值定出相应的晶面族指数 $\{hkl\}$,即由 d_1 查出 $\{h_1k_1l_1\}$,由 d_2 查出 $\{h_2k_2l_2\}$,依此类推。

(4) 测定各衍射斑点之间的夹角 φ。

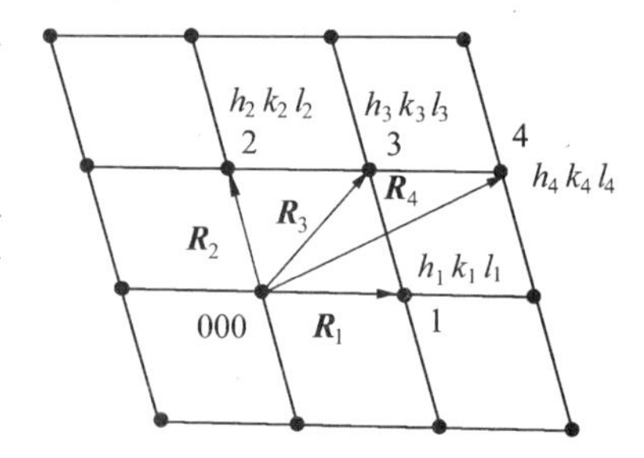

图 12.19 单晶电子衍射花样的标定

(5) 决定离开中心斑点最近衍射斑点的指数。若 R_1 最短,则相应斑点的指数应为$\{h_1k_1l_1\}$面族中的一个。对于 h、k、l 三个指数中有两个相等的晶面族(例如{112}),就有 24 种标法;两个指数相等另一指数为零的晶面族(例如{110})有 12 种标法;三个指数相等的晶面族(如{111})有 8 种标法;两个指数为零的晶面族有 6 种标法。因此,第一个斑点的指数可以是等价晶面中的任意一个。

(6) 决定第二个斑点的指数。第二个斑点的指数不能任选,因为它和第一个斑点间的夹角必须符合夹角公式。对立方晶系来说,两者的夹角可用下式求得,即

$$\cos\varphi = \frac{h_1h_2 + k_1k_2 + l_1l_2}{\sqrt{(h_1^2 + k_1^2 + l_1^2)(h_2^2 + k_2^2 + l_2^2)}} \tag{12.15}$$

在决定第二个斑点指数时,应进行所谓尝试校核,即只有 $h_2k_2l_2$ 代入夹角公式后求出的 φ 角和实测的一致时,$(h_2k_2l_2)$指数才是正确的,否则必须重新尝试。应该指出的是$\{h_2k_2l_2\}$晶面族可供选择的特定$(h_2k_2l_2)$值往往不止一个,因此第二个斑点的指数也带有一定的任意性。

(7) 一旦决定了两个斑点,那么其他斑点可以根据矢量运算求得。由图 12.19 可得,$\boldsymbol{R}_1 + \boldsymbol{R}_2 = \boldsymbol{R}_3$,即

$$h_1 + h_2 = h_3 \quad k_1 + k_2 = k_3 \quad l_1 + l_2 = l_3$$

(8) 根据晶带定理求零层倒易截面法线的方向,即晶带轴的指数。

$$[uvw] = \boldsymbol{g}_{k_1h_1l_1} \times \boldsymbol{g}_{k_2h_2l_2} \tag{12.16}$$

为了简化运算可用

$$\begin{array}{c|cccc|c} & & u & v & w & \\ h_1 & k_1 & l_1 & h_1 & k_1 & l_1 \\ & & & & & \\ h_2 & k_2 & l_2 & h_2 & k_2 & l_2 \end{array}$$

竖线内的指数交叉相乘后相减得出[uvw],即

$$\left.\begin{aligned} u &= k_1 l_2 - k_2 l_1 \\ v &= h_2 l_1 - h_1 l_2 \\ w &= h_1 k_2 - h_2 k_1 \end{aligned}\right\} \tag{12.17}$$

2. 相机常数未知、晶体结构已知时衍射花样的标定

(1) 测量数个斑点的 R 值(靠近中心斑点,但不在同一直线上),用附录16校核各低指数晶面间距 d_{hkl}值之间的比值,方法如下。

立方晶体中同一晶面族中各晶面的间距相等。例如{123}中(123)面间距和(321)的面间距相同,故同一晶面族中 $h_1^2+k_1^2+l_1^2=h_2^2+k_2^2+l_2^2$。

$h^2+k^2+l^2=N$,N 值作为一个代表晶面族的整数指数。

已知

$$d=\frac{a}{\sqrt{h^2+k^2+l^2}}=\frac{a}{\sqrt{N}}$$

$$d^2\propto\frac{1}{N}\quad R^2\propto\frac{1}{d^2}\quad R^2\propto N$$

若把测得的 $R_1,R_2,R_3\cdots$值平方,则

$$R_1^2:R_2^2:R_3^2\cdots=N_1:N_2:N_3\cdots \tag{12.18}$$

从结构消光原理来看,体心立方点阵 $h+k+l=$偶数时才有衍射产生,因此它的 N 值只有2,4,6,8…。面心立方点阵 h、k、l 为全奇或全偶时才有衍射产生,故其 N 值为3,4,8,11,12…。因此,只要把测量的各个 R 值平方,并整理成式(12.18),从式中 N 值递增规律来验证晶体的点阵类型,而与某一斑点的 R^2 值对应的 N 值便是晶体的晶面族指数,例如 $N=1$ 即为{110};$N=3$ 为{111};$N=4$ 为{200}等。

如果晶体不是立方点阵,则晶面族指数的比值另有规律。

①四方晶体。

已知

$$d=\frac{1}{\sqrt{\frac{h^2+k^2}{a^2}+\frac{l^2}{c^2}}}$$

故

$$\frac{1}{d^2}=\frac{h^2+k^2}{a^2}+\frac{l^2}{c^2}$$

令 $M=h^2+k^2$,根据消光条件,四方晶体 $l=0$ 的晶面族(即{$hk0$}晶面族)有

$$R_1^2:R_2^2:R_3^2\cdots=M_1:M_2:M_3\cdots=$$

$$1:2:4:5:9:10:13:16:17:18\cdots$$

②六方晶体。

已知

$$d=\frac{1}{\sqrt{\frac{4}{3}\frac{(h^2+hk+k^2)}{a^2}+\frac{l^2}{c^2}}}$$

$$\frac{1}{d^2}=\frac{4}{3}\frac{(h^2+hk+k^2)}{a^2}+\frac{l^2}{c^2}$$

令 $h^2+hk+k^2=P$,六方晶体 $l=0$ 的{$hk0$}晶面族有

$$R_1^2:R_2^2:R_3^2\cdots=P_1:P_2:P_3\cdots=$$

$$1:3:4:7:9:12:13:16:19:21\cdots$$

(2) 重复本小节1中第(4)~(8)条。

3.未知晶体结构,相机常数已知时衍射花样的标定

(1) 测定低指数斑点的 R 值。应在几个不同的方位摄取电子衍射花样,保证能测出最前面的8个 R 值。

(2) 根据 R,计算出各个 d 值。

(3) 查 ASTM 卡片和各 d 值都相符的物相即为待测的晶体。因为电子显微镜的精度所限,很可能出现几张卡片上 d 值均和测定的 d 值相近,此时应根据待测晶体的其他资料例如化学成分等来排除不可能出现的物相。

4.标准花样对照法

这是一种简单易行而又常用的方法。即将实际观察、记录到的衍射花样直接与标准花样对比,写出斑点的指数并确定晶带轴的方向。所谓标准花样就是各种晶体点阵主要晶带的倒易截面,它可以根据晶带定理和相应晶体点阵的消光规律绘出(见附录11)。一个较熟练的电镜工作者,对常见晶体的主要晶带标准衍射花样是熟悉的。因此,在观察样品时,一套衍射斑点出现(特别是当样品的材料已知时),基本可以判断是哪个晶带的衍射斑点。应注意的是,在摄取衍射斑点图像时,应尽量将斑点调得对称,即通过倾转使斑点的强度对称均匀。中心斑点的强度与周围邻近的斑点相差无几,以致难以分辨中心斑点,这时表明晶带轴与电子束平行,这样的衍射斑点特别是在晶体结构未知时更便于和标准花样比较。再有在系列倾转摄取不同晶带斑点时,应采用同一相机常数,以便对比。现代的电镜相机常数在操作时都能自动给出(显示)。综上所述,采用标准花样对比法可以收到事半功倍的效果。

12.4.2 钢中典型组成相的衍射花样标定

1.马氏体衍射花样标定

图12.20为18Cr2Ni4WA钢经900℃油淬后在透射电镜下摄得的选区电子衍射花样示意图。该钢淬火后的显微组织是由板条马氏体和在板条间分布的薄膜状残余奥氏体组成。衍射花样中有两套斑点,如图12.21所示。一套是马氏体斑点,另一套是奥氏体斑点。首先标定马氏体斑点,具体步骤如下。

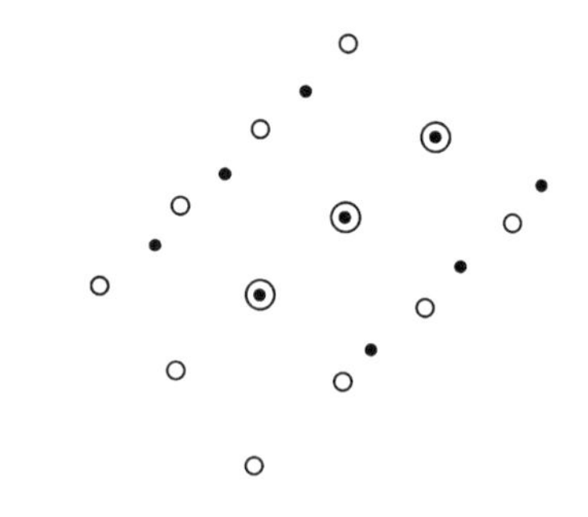

图12.20 18Cr2Ni4WA钢经900℃油淬后的电子衍射花样示意图

○—马氏体的衍射斑点 ●—奥氏体的衍射斑点

(1) 测定 R_1、R_2,R_3,其长度分别为10.2 mm、10.2 mm和14.4 mm。应注意 R 值的数值依下角标数值增大而增大。量得 R_1 和 R_2 之间的夹角为90°,R_1 和 R_3 之间的夹角为45°。

(2) 已知上述数据后可通过几种方法对斑点进行标定。

第一种方法是按第12.4.1节中的尝试校核标出各个斑点。第二种方法是查表法,用 $\frac{R_2}{R_1}$ 及 R_1 和 R_2 之间的夹角 θ 查附录14,即可得出晶带轴为[001]。相对于 R_1 的晶面是 $(h_1k_1l_1)$,其指数为(110),与 R_2 相对应的晶面 $(h_2k_2l_2)$,其指数为 $(\bar{1}10)$。

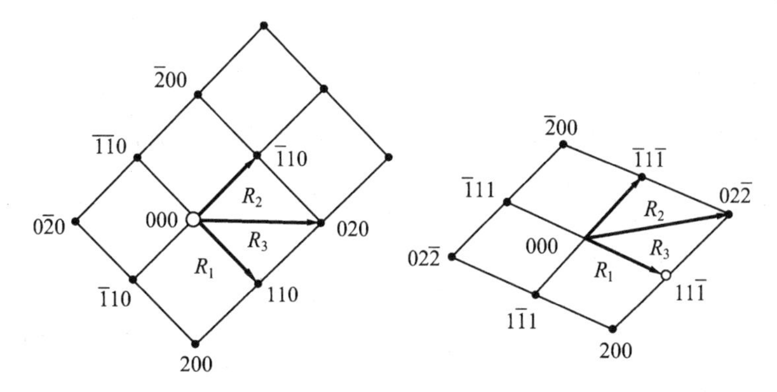

(a)马氏体基体的电子衍射花样标定　　(b)残余奥氏体的电子衍射花样标定

图 12.21　电子衍射花样标定

(3) 已知有效相机常数 $\lambda L = 2.05\ \text{mm}\cdot\text{nm}$,可求得

$$d_{110} = d_{\bar{1}10} = \frac{\lambda L}{R_1} = \frac{2.05\ \text{mm}\cdot\text{nm}}{10.2\ \text{mm}} = 0.201\ \text{nm}$$

这种铁素体相应的面间距 0.202 nm 相近。另一面间距为

$$d_3 = \frac{\lambda L}{R_3} = \frac{2.05\ \text{mm}\cdot\text{nm}}{14.4\ \text{mm}} = 0.142\ \text{nm}$$

此数值和铁素体 $d_{200} = 0.143$ nm 相近,由 110 和 $\bar{1}10$ 两个斑点的指数标出 R_3 对应的指数应是 020,而铁素体中(110)面和(020)面的夹角正好是 45°。根据实测值和理论值之间相互吻合,验证了此套斑点来自基体马氏体的[001]晶带轴。

应该指出的是 α - Fe、铁素体和马氏体点阵常数是有差别的,但因板条马氏体含碳量低,正方度很小,其差别在 $10^{-10} \sim 10^{-11}$ mm 数量级,电子衍射的精度不高,因而不能加以区别。

第三种方法是和标准电子衍射花样核对,立即可以得到各斑点的指数和晶带轴的方向,这对于立方点阵的晶体来说是最常用的方法之一,见附录 11。

2.残余奥氏体电子衍射花样的标定

图 12.21(b)为电子衍射花样中的另一套衍射斑点,量得 $R_1 = 10.0$ mm, $R_2 = 10.0$ mm, $R_3 = 16.8$ mm, R_1 和 R_2 之间的夹角 θ_1 为 70°, R_1 和 R_3 之间的夹角 θ_2 为 35°。

根据 R_2/R_1 和 $\theta_1 \approx 70°$查附录 14 得其晶带轴方向应为[011]。与 R_1 和 R_2 对应的斑点指数分别为 $11\bar{1}$ 和 $\bar{1}1\bar{1}$,用矢量加法求得相当于 R_3 的第三个斑点。应用衍射基本公式对面间距进行校核: $d_{11\bar{1}} = d_{\bar{1}1\bar{1}} = 2.05\ \text{mm}\cdot\text{nm}/10.0\ \text{mm} = 0.205$ nm,此数值和奥氏体{111}面间距的理论值0.207 nm相近。$d_{02\bar{2}} = -2.05\ \text{mm}\cdot\text{nm}/16.8\ \text{mm} = 0.122$ nm,此数值和奥氏体{220}面间距的理论值 0.126 nm 相近(奥氏体的含碳量不同,其晶格参数会有变化)。

根据夹角公式计算($11\bar{1}$)和($02\bar{2}$)面夹角应是 35.26°,和实测值 35°相近,由此证明了这套斑点来自钢中残余奥氏体相。

3.渗碳体电子衍射花样的标定

图 12.22 为 18Cr2Ni4WA 钢 900℃淬火 400℃回火摄得的渗碳体的电子衍射花样示意图。因为碳化物的晶面间距大,在倒易空间中 **g** 矢量较短。测得 $R_1 = 9.8$ mm, $R_2 = 10$ mm,夹角 φ 为 95°,根据 $R_2/R_1 = 1.02$ 及$\theta = 95°$,查附录 14 得该渗碳体相衍射斑点的晶带

轴为[125],而与 R_1,R_2 相对应的斑点指数分别为$\overline{1}2\overline{1}$ 和 $2\overline{1}0$。

已知相机常数为 2.05 mm·nm,由衍射基本公式求 d 值进行校核,即

$$d_{\overline{1}2\overline{1}}=\frac{2.05\ \text{mm}\cdot\text{nm}}{9.8\ \text{mm}}=0.210\ \text{nm}\quad d_{2\overline{1}0}=\frac{2.05\ \text{mm}\cdot\text{nm}}{10\ \text{mm}}=0.205\ \text{nm}$$

上述结果与附录表中所示的晶面间距(理论值)相近。用矢量相加的方法可以标出其他斑点的指数。

若标定渗碳体没有现成的表可查时,则仍可根据尝试校核法标定,并通过夹角公式验算。

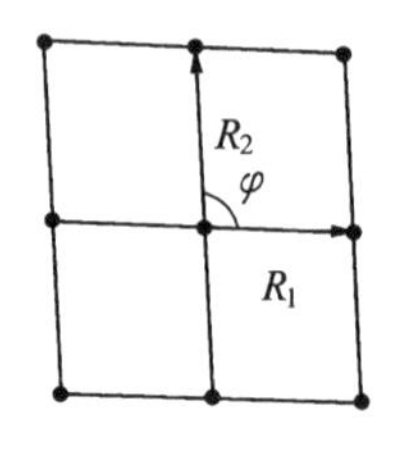

图 12.22 渗碳体的电子衍射花样示意图

12.5 复杂电子衍射花样

12.5.1 高阶劳埃斑点

点阵常数较大的晶体,倒易空间中倒易面间距较小。如果晶体很薄,则倒易杆较长,因此与爱瓦尔德球面相接触的并不只是零倒易截面,上层或下层的倒易平面上的倒易杆均有可能和爱瓦尔德球面相接触,从而形成所谓高阶劳埃区。如图 12.23 所示,球面和上一层倒易截面相交时形成的斑点叫 +1 阶劳埃斑点,同样还可能有 +2、+3 阶。若入射束 $\boldsymbol{B}$ 和晶带轴[uvw]不平行,则下层倒易面也有可能和球面相交形成 -1, -2 阶劳埃斑点。应注意的是只有零层倒易面上的 $\boldsymbol{g}$ 矢量是和晶带轴垂直的。而 ±1, ±2 阶倒易面上的斑

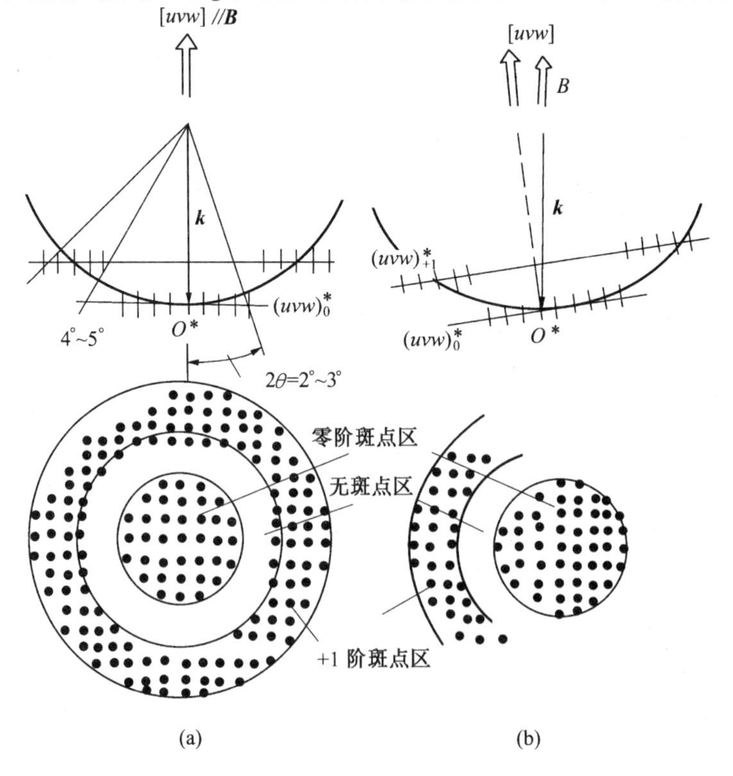

图 12.23 对称入射(a)和不对称入射(b)时的高阶劳埃斑点分布

点和球面上 O^* 点连成的 g 矢量和晶带轴并不垂直，因此高阶劳埃斑点并不构成一个晶带，即 $\boldsymbol{r}\cdot\boldsymbol{g}\neq 0$。我们可以得到，对于$[uvw]$方向上与零层倒易面$(uvw)_0^*$ 的垂直距离为 Nd_{uvw}（d_{uvw}为$[uvw]$方向垂直的倒易面间距）的第 N 阶劳埃带，其点阵指数必满足

$$\boldsymbol{r}\cdot\boldsymbol{g}=N \tag{12.19}$$

式中 $N=0,\pm1,\pm2\cdots$式(12.19)称为广义晶带定理。

高阶劳埃区的出现使电子衍射花样变得复杂。在标定零层倒易面斑点时应把高阶斑点排除。因为高阶斑点和零层斑点分布规律相同，所以只要求出高阶斑点和零层斑点之间的水平位移矢量，便可对高阶劳埃区斑点进行标定，此外还可以利用带有高阶劳埃斑点的标准衍射花样和测定的花样进行对比，来标定高阶劳埃斑点。高阶劳埃斑点可以给出晶体更多的信息。例如可以利用高阶劳埃斑点消除180°不唯一性和测定薄晶体厚度等。

12.5.2　超点阵斑点

当晶体内部的原子或离子产生有规律的位移或不同种原子产生有序排列时，将引起其电子衍射结果的变化，即可以使本来消光的斑点出现，这种额外的斑点称为超点阵斑点。

$AuCu_3$ 合金是面心立方固溶体，在一定的条件下会形成有序固溶体，如图12.24所示，其中Cu原子位于面心，Au原子位于顶点。

面心立方晶胞中有四个原子，分别位于$(0,0,0)$，$(0,\frac{1}{2},\frac{1}{2})$，$(\frac{1}{2},0,\frac{1}{2})$和$(\frac{1}{2},\frac{1}{2},0)$位置。在无序的情况下，对 h,k,l 全奇或全偶的晶面组，结构振幅

$$F=4f_{平均}$$

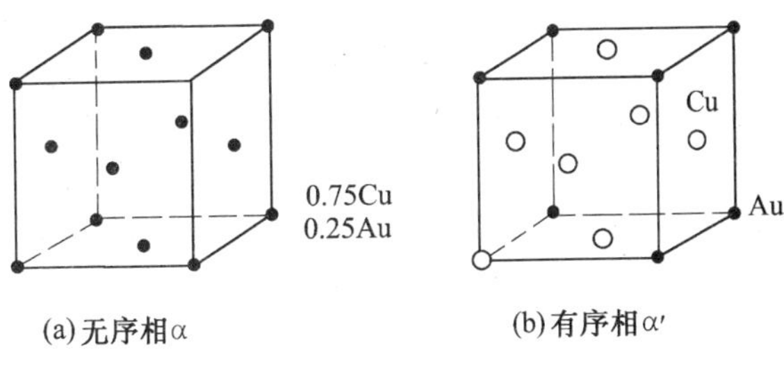

图12.24　$AuCu_3$合金中各类原子所占据的位置

例如：含有0.75Cu，0.25Au的 $AuCu_3$ 无序固溶体，$f_{平均}=0.75f_{Cu}+0.25f_{Au}$。当 h、k、l 有奇有偶时，$F=0$，产生消光。

但在 $AuCu_3$ 有序相中，晶胞中四个原子的位置分别确定地由一个Au原子和三个Cu原子所占据。这种有序相的结构振幅为

$$F'_a=f_{Au}+f_{Cu}[e^{\pi i(h+k)}+e^{\pi i(h+l)}+e^{\pi i(k+l)}]$$

所以，当 h,k,l 全奇全偶时，$F'_a=f_{Au}+3f_{Cu}$；而当 h,k,l 有奇有偶时，$F'_a=f_{Au}-f_{Cu}\neq 0$，即并不消光。

从两个相的倒易点阵来看，在无序固溶体中，原来由于权重为零（结构消光）应当抹去的一些阵点，在有序化转变之后 F 也不为零，构成所谓“超点阵”。于是，衍射花样中也将出现相应的额外斑点，叫做超点阵斑点。

图12.25为 $AuCu_3$ 有序化合金超点阵斑点(a)及指数化结果(b)，它是有序相α与无序相α两相衍射花样的叠加。其中两相共有的面心立方晶体的特征斑点{200}，{220}等互相重合，因为两相点阵参数无大差别，且保持{100}α//{100}α′，〈100〉α//〈100〉α′的共格

取向关系。花样中(100),(010)及(110)等即为有序相的超点阵斑点。由于这些额外斑点的出现,使面心立方有序固溶体的衍射花样看上去和简单立方晶体规律一样。应特别注意的是,超点阵斑点的强度低,这与结构振幅的计算结果是一致的。

(a)

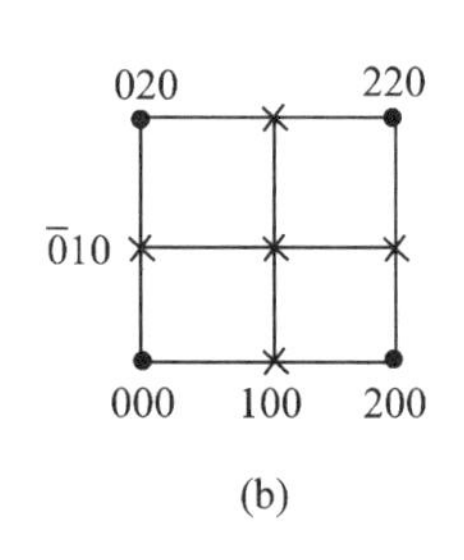

(b)

图 12.25　$AuCu_3$ 有序相的超点阵花样(a)及指数化结果(b)

12.5.3　二次衍射斑点

在两相合金中常发现在正常斑点之外还出现一些附加斑点,这些附加斑点是由一次衍射束和晶面组之间再次产生布拉格衍射时形成的。图 12.26 为二次衍射斑点产生原理示意图。

当入射束和一个由两层晶体(相当于两个晶面接近平行,但晶面间距有差别($d_1 < d_2$)的晶体叠在一起)组成的试样相交时,如果第一个晶体的($h_1k_1l_1$)面和入射束正好成布拉格角,则有一次衍射束 D_1 产生。因 D_1 和第二个晶体的晶面($h_2k_2l_2$)之间也符合布拉格条件,从而产生二次衍射束 D_3。

入射束产生的一次衍射倒易斑点 D_1 相对应的矢量是 g_1,其长度为 TD_1。以一次衍射束为入射束时产生的倒易斑点是 D_3,相应的矢量为 $-g_2$,长度为 D_1D_3(和 TD_2 相等)。从图 12.26(a)中可知 D_3 犹如是透射束产生的,它的倒易矢量可用 g_3 表示,长度为 TD_3,显然 $g_3 = g_1 + (-g_2)$。衍射斑 D_3 是二次衍射引起的附加斑点。

面心立方晶体和体心立方晶体中二次衍射产生的斑点和正常斑点重合。因此它们仅使正常斑点的强度产生变化,但在其他点阵类型的晶体中(如密排六方晶体和金刚石立方晶体)就会出现附加斑点。

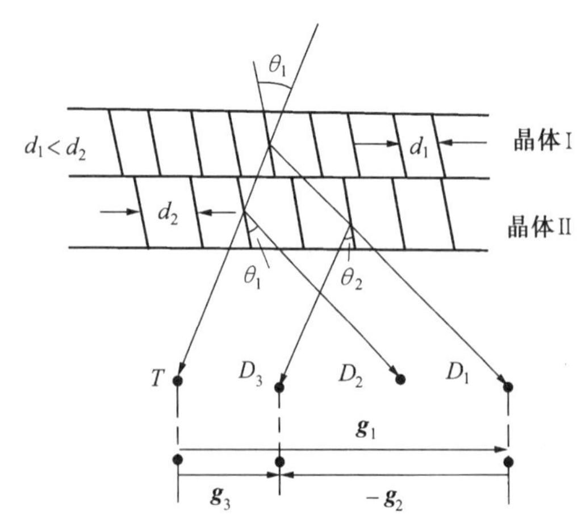

(a)重叠的两个晶体及相应的 g 矢量

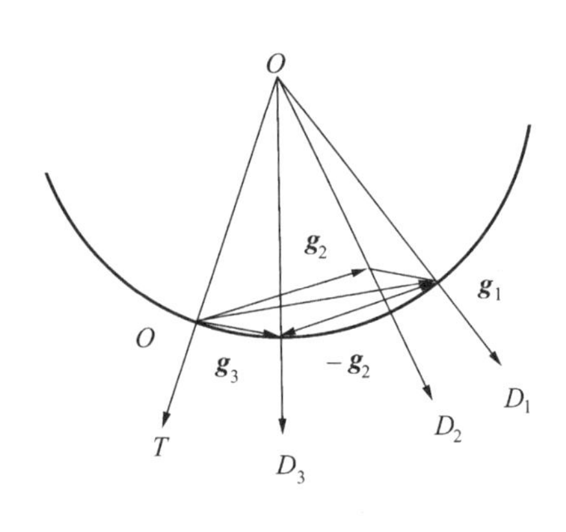

(b)用爱瓦尔德球图解表示各 g 矢量之间的相对位置

图 12.26　二次衍射斑点产生原理示意图

12.5.4　孪晶斑点

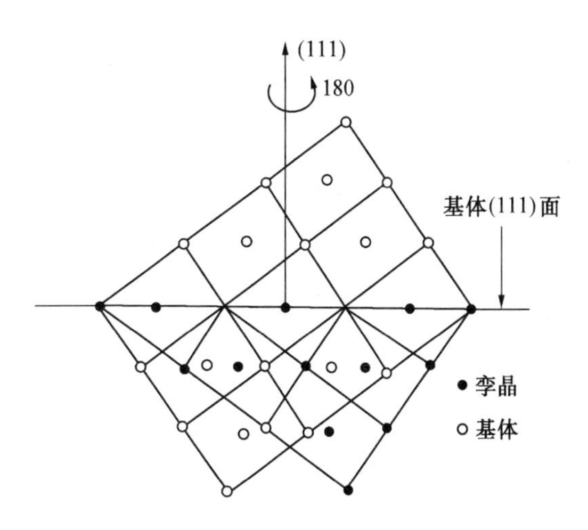

图 12.27　晶体中基体和孪晶的对称关系

材料在凝固、相变和变形过程中，晶体内的一部分相对于基体按一定的对称关系生长，即形成了孪晶。图 12.27 为面心立方晶体基体($\bar{1}10$)面上的原子排列，基体的(111)面为孪晶面。若以孪晶面为镜面，则基体和孪晶的阵点以孪晶面作镜面反射。若以孪晶面的法线为轴，把图中下方基体旋转 180°也能得到孪晶的点阵。既然在正空间中孪晶和基体存在一定的对称关系，则在倒易空间中孪晶和基体也应存在这种对称关系，只是在正空间中的面与面之间的对称关系应转换成倒易阵点之间的对称关系。所以，其衍射花样应是两套不同晶带单晶衍射斑点的叠加，而这两套斑点的相对位向势必反映基体和孪晶之间存在着的对称取向关系。最简单的情况是，电子束 $\boldsymbol{B}$ 平行于孪晶面，例如 $\boldsymbol{B}=[110]_M$，所得到的花样如图 12.28 所示。两套斑点呈明显对称性，并与实际点阵的对应关系完全一致。如果将基体的斑点以孪晶面(111)作镜面反映，即与孪晶斑点重合。如果以 $\boldsymbol{g}_{111}$(即[111])为轴旋转 180°，两套斑点也将重合。

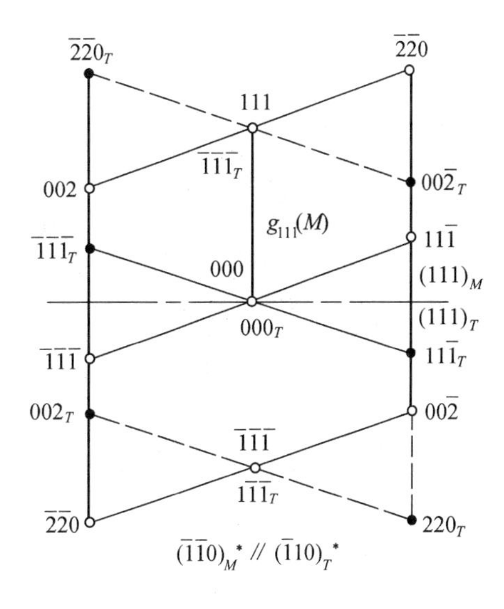

图 12.28　面心立方晶体(111)孪晶的衍射花样($\boldsymbol{B}=[1\bar{1}0]_M$，按[111]面反映方式指数化)

如果入射电子束和孪晶面不平行，得到的衍射花样就不能直观地反映出孪晶和基体间取向的对称性，此时可先标定出基体的衍射花样，然后根据矩阵代数导出结果，求出孪晶斑点的指数。

对体心立方晶体可采用下列公式计算，即

$$\left.\begin{aligned} h^t &= -h+\frac{1}{3}p(ph+qk+rl)\\ k^t &= -k+\frac{1}{3}q(ph+qk+rl)\\ l^t &= -l+\frac{1}{3}r(ph+qk+rl) \end{aligned}\right\} \tag{12.20}$$

其中(pqr)为孪晶面，体心立方结构的孪晶面是{112}，共 12 个。(hkl)是基体中将产生孪生的晶面，($h^tk^tl^t$)是(hkl)晶面产生孪晶后形成的孪晶晶面。例如孪晶面(pqr) = ($\bar{1}12$)，将产生孪晶的晶面(hkl) = ($2\bar{2}2$)，代入上式得($h^tk^tl^t$) = $\bar{2}2\bar{2}$，即(hkl)面发生孪晶转变后，其位置和基体的(222)重合。

对于面心立方晶体，其计算公式为

$$\left.\begin{aligned} h^t &= -h + \frac{2}{3}p(ph + qk + rl) \\ k^t &= -k + \frac{2}{3}q(ph + qk + rl) \\ l^t &= -l + \frac{2}{3}r(ph + qk + rl) \end{aligned}\right\} \tag{12.21}$$

面心立方晶体孪晶面是{111},共有4个。例如孪晶面为(111)时,当$(hkl)=(\bar{2}44)$,根据上式计算$(h^t k^t l^t)$为(600),即$(\bar{2}44)$产生孪晶后其位置和基体的(600)重合,图12.29给出单斜相ZrO_2的孪晶衍射斑点。

12.5.5　菊池衍射花样

如果样品晶体比较厚(约在最大可穿透厚度的一半以上)、样品内缺陷的密度较低,则在其衍射花样中,除了规则的斑点以外,还常常出现一些亮、暗成对的平行线条,这就是所谓菊池线或菊池衍射花样。菊池(S. Kikuchi)首先发现并对这种衍射现象作了定性的解释,故此命名。典型的菊池衍射花样如图12.30所示。

图12.29　单斜相ZrO_2的孪晶衍射斑点

图12.30　t－ZrO_2菊池衍射花样

菊池线的产生,可由图12.31得到解释。入射电子在样品内所受到的散射作用有两类,一类是相干的弹性散射,由于晶体中散射质点的规则排列,使弹性散射电子彼此相互干涉,产生了前面所讨论的衍射环或衍射斑点;另一类则是非弹性散射,即在散射过程中不仅有方向的变化,还有能量的损失,这是衍射花样中背景强度的主要来源,非弹性散射电子强度的角分布如图12.31(a)所示,它是用极坐标表示的强度随散射角变化的曲线,可见散射角β越大,强度越低。所以衍射花样中背景总是中心较强,边缘较弱,如图12.31(c)所示。

通常,原子对电子的单次非弹性散射事件,只引起入射电子损失极少的能量($\leqslant$50 eV),因而可以近似地认为其波长没有发生变化。由于非弹性散射,在晶体内出现了在空间所有方向上传播的电子波,在符合布拉格条件的情况下,它们也将使晶面发生衍射,也即发生再次的相干散射,所以这也是一种动力学效应。参看图12.31(b),如果在OP方向上传播的非弹性散射波(散射角为β_2,强度为$I(\beta_2)$)恰与$(\overline{hkl})$晶面交成布拉格角θ,则其衍射波方向为OQ';同时,在与OQ'平行的QQ方向上的非弹性散射波(散射角为β_1,强度为$I(\beta_1)$)必然导致(hkl)晶面的衍射,其衍射方向OP'也必平行于OP。在图示的晶体位

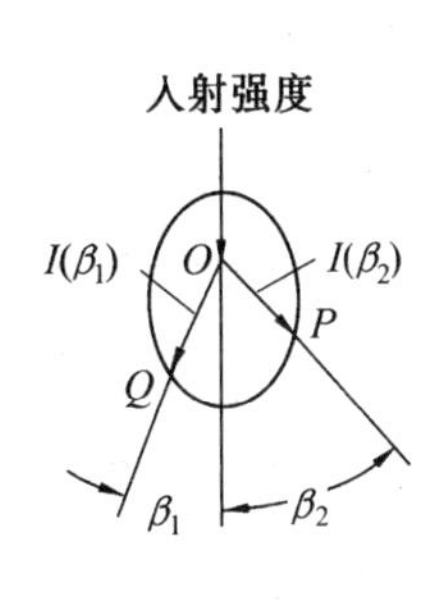

(a) 非弹性散射电子强度的角分布 $\beta_2>\beta_1$, $I(\beta_2)<I(\beta_1)$

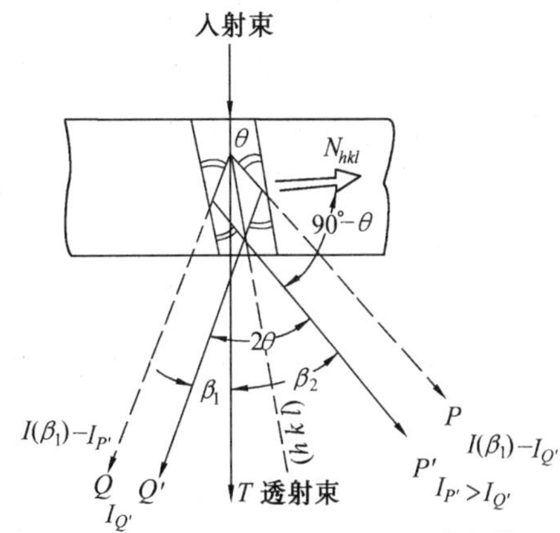

(b) 晶面($h\ k\ l$)对非弹性散射电子的衍射

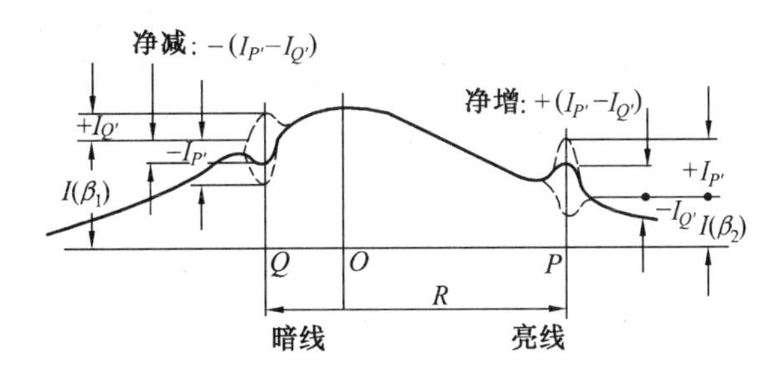

(c) 菊池衍射引起的背景强度变化

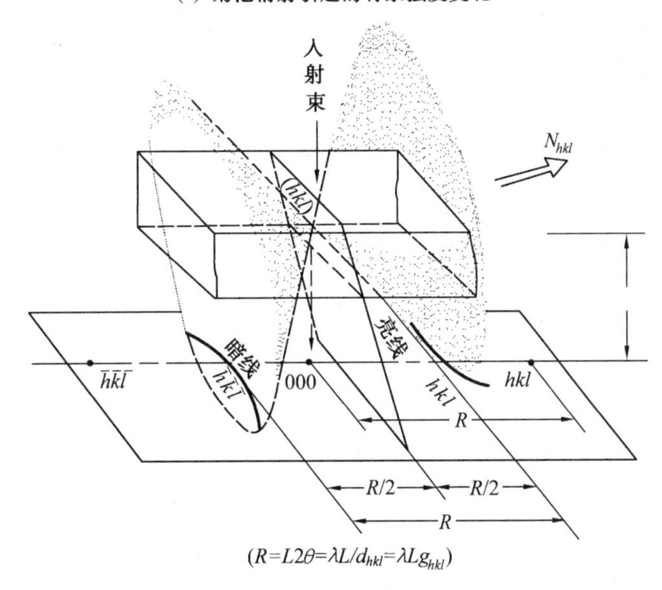

$(R=L2\theta=\lambda L/d_{hkl}=\lambda Lg_{hkl})$

(d) 菊池线对的产生及其衍射几何

图 12.31　菊池线的产生及其几何特征

向下，$\beta_2>\beta_1$，所以 $I(\beta_2)<I(\beta_1)$；而衍射强度正比于入射强度，所以 $I_{P'}>I_{Q'}$。这样一来，在 OP 方向传播的非弹性散射波原来的强度为 $I(\beta_2)$，由于($\overline{hkl}$)晶面的衍射而损失了 $I_{Q'}$，却又因(hkl)晶面的衍射而补充了 $I_{P'}$，使相应于 OP 方向的花样背景强度净增($I_{P'}-I_{Q'}$)；

反之,在 OQ 方向上的背景强度则净减($I_{P'}-I_{Q'}$),如图 12.31(c)所示。前已指出,非弹性散射波在空间所有方向上传播,所以由此产生的(hkl)和($\overline{hkl}$)晶面衍射波将分别构成以它们的法线 N_{hkl}和 $N_{\overline{hkl}}$为轴、半顶角为($90°-\theta$)的圆锥面。从图 12.31(d)可见,这两个圆锥面与底版的交线是成对的双曲线,P 为亮线,Q 为暗线。由于样品至底版的距离(即相机长度 L)很大,故交线近似上是一对平行的亮、暗直线,这就是菊池衍射花样的由来。

由图 12.31(d)还可以看到,菊池线对的间距 $R=L\cdot 2\theta$,由于非弹性散射过程中波长的变化不大,所以衍射角 $\theta=\sin^{-1}\dfrac{\lambda}{2d}$也没有多大变化。于是,菊池线对的间距 R,实际上等于相应衍射斑点 hkl 或$\overline{hkl}$至中心斑点的距离,线对的公垂线亦与斑点的 R 平行。同时,菊池线对的中线,即为($\overline{hkl}$)晶面与底版的交线(花样中并不直接显示)。由此可见,菊池花样的指数化方法完全相同于单晶斑点花样,如果已知相机常数 K,也可以由线对距离计算晶面间距 d。

菊池衍射花样最重要的几何性质是其线对位置十分灵敏地随晶体的位向而变化,这可以从图 12.32 得到清楚的说明。图 12.32(a)是对称入射的情况,即 $\boldsymbol{B}/\!/[uvw]$,此时的 $\boldsymbol{s}_{+g}=\boldsymbol{s}_{-g}$,菊池线对正好对称地分布在中心斑点的两侧。照理,在对称入射时不应出现

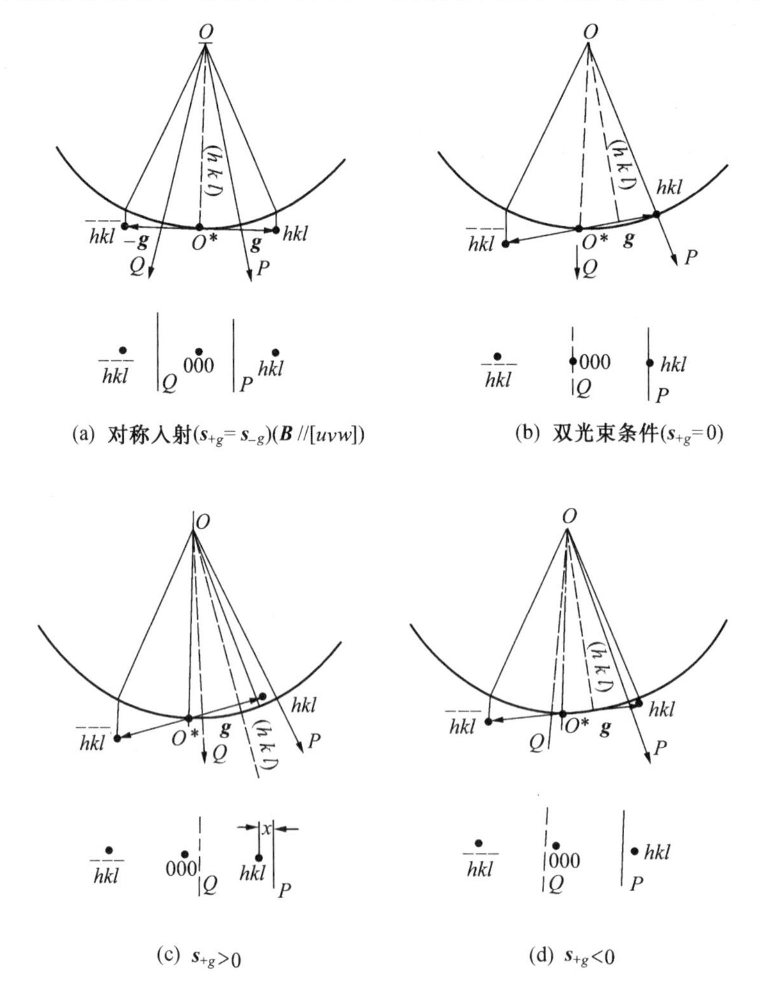

图 12.32　不同入射条件(不同晶体位向)下菊池线对的位置

菊池线对，因为 $\beta_1 = \beta_2 = \theta$，$I_P = I_Q$，$I_{P'} = I_{Q'}$，两边净增和净减均为零；可是，也许是由于所谓“反常吸收（或通道）效应”的缘故，在相应线对之间常出现暗带（晶体较厚时）或亮带（晶体较薄时），被称为菊池带。图 12.32(b)是 *hkl* 倒易阵点落在爱瓦尔德球面上（偏离矢量 $\boldsymbol{s} = 0$），即精确符合布拉格条件的情况，此时亮线正好通过 *hkl* 衍射斑点，而暗线通过 000 中心斑点。在晶体样品的衍衬成像（第 11 章）中，使某一组（*hkl*）晶面在 $\boldsymbol{s} = 0$ 的条件下给出特别高的斑点强度，叫做“双光束条件”；菊池线对的这一特征位置有助于寻找和确定样品的有利成像条件。图 12.32(c)、(d)则为一般的情况，当 $\boldsymbol{s} > 0$ 时，菊池线对位于中心斑点的同一侧；而当 $\boldsymbol{s} < 0$ 时，线对在中心斑点的两侧分布，且亮线靠近 *hkl* 斑点，暗线靠近 000 斑点。

习　题

1. 分析电子衍射与 X 衍射有何异同？

2. 倒易点阵与正点阵之间关系如何？倒易点阵与晶体的电子衍射斑点之间有何对应关系？

3. 用爱瓦尔德图解法证明布拉格定律。

4. 画出 fcc，bcc 晶体的倒易点阵，并标出基本矢量 $\boldsymbol{a}^*$，$\boldsymbol{b}^*$，$\boldsymbol{c}^*$。

5. 何为零层倒易截面和晶带定理？说明同一晶带中各晶面及其倒易矢量与晶带轴之间的关系。

6. 推导出底心立方和金刚石立方晶体的消光规律。

7. 为何对称入射（$B /\!/ [uvw]$）时，即只有倒易点阵原点在爱瓦尔德球面上，也能得到除中心斑点以外的一系列衍射斑点？

8. 举例说明如何用选区衍射的方法来确定新相的惯习面及母相与新相的位向关系。

9. 说明多晶、单晶及非晶衍射花样的特征及形成原理。

第 13 章

晶体薄膜衍衬成像分析

13.1 概　　述

利用复型技术虽然可能使电子显微镜的分辨率达到几个纳米左右(比光学显微镜的分辨率提高约两个数量级),但是由于复型材料本身的颗粒有一定的大小,因此不可能把比它自己还要小的细微结构复制出来,从而限制了分辨率的进一步提高。此外,复型只能对样品的表面形貌进行复制,并不能对样品的内部组织结构(例如晶体缺陷、界面等)进行观察分析,因此,复型技术在应用方面还有着很大的局限性。

利用材料薄膜样品在透射电镜下直接观察分析,不仅能清晰地显示样品内部的精细结构,而且还能使电镜的分辨率大大提高。此外,结合薄膜样品的电子衍射分析,还可以得到许多晶体学信息。

20 世纪 90 年代生产的透射式电子显微镜,用于观察晶体薄膜样品,晶格分辨率已达 0.1 nm 左右,点分辨率为 0.14 nm 左右。迄今为止,只有利用薄膜透射技术,方能在同一台仪器上同时对材料的微观组织进行同位分析。

第 10 章中我们已了解了电子衍射的基本内容,在此基础上本章主要讨论衍射衬度成像的原理,并利用这个原理来解释衍射图像。如果我们掌握了这两方面的内容,那么我们就有能力对材料科学的一些重要研究领域(例如相变、晶体缺陷分析、塑性变形强化机制等)进行深入的探讨。

13.2 薄膜样品的制备

13.2.1 基本要求

电子束对薄膜样品的穿透能力和加速电压有关。当电子束的加速电压为 200 kV 时,就可以穿透厚度为 500 nm 的铁膜,如果加速电压增至 1 000 kV,则可以穿透厚度大致为 1 500 nm的铁膜。从图像分析的角度来看,样品的厚度较大时,往往会使膜内不同深度层上的结构细节彼此重叠而互相干扰,得到的图像过于复杂,以至于难以进行分析。但从另一方面来看,如果样品太薄则表面效应将起着十分重要的作用,以至于造成薄膜样品中相变和塑性变形的进行方式有别于大块样品。因此,为了适应不同研究目的,应分别选用适当厚度的样品,对于一般金属材料而言,样品厚度都在 500 nm 以下。

合乎要求的薄膜样品必须具备下列条件:①薄膜样品的组织结构必须和大块样品相

同,在制备过程中,这些组织结构不发生变化。②样品相对于电子束而言必须有足够的"透明度",因为只有样品能被电子束透过,才有可能进行观察和分析。③薄膜样品应有一定强度和刚度,在制备、夹持和操作过程中,在一定的机械力作用下不会引起变形或损坏。最后,在样品制备过程中不允许表面产生氧化和腐蚀。氧化和腐蚀会使样品的透明度下降,并造成多种假像。

13.2.2 工艺过程

从大块材料上制备金属薄膜样品的过程大致可以分为下面3个步骤。

(1) 从实物或大块试样上切割厚度为0.3~0.5 mm厚的薄片。电火花线切割法是目前用得最广泛的方法,它是用一根往返运动的金属丝作切割工具,如图13.1所示。以被切割的样品作阳极、金属丝作阴极,两极间保持一个微小的距离,利用其间的火花放电进行切割。电火花切割可切下厚度小于0.5 mm的薄片,切割时损伤层比较浅,可以通过后续的磨制或减薄过程去除。电火花切割只能用导电样品,对于陶瓷等不导电样品可用金刚石刃内圆切割机切片。

(2) 样品薄片的预先减薄。预先减薄的方法有两种,即机械法和化学法。机械减薄法是通过手工研磨来完成的,把切割好的薄片一面用粘接剂粘在样品座表面,然后在水砂纸磨盘上进行研磨减薄。应注意把样品平放,不要用力太大,并使它充分冷却。因为压力过大和温度升高都会引起样品内部组织结构发生变化。减薄到一定程度时,用溶剂把粘接剂溶化,使样品从样品座上脱落下来,然后翻一个面再研磨减薄,直至样品被减薄至规定的厚度。如果材料较硬,可减薄至70 μm左右;若材料较软,则减薄的最终厚度不能小于100 μm。这是因为手工研磨时即使用力不大,薄片上的硬化层往往会厚至数十个纳米。为了保证所观察的部位不引入因塑性变形而造成的附加结构细节,因此除研磨时必须特别仔细外,还应留有在最终减薄时应去除的硬化层余量。另一种预先减薄的方法是化学薄化法。这种方法是把切割好的金属薄片放入配制好的化学试剂中,使它表面受腐蚀而继续减薄。因为合金中各组成相的腐蚀倾向是不同的,所以在进行化学减薄时,应注意减薄液的选择。表13.1是常用的各种化学减薄液的成分。化学减薄的速度很快,因此操作时必须动作迅速。化学减薄的最大优点是表面没有机械硬化层,薄化后样品的厚度可以控制在20~50 μm,这样可以为最终减薄提供有利的条件,经化学减薄的样品最终抛光穿孔后,可供观察的薄区面积明显增大。但是,化学减薄时必须事先把薄片表面充分清洗,去除油污或其他不洁物,否则将得不到满意的结果。

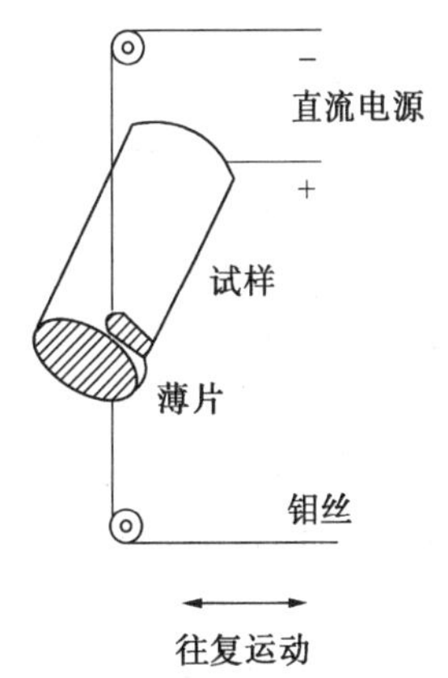

图13.1 金属薄片的线切割

表13.1 化学减薄液的成分

材料	减薄溶液的成分(体积分数)	备注
铝和铝合金	(1)40% HCl + 60% H_2O + 5 g/L $NiCl_2$	
	(2)200 g/L $NaOH$ 水溶液	70℃
	(3)60% H_3PO_4 + 18% HNO_3 + 18% H_2SO_4	80~90℃
	(4)50% HCl + 50% H_2O + 数滴 H_2O_2	
铜	(1)80% HNO_3 + 20% H_2O	
	(2)50% HNO_3 + 25% CH_3COOH + 25% H_3PO_4	
铜合金	40% HNO_3 + 10% HCl + 50% H_3PO_4	

续表 13.1

材料	减薄溶液的成分(体积分数)	备注
铁和钢	(1)30% HNO_3 + 15% HCl + 10% HF + 45% H_2O (2)35% HNO_3 + 65% H_2O (3)60% H_3PO_4 + 40% H_2O_2 (4)33% HNO_3 + 33% CH_3COOH + 34% H_2O (5)34% HNO_3 + 32% H_2O_2 + 17% CH_3COOH + 17% H_2O (6)40% HNO_3 + 10% HF + 50% H_2O (7)5% H_2SO_4(以草酸饱和) + 45% H_2O + 50% H_2O_2 (8)95% H_2O + 5% HF	热溶液 60℃ H_2O_2 用时加入 H_2O_2 用时加入,若发生钝化,则用稀盐酸清洗
镁和镁合金	(1)稀 HCl (2)稀 HNO_3 (3)75% HNO_3 + 25% H_2O	体积浓度 2% ~ 15%,溶剂为水或酒精,反应开始时很剧烈,继之停止,表面即抛光
钛	(1)10% HF + 60% H_2O_2 + 30% H_2O (2)20% HF + 20% HNO_3 + 60% $CH_3CHOHCOOH$	

(3) 最终减薄。目前效率最高和操作最简便的方法是双喷电解抛光法。图 13.2 为一台双喷式电解抛光装置的示意图。将预先减薄的样品剪成直径为 3 mm 的圆片,装入样品夹持器中。进行减薄时,针对样品两个表面的中心部位各有一个电解液喷嘴。从喷嘴中喷出的液柱和阴极相接,样品和阳极相接。电解液是通过一个耐酸泵来进行循环的。在两个喷嘴的轴线上还装有一对光导纤维,其中一个光导纤维和光源相接,另一个则和光敏元件相联。如果样品经抛光后中心出现小孔,光敏元件输出的电讯号就可以将抛光线路的电源切断。用这样的方法制成的薄膜样品,中心孔附近有一个相当大的薄区,可以被电子束穿透,直径 3 mm 圆片上的周边好似一个厚度较大的刚性支架,因为透射电子显微镜样品座的直径也是 3 mm,因此,用双喷抛光装置制备好的样品可以直接装入电镜,进行分析观察。

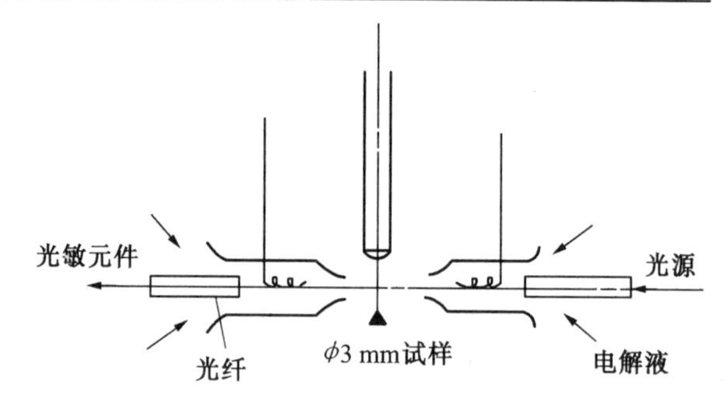

图 13.2 双喷式电解减薄装置示意图

由于双喷抛光法工艺规范十分简单,而且稳定可靠,因此它已取代了早期制备金属薄膜的方法(例如窗口法和 Ballmann 法),成为现今应用最广的最终减薄法。表 13.2 列出了最常用的电解抛光液的成分。

对于不导电的陶瓷薄膜样品,可采用如下工艺。首先采用金刚石刃内圆切割机切片,再进行机械研磨,最后采用离子减薄。所谓离子减薄就是用离子束在样品的两侧以一定的倾角(5° ~ 30°)轰击样品,使之减薄。对于要求较高的金属薄膜样品,在双喷后再进行一次离子减薄,观察效果会更好。由于陶瓷样品硬度高,耐腐蚀,因此,离子减薄的时间长,一般长达 10 多个小时,如果机械研磨后的厚度大,则离子减薄时间长达几十个小时。因此,目前出现一种挖坑机,机械研磨后的样品,先挖坑,使中心区厚度进一步减薄。挖坑机的原理就是一个球形砂轮在样品中心滚磨,同时配以厚度精确测量显示装置,经挖坑后的样品,离子减薄的时间可大大缩短。

表13.2　电解抛光液的成分

材料	电解抛光液成分(体积分数)	备注
铝及其他合金	(1)1% ~ 20% $HClO_4$ + 其余 C_2H_5OH (2)8% $HClO_4$ + 11% $(C_4H_9O)CH_2CH_2OH$ + 79% C_2H_5OH + 2% H_2O (3)40% CH_3COOH + 30% H_3PO_4 + 20% HNO_3 + 10% H_2O	喷射抛光 -10 ~ -30℃ 电解抛光 15℃ 喷射抛光 -10℃
电解抛光铜和铜合金	(1)33% HNO_3 + 67% CH_3OH (2)25% H_3PO_4 + 25% C_2H_5OH + 50% H_2O	喷射抛光或电解抛光 10℃
钢	(1)2% ~ 10% $HClO_4$ + C_2H_5OH 其余 (2)96% CH_3COOH + 4% H_2O + 200 g/L CrO_3	喷射抛光,室温 ~ -20℃电解抛光。65℃搅拌 1 h
铁和不锈钢	6% $HClO_4$ + 14% H_2O + 80% C_2H_5OH	喷射抛光
铁和钛合金	6% $HClO_4$ + 35% $(C_4H_9O)CH_2CH_2OH$ + 59% C_2H_5OH	喷射抛光 0℃

13.3　衍衬成像原理

非晶态复型样品是依据“质量厚度衬度”的原理成像的。而晶体薄膜样品的厚度大致均匀,并且平均原子序数也无差别,因此不可能利用质厚衬度来获得满意的图像反差。为此,须寻找新的成像方法,那就是所谓“衍射衬度成像”,简称衍衬成像。

我们以单相的多晶体薄膜样品为例,说明如何利用衍射成像原理获得图像的衬度,参看图13.3(a),设想薄膜内有两颗晶粒A和B,它们之间的唯一差别在于它们的晶体学位向不同。如果在入射电子束照射下,B晶粒的某(hkl)晶面组恰好与入射方向交成精确的布拉格角θ_B,而其余的晶面均与衍射条件存在较大的偏差,即B晶粒的位向满足“双光束条件”。此时,在B晶粒的选区衍射花样中,hkl斑点特别亮,也即其(hkl)晶面的衍射束最强。如果假定对于足够薄的样品,入射电子受到的吸收效应可不予考虑,且在所谓“双光束条件”下忽略所有其他较弱的衍射束,则强度为I_0的入射电子束在B晶粒区域内经过散射之后,将成为强度为I_{hkl}的衍射束和强度为$(I_0 - I_{hkl})$的透射束两个部分。

同时,设想与B晶粒位向不同的A晶粒内所有晶面组,均与布拉格条件存在较大的偏差,即在A晶粒的选区衍射花样中将不出现任何强衍射斑点而只有中心透射斑点,或者说其所有衍射束的强度均可视为零。于是,A晶粒区域的透射束强度仍近似等于入射束强度I_0。

由于在电子显微镜中样品的第一幅衍射花样出现在物镜的背焦面上,所以若在这个平面上加进一个尺寸足够小的物镜光阑,把B晶粒的hkl衍射束挡掉,而只让透射束通过光阑孔并到达像平面,则构成样品的第一幅放大像。此时,两颗晶粒的像亮度将有不同,因为

$$I_A \approx I_0$$

$$I_B \approx I_0 - I_{hkl} \approx 0$$

如以A晶粒亮度I_A为背景强度,则B晶粒的像衬度为

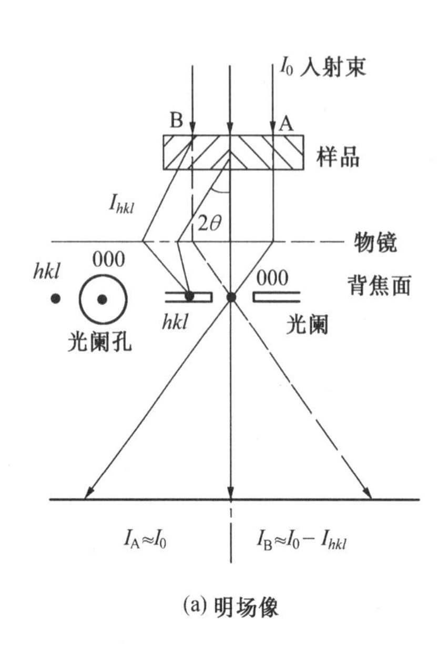

(a) 明场像

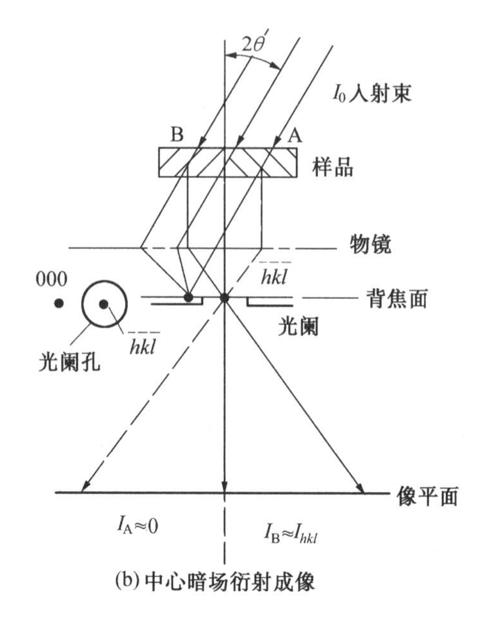

(b) 中心暗场衍射成像

图 13.3 衍衬成像原理

$$\left(\frac{\Delta I}{I}\right)_B = \frac{I_A - I_B}{I_A} \approx \frac{I_{hkl}}{I_0}$$

于是我们在荧光屏上将会看到(荧光屏上图像只是物镜像平面上第一幅放大像的进一步放大而已),B 晶粒较暗而 A 晶粒较亮(图 13.4)。这种由于样品中不同位向的晶体的衍射条件(位向)不同而造成的衬度差别叫衍射衬度。我们把这种让透射束通过物镜光阑而把衍射束挡掉得到图像衬度的方法,叫做明场(BF)成像。所得到的像叫明场像。

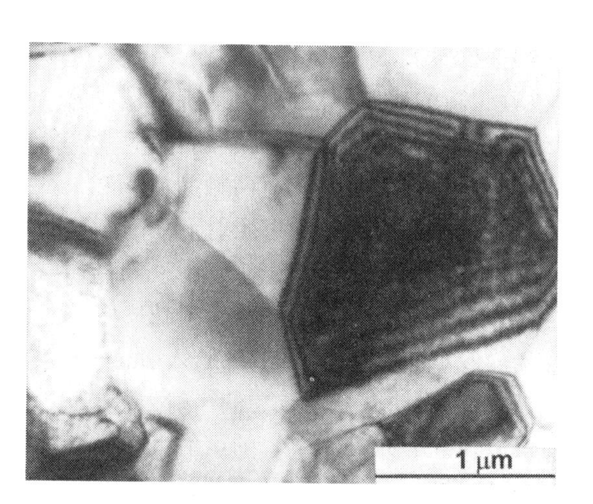

图 13.4 正方 ZrO_2 多晶的明场像

如果我们把图 13.3(a)中物镜光阑的位置移动一下,使其光阑孔套住 *hkl* 斑点,而把透射束挡掉,可以得到暗场(DF)像。但是,由于此时用于成像的是离轴光线,所得图像质量不高,有较严重的像差。习惯上常以另一种方式产生暗场像,即把入射电子束方向倾斜 2θ 角度(通过照明系统的倾斜来实现),使 B 晶粒的($\overline{hkl}$)晶面组处于强烈衍射的位向,而物镜光阑仍在光轴位置。此时只有 B 晶粒的$\overline{hkl}$衍射束正好通过光阑孔,而透射束被挡掉,如图 13.3(b)所示,这叫做中心暗场(CDF)成像方法。B 晶粒的像亮度为 $I_B \approx I_{hkl}$,而 A 晶粒由于在该方向的散射度极小,像亮度几乎近于零,图像的衬度特征恰好与明场像相反,B 晶粒较亮而 A 晶粒很暗。显然,暗场像的衬度将明显地高于明场像。以后我们将会看到,在金属薄膜的透射电子显微分析中,暗场成像是一种十分有用的技术。

上述单相多晶薄膜的例子说明,在衍衬成像方法中,某一最符合布拉格条件的(*hkl*)

晶面组强衍射束起着十分关键的作用,因为它直接决定了图像的衬度。特别是在暗场条件下,像点的亮度直接等于样品上相应物点在光阑孔所选定的那个方向上的衍射强度,而明场像的衬度特征是跟它互补的(至少在不考虑吸收的时候是这样)。正是因为衍衬图像完全是由衍射强度的差别所产生的,所以这种图像必将是样品内不同部位晶体学特征的直接的反映。

13.4　消光距离

入射电子受原子强烈的散射作用,因而在晶体内透射波和衍射波之间的相互作用实际上是不容忽视的。

我们将在简单的双光束条件下,即当晶体的(hkl)晶面处于精确的布拉格位向时,入射波只被激发成为透射波和(hkl)晶面的衍射波的情况下,考虑一下这两个波之间的相互作用。

参看图13.5,当波矢量为 $\boldsymbol{k}$ 的入射波到达样品上表面时,随即开始受到晶体内原子的相干散射,产生波矢量为 $\boldsymbol{k}'$ 的衍射波。但是在此上表面附近,由于参与散射的原子或晶胞数量有限,衍射强度很小;随着电子波在晶体内深度方向上传播,透射波(与入射波具有相同的波矢量)强度不断减弱,假若忽略非弹性散射引起的吸收效应,则相应的能量(强度)转移到衍射波方向,使衍射波的强度不断增大,如图13.5(a)所示的那样。不难想象,当电子波在晶体内传播到一定深度(如 A 位置)时,由于足够的原子或晶胞参与了散射,将使透射波的振幅 Φ_0 下降为零,全部能量转移到衍射方向使衍射波振幅 Φ_g 上升为最大,它们的强度 $I_0=\Phi_0^2$ 和 $I_g=\Phi_g^2$ 也相应地发生变化,如图13.5(b)和图13.5(c)所示。

与此同时,我们必须注意到由于入射波与(hkl)晶面相交成精确的布拉格角 θ。那么由入射波激发产生的衍射波也与该晶面相交成同样的角度,于是在晶体内逐步增强的衍射波也必将作为新的入射波激发同一晶面的二次衍射,其方向恰好与透射波的传播方向相同。随着电子波在晶体内深度方向上的进一步传播,OA 阶段的能量转移过程将以相反的方式在 AB 阶段中被重复,衍射波的强度逐渐下降而透射波的强度相应增大。

这种强烈的动力学相互作用的结果,使 I_0 和 I_g 在晶体深度方向上发生周期性的振荡,如图13.5(c)所示。振荡的深度周期叫做消光距离,记作 ξ_g。这里,“消光”指的是尽管满足衍射条件,但由于动力学互相作用而在晶体内一定深度处衍射波(或透射波)的强度实际为零。理论推导结果表明

$$\xi_g=\frac{\pi d\cos\theta}{\lambda nF_g} \tag{13.1}$$

式中　d——晶面间距;

　　n——原子面上单位面积内所含晶胞数。

所以 $1/n$ 就是一个晶胞所占有的面积,而晶胞的体积 $V_c=d\left(\frac{1}{n}\right)$,代入式(13.1)得

$$\xi_g=\frac{\pi V_c\cos\theta}{\lambda F_g} \tag{13.2}$$

式中　V_c——晶胞体积;

　　θ——布拉格角;

F_g—结构因子。

由此可见,对同一晶体,当不同晶面的衍射被激发时,也有不同的 ξ_g 值。表 13.3 是几种晶体的消光距离 ξ_g 值。

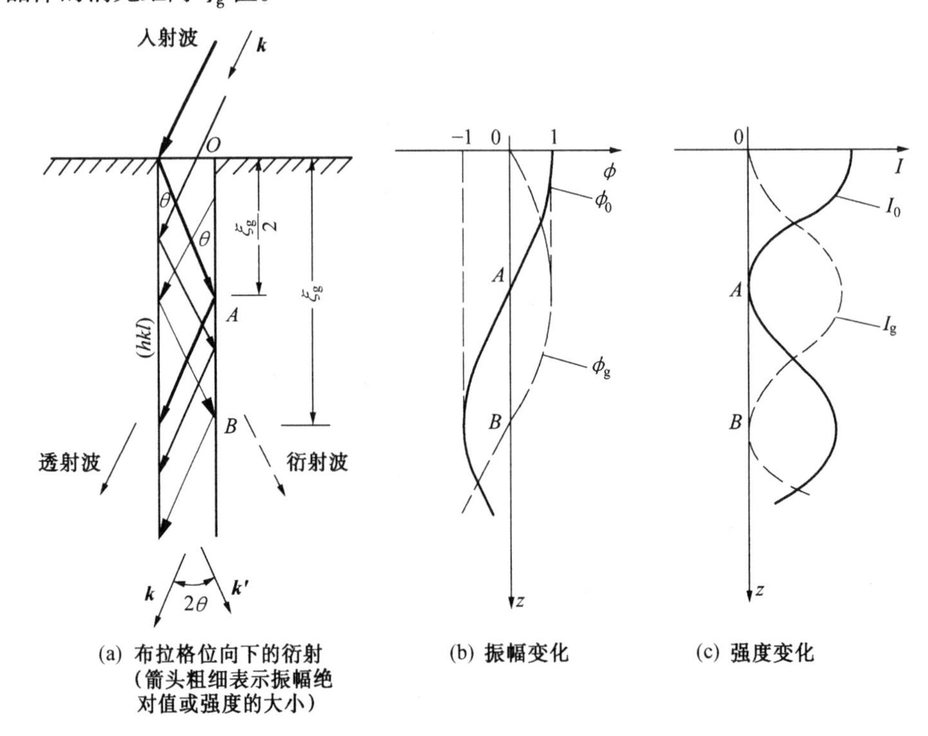

图 13.5 在(hkl)晶面为精确的布拉格位向时电子波在晶体内深度方向上的传播

表 13.3 几种晶体的消光距离 ξ_g 值

加速电压为 100 kV 时的消光距离值　　单位/nm

晶　体	Z	点　阵	hkl			
			110	111	200	211
Al	13	fcc		56	68	
Ag	47	fcc		24	27	
Au	79	fcc		18	20	
Fe	26	bcc	28		40	50

晶　体	Z	点　阵	hkil		
			$10\bar{1}0$	$11\bar{2}0$	$20\bar{2}0$
Mg	12	hcp	150	140	335
Zr	40	hcp	60	50	115

消光距离随加速电压的变化

晶　体	hkl	50 kV	100 kV	200 kV	1 000 kV
Al	111	41	56	70	95
Fe	110	20	28	41	46
Zr	$10\bar{1}0$	45	60	90	102

13.5 衍衬运动学简介

这里所指的衬度是指像平面上各像点强度(亮度)差别。衍射衬度实际上是入射电子束和薄晶体样品之间相互作用后,样品内不同部位组织特征的成像电子束在像平面上存在强度差别的反映。利用衍衬运动学的原理可以计算各像点的衍射强度,从而可以定性地解释透射电镜衍衬图像的形成原因。

薄晶体电子显微图像的衬度可用运动学理论或动力学理论来解释。如果按运动学理论来处理,则电子束进入样品时随着深度增大,在不考虑吸收的条件下,透射束不断减弱,而衍射束不断加强。如果按动力学理论来处理,则随着电子束深入样品,透射束和衍射束之间的能量是交替变换的。虽然动力学理论比运动学理论能更准确地解释薄晶体中的衍衬效应,但是这个理论数学推导繁琐,且物理模型抽象,在有限的篇幅内难以把它阐述清楚。与之相反,运动学理论简单明了,物理模型直观,对于大多数衍衬现象都能很好地定性说明。下面我们将讲述衍衬运动学的基本概念和应用。

13.5.1 基本假设

运动学理论有两个先决条件,首先是不考虑衍射束和入射束之间的相互作用,也就是说两者间没有能量的交换。当衍射束的强度比入射束小得多时,这个条件是可以满足的,特别是在试样很薄和偏离矢量较大的情况下。其次是不考虑电子束通过晶体样品时引起的多次反射和吸收。换言之,由于样品非常薄,因此反射和吸收可以忽略。

在满足了上述两个条件后,运动学理论是以下面两个基本假设为基础的。

1. 双光束近似

假定电子束透过薄晶体试样成像时,除了透射束外只存在一束较强的衍射束,而其他衍射束却大大偏离布拉格条件,它们的强度均可视为零。这束较强衍射束的反射晶面位置接近布拉格条件,但不是精确符合布拉格条件(即存在一个偏离矢量 $\boldsymbol{s}$)。作这样假定的目的有二:首先,存在一个偏离矢量 $\boldsymbol{s}$ 是要使衍射束的强度远比透射束弱,这就可以保证衍射束和透射束之间没有能量交换(如果衍射束很强,势必发生透射束和衍射束之间的能量转换,此时必须用动力学方法来处理衍射束强度的计算);其次,若只有一束衍射束,则可以认为衍射束的强度 I_g 和透射束的强度 I_T 之间有互补关系,即 $I_0 = I_T + I_g = 1$, I_0 为入射束强度。因此,我们只要计算出衍射束强度,便可知道透射束的强度。

2. 柱体近似

所谓柱体近似就是把成像单元缩小到和一个晶胞相当的尺度。可以假定透射束和衍射束都能在一个和晶胞尺寸相当的晶柱内通过,此晶柱的截面积等于或略大于一个晶胞的底面积,相邻晶柱内的衍射波不相干扰,晶柱底面上的衍射强度只代表一个晶柱内晶体结构的情况。因此,只要把各个晶柱底部的衍射强度记录下来,就可以推测出整个晶体下表面的衍射强度(衬度)。这种把薄晶体下表面上每点的衬度和晶柱结构对应起来的处理方法称为柱体近似,如图 13.6 所示。图中 I_{g1}、I_{g2}、I_{g3}三点分别代表晶柱Ⅰ、Ⅱ、Ⅲ底部的衍射强度。如果三个晶柱内晶体构造有差别,则 I_{g1}、I_{g2}、I_{g3}三点的衬度就不同。由于晶柱底部的截面积很小,它比所能观察到的最小晶体缺陷(如位错线)的尺度还要小一些,事实上每个晶柱底部的衍射强度都可看作为一个像点,把这些像点联接成的图像,就能反映出晶体试样内各种缺陷组织结构特点。

13.5.2　理想晶体的衍射强度

考虑图 13.7 所示的厚度为 t 的完整晶体内晶柱 OA 所产生的衍射强度。首先要计算出柱体下表面处的衍射波振幅 Φ_g，由此可求得衍射强度。晶体下表面的衍射振幅等于上表面到下表面各层原子面在衍射方向 $\boldsymbol{k}'$ 上的衍射波振幅叠加的总和，考虑到各层原子面衍射波振幅的相位变化，则可得到 Φ_g 的表达式为

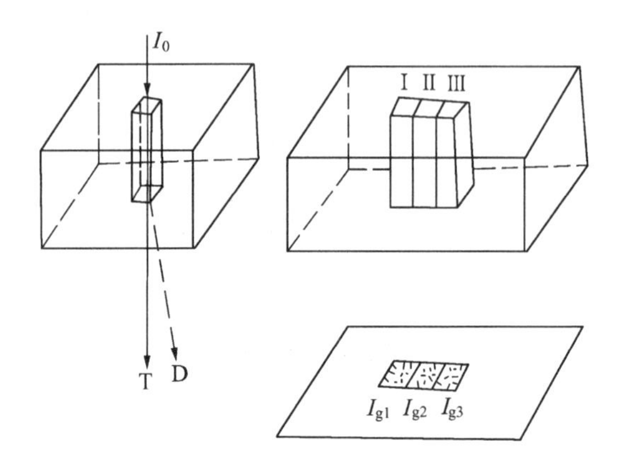

图 13.6　柱体近似

$$\Phi_g = \frac{\mathrm{i}n\lambda F_g}{\cos\theta}\sum_{柱体} \mathrm{e}^{-2\pi\mathrm{i}\boldsymbol{K}'\cdot\boldsymbol{r}} = \frac{\mathrm{i}n\lambda F_g}{\cos\theta}\sum_{柱体} \mathrm{e}^{-\mathrm{i}\varphi} \tag{13.3}$$

式中　φ——是 r 处原子面散射波相对于晶体上表面位置散射波的相位角差，$\varphi = 2\pi\boldsymbol{k}'\cdot\boldsymbol{r}$；

n——单位面积原子面内含有的晶胞数。

引入消光距离 ξ_g，则得到

$$\Phi_g = \frac{\mathrm{i}\pi}{\xi_g}\sum_{柱体} \mathrm{e}^{-\mathrm{i}\varphi}$$

考虑到在偏离布拉格条件时(图 13.7(b))，衍射矢量 $\boldsymbol{K}'$ 为

$$\boldsymbol{K}' = \boldsymbol{k}' - \boldsymbol{k} = \boldsymbol{g} + \boldsymbol{s}$$

故相位角可表示为

$$\varphi = 2\pi\boldsymbol{K}'\cdot\boldsymbol{r} = 2\pi\boldsymbol{s}\cdot\boldsymbol{r} = 2\pi sz$$

其中 $\boldsymbol{g}\cdot\boldsymbol{r}$ = 整数(因为 $\boldsymbol{g} = h\boldsymbol{a}^* + k\boldsymbol{b}^* + l\boldsymbol{c}^*$)，而 $\boldsymbol{r}$ 必为点阵平移矢量的整数倍，可

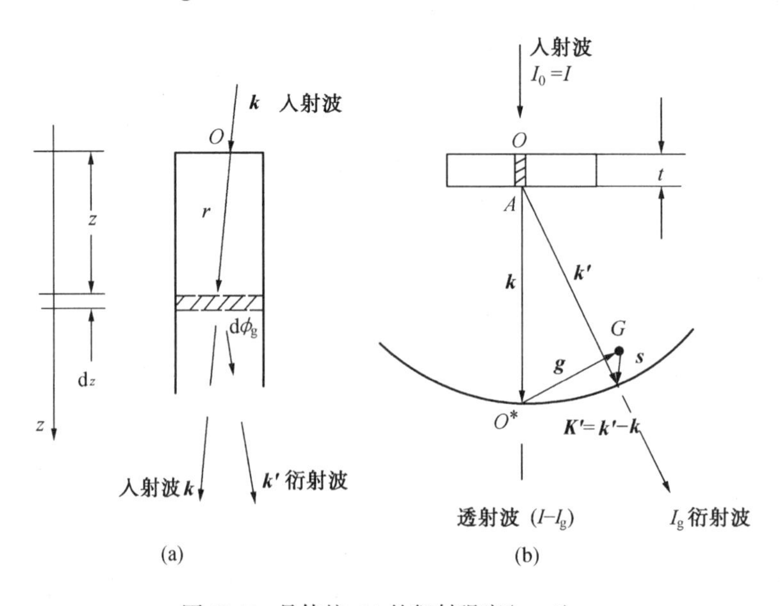

图 13.7　晶体柱 OA 的衍射强度($s>0$)

以写成 $\boldsymbol{r} = u\boldsymbol{a} + v\boldsymbol{b} + w\boldsymbol{c}$，$\boldsymbol{s} /\!/ \boldsymbol{r} /\!/ \boldsymbol{z}$。且 $r = z$，于是有

$$\varphi_g = \sum_{\text{柱体}} \frac{\mathrm{i}\pi}{\xi_g} \exp(-2\pi \mathrm{i} sz)\mathrm{d}z = \frac{\mathrm{i}\pi}{\xi_g} \sum_{\text{柱体}} \exp(-2\pi \mathrm{i} sz)\mathrm{d}z = \frac{\mathrm{i}\pi}{\xi_g} \int_0^t \exp(-2\pi \mathrm{i} sz)\mathrm{d}z \tag{13.5}$$

其中的积分部分

$$\int_0^t \exp(-2\pi \mathrm{i} sz)\mathrm{d}z = \frac{1}{2\pi \mathrm{i} s}(\mathrm{e}^{-2\pi \mathrm{i} st} + 1) = \frac{1}{\pi s} \cdot \frac{\mathrm{e}^{\pi \mathrm{i} st} - \mathrm{e}^{-\pi \mathrm{i} st}}{2\mathrm{i}} \cdot \mathrm{e}^{-\pi \mathrm{i} st} = \frac{1}{\pi s}\sin(\pi st) \cdot \mathrm{e}^{-\pi \mathrm{i} st}$$

代入式(13.5)，我们得到

$$\Phi_g = \frac{\mathrm{i}\pi}{\xi_g} \frac{\sin(\pi st)}{\pi s} \mathrm{e}^{-\pi \mathrm{i} st} \tag{13.6}$$

而衍射强度

$$I_g = \Phi_g \cdot \Phi_g^* = \left(\frac{\pi^2}{\xi_g^2}\right) \frac{\sin^2(\pi ts)}{(\pi s)^2} \tag{13.7}$$

这个结果告诉我们，理想晶体的衍射强度 I_g 随样品的厚度 t 和衍射晶面与精确的布拉格位向之间偏离参量 s 而变化。由于运动学理论认为明暗场的衬底是互补的，故令

$$I_T + I_g = 1$$

因此有

$$I_T = 1 - \left(\frac{\pi^2}{\xi_g^2}\right) \frac{\sin^2(\pi ts)}{(\pi s)^2} \tag{13.8}$$

13.5.3　理想晶体衍衬运动学基本方程的应用

1. 等厚条纹(衍射强度随样品厚度的变化)

如果晶体保持在确定的位向，则衍射晶面偏离矢量 s 保持恒定，此时式(13.7)可以改写为

$$I_g = \frac{1}{(s\xi_g)^2}\sin^2(\pi ts) \tag{13.9}$$

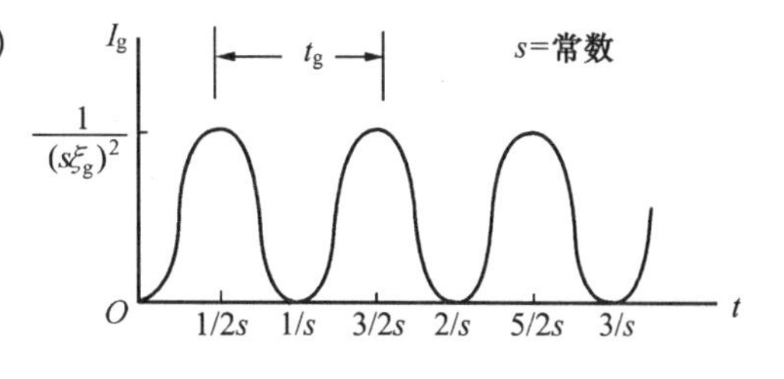

图 13.8　衍射强度 I_g 随晶体厚度 t 的变化

把 I_g 随晶体厚度 t 的变化画成曲线，如图 13.8 所示。显然，当 s = 常数时，随样品厚度 t 的变化，衍射强度发生周期性的振荡，振荡度周期为

$$t_g = 1/s \tag{13.10}$$

这就是说，当 $t = n/s$（n 为整数）时，$I_g = 0$；而当 $t = (n + \frac{1}{2})/s$ 时，衍射强度为最大，即

$$I_{g\max} = \frac{1}{(s\xi_g)^2} \tag{13.11}$$

利用类似于图 13.9 的振幅 - 位相图，可以更加形象地说明衍射振幅在晶体内深度方

向上的振荡情况。我们首先把式(13.4)改写成

$$\Phi_g = \sum_{\text{柱体}} \frac{i\pi}{\xi_g} e^{-2\pi isz} dz = \sum_{\text{柱体}} d\Phi_g e^{-i\varphi} \tag{13.12}$$

式中　φ——在深度为 z 处的散射波相对于样品上表面原子层散射波的位相角，$\varphi = 2\pi sz$；

$d\Phi_g$——该深度处 dz 厚度单元散射波振幅。

考虑 π 和 ξ_g 都是常数，所以

$$d\Phi_g = \frac{i\pi}{\xi_g} dz \propto dz \tag{13.13}$$

如果取所有的 dz 都是相等的厚度元，则暂不考虑比例常数$\left(\frac{i\pi}{\xi_g}\right)$，而把 dz 作为每一个厚度单元 dz 的散射振幅，而逐个厚度单元的散射波之间相对位相角差为 $d\varphi = 2\pi s dz$。于是，在 $t = Ndz$ 处的合成振幅 $A(Ndz)$，用 $A-\varphi$ 图来表示的话，就是图 13.9(a)中的 $|OQ_1|$，考虑到 dz 很小，$A-\varphi$ 图就是一个半径 $R = \frac{1}{2\pi s}$ 的圆周，如图 13.9(b)所示。此时，晶体内深度为 t 处的合成振幅就是

$$A(t) = \frac{\sin(\pi ts)}{\pi s}$$

相当于从 O 点(晶体上表面)顺圆周方向长度为 t 的弧段所张的弦 $|OQ|$。显然，该圆周的长度等于 $1/s$，就是衍射波振幅或强度振荡的深度周期 t_g；而圆的直径 OP 所对的弧长为 $1/2s = \frac{1}{2} t_g$，此时衍射振幅为最大。随着电子波在晶体内的传播，即随着 t 的增大，合成振幅 OQ 的端点 Q 在圆周上不断运动，每转一周相当于一个深度周期 t_g。同时，衍射波的合成振幅 $\Phi_g(\propto A)$从零变为最大又变为零，强度 $I_g(\propto |\Phi_g|^2 \propto |A|^2)$发生周期性的振荡。如果 $t = nt_g$，合成振幅 OQ 的端点 Q 在圆周上转了 n 圈以后恰与 O 点重合，$A = 0$，衍射强度亦为零。

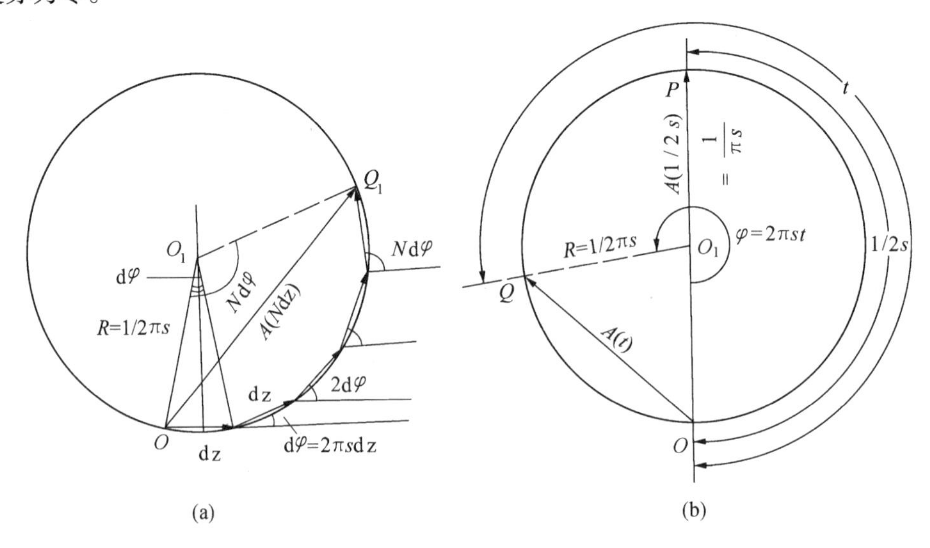

图 13.9　理想晶体内衍射波的振幅－位相图($A-\varphi$)

I_g 随 t 周期性振荡这一运动学结果，定性地解释了晶体样品楔形边缘处出现的厚度

消光条纹。并和电子显微图像上显示出来的结果完全相符。图13.10为一个薄晶体,其一端是一个楔形的斜面,在斜面上的晶体的厚度 t 是连续变化的,故可把斜面部分的晶体分割成一系列厚度各不相等的晶柱。当电子束通过各晶柱时,柱体底部的衍射强度因厚度 t 不同而发生连续变化。根据式(13.7)的计算,在衍射图像上楔形边缘上将得到几列亮暗相间的条纹,每一亮暗周期代表一个消光距离的大小,此时

$$t_g = \xi_g = \frac{1}{s} \tag{13.14}$$

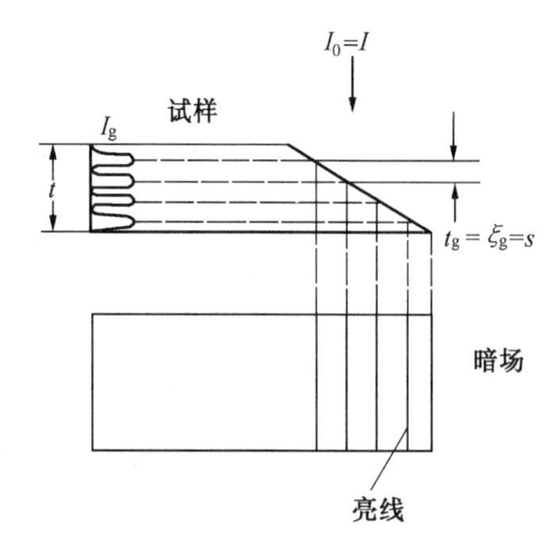

图13.10　等厚条纹形成原理的示意图

因为同一条纹上晶体的厚度是相同的,所以这种条纹叫做等厚条纹,由式(13.14)可知,消光条纹的数目实际上反映了薄晶体的厚度。因此,在进行晶体学分析时,可通过计算消光条纹的数目来估算薄晶体的厚度。

上述原理也适用于晶体中倾斜界面的分析。实际晶体内部的晶界、亚晶界、孪晶界和层错等都属于倾斜界面。图13.11是这类界面的示意图。若图中下方晶体偏离布拉格条件甚远,则可认为电子束穿过这个晶体时无衍射产生,而上方晶体在一定的偏差条件(s = 常数)下可产生等厚条纹,这就是实际晶体中倾斜界面的衍衬图像。图13.12为立方 ZrO_2 倾斜晶界照片,可以清楚地看出晶界上的条纹。

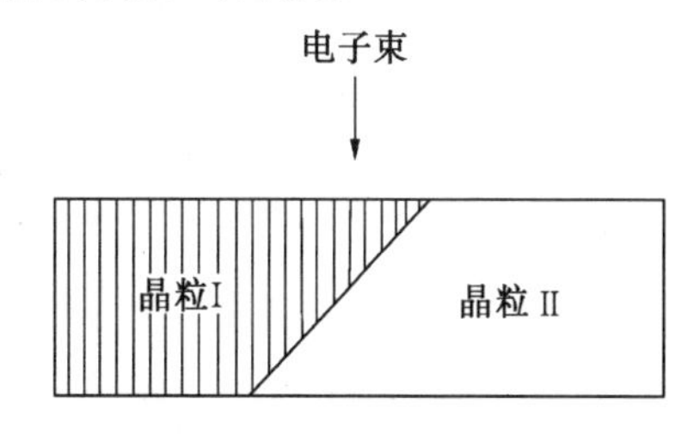

图13.11　倾斜界面示意图

2. 等倾条纹

如果把没有缺陷的薄晶体稍加弯曲,则在衍衬图像上可以出现等倾条纹。此时薄晶体的厚度可视为常数,而晶体内处在不同部位的衍射晶面因弯曲而使它们和入射束之间存在不同程度的偏离,即薄晶体上各点具有不同的偏离矢量 $\boldsymbol{s}$,图13.13示意地说明了 t = 常数,$\boldsymbol{s}$ 可以改变的情况。图13.13(a)为晶体弯曲前的状态。入射束和(hkl)晶面之间处于对称入射的位置,偏离矢量很大,为简化分析,可视为不发生衍射。因此在作明场像时,荧光屏上薄晶体呈现出均匀的亮度。图13.13(b)为晶体弯曲后的状态。由于样品上各点弯曲程度不同,各(hkl)晶面相对于入射束的偏离程度发生逐渐变化,左右两边的晶面随离开 O 点距离的增大,偏离矢量 $\boldsymbol{s}$ 的绝对值变小。当晶面处于 A、B 两点的位置是 $\boldsymbol{s}=0$,晶面和 O 点的距离继续增大,$\boldsymbol{s}$ 值又复上升。因为 A、B 位置的晶面和入射束之间正好精确符合布拉格条件,因此在这两个位置上电子束将产生较强的衍射束,其结果将使荧光屏上相当于 A、B 位置的晶面处透射束的强度大为下降,而形成黑色条纹明场像。这就是由晶体弯曲引

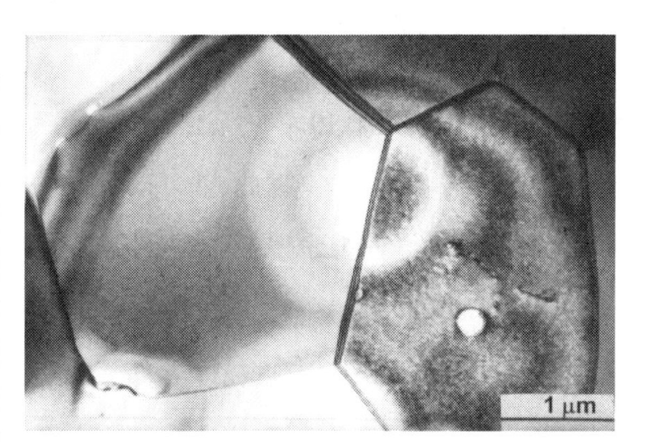

图13.12　立方 ZrO_2 倾斜晶界条纹

起的消光条纹。因为同一条纹上晶体偏离矢量的数值是相等的，所以这种条纹被称为等倾条纹。

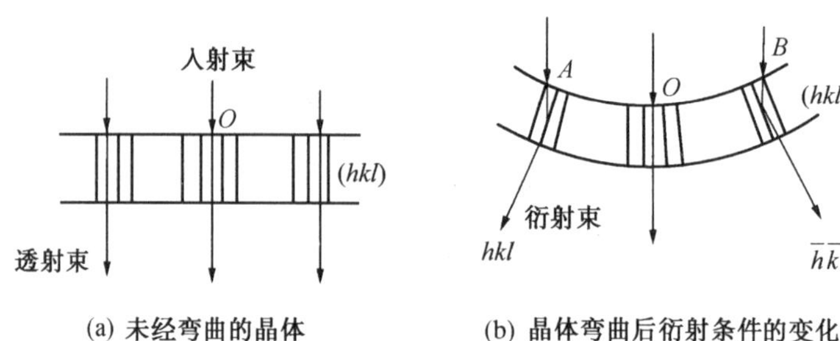

(a) 未经弯曲的晶体 (b) 晶体弯曲后衍射条件的变化

图 13.13 等倾条纹形成原理示意图

在计算弯曲消光条纹的强度时，可把式(13.7)改写成

$$I_g = \frac{(\pi t)^2}{\xi_g^2} \cdot \frac{\sin^2(\pi t s)}{(\pi t s)^2} \tag{13.15}$$

因为 t = 常数，故 I_g 随 s 而变，其变化规律如图 13.14 所示。由图可知，当 $s = 0$，$\pm\frac{3}{2t}$，$\pm\frac{5}{2t}\cdots$时，I_g 有极大值，其中 $s = 0$ 时，衍射强度最大，即

$$I_g = \frac{(\pi t)^2}{\xi_g^2}$$

当 $s = \pm\frac{1}{t}$，$\pm\frac{2}{t}$，$\pm\frac{3}{t}\cdots$时，$I_g = 0$。图 13.14 反映了倒易空间中衍射强度的变化规律。由于 $s = \pm\frac{3}{2t}$时的二次衍射强度峰已经很小，所以可以把 $\pm\frac{1}{t}$ 的范围看作是偏离布拉格条件后能产生衍射强度的界限。这个界限就是第 10 章中所述及的倒易杆的长度，即，$s = \frac{2}{t}$。据此，就可以得出，晶体厚度越薄，倒易杆长度越长的结论。

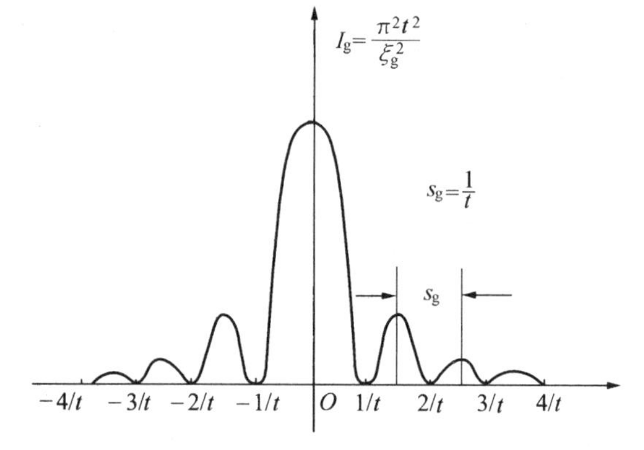

图 13.14 衍射强度 I_g 随偏离矢量 s 的变化

由于薄晶体样品在一个观察视域中弯曲的程度是很小的，其偏离程度大都位于 $s = 0 \sim \pm\frac{3}{2t}$范围之内，加之二次衍射强度峰值要比一次峰低得多，所以，在一般情况下，我们在同一视野中只能看到 $s = 0$ 时的等倾条纹。

如果样品的变形状态比较复杂，那么等倾条纹大都不具有对称的特征。有时样品受电子束照射后，由于温度升高而变形，在视野中就可看到弯曲消光条纹的运动。此外，如果我们把样品稍加倾动，弯曲消光条纹就会发生大幅度扫动。这些现象都是由于晶面转动引起偏离矢量大小改变而造成的。

13.5.4　非理想晶体的衍射衬度

电子穿过非理想晶体的晶柱后，晶柱底部衍射波振幅的计算要比理想晶体复杂一些。这是因为晶体中存在缺陷时，晶柱会发生畸变，畸变的大小和方向可用缺陷矢量 $\boldsymbol{R}$ 来描述，如图 13.15 所示。如前所述，理想晶体晶柱中位移矢量为 $\boldsymbol{r}$，而非理想晶体中的位移矢量应该是 $\boldsymbol{r}'$。显然，$\boldsymbol{r}' = \boldsymbol{r} + \boldsymbol{R}$，则相位角 φ' 为

$$\varphi' = 2\pi \boldsymbol{K}' \cdot \boldsymbol{r}' = 2\pi[(\boldsymbol{g}_{hkl} + \boldsymbol{s}) \cdot (\boldsymbol{r} + \boldsymbol{R})] \tag{13.16}$$

从图 13.15 中可以看出，$\boldsymbol{r}'$ 和晶柱的轴线方向 z 并不是平行的，其中 $\boldsymbol{R}$ 的大小是轴线坐标 z 的函数。因此，在计算非理想晶体晶柱底部衍射波振幅时，首先要知道 R 随 z 的变化规律。如果一旦求出了 R 的表达式，那么相位角 φ' 就随之而定。非理想晶体晶柱底部衍射波振幅就可根据下式求出，即

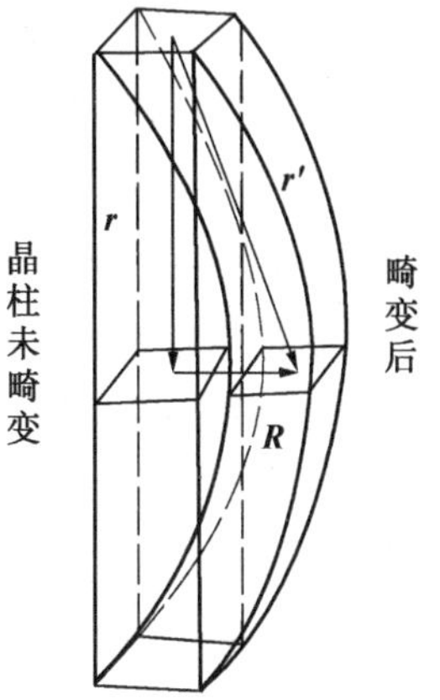

$$\Phi_g = \frac{i\pi}{\xi_g} \sum_{柱体} e^{-i\varphi'} \tag{13.17}$$

$$e^{-i\varphi'} = e^{-2\pi i[(\boldsymbol{g}_{hkl} + \boldsymbol{s}) \cdot (\boldsymbol{r} + \boldsymbol{R})]} = e^{-2\pi i(\boldsymbol{g}_{hkl} \cdot \boldsymbol{r} + \boldsymbol{s} \cdot \boldsymbol{r} + \boldsymbol{g}_{hkl} \cdot \boldsymbol{R} + \boldsymbol{s} \cdot \boldsymbol{R})}$$

因为 $\boldsymbol{g}_{hkl} \cdot \boldsymbol{r}$ 等于整数，$\boldsymbol{s} \cdot \boldsymbol{R}$ 数值很小，有时 $\boldsymbol{s}$ 和 $\boldsymbol{R}$ 接近垂直可以略去，又因 $\boldsymbol{s}$ 和 $\boldsymbol{r}$ 接近平行，故 $\boldsymbol{s} \cdot \boldsymbol{r} = sr$，所以

$$e^{i\varphi'} = e^{-2\pi isr} \cdot e^{-2\pi i \boldsymbol{g}_{hkl} \cdot \boldsymbol{R}}$$

图 13.15　缺陷矢量 $\boldsymbol{R}$

据此，式(13.17)可改写为

$$\Phi_g = \frac{i\pi}{\zeta_g} \sum_{柱体} e^{-i(2\pi sr + 2\pi i \boldsymbol{g}_{hkl} \cdot \boldsymbol{R})}$$

令

$$\alpha = 2\pi \boldsymbol{g}_{hkl} \cdot \boldsymbol{R} \tag{13.18}$$

$$\Phi_g = \frac{i\pi}{\xi_g} \sum_{柱体} e^{-i(\varphi + \alpha)} \tag{13.19}$$

比较式(13.19)和式(13.4)可以看出，α 就是由于晶体内存在缺陷而引入的附加位相角。由于 α 的存在，造成式(13.4)和式(13.19)各自代表的两个晶柱底部衍射波振幅的差别，由此就可以反映出晶体缺陷引起的衍射衬度。

13.6　晶体缺陷分析

这里所指的晶体缺陷主要是下列三种，即层错、位错和第二相粒子在基体上造成的畸变。现分述如下。

13.6.1　层错

堆积层错是最简单的平面缺陷。层错发生在确定的晶面上，层错面上、下方分别是位向相同的两块理想晶体，但下方晶体相对于上方晶体存在一个恒定的位移 $\boldsymbol{R}$。例如，在面心立方晶体中，层错面为{111}，其位移矢量 $\boldsymbol{R} = \pm\frac{1}{3}\langle 111\rangle$ 或 $\pm\frac{1}{6}\langle 112\rangle$。$\boldsymbol{R} = +\frac{1}{3}\langle 111\rangle$ 表示下方晶体向上移动，相当于抽去一层{111}原子面后再合起来，形成内禀层错；

$\boldsymbol{R}=-\frac{1}{3}\langle111\rangle$相当于插入一层{111}面,形成外禀层错。$R=\pm\frac{1}{6}\langle112\rangle$表示下方晶体沿层错面的切变位移,同样有内禀和外禀两种,但包围着层错的偏位错与 $R=\pm\frac{1}{3}\langle111\rangle$类型的层错不同。对于 $R=\pm\frac{1}{6}\langle112\rangle$的层错 $\alpha=2\pi\boldsymbol{g}\cdot\boldsymbol{R}=2\pi(h\boldsymbol{a}^*+k\boldsymbol{b}^*+l\boldsymbol{c}^*)\cdot\frac{1}{6}(\boldsymbol{a}+\boldsymbol{b}+2\boldsymbol{c})=\frac{\pi}{3}(h+k+2l)$。因为面心立方晶体衍射晶面的 h、k、l 为全奇或全偶,所以 α 只可能是 0,2π 或 $\pm\frac{2\pi}{3}$。如果选用 $\boldsymbol{g}=[11\bar{1}]$或[311]等,层错将不显衬度;但若 $\boldsymbol{g}$ 为[200]或[220]等,$\alpha=\pm\frac{2\pi}{3}$,可以观察到这种缺陷。下面以 $\alpha=-\frac{2\pi}{3}$为例,说明层错衬度的一般特征。

1. 平行于薄膜表面的层错

设在厚度为 t 薄膜内存在平行于表面的层错 CD,它与上、下表面的距离分别为 t_1 和 t_2,如图 13.16(a)所示。对于无层错区域,衍射波振幅为

$$\Phi_g \propto \boldsymbol{A}(t)=\int_0^t \mathrm{e}^{-2\pi isz}\mathrm{d}z=\frac{\sin(\pi ts)}{\pi s} \tag{13.20}$$

而在存在层错的区域,衍射波振幅则为

$$\Phi'_g \propto \boldsymbol{A}'(t)=\int_0^{t_1}\mathrm{e}^{-2\pi isz}\mathrm{d}z+\int_{t_1}^{t_2}\mathrm{e}^{-2\pi isz}\mathrm{e}^{-i\alpha}\mathrm{d}z=$$

$$\int_0^{t_1}\mathrm{e}^{-2\pi isz}\mathrm{d}z+\mathrm{e}^{-i\alpha}\int_{t_1}^{t_2}\mathrm{e}^{-2\pi isz}\mathrm{d}z \tag{13.21}$$

显然,在一般情况下 $\Phi'_g\neq\Phi_g$,衍衬图像存在层错的区域将与无层错区域出现不同的亮度,即构成了衬度。层错区显示为均匀的亮区或暗区。

在振幅-位相(图 13.16(c))中,振幅 $\boldsymbol{A}(t)$相当于$|OQ|$。事实上,如果把无层错区域的晶体柱也分成 t_1 和 t_2 两部分,则 $\boldsymbol{OQ}=\boldsymbol{OS}+\boldsymbol{SQ}$,即 $\boldsymbol{A}(t)=\boldsymbol{A}(t_1)+\boldsymbol{A}(t_2)$,其中 $\boldsymbol{A}(t_1)$

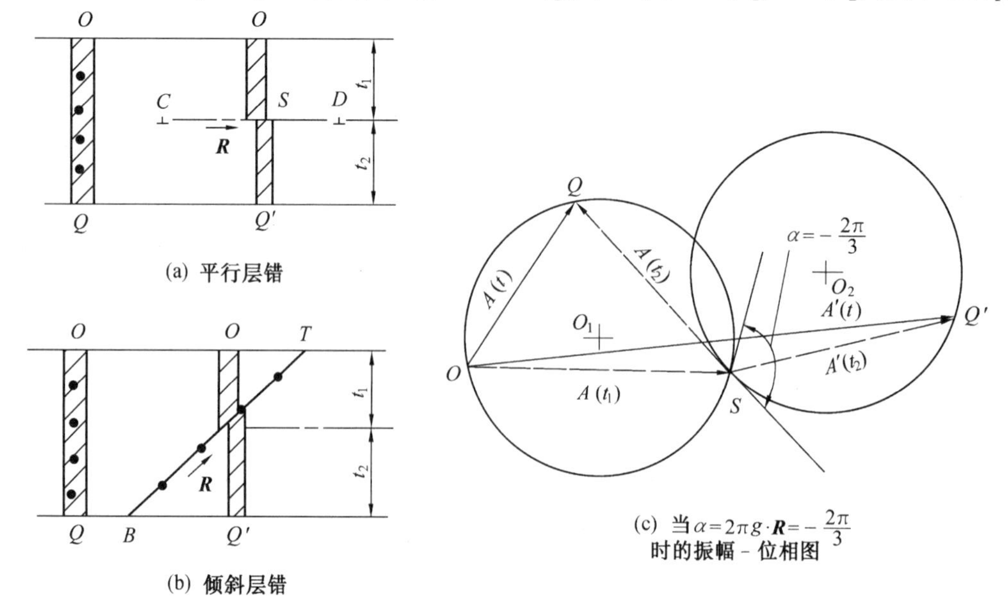

图 13.16 堆积层错的衬度来源

和 $\boldsymbol{A}(t_2)$分别是厚度为 t_1 和 t_2 的两段晶体柱的合成振幅。因为不存在层错,所有厚度元的散射振幅 $\mathrm{d}\Phi_g(\propto \mathrm{d}z)$都在以 O_1 为圆心的同一个圆周上叠加。可是,对于层错区域,晶体柱在 S 位置(相当于 t_1 深度)以下发生整体的位移 $\boldsymbol{R}$,所以下部晶体厚度元的散射振幅将在另一个以 O_2 为圆心的圆周上叠加,在 S 点处发生$\alpha = -\dfrac{2\pi}{3}$的位相角突变。于是,它的合成振幅 $\boldsymbol{A}'(t) = \boldsymbol{A}(t_1) + \boldsymbol{A}'(t_2)$,相当于 $\boldsymbol{OQ}' = \boldsymbol{OS} + \boldsymbol{SQ}'$。由此不难看出,尽管 $|\boldsymbol{A}'(t_2)| = |\boldsymbol{A}(t_2)|$,可是由于附加位相角 α 的引入,致使 $\boldsymbol{A}'(t) \neq \boldsymbol{A}(t)$。

作为一种特殊情况,如果 $t_1 = nt_g = n/s$(其中 n 为整数),则在 $A-\varphi$ 图 S 与 O 点重合,$\boldsymbol{A}(t_1) = 0$,此时 $\boldsymbol{A}'(t) = \boldsymbol{A}(t)$,层错也将不显示衬度。

2. 倾斜于薄膜表面的层错

参看图 13.16(b),薄膜内存在倾斜于表面的层错,它与上下表面的交线分别为 T 和 B。此时层错区域内的衍射波振幅仍由式(13.21)表示;但在该区域内的不同位置,晶体柱上、下两部分的厚度 t_1 和 $t_2 = t - t_1$ 是逐点变化的。在振幅-位相图中,t_1 的变化相当于 S 点在 O_1 圆周上运动,而 t_2 的变化相当于 O_1 点在 O_2 圆周上运动。如果 $t_1 = n/s$,$\boldsymbol{A}'(t) = \boldsymbol{A}(t)$,亮度与无层错区域相同;如果 $t_1 = (n + \dfrac{1}{2})/s$,则 $\boldsymbol{A}'(t)$为最大或最小,可能大于、也可能小于 $\boldsymbol{A}(t)$,但肯定不等于 $\boldsymbol{A}(t)$。基于上述分析,运动学理论告诉我们:倾斜于薄膜表面的堆积层错与其他的倾斜界面(如晶界等)相似,显示为平行于层错与上、下表面交线的亮暗相间的条纹,其深度周期为 $t_g = 1/s$。孪晶的形态不同于层错,孪晶是由黑白衬度相间宽度不等的平行条带构成,相间的相同衬度条带为同一位向,而另一衬度条带为相对称的位向。层错是等间距的条纹。图13.17给出了不锈钢中的层错照片。图13.18为单斜 ZrO_2 的孪晶照片。

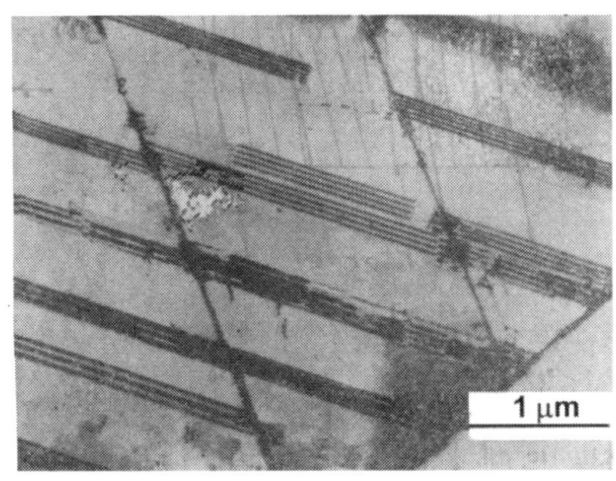

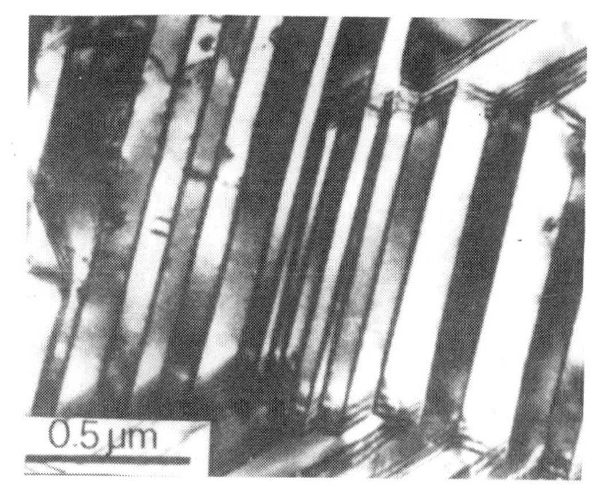

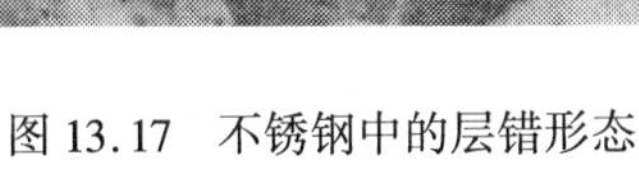

图 13.17　不锈钢中的层错形态

图 13.18　单斜 ZrO_2 中的孪晶形貌

13.6.2　位错

非完整晶体衍衬运动学基本方程可以很清楚地用来说明螺型位错线的成像原因。图13.19是一条和薄晶体表面平行的螺型位错线,螺型位错线附近有应变场,使晶柱 PQ 畸变成 $P'Q'$。概据螺型位错线周围原子的位移特性,可以确定缺陷矢量 $\boldsymbol{R}$ 的方向和布氏矢

量 $\boldsymbol{b}$ 方向一致。图中 x 表示晶柱和位错线之间的水平距离，y 表示位错线至膜上表面的距离，z 表示晶柱内不同深度的坐标，薄晶体的厚度为 t。因为晶柱位于螺型位错的应力场之中，晶柱内各点应变量都不相同，因此各点上 $\boldsymbol{R}$ 矢量的数值均不相同，即 $\boldsymbol{R}$ 应是坐标 z 的函数。为了便于描绘晶体的畸变特点，把度量 $\boldsymbol{R}$ 的长度坐标转换成角坐标 β，其关系为

$$\frac{\boldsymbol{R}}{\boldsymbol{b}} = \frac{\beta}{2\pi}$$

$$\boldsymbol{R} = \boldsymbol{b}\,\frac{\beta}{2\pi}$$

这表示 β 转一周时，螺型位错的畸变量正好是一个布氏矢量长度。β 角的位置已在图 13.19 中表示出来。由图可知

$$\beta = \tan^{-1}\frac{z-y}{x}$$

所以 $$\boldsymbol{R} = \frac{\boldsymbol{b}}{2\pi}\tan^{-1}\frac{z-y}{x}$$

从式中可以看出晶柱位置确定后（x 和 y 一定），$\boldsymbol{R}$ 是 z 的函数。因为晶体中引入缺陷矢量后，其附加位相角 $\alpha = 2\pi\boldsymbol{g}_{hkl}\cdot\boldsymbol{R}$，故

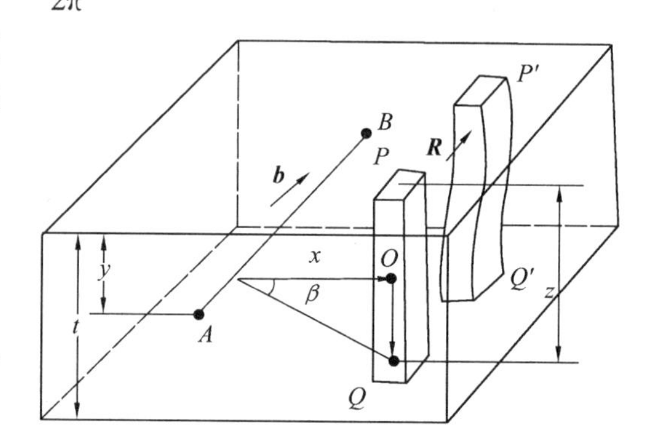

图 13.19 与膜面平行的螺型位错线使晶柱 PQ 畸变

$$\boldsymbol{\alpha} = \boldsymbol{g}_{hkl}\cdot\boldsymbol{b}\ \tan^{-1}\frac{z-y}{x} = n\beta \tag{13.22}$$

式中，$\boldsymbol{g}_{hkl}\cdot\boldsymbol{b}$ 可以等于零，也可以是正、负的整数。如果 $\boldsymbol{g}_{hkl}\cdot\boldsymbol{b}=0$，则附加位相角就等于零，此时即使有螺位错线存在也不显示衬度。如果 $\boldsymbol{g}_{hkl}\cdot\boldsymbol{b}\neq 0$，则螺位错线附近的衬度和完整晶体部分的衬度不同，其间存在的差别就可通过下面两个式子的比较清楚地表示出来。

完整晶体

$$\Phi_{\mathrm{g}} = \frac{\mathrm{i}\pi}{\xi_{\mathrm{g}}}\sum_{柱体}\mathrm{e}^{-\mathrm{i}\varphi} \tag{13.23}$$

有螺位错线时

$$\Phi'_{\mathrm{g}} = \frac{\mathrm{i}\pi}{\xi_{\mathrm{g}}}\sum_{柱体}\mathrm{e}^{\mathrm{i}(\varphi+\alpha)} = \frac{\mathrm{i}\pi}{\xi_{\mathrm{g}}}\sum_{柱体}\mathrm{e}^{-\mathrm{i}(\varphi+n\beta)}$$

$$\Phi_{\mathrm{g}} \neq \Phi'_{\mathrm{g}}$$

$\boldsymbol{g}_{hkl}\cdot\boldsymbol{b}=0$ 称为位错线不可见性判据，利用它可以确定位错线的布氏矢量。因为 $\boldsymbol{g}_{hkl}\cdot\boldsymbol{b}=0$ 表示 $\boldsymbol{g}_{hkl}$ 和 $\boldsymbol{b}$ 相垂直，如果选择两个 $\boldsymbol{g}$ 矢量作操作衍射时，位错线均不可见，则就可以列出两个方程，即

$$\begin{cases}\boldsymbol{g}_{h_1k_1l_1}\cdot\boldsymbol{b}=0\\ \boldsymbol{g}_{h_2k_2l_2}\cdot\boldsymbol{b}=0\end{cases}$$

联立后即可求得位错线的布氏矢量 $\boldsymbol{b}$。面心立方晶体中，滑移面、操作矢量 $\boldsymbol{g}_{hkl}$ 和位错线的布氏矢量三者之间的关系在表 13.4 中给出。

表 13.4　面心立方晶体全位错的 $\boldsymbol{g}\cdot\boldsymbol{b}$ 值

	$1\bar{1}1,\bar{1}11$ $\frac{1}{2}[110]$	$\bar{1}11,11\bar{1}$ $\frac{1}{2}[\bar{1}10]$	$\bar{1}11,11\bar{1}$ $\frac{1}{2}[101]$	$111,1\bar{1}1$ $\frac{1}{2}[\bar{1}10]$	$1\bar{1}1,11\bar{1}$ $\frac{1}{2}[011]$	$111,\bar{1}11$ $\frac{1}{2}[0\bar{1}1]$
111	1	0	1	0	1	0
$\bar{1}11$	0	1	0	1	1	0
$1\bar{1}1$	0	$\bar{1}$	1	0	0	1
$11\bar{1}$	1	0	0	$\bar{1}$	0	$\bar{1}$
200	1	$\bar{1}$	1	$\bar{1}$	0	0
020	1	1	0	0	1	$\bar{1}$
002	0	0	1	1	1	1

现在,我们定性地讨论刃型位错线衬度的产生及其特征。参看图 13.20,(hkl)是由位错线 D 而引起的局部畸变的一组晶面,并以它作为操作反射用于成像。若该晶面与布拉格条件的偏离参量为 S_0,并假定 $S_0>0$,则在远离位错 D 区域(例如 A 和 C 位置,相当于理想晶体)衍射波强度为 I(即暗场像中的背景强度)。位错引起它附近晶面的局部转动,意味着在此应变场范围内,(hkl)晶面存在着额外的附加偏差 S'。离位错越远,S' 越小。在位错线的右侧,$S'>0$,在其左侧 $S'<0$。于是,参看图 13.20,在右侧区域内(例如 B 位置),晶面的总偏差 $S_0+S'<S_0$,使衍射强度 $I_B<I$;而在左侧,由于 S' 与 S_0 符号相反,总偏差 $S_0+S'<S_0$,且在某个位置(例如 D')恰巧使 $S_0+S'=0$,衍射强度 $I'_D=I_{\max}$。这样,在偏离位错线实际位置的左侧,将产生位错线的像(暗场像中为亮线,明场相反)。不难理解,如果衍射晶面的原始偏离参量 $S_0<0$,则位错线的像将出现在其实际位置的另一侧。这一结论已由穿过弯曲消光条纹(其两侧 S_0 符号相反)的位错线像相互错开某个距离得到证实。

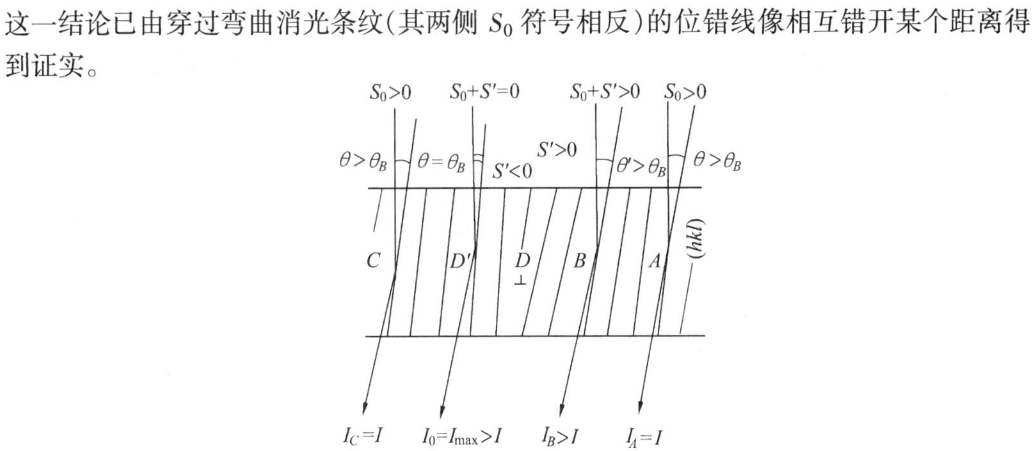

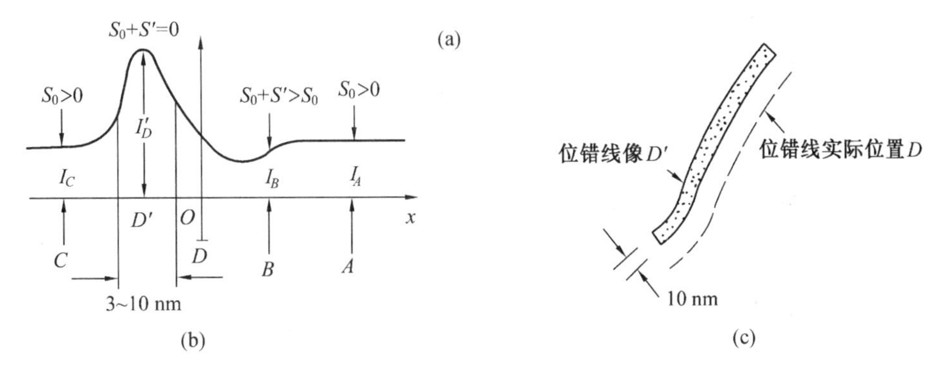

图 13.20　刃型位错衬底的产生及其特征

位错线像总是出现在它的实际位置的一侧或另一侧，说明其衬度本质上是由位错附近的点阵畸变所产生的，叫做“应变场衬度”。而且，由于附加的偏差 S'，随离开位错中心的距离而逐渐变化，使位错线的像总是有一定的宽度（一般在 3～10 nm 左右）。尽管严格来说，位错是一条几何意义上的线，但用来观察位错的电子显微镜却并不必须具有极高的分辨率。通常，位错线像偏离实际位置的距离也与像的宽度在同一数量级范围内。对于刃型位错的衬度特征，运用衍衬运动学理论同样能够给出很好的定性解释。

图 13.21 及图 13.22 为不锈钢中的位错线及陶瓷中的网状位错组态。

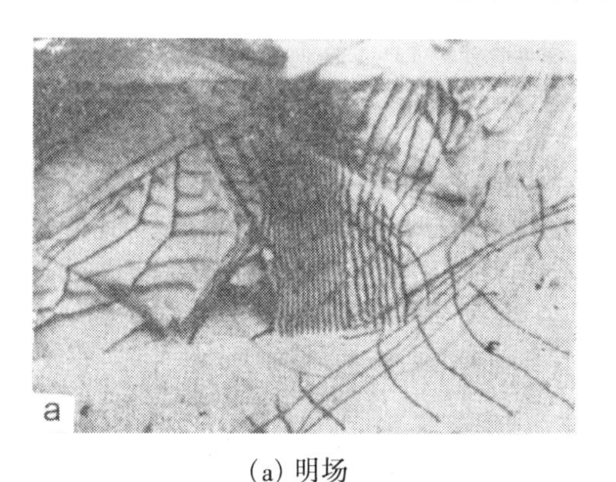

(a) 明场

(b) 暗场

图 13.21　不锈钢中的位错线像

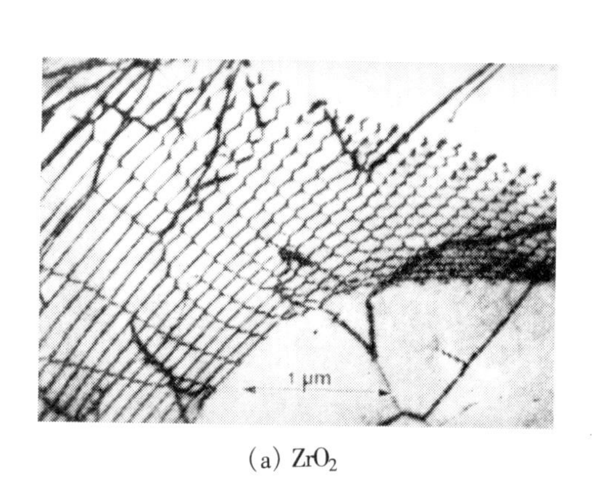

(a) ZrO_2

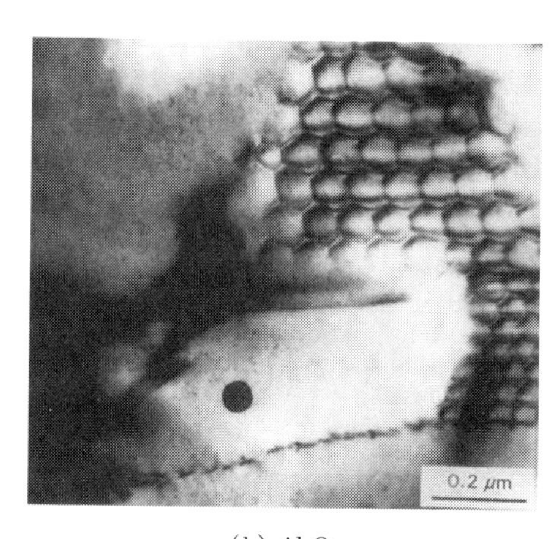

(b) Al_2O_3

图 13.22　陶瓷中的网状位错

13.6.3　第二相粒子

这里指的第二相粒子主要是指那些和基体之间处于共格或半共格状态的粒子。它们的存在会使基体晶格发生畸变，由此就引入了缺陷矢量 $\boldsymbol{R}$，使产生畸变的晶体部分和不产生畸变的部分之间出现衬度的差别，因此，这类衬度被称为应变场衬度。应变场衬度产生的原因可以用图 13.23 说明。图中示出了一个最简单的球形共格粒子，粒子周围基体中晶格的结点原子产生位移，结果使原来的理想晶柱弯曲成弓形，利用运动学基本方程分别计算畸变晶柱底部的衍射波振幅（或强度）和理想晶柱（远离球形粒子的基体）的衍射波振幅，两者必然存在差别。但是，凡通过粒子中心的晶面都没有发生畸变（如图中通过圆心的水平和垂直两个晶面），如果用这些不畸变晶面作衍射面，则这些晶面上不存在任何缺陷矢量(即 $\boldsymbol{R}=0,\alpha=0$),从而使带有穿过粒子中心晶面的基体部分也不出现缺陷衬度。因晶面畸变的位移量是随着离开粒子中心的距离变大而增加的,因此形成基体应变场衬度。球形共格沉淀相的明场像中,粒子分裂成两瓣,中间是个无衬度的线状亮区。操作矢量 $\boldsymbol{g}$ 正好和这条无衬度线重直,这是因为衍射晶面正好通过粒子的中心,晶面的法线为 $\boldsymbol{g}$ 方向,电子束是沿着和中心无畸变晶面接近平行的方向入射的。根据这个道理,若选用不同的操作矢量,无衬度线的方位将随操作矢量而变。操作矢量 $\boldsymbol{g}$ 与无衬度线成90°角,如图13.24所示。

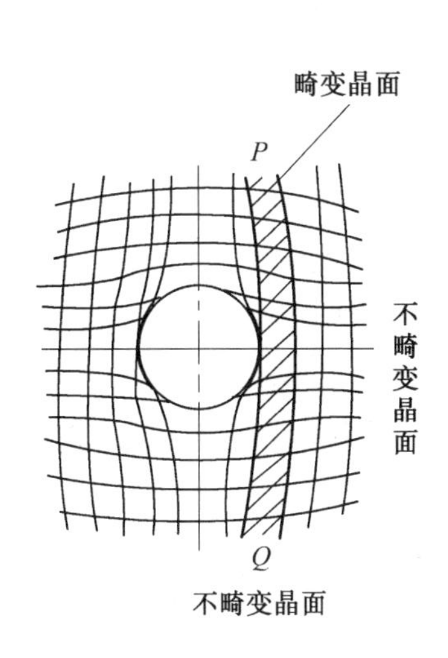

图13.23　球形粒子造成应变场衬度的原因示意图

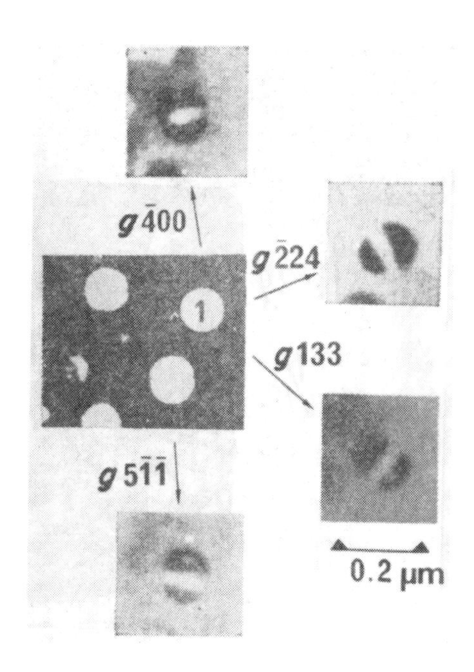

图13.24　Li的质量分数为10%的铝锂合金250℃时效24 h,明场像中的 δ' 相粒子"1"在不同 $\boldsymbol{g}$ 反射的暗场像中产生的衬度特征,无衬度线均与 $\boldsymbol{g}$ 垂直

应该指出的是共格第二相粒子的衍衬图像并不是该粒子真正的形状和大小,这是一种因基体畸变而造成的间接衬度。

在进行薄膜衍衬分析时,样品中的第二相粒子不一定都会引起基体晶格的畸变,因此在荧光屏上看到的第二相粒子和基体间的衬度差别主要是下列原因造成的。

(1) 第二相粒子和基体之间的晶体结构以及位向存在差别,由此造成的衬度。利用第二相提供的衍射斑点作暗场像,可以使第二相粒子变亮。这是电镜分析过程中最常用的验证与鉴别第二相结构和组织形态的方法。

(2) 第二相的散射因子和基体不同造成的衬度。如果第二相的散射因子比基体大,则电子束穿过第二相时被散射的几率增大,从而在明场像中第二相变暗。实际上,造成这种衬度的原因和形成质厚衬度的原因相类似。另一方面由于散射因子不同,二者的结构因数也不相同,由此造成了所谓结构因数衬度。

图13.25给出了时效初期在立方 c－ZrO_2 基体上析出正方 t－ZrO_2 的明场像与衍射斑点及(112)斑点的暗场像。此时析出物细小弥散与基体共格。图13.26给出了该材料时

效后期析出物的明场像与衍射斑点。图 13.27 给出了(112)斑点的暗场像。可以看出此时析出相已粗化,变成透镜状并有内孪晶。此时,析出相与基体仍有严格的位向关系。

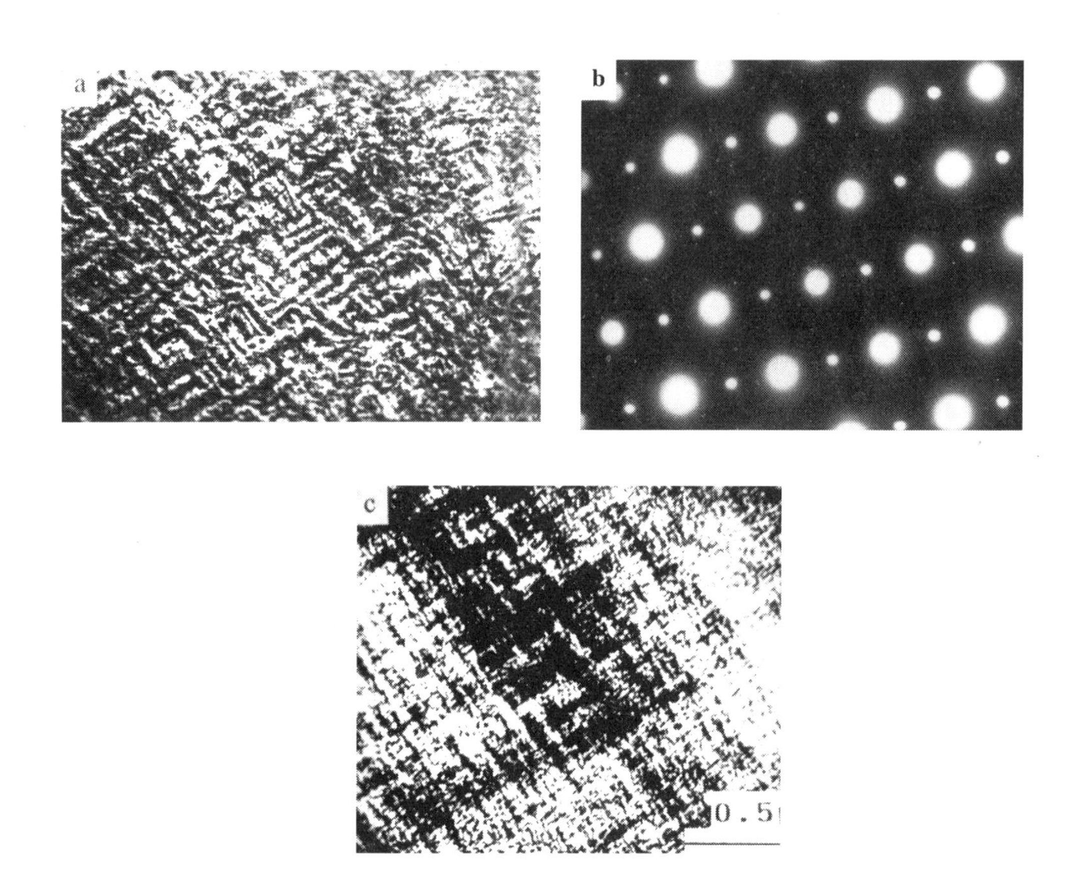

图 13.25　t - ZrO_2 析出相明场像(a)、衍射斑点(b)及(112)斑点暗场像(c)

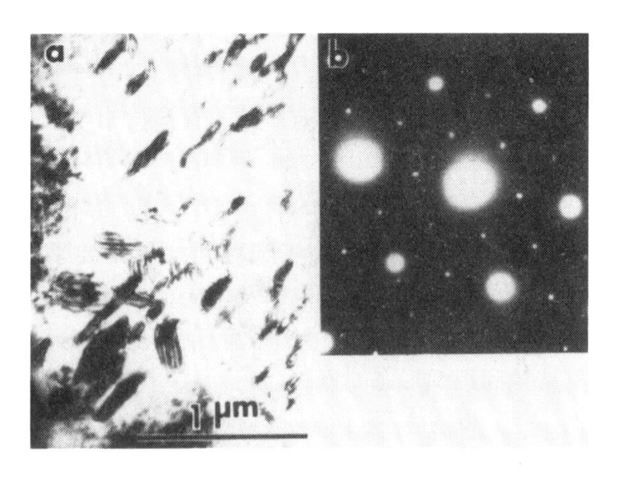

图 13.26　时效后期 t - ZrO_2 析出相明场像(a)及其衍射斑点(b)

图 13.27　时效后期 t－ZrO_2 析出相的暗场像

习　题

1.制备薄膜样品的基本要求是什么？具体工艺过程如何？双喷减薄与离子减薄各适用于制备什么样品？

2.什么是衍射衬度？它与质厚衬度有什么区别？

3.画图说明衍衬成像原理，并说明什么是明场像、暗明场像和中心暗场像？

4.什么是消光距离？影响晶体消光距离的主要物性参数和外界条件参数是什么？

5.衍衬运动学的基本假设及其意义是什么？怎样做才能满足或接近基本假设？

6.举例说明理想晶体衍衬运动学基本方程在解释衍衬图像中的应用。

7.用非理想晶体衍衬运动学基本方程解释层错与位错的衬度形成原理。

8.什么是缺陷不可见判据？如何用不可见判据来确定位错的布氏矢量？

9.说明孪晶与层错的衬度特征，并用其各自的衬度形成原理加以解释。

10.要观察钢中基体和析出相的组织形态，同时要分析其晶体结构和共格界面的位向关系，如何制备样品？以怎样的电镜操作方式和步骤来进行具体分析？

第 14 章

扫描电子显微镜

扫描电子显微镜的成像原理和透射电子显微镜完全不同。它不用电磁透镜放大成像,而是以类似电视摄影显像的方式,利用细聚焦电子束在样品表面扫描时激发出来的各种物理信号来调制成像。新式扫描电子显微镜的二次电子像的分辨率已达到 3~4 nm,放大倍数可从数倍原位放大到 20 万倍左右。由于扫描电子显微镜的景深远比光学显微镜大,可以用它进行显微断口分析。用扫描电子显微镜观察断口时,样品不必复制,可直接进行观察,这给分析带来极大的方便。因此,目前显微断口的分析工作大都是用扫描电子显微镜来完成的。

由于电子枪的效率不断提高,使扫描电子显微镜的样品室附近的空间增大,可以装入更多的探测器。因此,目前的扫描电子显微镜不只是分析形貌像,它可以和其他分析仪器相组合,使人们能在同一台仪器上进行形貌、微区成分和晶体结构等多种微观组织结构信息的同位分析。

14.1 电子束与固体样品作用时产生的信号

样品在电子束的轰击下会产生如图 14.1 所示的各种信号。

1. 背散射电子

背散射电子是被固体样品中的原子核反弹回来的一部分入射电子,其中包括弹性背散射电子和非弹性背散射电子。弹性背散射电子是指被样品中原子核反弹回来的,散射角大于 90°的那些入射电子,其能量没有损失(或基本上没有损失)。由于入射电子的能量很高,所以弹性背散射电子的能量能达到数千到数万电子伏。非弹性背散射电子是入射电子和样品核外电子撞击后产生的非弹性散射,不仅方向改变,能量也有不同程度的损失。如果有些电子经多次散射后仍能反弹出样品表面,这就形成非弹性背散射电子。非弹性背散射电子的能量分布范围很宽,从数十电子伏直到数千电子伏。从数量上看,弹性背散射电子远比非弹性背散射电子所占的份额多。背散射电子来自样品表层几百纳米的深度范围。由于它的产额能随样品原子序数增大而增多,所以不仅能用做形貌分析,而且可以用来显示原子序数衬度,定性地用作成分分析。

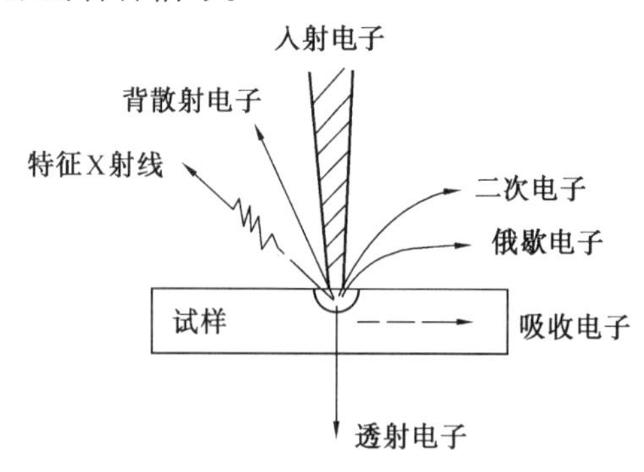

图 14.1　电子束与固体样品作用时产生的信号

2.二次电子

在入射电子束作用下被轰击出来并离开样品表面的样品的核外电子叫做二次电子。这是一种真空中的自由电子。由于原子核和外层价电子间的结合能很小,因此外层的电子比较容易和原子脱离,使原子电离。一个能量很高的入射电子射入样品时,可以产生许多自由电子,这些自由电子中90%是来自样品原子外层的价电子。

二次电子的能量较低,一般都不超过8×10^{-19} J(50 eV)。大多数二次电子只带有几个电子伏的能量。在用二次电子收集器收集二次电子时,往往也会把极少量低能量的非弹性背散射电子一起收集进去。事实上这两者是无法区分的。

二次电子一般都是在表层5~10 nm深度范围内发射出来的,它对样品的表面形貌十分敏感,因此,能非常有效地显示样品的表面形貌。二次电子的产额和原子序数之间没有明显的依赖关系,所以不能用它来进行成分分析。

3.吸收电子

入射电子进入样品后,经多次非弹性散射能量损失殆尽(假定样品有足够的厚度没有透射电子产生),最后被样品吸收。若在样品和地之间接入一个高灵敏度的电流表,就可以测得样品对地的信号,这个信号是由吸收电子提供的。假定入射电子电流强度为i_0,背散射电子电流强度为i_b,二次电子电流强度为i_s,则吸收电子产生的电流强度为$i_a=i_0-(i_b+i_s)$。由此可见,入射电子束和样品作用后,若逸出表面的背散射电子和二次电子数量越少,则吸收电子信号强度越大。若把吸收电子信号调制成图像,则它的衬度恰好和二次电子或背散射电子信号调制的图像衬度相反。

当电子束入射一个多元素的样品表面时,由于不同原子序数部位的二次电子产额基本上是相同的,则产生背散射电子较多的部位(原子序数大)其吸收电子的数量就较少,反之亦然。因此,吸收电子能产生原子序数衬度,同样也可以用来进行定性的微区成分分析。

4.透射电子

如果被分析的样品很薄,那么就会有一部分入射电子穿过薄样品而成为透射电子。这里所指的透射电子是采用扫描透射操作方式对薄样品成像和微区成分分析时形成的透射电子。这种透射电子是由直径很小(<10 nm)的高能电子束照射薄样品时产生的,因此,透射电子信号是由微区的厚度、成分和晶体结构来决定。透射电子中除了有能量和入射电子相当的弹性散射电子外,还有各种不同能量损失的非弹性散射电子,其中有些遭受特征能量损失ΔE的非弹性散射电子(即特征能量损失电子)和分析区域的成分有关,因此,可以利用特征能量损失电子配合电子能量分析器来进行微区成分分析。

综上所述,如果使样品接地保持电中性,那么入射电子激发固体样品产生的4种电子信号强度与入射电子强度之间必然满足以下关系,即

$$i_b+i_s+i_a+i_t=i_0 \tag{14.1}$$

式中　i_b——背散射电子信号强度;

i_s——二次电子信号强度;

i_a——吸收电子(或样品电流)信号强度;

i_t——透射电子信号强度。

或把式(14.1)改写为

$$\eta+\delta+\alpha+\tau=1 \tag{14.2}$$

式中　η——背散射系数,$\eta=i_b/i_0$;

δ——二次电子产额(或发射系数),$\delta = i_s/i_0$;

α——吸收系数,$\alpha = i_a/i_0$;

τ——透射系数,$\tau = i_t/i_0$。

对于给定的材料,当入射电子能量和强度一定时,上述4项系数与样品质量厚度之间的关系,如图14.2所示。从图上可看到,随样品质量厚度 ρt 的增大,透射系数 τ 下降,而吸收系数 α 增大。当样品厚度超过有效穿透深度后,透射系数等于零。这就是说,对于大块试样,样品同一部位的吸收系数、背散射系数和二次电子发射系数三者之间存在互补关系。背散射电子信号强度、二次电子信号强度和吸收电子信号强度分别与 η、δ 和 α 成正比,但由于二次电子信号强度与样品原子序数没有确定的关系,因此可以认为,如果样品微区背散射电子信号强度大,则吸收电子信号强度小,反之亦然。

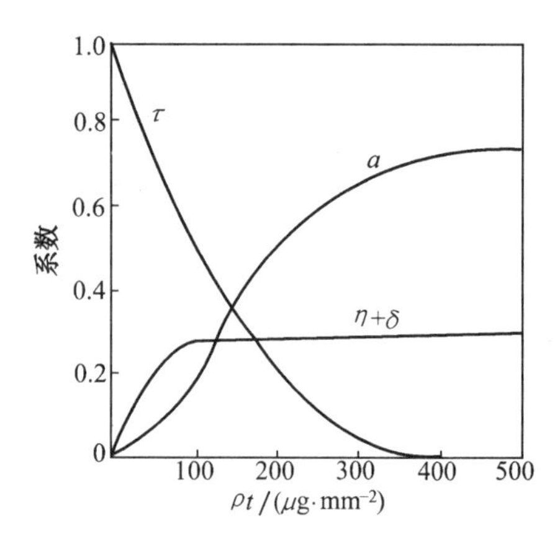

图14.2　铜样品 η、δ、α 及 τ 系数与 ρt 之间关系(入射电子能量 $E_0 = 10$ keV)

5.特征X射线

当样品原子的内层电子被入射电子激发或电离时,原子就会处于能量较高的激发状态,此时外层电子将向内层跃迁以填补内层电子的空缺,从而使具有特征能量的X射线释放出来(见第1.4节X射线谱)。根据莫塞莱定律,如果我们用X射线探测器测到了样品微区中存在某一种特征波长,就可以判定这个微区中存在着相应的元素。

6.俄歇电子

在入射电子激发样品的特征X射线过程中,如果在原子内层电子能级跃迁过程中释放出来的能量并不以X射线的形式发射出去,而是用这部分能量把空位层内的另一个电子发射出去(或使空位层的外层电子发射出去),这个被电离出来的电子称为俄歇电子(见第1.5节X射线与物质的相互作用)。因为每一种原子都有自己的特征壳层能量,所以其俄歇电子能量也各有特征值。俄歇电子的能量很低,一般位于 $8\times10^{-19}\sim240\times10^{-19}$ J(50~1 500 eV)范围内。

俄歇电子的平均自由程很小(1 nm左右),因此在较深区域中产生的俄歇电子在向表层运动时必然会因碰撞而损失能量,使之失去了具有特征能量的特点,而只有在距离表面层1 nm左右范围内(即几个原子层厚度)逸出的俄歇电子才具备特征能量,因此俄歇电子特别适用作表面层成分分析。

除了上面列出的6种信号外,固体样品中还会产生例如阴极荧光、电子束感生效应等信号,经过调制后也可以用于专门的分析。

14.2　扫描电子显微镜的构造和工作原理

扫描电子显微镜是由电子光学系统,信号收集处理、图像显示和记录系统,真空系统三个基本部分组成。图14.3为扫描电子显微镜结构原理方框图。

14.2.1　电子光学系统(镜筒)

电子光学系统包括电子枪、电磁透镜、扫描线圈和样品室。

1. 电子枪

扫描电子显微镜中的电子枪与透射电子显微镜的电子枪相似，只是加速电压比透射电子显微镜低。

2. 电磁透镜

扫描电子显微镜中各电磁透镜都不作成像透镜用，而是作聚光镜用，它们的功能只是把电子枪的束斑(虚光源)逐级聚焦缩小，使原来直径约为50 μm的束斑缩小成一个只有数个纳米的细小斑点，要达到这样的缩小倍数，必须用几个透镜来完成。扫描电子显微镜一般都有三个聚光镜，前两个聚光镜是强磁透镜，可把电子束光斑缩小，第三个透镜是弱磁透镜，具有较长的焦距。布置这个末级透镜(习惯上称之为物镜)的目的在于使样品室和透镜之间留有一定的空间，以便装入各种信号探测器。扫描电子显微镜中照射到样品上的电子束直径越小，就相当于成像单元的尺寸越小，相应的分辨率就越高。采用普通热阴极电子枪时，扫描电子束的束径可达到6 nm左右。若采用六硼化镧阴极和场发射电子枪，电子束束径还可进一步缩小。

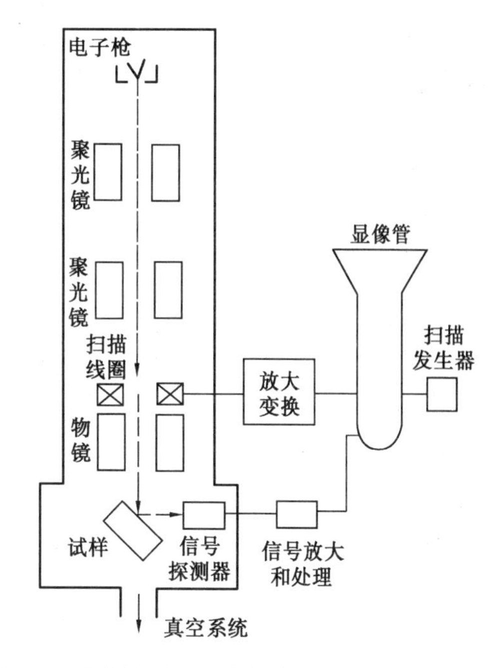

图14.3　扫描电子显微镜结构原理方框图

3. 扫描线圈

扫描线圈的作用是使电子束偏转，并在样品表面作有规则的扫动，电子束在样品上的扫描动作和显像管上的扫描动作保持严格同步，因为它们是由同一扫描发生器控制的。图14.4示出电子束在样品表面进行扫描的两种方式。进行形貌分析时都采用光栅扫描方式，见图14.4(a)。当电子束进入上偏转线圈时，方向发生转折，随后又由下偏转线圈使它的方向发生第二次转折。发生二次偏转的电子束通过末级透镜的光心射到样品表面。在电子束偏转的同时还带有一个逐行扫描动作，电子束在上下偏转线圈的作用下，在样品表面扫描出方形区域，相应地在样品上也画出一帧比例图像。样品上各点受到电子束轰击时发出的信号可由信号探测器接收，并通过显示系统在显像管荧光屏上按强度描绘出来。如果电子束经上偏转线圈转折后未经下偏转线圈改变方向，而直接由末级透镜折射到入射点位置，这种扫描方式称为角光栅扫描或摇摆扫描，如图14.4(b)所示。入射束被上偏转线圈转折的角度越大，则电子束在入射点上摆动的角度也越大。在进行电子通道花样分析时，我们将采用这种操作方式。

4. 样品室

样品室内除放置样品外，还安置信号探测器。各种不同信号的收集和相应检测器的安放位置有很大的关系，如果安置不当，则有可能收不到信号或收到的信号很弱，从而影响分析精度。

样品台本身是一个复杂而精密的组件，它应能夹持一定尺寸的样品，并能使样品作平移、倾斜和转动等运动，以利于对样品上每一特定位置进行各种分析。新式扫描电子显微镜的样品室实际上是一个微型试验室，它带有多种附件，可使样品在样品台上加热、冷却和进行机械性能试验(如拉伸和疲劳)。

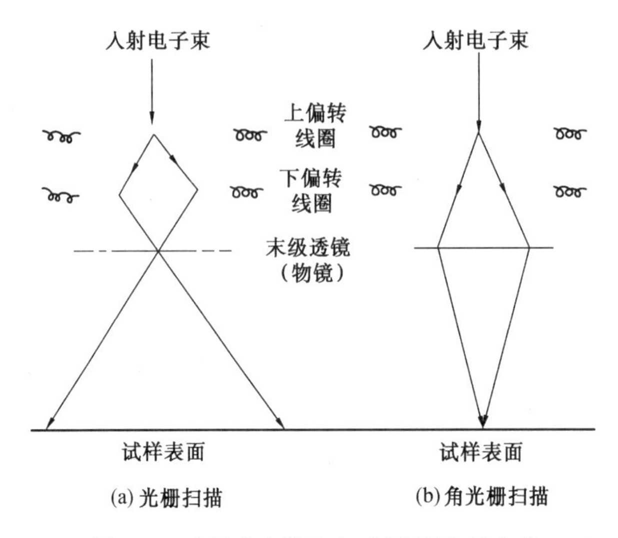

图 14.4 电子束在样品表面进行的扫描方式

14.2.2 信号的收集和图像显示系统

二次电子、背散射电子和透射电子的信号都可采用闪烁计数器来进行检测。信号电子进入闪烁体后即引起电离,当离子和自由电子复合后就产生可见光。可见光信号通过光导管送入光电倍增器,光信号放大,即又转化成电流信号输出,电流信号经视频放大器放大后就成为调制信号。如前所述,由于镜筒中的电子束和显像管中电子束是同步扫描的,而荧光屏上每一点的亮度是根据样品上被激发出来的信号强度来调制的,因此样品上各点的状态各不相同,所以接收到的信号也不相同,于是就可以在显像管上看到一幅反映试样各点状态的扫描电子显微图像。

14.2.3 真空系统

为保证扫描电子显微镜电子光学系统的正常工作,对镜筒内的真空度有一定的要求。一般情况下,如果真空系统能提供 $1.33\times10^{-2}\sim1.33\times10^{-3}$Pa($10^{-4}\sim10^{-5}$ mmHg)的真空度时,就可防止样品的污染。如果真空度不足,除样品被严重污染外,还会出现灯丝寿命下降,极间放电等问题。图 14.5 为 TOPCON 公司 LS—780 型扫描电镜外观图。

14.3 扫描电子显微镜的主要性能

14.3.1 分辨率

扫描电子显微镜分辨率的高低和检测信号的种类有关。表 14.1 列出了扫描电子显微镜主要信号的成像分辨率。

表 14.1 各种信号成像的分辨率 nm

信号	二次电子	背散射电子	吸收电子	特征 X 射线	俄歇电子
分辨率	5 ~ 10	50 ~ 200	100 ~ 1 000	100 ~ 1 000	5 ~ 10

由表中的数据可以看出,二次电子和俄歇电子的分辨率高,而特征 X 射线调制成显

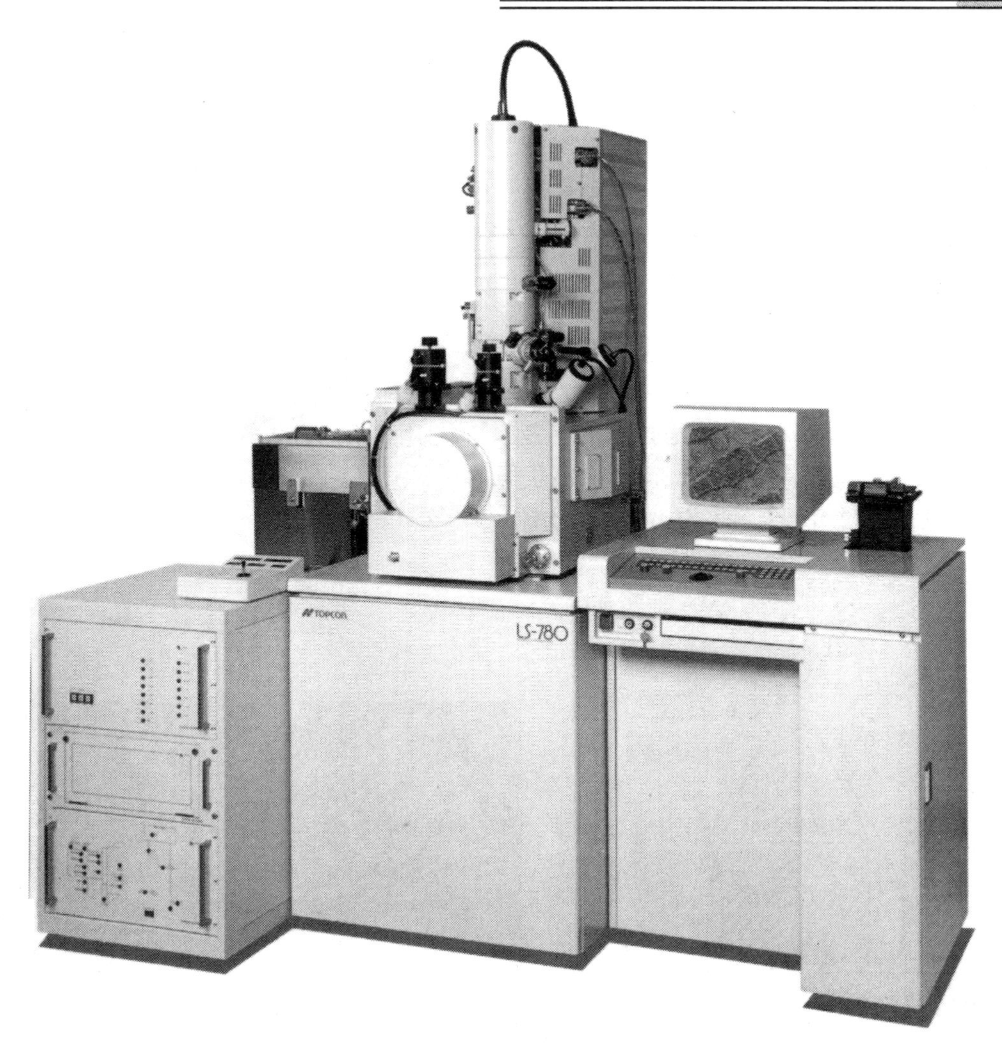

图 14.5　LS—780 型扫描电镜外观图

微图像的分辨率最低。不同信号造成分辨率之间差别的原因可用图 14.6 说明。电子束进入轻元素样品表面后会造成一个滴状作用体积。入射电子束在被样品吸收或散射出样品表面之前将在这个体积中活动。

由图 14.6 可知,俄歇电子和二次电子因其本身能量较低以及平均自由程很短,只能在样品的浅层表面内逸出,在一般情况下能激发出俄歇电子的样品表层厚度约为 0.5 ~ 2 nm,激发二次电子的层深为 5 ~ 10 nm 范围。入射电子束进入浅层表面时,尚未向横向扩展开来,因此,俄歇电子和二次电子只能在一个和入射电子束斑直径相当的圆柱体内被激发出来,因为束斑直径就是一个成像检测单元(像点)的大小,所以这两种电子的分辨率就相当于束斑的直径。

入射电子束进入样品较深部位时,向横向扩展的范围变大,从这个范围中激发出来的背散射电子能量很高,它们可以从样品的较深部位处弹射出表面,横向扩展后的作用体积大小就是背散射电子的成像单元,从而使它的分辨率大为降低。

入射电子束还可以在样品更深的部位激发出特征 X 射线来。从图上 X 射线的作用体积来看,若用 X 射线调制成像,它的分辨率比背散射电子更低。

因为图像分析时二次电子(或俄歇电子)信号的分辨率最高。所谓扫描电子显微镜的分辨率,即二次电子像的分辨率。

应该指出的是电子束射入重元素样品中时,作用体积不呈滴状,而是半球状。电子束进入表面后立即向横向扩展,因此在分析重元素时,即使电子束的束斑很细小,也不能达到较高的分辨率,此时二次电子的分辨率和背散射电子的分辨率之间的差距明显变小。由此可见,在其他条件相同的情况下(如信号噪音比、磁场条件及机械振动等),电子束的束斑大小、检测信号的类型以及检测部位的原子序数是影响扫描电子显微镜分辨率的三大因素。

扫描电子显微镜的分辨率是通过测定图像中两个颗粒(或区域)间的最小距离来确定的。测定的方法是在已知放大倍数(一般在10万倍)的条件下,把在图像上测到的最小间距除以放大倍数所得数值就是分辨率。图14.7为用蒸镀金膜样品测定分辨率的照片。目前商品生产的扫描电子显微镜二次电子像的分辨率已优于5 nm。如日立公司的S—570型扫描电镜的点分辨率为3.5 nm,而TOPCON公司的OSM—720型扫描电镜点分辨率为0.9 nm。

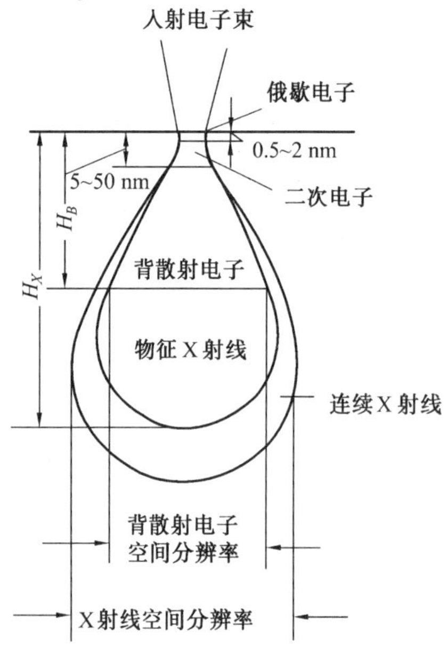

图14.6 滴状作用体积

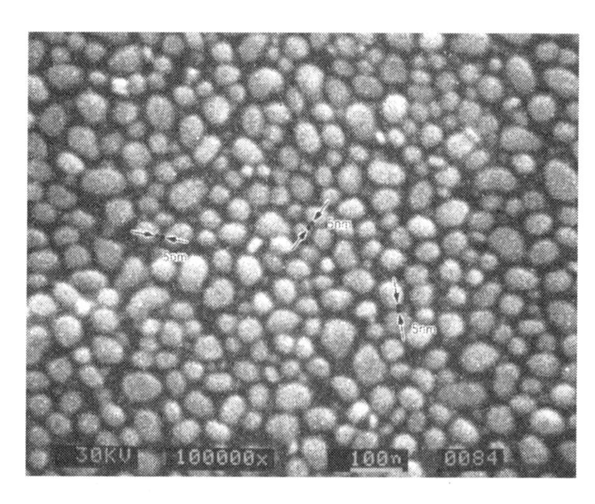

图14.7 点分辨率测定照片
(真空蒸镀金膜表面金颗粒分布形态)

14.3.2 放大倍数

当入射电子束作光栅扫描时,若电子束在样品表面扫描的幅度为A_s,相应地在荧光屏上阴极射线同步扫描的幅度是A_c,A_c和A_s的比值就是扫描电子显微镜的放大倍数,即

$$M=\frac{A_c}{A_s}$$

由于扫描电子显微镜的荧光屏尺寸是固定不变的,电子束在样品上扫描一个任意面积的矩形时,在阴极射线管上看到的扫描图像大小都会和荧光屏尺寸相同。因此我们只要减小镜筒中电子束的扫描幅度,就可以得到高的放大倍数,反之,若增加扫描幅度,则放大倍数就减小。例如荧光屏的宽度$A_c=100$ mm时,电子束在样品表面扫描幅度$A_s=5$ mm,放大倍数$M=20$。如果$A_s=0.05$ mm,放大倍数就可提高到2 000倍。20世纪90年代后期

生产的高级扫描电子显微镜放大倍数可从数倍到80万倍左右。

14.4 表面形貌衬度原理及其应用

14.4.1 二次电子成像原理

二次电子信号主要用于分析样品的表面形貌。二次电子只能从样品表面层5～10 nm深度范围内被入射电子束激发出来，大于10 nm时，虽然入射电子也能使核外电子脱离原子而变成自由电子，但因其能量较低以及平均自由程较短，不能逸出样品表面，最终只能被样品吸收。

被入射电子束激发出的二次电子数量和原子序数没有明显的关系，但是二次电子对微区表面的几何形状十分敏感。图14.8说明了样品表面和电子束相对位置与二次电子

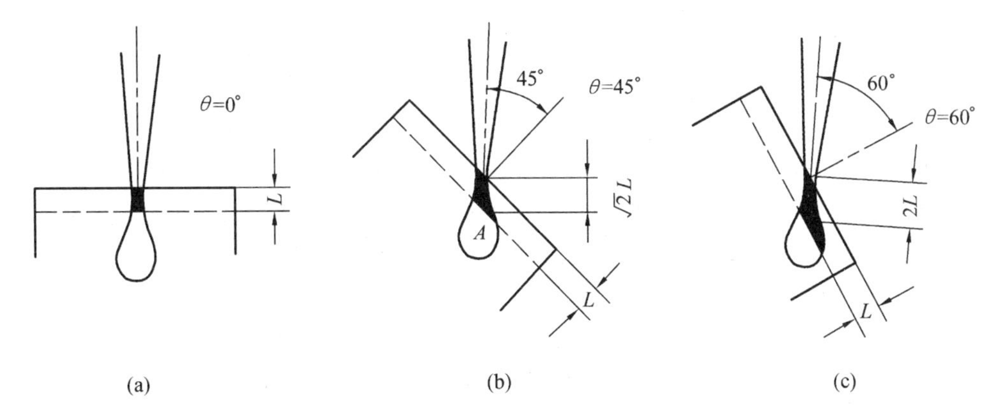

图14.8 二次电子成像原理图

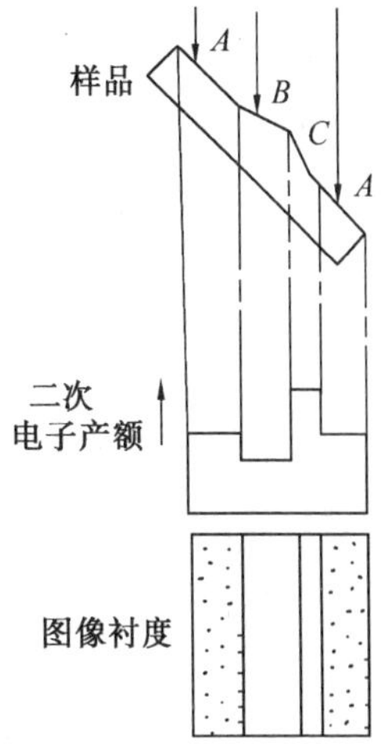

产额之间的关系。入射束和样品表面法线平行时，即图 $\theta=0°$，二次电子的产额最少。若样品表面倾斜了45°，则电子束穿入样品激发二次电子的有效深度增加到 $\sqrt{2}$ 倍，入射电子使距表面5～10 nm的作用体积内逸出表面的二次电子数量增多（见图中黑色区域）。若入射电子束进入了较深的部位（如图14.8(b)中的点 A，虽然也能激发出一定数量的自由电子，但因点 A 距表面较远（大于 $L=5\sim10$ nm），自由电子只能被样品吸收而无法逸出表面。

图14.9为根据上述原理画出的造成二次电子形貌衬度的示意图。图中样品上 B 面的倾斜度最小，二次电子产额最少，亮度最低。反之，C 面倾斜度最大，亮度也最大。

样品
二次电子产额
图像衬度

图14.9 二次电子形貌衬底示意图

实际样品表面的形貌要比上面讨论的情况复杂得多，但是形成二次电子像衬度的原理是相同的。图14.10为实际样品中二次电子被激发的一些典型例子。从例子中可以看出，凸出的尖端、小颗粒以及比较陡的斜面处二次电子产额较多，在荧光屏上这些部位的亮度较大；平面上二次电子的产额较小，亮度较低；在深的凹槽底部虽然也能产生较多的二次电子，但这些二次电子不易被检测器收集到，因此槽底的衬度也会显得较暗。

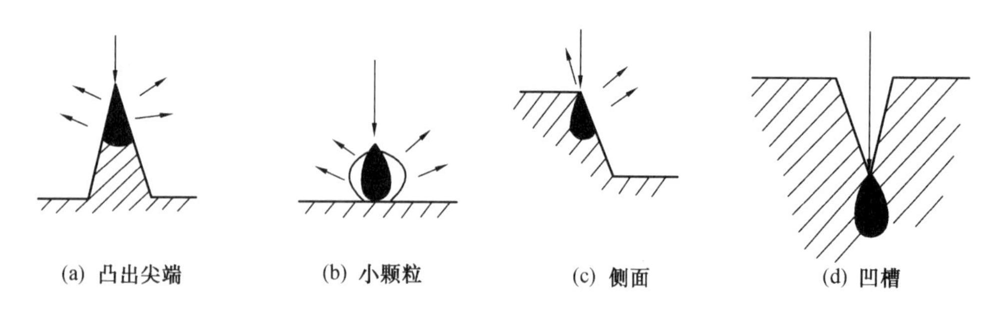

图 14.10 实际样品中二次电子的激发过程示意图

14.4.2 二次电子形貌衬度的应用

二次电子形貌衬度的最大用途是观察断口形貌，也可用做抛光腐蚀后的金相表面及烧结样品的自然表面分析，并可用于断裂过程的动态原位观察。

1. 断口分析

(1) 沿晶断口。

图 14.11 是普通的沿晶断裂断口照片。因为靠近二次电子检测器的断裂面亮度大，背面则暗，故断口呈冰糖块状或呈石块状。含 Cr、Mo 的合金钢产生回火脆时发生沿晶断裂，一般认为其原因是 S、P 等有害杂质元素在晶界上偏聚使晶界强度降低，从而导致沿晶断裂。沿晶断裂属于脆性断裂，断口上无塑性变形迹象。

(2) 韧窝断口。

图 14.12 为典型的韧窝断口扫描电子显微照片。因为韧窝的边缘类似尖棱，故亮度较大，韧窝底部比较平坦，图像亮度较低。有些韧窝的中心部位有第二相小颗粒，由于小颗粒的尺寸很小，入射电子束能在其表面激发出较多的二次电子，所以这种颗粒往往是比较亮的。韧窝断口是一种韧性断裂断口，无论是从试样的宏观变形行为上，还是从断口的微观区域上都能看出明显的塑性变形。一般韧窝底部有第二相粒子存在，这是由于试样在拉伸或剪切变形时，第二相粒子与基体界面首先开裂形成裂纹(韧窝)源。随着应力增加、变形量增大，韧窝逐渐撕开，韧窝周边形成塑性变形程度较大的突起撕裂棱，因此，在二次电子像中，这些撕裂棱显亮衬度。韧窝断口是穿晶韧性断裂。

(3) 解理断口。

图 14.13 给出低碳钢在低温下的解理断口。解理断裂是脆性断裂，是沿着某特定的晶体学晶面产生的穿晶断裂。对于体心立方的 α－Fe 来说，其解理面为(001)。从图中可以清楚地看到，由于相邻晶粒的位向不一样(二晶粒的解理面不在同一个平面上，且不平行)，因此解理裂纹从一个晶粒扩展到相邻晶粒内部时，在晶界处(过界时)开始形成河流花样(解理台阶)。

(4) 纤维增强复合材料断口。

图 14.14 为碳纤维增强陶瓷复合材料的断口照片，可以看出，断口上有很多纤维拔出。由于纤维的强度高于基体，因此承载时基体先开裂，但纤维没有断裂，仍能承受载荷，随着载荷进一步增大，基体和纤维界面脱粘，直至载荷达到纤维断裂强度时，纤维断裂。由于纤维断裂的位置不都在基体主裂纹平面上，一些纤维与基体脱粘后断裂位置在基体中，所以断口上有大量露头的拔出纤维，同时还可看到纤维拔出后留下的孔洞。

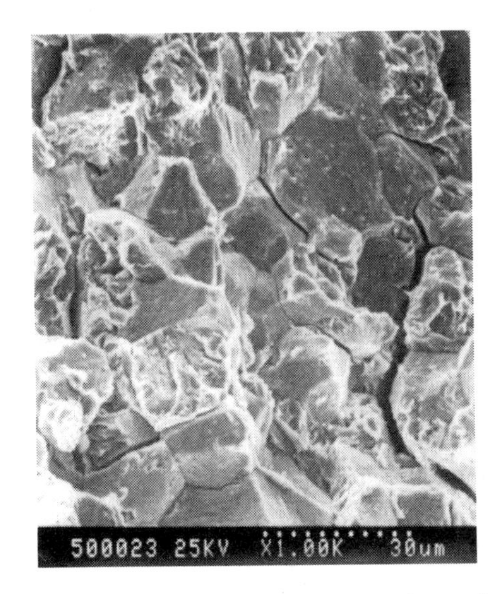

图 14.11　30CrMnSi 钢沿晶断口的二次电子像

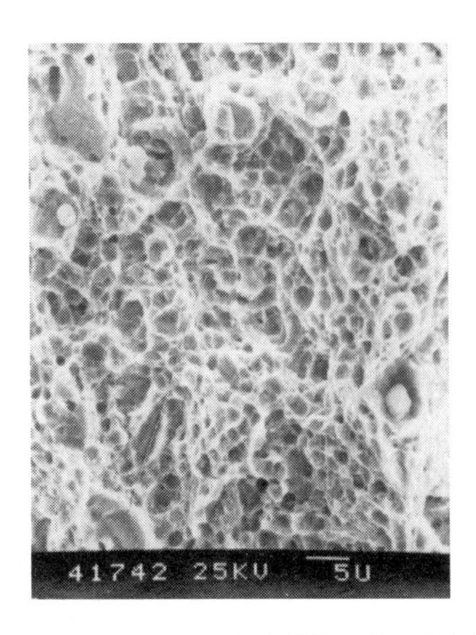

图 14.12　37SiMnCrNiMoV 钢韧窝断口的二次电子像

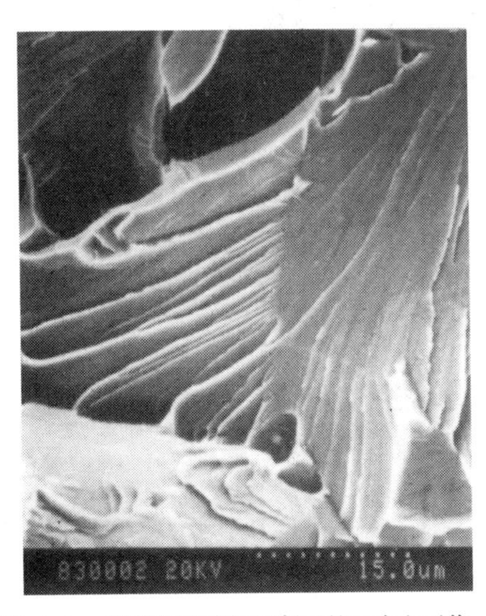

图 14.13　低碳钢冷脆解理断口的二次电子像

图 14.14　碳纤维增强陶瓷复合材料断口的二次电子像

2. 样品表面形貌观察

(1) 烧结体烧结自然表面观察。

图 14.15 给出三种成分 $ZrO_2-Y_2O_3$ 陶瓷烧结自然表面的扫描电镜照片。图 14.15(a)成分为 ZrO_2 + 2%(摩尔分数)Y_2O_3，烧结温度 1 500℃，为晶粒细小的正方相。图 14.15(b)为 1 500℃烧结 ZrO_2 + 6%(摩尔分数)Y_2O_3 陶瓷的自然表面形态，是晶粒尺寸较大的单相立方相。图 14.15(c)为正方相与立方相双相混合组织，细小的晶粒为正方相，其中的大晶粒为立方相。图 14.16 为 Al_2O_3 + 15%(摩尔分数)ZrO_2 陶瓷烧结表面的二次电子像，有棱角的大晶粒为 Al_2O_3，而小的白色球状颗粒为 ZrO_2，细小的 ZrO_2 颗粒，有的分布在 Al_2O_3 晶粒内，有的分布在 Al_2O_3 晶界上。

(2) 金相表面观察。

图 14.17 为经抛光腐蚀之后金相样品的二次电子像，可以看出其分辨率及立体感均远好于光学金相照片。光学金相上显示不清的细节在这里可以清晰地显示出来，如珠光

(a) t－ZrO_2

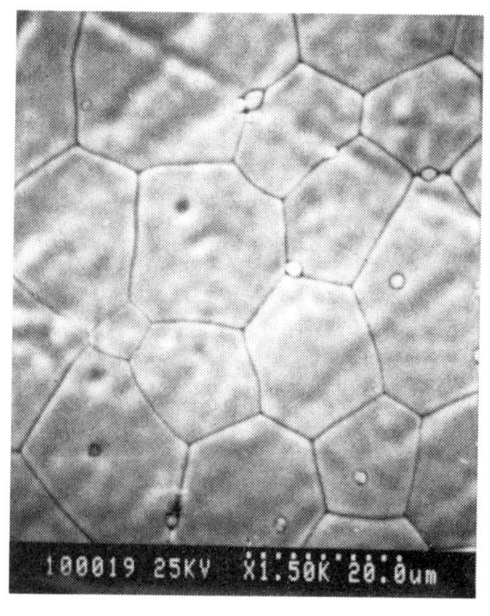

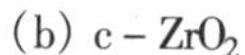
(b) c－ZrO_2

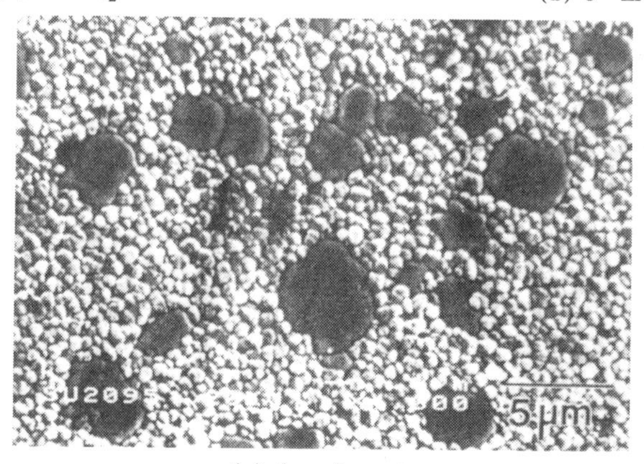

(c) (c＋t)－ZrO_2

图 14.15　ZrO_2 陶瓷烧结自然表面的二次电子像

体中的 Fe_3C 与铁素体的层片形态及回火组织中析出的细小碳化物等。

3. 材料变形与断裂动态过程的原位观察

(1) 双相钢。

图 14.18 为双相钢拉伸断裂过程的动态原位观察结果。可以看出，铁素体首先产生塑性变形，并且裂纹先萌生于铁素体(F)中，扩展过程中遇到马氏体(M)受阻。加大载荷，马氏体前方的铁素体中产生裂纹，而马氏体仍没有断裂，继续加大载荷，马氏体才断裂，将裂纹连接起来向前扩展。

(2) 复合材料。

图 14.19 为 Al_3Ti/(Al－Ti)复合材料断裂过程的原位观察结果。可清楚地看到，裂纹遇到 Al_3Ti 颗粒时受阻而转向，沿着颗粒与基体的界面扩展，有时颗粒也产生断裂，使裂纹穿过粒子扩展。

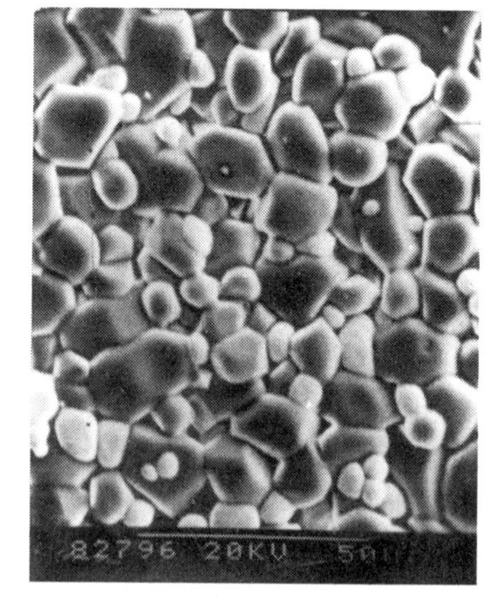

图 14.16　Al_2O_3＋15%(摩尔分数)ZrO_2 陶瓷烧结表面的二次电子像

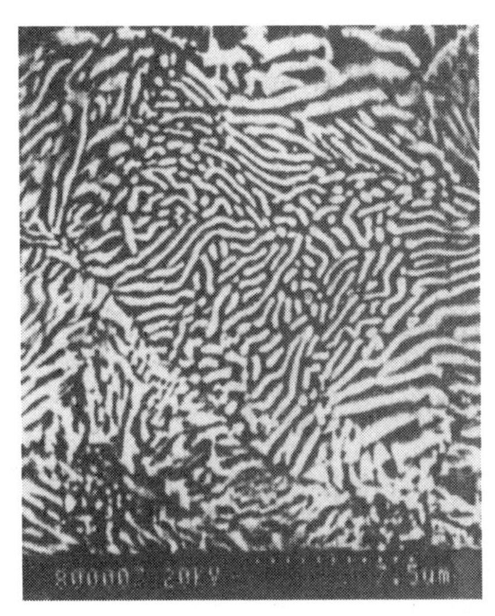

(a) 珠光体组积

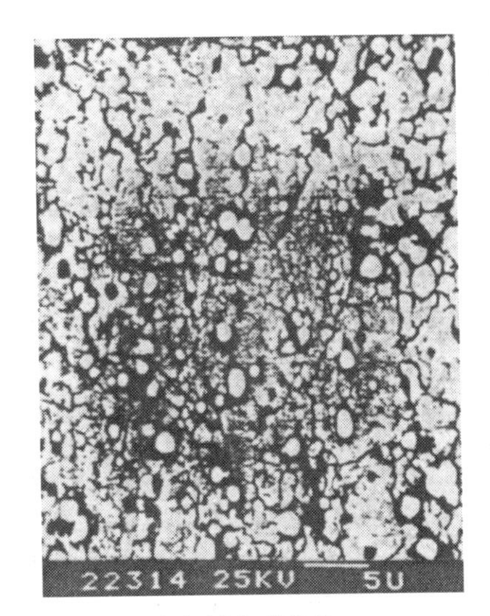

(b) 析出碳化物

图 14.17　金相表面的二次电子像

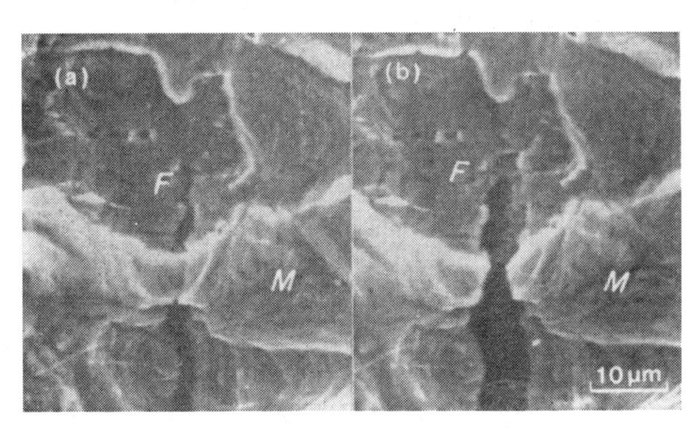

图 14.18　铁素体(F) + 马氏体(M)双相钢拉伸断裂过程原位观察

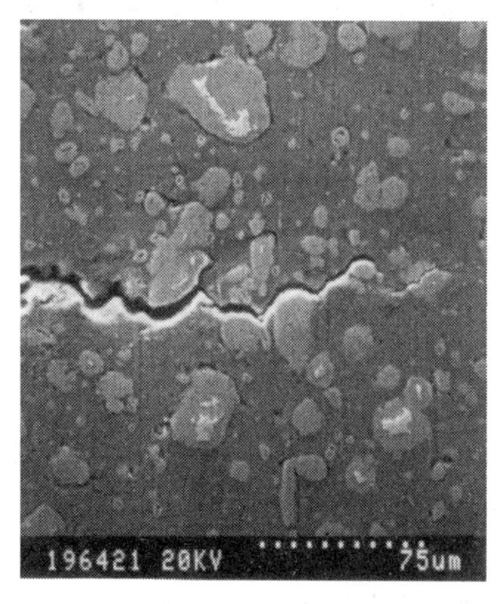

图 14.19　Al_3Ti/(Al - Ti)复合材料断裂过程原位观察

(灰色颗粒为 Al_3Ti 增强相)

14.5　原子序数衬度原理及其应用

14.5.1　背散射电子衬度原理及其应用

背散射电子的信号既可用来进行形貌分析，也可用于成分分析。在进行晶体结构分析时，背散射电子信号的强弱是造成通道花样衬度的原因。下面主要讨论背散射电子信号引起形貌衬度和成分衬度的原理。

1. 背散射电子形貌衬度特点

用背散射电子信号进行形貌分析时，其分辨率远比二次电子低，因为背散射电子是在一个较大的作用体积内被入射电子激发出来的，成像单元变大是分辨率降低的原因。此外，背散射电子的能量很高，它们以直线轨迹逸出样品表面，对于背向检测器的样品表面，因检测器无法收集到背散射电子而变成一片阴影，因此在图像上显示出很强的衬度，衬度太大会失去细节的层次，不利于分析。用二次电子信号作形貌分析时，可以在检测器收集栅上加以一定大小的正电压(一般为 250 ~ 500 V)，来吸引能量较低的二次电子，使它们以弧形路线进入闪烁体，这样在样品表面某些背向检测器或凹坑等部位上逸出的二次电子也能对成像有所贡献，图像层次(景深)增加，细节清楚。图 14.20 为背散射电子和二次电子的运动路线以及它们进入检测器时的情景。图 14.21 为带有凹坑样品的扫描电镜照片，可见，凹坑底部仍清晰可见。

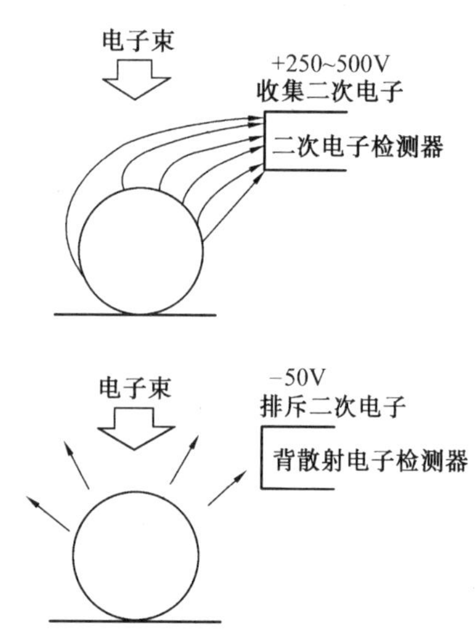

图 14.20　背散射电子和二次电子的运动路线

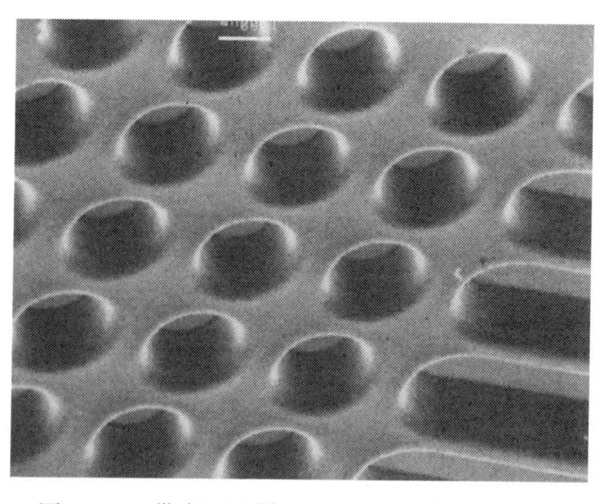

图 14.21　带有凹坑样品(IC)的扫描电镜照片

虽然背散射电子也能进行形貌分析，但是它的分析效果远不及二次电子。因此，在做无特殊要求的形貌分析时，都不用背散射电子信号成像。

2. 背散射电子原子序数衬度原理

图 14.22 示出了原子序数对背散射电子产额的影响。在原子序数 Z 小于 40 的范围内，背散射电子的产额对原子序数十分敏感。在进行分析时，样品上原子序数较高的区域中由于收集到的背散射电子数量较多，故荧光屏上的图像较亮。因此，利用原子序数造成的衬度变化可以对各种金属和合金进行定性的成分分析。样品中重元素区域相对于图像上是亮区，而轻元素区域则为暗区。当然，在进行精度稍高的分析时，必须事先对亮区进行标定，才能获得满意的结果。

用背散射电子进行成分分析时,为了避免形貌衬度对原子序数衬度的干扰,被分析的样品只进行抛光,而不必腐蚀。对有些既要进行形貌分析又要进行成分分析的样品,可以采用一对检测器收集样品同一部位的背散射电子,然后把两个检测器收集到的信号输入计算机处理,通过处理可以分别得到放大的形貌信号和成分信号。图14.23示意地说明了这种背散射电子检测器的工作原理。图14.23(a)中A和B表示一对半导体硅检测器。如果一成分不均匀但表面抛光平整的样品作成分分析时,A、B检测器收集到的信号大小是相同的。把A和B的信号相加,得到的是信号放大一倍的成分像;把A和B的信号相减,则成一条水平线,表示抛光表面的形貌像。图14.23(b)是均一成分但表面有起伏的样品进行形貌分析时的情况。例如分析图中的点P,P位于检测器A的正面,使A收集到的信号较强,但点P背向检测器B,使B收集到较弱的信号,若把A和B的信号相加,则二者正好抵消,这就是成分像;若把A和B二者相减,信号放大就成了形貌像。如果待分析的样品成分既不均匀,表面又不光滑,仍然是A、B信号相加是成分像,相减是形貌像,如图14.23(c)所示。

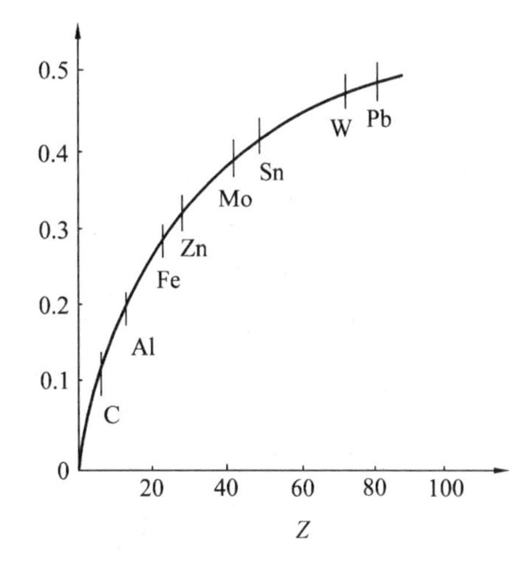

图14.22　原子序数和背散射电子产额之间的关系曲线

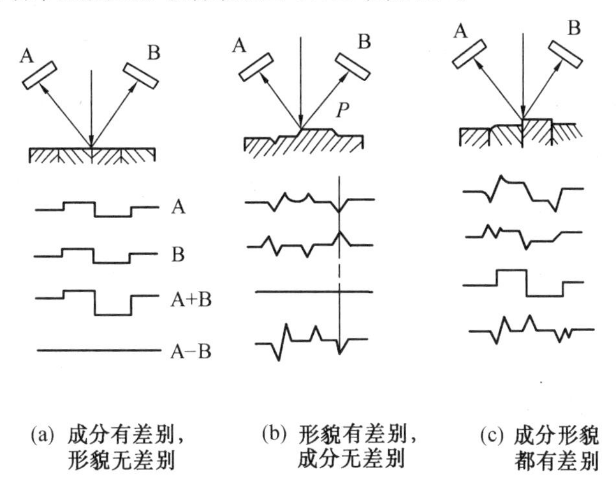

(a) 成分有差别,形貌无差别　(b) 形貌有差别,成分无差别　(c) 成分形貌都有差别

图14.23　半导体硅对检测器的工作原理

利用原子序数衬度来分析晶界上或晶粒内部不同种类的析出相是十分有效的。因为析出相成分不同,激发出的背散射电子数量也不同,致使扫描电子显微图像上出现亮度上的差别。从亮度上的差别,我们就可根据样品的原始资料定性地判定析出物相的类型。

14.5.2　吸收电子的成像

吸收电子的产额与背散射电子相反,样品的原子序数越小,背散射电子越少,吸收电子越多,反之样品的原子序数越大,则背散射电子越多,吸收电子越少。因此,吸收电子像的衬度是与背散射电子和二次电子像的衬度互补的。因为$I_0 = I_s + I_b + I_a + I_t$,如果试样较厚,透射电子流强度 $I_t = 0$,故 $I_s + I_b + I_a = I_0$。因此,背散射电子图像上的亮区在相应的吸收电子图像上必定是暗区。图 14.24 为铁素体基体球墨铸铁拉伸断口的背散射电子像和吸收电子像,二者正好互补。

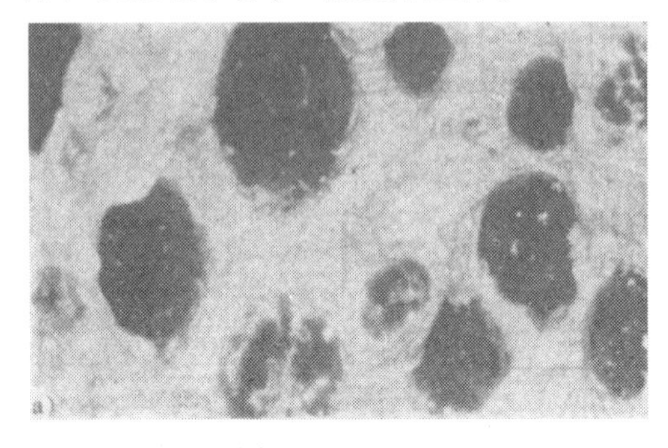
(a) 背散射电子像,黑色团状物为石墨相

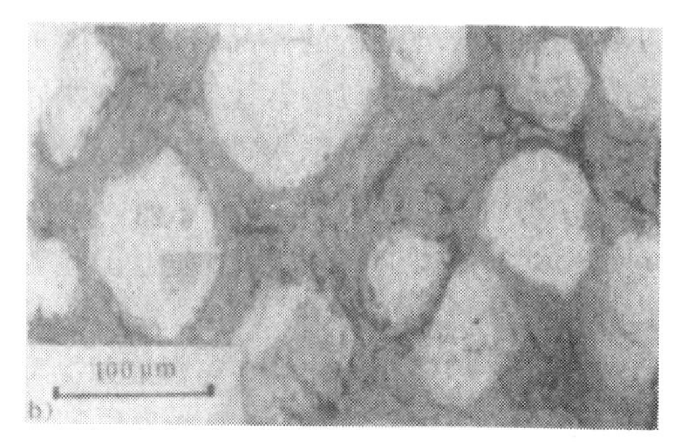

(b) 吸收电子像,白色团状物为石墨相

图 14.24 铁素体基体球墨铸铁拉伸断口的背散射电子像和吸收电子像

14.6 背散射电子衍射分析及其应用

前已述及,测定材料晶体结构及晶体取向的传统方法主要是 X 射线衍射和透射电镜中的电子衍射。X 射线衍射技术可获得材料晶体结构及取向的宏观统计信息,但不能将这些信息与材料的微观组织形貌相对应;而透射电镜将电子衍射和衍衬分析相配合,可以实现材料微观组织形貌观察和晶体结构及取向分析的微区对应,但获取的信息往往是微区的、局部的,难以进行具有宏观意义的统计分析。背散射电子衍射(EBSD)技术兼备了 X 射线衍射统计分析和透镜电镜电子衍射微区分析的特点,是 X 射线衍射和电子衍射晶体结构和晶体取向分析的补充。背散射电子衍射技术已成为研究材料形变、回复和再结晶过程的有效分析手段,特别是在微区织构分析方面已发展成为一种新的方法。

14.6.1 背散射电子衍射实验条件与工作原理

背散射电子衍射仪可作为扫描电镜(或电子探针)的附件,其基本构成为:一套高灵敏度 CCD 相机,一套用于电子束外部扫描控制、信号采集、衍射花样自动识别标定的数据采集软件,以及数据处理和相应的几套分析应用软件。背散射电子衍射仪工作时,电子束由电镜主机设置为电模式,电子束扫描方式由数据采集软件外部控制,可选择定点、线扫描和面扫描三种方式。为获得足够高的衍射强度,样品表面相对于入射电子束需要大角度倾斜(约 70°),如图 14.25 所示。电子束与样品相互作用产生散射,其中一部分背散射电子入射到某些晶面,因满足布拉格条件而发生再次弹性相干散射(即菊池衍射),出射到样品表面外的背散射电子透射到 CCD 相机前端的荧光屏上显像,形成背散射电子衍射花样(EBSP),被 CCD 相机拍摄的衍射花样由数据采集系统扣除背底并经 Hough 变换,自动识别进行标定。图 14.26 是单晶 Si 背散射电子衍射花样的标定结果。当电子束在样品某一区域进行面扫描时,数据采集系统将自动采集、标定样品每一分析点的衍射花样,可获得各分析点的晶体结构及其晶体取向等晶体学信息,如图 14.27 所示。

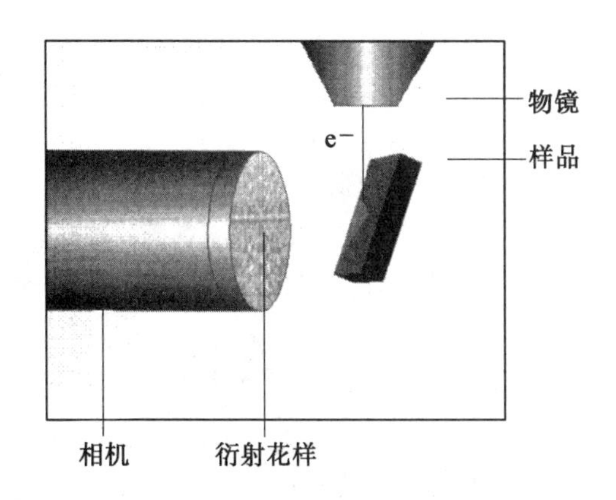

图14.25　EBSD工作原理示意图

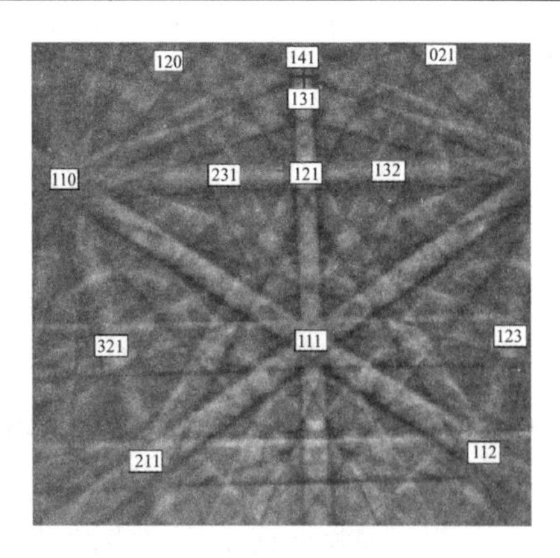

图14.26　单面Si背散射电子衍射花样的标定结果

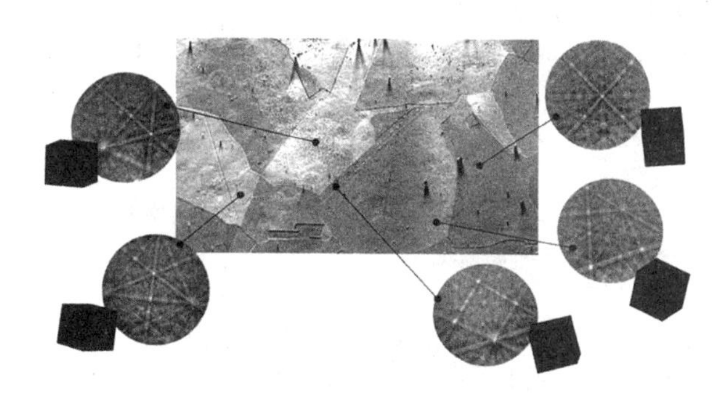

图14.27　EBSD取向成像和衍射花样

14.6.2　背散射电子衍射取向技术的应用

背散射衍射技术出现于20世纪80年代末,目前已发展成为显微组织与晶体学分析相结合的一种新的图像分析技术。因其成像依赖于晶体的取向,故也称其为取向成像显微术(OIM)。从一张取向成像的组织形貌图像中,不仅能获得晶粒、亚晶粒和相的形状、尺寸及分布的信息,而且还可获得晶体结构、晶粒取向、相邻晶粒取向差等晶体学信息,可以方便地利用极图、反极图和取向分布函数显示晶粒的取向及其分布。此外,还可以分别显示不同取向晶粒的形状及尺寸分布,晶粒间取向差的分布等。EBSD技术具有分析精度高,检测速度快,样品制备简单,空间分辨率优于0.5 μm等特点,近10年来其应用范围在不断扩大。归结起来,EBSD技术的应用主要在以下几个方面:利用取向成像(OM或COM)显示晶粒、亚晶粒或相的形态、尺寸及分布;利用极图和反极图对织构进行定性分析,及分析材料中是否有织构存在或出现的织构类型;利用取向分布函数(ODF)对织构进行定量分析,即显示不同织构成分所对应的晶粒形态、尺寸及分布;研究相邻晶粒取向差在某些特定方向(如轧向)上的变化规律;研究材料在某一区域内晶粒间取向差的宏观分布,即不同取向差出现的几率;物相鉴定及相含量测定;根据菊池线的质量进行应变分析等。

1.织构分析

EBSD技术在织构分析方面显示有明显的优势。因为,EBSD技术不仅能测定各种取向的晶粒在样品中所占的比例,而且还能确定各种取向在显微组织中的分布。许多材料在诸如热处理或塑性变形等加工后，晶粒的取向并非随机混乱分布，常出现择优取向，即织构。显微组织中晶粒的择优取向，将导致材料的力学性能和物理性能出现各向异性。

图 14.28 是利用取向成像获得的纯铝显微形貌图，可以清晰地显示晶粒的形状和大小，图中相同颜色的晶粒具有相同的取向。取向衬度图虽然可直观地显示晶粒的取向，但还不能揭示取向分布规律性，需要将所有晶粒的取向表示在极图和反极图中，全面地反映实际的取向分布情况。当材料中不存在织构时，晶粒取向是任意的，{*hkl*}的极点应均匀分布在极图上；如果材料中存在某种织构，则{*hkl*}的极点将集中分布在一定范围内，由图 14.29 所示的极图和反极图，可以定性判定材料所出现的织构类型，以及相对于理想取向的偏离程度。

图 14.28　纯铝取向成像显微形貌图

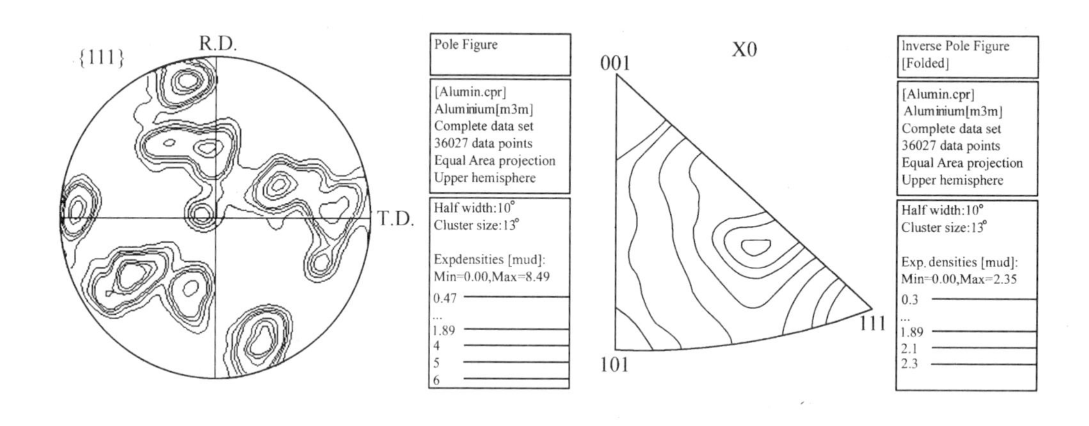

图 14.29　极图和反极图

如果材料中同时有几种织构成分共存，利用晶粒取向计算取向分布函数得到 ODF 截面图（图 14.30），可对这些织构成分进行定量分析。不仅可测定各织构成分所占的比例，而且可以显示不同织构成分所对应的晶粒大小及分布。

2.晶粒间取向差分析

EBSD 技术可以测定样品每一点的取向，也可测出晶界两侧晶粒间的取向差和旋转轴。在取向衬度图像上任意选择一条直线，就可得到与此交截的晶界两侧的取向差及沿此直线的变化。同样，也可获得样品某一感兴趣区域内相邻晶粒间取向差统计分布，即不同角度的取向差所占有的比例及分布规律，如图 14.31 所示。

3.物相鉴定及相含量测定

不同的物相具有不同的晶体结构，其背散射电子衍射花样必存一定差别。根据其衍射花样的特征及标定结果，很容易确定其物相。特别是在区分化学成分相似的物相方面，EBSD 技术能显示出明显的优势，如 M_7C_3 和 M_3C 的鉴别，钢中铁素体和奥氏体的区分，赤铁矿、磁铁矿和方铁矿的识别等。

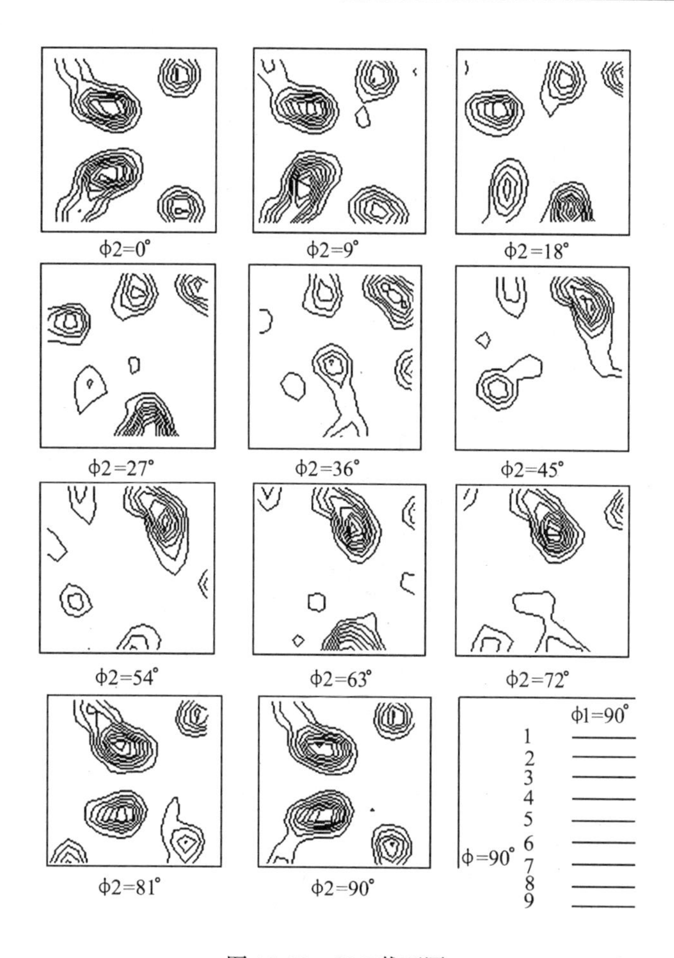

图 14.30　ODF 截面图

取向成像技术还可实现选择物相成像，图像中能清晰地显示相的分布，图 14.32 所示。利用图像处理功能可方便地计算出相的相对含量。

4.测量晶粒尺寸

传统的晶粒尺寸测量方法依赖于显微组织中界面的观察，显微组织通常是用合适的腐蚀剂显露的。如果腐蚀剂选择或侵蚀程度控制不当，使一些界面不能显现，即使试样腐蚀工艺合适，也难以同时使各类界面显露，这将给准确测量晶粒尺寸带来一定困难。而 EBSD 技术除了用取向成像来显示组织形貌外，还可选择晶界、亚晶界和相界面成像，在清晰地显示晶粒、亚晶粒和第二相形貌的同时，在图像中很容易区分各类界面，如图14.33所示。因此，EBSD 测量晶粒尺寸的理想工具，采用线扫描方式尤其简便实用。

5.应变分析

晶体的缺陷密度是影响背散射电子衍射花样中菊池线清晰程度的主要因素，菊池线的清晰程度随缺陷密度增大而下降。反过来，如果所采集的菊池线模糊不清，说明分析点处的晶体存在较大的应变。因此，根据衍射花样的质量可定性评价应变的大小。EBSD 在自动采集、标定电子衍射花样的同时，能自动计算菊池线的变量(清晰程度)，并可用菊池线

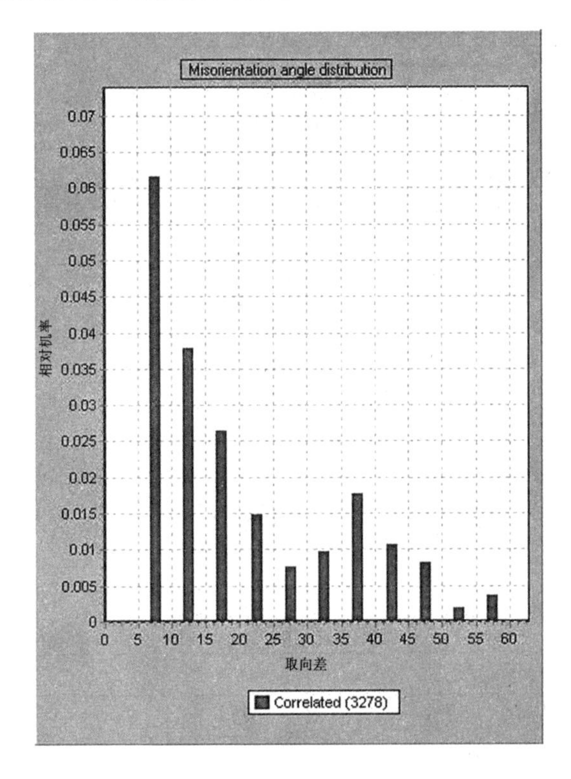

图 14.31 取向差统计分布图

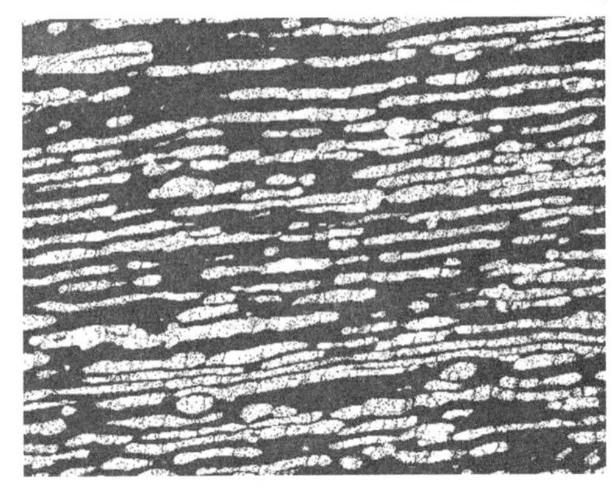

图 14.32 EBSD 相形貌及分布图

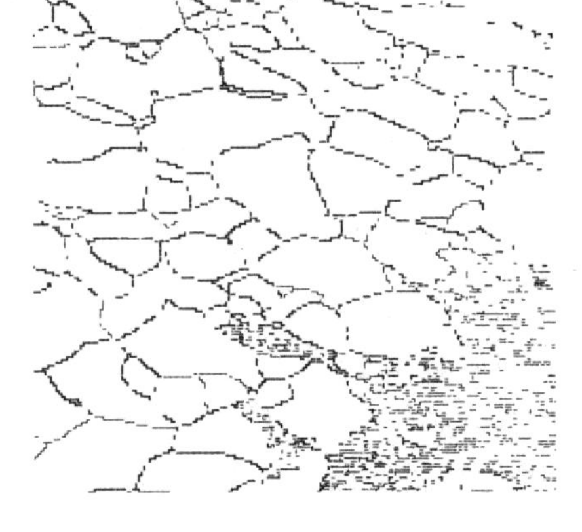

图 14.33 利用晶粒取向差绘制的晶粒形貌图

的质量成像来显示组织形貌。图 14.34 是用菊池线质量形成的形貌像,图中亮的区域对应的应变较小,应变越大的区域图像越暗。如利用这一方法可鉴别部分再结晶组织中的再结晶晶粒。

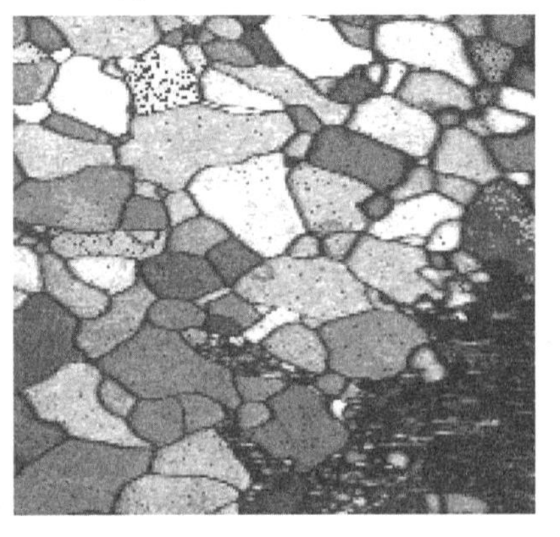

图 14.34 利用菊池线质量形成的形貌图

从原理上讲,EBSD 取向成像与取向分析相结合,可应用于许多与晶体取向有关的材料研究,如第二相与基体的取向关系的测定,断口平面取向的测定,薄膜材料晶粒生长方向的测定,材料相变、形变、再结晶过程的研究等。

习　题

1.电子束入射固体样品表面会激发哪些信号?它们有哪些特点和用途?

2.扫描电镜的分辨率受哪些因素影响,用不同的信号成像时,其分辨率有何不同?所谓扫描电镜的分辨率是指用何种信号成像时的分辨率?

3.扫描电镜的成像原理与透射电镜有何不同?

4.二次电子像和背散射电子像在显示表面形貌衬度时有何相同与不同之处?

5.说明背散射电子像和吸收电子像的原子序数衬度形成原理,并举例说明在分析样品中元素分布的应用。

6.当电子束入射重元素和轻元素时,其作用体积有何不同?各自产生的信号的分辨率有何特点?

7.二次电子像景深很大,样品凹坑底部都能清楚地显示出来,从而使图像的立体感很强,其原因何在?

8.说明背散射电子衍射取向衬度原理,以及背散射电子衍射技术在材料研究中的应用。

第15章

电子探针显微分析

电子探针的功能主要是进行微区成分分析。它是在电子光学和X射线光谱学原理的基础上发展起来的一种高效率分析仪器。其原理是用细聚焦电子束入射样品表面，激发出样品元素的特征X射线，分析特征X射线的波长(或特征能量)即可知道样品中所含元素的种类(定性分析)，分析X射线的强度，则可知道样品中对应元素含量的多少(定量分析)。电子探针仪镜筒部分的构造大体上和扫描电子显微镜相同，只是在检测器部分使用的是X射线谱仪，专门用来检测X射线的特征波长或特征能量，以此来对微区的化学成分进行分析。因此，除专门的电子探针仪外，有相当一部分电子探针仪是作为附件安装在扫描电镜或透射电镜镜筒上，以满足微区组织形貌、晶体结构及化学成分三位一体同位分析的需要。

15.1 电子探针仪的结构与工作原理

图15.1为电子探针仪的结构示意图。由图可知，电子探针的镜筒及样品室和扫描电镜并无本质上的差别，因此要使一台仪器兼有形貌分析和成分分析两个方面的功能，往往把扫描电子显微镜和电子探针组合在一起。

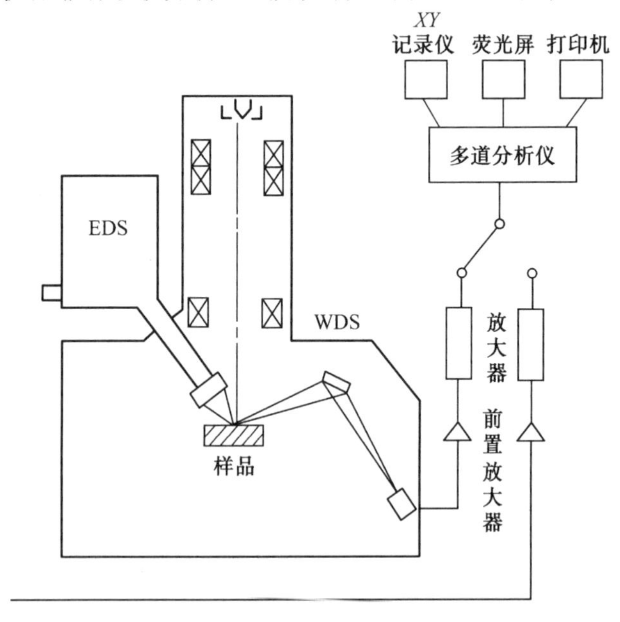

图15.1 电子探针仪的结构示意图

电子探针的信号检测系统是X射线谱仪，用来测定特征波长的谱仪叫做波长分散谱仪(WDS)或波谱仪。用来测定X射线特征能量的谱仪叫做能量分散谱仪(EDS)或能谱仪。

15.1.1 波长分散谱仪(波谱仪WDS)

1. 工作原理

在电子探针中X射线是由样品表面以下一个微米乃至纳米数量级的作用体积内激发出来的，如果这个体积中含有多种元素，则可以激发出各个相应元素的特征波长X射线。若在样晶上方水平放置一块具有适当晶面间距d的晶体，入射 X 射线的波长、入射角和晶面间距三者符合布拉格方程 $2d\sin\theta=\lambda$ 时，这个特征波长的 X 射线就会发生强烈衍射，如图 15.2 所示。因为在作用体积中发出的 X 射线具有多种特征波长，且它们都以点光源的形式向四周发射，因此对一个特征波长的 X 射线来说只有从某些特定的入射方向进入晶体时，才能得到较强的衍射束。图 15.2 示出不同波长的 X 射线以不同的入射方向入射时产生各自衍射束的情况。若面向衍射束安置一个接收器，便可记录下不同波长的 X 射线。图中右方的平面晶体称为分光晶体，它可以使样品作用体积内不同波长的 X 射线分散并展示出来。

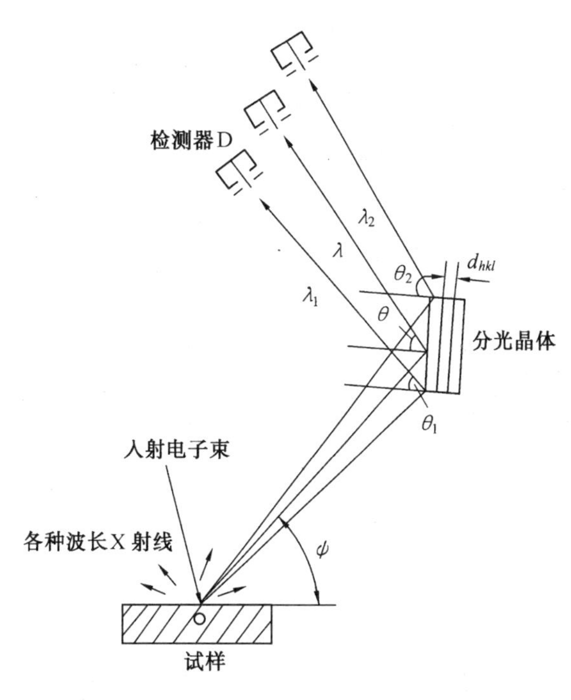

图 15.2　分光晶体

虽然平面单晶体可以把各种不同波长的 X 射线分光展开，但就收集单波长 X 射线的效率来看是非常低的。因此这种检测 X 射线的方法必须改进。

如果我们把分光晶体作适当地弹性弯曲，并使射线源、弯曲晶体表面和检测器窗口位于同一个圆周上，这样就可以达到把衍射束聚焦的目的。此时，整个分光晶体只收集一种波长的 X 射线，使这种单色 X 射线的衍射强度大大提高。图 15.3 是两种 X 射线聚焦的方法。第一种方法称为约翰(Johann)形聚焦法，如图 15.3(a)所示。虚线圆称为罗兰(Rowland)圆或聚焦圆。把单晶体弯曲使它衍射晶面的曲率半径等于聚焦圆半径的两倍，即 $2R$。当某一波长的 X 射线自点光源 S 处发出时，晶体内表面任意点 A、B、C 上接收到的 X 射线相对于点光源来说，入射角都相等，由此 A、B、C 各点的衍射线都能在 D 点附近聚焦。从图中可以看出，因 A、B、C 三点的衍射线并不恰在一点，故这是一种近似的聚焦方式。另一种改进的聚焦方式叫做约翰逊(Johansson)形聚焦法，如图 15.3(b)所示。这种方法是把衍射晶面曲率半径弯成 $2R$ 的晶体表面磨制成和聚焦圆表面相合(即晶体表面

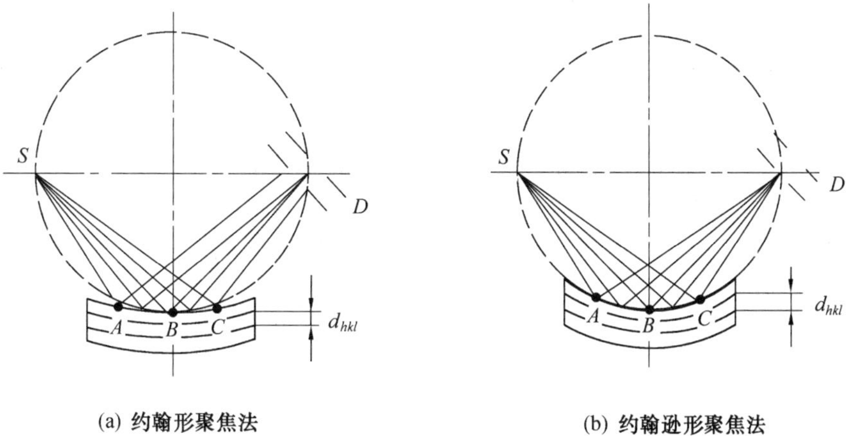

(a) 约翰形聚焦法　(b) 约翰逊形聚焦法

图 15.3　两种 X 射线聚焦的方法

的曲率半径和 R 相等),这样的布置可以使 A、B、C 三点的衍射束正好聚焦在 D 点,所以这种方法也叫做全聚焦法。

在实际检测 X 射线时,点光源发射的 X 射线在垂直于聚焦圆平面的方向上仍有发散性。分光晶体表面不可能处处精确符合布拉格条件,加之有些分光晶体虽可以进行弯曲,但不能磨制,因此不大可能达到理想的聚焦条件,如果检测器上的接收狭缝有足够的宽度,即使采用不大精确的约翰形聚焦法,也是能够满足聚焦要求的。

电子束轰击样品后,被轰击的微区就是 X 射线源。要使 X 射线分光、聚焦,并被检测器接收,两种常见的谱仪布置形式分别示于图 15.4 和图 15.5。图 15.4 为直进式波谱仪的工作原理图。这种谱仪的优点是 X 射线照射分光晶体的方向是固定的,即出射角 ψ 保持不变,这样可以使 X 射线穿出样品表面过程中所走的路线相同,也就是吸收条件相等。由图中的几何关系分析可知,分光晶体位置沿直线运动时,晶体本身应产生相应的转动,使不同波长 λ_1、λ_2 和 λ_3 的 X 射线以 θ_1、θ_2 和 θ_3 的角度入射,在满足布拉格条件的情况下,位于聚焦圆周上协调滑动的检测器都能接收到经过聚焦的波长为 λ_1、λ_2 和 λ_3 的衍射线。以图中 O_1 为圆心的圆为例,直线 SC_1 长度用 L_1 表示,$L_1 = 2R\sin\theta_1$。L_1 是从点光源到分光晶体的距离,它可以在仪器上直接读得,因为聚焦圆的半径 R 是已知的,所以从测出的 L_1 便可求出 θ_1,然后再根据布拉格方程 $2d\sin\theta = \lambda$,因分光晶体的晶面间距 d 是已知的,故可计算出和 θ_1 相对应的特征 X 射线波长 λ_1。把分光晶体从 L_1 变化至 L_2 或 L_3(可通过仪器上的手柄或驱动电机,使分光晶体沿出射方向直线移动),用同样方法可求得 θ_2、θ_3 和 λ_2、λ_3。

分光晶体直线运动时,检测器能在几个位置上接收到衍射束,表明试样被激发的体积内存在着相应的几种元素。衍射束的强度大小和元素含量成正比。

图 15.5 为回转式波谱仪的工作原理图。聚焦圆的圆心 O 不能移动,分光晶体和检测器在聚焦圆的圆周上以 1:2 的角速度运动,以保证满足布拉格方程。这种波谱仪结构比直进式波谱仪结构来得简单,出射方向改变很大,在表面不平度较大的情况下,由于 X 线在样品内行进路线不同,往往会因吸收条件变化而造成分析上的误差。

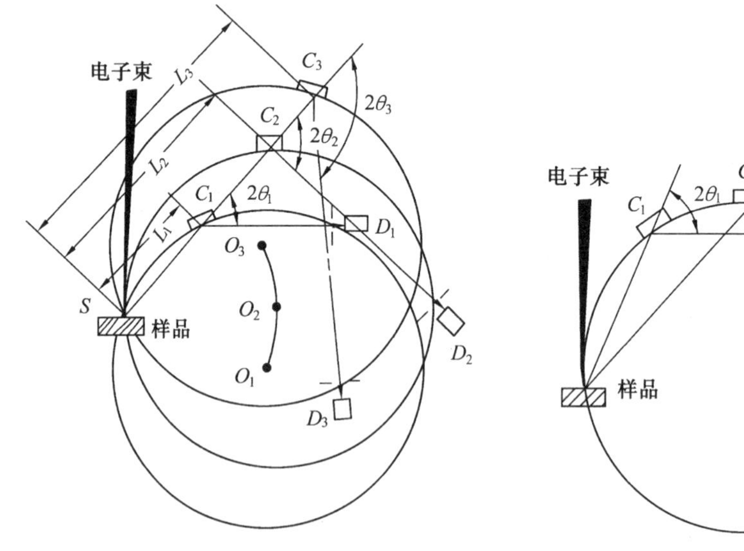

图 15.4 直进式波谱仪

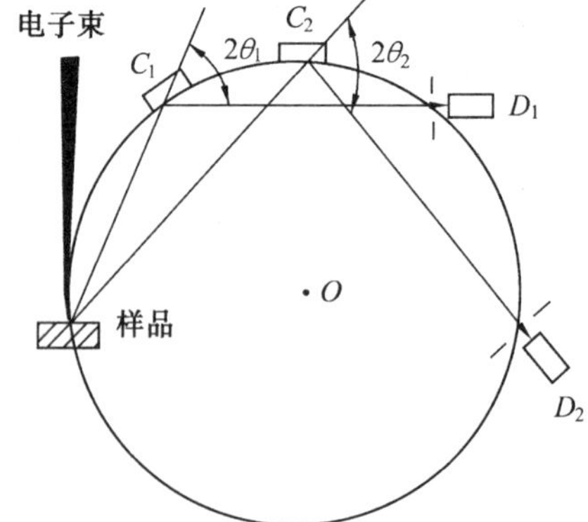

图 15.5 回转式波谱仪

2. 分析方法

图 15.6 为一张用波谱仪分析一个测量点的谱线图,横坐标代表波长,纵坐标代表强

度。谱线上有许多强度峰，每个峰在坐标上的位置代表相应元素特征X射线的波长，峰的高度代表这种元素的含量。在进行定点分析时，只要把图15.4中的距离L从最小变到最大，就可以在某些特定位置测到特征波长的信号，经处理后可在荧光屏或$X-Y$记录仪上把谱线描绘出来。

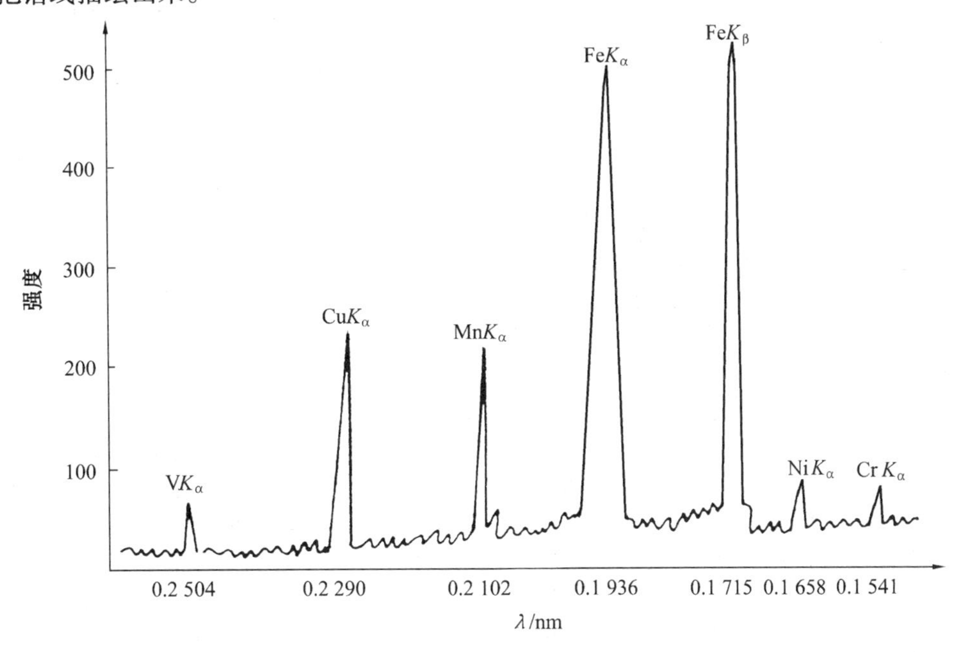

图15.6　合金钢(0.62Si，1.11 Mn，0.96Cr，0.56Ni，0.26V，0.24Cu)定点分析的谱线图

应用波谱仪进行元素分析时，应注意下面几个问题。

(1) 分析点位置的确定。在波谱仪上总带有一台放大100~500倍的光学显微镜。显微镜的物镜是特制的，即镜片中心开有圆孔，以使电子束通过。通过目镜可以观察到电子束照射到样品上的位置，在进行分析时，必须使目的物和电子束重合，其位置正好位于光学显微镜目镜标尺的中心交叉点上。

(2) 分光晶体固定后，衍射晶面的面间距不变。在直进式波谱仪中，L和θ之间服从$L=2R\sin\theta$的关系。因为结构上的限制，L不能做得太长，一般只能在10~30 cm范围内变化。在聚焦圆半径$R=20$ cm的情况下，θ的变化范围大约在15°~65°之间。可见一个分光晶体能够覆盖的波长范围是有限的，因此它只能测定某一原子序数范围的元素。如果要分析$Z=4\sim92$范围的元素，则必须使用几块晶面间距不同的晶体，因此一个谱仪中经常装有两块晶体可以互换，而一台电子探针仪上往往装有2~6个谱仪，有时几个谱仪一起工作，可以同时测定几个元素。表15.1列出了常用的分光晶体。

表15.1　常用的分光晶体

常用晶体	供衍射用的晶面	$2d$/nm	适用波长 λ/nm
LiF	(200)	0.402 67	0.08~0.38
SiO_2	$(10\bar{1}1)$	0.668 62	0.11~0.63
RET	(002)	0.874	0.14~0.83
RAP	(001)	2.612 1	0.2~1.83
KAP	$(10\bar{1}0)$	2.663 2	0.45~2.54
TAP	$(10\bar{1}0)$	2.59	0.61~1.83
硬脂酸铅	-	10.08	1.7~9.4

15.1.2 能量分散谱仪(能谱仪 EDS)

1. 工作原理

前面已经介绍了各种元素具有自己的 X 射线特征波长,特征波长的大小则取决于能级跃迁过程中释放出的特征能量 ΔE。能谱仪就是利用不同元素 X 射线光子特征能量不同这一特点来进行成分分析的。图 15.7为采用锂漂移硅检测器能量谱仪的方框图。X 射线光子由锂漂移硅 Si(Li)检测器收集,当光子进入检测器后,在 Si(Li)晶体内激发出一定数目的电子-空穴对。产生一个空穴对的最低平均能量 ε 是一定的,因此由一个 X 射线光子造成的电子-空穴对的数目为 N,$N=\Delta E/\varepsilon$。入射 X 射线光子的能量越高,N 就越大。利用加在晶体两端的偏压收集电子-空穴对,经前置放大器转换成电流脉冲,电流脉冲的高度取决于 N 的大小,电流脉冲经主放大器转换成电压脉冲进入多道脉冲高度分析器。脉冲高度分析器按高度把脉冲分类并进行计数,这样就可以描出一张特征 X 射线按能量大小分布的图谱。

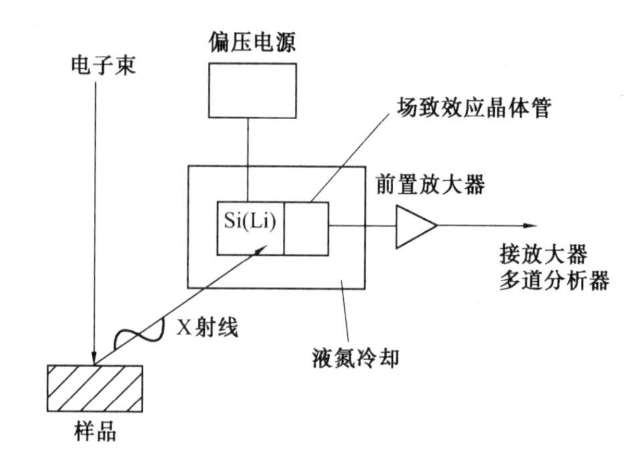

图 15.7 锂漂移硅能谱仪方框图

图 15.8(a)为用能谱仪测出的一种夹杂物的谱线图,横坐标以能量表示,纵坐标是强度计数。图中各特征 X 射线峰和波谱仪给出的特征峰的位置相对应,如图 15.8(b)所示,只不过前者峰的形状比较平坦。

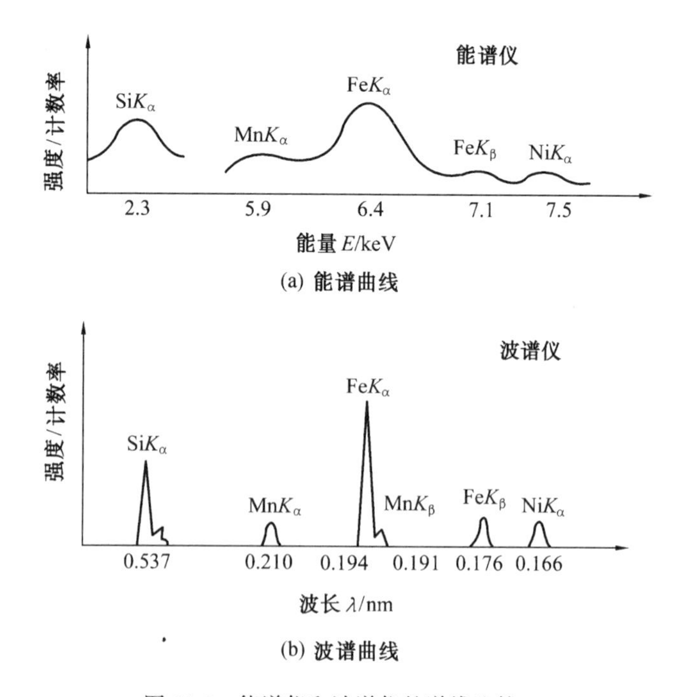

图 15.8 能谱仪和波谱仪的谱线比较

2. 能谱仪成分分析的特点

和波谱仪相比，能谱仪具有下列几方面的优点。

(1) 能谱仪探测X射线的效率高。因为Si(Li)探头可以安放在比较接近样品的位置，因此它对X射线源所张的立体角很大，X射线信号直接由探头收集，不必通过分光晶体衍射。Si(Li)晶体对X射线的检测率极高，因此能谱仪的灵敏度比波谱仪高一个数量级。

(2) 能谱仪可在同一时间内对分析点内所有元素X射线光子的能量进行测定和计数，在几分钟内可得到定性分析结果，而波谱仪只能逐个测量每种元素的特征波长。

(3) 能谱仪的结构比波谱仪简单，没有机械传动部分，因此稳定性和重复性都很好。

(4) 能谱仪不必聚焦，因此对样品表面没有特殊要求，适合于粗糙表面的分析工作。

但是，能谱仪仍有它自己的不足之处。

(1) 能谱仪的分辨率比波谱仪低，由图15.8(b)和图15.8(a)比较可以看出，能谱仪给出的波峰比较宽，容易重叠。在一般情况下，Si(Li)检测器的能量分辨率约为160 eV，而波谱仪的能量分辨率可达5～10 eV。

(2) 能谱仪中因Si(Li)检测器的铍窗口限制了超轻元素X射线的测量，因此它只能分析原子序数大于11的元素，而波谱仪可测定原子序数从4～92之间的所有元素。

(3) 能谱仪的Si(Li)探头必须保持在低温状态，因此必须时时用液氮冷却。

15.2　电子探针仪的分析方法及应用

15.2.1　定性分析

1. 定点分析

将电子束固定在需要分析的微区上，用波谱仪分析时可改变分光晶体和探测器的位置，即可得到分析点的X射线谱线；若用能谱仪分析时，几分钟内即可直接从荧光屏(或计算机)上得到微区内全部元素的谱线(图15.8)。图15.9给出$ZrO_2(Y_2O_3)$陶瓷析出相与基体定点成分分析结果，可见析出相(t相)Y_2O_3含量低，而基体(c相)Y_2O_3含量高，这和相图是相符合的。

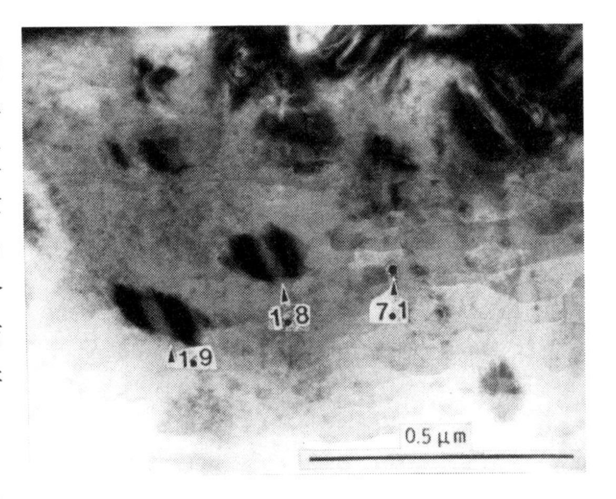

图15.9　$ZrO_2(Y_2O_3)$陶瓷析出相与基体的定点分析(图中数字为Y_2O_3的摩尔分数)

2. 线分析

将谱仪(波谱仪或能谱仪)固定在所要测量的某一元素特征X射线信号(波长或能量)的位置上，使电子束沿着指定的路径作直线轨迹扫描，便可得到这一元素沿该直线的浓度分布曲线。改变谱仪的位置，便可得到另一元素的浓度分布曲线。图15.10给出BaF_2晶界线扫描分析的例子，图15.10(a)为BaF_2晶界的形貌像和线扫描分析的位置，图15.10(b)为O和Ba元素沿图15.10(a)

直线位置上的分布,可见在晶界上有 O 的偏聚。

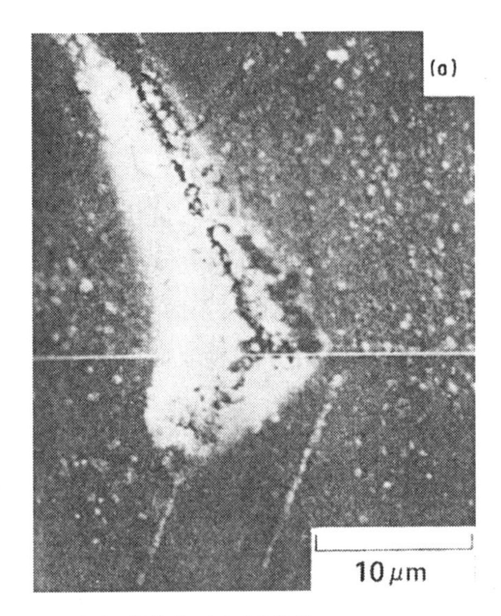

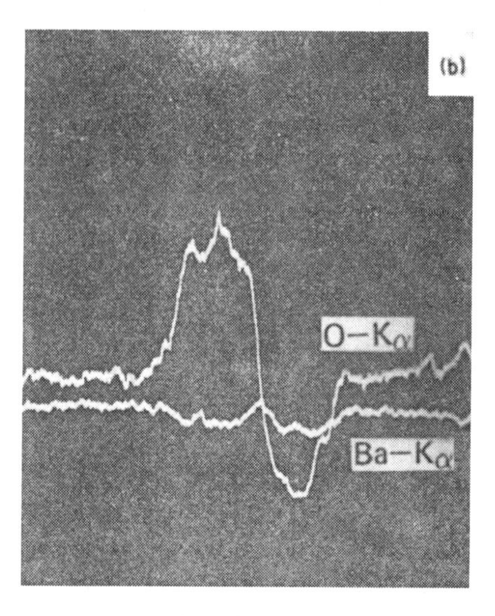

(a) 形貌像及扫描线位置　　(b) O 及 Ba 元素在扫描线位置上的分布

图 15.10　BaF_2 晶界的线扫描分析

3. 面分析

电子束在样品表面作光栅扫描时,把 X 射线谱仪(波谱仪或能谱仪)固定在接收某一元素特征 X 射线信号的位置上,此时在荧光屏上便可得到该元素的面分布图像。实际上这也是扫描电子显微镜内用特征 X 射线调制图像的一种方法。图像中的亮区表示这种元素的含量较高。若把谱仪的位置固定在另一位置,则可获得另一种元素的浓度分布图像。图 15.11 给出 ZnO - Bi_2O_3 陶瓷试样烧结自然表面的面分布成分分析结果,可以看出 Bi 在晶界上有严重偏聚。

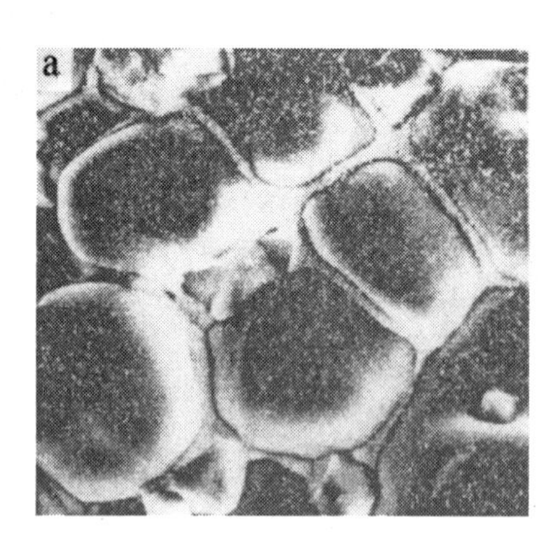

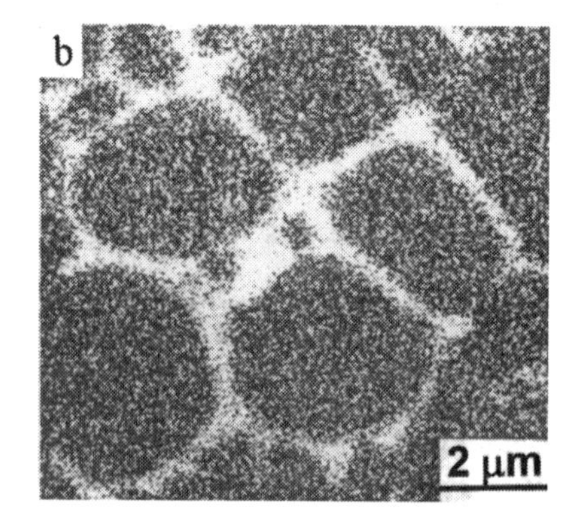

(a) 形貌像　　(b) Bi 元素的 X 射线面分布像

图 15.11　ZnO - Bi_2O_3 陶瓷烧结表面的面分布成分分析

15.2.2　定量分析简介

定量分析时先测出试样中 Y 元素的 X 射线强度 I'_y,再在同样条件下测定纯 Y 元素的 X 射线强度 I'_{y0},然后二者分别扣除背底和计数器死时间对所测值的影响,得到相应的强度值 I_y 和 I_{y0},把二者相比得到强度比 K_y,即

$$K_y = \frac{I_y}{I_{y0}}$$

在理想情况下,K_y 就是试样中 Y 元素的质量浓度 C_y,但是由于标准试样不可能做到绝对纯以及绝对平均,一般情况下,还要考虑原子序数、吸收和二次荧光的影响,因此,C_y 和 K_y 之间还存在一定的差别,故有

$$C_y = ZAFK_y$$

式中 Z——原子序数修正项;

A——吸收修正项;

F——二次荧光修正项。

定量分析计算是非常烦琐的,好在新型的电子探针都带有计算机,计算的速度可以很快,一般情况下对于原子序数大于 10、质量浓度大于 10% 的元素来说,修正后的浓度误差可限定在 ±5% 之内。

电子探针作微区分析时所激发的作用体积大小不过 10 μm^3 左右。如果分析物质的密度为 10 g/cm^3 时,则分析区的质量仅为 10^{-10} g。若探针仪的灵敏度为万分之一的话,则分析绝对质量可达 10^{-14} g,因此电子探针是一种微区分析仪器。

习 题

1. 电子探针仪与扫描电镜有何异同?电子探针仪如何与扫描电镜和透射电镜配合进行组织结构与微区化学成分的同位分析?

2. 波谱仪和能谱仪各有什么优缺点?

3. 直进式波谱仪和回转式波谱仪各有什么特点?

4. 要分析钢中碳化物成分和基体中碳含量,应选用哪种电子探针仪?为什么?

5. 要在观察断口形貌的同时,分析断口上粒状夹杂物的化学成分,选用什么仪器?用怎样的操作方式进行具体分析?

6. 举例说明电子探针的三种工作方式(点、线、面)在显微成分分析中的应用。

第16章

其他显微分析方法简介

本章将扼要地介绍几种有用的表面分析仪器和技术，它们是：

(1) 离子探针分析仪(IMA)或二次离子质谱仪(SIMS)；

(2) 低能电子衍射(LEED)；

(3) 俄歇电子能谱仪(AES)；

(4) 场离子显微镜(FIM)和原子探针(Atom Probe)；

(5) X射线光电子能谱仪(XPS)；

(6) 扫描隧道显微镜(STM)与原子力显微镜(AFM)。

从空间分辨率而言，它们至少可以提供表面几个原子层范围内的化学成分(如SIMS，AES)，有的能分析表面层的晶体结构(如LEED)，而场离子显微镜和原子探针则可以在原子分辨的基础上显示表面的原子排列情况乃至鉴别单个原子的元素类别。

16.1 离子探针

到目前为止，电子探针仪仍然是微区成分分析最常用的主要工具，总的来说其定量分析的精度是比较高的；但是，由于高能电子束对样品的穿透深度和侧向扩展，它难以满足薄层表面分析的要求。同时，电子探针对 $Z\leqslant 11$ 的轻元素的分析还很困难，因为荧光产额低，特征X射线光子能量小，使轻元素检测灵敏度和定量精度都较差。

离子探针仪利用电子光学方法把惰性气体等初级离子加速并聚焦成细小的高能离子束轰击样品表面，使之激发和溅射二次离子，经过加速和质谱分析，分析区域可降低到1～2 μm直径和小于5 nm的深度，大大改善了表面成分分析的功能。从表16.1所给出的一些对比资料可以看到，离子探针在分析深度、采样质量、检测灵敏度、可分析元素范围和分析时间等方面，均优于电子探针，但初级离子束聚焦困难使束斑较大，影响了空间分辨率。

离子探针仪的结构如图16.1所示。双等离子流发生器将轰击气体电离，以12～20 kV加速电压引出，通过扇形磁铁偏转(同时将能量差别较大的离子滤除)后进入电磁透镜聚焦成细小的初级离子束，轰击由光学显微镜观察选定的分析点。当用惰性气体(如 Ar^+)时，初级离子把动能转交给样品原子，使轰击区域深度小于10 nm的表层内原子受到剧烈的搅动，变为高度浓集的等离子体，温度可达6 000～15 000 K，形成多种形式的化学体(包括原子和多原子集团)，并有不同程度的电离。等离子体存在的离子大多会被电子中和，但也有某些离子会逸出表面，即发生所谓“溅射过程”。二次离子逸出的几率取决于必须克服的表面位垒和它们的动能。如果采用化学性质活泼的气体离子(如 O^- 或 O_2^+ 等)轰击，则在溅射的同时表面化学组成会发生变化，但是由此生成的各种化合物和化合物离子，将使可能中和正离子的电子数目减少，或是提供产生带负电离子的最佳条件，并改变表面有效功函数的值，达到稳定的高离子产额，使痕量或定量元素分析得以可能进行。目前，大多数离子探针分析工作均以氧作为初级离子。

表16.1 几种表面微区成分分析技术的性能对比

分析性能	电子探针	离子探针	俄歇谱仪
空间分辨率/μm	0.5～1	1～2	0.1
分析深度/μm	0.5～2	<0.005	<0.005
采样体积质量/g	10^{-12}	10^{-13}	10^{-16}
可检测质量极限/g	10^{-16}	10^{-19}	10^{-18}
可检测浓度极限/$\times 10^{-6}$	50～10 000	0.01～100	10～100
可分析元素	$Z \geqslant 4$ （$Z \leqslant 11$时灵敏度差）	全部（对He，Hg等灵敏度较差）	$Z \geqslant 3$
定量精度（w(C)>10%）	±(1～5)%		
真空度要求/Pa	1.33×10^{-3}	1.33×10^{-6}	1.33×10^{-8}
对样品的损伤	对非导体损伤大，一般情况下无损伤	损伤严重，属消耗性分析，但可进行剥层	损伤少
定点分析时间/s	100	0.05	1 000

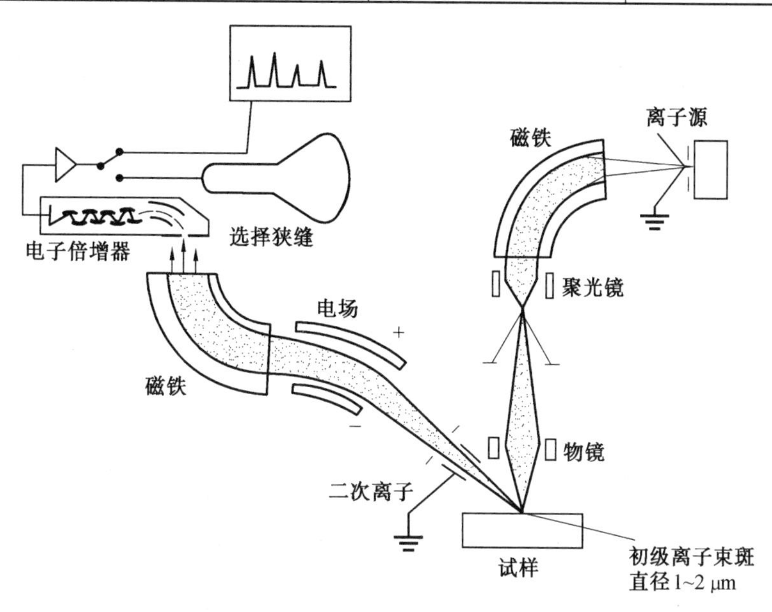

图16.1 离子探针仪结构示意图

二次离子的平均初始能量为10 eV数量级，也有不少能量高达几百电子伏。考虑到二次离子的能量非单一性，质谱分析采用图示的双聚焦系统。由1 kV左右加速电压从表面引出的二次离子首先进入圆筒形电容器式静电分析器，径向电场E产生的向心力为

$$Eq = mv^2/r'$$

其中q和m是离子的电荷和质量，v是离子的运动速度，离子的轨迹半径为

$$r' = mv^2/Eq \tag{16.1}$$

这样，电荷和动能相同质量未必相同的离子将有同样程度的偏转，因为r'正比于离子的动能。接着，扇形磁铁内的均匀磁场（磁感应强度为B），把离子按q/m比进行分类。若

引出二次离子的加速电压为 U,则

$$qU = \frac{1}{2} mv^2$$

而磁场产生的偏转为

$$Bqv = mv^2/r$$

其中 r 为磁场内离子轨迹的半径,由两式整理可得

$$r = \sqrt{\frac{2Um}{qB^2}} \propto \frac{1}{\sqrt{q/m}} \tag{16.2}$$

双聚焦系统的优点在于:①初始能量分散的同种离子(q/m 相同)最终可一起聚焦;②所有离子均被聚焦于同一平面内,便于照相记录或通过质量选择狭缝检测离子流强度。当以底片记录时,离子数量被显示为谱线的感光黑度;如果用电子倍增器计数,则谱线强度(cps)表明元素或同位素的相对含量。图 16.2 是典型的离子探针质谱分析结果。应当指出,质谱分析的背景强度几乎为零(如基体元素离子的计数率可达 10^7 cps 数量级,而背景仅为 10 cps 数量级),使之检测灵敏度极高,可检测质量极限为 10^{-10} g 数量级,仅相当于几百个原子的存在量。

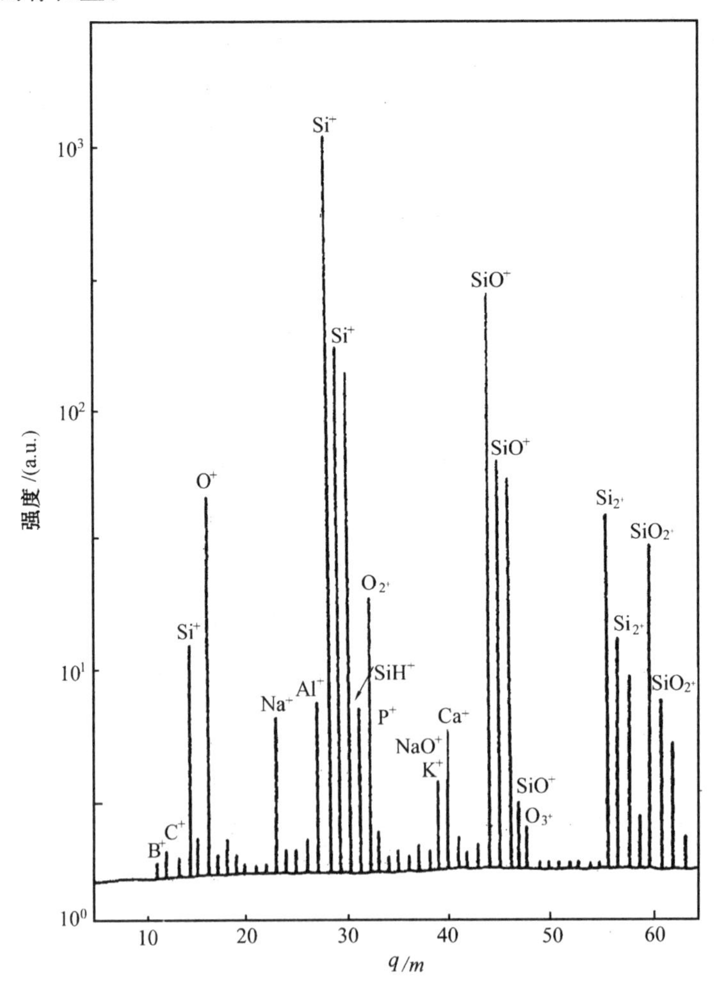

图 16.2　典型的离子探针质谱分析结果

(18.5 keV 氧离子(O^-)轰击的硅半导体)

溅射过程的复杂机理以及多种形式离子的同时产生,包括单原子或多原子离子、化合物(氧化物、氢化物等)以及其他复合离子的出现,造成按 q/m 比分类时谱线的相互干扰,使离子探针的定量分析比较困难,但在某些情况下通过相对测量等方法,可以取得较好的结果。

在可控的条件下,利用初级离子轰击溅射剥层,可以获得元素浓度随深度变化的资料,蚀刻率为 1 ~ 100 nm/s,因轰击能量和样品而异。与电子探针的面分布相类似,当初级离子束在样品表面扫描时,选择某离子讯号强度调制同步扫描的阴极射线管荧光屏亮度,可以显示元素面分布的图像。

16.2　低能电子衍射

低能电子衍射是利用 10 ~ 500 eV 能量的电子入射,通过弹性背散射电子波的相互干涉产生衍射花样。由于样品物质与电子的强烈相互作用,常常使参与衍射的样品体积只是表面一个原子层。即使是稍高能量(≥100 eV)的电子,也限于大约 2 ~ 3 层原子,分别以二维的方式参与衍射,仍不足以构成真正的三维衍射,只是使花样复杂一些而已。低能电子衍射的这个重要特点,使它成为固体表面结构分析的极为有效的工具。

显然,保持样品表面的清洁是十分重要的。据估计,在 1.33×10^{-4} Pa 真空条件下,只需 1 s 表面吸附层即可达到一个原子单层;真空度为 1.33×10^{-7} Pa 时,以原子单层覆盖表面约需 1 000 s 左右。为此,低能电子衍射装置必须采用无油真空系统,以离子泵、升华泵等抽气并辅以 250 ℃左右烘烤,把真空度提高到 1.33×10^{-8} Pa 数量级。样品表面用离子轰击净化,并以液氦冷却以防止污染。为保证吸附杂质不产生额外的衍射效应,分析过程中表面污染度应始终低于 10^{12}个/cm^2 杂质原子。

1.二维点阵的衍射

首先,我们考虑由散射质点构成的一维周期性点列(单位平移矢量为 $\boldsymbol{a}$),波长为 λ 的电子波垂直入射,如图 16.3 所示。简单的分析可知,在与入射反方向交成 φ 角的背散射方向上,将得到相互加强的散射波,即

$$\boldsymbol{a} \sin \varphi = h\lambda \tag{16.3}$$

其中 h 为整数。如果考虑二维的情况,平移矢量分别为 $\boldsymbol{a}$ 和 $\boldsymbol{b}$,则衍射条件还需满足另一条件,即

$$\boldsymbol{b} \sin \varphi' = k\lambda \tag{16.4}$$

此时,衍射方向即为以入射反方向为轴,半顶角为 φ 和 φ' 的两个圆锥面的交线,这就是熟知的二维劳厄条件。

下面,我们以倒易点阵和爱瓦尔德球作图法处理二维点阵的衍射问题。对于图 16.4(a)所示点阵常数为 $\boldsymbol{a}$ 和 $\boldsymbol{b}$ 的二维点阵而言,定义一个相应的倒易点阵图 16.4(b),其点阵常数为 $\boldsymbol{a}^*$ 和 $\boldsymbol{b}^*$,满足如下关系

$$\begin{gathered}
\boldsymbol{a} \cdot \boldsymbol{a}^* = \boldsymbol{b} \cdot \boldsymbol{b}^* = 1 \\
\boldsymbol{a}^* \cdot \boldsymbol{b} = \boldsymbol{b}^* \cdot \boldsymbol{a} = 0 \\
\boldsymbol{a}^* = \boldsymbol{b}/A \quad \boldsymbol{b}^* = \boldsymbol{a}/A
\end{gathered} \tag{16.5}$$

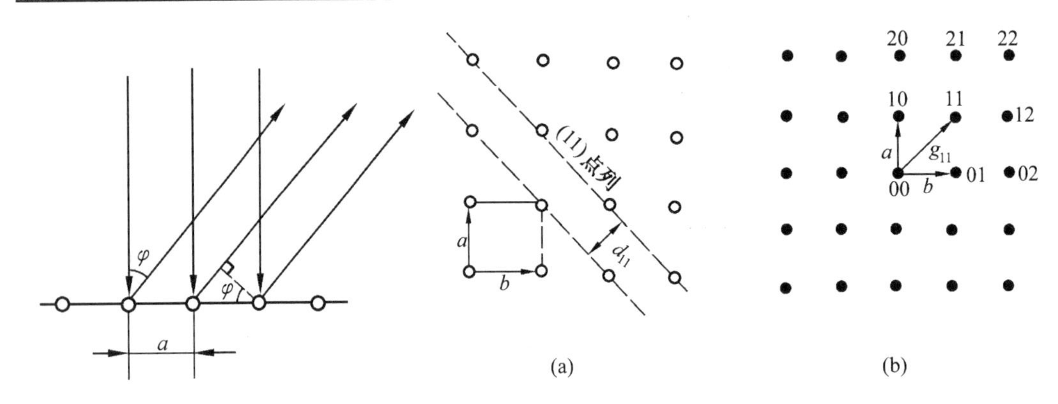

图 16.3　垂直入射时一维点列的衍射　　　　图 16.4　二维点阵(a)及其倒易点阵(b)

其中 $A=|\boldsymbol{a}\times\boldsymbol{b}|$是二维点阵的“单胞”面积。显然,在这个倒易点阵中,倒易矢量 $\boldsymbol{g}_{hk}$垂直于(hk)点列,且

$$g_{hk}=1/d_{hk} \tag{16.6}$$

其中 d_{hk}为(hk)点列的间距。

对于单个原子层的二维点阵,其厚度仅为晶体内此原子平面的间距(例如在简单立方情况下,(001)原子层的厚度为 c),所以它的每一个倒易阵点 hk 均在原子层平面的法线方向上扩展为很长的倒易杆。对于低能电子衍射,入射波的波长约为 $\lambda=0.05\sim0.5$ nm,与固体内原子间距离为同一数量级,所以在爱瓦尔德球作图法(图 16.5)中,球的半径 k ($k=1/\lambda$)也与 g 相差不大,倒易杆将与球面相交两点 A 和 A'。在背散射方向上衍射波的波矢量 k'如图所示。显然,由于

$$k'\sin\varphi=g$$

即

$$\frac{1}{\lambda}\sin\varphi=\frac{1}{d}$$

我们得到

$$d\sin\varphi=\lambda \tag{16.7}$$

这就是二维点阵衍射的布拉格定律。

如果样品表面存在吸附原子,且呈规则的有序排列,如图 16.6(a)所示。若在基体的

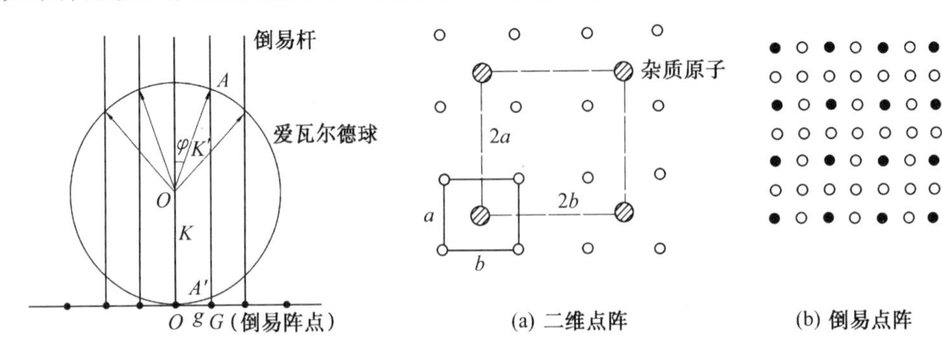

图 16.5　二维点阵衍射的爱瓦尔德球作图法　　　　图 16.6　因吸附原子有序排列形成的二维点阵超结构及其倒易点阵

平移矢量方向上它们的间距为 $2a$ 和 $2b$，则倒易平移矢量为$\frac{\boldsymbol{a}^*}{2}$和$\frac{\boldsymbol{b}^*}{2}$，倒易点阵（图16.6（b））中将在原有阵点的一半位置上出现超结构阵点，用空心圆点表示。此时，与原先“清洁”的表面相比较，衍射花样中也必将出现额外的超结构斑点。

2. 衍射花样的观察和记录

图16.7是常见的一种低能电子衍射装置示意图。从电子枪钨丝发射的热电子，经三级聚焦杯加速、聚焦并准直，照射到样品（靶极）表面，束斑直径约0.4～1 mm，发散度约1°。样品处于半球形接收极的中心，两者之间还有三到四个半球形的网状栅极：G_1 与样品同电位（接地），使靶极与 G_1 之间保持为无电场空间，使能量很低的入射和衍射电子束不发生畸变。栅极 G_2 和 G_3 相联并有略大于灯丝（阴极）的负电位，用来排斥损失了部分能量的非弹性散射电子。栅极 G_4 接地，主要起着对接收极的屏蔽作用，减少 G_3 与接收极之间的电容。半球形接收极上涂有荧光粉，并接5 kV正电位，对穿过栅极的衍射束（由弹性散射电子组成）起加速作用，增加其能量，使之在接收极的荧光面上产生肉眼可见的低能电子衍射花样，可从靶极后面直接观察或拍照记录。

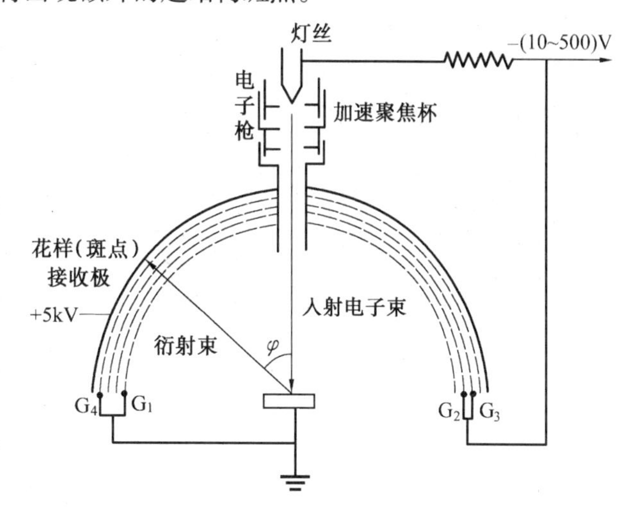

图16.7　利用后加速技术的低能电子衍射装置示意图

在低能电子发生衍射以后再被加速，叫做“后加速技术”，它能使原来不易被检测的微弱衍射信息得到加强，并不改变衍射花样的几何特性。图16.7与图16.5比较可以看到，半球形接收极上显示的花样，简单地就是倒易杆与爱瓦尔德球面交点图形的放大像，衍射花样的分析将是非常直观和方便的。

图16.8是钨（α－W，体心立方结构）的（001）表面在吸附氧原子前后的低能电子衍射花样，把它们与图16.4和图16.6对照一下，不难得到有关表面位向和氧原子吸附方式的正确结论。

3. 低能电子衍射的应用

低能电子衍射对于表面二维结构分析的重要性，和X射线衍射三维晶体结构分析一样，是不容置疑的。目前，它已在材料研究的许多领域中得到了广泛的应用，借此还发现了一些新的表面现象。

（1）晶体的表面原子排列。低能电子衍射分析发现，金属晶体的表面二维结构，并不一定与其整体相一致，也就是说，表面上原子排列的规则未必与内部平行的原子面相同。例如，在一定的温度范围内，某些贵金属（Au，Pt，Pd）等和半导体材料（如Si，Ge）的表面二维结构具有稳定的，不同于整体内原子的平移对称性。Si在800℃左右退火后，解理的或抛光的（111）表面发生了“改组”，出现所谓“Si（111）－7”超结构；曾经有人认为这可能是由于表面上有一薄层 Fe_5Si_3 的缘故，后来用俄歇电子能谱测量证明表面是“清洁”的，它确实是硅本身的一种特性。Ge的（111）表面可能有几种不同的超结构，并已发现在表面结构和表面电子状态之间有着直接的联系。另外许多金属，包括Ni，Cu，W，Al，Cr，Nb，Ta，Fe，

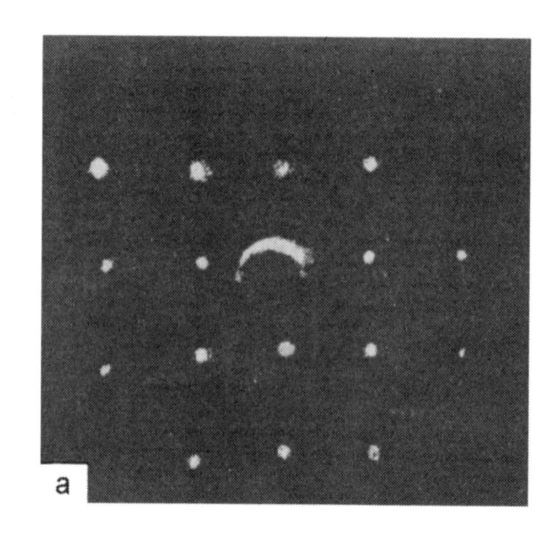

(a) 清洁的表面

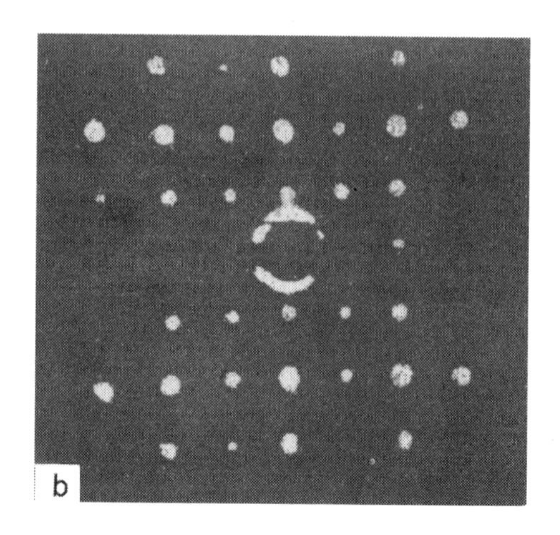

(b) 吸附氧原子以后产生的超结构花样

图 16.8 α－W 的(001)表面低能电子衍射花样

Mo,V 等,表面与内层平行晶面的结构相同。

如果表面存在某种程度的长程有序结构,例如有一些大的刻面或规则间隔的台阶,也能成功地利用低能电子衍射加以鉴别。

(2) 气相沉积表面膜的生长。低能电子衍射对于研究表面膜生长过程是十分合适的,从而可以探索它与基底结构、缺陷和杂质的关系。例如,金属通过蒸发沉积在另一种晶体表面的外延生长,在初始阶段,附着原子排列的二维结构常常与基底的表面结构有关。通常,它们先是处于基底的点阵位置上形成有序排列,其平移矢量是基底点阵间距的整数倍,取决于沉积原子的尺寸、基底点阵常数和化学键性质。只有当覆盖超过一个原子单层或者发生了热激活迁移之后,才出现外延材料本身的结构。

(3) 氧化膜的形成。表面氧化膜的形成是一个复杂的过程,从氧原子吸附开始,通过氧与表面的反应,最后生成三维的氧化物。利用低能电子衍射详细地研究了镍表面的氧化,但至今还有一些新的现象正被陆续发现。当镍的(110)面暴露于氧气气氛时,随着表面吸附的氧原子渐渐增多,已发现有 5 个不同超结构转变阶段,两个阶段之间则为无序的或混合的结构,最终生成的 NiO 膜的位向是$(100)_{NiO}/\!/(110)_{Ni}$。

(4) 气体吸附和催化。气体吸附是目前低能电子衍射最重要的应用领域。在物理吸附方面,花样显示了吸附层的“二维相变”:“气体”－“液体”－“晶体”,并对许多理论假设所预示的结果进行了验证。关于化学吸附现象,已经用低能电子衍射分析了一百多个系统,催化过程则是化学吸附的一种自然推广,虽然在低能电子衍射仪中难以模拟高压等实际环境条件,但已取得了不少重要的结果。例如,几种气体在催化剂表面的组合吸附结构常常比单一气体的吸附复杂得多,这反映了它们之间的相互作用,催化剂对不同气体原子间的结合具有促进的作用。

目前,低能电子衍射技术正处于迅速发展阶段。它对许多固体表面现象研究的贡献在于,至少已经使我们部分地知道了“表面发生了什么变化”,并开始逐步地能够回答“为什么”的问题,而在以往,由于缺乏必要的分析手段,我们对表面层真正的结构情况是知之甚少的。

16.3 俄歇电子能谱仪

我们在第12章讨论高能电子束与固体样品相互作用时已经指出，当原子内壳层电子因电离激发而留下一个空位时，由较外层电子向这一能级跃迁使原子释放能量的过程中，可以发射一个具有特征能量的X射线光子，也可以将这部分能量交给另外一个外层电子引起进一步的电离，从而发射一个具有特征能量的俄歇电子。检测俄歇电子的能量和强度，可以获得有关表层化学成分的定性或定量信息，这就是俄歇电子能谱仪的基本分析原理。近年来，由于超高真空($1.33\times10^{-7}\sim1.33\times10^{-8}$ Pa)和能谱检测技术的发展，俄歇谱仪作为一种极为有效的表面分析工具，为探索和澄清许多涉及表面现象的理论和工艺问题，作出了十分可贵的贡献，日益受到人们普遍的重视。

1.俄歇跃迁及其几率

原子发射一个 KL_2L_2 俄歇电子，其能量由下式给定，即

$$E_{KL_2L_2}=E_K-E_{L_2}-E_{L_2}-E_W$$

可见，俄歇跃迁涉及三个核外电子。普遍的情况应该是由于A壳层电子电离，B壳层电子向A壳层的空位跃迁，导致C壳层电子的发射。考虑到后一过程中A电子的电离将引起原子库仑电场的改组，使C壳层能级略有变化，可以看成原子处于失去一个电子的正离子状态，因而对于原子序数为 Z 的原子，电离以后C壳层由 $E_C(Z)$变为 $E_C(Z+\Delta)$，于是俄歇电子的特征能量应为

$$E_{ABC}(Z)=E_A(Z)-E_B(Z)-E_C(Z+\Delta)-E_W \tag{16.8}$$

其中Δ是一个修正量，数值在1/2~3/4之间，近似地可以取作1。这就是说，式中 E_c 可以近似地被认为是比 Z 高1的那个元素原子中C壳层电子的结合能。

可能引起俄歇电子发散的电子跃迁过程是多种多样的。例如，对于 K 层电离的初始激发状态，其后的跃迁过程中既可能发射各种不同能量的 K 系X射线光子($K_{\alpha1}$，$K_{\alpha2}$，$K_{\beta1}$，$K_{\beta2}$…等等)，也可能发射各种不同能量的 K 系俄歇电子(KL_1L_1，$KL_1L_{2,3}$，$K_{2,3}$，$L_{2,3}$…等等)，这是两个互相竞争的不同跃迁方式，它们的相对发射几率，即荧光产额 ω_K 和俄歇电子产额 $\bar{\alpha}_K$ 满足

$$\omega_K+\bar{\alpha}_K=1 \tag{16.9}$$

同样，以 L 或 M 层电子电离作为初始激发态时，也存在同样的情况。事实上，最常见的俄歇电子能量，总是相应于最有可能发生的跃迁过程，也即那些给出最强X射线谱线的电子跃迁过程。各种元素在不同跃迁过程中发射的俄歇电子的能量可由图16.9表示。显然，选用强度较高的俄歇电子进行检测，有助于提高分析的灵敏度。

俄歇电子产额 $\bar{\alpha}$ 随原子序数的变化如图16.10所示。对于 $Z<15$ 的轻元素的 K 系，以及几乎所有元素的 L 和 M 系，俄歇电子的产额都是很高的。由此可见，俄歇电子能谱分析对于轻元素是特别有效的；对于中、高原子序数的元素来说，采用 L 和 M 系俄歇电子也比采用荧光产额很低的长波长 L 或 M 系X射线进行分析，灵敏度高得多。通常，对 $Z\leqslant14$ 的元素，采用 KLL 电子来鉴定；Z 高于14的时候，LMM 电子比较合适；$Z\geqslant42$ 的元素，以 MNN 和 MNO 电子为佳。为了激发上述这些类型的俄歇跃迁，产生必要的初始电离所需的入射电子能量都不高，例如2 keV以下就足够了。

大多数元素在 50～1 000 eV 能量范围内都有产额较高的俄歇电子，它们的有效激发体积取决于发射的深度和入射电子束的束斑直径 d_p。虽然俄歇电子的实际发射深度取决于入射电子的穿透能力，但真正能够保持其特征能量而逸出表面的俄歇电子却仅限于表层以下 0.1～1 nm 的深度范围。这是因为大于这一深度处发射的俄歇电子，在到达表面以前将由于与样品原子的非弹性散射而被吸收，或者部分地损失能量而混同于大量二次电子信号的背景。0.1～1 nm 的深度只相当于表面几个原子层，这就是俄歇电子能谱仪作为有效的表面分析工具的依据。显然，在这样的浅表层内，入射电子束的侧向扩展几乎完全不存在，其空间分辨率直接与束斑尺寸 d_p 相当。目前，利用细聚焦入射电子束的“俄歇探针仪”可以分析大约 500 nm 的微区表面化学成分。

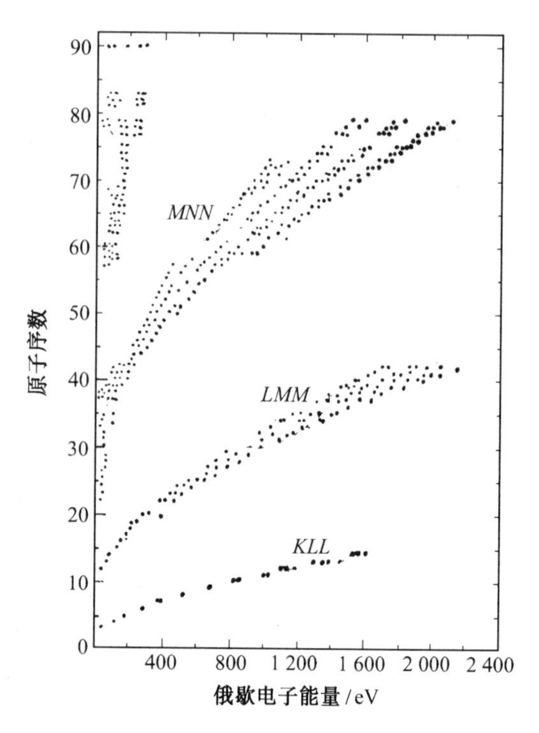

图 16.9　各种元素的俄歇电子能量

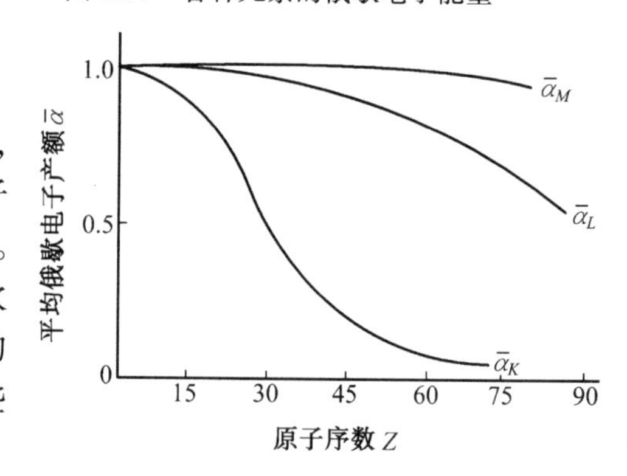

图 16.10　平均俄歇电子产额 $\bar{\alpha}$ 随原子序数的变化

2. 俄歇电子能谱的检测

在我们最感兴趣的俄歇电子能量范围内，由初级入射电子所激发产生的大量二次电子和非弹性背散射电子构成了很高的背景强度。俄歇电子的电流约为 10^{-12} A 数量级，而二次电子等的电流高达 10^{-10} A，所以俄歇电子谱的信噪比（S/N）极低，检测相当困难，需要某些特殊的能量分析器和数据处理方法。

（1）阻挡场分析器（RFA）。俄歇谱仪与低能电子衍射仪在许多方面存在相似的地方，如电子光学系统、超高真空样品室等，它们需要检测的电子信号都是低能的微弱信息。因此，俄歇谱仪的早期发展大多利用原有的低能电子衍射仪，仅增加一些接收俄歇电子并进行微分处理的电子学线路而已。

在图 16.7 所示的低能电子衍射装置中，一方面提高电子枪的加速电压（200～3 000 V），另一方面让半球形栅极 G_1 和 G_3 的负电位在 0～1 000 V 之间连续可调，即可用来检测俄歇电子能谱。把电子枪装在半球形分析器的外面，试样略有倾斜，使初级电子束以 15°～25°的小角度入射，可以大大降低背散射电子的信号强度，使分辨率提高。

如果使栅极 G_2 和 G_3 处于 $-U$ 电位，则它们将对表面发射的电子中能量低于 qU 的部分产生一个阻挡电场使之不能通过，而仅有能量高于 qU 的电子得以到达接收极。这样的检测装置叫做阻挡场分析器，具有“高通滤波器”的性质。接收极收集到的电流信号，包括所有的能量高于 qU 的电子，显然，要直接从这样得到的 $I(E)-E$ 能谱曲线（例如图16.11中的曲线1）上检测到微弱的俄谱电子峰，将是十分困难的，至少灵敏度是极差的。

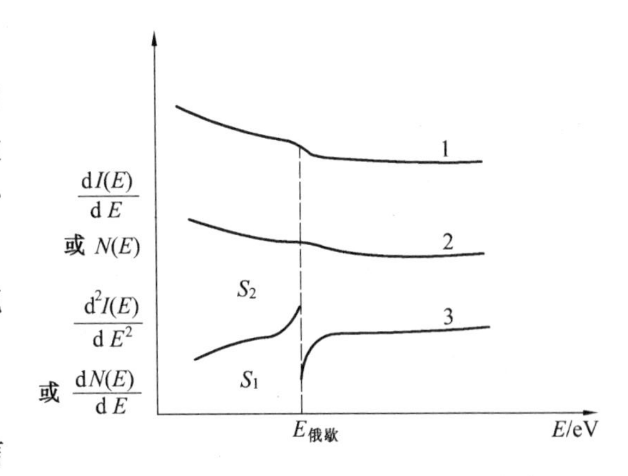

图16.11 接收极信号强度的三种显示方式

为了提高测量灵敏度，我们在直流阻挡电压上叠加一个交流微扰电压 $\Delta U = k\sin\omega t$，典型的情况是 $k = 0.5 \sim 5$ V，$\omega = 1 \sim 10$ kHz。这样，接收极收集的电流信号 $I(E+\Delta E)$（其中 $\Delta E = qU$）也有微弱的调幅变化，用泰勒公式展开为

$$I(E+\Delta E) = I(E) + I'(E)\Delta E + \frac{I''(E)}{2!}\Delta E^2 + \frac{I'''(E)}{3!}\Delta^3 + \cdots$$

其中 $I'(E)$，$I''(E)$，$I'''(E)\cdots$ 是 $I(E)$ 对 E 的一次、二次、三次…微分。当 k 很小时，上式改写为

$$I = I_0 + \left(I'k + \frac{I'''k^3}{8} + \cdots\right)\sin\omega t - \left(\frac{I''k^2}{4} + \frac{I'''k^4}{48} + \cdots\right)\cos 2\omega t + \cdots \approx$$

$$I_0 + I'k\sin\omega t - \frac{I''k^2}{4}\cos 2\omega t$$

利用相敏检波器可以将频率 ω 和 2ω 的信号挑选出来整流并放大，分别给出 $\frac{dI(E)}{dE}$ 或 $\frac{d^2I(E)}{dE^2}$ 随阻挡电压 U 或电子能量 $E = qU$ 的变化曲线，如图16.11中的曲线2或曲线3所示。

由于接收极收集的电流信号 $I(E) \propto \int_E^\infty N(E)dE$，其中 $N(E)$ 是能量为 E 的电子数目，于是我们有

$$N(E) \propto \frac{dI(E)}{dE}$$

所以，曲线2也可以看作是 $N(E)$ 随 E 的变化，即电子数目随能量分布的曲线，在二次电子等产生的较高背景上叠加有微弱的俄歇电子峰。曲线3则是电子能量分布的一次微分 $(dN(E)/dE)$，背景低而峰明锐（典型的相对能量分辨率可达0.3% ~ 0.5%，S/N 比为4 000左右），容易辨认，这是俄歇谱仪常用的显示方式。从俄歇峰的能量可以作元素定性分析，从峰的高度可以得到半定量或定量的分析数据。

(2) 圆筒反射镜分析器（CMA）。1966年出现的一种新型电子能量分析器，见图16.12，已为近代俄歇谱仪所广泛采用。它是由两个同轴的圆筒形电极所构成的静电反射系统，内筒上开有环状的电子入口（E）和出口（B）光阑，内筒和样品接地，外筒接偏转电压 U。两个圆筒的半径分别为 r_1 和 r_2，r_1 典型的为3 cm左右，而 $r_2 = 2r_1$。如果光阑选择的电子发射角为42°18′，则由样品上轰击点 S 发射的，能量为 E 的电子，将被聚焦于距离 S 点为 $L = 6.19r_1$ 的 F 点，并满足关系式

$$E/Uq = 1.31\ \ln\left(\frac{r_1}{r_2}\right) \tag{16.11}$$

连续地改变外筒的偏转电压 U,即可得到 $N(E)$随电子能量分布的谱曲线(同样可进行微分处理)。通常采用电子倍增管作为电子信号的检测器。显然,这是一种“带通滤波器”性质的能量分析装置,因为只有满足式(16.11)的能量为 $E+\Delta E$ 的电子可以聚焦并被检测,ΔE 受到反射镜系统的球差、光阑的角宽度(约为 ±3°)以及杂散电磁场的限制,能量分辨率理论上可达到 0.04%,实际上一般在 0.1% 左右。总的灵敏度可比阻挡场分析器提高 2~3 个数量级。

俄歇谱仪的电子枪常装在圆筒反射镜分析器的内筒腔里,形成同轴系统,而在侧面安放溅射离子枪作样品表面清洁或剥层之用(图 16.12)。

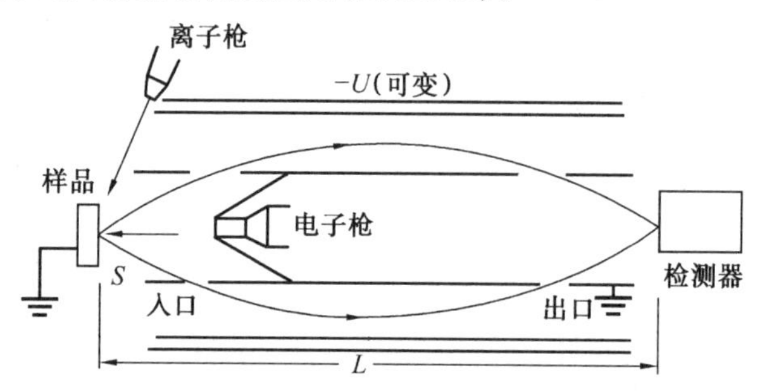

图 16.12 俄歇谱仪所用的圆筒反射镜电子能量分析器

3. 定量分析

目前,利用俄歇电子谱仪进行表面成分的定量分析,精度还比较低,基本上只是半定量的水平。常规的情况下,相对精度仅为 30% 左右。如果能对俄歇电子的有效发射深度估计得较为正确,并足够地考虑到表面以下基底材料的背散射对俄歇电子产额的影响,精度可能提高到与电子探针相近,即约 5%。

显然,微分俄歇能谱曲线(图 16.11 的曲线 3)的峰-峰幅值 S_1S_2 的大小,应是有效激发体积内元素浓度的标志。为了把测量得到的峰-峰幅值 I_A(A 为某元素符号)换算成为它的摩尔分数 C_A,需要采用特定的纯元素标样——银,并通过下式计算,即

$$C_A = I_A / I_{Ag}^0 S_A D_X$$

其中 I_{Ag}^0是纯银标样的峰-峰幅值;S_A 是元素 A 的相对俄歇灵敏度因数,它考虑了电离截面和跃迁几率的影响,可由专门的手册查得;D_X 为一标度因数,当 I_A 和 I_{Ag}^0的测量条件完全相同时,$D_X = 1$。

如果测得俄歇谱中所有存在元素(A,B,C,…,N)的峰-峰幅值,则相对浓度值可由下式计算,即

$$C_A = \frac{I_A/S_A}{\sum_{j=A}^{N}(I_j/S_j)} \tag{16.13}$$

4. 俄歇谱仪的应用

从自由能的观点来看,不同温度和加工条件下材料内部某些合金元素或杂质元素在自由表面或内界面(例如晶界)处发生偏析,以及它们对于材料性能的种种影响,早已为人们所猜测或预料到了。可是,由于这种偏析有时仅仅发生在界面的几个原子层范围以内,在俄歇电子能谱分析方法出现以前,很难得到确凿的实验证据。具有极高表面灵敏性的

俄歇谱仪技术,为成功地解释各种和界面化学成分有关的材料性能特点,提供了极其有效的分析手段。目前,在材料科学领域内,许多金属和合金晶界脆断、蠕变、腐蚀、粉末冶金、金属和陶瓷的烧结、焊接和扩散连接工艺、复合材料以及半导体材料和器件的制造工艺等等,都是俄歇谱仪应用得十分活跃的方面,以下仅举两个例子加以说明。

(1) 压力加工和热处理后的表面偏析。含 Ti 仅 0.5%(摩尔分数)的 18Cr - 9Ni 不锈钢热轧成 0.05 mm 厚的薄片后,俄歇谱仪分析发现,表面 Ti 的浓度大大高于它的平均成分。随后,把薄片加热到 998 K 和 1 118K,Ti 的偏析又稍有增高;当温度提高到 1 373K 时,发现表面层含 Ti 竟高达 40%(摩尔分数)左右;特别是极低能量(28 eV)的 Ti 俄歇峰也被清楚地检测到了,间接地证明在最外表层中确实含有相当多的 Ti 原子。进一步加热到 1 473 K,表面含钛量下降,硫浓度增高,氧消失,而镍、磷和硅出现。

在热处理过程中,金属与气氛之间的界面,由于从两侧发生元素的迁移而成分发生变化。例如,成分为 60Ni - 20Co - 10Cr - 6Ti - 4Al 的镍基合金,在真空热处理前后表面成分很不相同。原始表面沾染元素有 S,Cl,O,C,Na 等;热处理后,表面 Al 的浓度明显增高,而其他基体元素(Ni,Co,Cr 等)的俄歇峰都很小,离子轰击剥层 30 nm 左右后,近似成分为 Al_2O_3。这表明,如果热处理时真空较差,表面铝的扩散和氧化将生成相当厚的氧化铝,可能导致它与其他金属部件焊接时发生困难。

(2) 金属和合金的晶界脆断。钢在 550℃左右回火时的脆性、难熔金属的晶界脆断、镍基合金的硫脆、不锈钢的脆化敏感性、结构合金的应力腐蚀和腐蚀疲劳等等,都是杂质元素在晶界偏析引起脆化的典型例子。引起晶界脆性的元素可能有 S、P、Sb、Sn、As、O、Te、Si、Pb、Se、Cl、I 等,有时它们的平均含量仅为 $10^{-6}\sim10^{-3}$,在晶界附近的几个原子层内浓度竟富集到 $10\sim10^4$ 倍。

为了研究晶界的化学成分,必须在超高真空样品室内用液氮冷却的条件下,直接敲断试样,以便提供未受沾污的原始晶界表面供分析。低温晶间断裂得到的晶界表面俄歇谱如图 16.13 所示。我们看到,在脆性状态(曲线(b)),锑的浓度比平均成分高两个数量级;利用氩离子轰击剥层 0.5 nm 以后,锑的含量即下降 5 倍左右,说明脆性状态下它的晶界

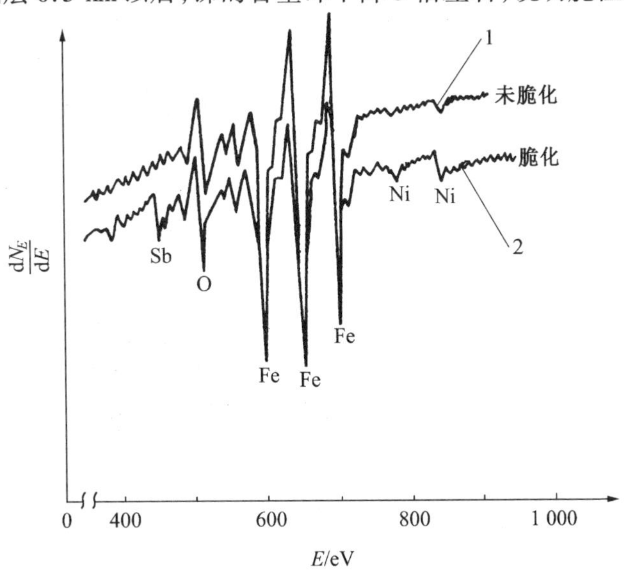

图16.13　合金钢 ω(C) = 0.39%,ω(Ni) = 3.5%,ω(Cr) = 1.6%,ω(Sb) = 0.06% 的俄歇电子能谱曲线,注意正常态和回火脆性状态下 Sb 和 Ni 的双重峰变化

富集层仅为几个原子层的厚度。在未脆化的状态，则晶界上未检测到 Sb 的俄歇峰，如曲线 1 所示。

16.4 场离子显微镜

所有显微成像或分析技术的共同要求是尽量减少同时被检测的样品质量，避免过多的信息被激发和记录，以期提高它的分辨率。在现阶段，把固体内的原子直接分辨成像，可以被认为是一个现实的目标，例如在透射电子显微镜和透射扫描电子显微镜中，利用衍射和位相衬度效应，以及对透射电子的特征能量损失谱分析，显示固体薄膜样品中原子或原子面的图像（晶格像和结构像），以及在适当的基底膜上单个原子的成像等等，均已取得许多重大的进展。由 E. W. Müller 在 20 世纪 50 年代开创的场离子显微镜及其有关技术，则是别具一格的原子直接成像方法，它能清晰地显示样品表层的原子排列和缺陷，并在此基础上进一步发展到利用原子探针鉴定其中单个原子的元素类别。

1. 场离子显微镜的结构

图 16.14 示意地说明了场离子显微镜的结构，它由一个玻璃真空容器组成，平坦的底部内侧涂有荧光粉，用于显示图像。样品一般采用单晶细丝，通过电解抛光得到曲率半径约为 1 00 nm 的尖端，以液氮、液氢或液氦冷却至深低温，减小原子的热振动，使原子的图像稳定可辨。样品接 +（10 ~ 40）kV 高压作为阳极，而容器内壁（包括观察荧光屏）通过导电镀层接地，一般用氧化锡，以保持透明。

仪器工作时，首先将容器抽到 1.33×10^{-6} Pa 的真空度，然后通入压力约 1.33×10^{-1} Pa 的成像气体，例如惰性气体氦。在样品加上足够高的电压时，气体原子发生极化和电离，荧光屏上即可显示尖端表层原子的清晰图像，如图 16.15 所示，其中每一亮点都是单个原子的像。

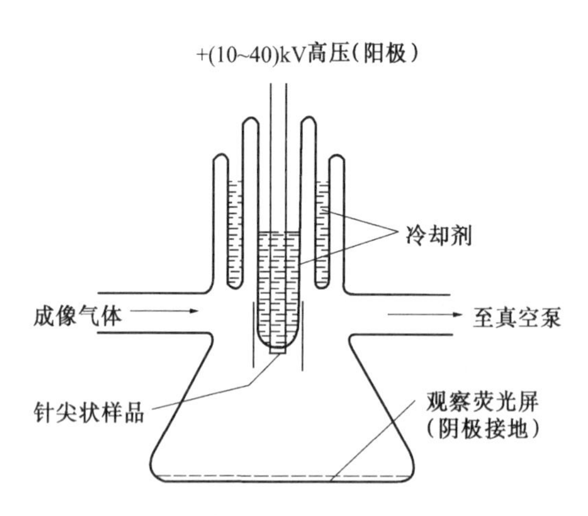

图 16.14 场离子显微镜结构示意图

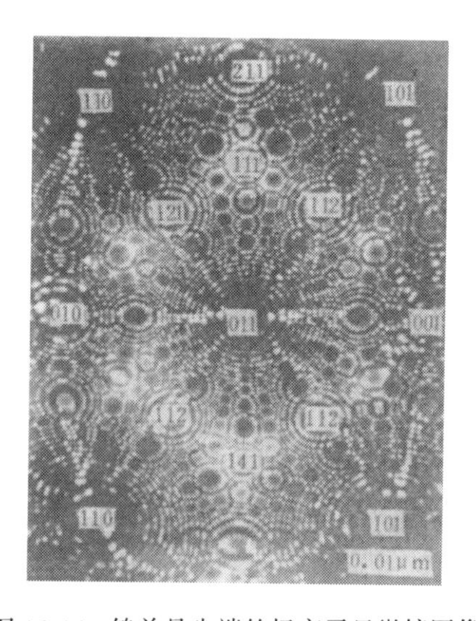

图 16.15 钨单晶尖端的场离子显微镜图像

2.场致电离和原子成像

如果样品细丝被加上数值为 U 的正电位,它与接地的阴极之间将存在一个发散的电场,并以曲率半径 r 极小的尖端表面附近产生的场强为最高,即

$$E \approx U/5r \tag{16.14}$$

当成像气体进入容器后,受到自身动能的驱使会有一部分达到阳极附近,在极高的电位梯度作用下气体原子发生极化,即使中性原子的正、负电荷中心分离而成为一个电偶极子。极化原子被电场加速并撞击样品表面,由于样品处于深低温,所以气体原子在表面经历若干次弹跳的过程中也将被冷却而逐步丧失其能量,如图16.16所示。

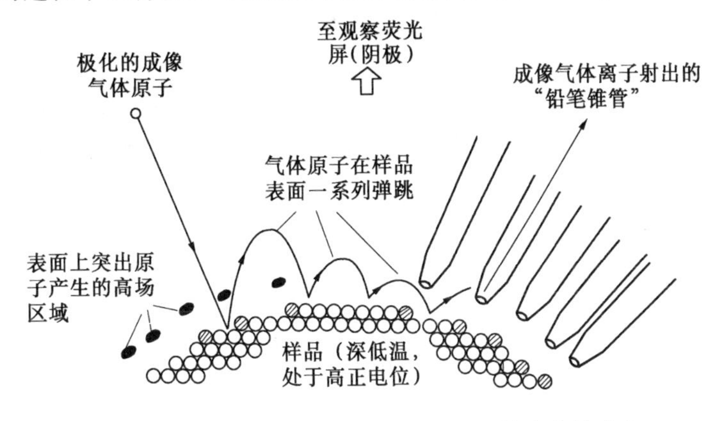

图16.16　场致电离过程和表面上突出原子像亮点的形成

尽管单晶样品的尖端表面近似地呈半球形,可是由于原子单位的不可分性使得这一表面实质上是由许多原子平面的台阶所组成,处于台阶边缘的原子(图16.16中画有阴影的原子)总是突出于平均的半球形表面而具有更小的曲率半径,在其附近的场强亦更高。当弹跳中的极化原子陷入突出原子上方某一距离的高场区域时,若气体原子的外层电子能态符合样品中原子的空能级能态,该电子将有较高的几率通过“隧道效应”而穿过表面位垒进入样品,气体原子则发生场致电离变为带正电的离子。此时,成像气体的离子由于受到电场的加速而径向地射出,当它们撞击观察荧光屏时,即可激发光信号。

显然,在突出原子的高场区域内极化原子最易发生电离,由这一区域径向地投射到观察屏的“铅笔锥管”内,其中集中着大量射出的气体离子,因此图像中出现的每一个亮点对应着样品尖端表面的一个突出原子。

使极化气体电离所需要的成像场强 E_i,主要取决于样品材料、样品温度和成像气体外层电子的电离激发能。几种典型的气体成像场强见表16.2。对于常用的惰性气体氦和氖,$E_i \approx 4\ 00$ MV/cm;根据式(16.14),当 $r = 10 \sim 300$ nm 时,在尖端表面附近产生这样高的场强所需要的样品电位 U 并不很高,仅为 5~50 kV 左右。

表16.2　几种气体的成像场强

气　体	$E_i/(MV \cdot cm^{-1})$	气　体	$E_i/(MV \cdot cm^{-1})$
He	450	Ar	230
Ne	370	Kr	190
H_2	230		

3. 图像的解释

如上所述，场离子显微镜图像中每一亮点，实际上是样品尖端表面一个突出原子的像。由图 16.15 我们看到，整个图像由大量环绕若干中心的圆形亮点环所构成，其形成的机理可由图 16.17 得到解释。设想某一立方晶体单晶样品细丝的长轴方向为[011]，则以[011]为法线方向的原子平面(即(011)晶面)与半球形表面的交线即为一系列同心圆环，它们同时也就是表面台阶的边缘线。因为，图像中同一圆环上亮点，正是同一台阶边缘位置上突出原子的像，而同心亮点环的中心则为该原子平面法线的径向投影极点，可以用它的晶面指数表示。

图 16.17 也画出了另外两个低指数晶向及其相应的晶面台阶。不难看到，平整的观察荧光屏上所显示的同心亮点环中心的位置，就是许多不同指数的晶向投影极点。如果回忆一下晶体学中有关“极射赤面投影图”的概念，我们立即可以理解，两者极点所构成的图形将是完全一致的。所以，对于已知点阵类型的晶体样品，它的场离子图像的解释将是毫不困难的，尽管由于尖端表面不可能是精确的半球形，所得极点图形会有某种程度的畸变，事实上，场离子图像总是直观地显示了晶体的对称性质，据此可以方便地确定样品的晶体学位向和各极点的指数(参看图 16.15)。

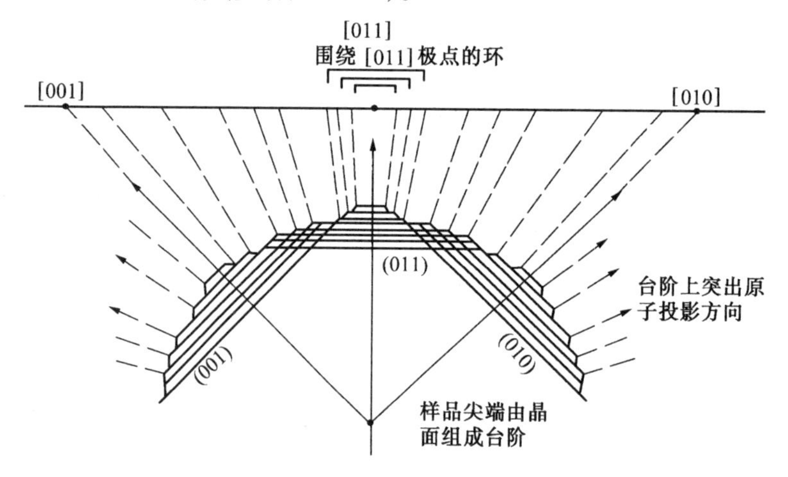

图 16.17　立方单晶体场离子显微镜图像中亮点环的形成及其极点的解释

从图 16.17 我们还可以看到，场离子显微镜图像的放大倍率可简单地表示为

$$M = R/r \tag{16.15}$$

其中 R 是样品至观察屏的距离，典型的数值为 5 ~ 10 cm，所以 M 大约是 10^6 倍。

4. 场致蒸发和剥层分析

在场离子显微镜中，如果场强超过某一临界值，将发生场致蒸发。E_e 叫做临界场致蒸发场强，它主要取决于样品材料的某些物理参数(如结合键强度)和温度。当极化的气体原子在样品表面弹跳时，其负极端总是朝向阳极，因而在表面附近存在带负电的“电子云”对样品原子的拉曳作用，使之电离并通过“隧道效应”或热激活过程穿越表面位垒而逸出，即样品原子以正离子形式被蒸发，并在电场的作用下射向观察屏。某些金属的蒸发场强 E_e 见表 16.3。

表 16.3　某些金属的蒸发场强

金　　属	难熔金属	过渡族金属	Sn	Al
$E_e/(MV\cdot cm^{-1})$	400~500	300~400	220	160

显然,表面吸附的杂质原子将首先被蒸发,因而利用场致蒸发可以净化样品的原始表面。由于表面的突出原子具有较高的位能,总是比那些不处于台阶边缘的原子更容易产生蒸发,它们也正是最有利于引起场致电离的原子。所以,当一个处于台阶边缘的原子被蒸发之后,与它挨着的一个或几个原子将突出于表面,并随后逐个地被蒸发;据此,场致蒸发可以用来对样品进行剥层分析,显示原子排列的三维结构。

为了获得稳定的场离子图像,除了必须将样品深冷以外,表面场强必须保持在低于 E_e 而高于 E_i 的水平。对于不同的金属,通过选择适当的成像气体和样品温度,目前已能实现大多数金属的清晰场离子成像,其中难熔金属被研究得最多。显然,像 Sn 和 Al 这样的金属,稳定成像是困难的。采用较低的气体压强,以适当降低表面"电子云"密度,也许可以缓和场致蒸发,但同时又使像点亮度减弱,曝光时间增长,必须引入高增益的像增强装置。

5. 原子探针

场致蒸发现象的另一应用是所谓"原子探针",可以用来鉴定样品表面单个原子的元素类别,其工作原理如图 16.18 所示。

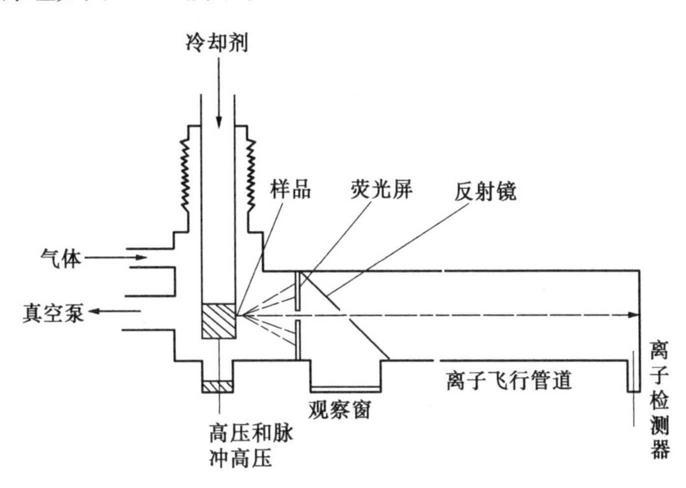

图 16.18　原子探针结构示意图

首先,在低于 E_e 的成像条件下获得样品表面的场离子图像,通过观察窗监视样品位向的调节,使欲分析的某一原子像点对准荧光屏的小孔,它可以是偏析的溶质原子或细小沉淀物相等等。当样品被加上一个高于蒸发场强的脉冲高压时,该原子的离子可被蒸发而穿过小孔到达飞行管道的终端而被高灵敏度的离子检测器所检侧。若离子的价数为 n,质量为 M,则其动能为

$$E_K = nqU = \frac{1}{2}Mv^2$$

其中 U 为脉冲高压。可见,离子的飞行速度取决于离子的质量,如果测得其飞行时间,而样品到检测器的距离为 S(通常长达 1~2 m),则我们由

$$t \approx \frac{S}{v} = S/\sqrt{\frac{2nqU}{M}} \tag{16.16}$$

可以计算离子的质量 M，从而达到原子分辨水平的化学成分分析的目的。

6. 场离子显微镜的应用

场离子显微镜技术的主要优点在于表面原子的直接成像，通常只有其中约10%左右的台阶边缘原子给出像亮点；在某些理想情况下，台阶平面的原子也能成像，但衬度较差。对于单晶样品，图像的晶体学位向特征是十分明显的，台阶平面或极点的指数化纯粹是简单的几何方法。

由于参与成像的原子数量有限，实际分析体积仅约 $10^{-21}\,m^3$，因而场离子显微镜只能研究在大块样品内分布均匀和密度较高的结构细节，否则观察到某一现象的几率有限。例如，若位错的密度为 $10^8\,cm^{-2}$，则在 $10^{-10}\,cm^2$ 的成像表面内将难以被发现。对于结合键强度或熔点较低的材料，由于蒸发场强太低，不易获得稳定的图像。多元合金的图像，常常因为浓度起伏等造成图像的某种不规则性，其中组成元素的蒸发场强也不相同，图像不稳定，分析较困难。此外，在成像场强作用下，样品经受着极高的机械应力（如果 E_i = 47.5 MV/cm，应力高达 10 kN/mm²），可能使样品发生组织结构的变化，如位错形核或重新排列、产生高密度的假象空位或形变孪晶等，甚至引起样品的崩裂。

尽管场离子显微镜技术存在着上述一些困难和限制，由于它能直接给出表面原子的排列图像，在材料科学许多理论问题的研究中，不失为一种独特的分析手段。

(1) 点缺陷的直接观察。空位或空位集合、间隙或置换的溶质原子等等点缺陷，目前还只有场离子显微镜可以使它们直接成像；在图像中，它们表现为缺少一个或若干个聚集在一起的像亮点，或者出现某些衬度不同的像亮点。问题在于很可能出现假象，例如荧光屏的疵点以及场致蒸发，都会产生虚假的空位点；同时，在大约 10^4 个像亮点中发现十来个空位，也不是一件容易的事情，如果空位密度高，又难以计数完全。所以，目前虽不能给出精确的定量信息，但在淬火空位、辐照空位、离子注入等方面，场离子显微镜提供了比较分析的重要资料。

(2) 位错。鉴于前述的困难，场离子显微镜不太可能用来研究形变样品内的位错排列及其交互作用。但是，当有位错在样品尖端表面露头时，其场离子图像所出现的变化却是与位错的模型非常符合的。图16.19中 A 处即为一个位错的露头。本来，理想晶体的表面台阶所产生的图像应是规则的同心亮点环。若台阶平面的倒易矢量为 $\boldsymbol{g}$，由于柏氏矢量为 $\boldsymbol{b}$ 的全位错的存在，法线方向的位移分量将是晶面间距的 $\boldsymbol{g}\cdot\boldsymbol{b}$ 倍；对于低指数晶面，$\boldsymbol{g}\cdot\boldsymbol{b}$ 通常为0、1、2等。于是，台阶边缘突出原子所产生的亮点环变为某种连续的螺旋形线，如图16.19所示，即为 $\boldsymbol{g}\cdot\boldsymbol{b}=1$ 的情况，其节距（台阶高度差）就等于晶面间距的数值。若 $\boldsymbol{g}\cdot\boldsymbol{b}=2$，则是围绕位错露头的双螺旋形线。

(3) 界面缺陷。界面原子结构的研究是场离子显微镜最早的、也是十分成功的应用之一。例如，现有的晶界构造理论在很大程度上依赖于它的许多观察结果，因为图像可以清晰地显示界面两侧原子的排列和位向的关系（精度达 ±2°）。

图16.20是含有一条晶界的场离子图像。显然，它由两个不同位向的单晶体所组成，我们可以看到，晶界两侧原子的配合是十分紧密的，处于晶界内的原子偏离其理想位置的位移，由于分辨率的限制尚无法精确测量。

其他如亚晶界、孪晶界和层错界面等等，场离子显微镜都给出了界面缺陷的许多细节

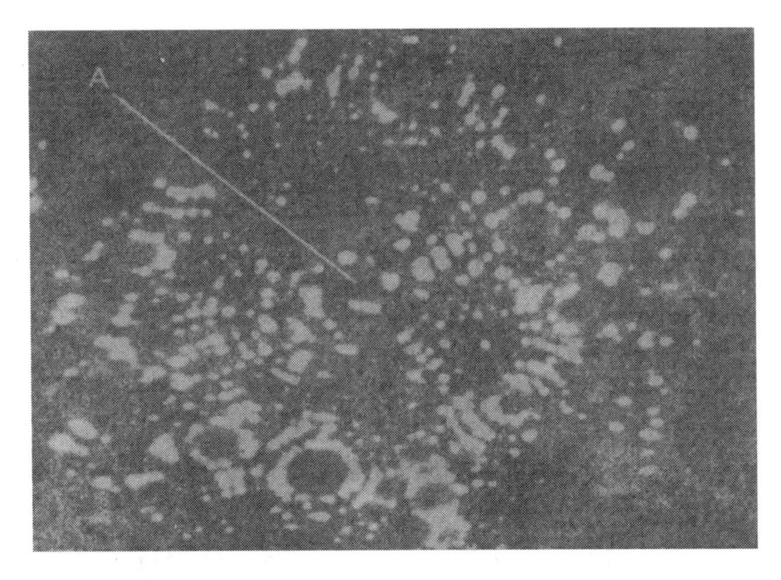

图 16.19　含有位错样品的场离子显微镜图像($\boldsymbol{g}\cdot\boldsymbol{b}=1$)

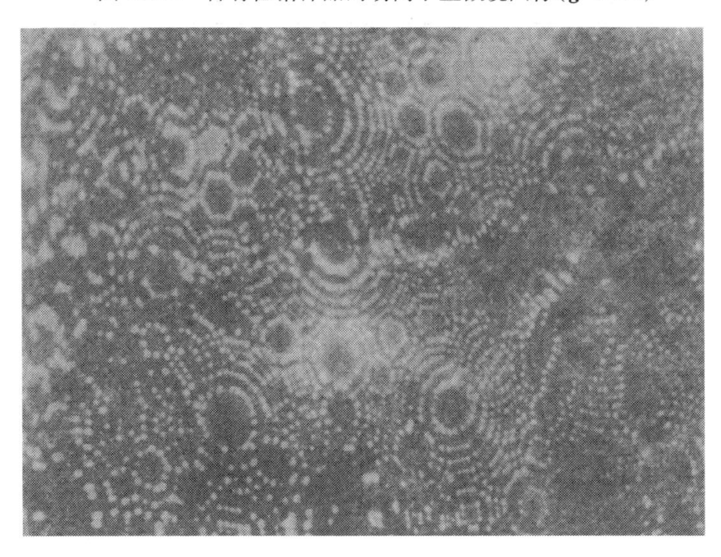

图 16.20　晶界的场离子图像

结构图像。

(4) 合金或两相系。为了在原子分辨的水平上研究沉淀或有序化转变过程,必须区分不同元素的原子类别,显然把原子探针方法应用于这一目的将是十分适宜的,因为单靠像点亮度的差别有时是不一定可靠的。有关无序 - 有序转变中结构的变化,反相畴界的点阵缺陷以及细小的畴尺寸(约 7 nm)的观察,都是非常成功的例子。

铁基和镍基等合金中细小弥散的沉淀相析出的早期阶段,包括它们的形核和粗化,只有利用场离子显微镜才能加以观察;因为在透射电子显微镜中,高密度的细小粒子图像将在深度方向上互相重叠而无法分辨。人们希望这类研究能提高到定量的水平,从而有助于合金设计和相变机理研究方面的进一步发展。

16.5 扫描隧道显微镜(STM)与原子力显微镜(AFM)

1. 扫描隧道显微镜的分辨率及其与其他分析仪器分辨率的比较

STM 是 Gerd Binnig 博士等于 1983 年发明的一种新型表面测试分析仪器。与 SEM、TEM、FIM 相比,STM 具有结构简单、分辨率高等特点,可在真空、大气或液体环境下,在实空间内进行原位动态观察样品表面的原子组态,并可直接用于观察样品表面发生的物理或化学反应的动态过程及反应中原子的迁移过程等。STM 除具有一定的横向分辨率外,还具有极优异的纵向分辨率,STM 的横向分辨率达 0.1 nm,在与样品垂直的 z 方向,其分辨率高达 0.01 nm。由此可见,STM 具有极优异的分辨率,可有效地填补 SEM、TEM、FIM 的不足,而且,从仪器工作原理上看,STM 对样品的尺寸形状没有任何限制,不破坏样品的表面结构。目前,STM 已成功地用于单质金属、半导体等材料表面原子结构的直接观察。

表 16.4 列出了 STM、SEM、TEM、FIM 及 AES 等几种分析测试仪器的特点及分辨率。

表 16.4 常用分析测试仪器的主要特点及分辨率

分析技术	分辨率	工作环境	工作温度	对样品的破坏程度	检测深度
STM	可直接观察原子 横向分辨率:0.1 nm 纵向分辨率:0.01 nm	大气、溶液、真空均可	低温 室温 高温	无	1~2 原子层
TEM	横向点分辨率:0.3~0.5 nm 横向晶格分辨率:0.1~0.2 nm 纵向分辨率:无	高真空	低温 室温 高温	中	等于样品厚度 (<100 nm)
SEM	采用二次电子成像 横向分辨率:1~3 nm 纵向分辨率:低	高真空	低温 室温 高温	小	1 μm
FIM	横向分辨率:0.2 nm 纵向分辨率:低	超高真空	30~80 K	大	原子厚度
AES	横向分辨率:6~10 nm 纵向分辨率:0.5 nm	超高真空	室温 低温	大	2~3 原子层

2. 扫描隧道显微镜(STM)

扫描隧道显微镜的工作原理如图 16.21 所示,图中 A 为具有原子尺度的针尖,B 为被分析样品。STM 工作时,在样品和针尖间加一定电压,当样品与针尖间的距离小于一定值时,由于量子隧道效应,样品和针尖间产生隧道电流。

在低温低压下,隧道电流 I 可近似地表达为

$$I \propto \exp(-2kd) \tag{16.17}$$

上式中,I 表示隧道电流,d 表示样品与针尖间的距离,k 为常数,在真空隧道条件下,k 与有效局部功函数 Φ 有关,可近似表示为

$$k = \frac{2\pi}{h}\sqrt{2m\Phi} \tag{16.18}$$

上式中,m 为电子质量,Φ 为有效局部功函数,h 为普朗克常数。

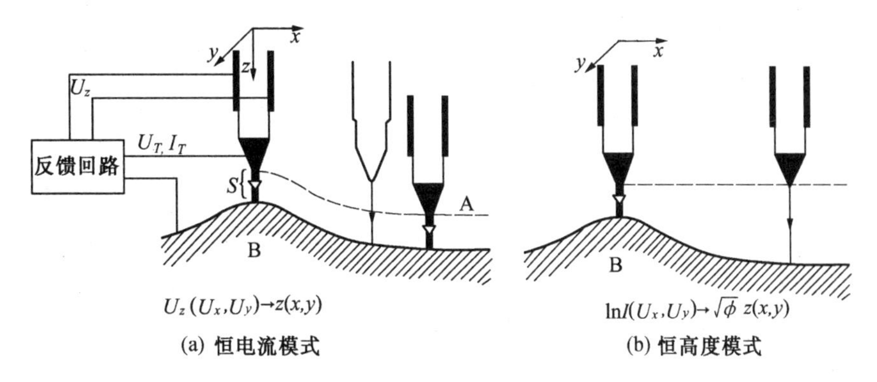

图 16.21　扫描隧道显微镜的工作原理示意图
S—针尖与样品间距；I，U_b—隧道电流和工作偏压；
U_z—控制针尖在 z 方向高度的反馈电压

典型条件下，Φ 近似为 4 eV，$k = 10\ \mathrm{nm}^{-1}$，由式(16.17)算得，当间隙 d 每增加 0.1 nm 时，隧道电流 I 将下降一个数量级。

需要指出，表达式(16.17)是非常近似的。STM 工作时，针尖与样品间的距离一般约为 0.4 nm，此时隧道电流 I 可更准确表达为

$$I = \frac{2\pi q}{h^2}\sum_{\mu\nu} f(E_\mu)[1 - f(E_\nu + qU)] \mid M_{\mu\nu} \mid^2 \delta(E_\mu - E_\nu) \tag{16.19}$$

上式中，$M_{\mu\nu}$ 表示隧道矩阵元，$f(E_\mu)$ 为费米函数，U 为跨越能垒的电压，E_μ 表示状态 μ 的能量，μ、ν 表示针尖和样品表面的所有状态，$M_{\mu\nu}$ 可表示为

$$M_{\mu\nu} = \frac{h^2}{2m}\int \mathrm{d}S \cdot (\Psi_\mu^* \nabla \Psi_\nu - \Psi_\nu^* \nabla \Psi_\mu^*) \tag{16.20}$$

上式中，Ψ 为波函数。

由此可见，隧道电流 I 并非样品表面起伏的简单函数，它表征样品和针尖电子波函数的重叠程度，隧道电流 I 与针尖和样品之间距离 d 以及平均功函数 Φ 之间的关系可表示为

$$I \propto U_\mathrm{b}\exp(-A\Phi^{1/2} d) \tag{16.21}$$

其中 U_b 为针尖与样品之间所加的偏压，Φ 为针尖与样品的平均功函数，A 为常数，在真空条件下，A 近似为 1，根据量子力学的有关理论，由式(16.21)也可算得：当距离 d 减少 0.1 nm 时，隧道电流 I 将增加一个数量级，即隧道电流 I 对样品表面的微观起伏特别敏感。

根据扫描过程中针尖与样品间相对运动的不同，可将 STM 的工作原理分为恒电流模式(图 16.21(a))和恒高度模式(图 16.21(b))。若控制样品与针尖间的距离不变，如图 16.21(a)所示，则当针尖在样品表面扫描时，由于样品表面高低起伏，势必引起隧道电流变化，此时通过一定的电子反馈系统，驱动针尖随样品高低变化而做升降运动，以确保针尖与样品间的距离保持不变，此时针尖在样品表面扫描时的运动轨迹(如图 16.21(a)中虚线所示)，直接反应了样品表面态密度的分布，而在一定条件下，样品的表面态密度与样品表面的高低起伏程度有关，此即恒电流模式。

若控制针尖在样品表面某一水平面上扫描，针尖的运动轨迹如图 16.21(b)所示，则随着样品表面高低起伏，隧道电流不断变化，通过记录隧道电流的变化，可得到样品表面

的形貌图,此即恒高度模式。

恒电流模式是目前 STM 仪器设计时常用的工作模式,适合于观察表面起伏较大的样品;恒高度模式适合于观察表面起伏较小的样品,一般不能用于观察表面起伏大于 1 nm 的样品。但是,恒高度模式下,STM 可进行快速扫描,而且能有效地减少噪音和热漂移对隧道电流信号的干扰,从而获得更高分辨图像。

扫描隧道显微镜的主要技术问题在于精密控制针尖相对于样品的运动,目前,常用 STM 仪器中针尖的升降、平移运动均采用压电陶瓷控制,利用压电陶瓷特殊的电压、位移敏感性能,通过在压电陶瓷材料上施加一定电压,使压电陶瓷制成的部件产生变形,并驱动针尖运动,只要控制电压连续变化,针尖就可以在垂直方向或水平面上做连续的升降或平移运动,其控制精度要求达到 0.001 nm。

图 16.22 给出 CO 在 Pt(111)面吸附后表面重构的 STM 像。可以看出,其横向分辨率已达到目前高档高分辨电镜的水平,纵向分辨率也有显著改善。

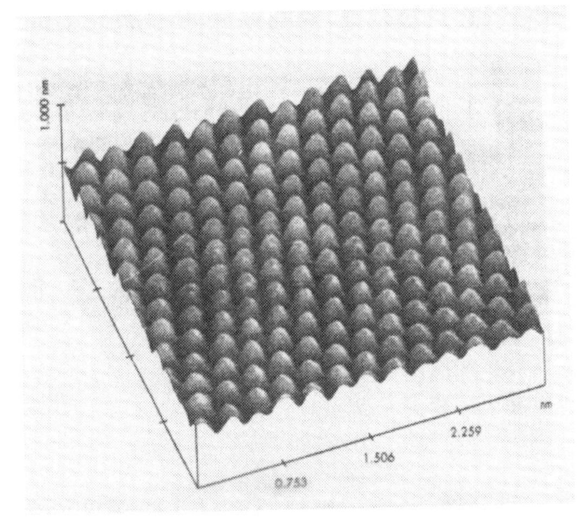

(a) Pt(111)(2×2) - CO 重构表面

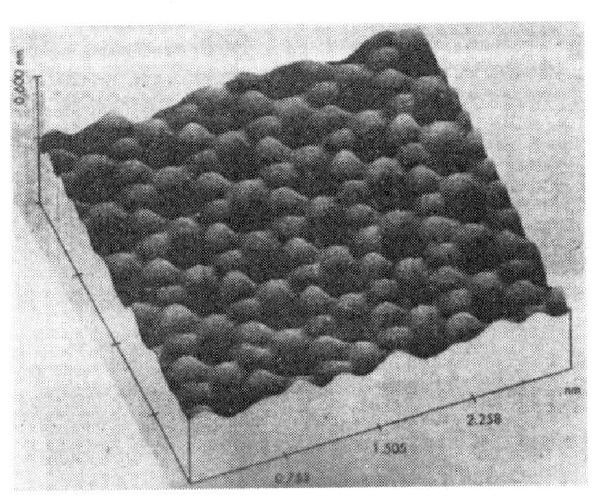

(b) Pt(111)(2×2) - CO 表面上 CO 转变为 CO_2

图 16.22 CO 在 Pt(111)面上吸附后重构像

3. 原子力显微镜(AFM)

扫描隧道显微镜不能测量绝缘体表面的形貌。1986 年 G. Binnig 提出原子力显微镜的概念,它不但可以测量绝缘体表面形貌,达到接近原子分辨,还可以测量表面原子间的力,测量表面的弹性、塑性、硬度、粘着力、摩擦力等性质。

AFM 的原理接近指针轮廓仪(stylus profilometer),但采用 STM 技术。指针轮廓仪利用针尖(指针),通过杠杆或弹性元件把针尖轻轻压在待测表面上,使针尖在待测表面上作光栅扫描,或针尖固定,表面相对针尖作相应移动,针尖随表面的凹凸作起伏运动,用光学或电学方法测量起伏位移随位置的变化,于是得到表面三维轮廓图。指针轮廓仪所用针尖的半径约为 1 μm,所加弹力(压力)在 $10^{-2} \sim 10^{-5}$ N,横向分辨率达 100 nm,纵向分辨率达 1 nm,而 AFM 利用 STM 技术,针尖半径接近原子尺寸,所加弹力可以小至 10^{-10} N,在空气中测量,横向分辨达 0.15 nm,纵向分辨达 0.05 nm。

力的测量通常用弹性元件或杠杆。对弹性元件或杠杆有

$$F = S \cdot \Delta z \tag{16.22}$$

F 是所施加的力,Δz 是位移,S 是弹性系数。知道 S,测出 Δz,即可算出力。

为要测量小的力，S 和 Δz 都必须很小。在减小 S 时，测量系统的谐振频率 f_d 降低，因 $f_d=\frac{1}{2\pi}\sqrt{\frac{S}{M}}$。如 f_d 低，振动影响将较大。因此，在降低 S 的同时必需降低 M。由于微细加工技术的进步，要制作 S 和 M 都很小的杠杆或弹性元件是可能的，如图 16.23 中所用的是由 Au 箔做的微杠杆，质量为 10^{-10} kg，谐振频率 $f_d=2$ kHz，从上面公式算出 $S=2\times10^{-2}$ N/m。在 AFM 中，利用 STM 测量微杠杆的位移，Δz 可小至 $10^{-3}\sim10^{-5}$ nm，因此用 AFM 测量最小力的量级为

$$F=S\cdot\Delta z=2\times10^{-2}\ N/m\times(10^{-12}\sim10^{-14})m=2\times(10^{-14}\sim10^{-16})\ \mathrm{N}$$

图 16.23 给出 Binnig 1986 年提出的 AFM 的结构原理图，有两个针尖和两套压电晶体控制机构。B 是 AFM 的针尖，C 是 STM 的针尖，A 是 AFM 的待测样品，D 是微杠杆，又是 STM 的样品。E 是使微杠杆发生周期振动的调制压电晶体，用于调制隧道结间隙。当隧道结间隙用交流调制时，利用选放最小可测位移 Δz 可小至 10^{-5} nm。

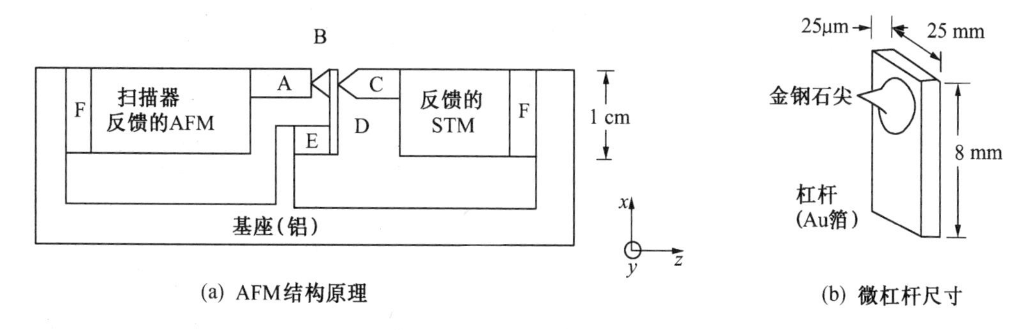

(a) AFM结构原理　(b) 微杠杆尺寸

图 16.23　AFM 结构原理图

测量针尖和样品表面之间的原子力的方法如下：先使样品 A 离针尖 B 很远，这时杠杆位于不受力的静止位置，然后使 STM 针尖 C 靠近杠杆 D，直至观察到隧道结电流 I_{STM}，使 I_{STM} 等于某一固定值 I_0，并开动 STM 反馈系统使 I_{STM} 自动保持在 I_0 数值，这时由于 B 处在悬空状态，电流信号噪声很大。然后使 AFM 样品 A 向针尖 B 靠近，当 B 感受到 A 的原子力时，B 将稳定下来，STM 电流噪声明显减小。设样品表面势能和表面力的变化如图 16.24 所示，在距离样品表面较远时表面力是负的（负力表示吸引力），随着距离变近，吸引力先增加然后减小直至降到零。当进一步减小距离时，表面力变正（排斥力），并且表面力随距离进一步减小而迅速增加。如果表面力是这种性质，则当样品 A 向针尖 B 靠近时，B 首先感到 A 的吸力，B 将向左倾，STM 电流将减小，STM 的反馈系统将使 STM 针尖向左移动 Δz 距离，以保持 STM 电流不变，从 STM 的 P_z 所加电压的变化，即可知道 Δz，知道 Δz 后，从虎克定律即知样品表面对杠杆针尖的吸力 F，因为 $F=-S\Delta z$，S 是杠杆的弹性系数。样品继续右移，表面对针尖 B 的吸力增加，到吸力最大值时，杠杆 D 的针尖向左偏移（从 STM 感觉到 Δz）亦达到最大值。样品进一步右移时，表面吸力减小，位移 Δz 减小，直至样品和针尖 B 的距离相当于 z_0 时，表面力 $F=0$，杠杆回到原位（未受力

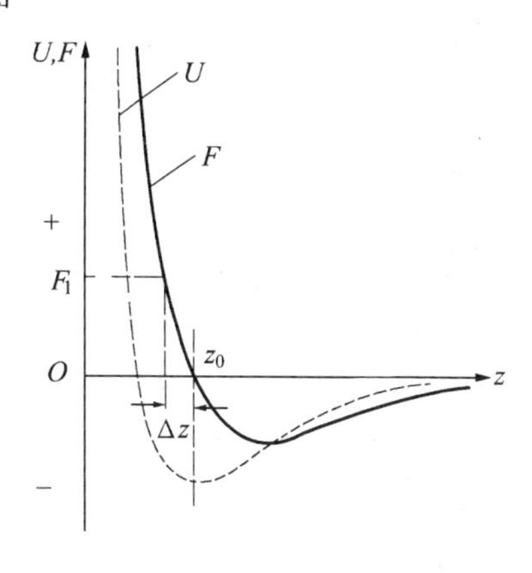

图 16.24　样品表面势能 U 及表面力 F 随表面距离 z 变化的曲线

的情况)。样品继续右移,针尖 B 感受到的将是排斥力,即杠杆 D 将后仰,总之,样品和针尖 B 之间的相对距离可由 AFM 的 P_z(控制 z 向位移的压电陶瓷)所加的电压和 STM 的 P_z 所加的电压确定,而表面力的大小和方向则由 STM 的 P_z 所加的电压的变化来确定。这样,我们就可求出针尖 B 的顶端原子感受到样品表面力随距离变化的曲线。当然,以上的分析是在不考虑 STM 针尖和微杠杆之间原子力的条件下作出的。

以上我们未考虑针尖或样品在力的作用下的变形。假如针尖 B 是硬度很高的材料(如金刚石),现要测量 AFM 样品的弹性或塑性变形随力的变化。在针尖与样品距离达到 z_0 以后,再进一步靠近,如果样品 A 是理想的弹性材料,则当 $|\Delta z|$ 增加时,排斥力 F 增加,F 和针尖进入样品的深度(即 $|\Delta z|$),有如图 16.25(a)所示的形状。但是当样品退回、$|\Delta z|$ 从大变小时,力 F 应按原曲线变小直至变至零,这是理想弹性材料的弹性变形。对于另一个极端,在针尖进入样品一定深度后,当样品 A 稍微回撤时,力 F 即降至零,这是理想的塑性材料。由此可测量材料的弹性、塑性、硬度等性质,即 AFM 可用作纳米量级的"压痕器"(nanoindentor)。

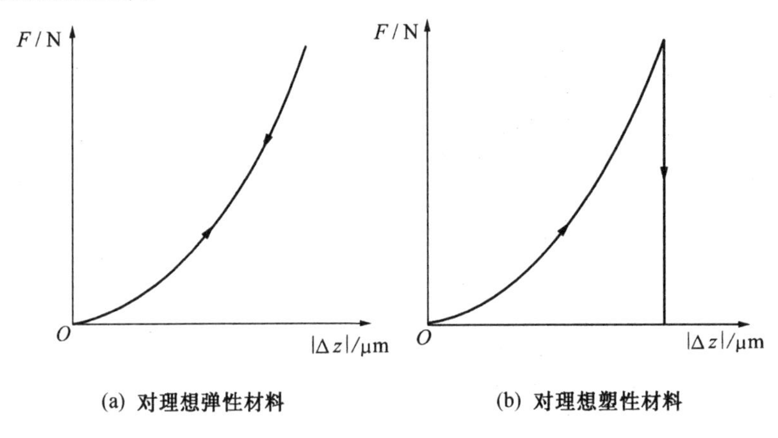

(a) 对理想弹性材料　　(b) 对理想塑性材料

图 16.25 针尖和样品作用力与针尖进入样品深度的关系

利用 AFM 测量样品(包括绝缘体)的形貌或三维轮廓图的方法如下。使 AFM 针尖工作在排斥力 F_1 状态(参看图 16.24),这时针尖相对零位向右移动 Δz_1 距离。此后保障 STM 的 P_z 固定不变,并沿 x(和 y)方向移动 AFM 样品,如样品表面凹下,则杠杆向左移动,于是 STM 的电流 I_{STM}减小,I_{STM}控制的放大器立即使 AFM 的 P_I 推样品向右移动以保持I_{STM}不变,即用 I_{STM}反馈控制 AFM 的 P_z 以保护 I_{STM}不变。这样,当 AFM 样品相对针尖 B 作(x,y)方向光栅扫描时,记录 AFM 的 P_z 随位置的变化,即得样品表面形貌的轮廓图。

AFM 尚有其他工作模式,此项技术正在发展中。

16.6 X 射线光电子能谱仪

1. X 射线光电子能谱的测量原理

"X 射线光电子能谱(X - ray Photoelectron Spectroscopy,简称 XPS)"也就是"化学分析用电子能谱(Electron Spectroscopy for Chemical Analysis,简称 ESCA)",它是目前最广泛应用的表面分析方法之一,主要用于成分和化学态的分析。

用单色的 X 射线照射样品,具有一定能量的入射光子同样品原子相互作用,光致电离产生了光电子,这些光电子从产生之处输运到表面,然后克服逸出功而发射,这就是 X 射线光电子发射的三步过程。用能量分析器分析光电子的动能,得到的就是 X 射线光电子能谱。

根据测得的光电子动能可以确定表面存在什么元素以及该元素原子所处的化学状态,这就是 X 射线光电子谱的定性分析。根据具有某种能量的光电子的数量,便可知道某种元素在表面的含量,这就是 X 射线光电子谱的定量分析。为什么得到的是表面信息呢? 这是因为:光电子发射过程的后两步,与俄歇电子从产生处输运到表面然后克服逸出功而发射出去的过程是完全一样的,只有深度极浅范围内产生的光电子,才能够能量无损地输运到表面,用来进行分析的光电子能量范围与俄歇电子能量范围大致相同。所以和俄歇谱一样,从 X 射线光电子谱得到的也是表面的信息,信息深度与俄歇谱相同。

如果用离子束溅射剥蚀表面,用 X 射线光电子谱进行分析,两者交替进行,还可得到元素及其化学状态的深度分布,这就是深度剖面分析。

X 射线电子能谱仪、俄歇谱仪和二次离子谱仪是三种最重要的表面成分分析仪器。X 射线光电子能谱仪的最大特色是可以获得丰富的化学信息,三者相比,它对样品的损伤是最轻微的,定量也是最好的。它的缺点是由于 X 射线不易聚焦,因而照射面积大,不适于微区分析。不过近年来这方面已取得一定进展,分析者已可用约 100 μm 直径的小面积进行分析。最近英国 VG 公司制成可成像的 X 射线光电子谱仪,称为“ESCASCOPE”,除了可以得到 ESCA 谱外,还可得到 ESCA 像,其空间分辨率可达到 10 μm,被认为是表面分析技术的一项重要突破。X 射线光电子能谱仪的检测极限与俄歇谱仪相近,这一性能不如二次离子谱仪。

X 射线光电子能谱的测量原理很简单,它是建立在 Einstein 光电发射定律基础之上的,对孤立原子,光电子动能 E_K 为

$$E_K = h\nu - E_b \tag{16.23}$$

这里 $h\nu$ 是入射光子的能量,E_b 是电子的结合能。$h\nu$ 是已知的,E_K 可以用能量分析器测出,于是 E_b 就知道了。同一种元素的原子,不同能级上的电子 E_b 不同,所以在相同的 $h\nu$ 下,同一元素会有不同能量的光电子,在能谱图上,就表现为不止一个谱峰。其中最强而又最易识别的,就是主峰,一般当然用主峰来进行分析。不同元素的主峰,E_b 和 E_K 不同,所以用能量分析器分析光电子动能,便能进行表面成分分析。

对于从固体样品发射的光电子,如果光电子出自内层,不涉及价带,由于逸出表面要克服逸出功 φ_s,所以光电子动能为

$$E_K = h\nu - E_b - \varphi_s \tag{16.24}$$

这里 E_b 是从费密能级算起的。

实际用能量分析器分析光电子动能时,分析器与样品相连,存在着接触电位差($\varphi_A - \varphi_s$),于是进入分析器光电子动能为

$$E_K = h\nu - E_b - \varphi_s - (\varphi_A - \varphi_s) = h\nu - E_b - \varphi_A \tag{16.25}$$

式中 φ_A 是分析器材料的逸出功。

这些能量关系可以很清楚地从图 16.26 看出。在 X 射线光电子谱中,电子能级符号

以 nl_j 表示，例如 $n=2, l=1$(即 p 电子)，$j=3/2$ 的能级，就以 $2p_{3/2}$表示。$1s_{1/2}$一般就写成 $1s$。图 16.26 表示 $2p_{3/2}$光电子能量，为清楚起见，其他内层电子能级及能带均未画出。

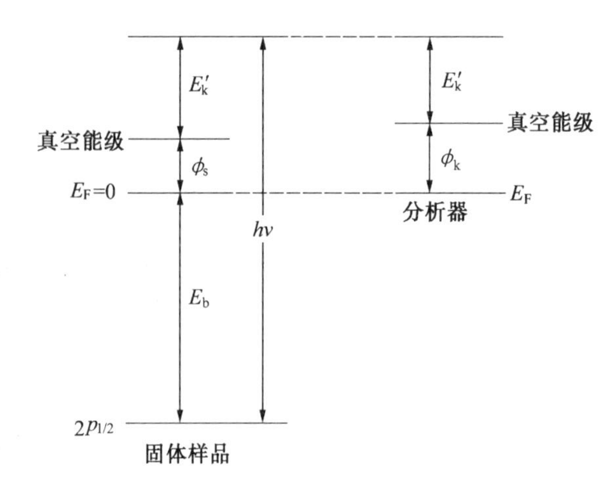

图 16.26 从固体发射的 $2p_{3/2}$二光电子能量，E_F 是费密能级

在式(16.25)中，如 $h\nu$ 和 φ_A 已知，测 E_K 可知 E_b，便可进行表面分析了。X 射线光电子谱仪最适于研究内层电子的光电子谱，如果要研究固体的能带结构，则利用紫外光电子能谱仪(Ultraviolet Photoelectron Spectroscopy，简称 UPS)更为合适。

根据如上所述的基本工作原理，可以得出 X 射线光电子能谱仪最基本的原理方框图如图 16.27 所示。

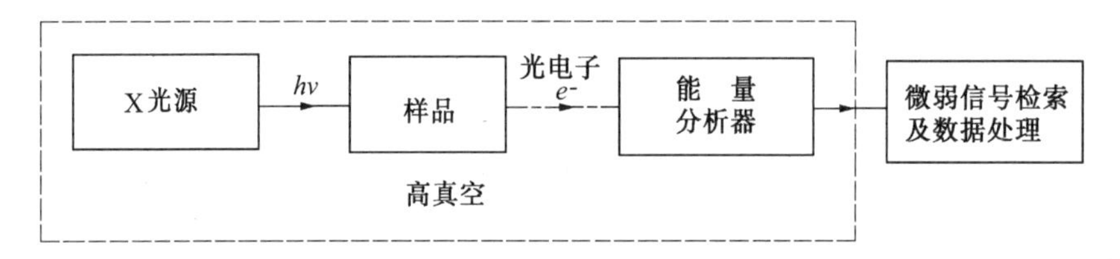

图 16.27 X 射线光电子能谱仪原理方框图

常用的 X 射线源有两种，一是利用 Mg 的 K_α 线，一是 Al 是 K_α 线。它们的 K_α 双线之间的能量间隔很近，因此 K_α 双线可认为是一条线。MgK_α 线能量为 1 254 eV，线宽 0.7 eV; AlK_α 线能量为 1 486 eV，线宽 0.9 eV。Mg 的 K_α 线稍窄一些，但由于 Mg 的蒸气压较高，用它作阳极时能承受的功率密度比 Al 阳极低。这两种 X 射线源所得射线线宽还不够理想，而且除主射线 K_α 线外，还产生其他能量的伴线，它们也会产生相应的光电子谱峰，干扰光电子谱的正确测量。此外，由于 X 射线源的韧致辐射还会产生连续的背底。用单色器可以使线宽变得更窄，且可除去 X 射线伴线引起的光电子谱峰，以及除去因韧致辐射造成的背底。不过，采用单色器会使 X 射线强度大大削弱。不用单色器，在数据处理时用卷积也能消除 X 射线线宽造成的谱峰重叠现象。测量小的化学位移，可采用以上两种方法的一种。

X 射线光电子谱仪所采用的能量分析器，主要是带预减速透镜的半球或接近半球的球偏转分析器 SDA，其次是具有减速栅网的双通筒镜分析器 CMA，因源面积较大而且能量分辨要求高，用前者比较合适。能量分析器的作用是把从样品发射出来的、具有某种能量的光电子选择出来，而把其他能量的电子滤除。对于以上两种能量分析器，选取的能量与加到分析器的某个电压成正比，控制电压就能控制选择的能量。如果加的是扫描电压，便可依次选取不同能量的光电子，从而得到光电子的能量分布，也就是 X 射线光电子能谱。采用预减速时，有两种扫描方式。一种是固定分析器通过(透射)能量方式(CAT 方式)，不管光电子能量是多少，都被减到一个固定的能量再进入分析部分；另一种是固定减速比方式(CRR)，光电子能量按一固定比例减小，然后进入分析部分。

X 射线光电子谱的背底不像俄歇谱那样强大，因此不用微分法，而是直接测出能谱曲线。由于信号电流非常微弱，大约在 $1\sim10^5$ cps 范围内，因此用脉冲记数法测量。与俄歇谱相比，分析速度较慢。电子倍增器一般采用通道电子倍增器，大体上能较好地满足要求。近年来各厂家在新的 X 射线光电子能谱仪中采用了位置灵敏检测器(PSD)，明显地提高了信号强度。

X 射线光电子能谱的检测极限受限于背底和噪声。X 射线照射样品产生的光电子在输运到表面的过程中受到非弹性散射损失部分能量后，就不再是信号而成为背底。对于性能良好的 X 射线光电子谱仪，噪声主要是信号与背底的散粒噪声。所以，X 射线光电子谱的背底和噪声与被测样品有关。一般说来，检测极限大约为 0.1%。采用位置灵敏检测器能检测含量更微的元素，但设备较复杂，价格较高。

2. 化学位移

因原子所处的化学环境不同，使内层电子结合能发生微小变化，表现在 X 射线光电子谱上，谱峰位置发生微小的移动，这就是 X 射线光电子谱的化学位移。这里所指的化学环境，一是指所考虑的原子的价态，一是指在形成化合物时，与所考虑原子相结合的其他原子的情况。

(1) 实验结果所反映出来的化学位移规律。

① 氧化价态越高，结合能越大。例如：金属 Be 在 1.33×10^{-3} Pa 下蒸发到基片上，Al K_α 线照射下 Be 的 1s 光电子谱如图 16.28(a)所示。如将样品在空气中加热，使金属 Be 完全氧化，所得谱图如图 16.28(b)所示。如在蒸发 Be 样品的同时用锆作还原剂阻止氧化，则所得光电子谱图如图 16.28(c)所示。对比这三张 Be 的 1s 光电子谱，很容易看出，BeO 中 Be 的 1s 电子结合能比纯 Be 中 Be 的 1s 电子结合能要高大约 2.9 eV。

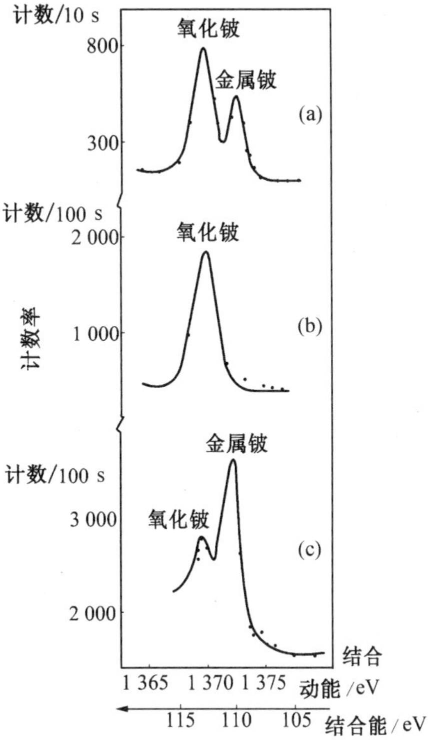

图 16.28 Be 和 1s 电子的光电子能谱图(用 Al K_α 射线激发)

② 与所考虑原子相结合的原子，其元素电负性越高，结合能也越大。电负性反映原子在结合时吸引电子能力的相对强弱。仍以 Be 的 1s 光电子谱为例。图 16.29 给出了 BeO 和 BeF_2 中 Be 的 1s 光电子谱峰的相对位置。尽管在这两种化合物中，铁都是正二价的，但是由于氟的电负性比氧的电负性高，在 BeF_2 中的 Be 的 1s 电子结合能就要大一些。

另一个典型的例子是三氟醋酸乙酯，它有四个碳原子，与每个碳原子结合的原子不同，所以出现四个 C 的 1s 光电子谱峰，如图 16.30 所示。每个谱峰面积相同，根据电负性由大到小的次序 F、O、C、H，可以判断每个谱峰对应着结构式中哪一个碳原子。

在不同的化合物中，化学位移究竟是多少？这个问题目前是靠实验解决的。已有大量实验数据，收集在 Perkin－Elmer 公司的 X 射线光电子谱手册中，可供查用。从 Li 以上各种元素都有这样一张“化学位移表”。

(2) 化学位移的理论计算。至于化学位移的理论计算，也取得很大进展。一种方法是假设某种模型进行计算,有几种不同的模型,每种模型都能解释一些现象,符合一部分实验结果,但又不符合另一些实验结果。主要有古典模型和分子电位模型。另一方法是严格的理论计算,只能算一些简单的分子。

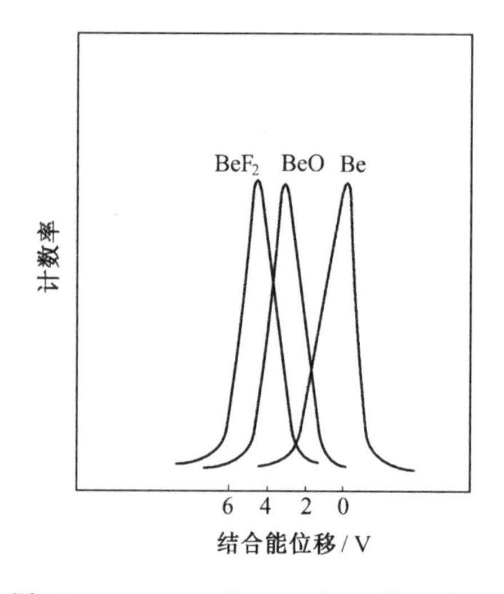

图 16.29 Be,BeO 和 BeF_2 中 Be 的 1s 光电子谱峰位移

3. 定性分析与俄歇峰的利用

根据测量所得光电子谱峰位置,可以确定表面存在哪些元素以及这些元素存在于什么化合物中,这就是定性分析。定性分析可借助于手册进行,最常用的手册就是 Perkin - Elmer 公司的 X 射线光电子谱手册。在此手册中有在 MgK_α 和 AlK_α 照射下从 Li 开始各种元素的标准谱图,谱图上有光电子谱峰和俄歇峰的位置,还附有化学位移的数据。图 16.31(a)、(b)就是 Cu 的标准谱图。对照实测谱图与标准谱图,不难确定表面存在的元素及其化学状态。

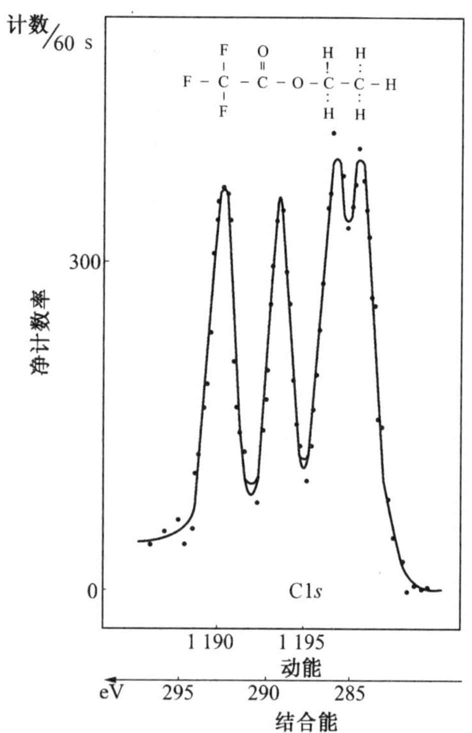

图 16.30 在 AlK_α 照射下三氟醋酸乙酯 C 1s 光电子谱(从左到右四个谱峰对应着结构式中从左到右四个碳原子)

定性分析所利用的谱峰,当然应该是元素的主峰(也就是该元素最强最尖锐的峰)。有时会遇到含量少的某元素主峰与含量多的另一元素的非主峰相重叠的情况,造成识谱的困难。这时可利用“自旋 - 轨道耦合双线”,也就是不仅看一个主峰,还看与其 n,l 相同但 j 不同的另一峰,这两峰之间的距离及其强度比是与元素有关的,并且对于同一元素,两峰的化学位移又是非常一致的,所以可根据两个峰(双线)的情况来识别谱图。

伴峰的存在与谱峰的分裂会造成识谱的困难,因此要进行正确的定性分析,必须正确鉴别各种伴峰及正确判定谱峰分裂现象。

一般进行定性分析首先进行全扫描(整个 X 射线光电子能量范围扫描),以鉴定存在的元素,然后再对所选择的谱峰进行窄扫描,以鉴定化学状态。在 XPS 谱图里,C 1s,O 1s,C(KLL),O(KLL)的谱峰通常比较明显,应首先鉴别出来,并鉴别其伴线。然后由强到弱逐步确定测得的光电子谱峰,最后用“自旋 - 轨道耦合双线”核对所得结论。

在 XPS 中,除光电子谱峰外,还存在 X 射线产生的俄歇峰。对某些元素,俄歇主峰相当强也比较尖锐。俄歇峰也携带着化学信息,如何合理利用它是一重要问题。

C. D. Wagner 联合利用光电子谱峰和俄歇峰,对一部分元素进行化学位移的测量,简单介绍如下。

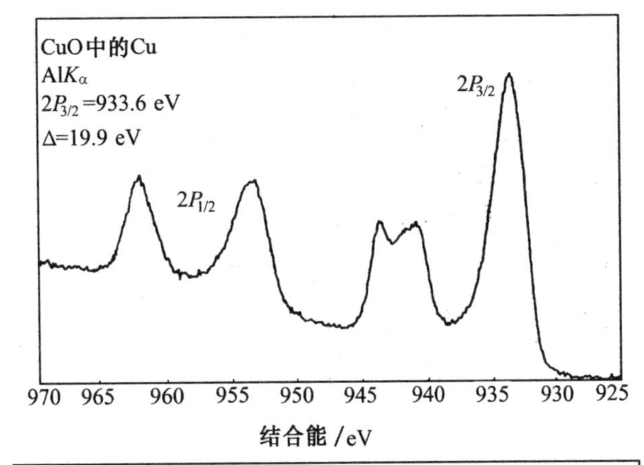

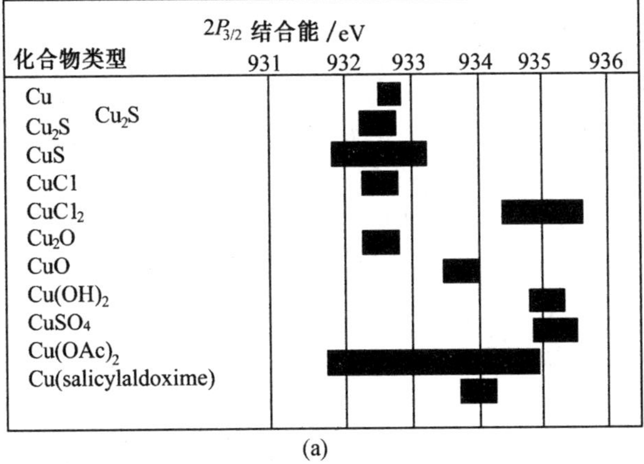

(a)

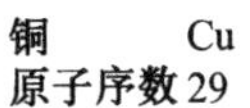

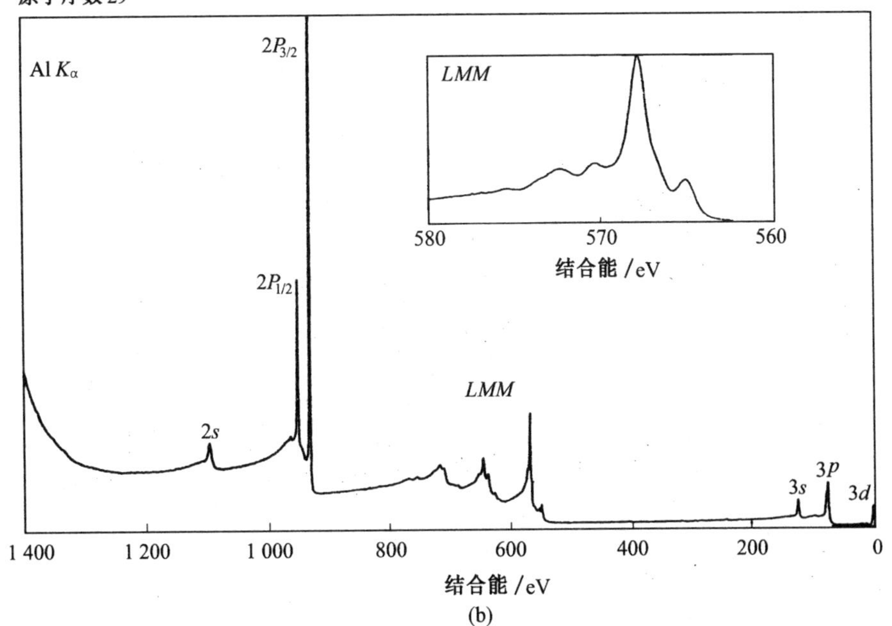

(b)

图 16.31　(a) Cu 的 X 射线光电子谱主峰及化学位移表和(b)Cu 的俄歇线

C. D. Wagner 引进了一个新的参数：俄歇参数 α，定义为

$$\alpha = E_A - E_p \tag{16.26}$$

此处 E_p 是光电子主峰的能量，而 E_A 则是一个最强最窄的俄歇峰的能量。

我们知道

$$E_p = h\nu - E_b \tag{16.27}$$

所以

$$\alpha = E_A + E_b - h\nu \tag{16.28}$$

$$h\nu + \alpha = E_A + E_b$$

由于结合能定标的误差和荷电效应，结合能的测定是有一定误差的。当光电子谱峰的化学位移很小时，测量化学位移有困难，测得的结果是不可靠的。然而俄歇参数 α 却不受定标误差和荷电效应的影响，这误差对于俄歇电子能量的影响和对于光电子能量的影响是完全一样的，因而互相抵消。如果把 $h\nu + \alpha$ 定义为改进的俄歇参数 α'，则 α' 不仅不受定标误差和荷电效应的影响，而且也与 X 射线光子能量 $h\nu$ 无关，并且总是一个正数。不同的化学环境，造成光电子谱峰和俄歇峰的微小位移，因而也造成 α 或 α' 的微小变化，所以 α 或 α' 又是反映化学位移的一个量。

C.D. Wagner 用化学状态区域图来表示 α 或 α' 与化学环境的关系。图 16.32 是 Cu 的化学状态区域图。图中横坐标是 Cu 的 $2p_{3/2}$ 结合能，纵坐标是 Cu 的 L_3VV 俄歇电子动能。

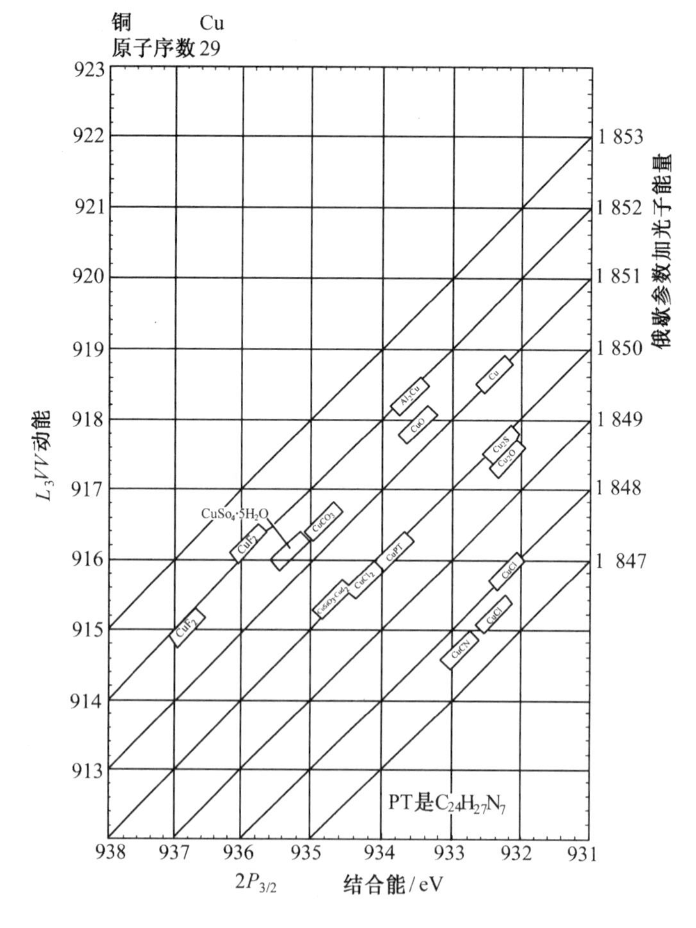

图 16.32 Cu 的化学状态区域图

等 α' 线($\alpha' = \alpha + h\nu$)是与坐标轴成45°角的一系列斜线。由于光电子能量与俄歇电子能量测量有误差,因此对各种化合物都有一定的误差范围,在图上用矩形方框表示。

由图可见,对于 Cu 仅利用光电子谱线是难以区别化学环境的。例如,Cu、Cu_2S、Cu_2O 和 CuCl 的 Cu,仅根据 $2p_{3/2}$光电子结合能是难以区分的。但是如果再利用俄歇线,根据 α 的不同,是可以清楚地分开的。对于光电子谱峰化学位移比较小而俄歇峰化学位移比较显著的元素,利用化学状态区域图是很有利的,在 X 射线光电子谱手册中,有 9 种元素(F,Na,Cu,Zn,As,Cd,In 和 Te)的标准谱图上附有化学状态区域图。

4.定量分析

本节着重讨论定量分析。X 射线光电子谱与俄歇谱的定量分析有不少共同之处,所以这里可讨论得简单些。XPS 定量分析主要采用灵敏度因子法,本节只讨论这种方法。

定量分析的任务是根据光电子谱峰强度,确定样品表面元素的相对含量。光电子谱峰强度可以是峰的面积,也可以是峰的高度,一般用峰的面积,可以更精确些。计算峰的面积要正确地扣除背底。元素的相对含量可以是试样表面区域单位体积原子数之比 $\frac{n_i}{n_j}$,也可以是某种元素在表面区域的原子浓度 $C_i = \frac{n_i}{\sum_j n_j}$($j$ 包括 i)。

首先求光电子谱峰所包含的电流 I。设在“表面区域”内(大约 $3\lambda\cos\theta$ 深度范围内)各元素密度均匀,即各 n 不变,并设在此深度范围内 X 射线强度保持不变,则 I 的一般表示式为

$$I = qAfn\sigma y\lambda\theta T \tag{16.29}$$

式中　q——电子电荷;

A——被检测光电子的发射面积;

f——X 射线的通量,单位是每秒单位面积多少光子,所以 Af 就相当于俄歇谱中的 $\frac{I_p}{q}$;

n——原子密度,即单位体积原子数;

σ——一个原子特定能级的光电离截面,这个能级上的一个电子光致电离发射出去;

λ——平均自由程;

θ——角度因子,它与 X 射线入射方向及接收光电子的方向有关;

y——产生额定能量光电子的光电过程的效率,如果某能级的一个电子光电离成为光电子,因某种原因(如振激、振离等)光电子能量受到损失,它就不是额定能量的光电子,而额定能量的光电子占全部从此能级电离出去的电子百分之多少,就是效率 y;

T——谱仪检测出自样品的光电子的检测效率,它与光电子能量有关。

下面具体介绍灵敏度因子法。

定义灵敏度因子

$$S = eAf\sigma y\lambda\theta T \tag{16.30}$$

对被测样品进行测量,可以测得各元素的光电子谱峰强度,i 元素强度以 I_i 表示,j 元素强度以 I_j 表示。由式(9.29)和式(9.30),得

$$\frac{n_i}{n_j}=(\frac{I_i}{I_j})(\frac{S_j}{S_i}) \tag{16.31}$$

而 i 元素的原子浓度 C_i 为

$$C_i=\frac{n_i}{\sum_j n_j}=\frac{I_i/S_i}{\sum_j I_j/S_j}=\frac{1}{\sum_j(\frac{I_j}{I_i})(\frac{S_i}{S_j})} \tag{16.32}$$

I_i/I_j 是可以测得的,只要求得 S_i/S_j,那么 n_i/n_j 及 C_i 就可求得。

不考虑 y_i/y_j,则

$$\frac{S_i}{S_j}=(\frac{\sigma_i}{\sigma_j})(\frac{\lambda(E_i)}{\lambda(E_j)})(\frac{T(E_i)}{T(E_j)}) \tag{16.33}$$

其中 λ 和 T 是光电子动能的函数,在此特别标明。由于(y_i/y_j)项未考虑,对过渡金属会因此造成误差。

在式(16.33)中,σ_i 和 σ_j 内一般采用 J.H. Scofield 发表在 Joural of Electron Spectroscopy and Related Phenomena 1976 年第 8 卷第 129 ~ 137 页上的数据。关于平均自由程,在俄歇谱中有详细讨论,对光电子谱完全适用。最简单用$\frac{\lambda(E_i)}{\lambda(E_j)}=\sqrt{\frac{E_i}{E_j}}$或$\frac{\lambda(E_i)}{\lambda(E_j)}=(\frac{E_i}{E_j})^{0.75}$计算,也可用更准确的公式算。$T(E_i)T(E_j)$决定于仪器,理论计算误差大,最好自己实测。这样,$S_i/S_j$ 便可确定了。通常把 F 1s 的灵敏度因子取作 1,其他元素灵敏度因子是与 F 1s 的灵敏度因子相比较的相对值。有的 X 射线光电子谱仪,其灵敏度因子(相对于 F 1s)已经算好,可供查用。

与俄歇定量相比,X 射线光电子谱没有背散射增强因子这个复杂因素,也没有微分谱造成的峰形误差问题,因此定量结果的准确性比俄歇好,一般认为,对于不是太重要的样品,误差可以不超过 20%。

图 16.33 为 TiAlN 镀层的 XPS 图谱。

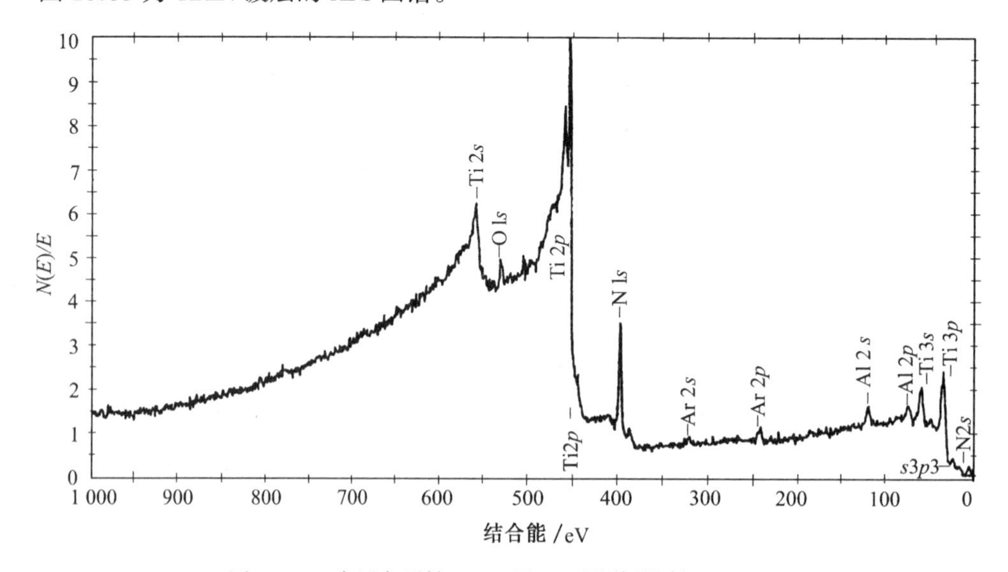

图 16.33　多弧离子镀 TiAlN 层 XPS 图谱(溅射 45 nm)

习　题

1.分析比较电子探针、离子探针和俄歇谱仪的分辨率、分析样品表层深度和分析精度。说明它们各自适用于分析哪类样品。

2.离子探针仪是根据什么原理鉴别被测元素种类的?

3.低能电子衍射和TEM中的电子衍射有何异同?低能电子衍射适用于分析什么样品?

4.俄歇谱仪在信号检测与处理上采用了什么方法才使得俄歇电子谱峰清楚地显示出来?

5.举例说明俄歇谱仪适用于分析什么样品。

6.分析场离子显微镜与原子探针的原理与特点,举例说明其用途。

7.扫描隧道显微镜与原子力显微镜主要功能是什么?它们的分辨率有何特点?适用分析哪些样品?

8.X射线光电子能谱仪的主要功能是什么?它能检测样品的哪些信息?举例说明其用途。

实验指导

实验一 X射线晶体分析仪介绍及单相立方晶系物质粉末相计算

一、实验目的

概括了解X射线晶体分析仪的构造使用以及粉末相的摄照。掌握单相立方系物质粉末相的计算方法。

二、X射线晶体分析仪介绍

X射线晶体分析仪包括X射线管、高压发生器以及控制线路等几部分。

图实1.1是目前常用的热电子密封式X射线管的示意图。阴极由钨丝绕成螺线形,工作时通电至白热状态。由于阴阳极间有几十千伏的电压,故热电子以高速撞击阳极靶面。为防止灯丝氧化并保证电子流稳定,管内抽成 $1.33\times10^{-9}\sim1.33\times10^{-11}$ MPa的高真空。为使电子束集中,在灯丝外设有聚焦罩。阳极靶由熔点高、导热性好的铜制成,靶面上镀一层纯金属。常用的金属材料有Cr,Fe,Co,Ni,Cu,Mo,W等。当高速电子撞击阳极靶面时,便有部分动能转化为X射线,但其中约有99%将转变为热。为了保护阳极靶面,管子工作时需强制冷却。为了使用流水冷却,也为了操作者的安全,应使X射线管的阳极接地,而阴极则由高压电缆加上负高压。X射线管有相当厚的金属管套,使X射线只能从窗口射出。窗口由吸收系数较低的Be片制成。结构分析X射线管通常有四个对称的窗口,靶面上被电子轰击的范围称为焦点,它是发射X射线的源泉。用螺线形灯丝时,焦点的形状为长方形(面积常为1 mm×10 mm),此称实际焦点。窗口位置的设计,使得射出的X射线与靶面成6°角(图实1.2)。从长方形短边上的窗口所看到的焦点为1 mm^2的正方形,称点焦点,在长边方向看则得到线焦点(图实1.3)。一般的照相多采用点焦点,而线焦点则多用在衍射仪上。

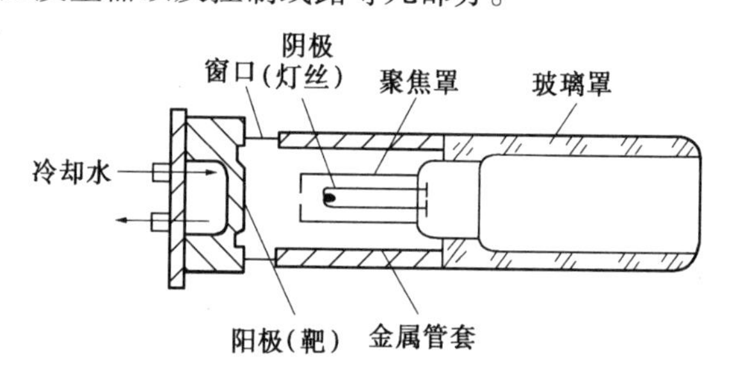

图实1.1 X射线管构造示意图

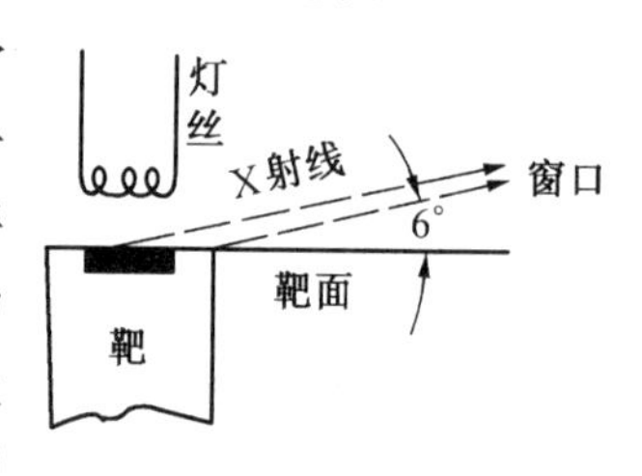

图实1.2 在与靶面成6°角的方向上接收X射线束的示意图

X射线晶体分析仪由交流稳压器、调压器、高压发生器、整流与稳压系统、控制电路及管套等组成。

启动分析仪按下列程序进行。

(1) 打开冷却水,继电器触点 K_1,即接通。

(2) 接通外电源。

(3) 按低压按钮 SB_3，交流接触器 KM_1 接通，即其触点 KM_1-1，KM_1-2 接通。

(4) 预热 3 min 后按下高压按钮 SB_4。S 表示管流零位开关及过负荷开关，正常情况下应接通，故交流接触器 KM_n-1，KM_n-2 接通。

(5) 根据 X 射线管的额定功率确定管压和管流。调整管压系通过调压器改变高压变压器的一次电压来实现。经过由二极管 V_1，V_2 及电容 C_1，C_2 组成的倍压全波整流线路将高压加到 X 射线管上。高压值由电压表读出。通过灯丝电位器 R 可调节管流，其数值由电流表读出。

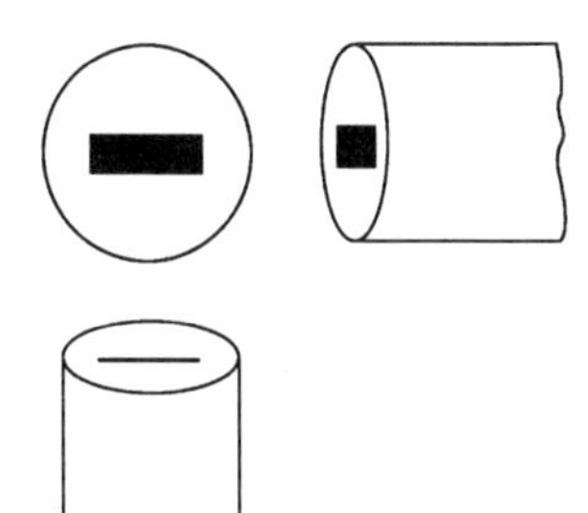

图实 1.3　在不同方向接收 X 射线束时表观焦点的形状

关闭的过程与启动的过程相反，即先将管流、管压降至最小值，再切断高压，切断低压电及外电源，经 15 min 后关闭冷却水。

使用 X 射线仪时必须注意安全，防止人身的任何部位受到 X 射线的直接照射及散射，防止触及高压部件及线路，并使工作室有经常的良好通风。

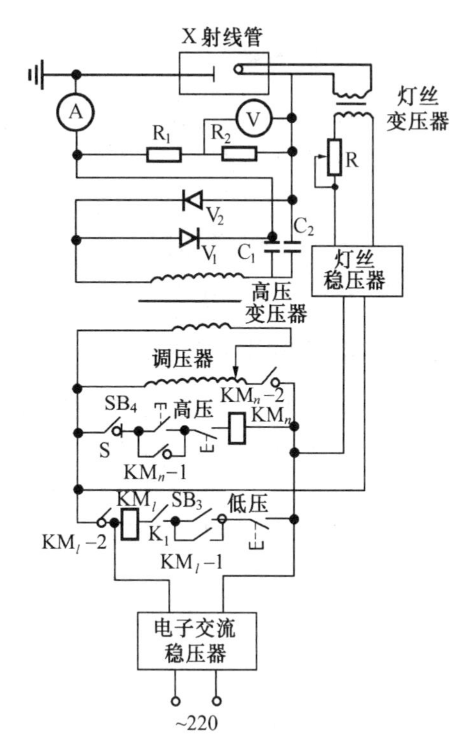

图实 1.4　射线晶体分析仪电路原理图

三、粉末相的摄照与计算

粉末相的摄照与计算，在 4.2 节中已有较详细的介绍，此处不再重复。下面仅举一例说明粉末相的计算方法与步骤。

试样为单相立方晶系多相粉末，圆柱试样的直径 $2\rho=0.8$ mm，采用 FeK_α 照射，用不对称底片记录，照片的示意图见图实 1.5。以米尺量，测量及计算的数据列于表实 1.1。

为便于与标准卡片上的数据相对照，λ、δ 及 α 的单位均采用埃(Å)。照片的相对衍射强度与卡片值有较大的差别，可能来源于以下几方面。

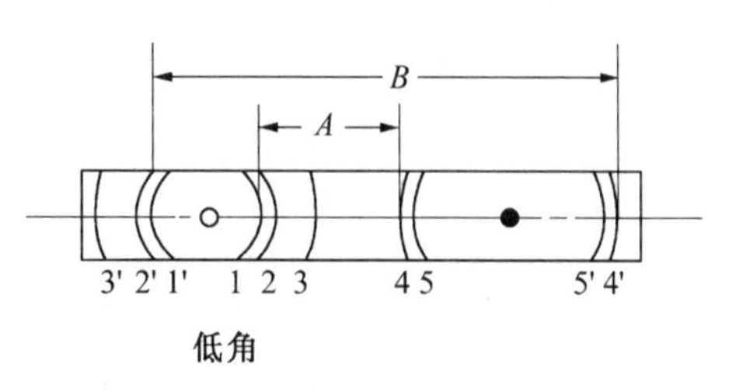

图实 1.5　计算所用粉末相示意图

(1) 二者辐射不同。制作卡片采用了 CoK_α，实验采用的是 FeK_α。

(2) 试样粉末的冲淡程度不同，使由吸收引起的强度差异不同(由于金属吸收 X 射线极为强烈，对衍射线形及相对强度影响很大，故制作粉末试样时常掺入面粉等非晶物质冲淡)。

(3) 对衍射线强度评价方法不同：实验采用德拜法，衍射强度用目测估计；卡片则采用衍射仪测量。

表实 1.1 辐射 FeK_α, $\lambda = 1.937$ Å, Mn 滤片;30 kV,2mA,曝光 30 min

相机直径 537 mm,试样直径 $2\rho = 0.8$ mm

$C_{有效} = A + B = 36.3\ mm + 141.7\ mm = 178\ mm$, $K = 0.505\ 6$

线号	$2L_{量}$ /mm	$2L_{校}$ /mm	$\theta/(°)$	$\sin\theta$	d/Å	I/I_1	$\left(\frac{\sin\theta}{\sin\theta_1}\right)^2$	HKL	a/Å	比较物质 15—806,(Co)4F $a = 3.544$ Å		
										d/Å	I/I_1	HKL
1	56.8	56.0	28.31	0.474 3	2.042 0	100	1	111	3.536 9	2.046 7	100	111
2	66.1	56.3	33.02	0.544 9	1.777 4	30	1.319 9	200	3.554 8	1.772 3	40	200
3	101.1	100.3	50.71	0.774 0	1.251 3	40	2.663 0	220	3.539 2	1.253 2	25	220
4	129.7	128.9	65.17	0.907 6	1.067 1	60	3.661 7	311	3.539 2	1.068 8	30	311
5	141.4	140.6	71.09	0.946 0	1.023 8	20	3.978 1	222	3.546 6	1.023 3	12	222

确定物相:β - Co　点阵类型:面心立方

四、实验内容

(1) 由教师介绍 X 射线晶体分析仪的构造并作示范操作。

(2) 由教师介绍粉末试样的制备、相机的构造、试样及底片的安装、曝光过程等。

(3) 由教师组织讨论摄照某种物质的粉末相时所应选用的 X 射线管阳极、滤片、管压、管流及曝光时间等参数。

(4) 由学生独立完成粉末相的测量及计算。

五、对实验报告的要求

(1) 简述 X 射线晶体分析仪的构造。

(2) 简述粉末相的摄照过程。

(3) 将测量与计算数据以表格列出。

(4) 写出实验的体会与疑问。

实验二　利用 X 射线衍射仪进行多相物质的相分析

一、实验目的

(1) 概括了解 X 射线衍射仪的结构及使用。

(2) 练习用 PDF(ASTM)卡片及索引对多相物质进行相分析。

二、X 射线衍射仪简介

传统的衍射仪由 X 射线发生器、测角仪、记录仪等几部分组成。自动化衍射仪是近年才面世的新产品,它采用微计算机进行程序的自动控制。图实 2.1 为日本理光光学电机公司生产的 D/MAX—B 型自动化衍射仪工作原理方框图。入射 X 射线经狭缝照射到多晶试样上,衍射线的单色化可借助于滤波片或单色器。衍射线被探测器所接收,电脉冲经放大后进入脉冲高度分析器。操作者在必要时可利用该设备自动画出脉冲高度分布曲线,以便正确选择基线电压与上限电压。信号脉冲可送至计数率仪,并在记录仪上画出衍射图。脉冲亦可送至计数器(以往称为定标器),经微处理机进行寻峰、计算峰积分强度或宽度、扣除背底等处理,并在屏幕上显示或通过打印机将所需的图形或数据输出。控制衍射仪的专用微机可通过带编码器的步进电机控制试样(θ)及探测器(2θ)进行连续扫描、阶梯扫描,连动或分别动作等等。目前,衍射仪都配备计算机数据处理系统,使衍射仪的功能进一步扩展,自动化水平更加提高。衍射仪目前已具有采集衍射资料、处理图形数据,查找管理文件以及自动进行物相定性分析等功能。

物相定性分析是X射线衍射分析中最常用的一项测试,衍射仪可自动完成这一过程。首先,仪器按所给定的条件进行衍射数据自动采集,接着进行寻峰处理并自动启动程序。当检索开始时,操作者要选择输出级别(扼要输出、标准输出或详细输出),选择所检索的数据库(在计算机硬盘上,存储着物相数据库,约有物相46 000种,并设有无机、有机、合金、矿物等多个分库),指出测试时所使用的靶,扫描范围,实验误差范围估计,并输入试样的元素信息等。此后,系统将进行自动检索匹配,并将检索结果打印输出。

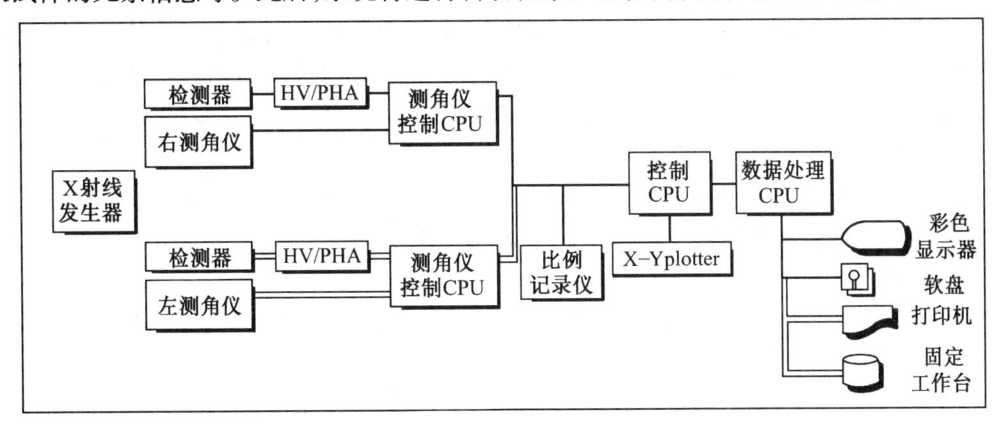

图实2.1 D/MAX—B型衍射仪工作原理方框图

三、用衍射仪进行物相分析

物相分析的原理及方法在第5章中已有较详细的介绍,此处仅就实验及分析过程中的某些具体问题作一简介。为适应初学者的基础训练,下面的描述仍多以手工衍射仪和人工检索为基础。

1.试样

衍射仪一般采用块状平面试样,它可以是整块的多晶体,亦可用粉末压制。金属样可从大块中切割出合适的大小(例如20 mm×15 mm),经砂轮、砂纸磨平再进行适当的浸蚀而得。分析氧化层时表面一般不作处理,而化学热处理层的处理方法须视实际情况进行(例如可用细砂纸轻磨去氧化皮)。

粉末样品应有一定的粒度要求,这与德拜相的要求基本相同(颗粒大小约在1~10 μm数量级,粉末过200~325目筛子即合乎要求),不过由于在衍射仪上摄照面积较大,故允许采用稍粗的颗粒。根据粉末的数量可压在玻璃制的通框或浅框中。压制时一般不加粘结剂,所加压力以使粉末样品粘牢为限,压力过大可能导致颗粒的择优取向。当粉末数量很少时,可在平玻璃片上抹上一层凡士林,再将粉末均匀撒上。

2.测试参数的选择

描画衍射图之前,须考虑确定的实验参数很多,如X射线管阳极的种类、滤片、管压、管流等,其选择原则在4.3节中已有所介绍。有关测角仪上的参数,如发散狭缝、防散射狭缝、接收狭缝的选择等,可参考第4.3节。衍射仪的开启,与X射线晶体分析仪有很多相似之处,特别是X射线发生器部分。对于自动化衍射仪,很多工作参数可由微机上的键盘输入或通过程序输入。衍射仪需设置的主要参数有:脉冲高度分析器的基级电压,上限电压;计数率仪的满量程,如每秒为500计数、1 000计数或5 000计数等;计数率仪的时间常数,如0.1 s,0.5 s,1 s等,记录仪的走纸速度,如每度 2θ 为10 mm,20 mm,50 mm等;测角仪连续扫描速度,如0.01°/s,0.03°/s或0.05°/s等;扫描的起始角和终止角等。此外,还可以设置寻峰扫描、阶梯扫描等其他方式。

3.衍射图的分析

先将衍射图上比较明显的衍射峰的 2θ 值量度出来。测量可借助于三角板和米尺。将米尺的刻度与衍射图的角标对齐,令三角板一直角边沿米尺移动,另一直角边与衍射峰的对称(平分)线重合,并以此作为峰的位置。借米尺之助,可以估计出百分之一度(或十分之一度)的 2θ 值,并通过工具书查出对应的 d 值。又按衍射峰的高度估计出各衍射线的相对强度。有了 d 系列与 I 系列之后,取前反射区三根最强线为依据,查阅索引,用尝试法找到可能的卡片,再进行详细对照。如果对试样中的物相已有初步估计,亦可借助字母索引来检索。

确定一个物相之后,将余下线条进行强度的归一处理,再寻找第二相。有时亦可根据试样的实际情况作出推断,直至所有的衍射均有着落为止。

4.举例

球墨铸铁试片经570℃气体软氮化4 h,用 CrK_α 照射,所得的衍射图如图实2.2所示。

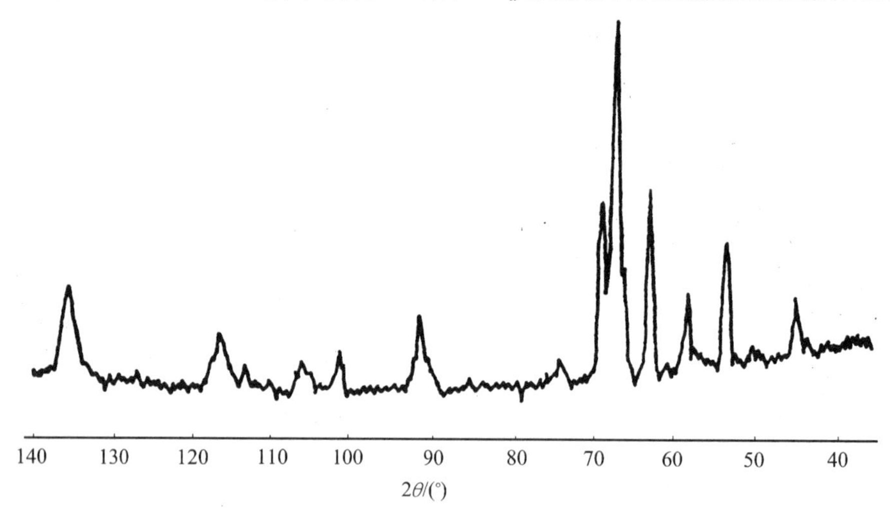

图实2.2 球墨铸铁氮化试样的衍射图

将各衍射峰对应的 2θ, d 及 I/I_1 列成表格,即是表实2.1中左边的数据。根据文献资料,知渗氮层中可能有各种铁的氮化物,于是按英文名称"Iron Nitride"翻阅字母索引,找出 Fe_3N,$\zeta-Fe_2N$,εFe_3N-Fe_2N 及 $\gamma'-Fe_4N$ 等物相的卡片。与实验数据相对照后,确定了"εFe_3N-Fe_2N"及"Fe_3N"两个物相,并有部分残留线条。根据试样的具体情况,猜测可能出现基体相有铁的氧化物的线条。经与这些卡片相对照,确定了物相 $\alpha-Fe_3O_4$ 衍射峰的存在。各物相线条与实验数据对应的情况,已列于表实2.1中。

表实 2.1

实验数据			卡片数据							
			3—0925 $\varepsilon Fe_3N - Fe_2N$		1—1236 Fe_3N		6—0696 αFe		19—629 Fe_3O_4	
$2\theta/(^\circ)$	$d/Å$	I/I_1	$d/Å$	I/I_1	$d/Å$	I/I_1	$d/Å$	I/I_1	$d/Å$	I/I_1
27.30	4.856	2							4.85	8
45.43	2.968	15							2.967	30
53.89	2.529	30							2.532	100
57.35	2.387	2			2.38	20				
58.62	2.338	20	2.34	100						
63.11	2.189	45	2.19	100	2.19	25				
62.20	2.098	20			2.09	100			2.099	20
67.40	2.065	100	2.06	100						
68.80	2.027 5	40					2.026 8	100		
90.30	1.615 6	5			1.61	25			1.616	30
91.54	1.598 6	20	1.59	100						
101.18	1.482 9	5							1.485	40
105.90	1.435 0	5					1.4332	19		
112.50	1.377 6	5			1.37	25				
116.10	1.350 0	20	1.34	100						
135.27	1.238 5	40	1.23	100	1.24	25				

根据具体情况判断,各物相可能处于距试样表面不同深度处。其中 Fe_3O_4 应在最表层,但因数量少,且衍射图背底波动较大,致某些弱线未能出现。离表面稍远的应是“$\varepsilon Fe_3N - Fe_2N$”相,这一物相的数量较多,因它占据了衍射图中比较强的线。再往里应是 Fe_3N,其数量比较少。$\alpha - Fe$ 应在离表面较深处,它在被照射的体积中所占份量较大,因为它的线条亦比较强。从这一点,又可判断出氮化层并不太厚。

衍射线的强度跟卡片对应尚不够理想,特别是 $d = 2.065$ Å 这根线比其他线条强度大得多。本次分析对线条强度只进行了大致的估计,实验条件跟制作卡片时的亦不尽相同,这些都是造成强度差别的原因。至于各物相是否存在择优取向,则尚未进行审查。

四、实验内容及报告

(1) 由教师在现场介绍衍射仪的构造,进行操作表演,并描画一两个衍射峰。

(2) 以 2~3 人为一组,按事先描绘好的多相物质的衍射图进行物相定性分析。

(3) 记录所分析的衍射图的测试条件,将实验数据及结果以表格形式列出。

实验三　透射电子显微镜的结构、样品制备及观察

一、实验目的

(1) 熟悉透射电子显微镜的基本结构。

(2) 掌握塑料 - 碳二级复型及金属薄膜的制备方法。

(3) 学会分析典型组织图像。

二、透射电子显微镜的基本结构

透射电子显微镜一般由电子光学系统、电源与控制系统和真空系统三部分组成。透射电子显微镜的基本部分是电子光学系统(镜筒)。图实 3.1 是镜筒剖面图。整个镜筒类

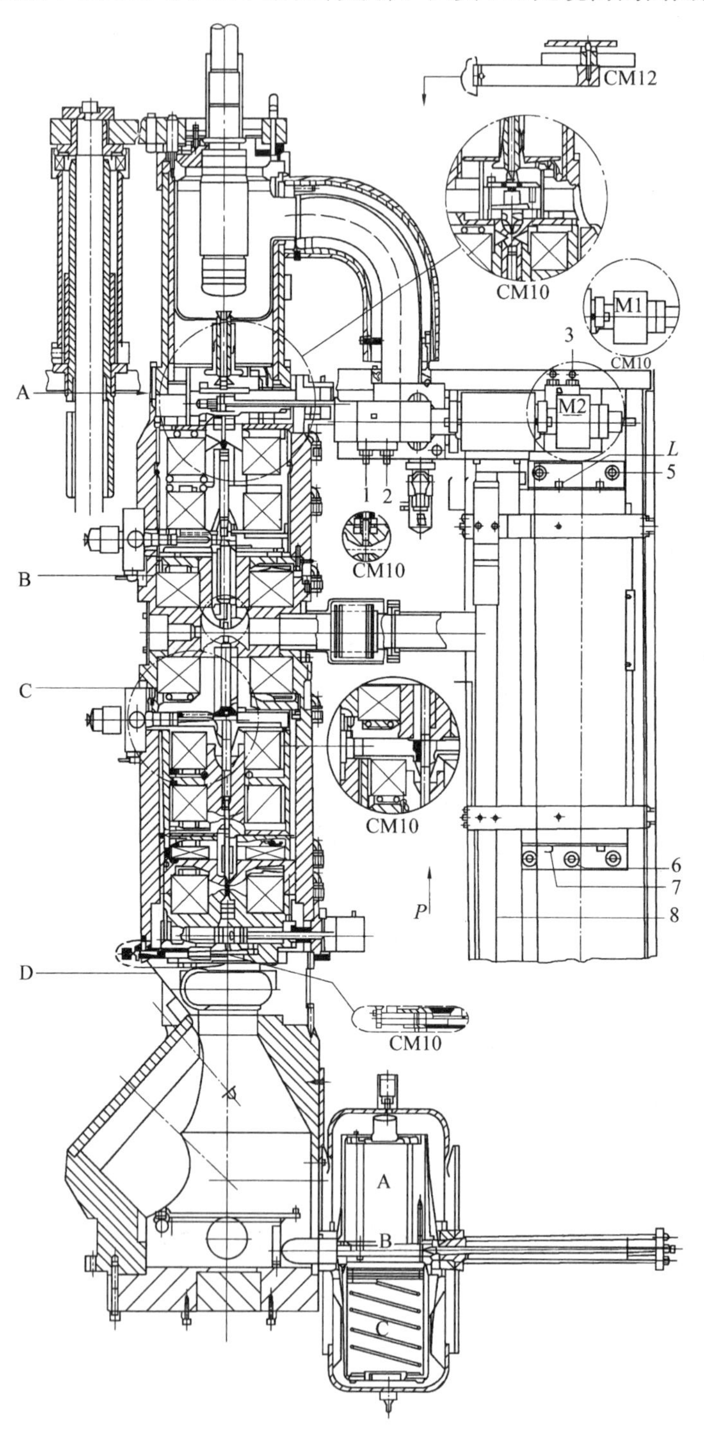

图实 3.1　CM12 型透射电镜镜筒剖面图

似积木式圆柱状结构,自上而下顺序排列着电子枪、双聚光镜、样品室、物镜、中间镜、投影镜、观察室、荧光屏及照相室等装置。通常又把上述装置划分为照明、成像和观察记录三部分。实验时根据实际设备具体介绍。

三、塑料-碳二级复型的制备方法

1.AC纸的制作

所谓AC纸就是醋酸纤维素薄膜。它的制作方法是:首先按质量比配制6%醋酸纤维素丙酮溶液。为了使AC纸质地柔软、渗透性强并具有蓝色,在配制溶液中再加入2%磷酸三苯脂和几粒甲基紫。

待上述物质全部溶入丙酮中且形成蓝色半透明的液体,再将它调制均匀并等气泡逸尽后,适量地倒在干净、平滑的玻璃板上,倾斜转动玻璃板,使液体大面积展平。用一个玻璃钟罩扣上,让钟罩下边与玻璃板间留有一定间隙,以便保护AC纸的清洁和控制干燥速度。醋酸纤维素丙酮溶液,蒸发过慢AC纸易吸水变白,干燥过快AC纸会产生龟裂。所以,要根据室温、湿度确定钟罩下边和玻璃间的间隙大小。经过24 h后,把贴在玻璃板上已干透的AC纸边沿用薄刀片划开,小心地揭下AC纸,将它夹在书本中即可备用。

2.塑料-碳二级复型的制备方法

(1) 在腐蚀好的金相样品表面上滴上一滴丙酮,贴上一张稍大于金相样品表面的AC纸(厚30~80 μm),如图实3.2(a)所示。注意不要留有气泡和皱褶。若金相样品表面浮雕大,可在丙酮完全蒸发前适当加压。静置片刻后,最好在灯泡下烘烤一刻钟左右使之干燥。

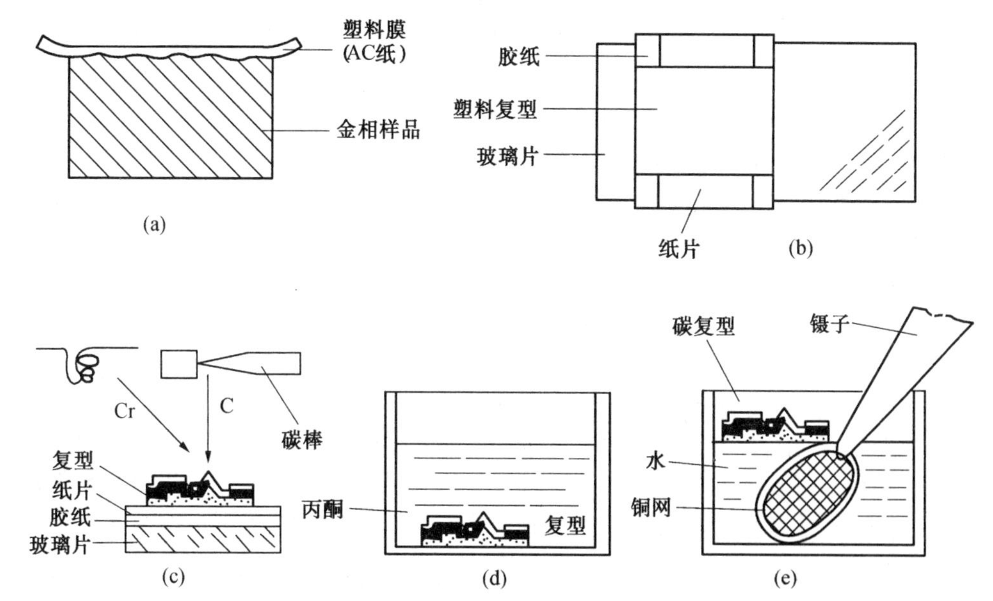

图实3.2 塑料-碳型二级复型制备方法

(2) 小心地揭下已经干透的AC纸复型(即第一级复型),将复型复制面朝上平整地贴在衬有纸片的胶纸上,如图实3.2(b)所示。

(3) 把滴上一滴扩散泵油的白瓷片和贴有复型的载玻片,置于镀膜机真空室中。按镀膜机的操作规程,先以倾斜方向“投影”铬,再以垂直方向喷碳,如图实3.2(c)所示。其膜厚度以无油处白色瓷片变成浅褐色为宜。

(4) 打开真空室，从载玻片上取下复合复型，将要分析的部位小心地剪成 2 mm × 2 mm 的小方片，置于盛有丙酮的磨口培养皿中，如图实 3.2(d)所示。

(5) AC 纸从碳复型上全部被溶解掉后，第二级复型(即碳复型)将漂浮在丙酮液面上，用铜网布制成的小勺把碳复型捞到清洁的丙酮中洗涤，再移到蒸馏水中，依靠水的表面张力使卷曲的碳复型展平并漂浮在水面上。最后用镊子夹持支撑铜网把它捞起，如图 3.2(e)所示，放到过滤纸上，干燥后即可置于电镜中观察。AC 纸在溶解过程中，常常由于它的膨胀使碳膜畸变或破坏。为了得到较完整的碳复型，可采用下述方法：

① 使用薄的或加入磷酸三苯脂及甲基紫的 AC 纸。

② 用 50%酒精冲淡的丙酮溶液或加热(≤55℃)的纯丙酮溶解 AC 纸。

③ 保证在优于 2.66×10^{-3} Pa 高真空条件下喷碳。

④ 在溶解 AC 纸前用低温石腊加固碳膜。即把剪成小方片的复合复型碳面与熔化在烘热的小玻璃片上的低温石腊液贴在一起，待石腊液凝固后，放在丙酮中溶掉 AC 纸，然后加热(≤55℃)丙酮并保温 20 min，使石腊全部熔掉，碳复型将漂浮在丙酮液面上，再经干净的丙酮和蒸馏水的清洗，捞到样品支撑铜网上，这样就获得了不碎的碳复型。

四、金属薄膜的制备方法

制备金属薄膜最常用的方法是双喷电解抛光法。

1.装置

此装置主要由三部分组成：电解冷却与循环部分、电解抛光减薄部分以及观察样品部分。图实 3.3 为双喷电解抛光装置示意图。

(1) 电解冷却与循环部分。通过耐酸泵把低温电解液经喷嘴打在样品表面。低温循环电解减薄，不使样品因过热而氧化；同时又可得到表面平滑而光亮的薄膜，见图实 3.3 中设备 1 及 2。

(2) 电解抛光减薄部分。电解液由泵打出后，通过相对的两个铂阴极玻璃嘴喷到样品表面。喷嘴口径为 1 mm，样品放在聚四氟乙烯制作的夹具上(见图实 3.4)。样品通过直径为 0.5 mm 的铂丝与不锈钢阳极之间保持电接触，调节喷嘴位置使两个喷嘴位于同一直线上。见图实 3.3 中 3。

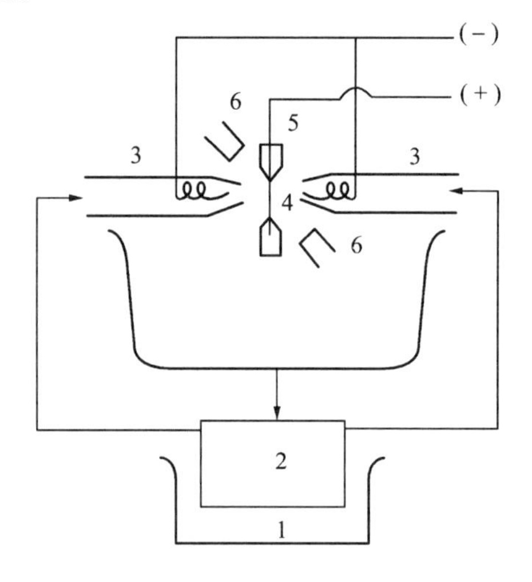

图实 3.3　双喷电解抛光装置原理示意图

1—冷却设备；2—泵、电解液；3—喷嘴；4—试样；5—样品架；6—光导纤维管

(3) 观察样品部分。电解抛光时一根光导纤维管把外部光源传送到样品的一个侧面。当样品刚一穿孔时，透过样品的光通过在样品另一侧的光导纤维管传到外面的光电管，切断电解抛光射流，并发出报警声响。

2.样品制备过程

(1) 电火花切割：从试样上切割下 0.3 mm 薄片。

(2) 在小冲床上将 0.3 mm 薄片冲成直径为 3 mm 的小试样。

(3) ϕ3 mm 薄片在水磨金相砂纸上磨薄到 0.1 ~ 0.2 mm。

(4)电解抛光减薄：把无锈、无油、厚度均匀、表面光滑、直径为 3 mm 的样品放入样品夹具上(见图实 3.4)。要保证样品与铂丝接触良好,将样品夹具放在喷嘴之间,调整样品夹具、光导纤维管和喷嘴在同一水平面上,喷嘴与样品夹具距离大约 15 mm 左右且喷嘴垂直于试样。电解液循环泵马达转速应调节到能使电解液喷射到样品上。按样品材料的不同配不同的电解液。需要在低温条件下电解抛光时,可先放入干冰和酒精冷却,温度控制在 -20~40℃左右,或采用半导体冷阱等专门装置。由于样品材料与电解液的不同,最佳抛光规范要发生改变。最有利的电解抛光条件,可通过在电解液温度及流速恒定时,做电流-电压曲线确定。双喷抛光法的电流-电压曲线一般接近于直线,如图实 3.5 所示。对于同一种电解液,不同抛光材料的直线斜率差别不大,很明显,图中 B 处条件符合要求,可获得大而平坦的电子束所能透射的面积。表实 3.1 为某些金属材料双喷电解抛光规范。

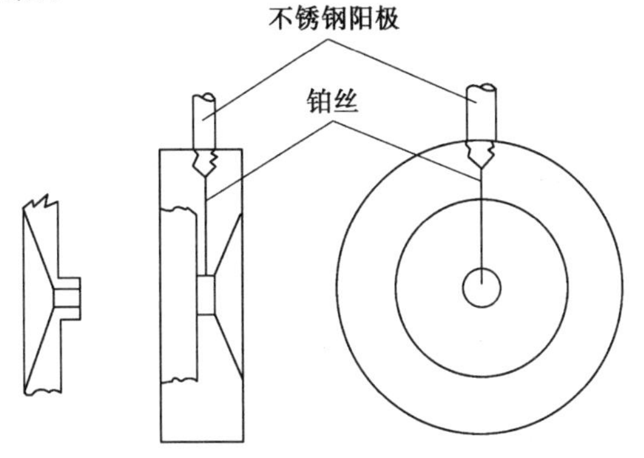

图实 3.4　样品夹具

图实 3.5　喷射法电流-电压曲线

(5) 最后制成的样品如图实 3.6 所示。样品制成后应立即在酒精中进行两次漂洗,以免残留电解液腐蚀金属薄膜表面。从抛光结束到漂洗完毕动作要迅速,争取在几秒钟内完成,否则将前功尽弃。

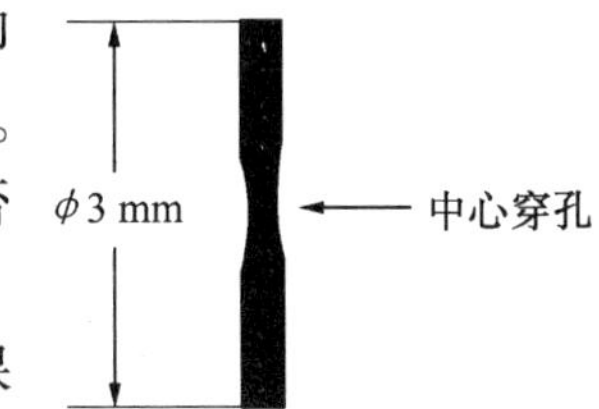

图实 3.6　最后制成的薄膜

(6) 样品制成后应立即观察,暂时不观察的样品要妥善保存,可根据薄膜抗氧化能力选择保存方法。若薄膜抗氧化能力很强,只要保存在干燥器内即可。易氧化的样品要放在甘油、丙酮、无水酒精等溶液中保存。

双喷法制得的薄膜有较厚的边缘,中心穿孔有一定的透明区域,不需要放在电镜铜网上,可直接放在样品台上观察。

总之,在制作过程中要仔细、认真、不断地总结经验,一定会得到满意的样品。

表实 3.1　某些金属材料双喷电解抛光规范

材　料	电　解　液	技　术　条　件	
		电压/V	电流/mA
铝	10%高氯酸酒精	45~50	30~40
钛合金	10%高氯酸酒精	40	30~40
不锈钢	10%高氯酸酒精	70	50~60
矽钢片	10%高氯酸酒精	70	50
钛钢	10%高氯酸酒精	80~100	80~100
马氏体时效钢	10%高氯酸酒精	80~100	80~100
6% Ni 合金钢	10%高氯酸酒精	80~100	80~100

五、组织观察

结合具体样品进行明暗成像、衍射及暗场成像的操作与观察。

六、实验报告要求

(1) 简述透射电镜电子光学系统的组成及各部分的作用。
(2) 简述塑料－碳二级复型及金属薄膜的制备方法。
(3) 试述明场与暗场像及电子衍射的操作方法与步骤。

实验四　扫描电子显微镜、电子探针仪结构与样品分析

一、实验目的

(1) 了解扫描电镜和电子探针仪结构。
(2) 通过实际分析,明确扫描电镜和电子探针仪的用途。

二、结构与工作原理简介

1.扫描电镜

扫描电镜的主要构造分5部分,包括电子光学系统,扫描系统,信号接收、放大与显示系统,试验微动及更换系统,真空系统。图实4.1是扫描电镜主机构造示意图。实验时将根据实际设备具体介绍。

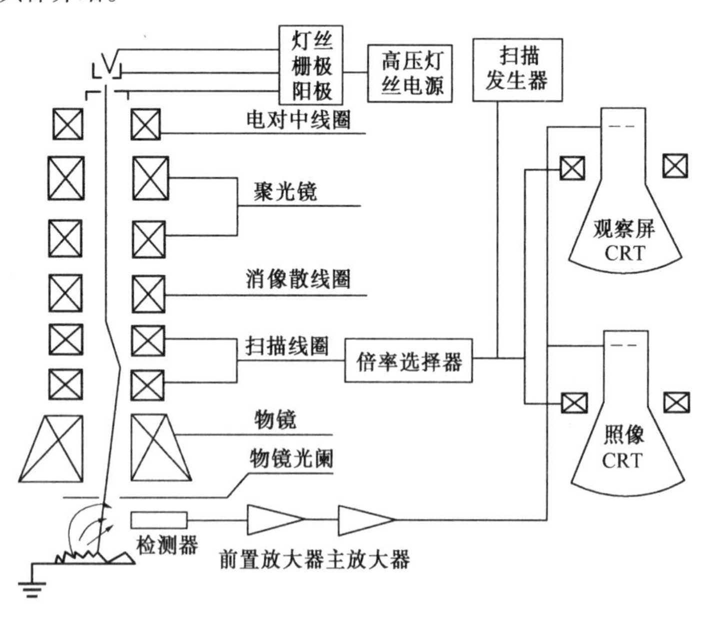

图实4.1　S—550型扫描电镜主机构造示意图

2.波谱仪

波谱仪可分为三大部分,包括电子光学系统,分光系统和检测系统。图实4.2为波谱

仪结构示意图。实验时根据实际设备具体介绍。

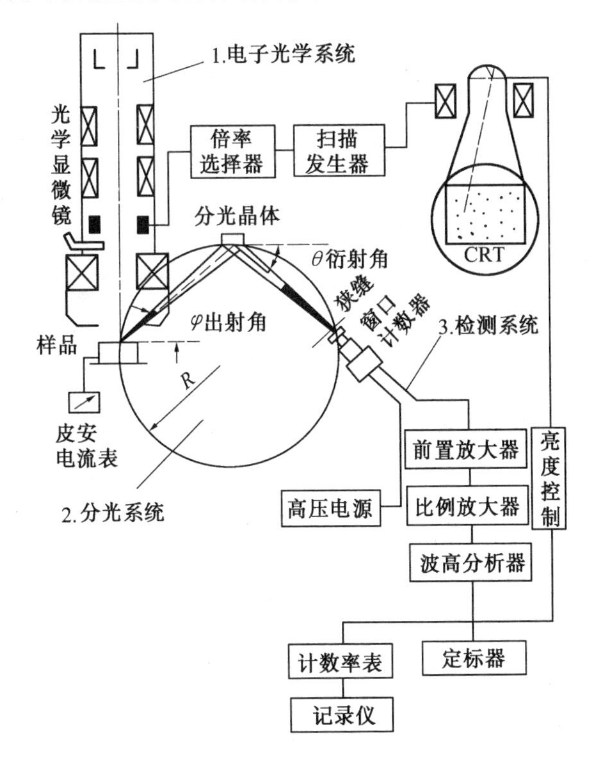

图实 4.2　波谱仪结构示意图

3.能谱仪

如图实 4.3 所示,包括 Si(Li)固体探头,场效应晶体管,前置放大器及主放大器等器件。实验时根据实际设备具体介绍。

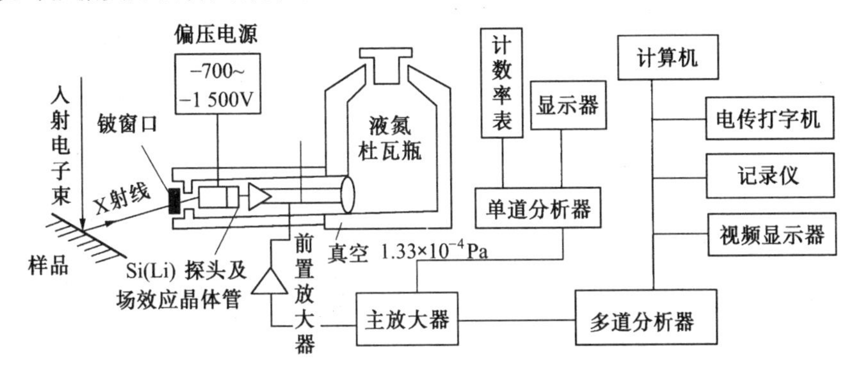

图实 4.3　X 射线能谱仪工作原理示意图

二、样品观察与分析

1.二次电子像

二次电子像常用来做断口及高倍组织观察。图实 4.4 是沿晶和穿晶断口形态。待观察断口要保持新鲜,不可用手或棉纱擦拭断口。如果要长期保存,可在断口表面贴一层 AC 纸,在观察时将试样放在丙酮中使 AC 纸充分溶解掉。图实 4.5 是结晶组织的二次电子像。

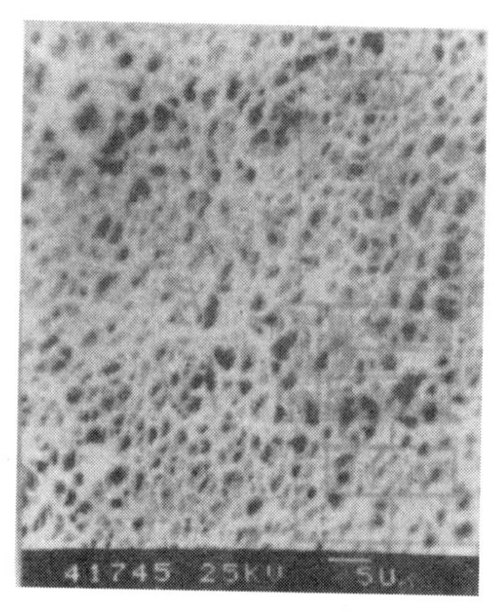

(a) 韧窝断口

(b) 沿晶断口

图实 4.4 高强钢断口形态

2.背散射电子像和吸收电子像

扫描电镜接收背散射电子像的方法是将背散射电子检测器送入镜筒中,将信号选择开关转到 R·E 位置接通背散射电子像的前置放大器。图实 4.6 是 Al_2Cu 相的背散射电子像。在背散射电子像中,Al_2Cu 相的平均原子序数高于基体 Al,所以 Al_2Cu 相有明显的亮度和浮凸效果。由于背散射电子像信号弱,所以在观察时要加大束流,采用慢速扫描。

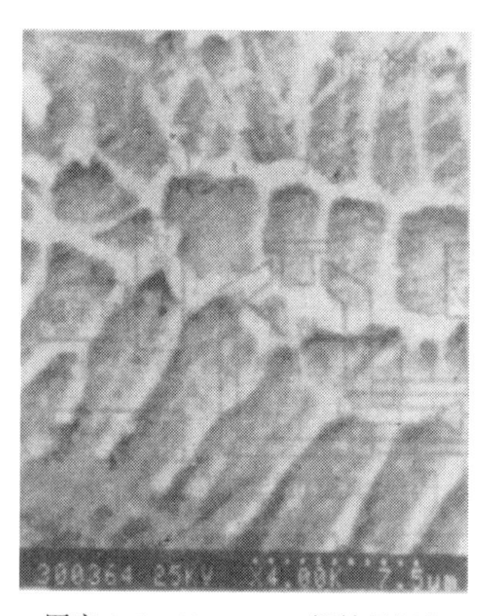

图实 4.5 4Cr5MoV1Si 钢结晶组织

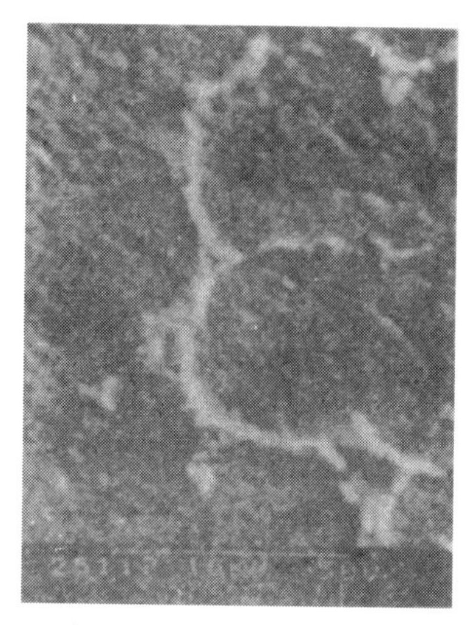

图实 4.6 Al_2Cu 相背散射电子像

当断开样品台接地线,接通吸收电子附件,将信号选择开关转到 A·E 位置时,将进行吸收电子像观察。图实 4.7 是 Al_2Cu 相的吸收电子像。其衬度与背散射电子像相反。

3.钢中夹杂物的电子探针分析

有一零件显微组织观察发现有许多块状夹杂,用电子探针分析,确定为 MnS,分析方法如下。

样品抛光后不腐蚀,用点分析法在块状夹杂上进行全谱定性分析,或按可能存在的元素范围进行分析,确定在块状夹杂上 S 和 Mn 的含量很高。然后用线分析法,做 S、Mn 的线分析,见图实 4.8、图实 4.9,夹杂物上 S、Mn 的含量都大大高于基体,Fe 含量却比基体低。

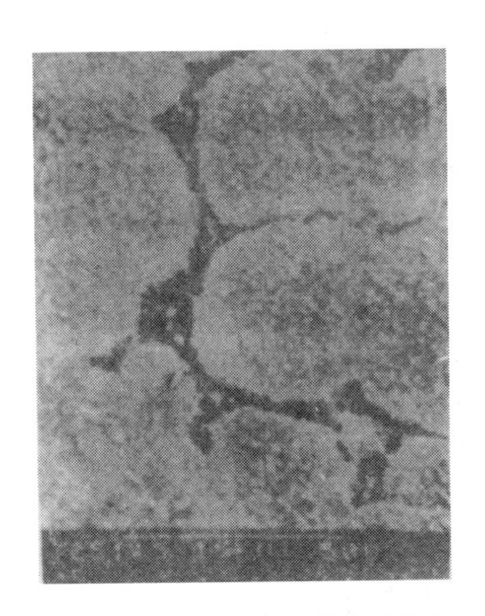

图实 4.7 Al_2Cu 相吸收电子像

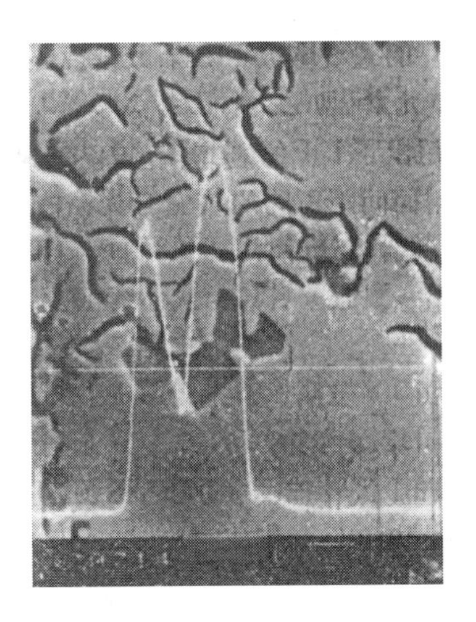

图实 4.8 S 的线分析

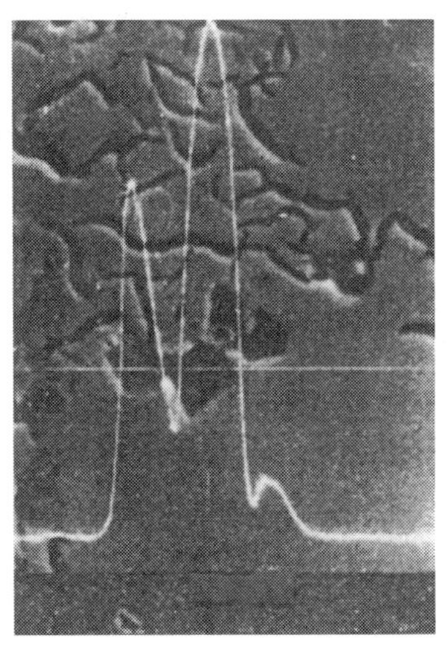

图实 4.9 Mn 的线分析

分析条件:加速电压 25 kV,束流 1×10^{-8} A,测 S 时用 PET 晶体,测 Mn 时用 LiF 晶体。定量计算 S 和 Mn 的原子百分比为 1:1,所以确定是 MnS 夹杂物。

三、实验报告要求

(1) 简要说明扫描电镜、电子探针结构及工作原理。

(2) 说明二次电子像、背反射电子像和吸收电子像的特点及用途。

(3) 说明钢中夹杂物的分析方法。

附　　录

附录 1　物理常数

电子电荷 q	$=1.602\times10^{-19}$ C
电子静止质量 m	$=9.109\ 04\times10^{-28}$ g
	$=9.109\times10^{-31}$ kg
单位原子量的原子质量 $1/N$	$=1.660\ 42\times10^{-24}$ g
	$=1.660\times10^{-27}$ kg
光速 c	$=2.997\ 925\times10^{10}$ cm/s
	$=2.998\times10^{8}$ m/s
普朗克常数 h	$=6.626\times10^{-34}$ J·s
玻耳兹曼常数 k	$=1.380\times10^{-23}$ J/K
阿伏加德罗数 N_A	$=6.023\times10^{23}$ mol^{-1}

附录2　质量吸收系数 μ_l/ρ

元素	原子序数	密度 ρ /(g·cm^{-3})	质量吸收系数/(cm^2·g^{-1})				
			Mo－K_α λ=0.071 07 nm	Cu－K_α λ=0.154 18 nm	Co－K_α λ=0.179 03 nm	Fe－K_α λ=0.193 73 nm	Cr－K_α λ=0.229 09 nm
B	5	2.3	0.45	3.06	4.67	5.80	9.37
C	6	2.22(石墨)	0.70	5.50	8.05	10.73	17.9
N	7	$1.164\,9\times10^{-3}$	1.10	8.51	13.6	17.3	27.7
O	8	$1.331\,8\times10^{-3}$	1.50	12.7	20.2	25.2	40.1
Mg	12	1.74	4.38	40.6	60.0	75.7	120.1
Al	13	2.70	5.30	48.7	73.4	92.8	149
Si	14	2.33	6.70	60.3	94.1	116.3	192
P	15	1.82(黄)	7.98	73.0	113	141.1	223
S	16	2.07(黄)	10.03	91.3	139	175	273
Ti	22	4.54	23.7	204	304	377	603
V	23	6.0	26.5	227	339	422	77.3
Cr	24	7.19	30.4	259	392	490	99.9
Mn	25	7.43	33.5	284	431	63.6	99.4
Fe	26	7.87	38.3	324	59.5	72.8	114.6
Co	27	8.9	41.6	354	65.9	80.6	125.8
Ni	28	8.90	47.4	49.2	75.1	93.1	145
Cu	29	8.96	49.7	52.7	79.8	98.8	154
Zn	30	7.13	54.8	59.0	88.5	109.4	169
Ga	31	5.91	57.3	63.3	94.3	116.5	179
Ge	32	5.36	63.4	69.4	104	128.4	196
Zr	40	6.5	17.2	143	211	260	391
Nb	41	8.57	18.7	153	225	279	415
Mo	42	10.2	20.2	164	242	299	439
Rh	45	12.44	25.3	198	293	361	522
Rd	46	12.0	26.7	207	308	376	545
Ag	47	10.49	28.6	223	332	402	585
Cd	48	8.65	29.9	234	352	417	608
Sn	50	7.30	33.3	265	382	457	681
Sb	51	6.62	35.3	284	404	482	727
Ba	56	3.5	45.2	359	501	599	819
La	57	6.19	47.9	378	—	632	218
Ta	73	16.6	100.7	164	246	305	440
W	74	19.3	105.4	171	258	320	456
Ir	77	22.5	117.9	194	292	362	498
Au	79	19.32	128	214	317	390	537
Pb	82	11.34	141	241	354	429	585

附录3 原子散射因数 f

轻原子或离子	$\lambda^{-1}\sin\theta/nm^{-1}$												
	0.0	1.0	2.0	3.0	4.0	5.0	6.0	7.0	8.0	9.0	10.0	11.0	12.0
B	5.0	3.5	2.4	1.9	1.7	1.5	1.4	1.2	1.2	1.0	0.9	0.7	
C	6.0	4.6	3.0	2.2	1.9	1.7	1.6	1.4	1.3	1.16	1.0	0.9	
N	7.0	5.8	4.2	3.0	2.3	1.9	1.65	1.54	1.49	1.39	1.29	1.17	
Mg	12.0	10.5	8.6	7.25	5.95	4.8	3.85	3.15	2.55	2.2	2.0	1.8	
Al	13.0	11.0	8.95	7.75	6.6	5.5	4.5	3.7	3.1	2.65	2.3	2.0	
Si	14.0	11.35	9.4	8.2	7.15	6.1	5.1	4.2	3.4	2.95	2.6	2.3	
P	15.0	12.4	10.0	8.45	7.45	6.5	5.65	4.8	4.05	3.4	3.0	2.6	
S	16.0	13.6	10.7	8.95	7.85	6.85	6.0	5.25	4.5	3.9	3.35	2.9	
Ti	22	19.3	15.7	12.8	10.9	9.5	8.2	7.2	6.3	5.6	5.0	4.6	4.2
V	23	20.2	16.6	13.5	11.5	10.1	8.7	7.6	6.7	5.9	5.3	4.9	4.4
Cr	24	21.1	17.4	14.2	12.1	10.6	9.2	8.0	7.1	6.3	5.7	5.1	4.6
Mn	25	22.1	18.2	14.9	12.7	11.1	9.7	8.4	7.5	6.6	6.0	5.4	4.9
Fe	26	23.1	18.9	15.6	13.3	11.6	10.2	8.9	7.9	7.0	6.3	5.7	5.2
Co	27	24.1	19.8	16.4	14.0	12.1	10.7	9.3	8.3	7.3	6.7	6.0	5.5
Ni	28	25.0	20.7	17.2	14.6	12.7	11.2	9.8	8.7	7.7	7.0	6.3	5.8
Cu	29	25.9	21.6	17.9	15.2	13.3	11.7	10.2	9.1	8.1	7.3	6.6	6.0
Zn	30	26.8	22.4	18.6	15.8	13.9	12.2	10.7	9.6	8.5	7.6	6.9	6.3
Ga	31	27.8	23.3	19.3	16.5	14.5	12.7	11.2	10.0	8.9	7.9	7.3	6.7
Ge	32	28.8	24.1	20.0	17.1	15.0	13.2	11.6	10.4	9.3	8.3	7.6	7.0
Nb	41	37.3	31.7	26.8	22.8	20.2	18.1	16.0	14.3	12.8	11.6	10.6	9.7
Mo	42	38.2	32.6	27.6	23.5	20.3	18.6	16.5	14.8	13.2	12.0	10.9	10.0
Rh	45	41.0	35.1	29.9	25.4	22.5	20.2	18.0	16.1	14.5	13.1	12.0	11.0
Pd	46	41.9	36.0	30.7	26.2	23.1	20.8	18.5	16.6	14.9	13.6	12.3	11.3
Ag	47	42.8	36.9	31.5	26.9	23.8	21.3	19.0	17.1	15.3	14.0	12.7	11.7
Cd	48	34.7	37.7	32.2	27.5	24.4	21.8	19.6	17.6	15.7	14.3	13.0	12.0
In	49	44.7	38.6	33.0	28.1	25.0	22.4	20.1	18.0	16.2	14.7	13.4	12.3
Sn	50	45.7	39.5	33.8	28.7	25.6	22.9	20.6	18.5	16.6	15.1	13.7	12.7
Sb	51	46.7	40.4	34.6	29.5	26.3	23.5	21.1	19.0	17.0	15.5	14.1	13.0
La	57	52.6	45.6	39.3	33.8	29.8	26.9	24.3	21.9	19.7	17.0	16.4	15.0
Ta	73	67.8	59.5	52.0	45.3	39.9	36.2	32.9	29.8	27.1	24.7	22.6	20.9
W	74	68.8	60.4	52.8	46.1	40.5	36.8	33.5	30.4	27.6	25.2	23.0	21.3
Pt	78	72.6	64.0	56.2	48.9	43.1	39.2	35.6	32.5	29.5	27.0	24.7	22.7
Pb	82	76.5	67.5	59.5	51.9	45.7	41.6	37.9	34.6	31.5	28.8	26.4	24.5

附录4　各种点阵的结构因数 F_{HKL}^2

<table>
<tr><th>点阵类型</th><th>简单点阵</th><th>底心点阵</th><th>体心立方点阵</th><th>面心立方点阵</th><th>密积六方点阵</th></tr>
<tr><td rowspan="4">结构因数
F_{HKL}^2</td><td rowspan="4">f^2</td><td rowspan="2">$H+K=$
偶数时
$4f^2$</td><td rowspan="2">$H+K+L=$
偶数时
$4f^2$</td><td rowspan="2">H,K,L
为同性数时
$16f^2$</td><td>$H+2K=3n$
（n 为整数），$L=$奇数时
0</td></tr>
<tr><td>$H+2K=3n$
$L=$偶数时
$4f^2$</td></tr>
<tr><td rowspan="2">$H+K=$
奇数时
0</td><td rowspan="2">$H+K+L=$
奇数时
0</td><td rowspan="2">H,K,L
为异性数时
0</td><td>$H+2K=3n+1$
$L=$奇数时
$3f^2$</td></tr>
<tr><td>$H+2K=3n+1$
$L=$偶数时
f^2</td></tr>
</table>

附录5　粉末法的多重性因数 P_{hkl}

晶系指数	$h00$	$0k0$	$00l$	hhh	$hh0$	$hk0$	$0kl$	$h0l$	hhl	hkl
立方晶系	6			8	12	24①			24	48①
六方和菱方晶系	6		2		6	12①	12①		12①	24①
正方晶系	4		2		4	8①	8		8	16①
斜方晶系	2	2	2			4	4	4		8
单斜晶系	2	2	2			4	4	2		4
三斜晶系	2	2	2			2	2	2		2

①系指通常的多重性因数。在某些晶体中具有此种指数的两族晶面，其晶面间距相同，但结构因数不同，因而每族晶面的多重性因数应为上列数值的一半。

附录6　角因数 $\dfrac{1+\cos^2 2\theta}{\sin^2\theta\cos\theta}$

$\theta/(°)$	0.0	0.1	0.2	0.3	0.4	0.5	0.6	0.7	0.8	0.9
2	1639	1486	1354	1239	1138	1048	968.9	898.3	835.1	778.4
3	727.2	680.9	638.8	600.5	565.6	533.6	504.3	477.3	452.3	429.3
4	408.0	388.2	396.9	352.7	336.8	321.9	308.0	294.9	282.6	271.1
5	260.3	250.1	240.5	231.4	222.9	214.7	207.1	199.8	192.9	186.3
6	180.1	174.2	168.5	163.1	158.0	153.1	148.4	144.0	139.7	135.6
7	131.7	128.0	124.4	120.9	117.6	114.4	111.4	108.5	105.6	102.9
8	100.3	97.80	95.37	93.03	90.78	88.60	86.51	84.48	82.52	80.63
9	78.79	77.02	75.31	73.66	72.05	70.49	68.99	67.53	66.12	64.74

续附录 6

θ/(°)	0.0	0.1	0.2	0.3	0.4	0.5	0.6	0.7	0.8	0.9
10	63.41	62.12	60.87	59.65	58.46	57.32	56.20	55.11	54.06	53.03
11	52.04	51.06	50.12	49.19	48.30	47.43	46.58	45.75	44.94	44.16
12	43.39	42.64	41.91	41.20	40.50	39.82	39.16	38.51	37.88	37.27
13	36.67	36.08	35.50	34.94	34.39	33.85	33.33	32.81	32.31	31.82
14	31.34	30.87	30.41	29.96	29.51	29.08	28.66	28.24	27.83	27.44
15	27.05	26.66	26.29	25.92	25.56	25.21	24.86	24.52	24.19	23.86
16	23.54	23.23	22.92	22.61	22.32	22.02	21.74	21.46	21.18	20.91
17	20.64	20.38	20.12	19.87	19.62	19.38	19.14	18.90	18.67	18.44
18	18.22	18.00	17.78	17.57	17.36	17.15	16.95	16.75	16.56	16.38
19	16.17	15.99	15.80	15.62	15.45	15.27	15.10	14.93	14.76	14.60
20	14.44	14.28	14.12	13.97	13.81	13.66	13.52	13.37	13.23	13.09
21	12.95	12.81	12.68	12.54	12.41	12.28	12.15	12.03	11.91	11.78
22	11.66	11.54	11.43	11.31	11.20	11.09	10.98	10.87	10.76	10.65
23	10.55	10.45	10.35	10.24	10.15	10.05	9.951	9.857	9.763	9.671
24	9.579	9.489	9.400	9.313	9.226	9.141	9.057	8.973	8.891	8.819
25	8.730	8.651	8.573	8.496	8.420	8.345	8.271	8.198	8.126	8.054
26	7.984	7.915	7.846	7.778	7.711	7.645	7.580	7.515	7.452	7.389
27	7.327	7.266	7.205	7.145	7.086	7.027	6.969	6.912	6.856	6.800
28	6.745	6.692	6.637	6.584	6.532	6.480	6.429	6.379	6.329	6.279
29	6.230	6.183	6.135	6.088	6.042	5.995	5.950	5.905	5.861	5.817
30	5.774	5.731	5.688	5.647	5.605	5.564	5.524	5.484	5.445	5.406
31	5.367	5.329	5.292	5.254	5.218	5.181	5.145	5.110	5.075	5.049
32	5.006	4.972	4.939	4.906	4.873	4.841	4.809	4.777	4.746	4.715
33	4.685	4.655	4.625	4.959	4.566	4.538	4.509	4.481	4.453	4.426
34	4.399	4.372	4.346	4.320	4.294	4.268	4.243	4.218	4.193	4.169
35	4.145	4.121	4.097	4.074	4.052	4.029	4.006	3.984	3.962	3.941
36	3.919	3.898	3.877	3.857	3.836	3.816	3.797	3.777	3.758	3.739
37	3.720	3.701	3.683	3.665	3.647	3.629	3.612	3.594	3.577	3.561
38	3.544	3.527	3.513	3.497	3.481	3.465	3.449	3.434	3.419	3.404
39	3.389	3.375	3.361	3.347	3.333	3.320	3.306	3.293	3.280	3.268
40	3.255	3.242	3.230	3.218	3.206	3.194	3.183	3.171	3.160	3.149
41	3.138	3.127	3.117	3.106	3.096	3.086	3.076	3.067	3.057	3.048
42	3.038	3.029	3.020	3.012	3.003	2.994	2.986	2.978	2.970	2.962
43	2.954	2.946	2.939	2.932	2.925	2.918	2.911	2.904	2.897	2.891
44	2.884	2.876	2.872	2.866	2.860	2.855	2.849	2.844	2.838	2.833
45	2.828	2.824	2.819	2.814	2.810	2.805	2.801	2.797	2.793	2.789
46	2.785	2.782	2.778	2.775	2.772	2.769	2.766	2.763	2.760	2.757
47	2.755	2.752	2.750	2.748	2.746	2.744	2.742	2.740	2.738	2.737
48	2.736	2.735	2.733	2.732	2.731	2.730	2.730	2.729	2.729	2.728
49	2.728	2.728	2.728	2.728	2.728	2.728	2.729	2.729	2.730	2.730
50	2.731	2.732	2.733	2.734	2.735	2.737	2.738	2.740	2.741	2.743
51	2.745	2.747	2.749	2.751	2.753	2.755	2.758	2.760	2.763	2.766
52	2.769	2.772	2.775	2.778	2.782	2.785	2.788	2.792	2.795	2.799
53	2.803	2.807	2.811	2.815	2.820	2.824	2.828	2.833	2.838	2.843
54	2.848	2.853	2.858	2.863	2.868	2.874	2.879	2.885	2.890	2.896
55	2.902	2.908	2.914	2.921	2.927	2.933	2.940	2.946	2.953	2.960
56	2.967	2.974	2.981	2.988	2.996	3.004	3.011	3.019	3.026	3.034
57	3.042	3.050	3.059	3.067	3.075	3.084	3.092	3.101	3.110	3.119
58	3.128	3.137	3.147	3.156	3.166	3.175	3.185	3.195	3.205	3.215
59	3.225	3.235	3.246	3.256	3.267	3.278	3.289	3.300	3.311	3.322

续附录 6

θ/(°)	0.0	0.1	0.2	0.3	0.4	0.5	0.6	0.7	0.8	0.9
60	3.333	3.345	3.356	3.368	3.380	3.392	3.404	3.416	3.429	3.441
61	3.454	3.466	3.479	3.492	3.505	3.518	3.532	3.545	3.559	3.573
62	3.587	3.601	3.615	3.629	3.643	3.658	3.673	3.688	3.703	3.718
63	3.733	3.749	3.764	3.780	3.796	3.812	3.828	3.844	3.861	3.878
64	3.894	3.911	3.928	3.946	3.963	3.980	3.998	4.016	4.034	4.052
65	4.071	4.090	4.108	4.127	4.147	4.166	4.185	4.205	4.225	4.245
66	4.265	4.285	4.306	4.327	4.348	4.369	4.390	4.412	4.434	4.456
67	4.478	4.500	4.523	4.546	4.569	4.592	4.616	4.640	4.664	4.688
68	4.712	4.737	4.762	4.787	4.812	4.838	4.864	4.890	4.916	4.943
69	4.970	4.997	5.024	5.052	5.080	5.109	5.137	5.166	5.195	5.224
70	5.254	5.284	5.315	5.345	5.376	5.408	5.440	5.471	5.504	5.536
71	5.569	5.602	5.636	5.670	5.705	5.740	5.775	5.810	5.846	5.883
72	5.919	5.956	5.994	6.032	6.071	6.109	6.149	6.189	6.229	6.270
73	6.311	6.352	6.394	6.437	6.480	6.524	6.568	6.613	6.658	6.703
74	6.750	6.797	6.844	6.892	6.941	6.991	7.041	7.091	7.142	7.194
75	7.247	7.300	7.354	7.409	7.465	7.521	7.578	7.636	7.694	7.753
76	7.813	7.874	7.936	7.999	8.063	8.128	8.193	8.259	8.327	8.395
77	8.465	8.536	8.607	8.680	8.754	8.829	8.905	8.982	9.061	9.142
78	9.223	9.305	9.389	9.474	9.561	9.649	9.739	9.831	9.924	10.02
79	10.12	10.21	10.31	10.41	10.52	10.62	10.73	10.84	10.95	11.06
80	11.18	11.30	11.42	11.54	11.67	11.80	11.93	12.06	12.20	12.34
81	12.48	12.63	12.78	12.93	13.08	13.24	13.40	13.57	13.74	13.92
82	14.10	14.28	14.47	14.66	14.86	15.07	15.28	15.49	15.71	15.94
83	16.17	16.41	16.66	16.91	17.17	17.44	17.72	18.01	18.31	18.61
84	18.93	19.25	19.59	19.94	20.30	20.68	21.07	21.47	21.89	22.32
85	22.77	23.24	23.73	24.24	24.78	25.34	25.92	26.52	27.16	27.83
86	28.53	29.27	30.04	30.86	31.73	32.64	33.60	34.63	35.72	36.88
87	38.11	39.43	40.84	42.36	44.00	45.76	47.68	49.76	52.02	54.50

附录 7　德拜函数$\frac{\phi(x)}{x}+\frac{1}{4}$之值

x	$\frac{\phi(x)}{x}+\frac{1}{4}$	x	$\frac{\phi(x)}{x}+\frac{1}{4}$
0.0	∞	3.0	0.411
0.2	5.005	4.0	0.347
0.4	2.510	5.0	0.314 2
0.6	1.683	6.0	0. 295 2
0.8	1.273	7.0	0.283 4
1.0	1.028	8.0	0.275 6
1.2	0.867	9.0	0.270 3
1.4	0.753	10	0.266 4
1.6	0.668	12	0.261 4
1.8	0.604	14	0.258 14
2.0	0.554	16	0.256 44
2.5	0.466	20	0.254 11

附录8 某些物质的特征温度 Θ

物 质	Θ/K	物 质	Θ/K	物 质	Θ/K	物 质	Θ/K
Ag	210	Cr	485	Mo	380	Sn(白)	130
Al	400	Cu	320	Na	202	Ta	245
Au	175	Fe	453	Ni	375	Tl	96
Bi	100	Ir	285	Pb	88	W	310
Ca	230	K	126	Pd	275	Zn	235
Cd	168	Mg	320	Pi	230	金刚石	~2 000
Co	410						

附录9 $\frac{1}{2}\left(\frac{\cos^2\theta}{\sin\theta}+\frac{\cos^2\theta}{\theta}\right)$的数值

θ/(°)	0.0	0.1	0.2	0.3	0.4	0.5	0.6	0.7	0.8	0.9
10	5.572	5.513	5.456	5.400	5.345	5.291	5.237	5.185	5.134	5.084
1	5.034	4.986	4.939	4.892	4.846	4.800	4.756	4.712	4.669	4.627
2	4.585	4.544	4.504	4.464	4.425	4.386	4.348	4.311	4.274	4.238
3	4.202	4.167	4.133	4.098	4.065	4.032	3.999	3.967	3.935	3.903
4	3.872	3.842	3.812	3.782	3.753	3.724	3.695	3.667	3.639	3.612
5	3.584	3.558	3.531	3.505	3.479	3.454	3.429	3.404	3.379	3.355
6	3.331	3.307	3.284	3.260	3.237	3.215	3.192	3.170	3.148	3.127
7	3.105	3.084	3.063	3.042	3.022	3.001	2.981	2.962	2.942	2.922
8	2.903	2.884	2.865	2.847	2.828	2.810	2.792	2.774	2.756	2.738
9	2.721	2.704	2.687	2.670	2.653	2.636	2.620	2.604	2.588	2.572
20	2.556	2.540	2.525	2.509	2.494	2.479	2.464	2.449	2.434	2.420
1	2.405	2.391	2.376	2.362	2.348	2.335	2.321	2.307	2.294	2.280
2	2.267	2.254	2.241	2.228	2.215	2.202	2.189	2.177	2.164	2.152
3	2.140	2.128	2.116	2.104	2.092	2.080	2.068	2.056	2.045	2.034
4	2.022	2.011	2.000	1.980	1.978	1.967	1.956	1.945	1.934	1.924
5	1.913	1.903	1.892	1.882	1.872	1.861	1.851	1.841	1.831	1.821
6	1.812	1.802	1.792	1.782	1.773	1.763	1.754	1.745	1.735	1.726
7	1.717	1.708	1.699	1.690	1.681	1.672	1.663	1.654	1.645	1.637
8	1.628	1.619	1.611	1.602	1.594	1.586	1.577	1.569	1.561	1.553
9	1.545	1.537	1.529	1.521	1.513	1.505	1.497	1.489	1.482	1.474
30	1.466	1.459	1.451	1.444	1.436	1.429	1.421	1.414	1.407	1.400
1	1.392	1.385	1.378	1.371	1.364	1.357	1.350	1.343	1.336	1.329
2	1.323	1.316	1.309	1.302	1.296	1.289	1.282	1.276	1.269	1.263
3	1.256	1.250	1.244	1.237	1.231	1.225	1.218	1.212	1.206	1.200
4	1.194	1.188	1.182	1.176	1.170	1.164	1.158	1.152	1.146	1.140
5	1.134	1.128	1.123	1.117	1.111	1.106	1.100	1.094	1.088	1.083
6	1.078	1.072	1.067	1.061	1.056	1.050	1.045	1.040	1.034	1.029
7	1.024	1.019	1.013	1.008	1.003	0.998	0.993	0.988	0.982	0.977
8	0.972	0.967	0.962	0.958	0.953	0.948	0.943	0.938	0.933	0.928
9	0.924	0.919	0.914	0.909	0.905	0.900	0.895	0.891	0.886	0.881
40	0.877	0.872	0.868	0.863	0.859	0.854	0.850	0.845	0.841	0.837
1	0.832	0.828	0.823	0.819	0.815	0.810	0.806	0.802	0.798	0.794
2	0.789	0.785	0.781	0.777	0.773	0.769	0.765	0.761	0.757	0.753
3	0.749	0.745	0.741	0.737	0.733	0.729	0.725	0.721	0.717	0.713
4	0.709	0.706	0.702	0.698	0.694	0.690	0.687	0.683	0.679	0.676

续附录 9

θ/(°)	0.0	0.1	0.2	0.3	0.4	0.5	0.6	0.7	0.8	0.9
5	0.672	0.668	0.665	0.661	0.657	0.654	0.650	0.647	0.643	0.640
6	0.636	0.632	0.629	0.625	0.622	0.619	0.615	0.612	0.608	0.605
7	0.602	0.598	0.595	0.591	0.588	0.585	0.582	0.578	0.575	0.572
8	0.569	0.565	0.562	0.559	0.556	0.553	0.549	0.546	0.543	0.540
9	0.537	0.534	0.531	0.528	0.525	0.522	0.518	0.515	0.512	0.509
50	0.506	0.504	0.501	0.498	0.495	0.492	0.489	0.486	0.483	0.480
1	0.477	0.474	0.472	0.469	0.466	0.463	0.460	0.458	0.455	0.452
2	0.449	0.447	0.444	0.441	0.439	0.436	0.433	0.430	0.428	0.425
3	0.423	0.420	0.417	0.415	0.412	0.410	0.407	0.404	0.402	0.399
4	0.397	0.394	0.392	0.389	0.387	0.384	0.382	0.379	0.377	0.375
5	0.372	0.370	0.367	0.365	0.363	0.360	0.358	0.356	0.353	0.351
6	0.349	0.346	0.344	0.342	0.339	0.337	0.335	0.333	0.330	0.328
7	0.326	0.324	0.322	0.319	0.317	0.315	0.313	0.311	0.309	0.306
8	0.304	0.302	0.300	0.298	0.296	0.294	0.292	0.290	0.288	0.286
9	0.284	0.282	0.280	0.278	0.276	0.274	0.272	0.270	0.268	0.266
60	0.264	0.262	0.260	0.258	0.256	0.254	0.252	0.250	0.249	0.247
1	0.245	0.243	0.241	0.239	0.237	0.236	0.234	0.232	0.230	0.229
2	0.227	0.225	0.223	0.221	0.220	0.218	0.216	0.215	0.213	0.211
3	0.209	0.208	0.206	0.204	0.203	0.201	0.199	0.198	0.196	0.195
4	0.193	0.191	0.190	0.188	0.187	0.185	0.184	0.182	0.180	0.179
5	0.177	0.176	0.174	0.173	0.171	0.170	0.168	0.167	0.165	0.164
6	0.162	0.161	0.160	0.158	0.157	0.155	0.154	0.152	0.151	0.150
7	0.148	0.147	0.146	0.144	0.143	0.141	0.140	0.139	0.138	0.136
8	0.135	0.134	0.132	0.131	0.130	0.128	0.127	0.126	0.125	0.123
9	0.122	0.121	0.120	0.119	0.117	0.116	0.115	0.114	0.112	0.111
70	0.110	0.109	0.108	0.107	0.106	0.104	0.103	0.102	0.101	0.100
1	0.099	0.098	0.097	0.096	0.095	0.094	0.092	0.091	0.090	0.089
2	0.088	0.087	0.086	0.085	0.084	0.083	0.082	0.081	0.080	0.079
3	0.078	0.077	0.076	0.075	0.075	0.074	0.073	0.072	0.071	0.070
4	0.069	0.068	0.067	0.066	0.065	0.065	0.064	0.063	0.062	0.061
5	0.060	0.059	0.059	0.058	0.057	0.056	0.055	0.055	0.054	0.053
6	0.052	0.052	0.051	0.050	0.049	0.048	0.048	0.047	0.046	0.045
7	0.045	0.044	0.043	0.043	0.042	0.041	0.041	0.040	0.039	0.039
8	0.038	0.037	0.037	0.036	0.035	0.035	0.034	0.034	0.033	0.032
9	0.032	0.031	0.031	0.030	0.029	0.029	0.028	0.028	0.027	0.027
80	0.026	0.026	0.025	0.025	0.024	0.023	0.023	0.023	0.022	0.022
1	0.021	0.021	0.020	0.020	0.019	0.019	0.018	0.018	0.017	0.017
2	0.017	0.016	0.016	0.015	0.015	0.015	0.014	0.014	0.013	0.013
3	0.013	0.012	0.012	0.012	0.011	0.011	0.010	0.010	0.010	0.010
4	0.009	0.009	0.009	0.008	0.008	0.003	0.007	0.007	0.007	0.007
5	0.006	0.006	0.006	0.006	0.005	0.005	0.005	0.005	0.005	0.004
6	0.004	0.004	0.004	0.003	0.003	0.003	0.003	0.003	0.003	0.002
7	0.002	0.002	0.002	0.002	0.002	0.002	0.001	0.001	0.001	0.001
8	0.001	0.001	0.001	0.001	0.001	0.001	0.001	0.000	0.000	0.000

附录 10 立方系晶面间夹角

{HKL}	{hkl}	HKL 与 hkl 晶面(或晶向)间夹角的数值/(°)									
100	100	0	90								
	110	45	90								
	111	54.73									
	210	26.57	64.43	90							
	211	35.27	65.90								
	221	48.19	70.53								
	310	18.44	71.56	90							
	311	25.24	72.45								
	320	33.69	56.31	90							
	321	36.70	57.69	74.50							
	322	43.31	60.98								
	410	14.03	75.97	90							
	411	19.47	76.37								
110	110	0	60	90							
	111	35.27	90								
	210	18.44	50.77	71.56							
	211	30	54.73	73.22	90						
	221	19.47	45	73.37	90						
	310	26.57	47.87	63.43	77.08						
	311	31.48	64.76	90							
	320	11.31	53.96	66.91	78.69						
	321	19.11	40.89	55.46	67.79	79.11					
	322	30.97	46.69	80.13	90						
	410	30.97	46.69	59.03	80.13						
	411	33.55	60	79.53	90						
	331	13.27	49.56	71.07	90						
111	111	0	70.53								
	210	39.23	75.04								
	211	19.47	61.87	90							
	221	15.81	54.73	78.90							
	310	43.10	68.58								
	311	29.50	58.52	79.98							
	320	36.81	80.79								
	321	22.21	51.89	72.02	90						
	322	11.42	65.16	81.95							
	410	45.57	65.16								
	411	35.27	57.02	74.21							
	331	21.99	48.53	82.39							
210	210	0	36.87	53.13	66.42	78.46	90				
	211	24.09	43.09	56.79	79.43	90					
	221	26.57	41.81	53.40	63.43	72.65	90				
	310	8.13	31.95	45	64.90	73.57	81.87				
	311	19.29	47.61	66.14	82.25						
	320	7.12	29.75	41.91	60.25	68.15	75.64	82.88			
	321	17.02	33.21	53.30	61.44	68.99	83.13	90			
	322	29.80	40.60	49.40	64.29	77.47	83.77				
	410	12.53	29.80	40.60	49.40	64.29	77.47	83.77			
	411	18.43	42.45	50.57	71.57	77.83	83.95				
	331	22.57	44.10	59.14	72.07	84.11					
211	211	0	33.56	48.19	60	70.53	80.41				
	221	17.72	35.26	47.12	65.90	74.21	82.18				
	310	25.35	49.80	58.91	75.04	82.59					
	311	10.02	42.39	60.50	75.75	90					
	320	25.07	37.57	55.52	63.07	83.50					
	321	10.90	29.21	40.20	49.11	56.94	70.89	77.40	83.74	90	

续附录 10

{*HKL*}	{*hkl*}	*HKL* 与 *hkl* 晶面(或晶向)间夹角的数值/(°)									
	322	8.05	26.98	53.55	60.33	72.72	78.58	84.32			
	410	26.98	46.13	53.55	60.33	72.72	78.58				
	411	15.80	39.67	47.66	54.73	61.24	73.22	84.48			
	331	20.51	41.47	68.00	79.20						
221	221	0	27.27	38.94	63.61	83.62	90				
	310	32.51	42.45	58.19	65.06	83.95					
	311	25.24	45.29	59.83	72.45	84.23					
	320	22.41	42.30	49.67	68.30	79.34	84.70				
	321	11.49	27.02	36.70	57.69	63.55	74.50	79.74	84.89		
	322	14.04	27.21	49.70	66.16	71.13	75.96	90			
	410	36.06	43.31	55.53	60.98	80.69					
	411	30.20	45	51.06	56.64	66.87	71.68	90			
	331	6.21	32.73	57.64	67.52	85.61					
310	310	0	25.84	36.86	53.13	72.54	84.26	90			
	311	17.55	40.29	55.10	67.58	79.01	90				
	320	15.25	37.87	52.13	58.25	74.76	79.90				
	321	21.62	32.31	40.48	47.46	53.73	59.53	65.00	75.31	85.15	90
	322	32.47	46.35	52.15	57.53	72.13	76.70				
	410	4.40	23.02	32.47	57.53	72.13	76.70	85.60			
	411	14.31	34.93	58.55	72.65	81.43	85.73				
311	311	0	35.10	50.48	62.97	84.78					
	320	23.09	41.18	54.17	65.28	75.47	85.20				
	321	14.77	36.31	49.86	61.08	71.20	80.73				
	322	18.08	36.45	48.84	59.21	68.55	85.81				
	410	18.08	36.45	59.21	68.55	77.33	85.81				
	411	5.77	31.48	44.72	55.35	64.76	81.83	90			
	331	25.95	40.46	51.50	61.04	69.77	78.02				
320	320	0	22.62	46.19	62.51	67.38	72.08	90			
	321	15.50	27.19	35.38	48.15	53.63	58.74	68.25	77.15	85.75	90
	322	29.02	36.18	47.73	70.35	82.27	90				
	410	19.65	36.18	47.73	70.35	82.27	90				
	411	23.77	44.02	49.18	70.92	86.25					
	331	17.37	45.58	55.07	63.55	79.00					
321	321	0	21.79	31.00	38.21	44.42	50.00	60	64.62	73.40	85.90
	322	13.52	24.84	32.58	44.52	49.59	63.02	71.08	78.79	82.55	86.28
	410	24.84	32.58	44.52	49.59	54.31	63.02	67.11	71.08	82.55	86.28
	411	19.11	35.02	40.89	46.14	50.95	55.46	67.79	71.64	79.11	86.39
	331	11.18	30.87	42.63	52.18	60.63	68.42	75.80	82.95	90	
322	322	0	19.75	58.03	61.93	76.39	86.63				
	410	34.56	49.68	53.97	69.33	72.90					
	411	23.85	42.00	46.99	59.04	62.78	66.41	80.13			
	331	18.93	33.42	43.97	59.95	73.85	80.39	86.81			
410	410	0	19.75	28.07	61.93	76.39	86.63	90			
	411	13.63	30.96	62.78	73.39	80.13	90				
	331	33.42	43.67	52.26	59.95	67.08	86.81				
411	411	0	27.27	38.94	60	67.12	86.82				
	331	30.10	40.80	57.27	64.37	77.51	83.79				
331	331	0	26.52	37.86	61.73	80.91	86.98				

附录 11　常见晶体标准电子衍射花样

（一）面心立方

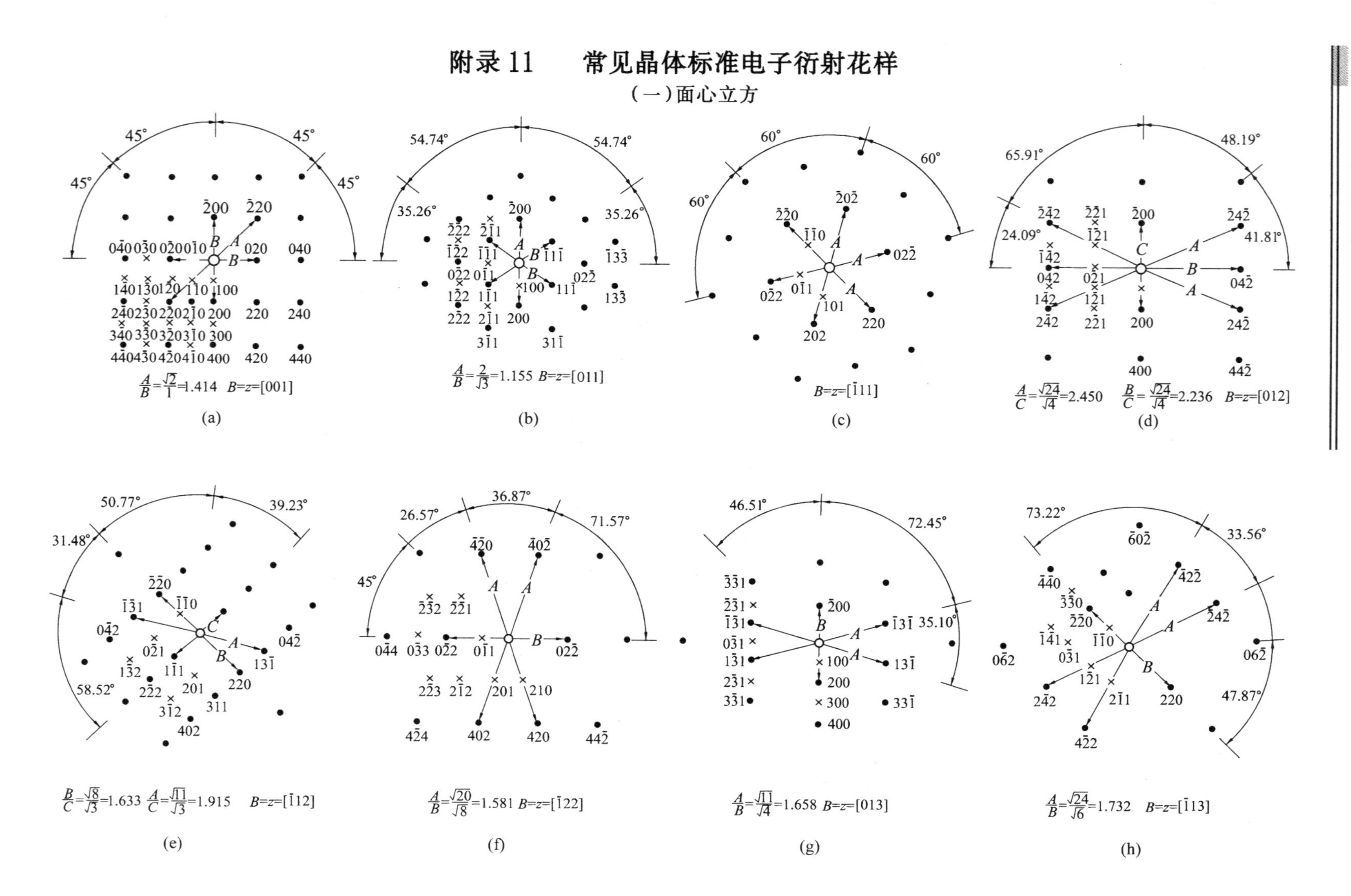

(a) $\frac{A}{B}=\frac{\sqrt{2}}{1}=1.414$　$B=z=[001]$

(b) $\frac{A}{B}=\frac{2}{\sqrt{3}}=1.155$　$B=z=[011]$

(c) $B=z=[\bar{1}11]$

(d) $\frac{A}{C}=\frac{\sqrt{24}}{\sqrt{4}}=2.450$　$\frac{B}{C}=\frac{\sqrt{24}}{\sqrt{4}}=2.236$　$B=z=[012]$

(e) $\frac{B}{C}=\frac{\sqrt{8}}{\sqrt{3}}=1.633$　$\frac{A}{C}=\frac{\sqrt{11}}{\sqrt{3}}=1.915$　$B=z=[\bar{1}12]$

(f) $\frac{A}{B}=\frac{\sqrt{20}}{\sqrt{8}}=1.581$　$B=z=[\bar{1}22]$

(g) $\frac{A}{B}=\frac{\sqrt{11}}{\sqrt{4}}=1.658$　$B=z=[013]$

(h) $\frac{A}{B}=\frac{\sqrt{24}}{\sqrt{6}}=1.732$　$B=z=[\bar{1}13]$

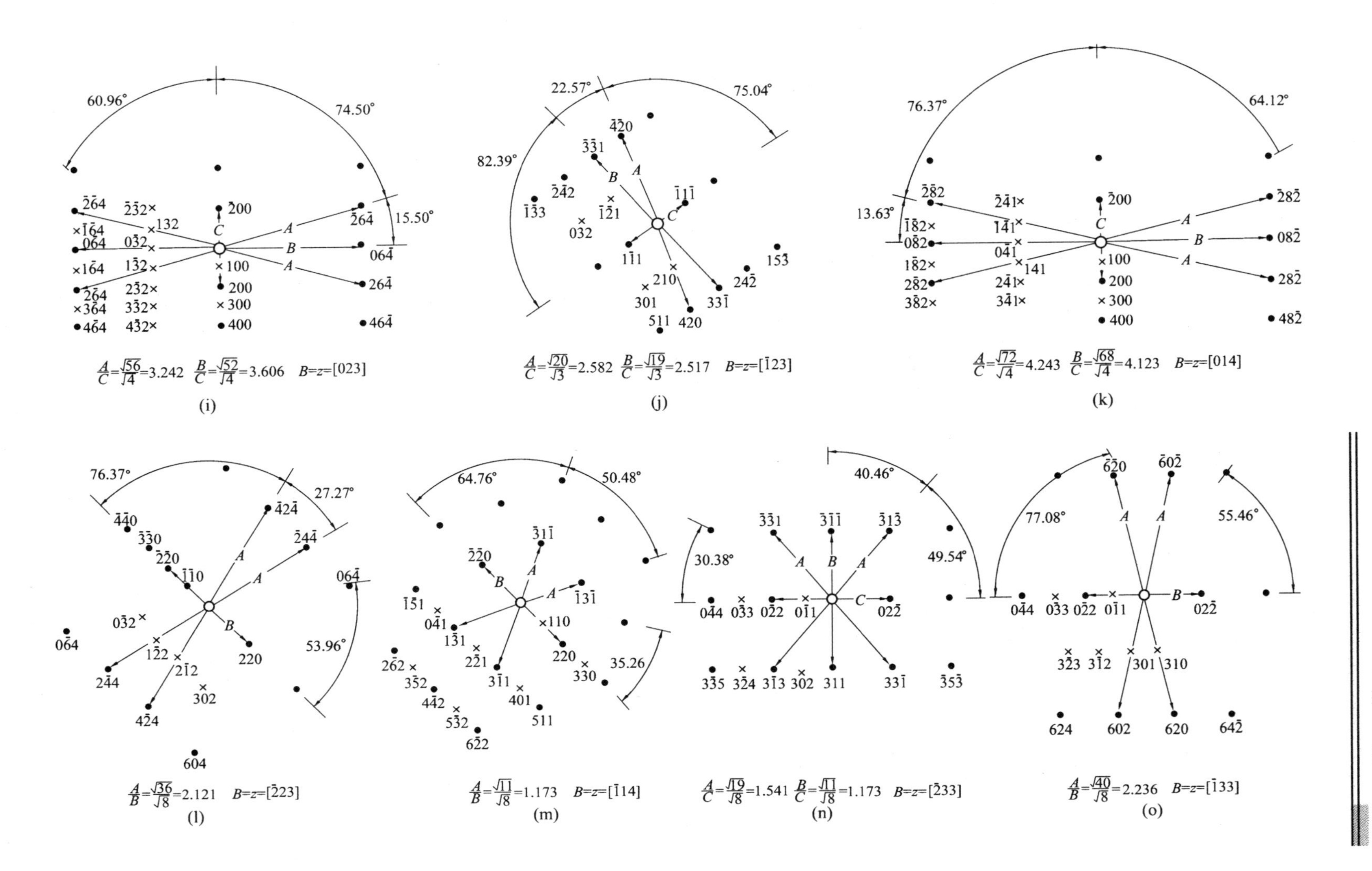

$\frac{A}{C}=\frac{\sqrt{56}}{\sqrt{4}}=3.242$　$\frac{B}{C}=\frac{\sqrt{52}}{\sqrt{4}}=3.606$　$B=z=[023]$

(i)

$\frac{A}{C}=\frac{\sqrt{20}}{\sqrt{3}}=2.582$　$\frac{B}{C}=\frac{\sqrt{19}}{\sqrt{3}}=2.517$　$B=z=[\bar{1}23]$

(j)

$\frac{A}{C}=\frac{\sqrt{72}}{\sqrt{4}}=4.243$　$\frac{B}{C}=\frac{\sqrt{68}}{\sqrt{4}}=4.123$　$B=z=[014]$

(k)

$\frac{A}{B}=\frac{\sqrt{36}}{\sqrt{8}}=2.121$　$B=z=[\bar{2}23]$

(l)

$\frac{A}{B}=\frac{\sqrt{11}}{\sqrt{8}}=1.173$　$B=z=[\bar{1}14]$

(m)

$\frac{A}{C}=\frac{\sqrt{19}}{\sqrt{8}}=1.541$　$\frac{B}{C}=\frac{\sqrt{11}}{\sqrt{8}}=1.173$　$B=z=[\bar{2}33]$

(n)

$\frac{A}{B}=\frac{\sqrt{40}}{\sqrt{8}}=2.236$　$B=z=[\bar{1}33]$

(o)

（二）体心立方

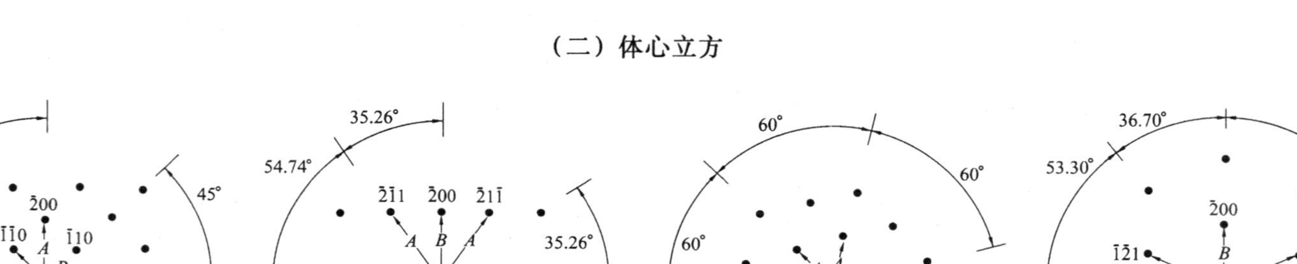

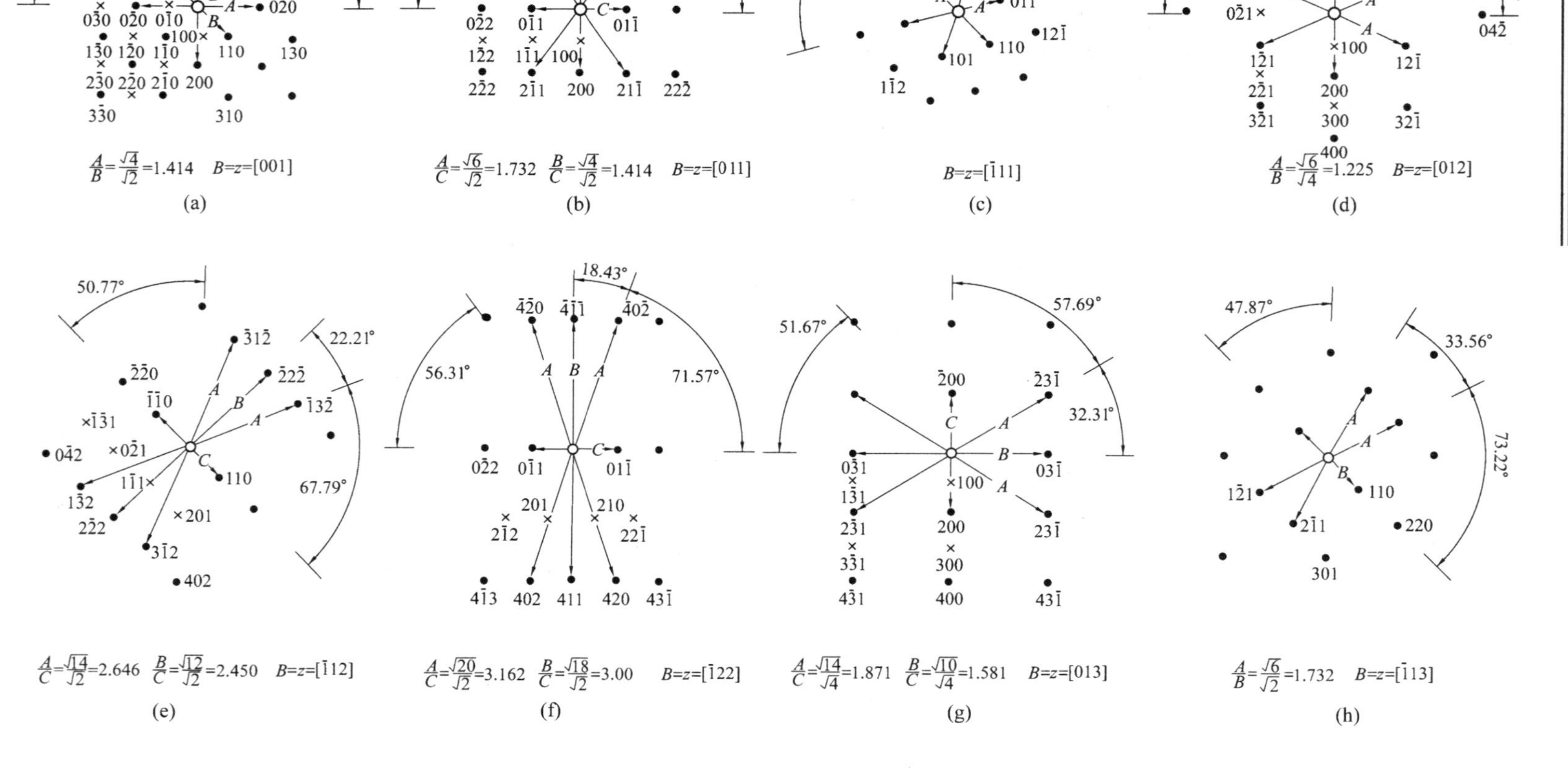

(a) $\frac{A}{B}=\frac{\sqrt{4}}{\sqrt{2}}=1.414$　$B=z=[001]$

(b) $\frac{A}{C}=\frac{\sqrt{6}}{\sqrt{2}}=1.732$　$\frac{B}{C}=\frac{\sqrt{4}}{\sqrt{2}}=1.414$　$B=z=[011]$

(c) $B=z=[\bar{1}11]$

(d) $\frac{A}{B}=\frac{\sqrt{6}}{\sqrt{4}}=1.225$　$B=z=[012]$

(e) $\frac{A}{C}=\frac{\sqrt{14}}{\sqrt{2}}=2.646$　$\frac{B}{C}=\frac{\sqrt{12}}{\sqrt{2}}=2.450$　$B=z=[\bar{1}12]$

(f) $\frac{A}{C}=\frac{\sqrt{20}}{\sqrt{2}}=3.162$　$\frac{B}{C}=\frac{\sqrt{18}}{\sqrt{2}}=3.00$　$B=z=[\bar{1}22]$

(g) $\frac{A}{C}=\frac{\sqrt{14}}{\sqrt{4}}=1.871$　$\frac{B}{C}=\frac{\sqrt{10}}{\sqrt{4}}=1.581$　$B=z=[013]$

(h) $\frac{A}{B}=\frac{\sqrt{6}}{\sqrt{2}}=1.732$　$B=z=[\bar{1}13]$

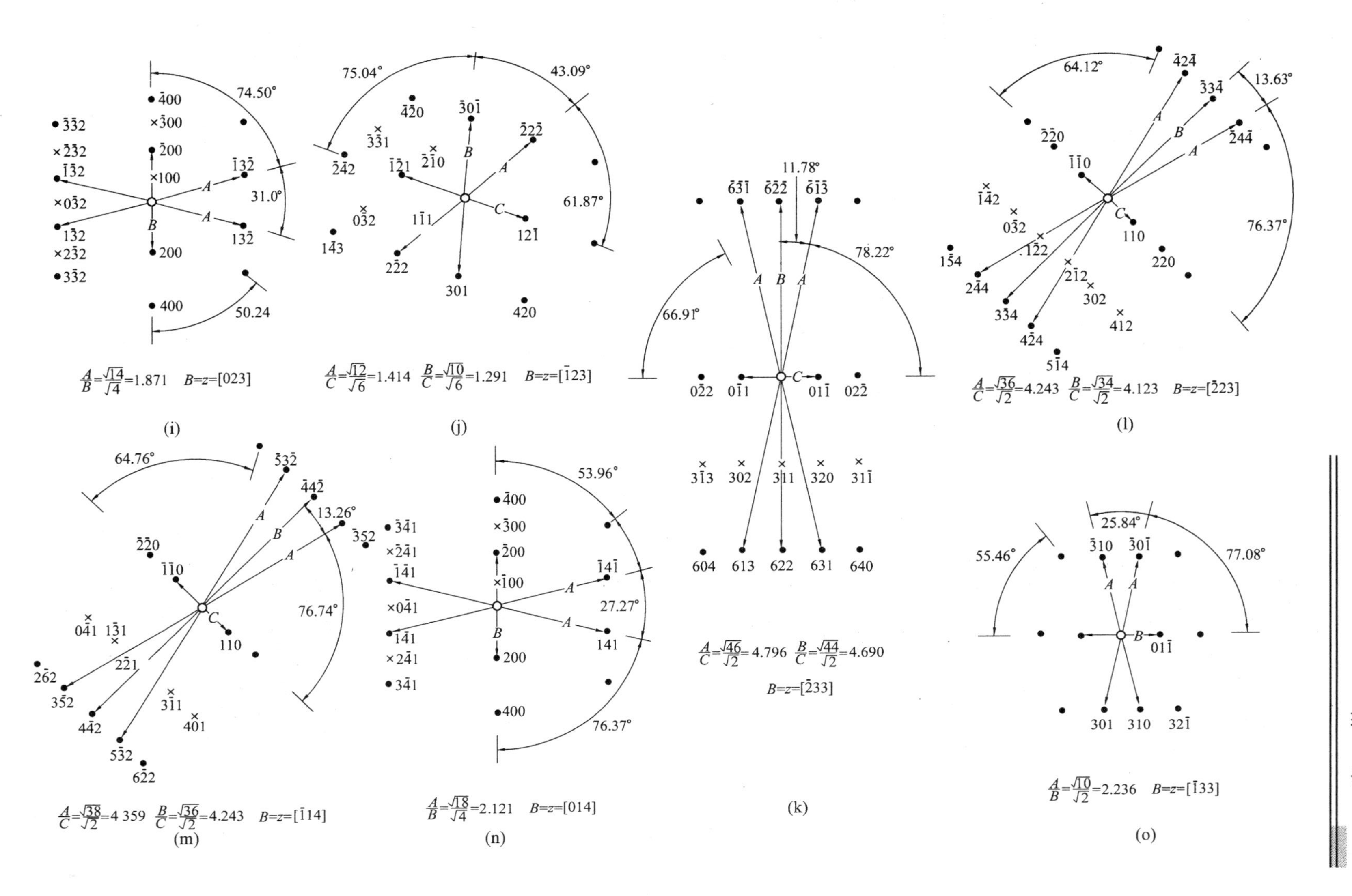
(i)
A/B=√14/√4=1.871　B=z=[023]
(j)
A/C=√12/√6=1.414　B/C=√10/√6=1.291　B=z=[1̄23]
(k)
A/C=√46/√2=4.796　B/C=√44/√2=4.690
B=z=[2̄33]
(l)
A/C=√36/√2=4.243　B/C=√34/√2=4.123　B=z=[2̄23]
(m)
A/C=√38/√2=4 359　B/C=√36/√2=4.243　B=z=[1̄14]
(n)
A/B=√18/√4=2.121　B=z=[014]
(o)
A/B=√10/√2=2.236　B=z=[1̄33]

(三)密排六方

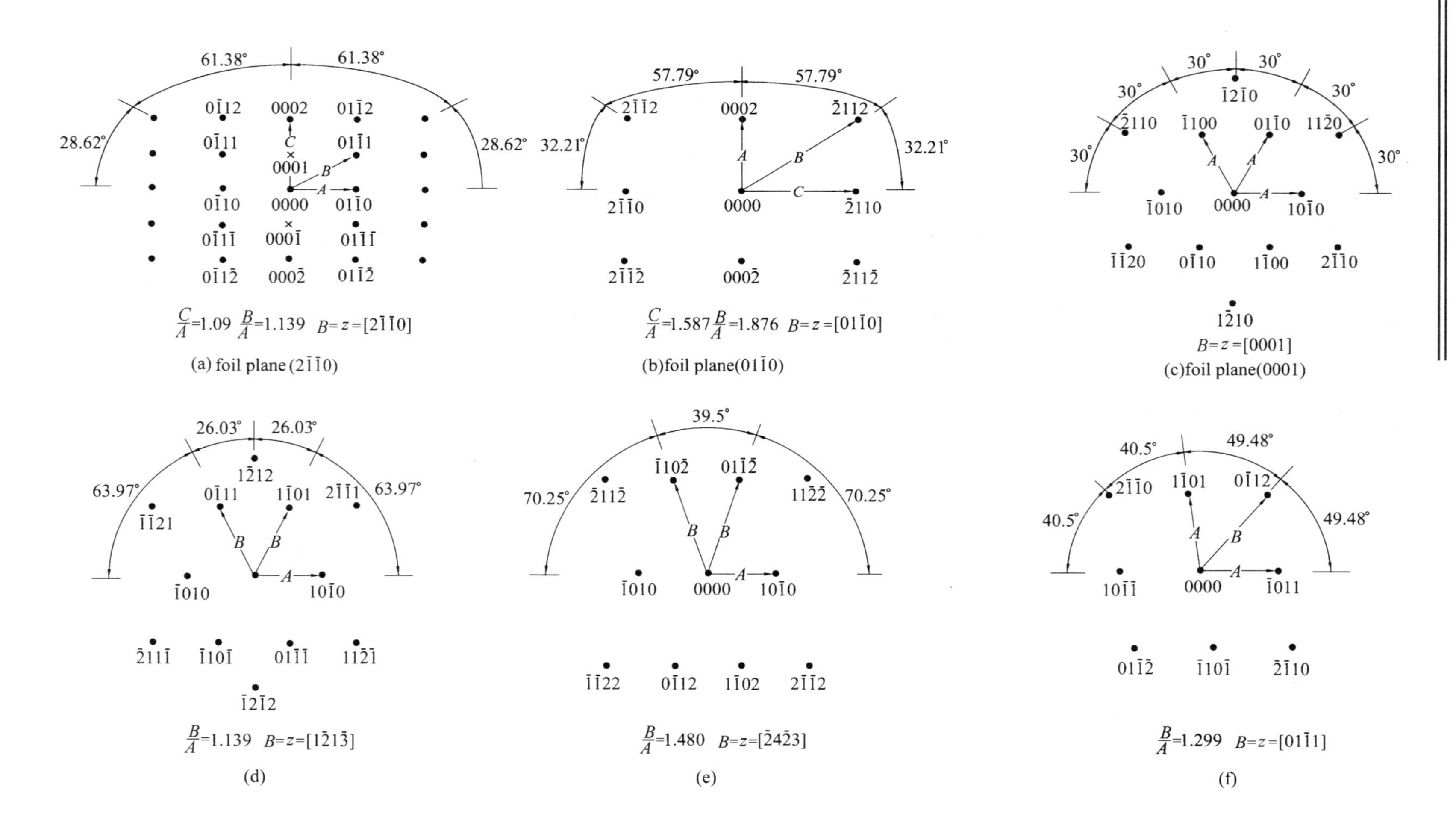

$\frac{C}{A}=1.09$ $\frac{B}{A}=1.139$ $B=z=[2\bar{1}\bar{1}0]$

(a) foil plane $(2\bar{1}\bar{1}0)$

$\frac{C}{A}=1.587$ $\frac{B}{A}=1.876$ $B=z=[01\bar{1}0]$

(b) foil plane $(01\bar{1}0)$

$B=z=[0001]$

(c) foil plane (0001)

$\frac{B}{A}=1.139$ $B=z=[1\bar{2}1\bar{3}]$

(d)

$\frac{B}{A}=1.480$ $B=z=[\bar{2}4\bar{2}3]$

(e)

$\frac{B}{A}=1.299$ $B=z=[01\bar{1}1]$

(f)

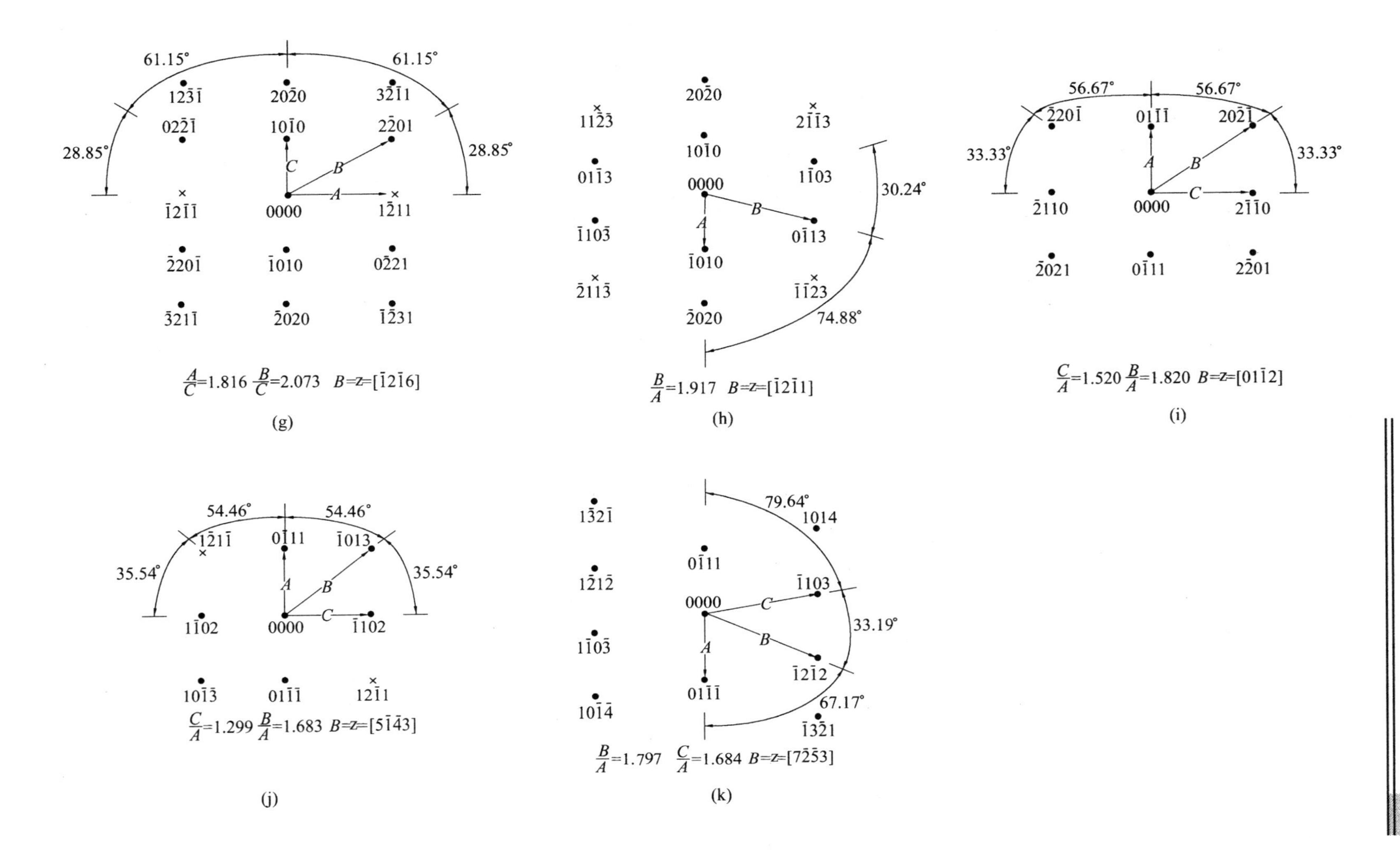

$\frac{A}{C}=1.816$ $\frac{B}{C}=2.073$ $B=z=[\bar{1}2\bar{1}6]$

(g)

$\frac{B}{A}=1.917$ $B=z=[\bar{1}2\bar{1}1]$

(h)

$\frac{C}{A}=1.520$ $\frac{B}{A}=1.820$ $B=z=[01\bar{1}2]$

(i)

$\frac{C}{A}=1.299$ $\frac{B}{A}=1.683$ $B=z=[5\bar{1}\bar{4}3]$

(j)

$\frac{B}{A}=1.797$ $\frac{C}{A}=1.684$ $B=z=[7\bar{2}\bar{5}3]$

(k)

(四)金刚石立方

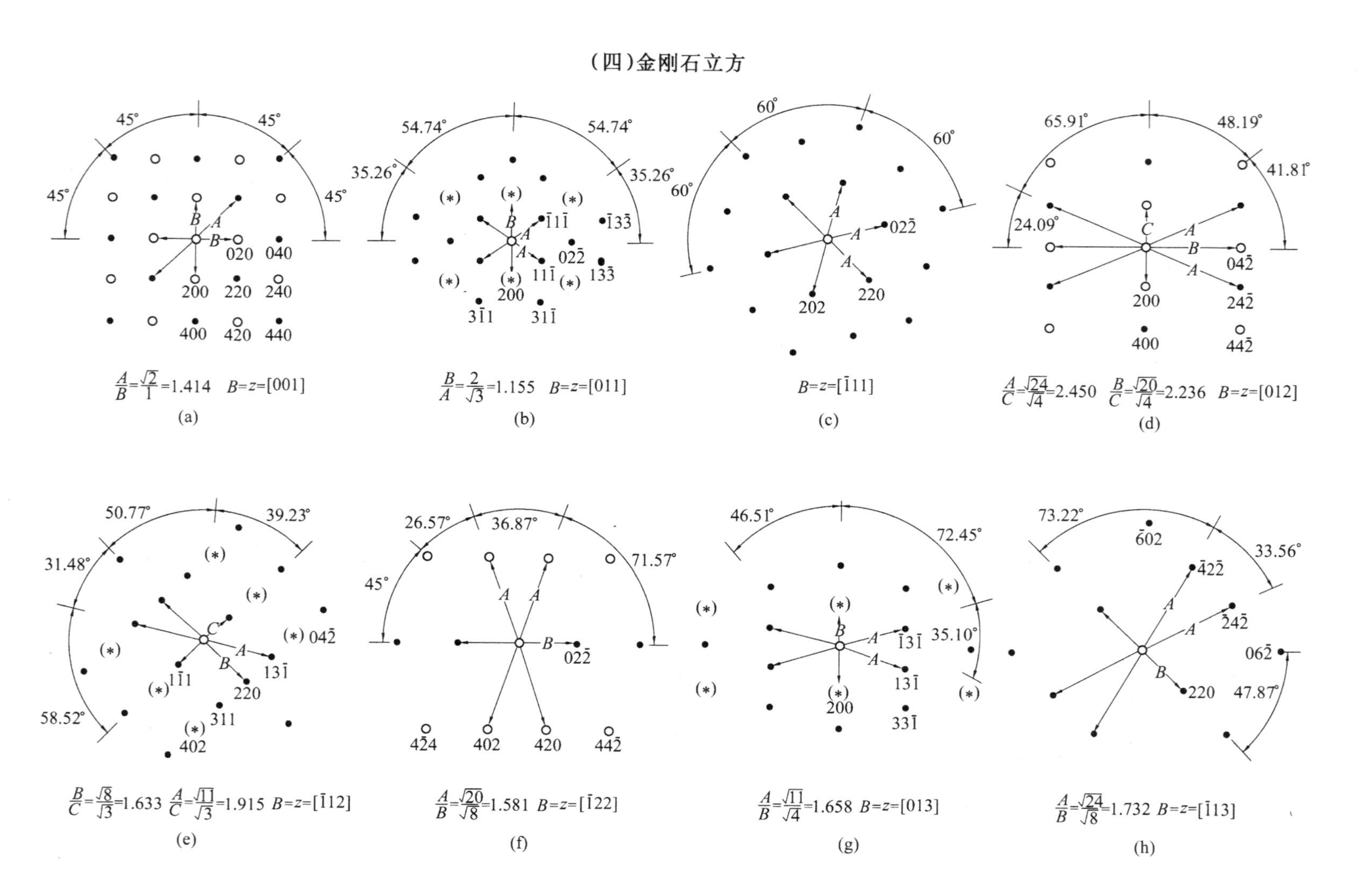

$\frac{A}{B}=\frac{\sqrt{2}}{1}=1.414$ $B=z=[001]$
(a)

$\frac{B}{A}=\frac{2}{\sqrt{3}}=1.155$ $B=z=[011]$
(b)

$B=z=[\bar{1}11]$
(c)

$\frac{A}{C}=\frac{\sqrt{24}}{\sqrt{4}}=2.450$ $\frac{B}{C}=\frac{\sqrt{20}}{\sqrt{4}}=2.236$ $B=z=[012]$
(d)

$\frac{B}{C}=\frac{\sqrt{8}}{\sqrt{3}}=1.633$ $\frac{A}{C}=\frac{\sqrt{11}}{\sqrt{3}}=1.915$ $B=z=[\bar{1}12]$
(e)

$\frac{A}{B}=\frac{\sqrt{20}}{\sqrt{8}}=1.581$ $B=z=[\bar{1}22]$
(f)

$\frac{A}{B}=\frac{\sqrt{11}}{\sqrt{4}}=1.658$ $B=z=[013]$
(g)

$\frac{A}{B}=\frac{\sqrt{24}}{\sqrt{8}}=1.732$ $B=z=[\bar{1}13]$
(h)

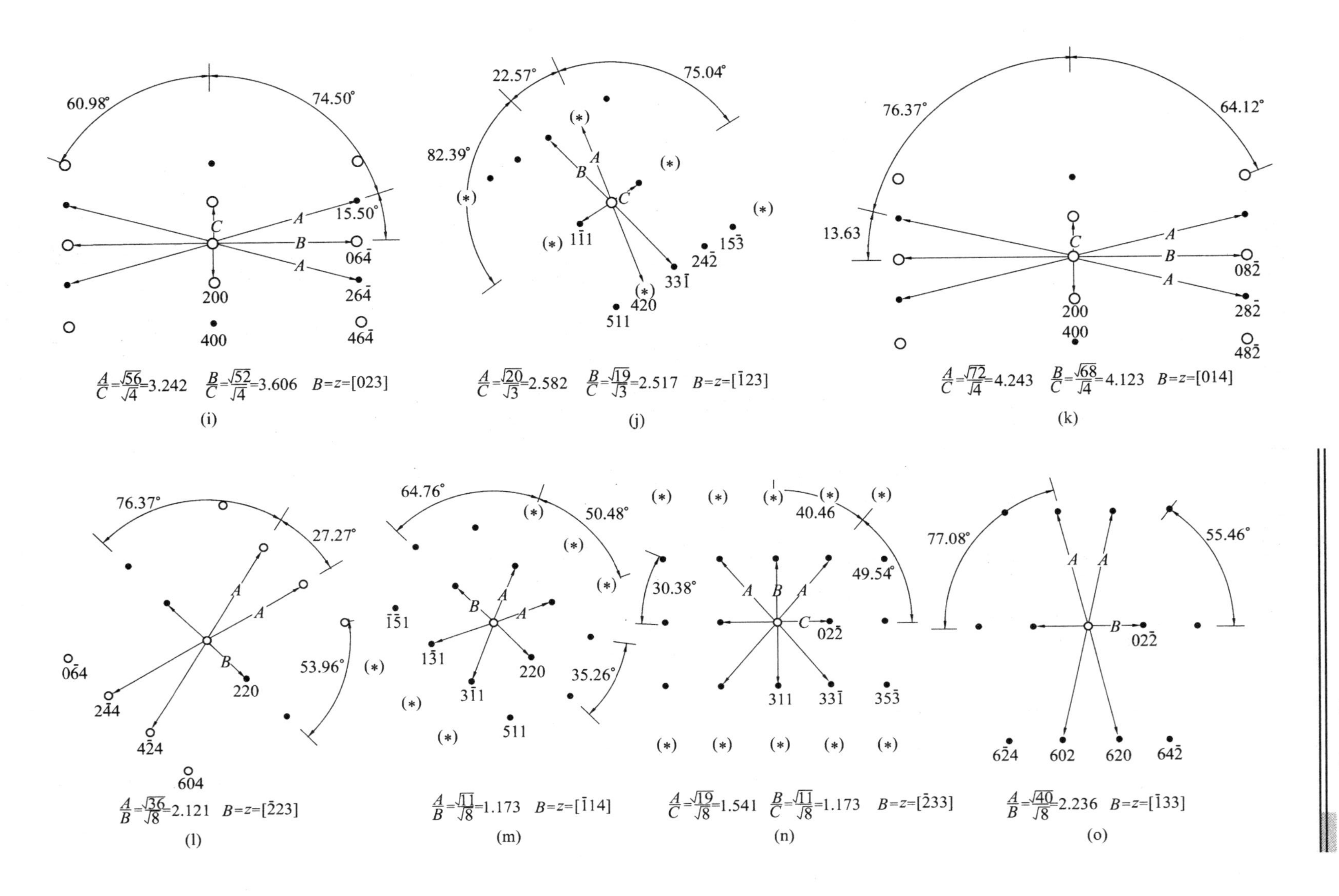
60.98°
74.50°
15.50°
$\frac{A}{C}=\frac{\sqrt{56}}{\sqrt{4}}=3.242$ $\frac{B}{C}=\frac{\sqrt{52}}{\sqrt{4}}=3.606$ $B=z=[023]$
(i)
22.57°
75.04°
82.39°
$\frac{A}{C}=\frac{\sqrt{20}}{\sqrt{3}}=2.582$ $\frac{B}{C}=\frac{\sqrt{19}}{\sqrt{3}}=2.517$ $B=z=[\bar{1}23]$
(j)
76.37°
64.12°
13.63
$\frac{A}{C}=\frac{\sqrt{72}}{\sqrt{4}}=4.243$ $\frac{B}{C}=\frac{\sqrt{68}}{\sqrt{4}}=4.123$ $B=z=[014]$
(k)
76.37°
27.27°
53.96°
$\frac{A}{B}=\frac{\sqrt{36}}{\sqrt{8}}=2.121$ $B=z=[\bar{2}23]$
(l)
64.76°
50.48°
35.26°
$\frac{A}{B}=\frac{\sqrt{11}}{\sqrt{8}}=1.173$ $B=z=[\bar{1}14]$
(m)
40.46
30.38°
49.54°
$\frac{A}{C}=\frac{\sqrt{19}}{\sqrt{8}}=1.541$ $\frac{B}{C}=\frac{\sqrt{11}}{\sqrt{8}}=1.173$ $B=z=[\bar{2}33]$
(n)
77.08°
55.46°
$\frac{A}{B}=\frac{\sqrt{40}}{\sqrt{8}}=2.236$ $B=z=[\bar{1}33]$
(o)

附录 12　特征 X 射线的波长和能量表

元素		K_{α_1}		K_{β_1}		L_{α_1}		M_{α_1}	
Z	符号	λ/0.1 nm	E/keV	λ/0.1 nm	E/keV	λ/0.1 nm	E/keV	λ/0.1 nm	E/keV
4	Be	114.00	0.109						
5	B	67.6	0.183						
6	C	44.7	0.277						
7	N	31.6	0.392						
8	O	23.62	0.525						
9	F	18.32	0.677						
10	Ne	14.61	0.849	14.45	0.858				
11	Na	11.91	1.041	11.58	1.071				
12	Mg	9.89	1.254	9.52	1.032				
13	Al	8.339	1.487	7.96	1.557				
14	Si	7.125	1.740	6.75	1.836				
15	P	6.157	2.014	5.796	2.139				
16	S	5.372	2.308	5.032	2.464				
17	Cl	4.728	2.622	4.403	2.816				
18	Ar	4.192	2.958	3.886	3.191				
19	K	3.741	3.314	3.454	3.590				
20	Ca	3.358	3.692	3.090	4.103				
21	Sc	3.031	4.091	2.780	4.461				
22	Ti	2.749	4.511	2.514	4.932	27.42	0.452		
23	V	2.504	4.952	2.284	5.427	24.25	0.511		
24	Cr	2.290	5.415	2.085	5.947	21.64	0.573		
25	Mn	2.102	5.899	1.910	6.490	19.45	0.637		
26	Fe	1.936	6.404	1.757	7.058	17.59	0.705		
27	Co	1.789	6.980	1.621	7.649	15.97	0.776		
28	Ni	1.658	7.478	1.500	8.265	14.56	0.852		
29	Cu	1.541	8.048	1.392	8.905	13.34	0.930		
30	Zn	1.435	8.639	1.295	9.572	12.25	1.012		
31	Ga	1.340	9.252	1.208	10.26	11.29	1.098		
32	Ge	1.254	9.886	1.129	10.98	10.44	1.188		
33	As	1.177	10.53	1.057	11.72	9.671	1.282		
34	Se	1.106	11.21	0.992	12.49	8.99	1.379		
35	Br	1.041	11.91	0.933	13.29	8.375	1.480		
36	Kr					7.817	1.586		
37	Rb					7.318	1.694		
38	Sr					6.863	1.807		
39	Y					6.449	1.923		
40	Zr					6.071	2.042		
41	Nb					5.724	2.166		
42	Mo					5.407	2.293		
43	Tc					5.115	2.424		
44	Ru					4.846	2.559		
45	Rh					4.597	2.697		
46	Pd					4.368	2.839		
47	Ag					4.154	2.984		
48	Cd					3.956	3.134		
49	In					3.772	3.287		
50	Sn					3.600	3.444		
51	Sb					3.439	3.605		

续附录 12

元　素		K_{α_1}		K_{β_1}		L_{α_1}		M_{α_1}	
Z	符号	λ/0.1 nm	E/keV	λ/0.1 nm	E/keV	λ/0.1 nm	E/keV	λ/0.1 nm	E/keV
52	Te					3.289	3.769		
53	I					3.149	3.938		
54	Xe					3.017	4.110		
55	Cs					2.892	4.287		
56	Ba					2.776	4.466		
57	La					2.666	4.651		
58	Ce					2.562	4.840		
59	Pr					2.463	5.034		
60	Nd					2.370	5.230		
61	Pm					2.282	5.433		
62	Sm					2.200	5.636	11.47	1.081
63	Eu					1.212	5.846	10.96	1.131
64	Cd					2.047	6.057	10.46	1.185
65	Tb					1.977	6.273	10.00	1.240
66	Dy					1.909	6.495	9.590	1.293
67	Ho					1.845	6.720	9.200	1.347
68	Er					1.784	6.949	8.820	1.405
69	Tm					1.727	7.180	8.480	1.462
70	Yb					1.672	7.416	8.149	1.521
71	Lu					1.620	7.656	7.840	1.581
72	Hf					1.57	7.899	7.539	1.645
73	Ta					1.522	8.146	7.252	1.710
74	W					1.476	8.398	6.983	1.775
75	Re					1.433	8.653	6.729	1.843
76	Os					1.391	8.912	6.490	1.910
77	Ir					1.351	9.175	6.262	1.980
78	Pt					1.313	9.442	6.047	2.051
79	Au					1.276	9.713	5.840	2.123
80	Hg					1.241	9.989	5.645	2.196
81	Tl					1.207	10.27	5.460	2.271
82	Pb					1.175	10.55	5.286	2.346
83	Bi					1.144	10.84	5.118	2.423
84	Po					1.114	11.13		
85	At					1.085	11.43		
86	Rn					1.057	11.73		
87	Fr					1.030	12.03		
88	Ra					1.005	12.34		
89	Ac					0.979	12.65		
90	Th					0.956	12.97	4.138	2.996
91	Pa					0.933	13.29	4.022	3.082
92	U					0.911	13.61	3.910	3.171

附录 13 元素的物理性质

化学符号	元素	原子序数	相对原子质量	熔点/℃	沸点/℃	点阵类型	空间群	结构类型②	点阵参数 a/0.1 nm	b/0.1 nm	c/0.1 nm	晶轴间夹角	原子间最紧密距离 0.1 nm	常数所适用的温度 ℃
Ag	银	47	107.868	960.80	2210	面心立方	O_h^5	A1	4.0856	–	–	–	2.888	20
Al	铝	13	26.98	660	2450	面心立方	O_h^5	A1	4.0491	–	–	–	2.862	20
As	砷	33	74.92	817 (28 大气压)	613(升华)	菱形	D_{3d}^5	A7	4.159	–	–	α = 53°49′	2.51	20
Au	金	79	196.97	1 063.0 ± 0.0	2 970	面心立方	O_h^5	A1	4.0783	–	–	–	2.884	20
B	硼	5	10.81	2030(大约)	–	正交	–	–	17.89	8.95	10.15	–	–	–
Ba	钡	56	137.34	714	1 640	体心立方	O_h^9	A2	5.025	–	–	–	4.35	20
Be	铍(α)	4	9.012	1 277	2 770	六角①	D_{6h}^4	A3	2.2858	–	3.5842	–	2.225	20
Bi	铋	83	208.98	271.3	1 560	菱形	D_{3d}^5	A7	4.7457	–	–	α = 57°14.2′	3.111	20
C	碳(石墨)	6	12.011	3 727	4 830	六角①	D_{6h}^4	A9	2.4614	–	6.7014	–	1.42	20
Ca	钙(α)	20	40.08	838	1 440	面心立方	O_h^5	A1	5.582	–	–	–	3.94	20
Cd	镉	48	112.40	320.9	765	六角	D_{6h}^4	A3	2.9787	–	5.617	–	2.979	20
Ce	铈	58	140.12	804	3 470	面心立方	O_h^5	A1	5.16	–	–	–	3.64	室温
Co	钴(α)	27	58.93	1 495 ± 1	2 900	六角①	D_{6h}^4	A3	2.5071	–	4.0686	–	2.4967	20
Cr	铬	24	51.996	1 875	2 665	体心立方	O_h^9	A2	2.8845	–	–	–	2.498	–173
Cs	铯	55	132.91	28.7	690	体心立方	O_h^9	A2	6.06	–	–	–	5.25	20
Cu	铜	29	63.54	1083.0 ± 0.1	2 595	面心立方①	O_h^5	A1	3.6153	–	–	–	2.556	20
Fe	铁(α)	26	55.85	1536.5 ± 1	3000 ± 150	体心立方	O_h^9	A2	2.8664	–	–	–	2.4824	–
Ga	镓	31	69.72	29.78	2 237	正交	V_h^{18}	A11	3.526	4.520	7.660	–	2.442	20
Ge	锗	32	72.59	937.4 ± 1.5	2 830	面心立方	O_h^7	A4	5.658	–	–	–	2.450	20
H	氢	1	1.0080	–259.19	–252.7	六角	–	–	3.76	–	6.13	–	–	–271
Hf	铪	72	178.49	2222 ± 30	5400	六角	D_{6h}^4	A3	3.1883	–	5.0422	–	3.15	20
Hg	汞	80	200.59	–38.36	357	菱形	D_{3d}^5	A11	3.005	–	–	α = 70°31.71	3.005	–46
I	碘	53	126.90	113.7	183	正交	V_h^{18}	A14	4.787	7.266	9.793	–	2.71	20
In	铟	49	114.82	156.2	2000	面心四方	D_{4h}^{17}	A6	4.594	–	4.951	–	3.25	20
Ir	铱	77	192.2	2454 ± 3	5300	面心立方	O_h^5	A1	3.8389	–	–	–	2.714	20
K	钾	19	39.102	63.7	760	体心立方	O_h^9	A2	5.334	–	–	–	4.624	20
La	镧(α)	57	138.90	920	3470	六角①	D_{6h}^4	A3	3.762	–	6.075	–	3.74	20
Li	锂	3	6.941	180.54	1330	体心立方	O_h^9	A2	3.5089	–	–	–	3.039	20
Mg	镁	12	24.305	650 ± 2	1107 ± 10	六角①	D_{6h}^4	A3	3.2088	–	5.2095	–	3.196	25
Mn	锰(α)	25	54.938	1245	2150	立方	T_d^3	A12	8.912	–	–	–	2.24	20
Mo	钼	42	95.94	2610	5560	体心立方	O_h^9	A2	3.1466	–	–	–	2.725	20
N	氮(α)	7	14.007	–209.97	–195.8	立方	T^4	–	5.67	–	–	–	1.06	–253

续附录 13

化学符号	元素	原子序数	相对原子质量	熔点/℃	沸点/℃	点阵类型	空间群	结构类型②	点阵参数				原子间最紧密距离	常数所适用的温度
									a/0.1 nm	b/0.1 nm	c/0.1 nm	晶轴间夹角	0.1 nm	℃
Na	钠	11	22.990	97.82	892	体心立方	O_h^9	A2	4.2906	–	–	–	3.715	20
Nb	铌	41	92.91	2468 ± 10	4927	体心立方①	O_h^9	A2	3.3007	–	–	–	2.859	20
Nd	钕(α)	60	144.24	1019	3180	六 角①	D_{6h}^4	A3	3.657	–	5.880	–	5.902	20
Ni	镍	28	58.71	1453	2730	面心立方①	O_h^5	A1	3.5238	–	–	–	2.491	20
O	氧(α)	8	15.9994	−218.83	−183.0	正 交	–	–	5.51	3.83	3.45	–	–	−252
Os	锇	76	190.2	2700 ± 200	5500	六 角①	D_{6h}^4	A3	2.7341	–	4.3197	–	2.675	26
P	磷(黑)	15	30.974	44.25	111.65	正 交	V_h^{18}	A16	3.32	4.39	10.52	–	2.17	室温
Pb	铅	82	207.2	327.4258	1725	面心立方	O_h^5	A1	4.9495	–	–	–	3.499	20
Pd	钯	46	106.4	1552	3980	面心立方	O_h^5	A1	3.8902	–	–	–	2.750	20
Pr	镨(α)	59	140.91	919	3020	六 角	D_{6h}^4	A3	3.669	–	5.920	–	3.640	20
Pt	铂	78	195.09	1769	4530	面心立方	O_h^5	A1	3.9237	–	–	–	2.775	20
Rb	铷	37	85.468	38.9	688	体心立方	O_h^9	A2	5.63	–	–	–	4.88	−173
Re	铼	75	186.2	3180 ± 20	5900	六 角①	D_{6h}^4	A3	2.7609	–	4.4583	–	2.740	20
Rh	铑(β)	45	102.91	1966 ± 3	4500	面心立方①	O_h^5	A1	3.8034	–	–	–	2.689	20
Ru	钌(α)	44	101.07	2500 ± 100	4900	六 角①	D_{6h}^4	A3	2.7038	–	4.2816	–	2.649	20
S	硫(α,黄)	16	32.06	119.0 ± 0.5	444.6	正 交	V_h^{24}	A17	10.50	12.95	24.60	–	2.12	20
Sb	锑	51	121.75	630.5 ± 0.1	1380	菱 形①	D_{8d}^5	A7	4.5064	–	–	57°6.5′	2.903	20
Se	硒(灰)	34	78.96	217	685 ± 1	六 角	D_{8d}^4	A8	4.3640	–	4.9594	–	2.32	20
Si	硅	14	28.09	1410	2680	面心立方	O_h^7	A4	5.4282	–	–	–	2.351	20
Sn	锡(β,白)	50	118.69	231.912	2270	四 方	D_{4k}^{19}	A5	5.8311	–	3.1817	–	3.022	20
Sr	锶	38	87.62	768	1380	面心立方	O_h^5	A1	6.087	–	–	–	4.31	20
Ta	钽	73	180.95	2996 ± 50	5425 ± 100	体心立方	O_h^9	A2	3.3026				2.860	20
Te	碲	52	127.60	449.5 ± 0.3	989.8 ± 3.8	六 角	D_{3d}^4	A8	4.4570	–	5.9290	–	2.571	20
Th	钍	90	232.04	1750	3850 ± 350	面心立方	O_h^5	A1	5.088	–	–	–	3.60	20
Ti	钛(α)	22	47.90	1668 ± 10	3260	六 角①	D_{6h}^4	A3	2.9503	–	4.6831	–	2.89	25
Tl	铊(α)	81	204.37	303	1457	六 角①	D_{6h}^4	A3	3.4564	–	5.531	–	3.407	室温
U	铀(α)	92	238.03	1132.3 ± 0.8	3818	正 交	V_{2h}^{17}	A20	2.858	5.877	4.955	–	2.77	20
V	钒	23	50.94	1900 ± 25	3400	体心立方①	O_h^9	A2	3.039	–	–	–	3.632	20
W	钨(α)	74	183.85	3410	5930	体心立方	O_h^9	A2	3.1648	–	–	–	2.739	20
Zn	锌	30	65.37	419.5050	906	六 角①	D_{6h}^4	A3	2.6649	–	4.9470	–	2.6648	20
Zr	锆(α)	40	91.22	1852	3580	六 角	D_{6h}^4	A3	3.2312	–	5.1477	–	2.317	25

①指最普通的类型,此外还有(或可能有)其他异型存在。

②采用“结构报告”(“*Strukturbericht*”,*Akademische Vermg. Leqeig*)所规定的结构类型符号。

附录 14 钢中相的电子衍射花样标定用数据表

各表中 R_1 为中心斑至最邻近晶面斑点 $h_1k_1l_1$ 之间的距离，R_2 为第二邻近斑点，$h_2k_2l_2$ 至中心斑之间的距离，$R_2 \geqslant R_1$。θ 为 R_1 和 R_2 之间的夹角，也就是($h_1\ k_1\ l_1$)和($h_2k_2l_2$)晶面之间的夹角。d_1、d_2 分别为($h_1k_1l_1$)和($h_2k_2l_2$)晶面的面间距。[*uvw*]为($h_1k_1l_1$)和($h_2k_2l_2$)所属晶带轴的方向，它和入射电子束方向 *B* 重合。

(一)马氏体(体心立方晶系)

No.	R_2/R_1	O	h_1	k_1	l_1	d_1	h_2	k_2	l_2	d_2	[*uvw*]		
1	1.000 0	90.000	1	1	0	2.026 6	-1	1	0	2.026 6	0	0	1
2	1.000 0	60.000	-1	1	0	2.026 6	-1	0	1	2.026 6	1	1	1
3	1.224 7	114.095	2	0	0	1.433 0	-1	2	-1	1.170 0	0	1	2
4	1.291 0	75.037	1	-2	1	1.170 0	3	0	-1	0.906 3	1	2	3
5	1.414 2	90.000	0	-1	1	2.026 6	2	0	0	1.433 0	0	1	1
6	1.581 1	90.000	2	0	0	1.433 0	0	3	-1	0.906 3	0	1	3
7	1.732 1	73.221	-1	1	0	2.026 6	-2	-1	1	1.170 0	1	1	3
8	1.870 8	105.501	2	0	0	1.433 0	-1	3	-2	0.766 0	0	2	3
9	2.121 3	103.633	2	0	0	1.433 0	-1	4	-1	0.675 5	0	1	4
10	2.449 5	90.000	-1	1	0	2.026 6	-2	-2	2	0.827 3	1	1	2
11	3.000	90.000	0	-1	1	2.026 6	4	-1	-1	0.675 5	1	2	2
12	4.123 1	90.000	-1	1	0	2.026 6	-3	-3	4	0.491 5	2	2	3

(二)奥氏体(面心立方晶系)

No.	R_2/R_1	O	h_1	k_1	l_1	d_1	h_2	k_2	l_2	d_2	[*uvw*]		
1	1.000 0	90.000	2	0	0	1.785 5	0	2	0	1.785 5	0	0	1
2	1.000 0	60.000	2	-2	0	1.262 5	2	0	-2	1.262 5	1		1
3	1.000 0	70.529	1	1	-1	2.061 7	-1	1	-1	2.061 7	0	1	1
4	1.581 1	71.565	0	2	-2	1.265 5	-4	2	0	0.798 5	1	2	2
5	1.633 0	90.000	1	1	-1	2.061 7	-2	2	0	1.262 5	1	1	2
6	1.658 3	82.451	2	0	0	1.785 5	1	3	-1	1.076 7	0	1	3
7	1.732 1	73.221	2	-2	0	1.262 5	4	2	-2	0.728 9	1	1	3
8	2.121 3	76.367	2	-2	0	1.262 5	4	2	-4	0.595 2	2	2	3
9	2.236 1	90.000	2	0	0	1.785 5	0	4	-2	0.798 5	0	1	2
10	2.516 6	82.388	1	1	-1	2.061 7	-3	3	-1	0.819 2	1	2	3
11	3.605 6	90.000	2	0	0	1.785 5	0	6	-4	0.495 2	0	2	3
12	4.123 1	90.000	2	0	0	1.785 5	0	8	-2	0.433 0	0	1	4

(三)渗碳体(正交晶系)

No.	R_2/R_1	O	h_1	k_1	l_1	d_1	h_2	k_2	l_2	d_2	[uvw]		
1	1.019 2	95.120	-1	-2	1	2.106 5	2	-1	0	2.066 7	1	2	5
2	1.075 3	87.386	-1	1	1	3.022 1	0	-1	2	2.810 4	3	2	1
3	1.081 2	109.608	0	-1	1	4.061 6	1	0	-1	3.756 4	1	1	1
4	1.113 7	90.000	-1	0	0	4.523 4	0	-1	1	4.061 6	0	1	1
5	1.118 0	87.715	-1	1	-1	3.022 1	-1	0	2	2.703 1	2	3	1
6	1.118 7	83.989	-1	1	0	3.380 7	-1	-1	1	3.022 1	1	1	2
7	1.124 9	90.000	0	-1	0	5.088 3	1	0	0	4.523 4	0	0	1
8	1.202 9	111.528	-1	1	0	3.380 7	0	-1	2	2.810 4	2	2	1
9	1.243 0	107.765	-1	0	1	3.756 4	1	-1	1	3.022 1	0	2	1
10	1.266 0	66.964	-1	1	1	3.022 1	-1	-1	2	2.387 2	3	1	2
11	1.266 0	104.089	-1	1	-1	3.022 1	-1	-1	2	2.387 2	1	3	2
12	1.325 1	90.000	0	0	-1	6.742 6	0	1	0	8.088 3	1	0	0
13	1.344 0	78.223	0	-1	1	4.061 6	1	-1	-1	3.022 1	2	1	1
14	1.354 6	90.000	0	-1	0	5.088 3	1	0	-1	3.756 4	1	0	1
15	1.362 9	79.038	-1	-1	1	3.022 1	1	-2	0	2.217 5	2	1	3
16	1.434 7	71.297	-1	-1	1	3.022 1	1	-2	1	2.106 5	1	2	3
17	1.490 6	90.000	0	0	-1	6.742 6	-1	0	0	4.523 4	0	1	0
18	1.573 6	92.508	-1	0	1	3.756 4	1	-1	2	2.387 2	1	3	1
19	1.578 1	78.657	-1	0	1	3.756 4	0	-2	1	2.380 3	2	1	2
20	1.604 9	101.657	-1	1	0	3.380 7	-1	-2	1	2.106 5	1	1	3
21	1.609 5	90.000	-1	0	0	4.523 4	0	-1	2	2.810 4	0	2	1
22	1.701 4	92.983	0	-1	1	4.061 6	1	-1	-2	2.387 2	3	1	1
23	1.824 8	100.236	-1	1	0	3.380 7	-1	-2	2	1.852 6	2	2	3
24	1.882 4	90.000	0	-1	0	5.088 3	1	0	-2	2.703 1	2	0	1
25	1.894 1	101.044	0	-1	1	4.061 6	2	0	-1	2.144 3	1	2	2
26	1.900 3	90.000	-1	0	0	4.523 4	0	-2	1	2.380 3	0	1	2
27	1.994 5	90.000	0	0	-1	6.774 26	-1	1	0	3.380 7	1	1	0
28	2.200 2	90.000	-1	0	0	4.523 4	0	-1	3	2.055 9	0	3	1
29	2.305 1	92.000	0	-1	1	4.061 6	2	-1	-2	1.762 0	3	2	2
30	2.373 0	90.000	0	-1	0	5.088 3	2	0	-1	2.144 3	1	0	
31	2.528 0	90.000	0	-1	0	5.088 3	1	0	-3	2.012 8	3	0	1
32	2.685 5	90.000	-1	0	0	4.523 4	0	-2	3	1.684 4	0	3	2
33	2.750 0	90.000	-1	0	0	4.523 4	0	-3	1	1.644 9	0	1	3
34	2.826 9	90.000	-1	0	0	4.523 4	0	-1	4	1.600 1	0	4	1
35	2.985 4	90.000	-1	0	0	4.523 4	0	-3	2	1.515 2	0	2	3
36	3.040 7	90.000	0	0	-1	6.742 5	-1	2	0	2.217 5	2	1	0
37	3.221 4	90.000	0	-1	0	5.088 3	1	0	-4	1.579 5	4	0	1
38	3.262 4	90.000	0	0	-1	6.742 6	-2	1	0	2.066 7	1	2	0
39	3.485 0	90.000	0	-1	0	5.088 3	3	0	-1	1.471 5	1	0	3
40	3.618 7	90.000	-1	0	0	4.523 4	0	-4	1	1.250 0	0	1	4
41	4.245 6	90.000	0	0	-1	6.742 6	-1	3	0	1.588 1	3	1	0
42	4.562 4	90.000	0	-1	0	5.088 3	4	0	-1	1.115 3	1	0	4
43	4.664 0	90.000	0	0	-1	6.742 6	-3	1	0	1.445 7	1	3	0
44	6.107 9	90.000	0	0	-1	6.742 6	-4	2	0	1.103 9	1	4	0

(四)ε 碳化物(六方晶系)

No.	R_2/R_1	O	h_1	k_1	l_1	d_1	h_2	k_2	l_2	d_2	[uvw]		
1	1.000 0	81.189	1	−1	1	2.091 2	1	0	−1	2.091 2	1	2	1
2	1.000 0	60.000	1	−1	0	2.385 0	1	0	0	2.385 0	0	0	1
3	1.048 9	60.531	2	−1	0	1.377 0	1	1	−1	1.312 8	1	2	3
4	1.140 5	63.998	1	0	0	2.385 0	0	1	−1	2.091 2	0	1	1
5	1.140 5	63.998	1	−1	0	2.385 0	1	0	−1	2.091 2	1	1	1
6	1.301 4	90.438	1	−1	1	2.091 2	1	0	−2	1.606 9	2	3	1
7	1.301 4	86.562	1	0	−1	2.091 2	−1	1	−2	1.606 9	1	3	1
8	1.484 3	70.314	1	0	0	2.385 0	0	1	−2	1.606 9	0	2	1
9	1.484 3	70.314	1	−1	0	2.385 0	1	0	−2	1.606 9	2	2	1
10	1.518 7	90.000	1	0	−1	2.091 2	−1	2	0	1.377 0	2	1	2
11	1.797 6	75.093	1	0	−1	2.091 2	−1	2	−2	1.163 4	2	3	2
12	1.797 6	104.907	1	−1	1	2.091 2	1	1	−2	1.163 4	1	3	2
13	1.816 8	90.000	1	−1	0	2.385 0	1	1	−1	1.312 8	1	1	2
14	1.816 8	90.000	1	0	0	2.385 0	−1	2	−1	1.312 8	0	1	2
15	1.823 5	90.000	0	0	1	4.349 0	1	−1	0	2.385 0	1	1	0
16	1.823 5	90.000	0	0	1	4.349 0	1	0	0	2.385 0	0	1	0
17	1.925 3	74.948	1	0	0	2.385 0	0	1	−3	1.238 8	0	3	1
18	2.388 9	90.000	1	0	0	2.385 0	−1	2	−3	0.998 4	0	3	2
19	2.410 8	78.030	1	0	0	2.385 0	0	1	−4	0.989 3	0	4	1
20	2.702 0	79.336	1	0	0	2.385 0	−1	3	−1	0.882 7	0	1	3
21	2.702 0	79.336	1	−1	0	2.385 0	2	1	−1	0.882 7	1	1	3
22	2.864 1	79.946	1	−1	0	2.385 0	2	1	−2	0.832 7	2	2	3
23	2.864 1	79.946	1	0	0	2.385 0	−1	3	−2	0.832 7	0	2	3
24	3.158 4	90.000	0	0	1	4.349 0	2	−1	0	1.377 0	1	2	0
25	3.507 2	90.000	1	0	0	2.385 0	−2	4	−1	0.680 0	0	1	4
26	4.824 4	90.000	0	0	1	4.349 0	3	−2	0	0.901 5	2	3	0
27	4.824 4	90.000	0	0	1	4.349 0	3	−1	0	0.901 5	1	3	0
28	6.574 6	90.000	0	0	1	4.349 0	4	−1	0	0.661 5	1	4	0

附录 15　一些物质的晶面间距

(一)面心立方结构物质(fcc)

	γFe	Cu	Pt	Al	Au	Ag	Pb	Ni	Co(β)
晶格参数 a_0/0.1 nm	3.585 2	3.615 0	3.923 1	4.049 6	4.078 0	4.086 2	4.950 5	3.523 8	3.552 0
hkl	*d*/0.1 nm	*d*/0.1 nm	*d*/0.1 nm	*d*/0.1 nm	*d*/0.1 nm	*d*/0.1 nm	*d*/0.1 nm	*d*/0.1 nm	*d*/0.1 nm
111	2.070	2.087	2.265	2.337	2.355	2.359	2.858	2.034 5	2.050 8
002	1.793	1.808	1.962	2.025	2.039	2.044	2.475	1.761 9	1.776 0
022	1.268	1.278	1.387	1.432	1.442	1.445	1.750	1.246 0	1.256 0
113	1.081	1.090	1.183	1.221	1.230	1.231	1.493	1.062 3	1.070 8
222	1.035	1.044	1.133	1.169	1.177	1.180	1.429	1.017 2	1.025 4
004	0.896	0.904	0.981	1.012	1.020	1.022	1.238	0.881 0	0.888 0
133	0.823	0.829	0.900	0.929	0.936	0.938	1.136	0.808 4	0.814 9
024	0.802	0.808	0.877	0.906	0.912	0.914	1.107	0.788 0	0.794 3
133	0.823	0.829	0.900	0.929	0.936	0.938	1.136	0.808 4	0.814 9
024	0.802	0.808	0.877	0.906	0.912	0.914	1.107	0.788 0	0.794 3
224	0.732	0.738	0.801	0.827	0.832	0.834	1.001	0.719 3	0.725 0
333, 115	0.690	0.696	0.755	0.779	0.785	0.786	0.953	0.678 2	0.683 6
044	0.634	0.639	0.694	0.716	0.721	0.722	0.875	0.622 9	0.627 9
135	0.606	0.610	0.663	0.685	0.689	0.691	0.837	0.595 6	0.600 4
006, 244	0.598	0.603	0.654	0.675	0.680	0.681	0.825	0.587 3	0.592 0
026	0.567	0.572	0.620	0.640	0.645	0.646	0.783	0.557 1	0.561 6
335	0.547	0.551	0.598	0.618	0.622	0.623	0.755	0.537 4	0.541 7
226	0.541	0.545	0.591	0.611	0.615	0.616	0.746	0.531 3	0.535 5
444	0.518	0.522	0.566	0.585	0.589	0.590	0.715	0.508 6	0.512 7

(二)体心立方结构物质(bcc)

	γFe	Cr	Mo	W	Nb	Ta	V
晶格参数 a_0/0.1 nm	2.8661	2.885 0	3.146 3	3.165 2	3.300 7	3.305 8	3.039 0
hkl	*d*/0.1 nm	*d*/0.1 nm	*d*/0.1 nm	*d*/0.1 nm	*d*/0.1 nm	*d*/0.1 nm	*d*/0.1 nm
011	2.027	2.040	2.225	2.238	2.334	2.338	2.149
002	1.433	1.443	1.573	1.583	1.650	1.653	1.519 5
112	1.170	1.178	1.285	1.292	1.348	1.350	1.240 9
022	1.013	1.020	1.113	1.119	1.167	1.169	1.074 6
013	0.906	0.912	0.995	1.001	1.044	1.045	0.961 1
222	0.828	0.833	0.908	0.914	0.953	0.954	0.877 3
123	0.766	0.771	0.841	0.846	0.882	0.884	0.812 1
004	0.717	0.721	0.87	0.791	0.825	0.826	0.759 8
114, 033	0.676	0.680	0.742	0.746	0.778	0.779	0.716 2
024	0.641	0.645	0.704	0.708	0.738	0.739	0.679 6
233	0.611	0.615	0.671	0.675	0.704	0.705	0.648 0
224	0.585	0.589	0.642	0.646	0.674	0.675	0.620 3
015, 134	0.562	0.566	0.617	0.621	0.647	0.648	0.596 0

(三)金刚石结构物质

晶格参数/0.1 nm	Si	Ge
	5.428 2	5.658 0
(*hkl*)	*d*/0.1 nm	*d*/0.1 nm
111	3.134 0	3.266 7
220	1.919 4	2.000 7
311	1.636 5	1.705 8
422	1.108 0	11.154 9
511	1.044 7	1.088 9
440	0.959 6	1.000 2
531	0.917 5	0.956 4
620	0.858 2	0.894 5
533	0.827 8	0.862 9
444	0.783 5	0.816 7
711	0.760 1	0.792 3

(四)石　墨

$a = 0.246\ 1$ nm, $c = 0.670\ 8$ nm

hkil	*d*/0.1 nm
0002	3.354
$10\bar{1}0$	2.131
$10\bar{1}1$	2.031
$10\bar{1}2$	1.799
0004	1.677
$10\bar{1}3$	1.543
$11\bar{2}0$	1.231
$11\bar{2}2$	1.155
0006	1.118

(五)密排六方结构物质

	Be	Zn	Ti	Mg	Zr	Cd	Co	Cd	Re
a_0/0.1 nm	2.285	2.664	2.950	3.209	3.231	3.636	2.507	2.979	2.761
晶格参数 c_0/0.1 nm	3.584	4.046	4.683	5.210	5.147	5.782	4.069	5.617	4.458
c_0/a_0	1.568	2.856	1.587	1.593	1.593	1.590			
hkil	*d*/0.1 nm	*d*/0.1 nm	*d*/0.1 nm	*d*/0.1 nm	*d*/0.1 nm	*d*/0.1 nm	*d*/0.1 nm	*d*/0.1 nm	*d*/0.1 nm
0001	3.584	4.947	4.683	5.210	5.148	5.783	4.068	5.617	4.458
$01\bar{1}0$	1.979	2.308	2.555	2.779	2.798	3.149	2.170	2.580	2.390
0002	1.792	2.473	2.342	2.605	2.574	2.891	2.035	2.808	2.229
$01\bar{1}1$	1.733	2.092	2.243	2.452	2.439	2.765	1.915	2.344	2.107
$01\bar{1}2$	1.329	1.687	1.726	1.901	1.894	2.130	1.484	1.900	1.630
0003	1.195	1.649	1.561	1.737	1.716	1.928	1.356	1.872	1.486
$11\bar{2}0$	1.143	1.332	1.475	1.605	1.616	1.818	1.253	1.489	1.380
$11\bar{2}1$	1.089	1.287	1.407	1.534	1.541	1.734	1.198	1.440	1.318
$01\bar{1}3$	1.023	1.342	1.332	1.473	1.463	1.644	1.150	1.515	1.262
$02\bar{2}0$	0.990	1.154	1.278	1.390	1.399	1.574	1.085	1.290	1.195

续上表

	Be	Zn	Ti	Mg	Zr	Cd	Co	Cd	Re
$11\bar{2}2$	0.964	1.173	1.248	1.366	1.368	1.539	1.067	1.316	1.173
$02\bar{2}1$	0.954	1.124	1.233	1.343	1.350	1.519	1.048	1.257	1.154
0004	0.896	1.237	1.171	1.303	1.287	1.446	1.017	1.404	1.114
$02\bar{2}2$	0.866	1.046	1.122	1.226	1.229	1.383	0.957	1.172	1.053
$11\bar{2}3$	0.826	1.036	1.072	1.179	1.176	1.323	0.920	1.166	1.011
$01\bar{1}4$	0.816	1.090	1.064	1.180	1.169	1.314	0.921	1.233	1.010
$02\bar{2}3$	0.762	0.945	0.989	1.085	1.084	1.219	0.847	1.062	0.931
$12\bar{3}0$	0.748	0.872	0.966	1.051	1.058	1.190	0.820	0.975	0.903
$12\bar{3}1$	0.732	0.859	0.946	1.030	1.036	1.166	0.804	0.961	0.885
0005	0.717	0.989	0.937	1.042	1.030	1.157	0.814	1.123	0.891
$11\bar{2}4$	0.705	0.906	0.917	1.011	1.007	1.132	0.780	1.022	0.867
$12\bar{3}2$	0.690	0.823	0.893	0.974	0.978	1.101	0.761	0.921	0.837
$01\bar{1}5$	0.674	0.909	0.879	0.976	0.966	1.086	0.761	1.030	0.835
$02\bar{2}4$	0.664	0.844	0.863	0.950	0.947	1.065	0.742	1.950	0.815
$03\bar{3}0$	0.660	0.769	0.852	0.927	0.933	1.050	0.723	0.859	0.797
$03\bar{3}1$	0.649	0.760	0.838	0.912	0.918	1.033	0.712	0.850	0.784
$12\bar{3}3$	0.634	0.771	0.821	0.899	0.900	1.013	0.701	0.865	0.772
$03\bar{3}2$	0.619	0.735	0.800	0.873	0.877	0.987	0.682	0.822	0.750
$11\bar{2}5$	0.607	0.794	0.791	0.874	0.868	0.976	0.682	0.897	0.749
0006	0.597	0.825	0.781	0.868	0.858	0.964	0.678	0.936	0.743

附录 16　立方与六方晶体可能出现的反射

立　方					六　方	
$h^2+k^2+l^2$	*hkl*				h^2+hk+k^2	*hk*
	简单立方	面心立方	体心立方	金刚石立方		
1	100				1	10
2	110	…	110		2	
3	111	111	…	111	3	11
4	200	200	200		4	20
5	210				5	
6	211	…	211		6	
7					7	21
8	220	220	220	220	8	
9	300,221				9	30
10	310	…	310		10	
11	311	311	…	311	11	
12	222	222	222		12	22
13	320				13	31
14	321	…	321		14	
15					15	
16	400	400	400	400	16	40
17	410,322				17	
18	411,330	…	411,330		18	
19	331	331	…	331	19	32

续附录 16

立方					六方	
$h^2+k^2+l^2$	hkl				h^2+hk+k^2	hk
	简单立方	面心立方	体心立方	金刚石立方		
20	420	420	420		20	
21	421				21	41
22	332	…	332		22	
23					23	
24	422	422	422	422	24	
25	500,430				25	50
26	510,431	…	510,431		26	
27	511,333	511,333	…	511,333	27	33
28					28	42
29	520,432				29	
30	521	…	521		30	
31					31	51
32	440	440	440		32	
33	522,441			440	33	
34	530,433	…	530,433		34	
35	531	531	…	531	35	
36	600,442	600,442	600,442		36	60
37	610				37	43
38	611,532	…	611,532		38	
39					39	52
40	620	620	620	620	40	

主要参考文献

[1] 合志陽一監修,佐藤公隆編集.改訂 X 綫分析最前綫[M].東京:アグネ技術セソター,2001.

[2] 松村源太郎譯.新版 X 綫回折要論[M].東京:株式會社アグネ,1980.

[2] 范雄.X 射线金属学[M].北京:机械工业出版社,1980.

[3] 滕凤恩,王煜明,龙骧.X 射线学基础与应用[M].长春:吉林大学出版社,1991.

[4] 范雄.金属 X 射线学[M].北京:机械工业出版社,1989.

[5] 陈世扑,王永瑞.金属电子显微分析[M].北京:机械工业出版社,1982.

[6] 李树堂.金属 X 射线衍射与电子显微分析技术[M].北京:冶金工业出版社,1980.

[7] 谈育煦.金属电子显微分析[M].北京:机械工业出版社,1989.

[8] 赵伯麟.薄晶体电子显微像的衬度理论[M].上海:上海科学技术出版社,1980.

[9] 刘文西,黄孝瑛,陈玉茹.材料结构电子显微分析[M].天津:天津大学出版社,1989.

[10] 黄孝瑛.透射电子显微学[M].上海:上海科学技术出版社,1987.

[11] 洪斑德,崔约贤.电子显微术在热处理质量检验中的应用[M].北京:机械工业出版社,1990.

[12] 方鸿生,郑燕康,王家军,等.扫描隧道显微分析[M].北京:科学出版社,1993.

[13] EDINGTON J W. Proactical electron microscopy in materials science 4, typical electron microscope investigations [M]. New York: the Macmillan Press Ltd, 1976.

[14] GABRIEL B L SEM: A user's MANAAL for materials science[J]. American Society for Materials, 1985.

[15] WATT I M. The principles and practice of electron microscopy[M]. London: Combrideg University Press, 1985.

[16] 陆家和,陈长彦.现代分析技术[M].北京:清华大学出版社,1991.

[17] FUJITA H. History of electron microscopes[C]//[s.n.], Comme moration of the 11th internationa congress on electron microscopy. Kyoto: [s.n.], 1986.

[18] ZHOU Y, Ge Q L, LEI T C, SAKUMA T. Microstructure and mechanical properties of ZrO_2 – 2mol 1% Y_2O_3 ceramics[J]. Ceramics International, 1990(16): 349 – 354.

[19] LEI T C, ZHOU Y. Effect of sintering processes on microstructure and properties of Al_2O_3 – Zro_2Ceramics[J]. Mater. Chem. Phys., 1990(25): 269 – 276.

[20] GE Q L, LEI T C, ZHOU Y. Microstructure and mechanical properties of hot pressed Al_2O_3 – ZrO_2 ceramics prepared from ulitrafine powders[J]. Mater Sci. Tech, 1991(7): 490 – 494.

[21] LEI T C, ZHU W Z, ZHOU Y. Mechanical properties and toughening mechanisms of SiCw/Al_2O_3 ceramic composites[J]. Mater. Chem. Phys., 1991(28): 89 – 97.

[22] ZHOU Y, LEI T C, SAKUMA T. Diffusionless cubic – to – tetragonal transition and microstructural evolution in sintered Zirconia – Yttria ceramics[J]. Am Ceram, 1991, 74(3): 633 – 640.

[23] ZHOU Y, GE QL, LEI T C, SAKUMA T. Diffusional cubic – to – tetragonal phase transformation and microstructural evolution in ZrO_2 – Y_2O_3 ceramics[J]. Mater. Sci., 1991(26): 4461 – 4467.

[24] ZHOU Y. Microstnictural development of sintered ZrO_2 – CeO_2 ceramics[J]. Ceramics International, 1991, 17 (6): 343 – 346.

[25] ZHOU Y, ZHU W Z, LEI T C. Mechanical properties and toughening mechanisms of SiCw/ZrO_2 ceramic composites[J]. Ceramics International, 1992, 18(3): 141 – 145.

[26] ZHOU Y, LEI T C, LU Y X. Grain growth and phase separation of ZrO_2 – $Y_2O_3$3 ceramics annealed at high temperature[J]. Ceramics International, 1992, 18(4): 237 – 242.